핀란드 3학년 수학 교과서

초등학교 학년 반

이름

QR코드를 스캔하면 놀이 수학
동영상을 보실 수 있습니다.

핀란드 3학년 수학 교과서 3-2 1권

초판 1쇄 발행 2021년 8월 5일
초판 2쇄 발행 2022년 9월 30일

지은이 파이비 키빌루오마, 킴모 뉘리넨, 피리타 페랄라, 페카 록카, 마리아 살미넨, 티모 타피아이넨
그린이 미리야미 만니넨 **옮긴이** 박문선 **감수** 이경희
펴낸이 정혜숙 **펴낸곳** 마음이음

책임편집 이금정 **디자인** 디자인서가
등록 2016년 4월 5일(제2018-000037호)
주소 03925 서울시 마포구 월드컵북로 402 9층 917A호(상암동 KGIT센터)
전화 070-7570-8869 **팩스** 0505-333-8869
전자우편 ieum2016@hanmail.net
블로그 https://blog.naver.com/ieum2018

ISBN 979-11-89010-91-1 64410
979-11-89010-90-4 (세트)

어린이제품안전특별법에 의한 제품표시
제조자명 마음이음 **제조국명** 대한민국 **사용연령** 만 9세 이상 어린이 제품
KC마크는 이 제품이 공통안전기준에 적합하였음을 의미합니다.

핀란드 3학년 수학 교과서 3-2

1권

글 파이비 키빌루오마, 킴모 뉘리넨, 피리타 페랄라,
페카 록카, 마리아 살미넨, 티모 타피아이넨

그림 미리야미 만니넨

옮김 박문선

감수 이경희(전 수학 교과서 집필진)

마음이음

핀란드 학생들이 수학을 잘하고 수학 흥미도도 높은 비결은?

우리나라 학생들이 수학 학업 성취도가 세계적으로 높은 것은 자랑거리이지만 수학을 공부하는 시간이 다른 나라에 비해 많은 데다, 사교육에 의존하고, 흥미도가 낮은 건 숨기고 싶은 불편한 진실입니다. 이러한 측면에서 사교육 없이 공교육만으로 국제학업성취도평가(PISA)에서 상위권을 놓치지 않는 핀란드의 교육 비결이 궁금하지 않을 수가 없습니다. 더군다나 핀란드에서는 숙제도, 순위를 매기는 시험도 없어 학교에서 배우는 수학 교과서 하나만으로 수학을 온전히 이해해야 하지요. 과연 어떤 점이 수학 교과서 하나만으로 수학 성적과 흥미도 두 마리 토끼를 잡게 한 걸까요?

– 핀란드 수학 교과서는 수학과 생활이 동떨어진 것이 아닌 친밀한 것으로 인식하게 합니다. 그래서 시간, 측정, 돈 등 학생들은 다양한 방식으로 수학을 사용하고 응용하면서 소비, 교통, 환경 등 자신의 생활과 관련지으며 수학을 어려워하지 않습니다.

– 교과서 국제 비교 연구에서도 교과서의 삽화가 학생들의 흥미도를 결정하는 데 중요한 역할을 한다고 했습니다. 핀란드 수학 교과서의 삽화는 수학적 개념과 문제를 직관적으로 쉽게 이해하도록 구성하여 학생들의 흥미를 자극하는 데 큰 역할을 하고 있습니다.

– 핀란드 수학 교과서는 또래 학습을 통해 서로 가르쳐 주고 배울 수 있도록 합니다. 교구를 활용한 놀이 수학, 조사하고 토론하는 탐구 과제는 수학적 의사소통 능력을 향상시키고 자기 주도적인 학습 능력을 길러 줍니다.

– 핀란드 수학 교과서는 창의성을 자극하는 문제를 풀게 합니다. 답이 여러 가지 형태로 나올 수 있는 문제, 스스로 문제 만들고 풀기를 통해 짧은 시간에 많은 문제를 푸는 것이 아닌 시간이 걸리더라도 사고하며 수학을 하도록 합니다.

– 핀란드 수학 교과서는 코딩 교육을 수학과 연계하여 컴퓨팅 사고와 문제 해결을 돕는 다양한 활동을 담고 있습니다. 코딩의 기초는 수학에서 가장 중요한 논리와 일맥상통하기 때문입니다.

핀란드는 국정 교과서가 아닌 자율 발행제로 학교마다 교과서를 자유롭게 선정합니다. 마음이음에서 출판한 『핀란드 수학 교과서』는 핀란드 초등학교 2190개 중 1320곳에서 채택하여 수학 교과서로 사용하고 있습니다. 또한 이웃한 나라 스웨덴에서도 출판되어 교과서 시장을 선도하고 있지요.

코로나로 인하여 온라인 수업과 재택 수업으로 학습 격차가 커지고 있습니다. 다행히 『핀란드 수학 교과서』는 우리나라 수학 교육 과정을 다 담고 있으며 부모님 가이드도 있어 가정 학습용으로 좋습니다. 자기 주도적인 학습이 가능한 『핀란드 수학 교과서』는 학업 성취와 흥미를 잡는 해결책이 될 수 있을 것으로 기대합니다.

이경희(전 수학 교과서 집필진)

수학은 흥미를 끄는 다양한 경험과 스스로 공부하려는 학습 동기가 있어야 좋은 결과를 얻을 수 있습니다. 국내에 많은 문제집이 있지만 대부분 유형을 익히고 숙달하는 데 초점을 두고 있으며, 세분화된 단계로 복잡하고 심화된 문제들을 다룹니다. 이는 학생들이 수학에 흥미나 성취감을 갖는 데 도움이 되지 않습니다.

공부에 대한 스트레스 없이도 국제학업성취도평가에서 높은 성과를 내는 핀란드의 교육 제도는 국제 사회에서 큰 주목을 받아 왔습니다. 이번에 국내에 소개되는 『핀란드 수학 교과서』는 스스로 공부하는 학생을 위한 최적의 학습서입니다. 다양한 실생활 소재와 풍부한 삽화, 배운 내용을 반복하여 충분히 익힐 수 있도록 구성되어 학생이 흥미를 갖고 스스로 탐구하며 수학에 대한 재미를 느낄 수 있을 것으로 기대합니다.

전국수학교사모임

수학 학습을 접하는 시기는 점점 어려지고, 학습의 양과 속도는 점점 많아지고 빨라지는 추세지만 학생들을 지도하는 현장에서 경험하는 아이들의 수학 문제 해결력은 점점 하향화되는 추세입니다. 이는 학생들이 흥미와 호기심을 유지하며 수학 개념을 주도적으로 익히고 사고하는 경험과 습관을 형성하여 수학적 문제 해결력과 사고력을 신장하여야 할 중요한 시기에, 빠른 진도와 학습량을 늘리기 위해 수동적으로 설명을 듣고 유형 중심의 반복적 문제 해결에만 집중한 결과라고 생각합니다.

『핀란드 수학 교과서』를 통해 흥미와 호기심을 유지하며 수학 개념을 스스로 즐겁게 내재화하고, 이를 창의적으로 적용하고 활용하는 수학 학습 태도와 습관이 형성된다면 학생들이 수학에 쏟는 노력과 시간이 높은 수준의 창의적 문제 해결력이라는 성취로 이어질 것입니다.

손재호(KAGE영재교육학술원 동탄본원장)

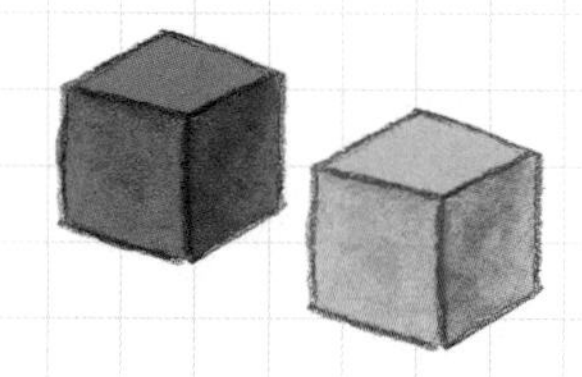

한국의 학생들에게

「핀란드 수학 교과서(Star Maths)」 시리즈를 펴낸 오타바(Otava) 출판사는 교재 전문 출판사로 120년이 넘는 역사를 지닌 명실상부한 핀란드의 대표 출판사입니다. 특히 「Star Maths」 시리즈는 핀란드 학교 현장의 수학 전문가들이 최신 핀란드 국립교육과정을 반영하여 함께 개발한 핀란드의 대표 수학 교과서입니다.

수 개념과 십진법을 이해하기 위한 탄탄한 기반을 제공하여 연산 능력을 키우고, 기본, 응용, 심화 문제 등 학생 개개인의 학습 차이를 다각도에서 고려하여 다양한 평가 문제를 실었습니다. 또한 친구 또는 부모님과 함께 놀이를 통해 문제 해결을 하며 수학적 즐거움을 발견하여 수학에 대한 긍정적인 태도를 갖도록 합니다.

한국의 학생들이 이 책과 함께 즐거운 수학 세계로 여행을 떠나길 바랍니다.

파이비 키빌루오마, 킴모 뉘리넨, 피리타 페랄라, 페카 록카,
마리아 살미넨, 티모 타피아이넨(STAR MATHS 공동 저자)

이 책의 구성

핀란드 수학 교과서, 왜 특별할까?

- 수학과 연계하여 컴퓨팅 사고와 문제 해결력을 키워 줘요.
- 교구를 활용한 놀이를 통해 수학 개념을 이해시켜요.

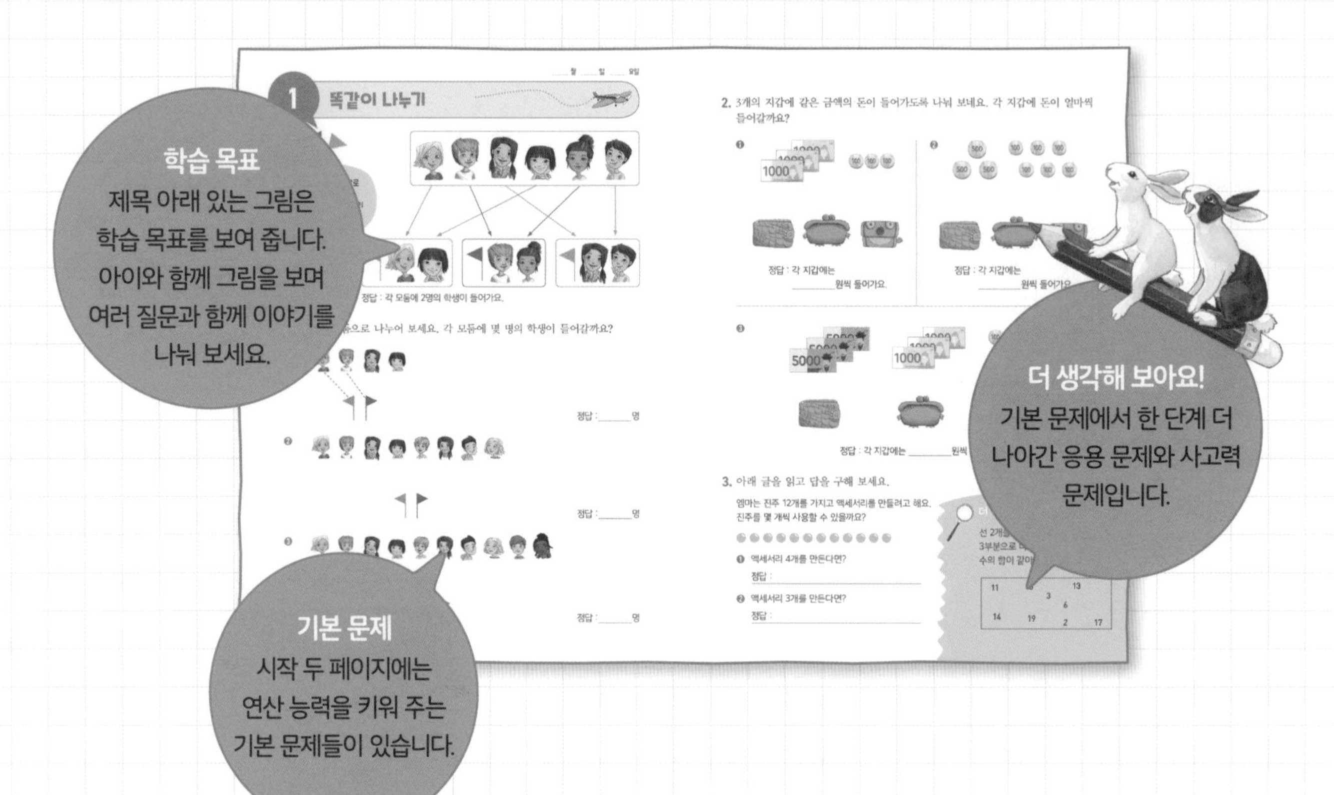

학습 목표
제목 아래 있는 그림은 학습 목표를 보여 줍니다. 아이와 함께 그림을 보며 여러 질문과 함께 이야기를 나눠 보세요.

더 생각해 보아요!
기본 문제에서 한 단계 더 나아간 응용 문제와 사고력 문제입니다.

기본 문제
시작 두 페이지에는 연산 능력을 키워 주는 기본 문제들이 있습니다.

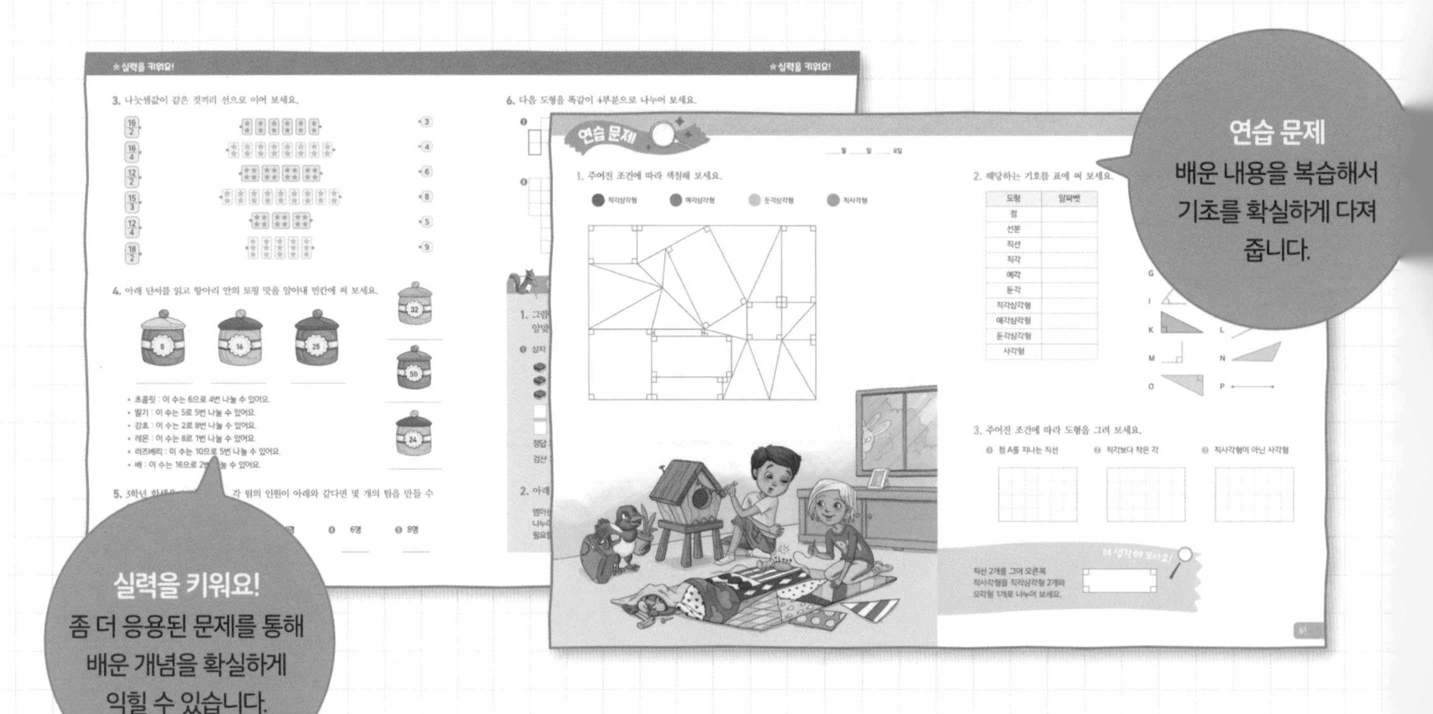

연습 문제
배운 내용을 복습해서 기초를 확실하게 다져 줍니다.

실력을 키워요!
좀 더 응용된 문제를 통해 배운 개념을 확실하게 익힐 수 있습니다.

수학적 이야기가 풍부한 그림으로 수학 학습에 영감을 불어넣어요.
수학적 구조를 발견하고 이해하게 하여 수학 공식을 암기할 필요가 없어요.
연산, 서술형, 응용과 심화, 사고력 문제가 한 권에 모두 들어 있어요.

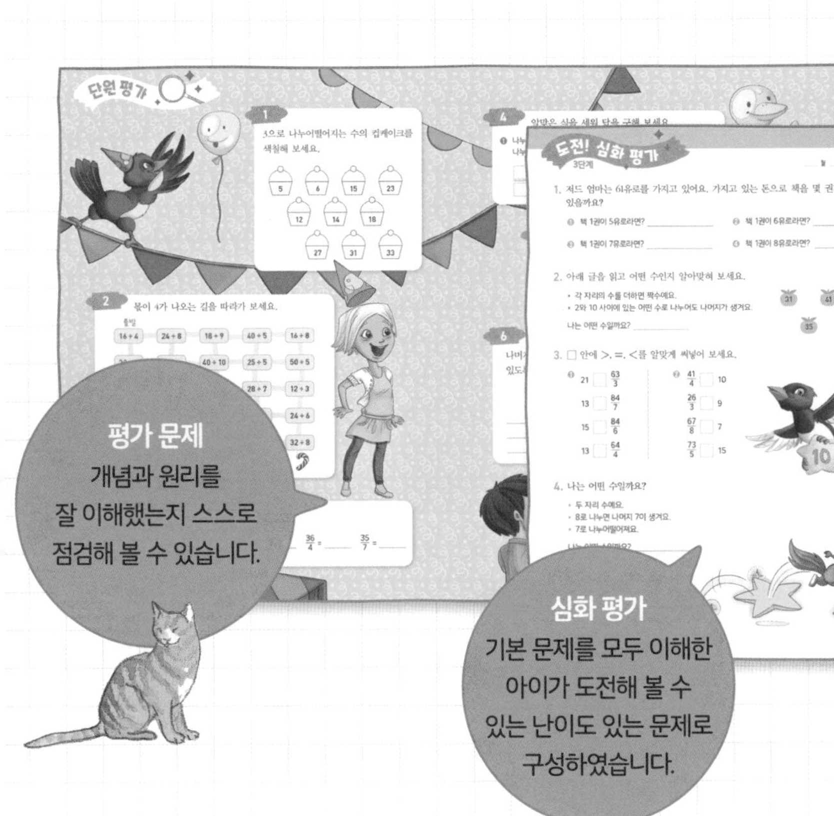

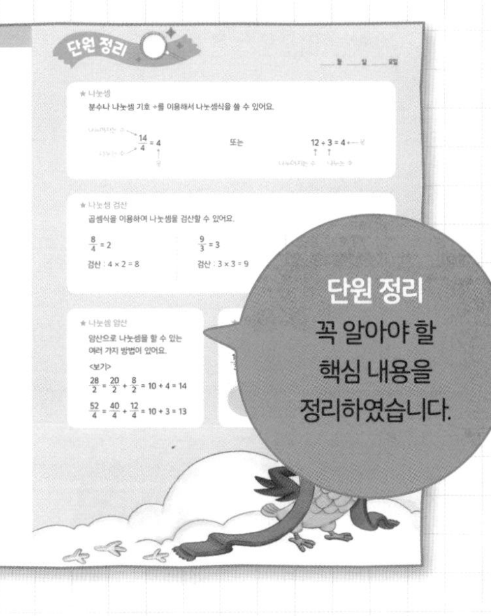

도전! 심화 평가
단원 정리
단원 정리
꼭 알아야 할
핵심 내용을
정리하였습니다.
심화 평가
기본 문제를 모두 이해한
아이가 도전해 볼 수
있는 난이도 있는 문제로
구성하였습니다.

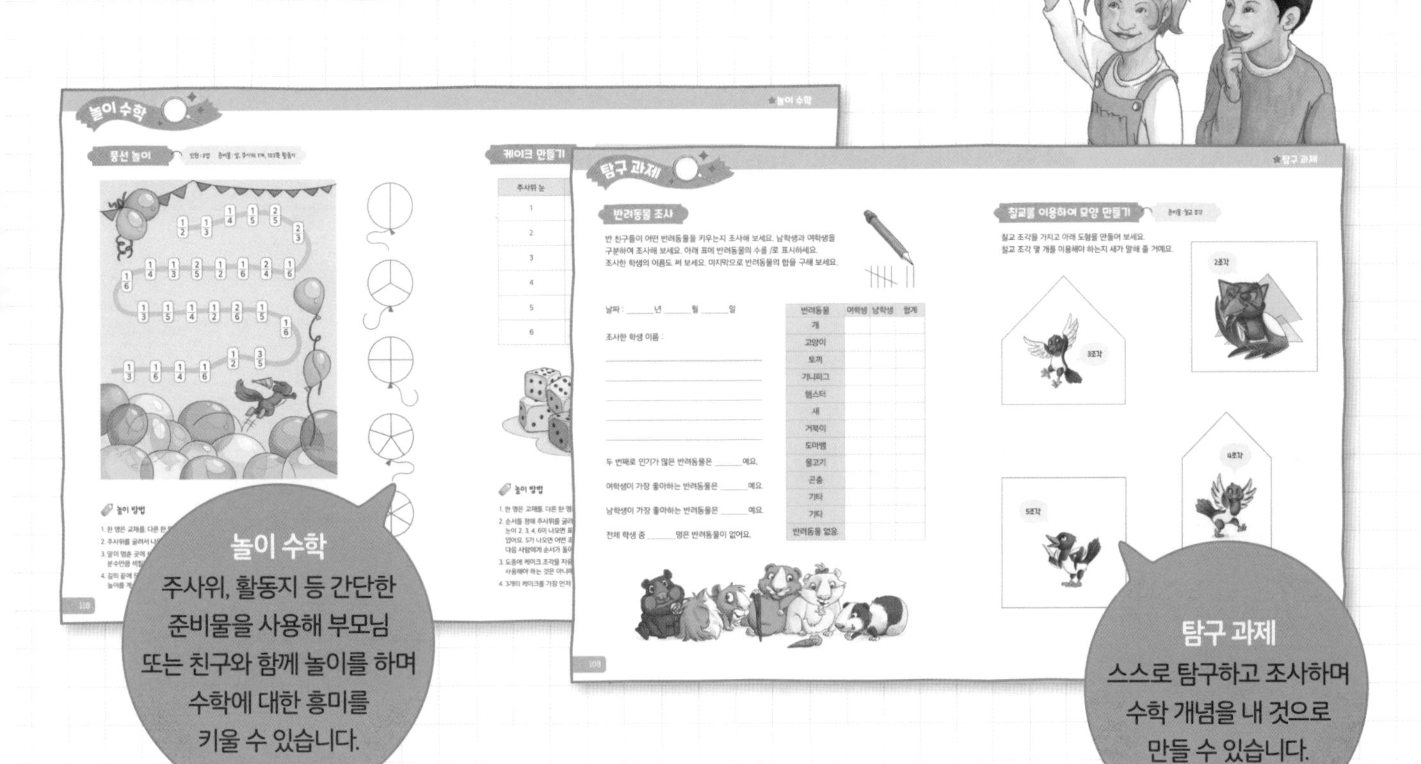

3 + 6 =
놀이 수학
탐구 과제
놀이 수학
주사위, 활동지 등 간단한
준비물을 사용해 부모님
또는 친구와 함께 놀이를 하며
수학에 대한 흥미를
키울 수 있습니다.
탐구 과제
스스로 탐구하고 조사하며
수학 개념을 내 것으로
만들 수 있습니다.

차례

핀란드 학생들이 수학을 잘하고 수학 흥미도도 높은 비결은? 4

추천의 글 6

한국의 학생들에게 7

이 책의 구성 8

1 똑같이 나누기 ······ 12
2 나눗셈식 쓰기와 검산 ······ 16
3 나누어지는 수, 나누는 수, 몫 ······ 20
4 몇 번 나누어지나요? ······ 24
5 나눗셈으로 돈 계산하기 ······ 28
연습 문제 ······ 32
실력을 평가해 봐요! ······ 36
도전! 심화 평가 1단계 ······ 37
도전! 심화 평가 2단계 ······ 38
도전! 심화 평가 3단계 ······ 39

6 여러 가지 방법으로 나눗셈하기 ······ 40
7 나머지가 있는 나눗셈1 ······ 44
8 나머지가 있는 나눗셈2 ······ 48
연습 문제 ······ 52
실력을 평가해 봐요! ······ 58
단원 평가 ······ 60
도전! 심화 평가 1단계 ······ 62
도전! 심화 평가 2단계 ······ 63
도전! 심화 평가 3단계 ······ 64
단원 정리 ······ 65

9 똑같이 나누기 ······ 66
10 분수 ······ 70
11 전체를 나타내는 분수 ······ 74
12 분모가 같은 분수의 크기 비교하기 ······ 78
연습 문제 ······ 82

13 분모가 같은 분수의 덧셈 86

14 분모가 같은 분수의 뺄셈 90

연습 문제 94

실력을 평가해 봐요! 100

단원 평가 102

도전! 심화 평가 1단계 104

도전! 심화 평가 2단계 105

도전! 심화 평가 3단계 106

단원 정리 107

나눗셈 복습 108

분수 복습 112

놀이 수학

- 빙고 놀이 116
- 눈싸움 117
- 풍선 놀이 118
- 케이크 만들기 119

1 똑같이 나누기

6명의 학생을 3모둠으로
똑같이 나누려고 해요.
각 모둠에 몇 명의 학생이
들어갈까요?

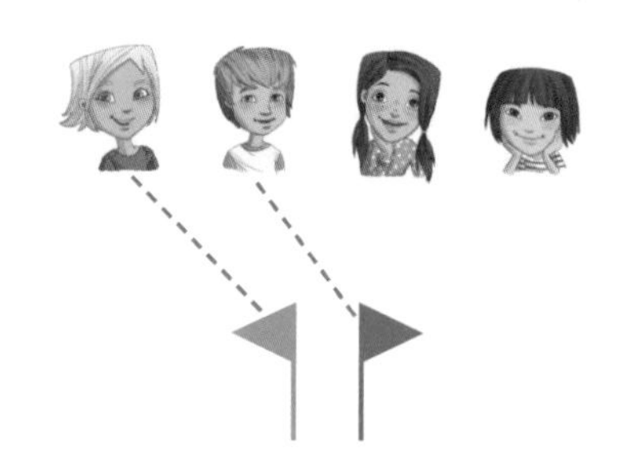

정답 : 각 모둠에 2명의 학생이 들어가요.

1. 학생들을 2모둠으로 나누어 보세요. 각 모둠에 몇 명의 학생이 들어갈까요?

❶

정답 : ______ 명

❷

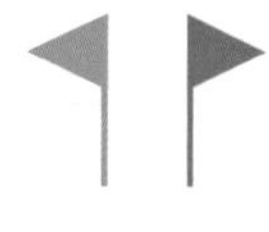

정답 : ______ 명

❸

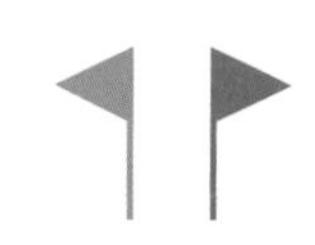

정답 : ______ 명

2. 3개의 지갑에 같은 금액의 돈이 들어가도록 나눠 보세요. 각 지갑에 돈이 얼마씩 들어갈까요?

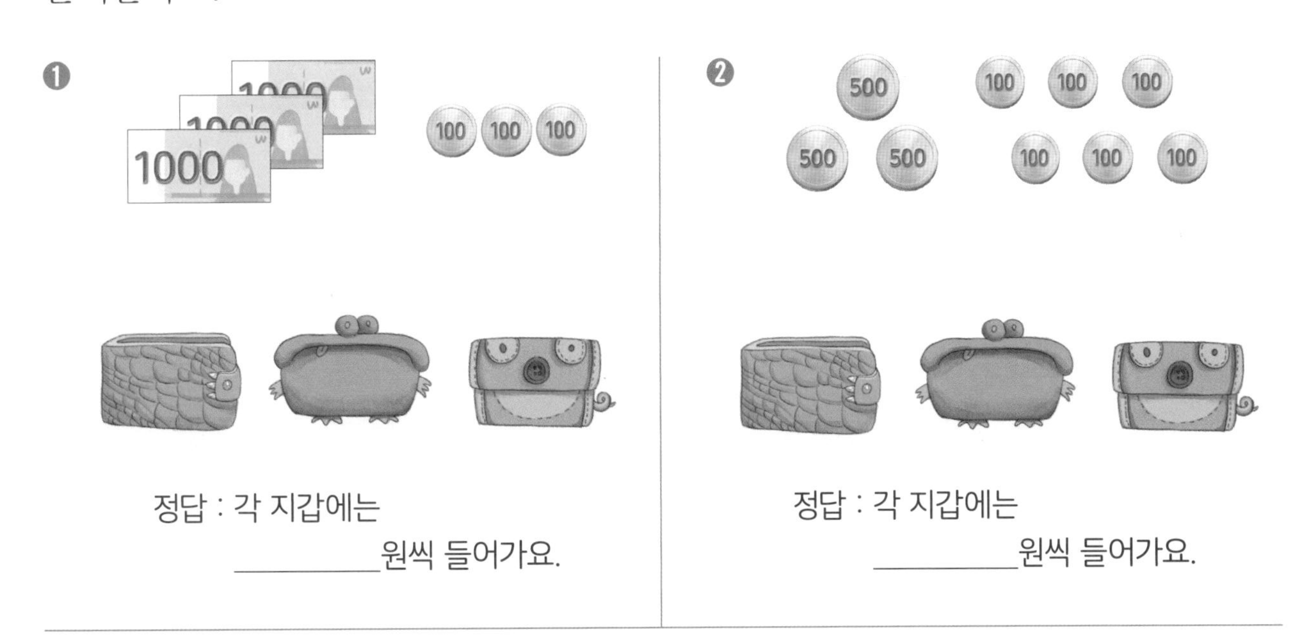

❶ 정답 : 각 지갑에는 ________원씩 들어가요.

❷ 정답 : 각 지갑에는 ________원씩 들어가요.

❸

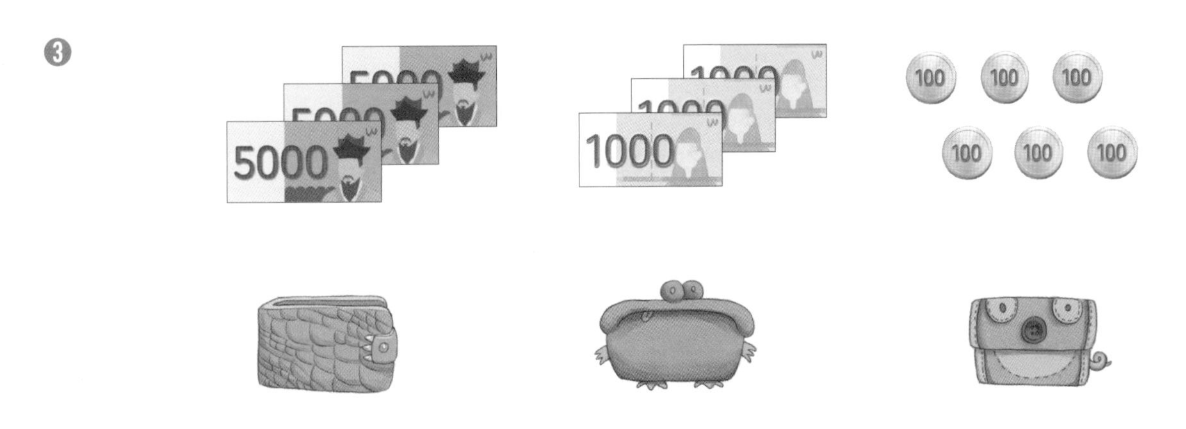

정답 : 각 지갑에는 ________원씩 들어가요.

3. 엠마는 진주 12개를 가지고 액세서리를 만들려고 해요.
진주를 몇 개씩 사용할 수 있을까요?
단, 진주를 같은 개수로 사용해야 해요.

❶ 액세서리 4개를 만든다면?

정답 : ____________________

❷ 액세서리 3개를 만든다면?

정답 : ____________________

선 2개를 그어 아래 사각형을 3부분으로 나누어 각 영역에 있는 수의 합이 같아지도록 만들어 보세요.

11 5 13
3
6
14 19 2 17

4. 아래 글을 읽고 답을 구해 보세요.

❶ 띠에 선을 그어 똑같이 2부분으로 나누어 보세요.

❷ 띠에 선을 그어 똑같이 4부분으로 나누어 보세요.

❸ 띠에 선을 그어 똑같이 6부분으로 나누어 보세요.

❹ 띠에 선을 그어 똑같이 9부분으로 나누어 보세요.

5. 아서, 케일, 닉에게 다음 스티커를 똑같이 나누어 주려고 해요. 아이들은 같은 모양의 스티커를 몇 장씩 받을 수 있을까요?

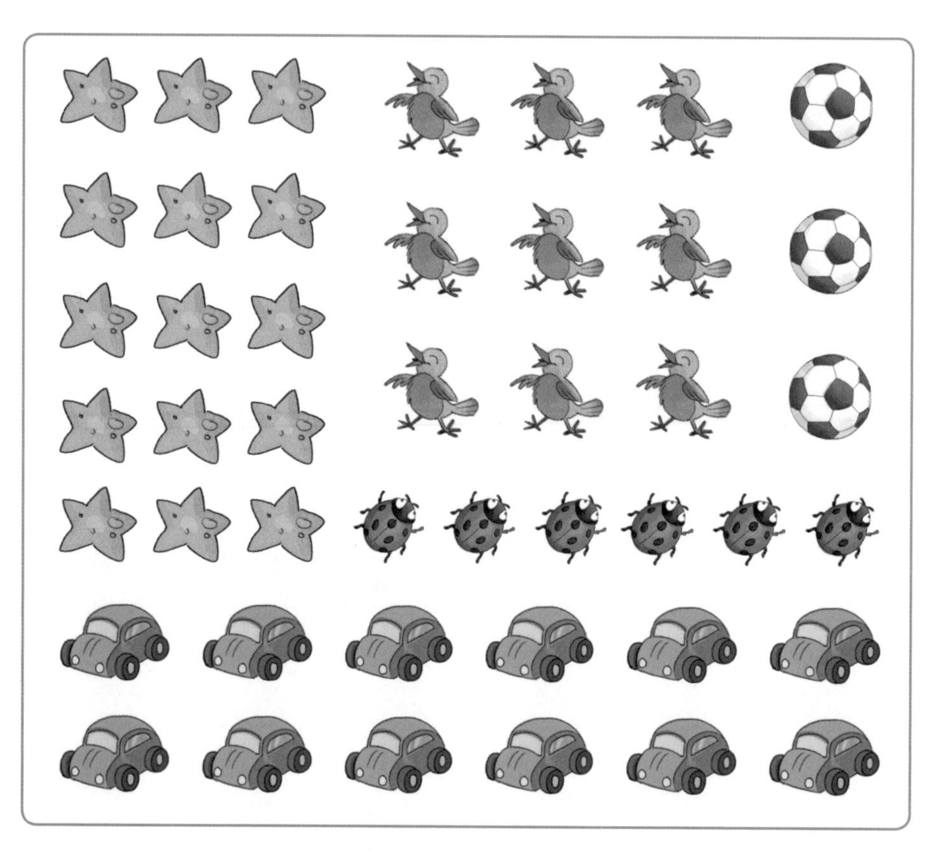

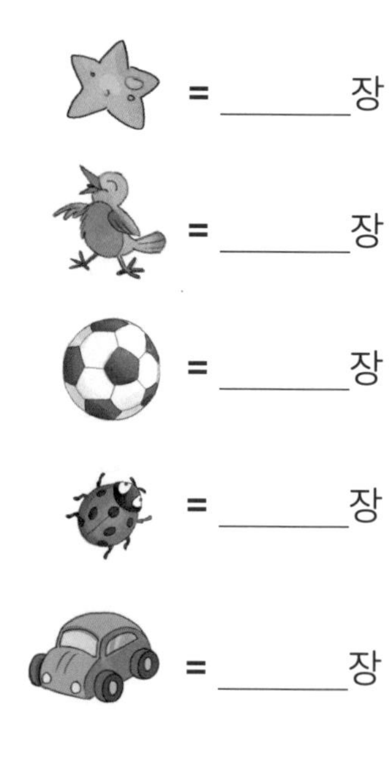

6. 빈칸에 알맞은 수를 써넣어 보세요.

12 = 4 × ______	12 × ______ = 24	______ × 10 = 50
16 = 2 × ______	11 × ______ = 99	______ × 15 = 45
40 = 5 × ______	12 × ______ = 36	______ × 16 = 32
32 = 8 × ______	13 × ______ = 39	______ × 17 = 51
36 = 4 × ______	12 × ______ = 48	______ × 11 = 55

7. 구슬 2개의 위치를 바꾸면 구슬로 엮은 줄을 똑같이 3부분으로 나눌 수 있어요. 위치를 바꾸어야 할 구슬에 X표 해 보세요.

❶ 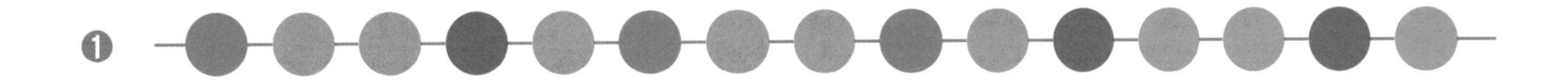

❷ 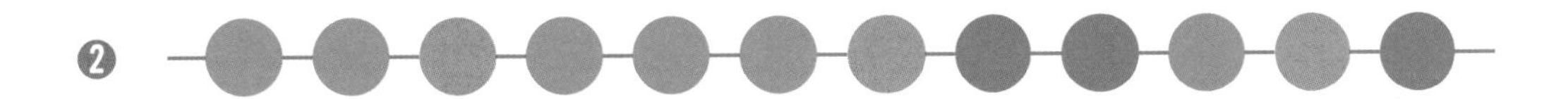

❸ 

한 번 더 연습해요!

1. 사과를 아래 접시에 똑같이 담아 보세요. 한 접시에 사과를 몇 개씩 담을 수 있을까요?

❶ 

정답 : ______개

❷ 

정답 : ______개

2 나눗셈식 쓰기와 검산

사탕 12개를 아이 3명에게 똑같이 나누어 주려고 해요. 아이 1명당 사탕을 몇 개씩 받을 수 있을까요?

사과 10개를 접시 2개에 똑같이 나누어 담으려고 해요. 접시 1개에 사과를 몇 개씩 담을까요?

분수를 이용하여 12를 3으로 나누는 식을 쓸 수 있어요.

$\frac{12}{3} = 4$

- 12: 나누어야 할 물건의 수
- 4: 아이 1명이 가지는 물건의 수
- 3: 물건을 나누어 줄 아이의 수

÷를 이용하여 12를 3으로 나누는 식을 쓸 수 있어요. $12 \div 3 = 4$

정답 : 아이 1명당 사탕을 4개씩 받아요.

$3 \times 4 = 12$라는 곱셈식으로 나눗셈 $\frac{12}{3} = 4$가 맞는지 검산할 수 있어요.

$\frac{10}{2} = 5$ 또는 $10 \div 2 = 5$

정답 : 사과 5개

검산 : $2 \times 5 = 10$

1. 아래 간식을 똑같이 나누려고 해요. 나누려는 간식의 수를 분수 위 칸에 쓰고 나누어 줄 아이의 수를 분수 아래 칸에 써 보세요.

❶ 

$\frac{\square}{\square}$

❷ 

$\frac{\square}{\square}$

2. 접시에 사과를 똑같이 나누어 담으려고 해요. 분수를 이용하여 알맞은 식을 세워 답을 구한 후, 곱셈을 이용해 검산해 보세요.

❶ 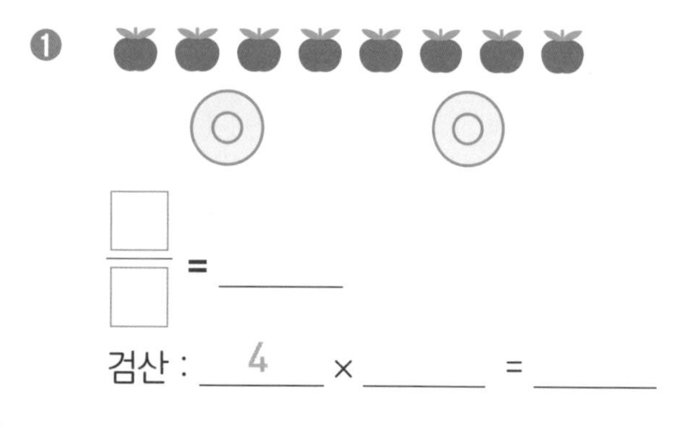

$\frac{\square}{\square}$ = ______

검산 : __4__ × ______ = ______

❷ 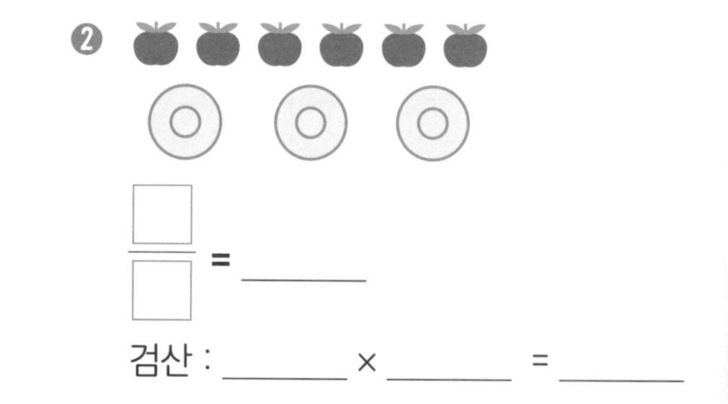

$\frac{\square}{\square}$ = ______

검산 : ______ × ______ = ______

3. 그림을 보고 알맞은 나눗셈식을 2가지 방법으로 써 보세요. 그리고 곱셈을 이용해 검산해 보세요.

❶ 6개를 3개씩 나누어요.

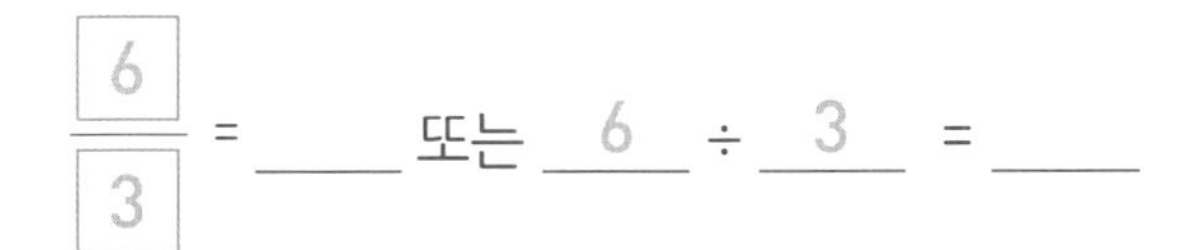

$\frac{6}{3}$ = ____ 또는 6 ÷ 3 = ____

검산 : ____ × ____ = ____

❷ 10개를 5개씩 나누어요.

$\frac{\square}{\square}$ = ____ 또는 ____ ÷ ____ = ____

검산 : ____ × ____ = ____

❸ 12개를 6개씩 나누어요.

$\frac{\square}{\square}$ = ____ 또는 ____ ÷ ____ = ____

검산 : ____ × ____ = ____

❹ 16개를 2개씩 나누어요.

$\frac{\square}{\square}$ = ____ 또는 ____ ÷ ____ = ____

검산 : ____ × ____ = ____

4. 아래 글을 읽고 분수를 이용하여 알맞은 식을 세워 답을 구해 보세요.

❶ 엠마와 알렉이 사탕 20개를 똑같이 나누려고 해요. 엠마와 알렉은 사탕을 몇 개씩 가질 수 있을까요?

식 : ______________________

정답 : ______________________

❷ 아이 3명이 사탕 15개를 똑같이 나누려고 해요. 아이 1명당 사탕을 몇 개씩 가질 수 있을까요?

식 : ______________________

정답 : ______________________

❸ 엄마가 아이 4명에게 사탕 12개를 똑같이 나누어 주려고 해요. 아이 1명당 사탕을 몇 개씩 가질 수 있을까요?

식 : ______________________

정답 : ______________________

❹ 루이스와 미리암, 그리고 3명의 친구가 사탕 25개를 똑같이 나누려고 해요. 사탕을 몇 개씩 받을 수 있을까요?

식 : ______________________

정답 : ______________________

5. 알맞은 나눗셈값을 찾아 선으로 이어 보세요. 그리고 곱셈식을 이용해 검산해 보세요.

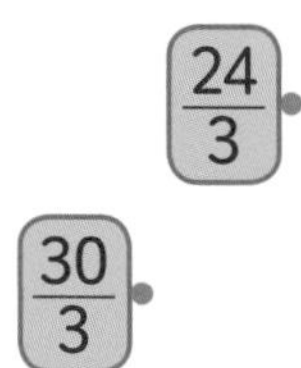

$\frac{18}{6}$

10 →	____ × ____	= ____
8 →	____ × ____	= ____
1 →	____ × ____	= ____
4 →	____ × ____	= ____
3 →	____ × ____	= ____

6. 계산 과정을 그림으로 나타낸 후 알맞은 식을 세워 답을 구해 보세요.

❶ 한 봉지에 비스킷이 21개 들어 있어요. 접시 3개에 똑같이 나눠 담는다면 한 접시에 비스킷을 몇 개씩 담을 수 있을까요?

식 : ____________

정답 : ____________

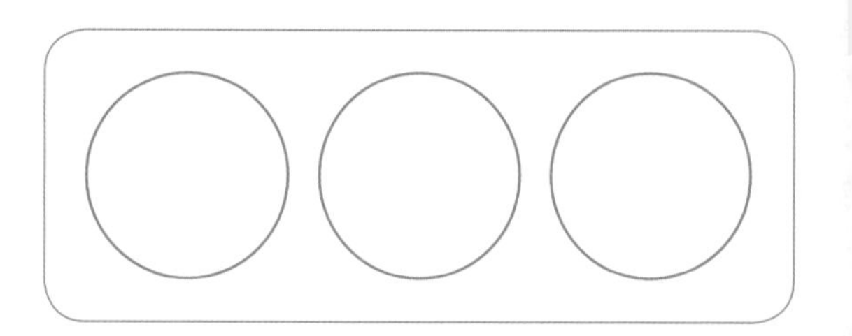

❷ 한 봉지에 비스킷이 24개 들어 있어요. 접시 6개에 똑같이 나눠 담는다면 한 접시에 비스킷을 몇 개씩 담을 수 있을까요?

식 : ____________

정답 : ____________

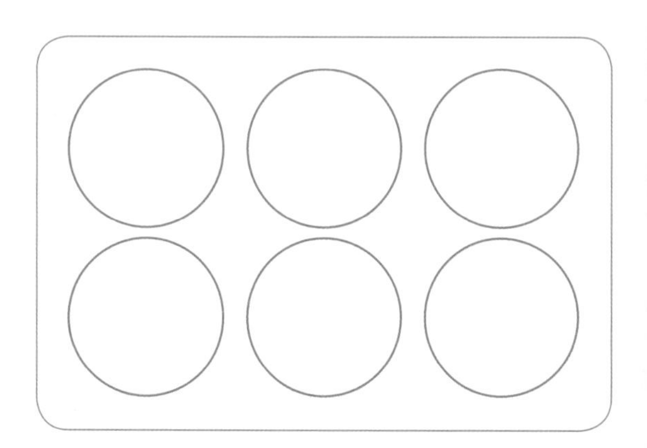

7. 그림이 들어간 식을 보고 그림의 값을 구해 보세요.

 +  = 10

 ÷  = 4

 = ______  = ______

8. 아래 글을 읽고 답을 구해 보세요.

가로 또는 세로 방향으로 나란히 있는 수를 곱하거나 나눌 때 식이 성립하는 수를 오른쪽 표에서 찾아보세요. 같은 수가 여러 식에 쓰일 수 있어요. 모두 8개를 찾아 색칠해 보세요.

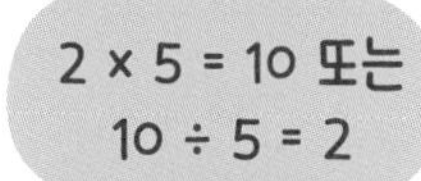

7	18	9	2	8	40	4	6
5	4	8	5	30	9	7	44
64	40	5	10	8	6	8	48
15	9	35	4	6	34	56	5
5	8	40	5	32	50	10	6
3	9	10	27	9	3	45	5
20	4	8	32	6	32	8	30

한 번 더 연습해요!

1. 그림을 보고 알맞은 나눗셈식을 2가지 방법으로 써 보세요. 그리고 곱셈을 이용해 검산해 보세요.

❶ 8개를 4개씩 나누어요.

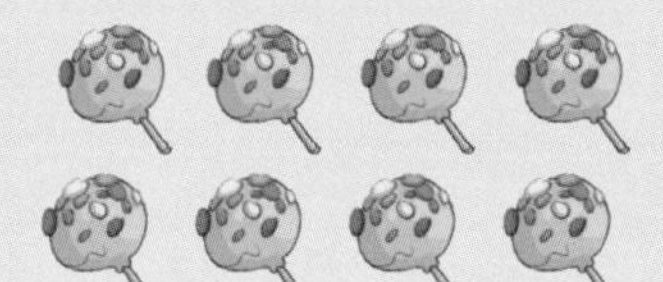

$\frac{\square}{\square}$ = ____ 또는 ____ ÷ ____ = ____

검산 : ____ × ____ = ____

❷ 10개를 2개씩 나누어요.

$\frac{\square}{\square}$ = ____ 또는 ____ ÷ ____ = ____

검산 : ____ × ____ = ____

❸ 12개를 6개씩 나누어요.

$\frac{\square}{\square}$ = ____ 또는 ____ ÷ ____ = ____

검산 : ____ × ____ = ____

❹ 14개를 7개씩 나누어요.

$\frac{\square}{\square}$ = ____ 또는 ____ ÷ ____ = ____

검산 : ____ × ____ = ____

2. 스티커 16장을 똑같이 나누려고 해요.

❶ 2명에게 나누어 준다면? ____ ÷ ____ = ____ 정답 : ________

❷ 4명에게 나누어 준다면? ____ ÷ ____ = ____ 정답 : ________

3 나누어지는 수, 나누는 수, 몫

$\frac{15}{5} = 3$ ← 몫

(15: 나누어지는 수, 5: 나누는 수)

5명이 비스킷 15개를 똑같이 나누려고 해요. 한 사람당 몇 개씩 먹을 수 있을까요?

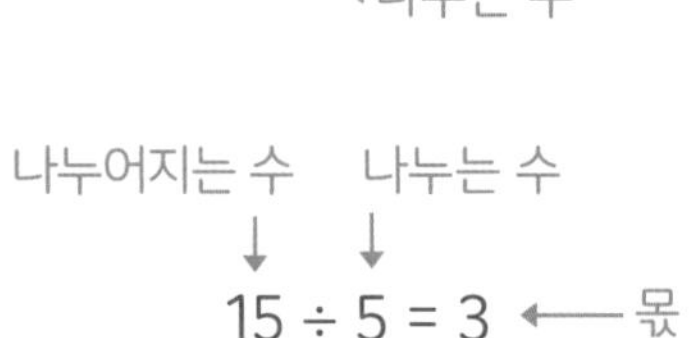

검산 : 5 x 3 = 15

몫을 찾을 때 오른쪽에 있는 곱셈표를 이용해도 좋아요.

1. 파란 줄에서 나누는 수 5를 찾아요.
2. 5단에서 나누어지는 수 15를 찾아요.
3. 15에서 노란 줄까지 쭉 올라가요.
   노란 줄의 3이 몫이에요.

×	1	2	3	4	5	6	7	8	9	10
1	1	2	3	4	5	6	7	8	9	10
2	2	4	6	8	10	12	14	16	18	20
3	3	6	9	12	15	18	21	24	27	30
4	4	8	12	16	20	24	28	32	36	40
5	5	10	15	20	25	30	35	40	45	50
6	6	12	18	24	30	36	42	48	54	60
7	7	14	21	28	35	42	49	56	63	70
8	8	16	24	32	40	48	56	64	72	80
9	9	18	27	36	45	54	63	72	81	90
10	10	20	30	40	50	60	70	80	90	100

1. 나누어지는 수, 나누는 수, 몫을 찾아 빈칸에 써넣어 보세요.

❶ $\frac{6}{2} = 3$ ← ________

(6 ← ________, 2 ← ________)

❷ 20 ÷ 4 = 5 ← ________

(20 ← ________, 4 ← ________)

2. 다음 글을 읽고 답을 구해 보세요.

❶ 선생님은 시에나, 줄스, 엘라에게 연필 6개를 똑같이 나누어 주었어요. 1명당 2개씩 연필을 받았어요.

나누어지는 수 ______ 나누는 수 ______ 몫 ______

❷ 알렉, 엠마, 미리암, 안나는 함께 보드게임을 해요. 카드 52장을 똑같이 나누어서 각자 13장씩 받았어요.

나누어지는 수 ______ 나누는 수 ______ 몫 ______

3. 나눗셈식을 2가지 방법으로 쓰고 몫을 계산해 보세요. 곱셈표를 이용해도 좋아요. 곱셈식을 이용하여 검산해 보세요.

❶ 8개를 2개씩 나누어요.

$\frac{\square}{\square}$ = ____ 또는 ____ ÷ ____ = ____

검산 : ____ × ____ = ____

❷ 12개를 4개씩 나누어요.

$\frac{\square}{\square}$ = ____ 또는 ____ ÷ ____ = ____

검산 : ____ × ____ = ____

4. 몫을 계산해 보세요. 곱셈표를 이용해도 좋아요.

20 ÷ 5 = ____
12 ÷ 2 = ____
20 ÷ 4 = ____
18 ÷ 3 = ____
60 ÷ 6 = ____

18 ÷ 6 = ____
35 ÷ 5 = ____
28 ÷ 4 = ____
42 ÷ 6 = ____
49 ÷ 7 = ____

64 ÷ 8 = ____
56 ÷ 7 = ____
48 ÷ 6 = ____
72 ÷ 9 = ____
54 ÷ 6 = ____

5. 아래 글을 읽고 분수를 이용하여 알맞은 식을 세워 답을 구해 보세요.

❶ 사탕 50봉지를 판매대 5개에 똑같이 나누어 진열하려고 해요. 판매대당 몇 봉지씩 진열할 수 있을까요?

식 : ____

정답 : ____

❷ 비스킷 통 20개를 판매대 4개에 똑같이 나누어 진열하려고 해요. 판매대당 몇 개씩 진열할 수 있을까요?

식 : ____

정답 : ____

더 생각해 보아요!

선 2개를 그어 아래 사각형을 3부분으로 나누어 각 영역에 있는 수의 곱이 같아지도록 만들어 보세요.

4	3	6	2	4	2	12	1

6. 암산을 연습해 보세요. 한 사람당 스티커를 몇 장씩 가질 수 있을까요?

❶ 스티커 12장을 6명에게 나누어 주면? 정답 : ______

❷ 스티커 14장을 2명에게 나누어 주면? 정답 : ______

❸ 스티커 20장을 5명에게 나누어 주면? 정답 : ______

❹ 스티커 24장을 3명에게 나누어 주면? 정답 : ______

❺ 스티커 30장을 6명에게 나누어 주면? 정답 : ______

❻ 스티커 45장을 5명에게 나누어 주면? 정답 : ______

7. 아래 사각형을 한 번에 하나씩, 번호순으로 색칠해 보세요. 꼭짓점 또는 모서리에서 색깔이 만날 수 있어요. 색칠하기 전에 아래 색칠하는 방법을 차근차근 읽어 보세요.

<색칠하는 방법>

- 빨간색과 만나지 않으면 빨간색으로 색칠하세요.
- 빨간색과 만나고, 초록색과 만나지 않으면 초록색으로 색칠하세요.
- 빨간색과 초록색을 둘 다 만나고, 파란색과 만나지 않으면 파란색으로 색칠하세요.
- 파란색, 초록색, 빨간색을 모두 만나면 노란색으로 색칠하세요.

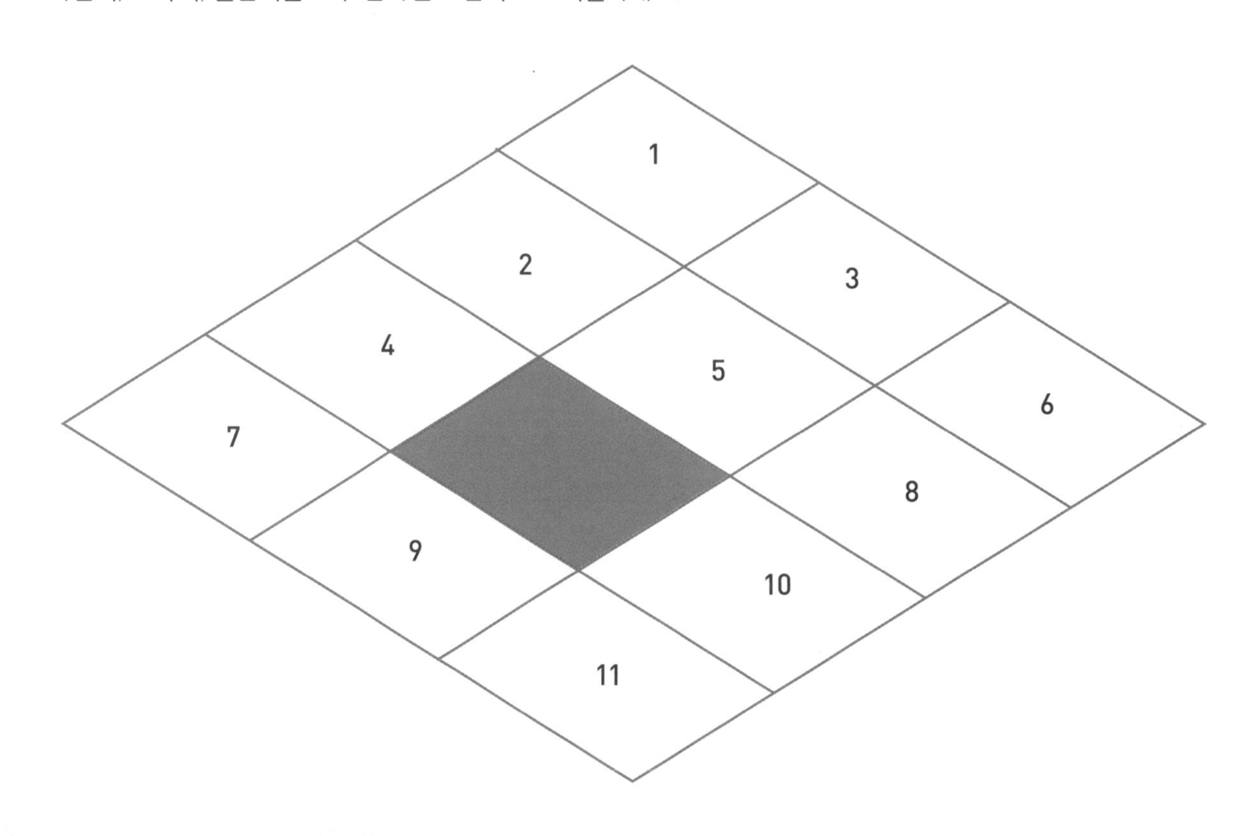

8. 나눗셈식이 성립하도록 알맞은 수를 찾아 아래 빈칸에 써넣어 보세요.
나누어떨어지고, 몫이 나누는 수보다 커요. 각 수는 한 번씩만 사용할 수 있어요.

_____ ÷ _____ = _____

_____ ÷ _____ = _____

_____ ÷ _____ = _____

_____ ÷ _____ = _____

9. 나누는 수가 4, 몫이 9가 되는 나눗셈으로 서술형 문제를 만들어 보세요.

____

____

____

____

한 번 더 연습해요!

1. 나눗셈식을 2가지 방법으로 쓰고 몫을 계산해 보세요. 곱셈표를 이용해도 좋아요.

❶ 나누어지는 수는 8이고, 나누는 수는 4예요.

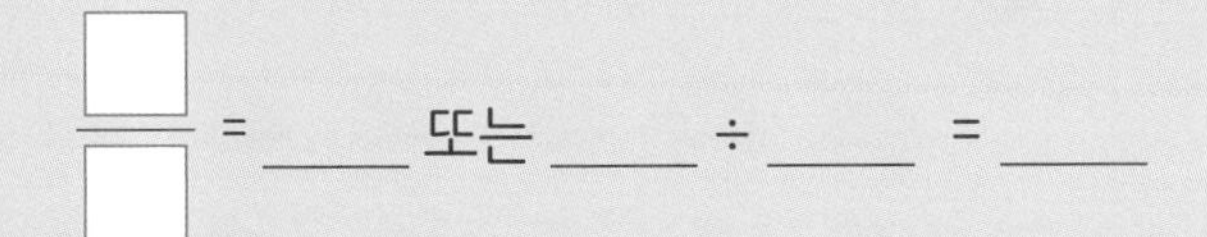

$\frac{\square}{\square}$ = _____ 또는 _____ ÷ _____ = _____

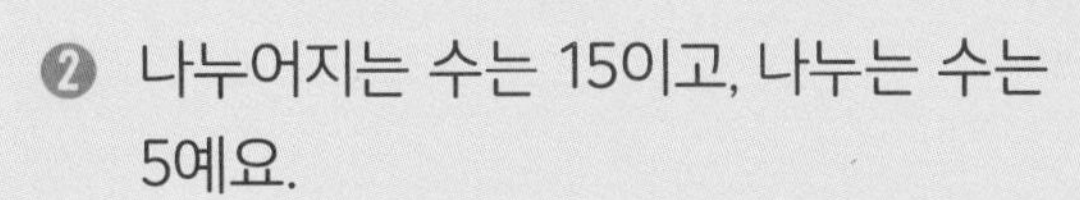

❷ 나누어지는 수는 15이고, 나누는 수는 5예요.

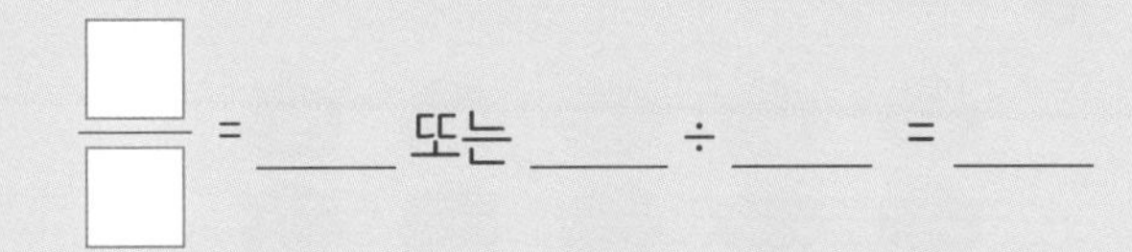

$\frac{\square}{\square}$ = _____ 또는 _____ ÷ _____ = _____

❸ 나누어지는 수는 16이고, 나누는 수는 2예요.

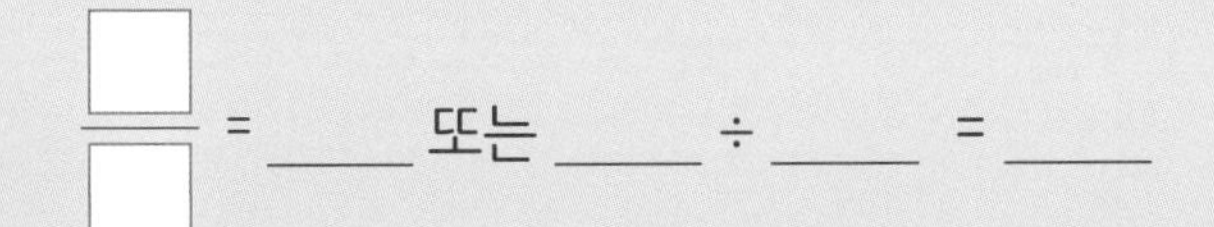

$\frac{\square}{\square}$ = _____ 또는 _____ ÷ _____ = _____

❹ 나누어지는 수는 20이고, 나누는 수는 4예요.

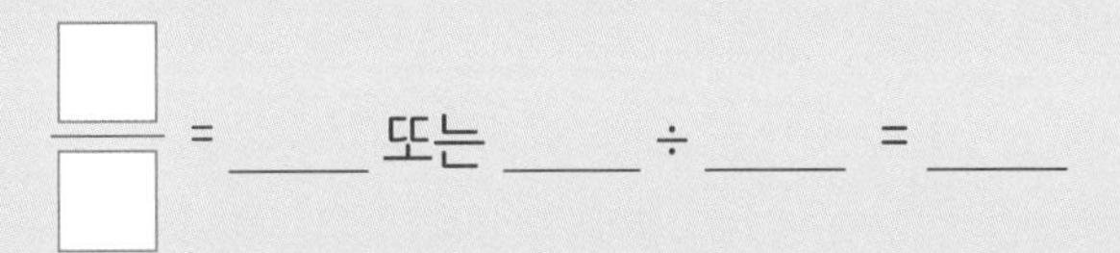

$\frac{\square}{\square}$ = _____ 또는 _____ ÷ _____ = _____

4 몇 번 나누어지나요?

빵 20개를 5개씩 나누려고 해요. 봉지가 몇 개 필요할까요?

$\frac{20}{5} = 4$ 또는 $20 \div 5 = 4$

정답 : 4개

5는 20을 4번 나눌 수 있어요.

검산 : $5 \times 4 = 20$

1. 그림에 있는 빵을 봉지에 나누어 담으려고 해요. 봉지가 몇 개 필요할까요? 알맞은 식을 세워 답을 구해 보세요. 그리고 곱셈을 이용해 검산해 보세요.

❶ 봉지 1개에 3개씩 담는다면?

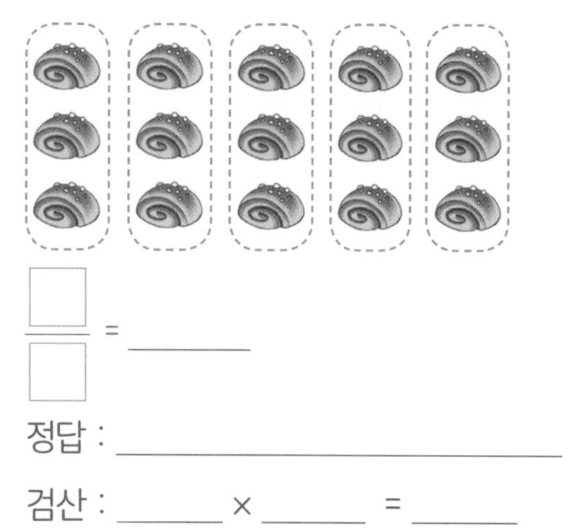

□/□ = ______

정답 : ______________

검산 : ______ × ______ = ______

❷ 봉지 1개에 6개씩 담는다면?

□/□ = ______

정답 : ______________

검산 : ______ × ______ = ______

❸ 봉지 1개에 4개씩 담는다면?

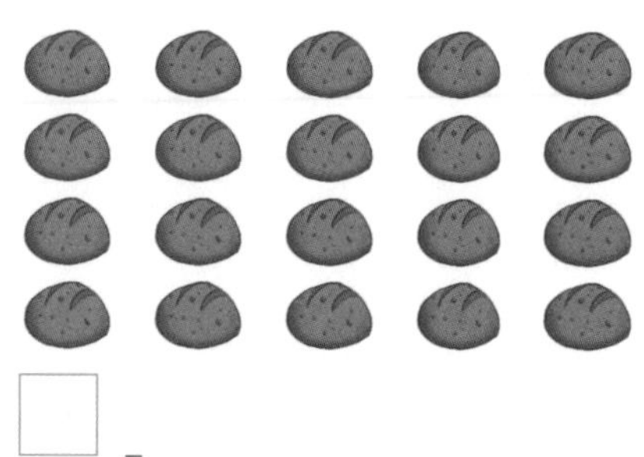

□/□ = ______

정답 : ______________

검산 : ______ × ______ = ______

❹ 봉지 1개에 2개씩 담는다면?

□/□ = ______

정답 : ______________

검산 : ______ × ______ = ______

2. 아래 글을 읽고 알맞은 식을 세워 답을 구한 후, 애벌레에서 찾아 ○표 해 보세요.

❶ 알렉은 페스츄리 9개를 상자에 나누어 담으려고 해요. 한 상자에 페스츄리를 3개씩 담으면 상자가 몇 개 필요할까요?

식 :

정답 :

❷ 엠마는 페스츄리 12개를 상자에 나누어 담으려고 해요. 한 상자에 페스츄리를 2개씩 담으면 상자가 몇 개 필요할까요?

식 :

정답 :

❸ 엄마는 번 24개를 6개씩 봉지에 나누어 담으려고 해요. 봉지가 몇 개 필요할까요?

식 :

정답 :

❹ 제빵사에게 사과가 21개 있어요. 파이를 1개 구울 때마다 사과가 3개씩 필요해요. 제빵사는 파이를 몇 개 구울 수 있을까요?

식 :

정답 :

❺ 제빵사에게 달걀 60개가 있어요. 케이크 1개당 달걀이 6개씩 필요해요. 제빵사는 케이크를 몇 개 만들 수 있을까요?

식 :

정답 :

❻ 엠마에게 초콜릿 32조각이 있어요. 페스츄리 1개당 초콜릿 4조각이 필요해요. 엠마는 페스츄리를 몇 개 만들 수 있을까요?

식 :

정답 :

3　4　5　6　7　8　10　12

더 생각해 보아요!

앤과 엠마는 각각 사탕을 1봉지씩 가지고 있어요. 각 사탕 봉지에는 사탕이 40개보다 적게 들어 있어요. 앤이 가진 사탕은 6명에게 똑같이 나누어 줄 수 있어요. 엠마의 사탕 봉지에는 앤보다 사탕이 1개 적게 들어 있으며, 7명에게 똑같이 나누어 줄 수 있어요. 엠마의 사탕 봉지에는 사탕이 몇 개 들어 있을까요?

정답 :

3. 나눗셈값이 같은 것끼리 선으로 이어 보세요.

$\frac{16}{2}$		3
$\frac{16}{4}$		4
$\frac{12}{2}$		6
$\frac{15}{3}$		8
$\frac{12}{4}$		5
$\frac{18}{2}$		9

4. 아래 단서를 읽고 항아리 안의 토핑 맛을 알아내 빈칸에 써넣어 보세요.

______

______

______

______

______

- 초콜릿 : 6으로 4번 나눌 수 있어요.
- 딸기 : 5로 5번 나눌 수 있어요.
- 감초 : 2로 8번 나눌 수 있어요.
- 레몬 : 8로 1번 나눌 수 있어요.
- 라즈베리 : 10으로 5번 나눌 수 있어요.
- 배 : 16으로 2번 나눌 수 있어요.

______

5. 3학년 학생은 24명 있어요. 각 팀의 인원이 아래와 같다면 몇 개의 팀을 만들 수 있을까요?

❶ 2명 ______ ❷ 3명 ______ ❸ 4명 ______ ❹ 6명 ______ ❺ 8명 ______

6. 다음 도형을 똑같이 4부분으로 나누어 보세요.

❶

❷ 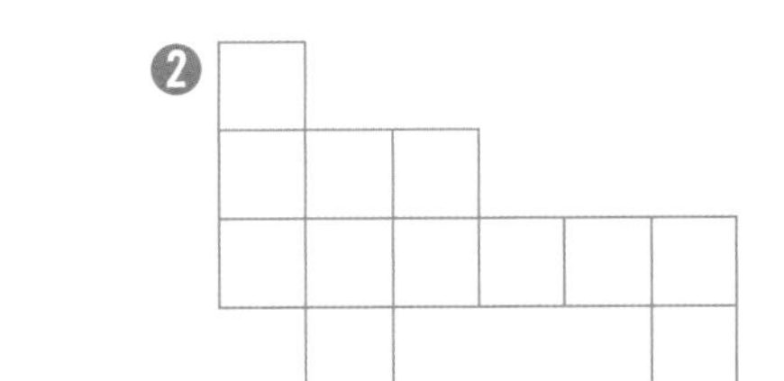

❸ 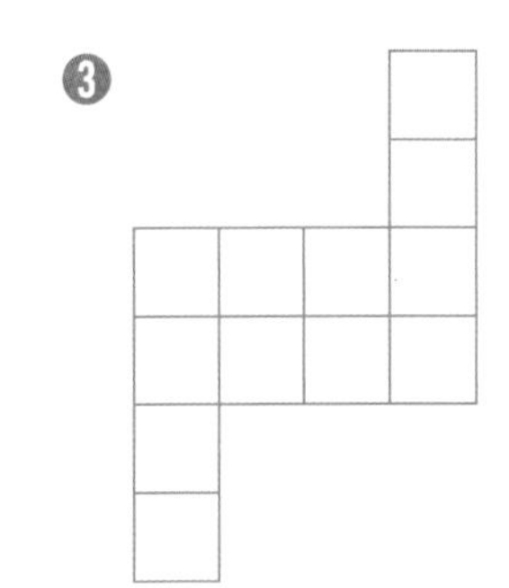

❹ 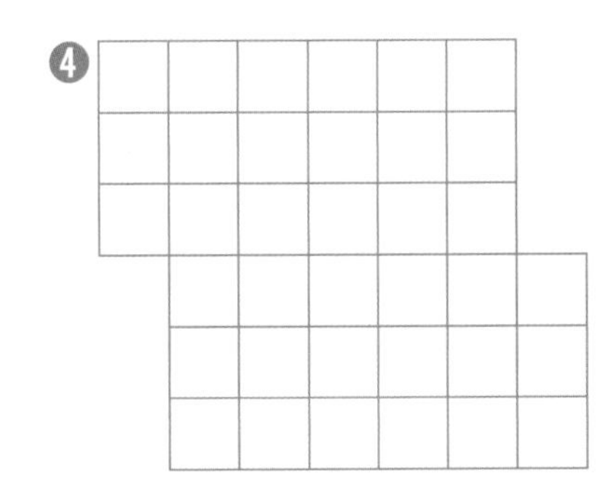

❺ 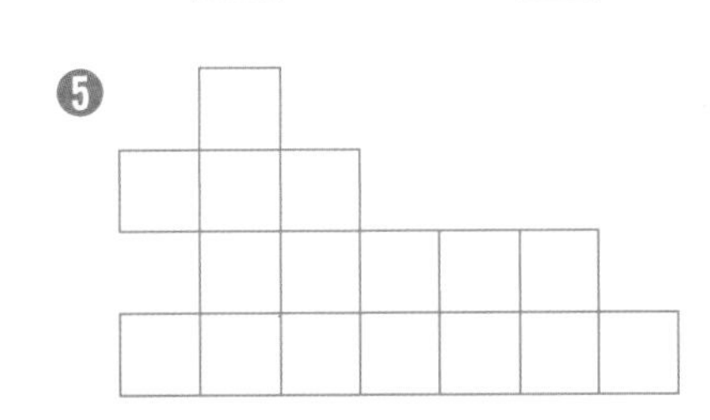

한 번 더 연습해요!

1. 그림에 있는 빵을 상자에 나누어 담으려고 해요. 상자가 몇 개 필요할까요? 알맞은 식을 세워 답을 구한 후, 곱셈을 이용해 검산해 보세요.

❶ 상자 1개에 페스츄리를 3개씩 담는다면?

$\frac{\square}{\square}$ = ______

정답 : ______________________

검산 : ______ × ______ = ______

❷ 상자 1개에 컵케이크를 9개씩 담는다면?

$\frac{\square}{\square}$ = ______

정답 : ______________________

검산 : ______ × ______ = ______

2. 아래 글을 읽고 알맞은 식을 세워 답을 구해 보세요.

엠마는 번 16개를 봉지에 8개씩 나누어 담으려고 해요. 봉지가 몇 개 필요할까요?

식 : ______________________

정답 : ______________________

5 나눗셈으로 돈 계산하기

돌림판을 돌리는 데 200원이 들어요.
1000원을 가지고 있다면 돌림판을
몇 번 돌릴 수 있을까요?

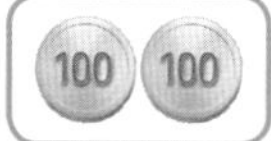 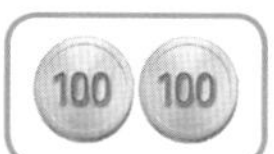 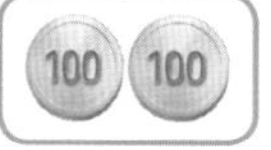 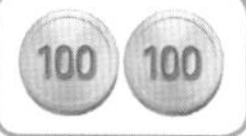

$\frac{1000원}{200원} = 5$ 또는 $1000 \div 200 = 5$

정답 : 5번

검산 : 200원 x 5 = 1000원

1000원은 200원을 5번 나눌 수 있어요.

1. 그림을 보고 계산한 후, 답이 맞는지 검산해 보세요.

❶ 

$\frac{800원}{200원}$ = ________

검산 : __200원__ × ________ = __800원__

❷    

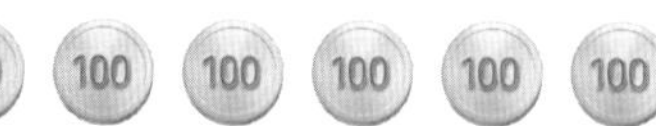

$\frac{1200원}{300원}$ = ________

검산 : ________ × ________ = ________

❸ 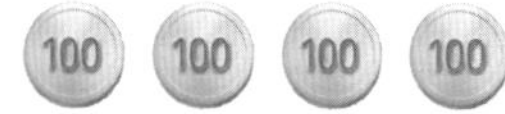

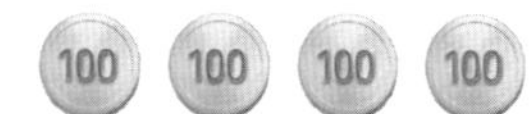

$\frac{800원}{400원}$ = ________

검산 : ________ × ________ = ________

❹ 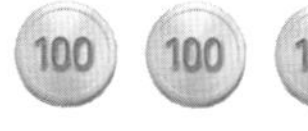 

$\frac{1000원}{500원}$ = ________

검산 : ________ × ________ = ________

❺ 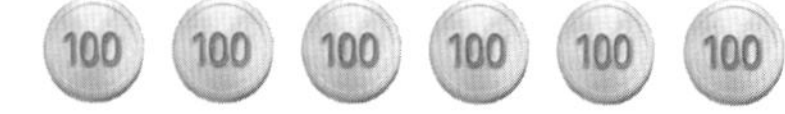

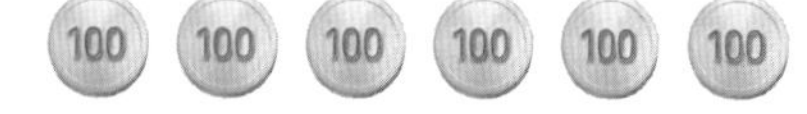

$\frac{1200원}{200원}$ = ________

검산 : ________ × ________ = ________

❻   

$\frac{1400원}{700원}$ = ________

검산 : ________ × ________ = ________

2. 계산한 후 곱셈식을 이용해 검산해 보세요.

❶ $\frac{4000원}{400원}$ = ______

검산 : ______ × ______ = ______

❷ $\frac{4000원}{800원}$ = ______

검산 : ______ × ______ = ______

❸ $\frac{4000원}{1000원}$ = ______

검산 : ______ × ______ = ______

3. 아래 글을 읽고 알맞은 식을 세워 답을 구한 후, 애벌레에서 찾아 ◯표 해 보세요.

❶ 연필이 1자루에 200원이에요. 1800원이 있다면 연필을 몇 자루까지 살 수 있을까요?

식 : ______

정답 : ______

❷ 파이가 1개에 600원이에요. 3000원이 있다면 파이를 몇 개까지 살 수 있을까요?

식 : ______

정답 : ______

❸ 번이 1개에 400원이에요. 3200원이 있다면 번을 몇 개까지 살 수 있을까요?

식 : ______

정답 : ______

❹ 도넛이 1개에 900원이에요. 3600원이 있다면 도넛을 몇 개까지 살 수 있을까요?

식 : ______

정답 : ______

3 4 5 6 8 9

4. 계산한 후 답에 해당하는 알파벳을 아래 수직선에서 찾아 빈칸에 써넣어 보세요.

20 ÷ 5 = ______ □

25 ÷ 5 = ______ □

0 ÷ 5 = ______ □

16 ÷ 4 = ______ □

28 ÷ 7 = ______ □

20 ÷ 10 = ______ □

42 ÷ 6 = ______ □

16 ÷ 8 = ______ □

20 ÷ 2 = ______ □

18 ÷ 3 = ______ □

30 ÷ 6 = ______ □

8 ÷ 4 = ______ □

32 ÷ 4 = ______ □

18 ÷ 2 = ______ □

12 ÷ 4 = ______ □

10 ÷ 5 = ______ □

10 ÷ 10 = ______ □

0	1	2	3	4	5	6	7	8	9	10
O	W	E	H	S	N	I	L	V	A	C

5. 아래 글을 읽고 답을 구해 보세요. 알렉 엄마에게 3600원이 있어요.

❶ 복권이 1장에 200원이에요. 알렉 엄마는 복권을 몇 장까지 살 수 있을까요?

식 : ______________________

정답 : ______________________

❷ 도넛이 1개에 300원이에요. 알렉 엄마는 도넛을 몇 개까지 살 수 있을까요?

식 : ______________________

정답 : ______________________

❸ 페스츄리 1개가 400원이에요. 알렉 엄마는 페스츄리를 몇 개까지 살 수 있을까요?

식 : ______________________

정답 : ______________________

❹ 볼펜이 1개에 600원이에요. 알렉 엄마는 볼펜을 몇 개까지 살 수 있을까요?

식 : ______________________

정답 : ______________________

❺ 식빵이 1봉지에 1200원이에요. 알렉 엄마는 식빵을 몇 봉지까지 살 수 있을까요?

식 : ______________________

정답 : ______________________

❻ 머핀이 1봉지에 1800원이에요. 알렉 엄마는 머핀을 몇 봉지까지 살 수 있을까요?

식 : ______________________

정답 : ______________________

6. 아래 글을 읽고 답을 구해 보세요.

요나스는 상점에서 정확히 120유로를 쓰려고 해요. 요나스는 배낭과 털모자를 몇 개까지 살 수 있을까요? 가능한 조합 5가지를 만들어 보세요.

☐ × 배낭 + ☐ × 털모자 = 120 €

☐ × 배낭 + ☐ × 털모자 = 120 €

☐ × 배낭 + ☐ × 털모자 = 120 €

☐ × 배낭 + ☐ × 털모자 = 120 €

☐ × 배낭 + ☐ × 털모자 = 120 €

7. 아래 글을 읽고 답을 구해 보세요.

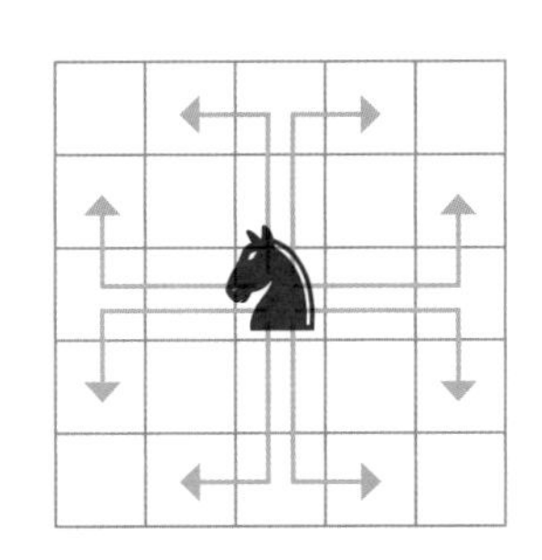

표의 아무 칸에서 시작하여 1부터 차례대로 써 보세요. 단, 체스에서 기사가 움직이는 규칙대로(가로 또는 세로로 2칸, 옆으로 1칸) 움직일 수 있어요. 가능한 한 큰 수에 도달하도록 해 보세요. 마지막에 도달한 수에 O표 해 보세요.

1회

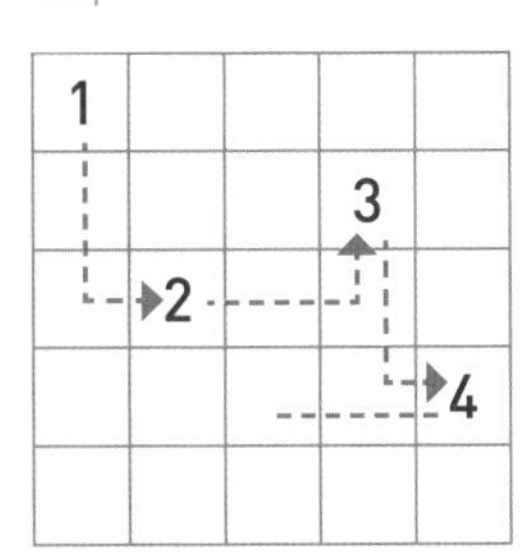

2회

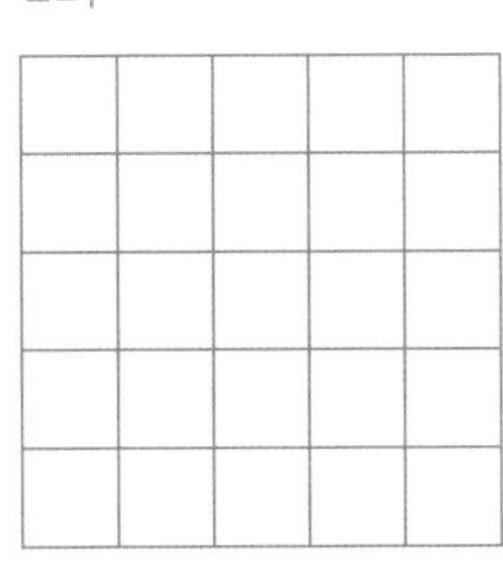

3회

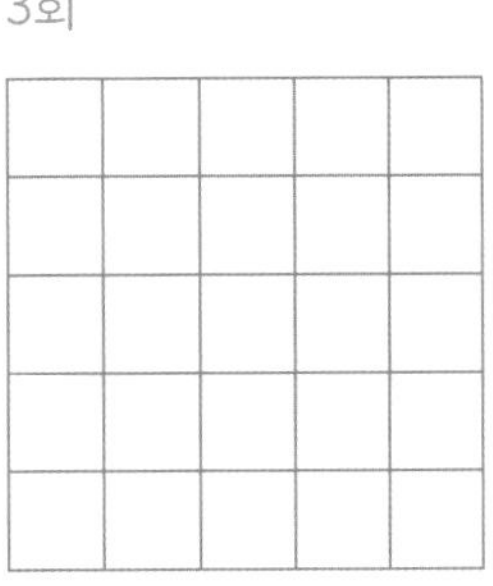

한 번 더 연습해요!

1. 계산한 후, 곱셈식을 이용해서 검산해 보세요.

❶ $\frac{12}{2}$ = ______

검산 : ______ × ______ = ______

❷ $\frac{18}{9}$ = ______

검산 : ______ × ______ = ______

❸ 30 ÷ 6 = ______

검산 : ______ × ______ = ______

❹ 36 ÷ 4 = ______

검산 : ______ × ______ = ______

2. 아래 글을 읽고 알맞은 식을 세워 답을 구해 보세요.

❶ 연필이 1자루에 200원이에요.
2000원으로 연필을 몇 자루까지
살 수 있을까요?

식 : ______

정답 : ______

❷ 도넛이 1개에 800원이에요.
3200원으로 도넛을 몇 개까지
살 수 있을까요?

식 : ______

정답 : ______

연습 문제

____ 월 ____ 일 ____ 요일

1. 나눗셈식을 2가지 방법으로 쓰고 몫을 계산해 보세요. 그리고 곱셈을 이용해 검산해 보세요.

❶ 나누어지는 수는 16이고, 나누는 수는 2예요.

$\frac{\square}{\square}$ = ____ 또는 ____ ÷ ____ = ____

검산 : ____ × ____ = ____

❷ 나누어지는 수는 40이고, 나누는 수는 4예요.

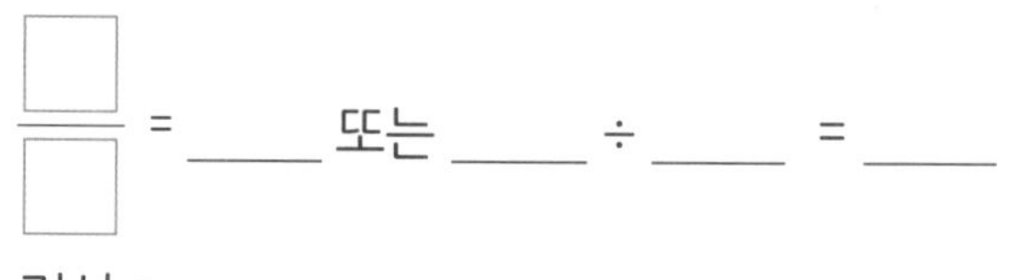

$\frac{\square}{\square}$ = ____ 또는 ____ ÷ ____ = ____

검산 : ____ × ____ = ____

❸ 나누어지는 수는 35이고, 나누는 수는 5예요.

$\frac{\square}{\square}$ = ____ 또는 ____ ÷ ____ = ____

검산 : ____ × ____ = ____

❹ 나누어지는 수는 70이고, 나누는 수는 10이에요.

$\frac{\square}{\square}$ = ____ 또는 ____ ÷ ____ = ____

검산 : ____ × ____ = ____

❺ 나누어지는 수는 28이고, 나누는 수는 7이에요.

$\frac{\square}{\square}$ = ____ 또는 ____ ÷ ____ = ____

검산 : ____ × ____ = ____

❻ 나누어지는 수는 45이고, 나누는 수는 9예요.

$\frac{\square}{\square}$ = ____ 또는 ____ ÷ ____ = ____

검산 : ____ × ____ = ____

2. 계산한 후 답에 해당하는 알파벳을 아래 수직선에서 찾아 빈칸에 써넣어 보세요.

54 ÷ 6 = ____ □

40 ÷ 10 = ____ □

64 ÷ 8 = ____ □

40 ÷ 8 = ____ □

60 ÷ 6 = ____ □

32 ÷ 8 = ____ □

80 ÷ 8 = ____ □

28 ÷ 4 = ____ □

30 ÷ 5 = ____ □

24 ÷ 8 = ____ □

56 ÷ 8 = ____ □

50 ÷ 5 = ____ □

49 ÷ 7 = ____ □

2 ÷ 2 = ____ □

14 ÷ 2 = ____ □

16 ÷ 8 = ____ □

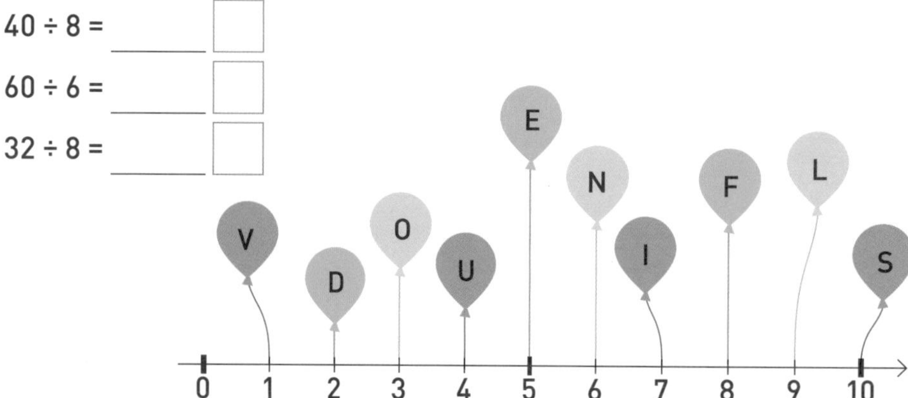

3. 아래 글을 읽고 알맞은 식을 세워 답을 구한 후, 애벌레에서 찾아 ○표 해 보세요.

❶ 알렉은 친구 3명에게 사탕 18개를 똑같이 나누어 주려고 해요. 친구 1명당 사탕을 몇 개씩 받을 수 있을까요?

식 : ______________________

정답 : ______________________

❷ 엄마가 아이들 5명에게 15유로를 똑같이 나누어 주려고 해요. 아이 1명당 얼마를 받을 수 있을까요?

식 : ______________________

정답 : ______________________

❸ 알렉은 머핀 32개를 봉지에 4개씩 나누어 담으려고 해요. 봉지가 몇 개 필요할까요?

식 : ______________________

정답 : ______________________

❹ 엠마는 비스킷 40개를 통에 8개씩 나누어 담으려고 해요. 통이 몇 개 필요할까요?

식 : ______________________

정답 : ______________________

❺ 수잔과 마르커스는 14유로를 똑같이 나누어 가지려고 해요. 한 사람당 얼마씩 가질 수 있을까요?

식 : ______________________

정답 : ______________________

❻ 랜스는 2유로 동전으로 14유로짜리 영화표를 사려고 해요. 2유로 동전이 모두 몇 개 필요할까요?

식 : ______________________

정답 : ______________________

2 €　3 €　7 €　4　5　6　7　8

4. 빈칸에 알맞은 수를 써넣어 보세요.

______ ÷ 2 = 3	20 ÷ ______ = 5	24 ÷ ______ = 2 × 2
______ ÷ 3 = 2	36 ÷ ______ = 6	16 ÷ ______ = 4 × 2
______ ÷ 5 = 3	56 ÷ ______ = 8	18 ÷ ______ = 2 × 3

5. 구슬을 똑같이 나누려고 해요. 한 사람당 몇 개씩 가지게 될까요? 알맞은 식을 세워 답을 구해 보세요.

❶ 구슬 36개를 3명에게 나누면 주면?

$\frac{\square}{\square}$ = ____ 또는 ____ ÷ ____ = ____

검산 : ____ × ____ = ____

❷ 구슬 60개를 5명에게 나누어 주면?

$\frac{\square}{\square}$ = ____ 또는 ____ ÷ ____ = ____

검산 : ____ × ____ = ____

❸ 구슬 44개를 4명에게 나누어 주면?

$\frac{\square}{\square}$ = ____ 또는 ____ ÷ ____ = ____

검산 : ____ × ____ = ____

❹ 구슬 72개를 6명에게 나누어 주면?

$\frac{\square}{\square}$ = ____ 또는 ____ ÷ ____ = ____

검산 : ____ × ____ = ____

6. 다음 글을 읽고 답을 구해 보세요.

아이스크림 가게에서 1컵에 아이스크림 3스쿱을 담아 팔아요. 바나나, 초콜릿, 딸기 맛 3가지가 있어요. 주문할 수 있는 아이스크림의 조합을 모두 색칠해 보세요. 아이스크림을 담는 순서는 상관없어요.

7. 아래 글을 읽고 답을 구해 보세요.

X가 가로, 세로, 대각선으로 1개씩만 있도록 X 4개를 바둑판에 그려 보세요. 2칸, 3칸, 4칸짜리 대각선을 모두 생각해 보세요.

1회

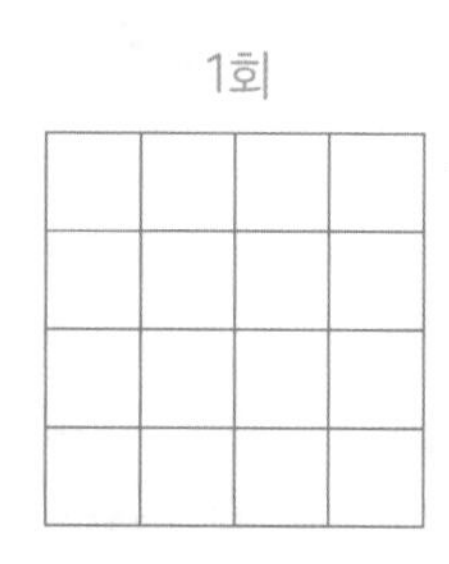

2회

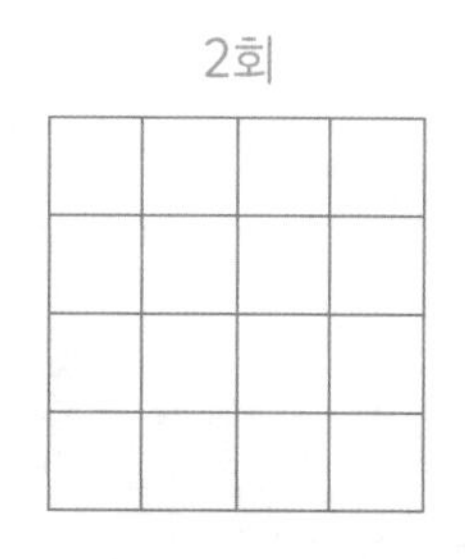

3회

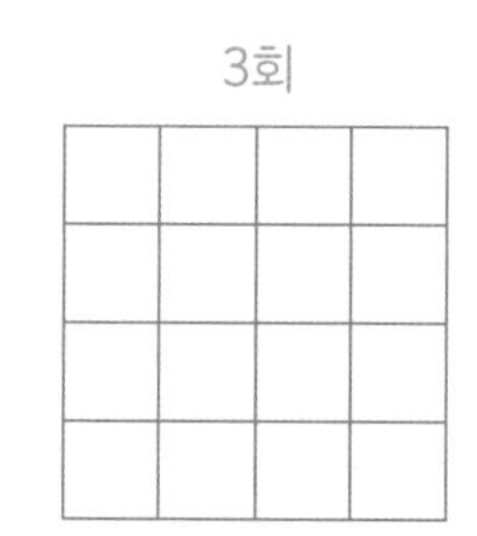

4회

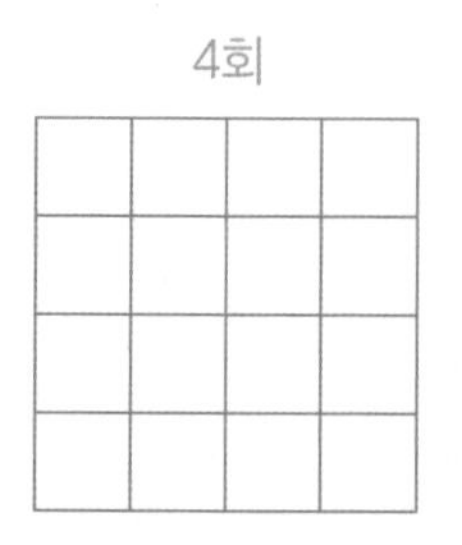

8. 계산해 보세요. 그림과 식을 보고 서술형 문제를 만들어 보세요.

❶ 

10 cm ÷ 2 = ______

______

______

❷

10 cm ÷ 2 cm = ______

______

______

한 번 더 연습해요!

1. 계산해 보세요.

❶ $\frac{14}{2}$ = ______ $\frac{32}{4}$ = ______ $\frac{27}{3}$ = ______ $\frac{35}{7}$ = ______

❷ 50 ÷ 5 = ______ 48 ÷ 8 = ______ 45 ÷ 9 = ______ 36 ÷ 6 = ______

2. 아래 글을 읽고 알맞은 식을 세워 답을 구해 보세요.

❶ 엄마가 아이 4명에게 비스킷 20개를 똑같이 나누어 주려고 해요. 아이 1명당 비스킷을 몇 개씩 받을 수 있을까요?

식 : ______

정답 : ______

❷ 엠마는 연필 24자루를 필통에 8개씩 나누어 담으려고 해요. 필통이 몇 개 필요할까요?

식 : ______

정답 : ______

실력을 평가해 봐요!

____ 월 ____ 일 ____ 요일

1. 알맞은 식을 세워 답을 구해 보세요.

① 엠마와 알렉에게 사탕을 똑같이 나누어 주세요.

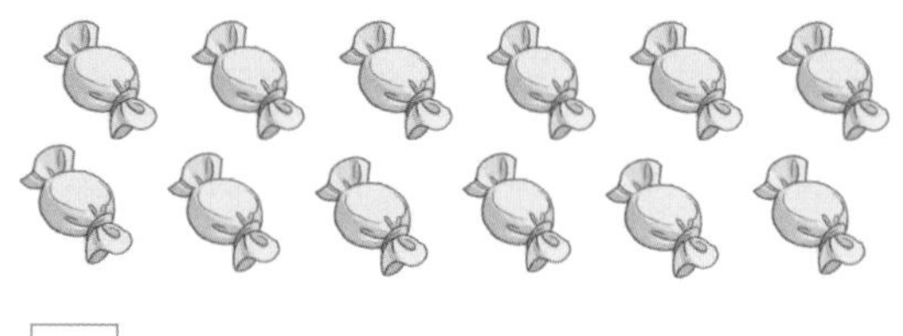

$\frac{\square}{\square}$ = ______

② 티나, 제임스, 루이스에게 케이크를 똑같이 나누어 주세요.

$\frac{\square}{\square}$ = ______

2. 나눗셈식을 2가지 방법으로 쓰고 몫을 계산해 보세요. 그리고 곱셈을 이용해 검산해 보세요.

① 나누어지는 수는 32이고, 나누는 수는 8이에요.

$\frac{\square}{\square}$ = ____ 또는 ____ ÷ ____ = ____

검산 : ______ × ______ = ______

② 나누어지는 수는 30이고, 나누는 수는 6이에요.

$\frac{\square}{\square}$ = ____ 또는 ____ ÷ ____ = ____

검산 : ______ × ______ = ______

3. 계산해 보세요.

① $\frac{3}{3}$ = ______　　$\frac{28}{7}$ = ______　　$\frac{24}{4}$ = ______　　$\frac{42}{6}$ = ______

② 36 ÷ 4 = ______　　50 ÷ 10 = ______　　45 ÷ 5 = ______　　81 ÷ 9 = ______

얼마나 잘 했나요?

실력이 자란 만큼 별을 색칠하세요.

★★★ 정말 잘했어요.
★★☆ 꽤 잘했어요.
★☆☆ 앞으로 더 노력할게요.

도전! 심화 평가
1단계

____월 ____일 ____요일

1. 나눗셈식을 2가지 방법으로 쓰고 답을 구해 보세요.

❶ 나누어지는 수는 10이고, 나누는 수는 2예요.

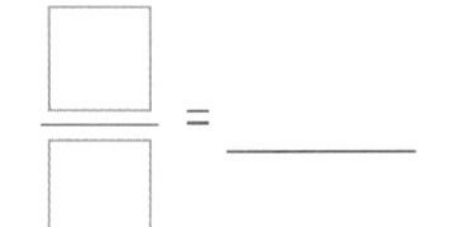

검산 : ______ × ______ = ______

❷ 나누어지는 수는 20이고, 나누는 수는 5예요.

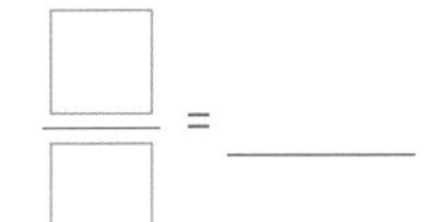

검산 : ______ × ______ = ______

2. 계산한 후, 곱셈식을 이용해 검산해 보세요.

❶ $24 \div 4 =$ ______

______ × ______ = ______

❷ $18 \div 3 =$ ______

______ × ______ = ______

❸ $16 \div 8 =$ ______

______ × ______ = ______

3. 8과 4를 이용해 암산해 보세요.

❶ 합 : ______ ❷ 차 : ______ ❸ 곱 : ______ ❹ 몫 : ______

4. 식이 성립하도록 나누어지는 수, 나누는 수, 몫을 알맞게 이어 보세요.

나누어지는 수	나누는 수	몫
20	3	5
24	10	7
14	5	8
25	2	2

5. 아래 글을 읽고 알맞은 식을 세워 답을 구해 보세요.

❶ 공책이 36권 있어요. 6명에게 똑같이 나누어 준다면 한 사람당 몇 권씩 받을까요?

식 :

정답 :

❷ 연필이 90개 있어요. 10개씩 연필을 나누어 담으려면 통이 몇 개 필요할까요?

식 :

정답 :

도전! 심화 평가
2단계

___월 ___일 ___요일

1. 계산해 보세요.

❶ $\frac{18}{9}$ = ______ $\frac{49}{7}$ = ______ $\frac{56}{8}$ = ______ $\frac{100}{10}$ = ______

❷ 54 ÷ 6 = ______   72 ÷ 9 = ______   33 ÷ 3 = ______   50 ÷ 2 = ______

2. 빈칸에 알맞은 수를 써넣어 보세요.

45 ÷ ______ = 9	______ ÷ 7 = 4	______ ÷ 10 = 10
72 ÷ ______ = 8	______ ÷ 6 = 8	______ ÷ 10 = 1
42 ÷ ______ = 7	______ ÷ 8 = 7	______ ÷ 10 = 5

3. 다음을 암산해 보세요.

❶ 20과 4를 이용

합 : ______

차 : ______

곱 : ______

몫 : ______

❷ 100과 5를 이용

합 : ______

차 : ______

곱 : ______

몫 : ______

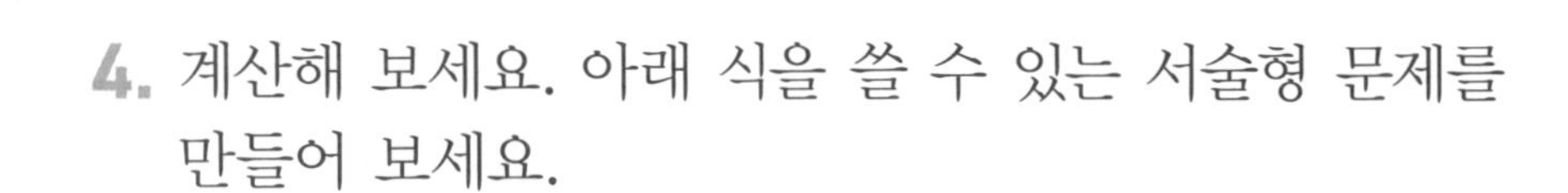

4. 계산해 보세요. 아래 식을 쓸 수 있는 서술형 문제를 만들어 보세요.

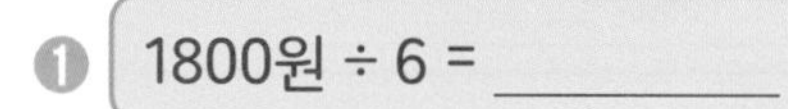

❶ 1800원 ÷ 6 = ______

____

____

❷ 1800원 ÷ 600원 = ______

____

____

도전! 심화 평가
3단계

____ 월 ____ 일 ____ 요일

1. 아래 글을 읽고 알맞은 식을 세워 답을 구해 보세요.

❶ 밀카의 저금통에 6600원이 있어요. 밀카는 3개월 동안 매달 같은 금액을 저금했어요. 밀카는 1달에 얼마씩 저금했나요?

식 : ______________________

정답 : ______________________

❷ 팀에게 4만 1000원이 있어요. 팀은 그 돈으로 1000원짜리 공을 몇 개까지 살 수 있을까요?

식 : ______________________

정답 : ______________________

2. 나눗셈식을 세워 계산해 보세요. 같은 수를 여러 번 쓸 수 있어요.

나누어지는 수
400 15 35 100 40

나누는 수
2 50 10

____ ÷ ____ = ____ ____ ÷ ____ = ____

____ ÷ ____ = ____ ____ ÷ ____ = ____

____ ÷ ____ = ____ ____ ÷ ____ = ____

____ ÷ ____ = ____ ____ ÷ ____ = ____

3. 빈칸에 알맞은 수를 써넣어 보세요.

2 × 6 = 120 ÷ ____ 8 × 5 = ____ ÷ 10 72 ÷ 9 = ____ ÷ 4

3 × 5 = 30 ÷ ____ 4 × 5 = ____ ÷ 2 48 ÷ 4 = ____ ÷ 2

4. 아래 글을 읽고 구매한 물품의 가격을 계산해 보세요.

❶ 똑같은 거울 4개가 모두 3600원이에요. 거울 7개의 가격은 얼마일까요?

식 : ______________________

정답 : ______________________

❷ 똑같은 지우개 5개가 모두 7500원이에요. 지우개 3개의 가격은 얼마일까요?

식 : ______________________

정답 : ______________________

6 여러 가지 방법으로 나눗셈하기

$\frac{26}{2}$을 여러 가지 방법으로 암산할 수 있어요.

1. 나누어지는 수 26을 십의 자리와 일의 자리 수로 나누어요. 26 = 20 + 6
2. 십의 자리와 일의 자리를 분리해서 나누어요. : $\frac{26}{2} = \frac{20}{2} + \frac{6}{2}$

$= 10 + 3$

$\frac{26}{2}$의 몫은 13이에요. $= 13$

$\frac{32}{2}$를 계산하는 방법이 여러 가지 있어요.

이게 내가 하는
방법이야!

$\frac{32}{2}$

$= \frac{30}{2} + \frac{2}{2}$

$= 15 + 1$

$= 16$

나는 이렇게
생각해 봤어.

$\frac{32}{2}$

$= \frac{20}{2} + \frac{12}{2}$

$= 10 + 6$

$= 16$

나는 이 방법이
좋아.

$\frac{32}{2}$

$= \frac{18}{2} + \frac{14}{2}$

$= 9 + 7$

$= 16$

난 다른 방법도
알고 있어.

1. 다음 수를 십의 자리와 일의 자리 수로 가르기 해 보세요.

24 = 20 + 4 48 = ________

39 = ________ 93 = ________

2. 같은 값끼리 선으로 이어 보세요.

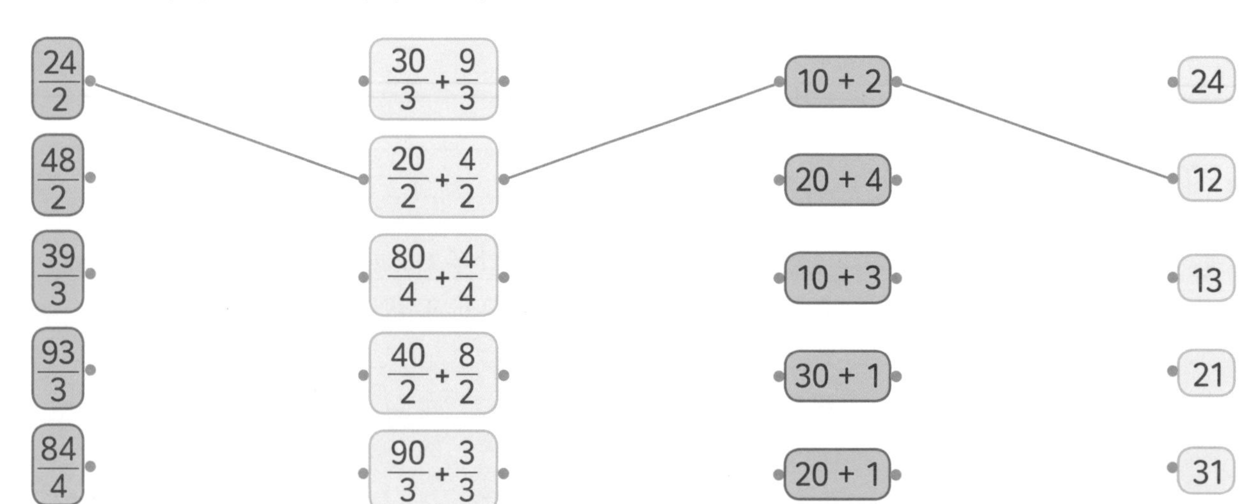

$\frac{24}{2}$	$\frac{30}{3} + \frac{9}{3}$	10 + 2	24
$\frac{48}{2}$	$\frac{20}{2} + \frac{4}{2}$	20 + 4	12
$\frac{39}{3}$	$\frac{80}{4} + \frac{4}{4}$	10 + 3	13
$\frac{93}{3}$	$\frac{40}{2} + \frac{8}{2}$	30 + 1	21
$\frac{84}{4}$	$\frac{90}{3} + \frac{3}{3}$	20 + 1	31

3. 계산 과정을 쓰면서 계산해 보세요.

$\frac{28}{2} = \frac{20}{2} + \frac{8}{2} =$ ______________

$\frac{44}{2} =$ ______________

$\frac{48}{4} =$ ______________

$\frac{36}{3} =$ ______________

4. 같은 값끼리 선으로 이어 보세요.

$\frac{34}{2}$	$\frac{30}{3} + \frac{12}{3}$	10 + 6	28
$\frac{56}{2}$	$\frac{40}{4} + \frac{24}{4}$	10 + 4	17
$\frac{42}{3}$	$\frac{20}{2} + \frac{14}{2}$	20 + 8	16
$\frac{64}{4}$	$\frac{40}{2} + \frac{16}{2}$	10 + 7	14

5. 빈칸에 알맞은 수를 써넣어 보세요.

88 = 80 + ______

36 = 20 + ______

54 = ______ + 24

$\frac{88}{4} = \frac{80}{4} + \frac{\square}{4}$

$\frac{36}{2} = \frac{20}{2} + \frac{\square}{2}$

$\frac{54}{3} = \frac{\square}{3} + \frac{24}{3}$

6. 계산 과정을 쓰면서 계산해 보세요.

$\frac{45}{3} = \frac{30}{3} + \frac{15}{3} =$ ______________

$\frac{56}{4} =$ ______________

$\frac{65}{5} =$ ______________

$\frac{48}{3} =$ ______________

더 생각해 보아요!

연필을 떼지 않고 이어서 그려 보세요. 한 번 지나간 선은 다시 지나갈 수 없어요.

7. 같은 값끼리 선으로 이어 보세요.

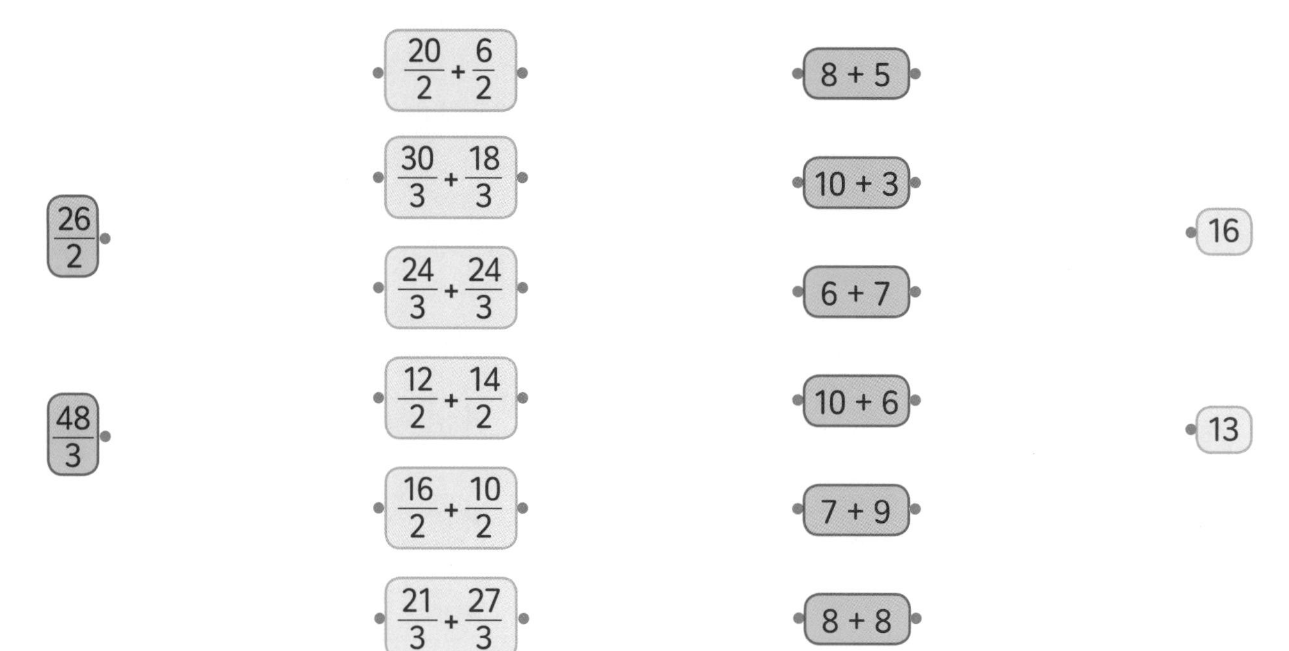

8. 아래 글을 읽고 알맞은 식을 세워 답을 구한 후, 애벌레에서 찾아 ◯표 해 보세요.

❶ 요나스와 엘리아스는 스티커 32장을 똑같이 나누려고 해요. 각자 스티커를 몇 장씩 가질 수 있을까요?

식 : ______________________

정답 : ______________________

❷ 줄리와 노라는 스티커 78장을 똑같이 나누려고 해요. 각자 스티커를 몇 장씩 가질 수 있을까요?

식 : ______________________

정답 : ______________________

❸ 알렉, 엠마, 메리는 사탕 51개를 똑같이 나누려고 해요. 각자 사탕을 몇 개씩 가질 수 있을까요?

식 : ______________________

정답 : ______________________

9. 빈칸에 알맞은 수를 써넣어 보세요.

❶ $\frac{36}{2} = \frac{\square}{2} + \frac{\square}{2} = 6 + 12 = 18$

❷ $\frac{48}{2} = \frac{\square}{2} + \frac{18}{2} = 15 + \square = 24$

❸ $\frac{52}{4} = \frac{28}{4} + \frac{\square}{4} = \square + 6 = 13$

❹ $\frac{84}{6} = \frac{\square}{6} + \frac{\square}{6} = 9 + 5 = 14$

10. 아래 글을 읽고 답을 구해 보세요.

주머니에 딸기 맛, 바나나 맛, 오렌지 맛 사탕이 모두 54개 있어요. 이 사탕을 아이 6명에게 똑같이 나누어 주려고 해요. 1명당 딸기 맛 사탕 2개와 바나나 맛 사탕 3개를 받는다면 오렌지 맛 사탕은 모두 몇 개일까요?

정답 : ____________________

한 번 더 연습해요!

1. 빈칸에 알맞은 수를 써넣어 보세요.

24 = 18 + ______ 45 = ______ + 15 64 = 40 + ______

$\frac{24}{2} = \frac{18}{2} + \frac{\square}{2}$ $\frac{45}{5} = \frac{\square}{5} + \frac{15}{5}$ $\frac{64}{4} = \frac{40}{4} + \frac{\square}{4}$

2. 계산 과정을 쓰면서 계산해 보세요.

$\frac{33}{3} =$ ____________________ $\frac{84}{4} =$ ____________________

$\frac{34}{2} =$ ____________________ $\frac{72}{6} =$ ____________________

____월 ____일 ____요일

7 나머지가 있는 나눗셈

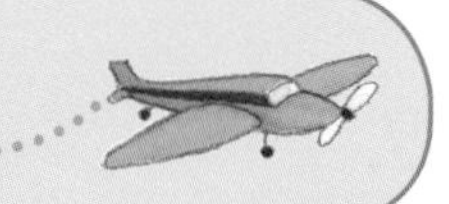

14유로가 있다면
4유로 잡지를 최대 몇 권까지
살 수 있을까요?

$14 \div 4$ 또는 $\frac{14}{4}$

<곱셈표를 이용하는 방법>

- 파란 줄에서 나누는 수 4를 찾으세요.
- 4단에서 나누어지는 수 14는 찾을 수 없어요.
  즉, 이 나눗셈은 나머지가 있는 나눗셈이에요.
- 잡지 3권은 12유로이고,(4€ x 3 = 12€)
  잡지 4권은 16유로예요.(4€ x 4 = 16€)
- 즉, 14유로로 잡지 3권을 살 수 있다는 뜻이에요.
- 3권을 사면 2유로가 남아요.(14€ - 12€ = 2€)
- 나누는 수의 곱셈표에서 나누어지는 수를 찾을 수 없다면, 그 나눗셈은 나머지가 있어요.

×	1	2	3	4	5	6	7	8	9	10
1	1	2	3	4	5	6	7	8	9	10
2	2	4	6	8	10	12	14	16	18	20
3	3	6	9	12	15	18	21	24	27	30
4	4	8	12	16	20	24	28	32	36	40
5	5	10	15	20	25	30	35	40	45	50
6	6	12	18	24	30	36	42	48	54	60
7	7	14	21	28	35	42	49	56	63	70
8	8	16	24	32	40	48	56	64	72	80
9	9	18	27	36	45	54	63	72	81	90
10	10	20	30	40	50	60	70	80	90	100

1. 나누어떨어지는 나눗셈이면 □에 V표 해 보세요. 곱셈표를 이용해도 좋아요.

$\frac{9}{4}$ □　　$\frac{11}{3}$ □　　$\frac{20}{5}$ □　　$\frac{42}{6}$ □

$\frac{10}{2}$ □　　$\frac{13}{4}$ □　　$\frac{21}{8}$ □　　$\frac{51}{9}$ □

2. 엠마는 20유로를 가지고 가능한 한 많은 공을 사려고 해요. 엠마가 돈을 모두 쓰게 되는 경우 □에 V표 해 보세요.

❶ 엠마가 테니스공을 사요. □

❷ 엠마가 농구공을 사요. □

❸ 엠마가 플로어볼 공을 사요. □

❹ 엠마가 축구공을 사요. □

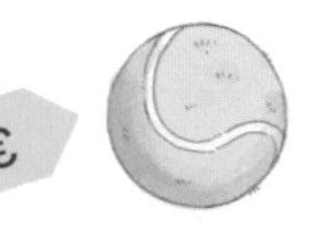

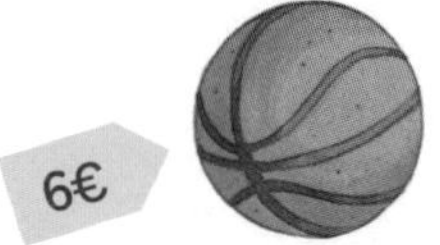

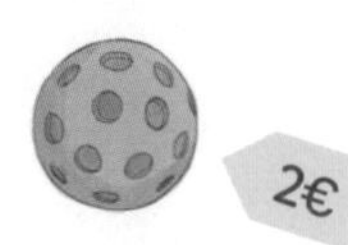

3. 아래 글을 읽고 계산해 보세요. 곱셈표를 이용해도 좋아요.

❶ 잡지가 1권에 3유로예요. 알렉은 13유로를 가지고 잡지를 몇 권까지 살 수 있을까요?

알렉은 잡지를 ________권 사고,

________유로가 남아요.

❷ 줄넘기 1개는 4유로예요. 엠마는 17유로를 가지고 줄넘기를 몇 개까지 살 수 있을까요?

엠마는 줄넘기를 ________개 사고,

________유로가 남아요.

❸ 책이 1권에 5유로예요. 메이는 27유로를 가지고 책을 몇 권까지 살 수 있을까요?

메이는 책을 ________권 사고,

________유로가 남아요.

❹ 머핀 47개가 있어요. 한 봉지에 6개씩 나누어 담는다면 몇 봉지까지 담을 수 있을까요?

머핀을 ________봉지 담고,

________개가 남아요.

❺ 체육관에 콩주머니가 32개 있어요. 팀마다 콩주머니가 4개씩 필요해요. 콩주머니는 몇 팀에게 배정될 수 있을까요?

콩주머니를 ________팀에게 주고,

________개가 남아요.

❻ 마커스, 미슬라, 벨라는 비스킷 26개를 똑같이 나누어 먹으려고 해요. 한 사람이 비스킷을 몇 개씩 먹을 수 있을까요?

비스킷을 ________개씩 먹고,

________개가 남아요.

더 생각해 보아요!

아래 식을 보고 알파벳이 나타내는 수가 무엇인지 구해 보세요.

C ÷ 2 = 3	A = ________
A ÷ B = C	B = ________
A ÷ C = 7	C = ________

4. 계산한 후, 정답에 해당하는 알파벳을 찾아 빈칸에 써넣어 보세요.

$\frac{32}{4}$ = ______ □

$\frac{50}{5}$ = ______ □

$\frac{20}{10}$ = ______ □

$\frac{21}{3}$ = ______ □

$\frac{5}{5}$ = ______ □

$\frac{27}{9}$ = ______ □

$\frac{45}{5}$ = ______ □

$\frac{14}{7}$ = ______ □

$\frac{18}{9}$ = ______ □

$\frac{36}{6}$ = ______ □

$\frac{25}{5}$ = ______ □

$\frac{49}{7}$ = ______ □

$\frac{12}{3}$ = ______ □

$\frac{36}{4}$ = ______ □

1	2	3	4	5	6	7	8	9	10
W	R	B	K	C	Y	A	S	E	T

5. 선생님에게 43유로가 있어요. 선생님은 아이스크림을 몇 개까지 살 수 있을까요?

❶ 2유로짜리 아이스크림 ______

❷ 3유로짜리 아이스크림 ______

❸ 5유로짜리 아이스크림 ______

6. 아래 글을 읽고 답을 구해 보세요.

학생 27명이 엘리베이터를 기다리고 있어요. 모두 꼭대기 층으로 올라가려고 해요. 엘리베이터는 한 번에 8명까지 탈 수 있어요.

❶ 학생들은 엘리베이터를 몇 번에 나누어 타야 하나요? ______

❷ 마지막으로 타는 학생은 몇 명일까요? ______

7. 아래 글을 읽고 답을 구해 보세요.

엠마는 젤리 도넛 39개와 설탕 도넛 몇 개를 만들었어요. 엠마는 젤리 도넛을 6개들이 봉지에 담았어요. 설탕 도넛은 8개들이 봉지에 담았는데, 3봉지가 나왔어요. 그리고 남은 젤리 도넛과 설탕 도넛 7개를 한 봉지에 모두 담았어요. 엠마는 설탕 도넛을 몇 개 만들었을까요?

정답 : ______________

한 번 더 연습해요!

1. 나누어떨어지는 나눗셈에 V표 해 보세요. 곱셈표를 이용해도 좋아요.

❶ $\frac{13}{3}$ ☐ $\frac{18}{2}$ ☐

❷ $\frac{19}{4}$ ☐ $\frac{21}{5}$ ☐

❸ $\frac{32}{4}$ ☐ $\frac{50}{7}$ ☐

❹ $\frac{36}{9}$ ☐ $\frac{67}{8}$ ☐

2. 계산해 보세요. 곱셈표를 이용해도 좋아요.

❶ 학교에 농구공이 32개 있어요. 바구니 하나에 공 4개를 보관한다면, 바구니는 몇 개가 필요할까요?

정답 : ______________

❷ 페스츄리 1개는 4유로예요. 선생님에게 20유로가 있다면 페스츄리를 몇 개까지 살 수 있을까요?

정답 : ______________

8 나머지가 있는 나눗셈 2

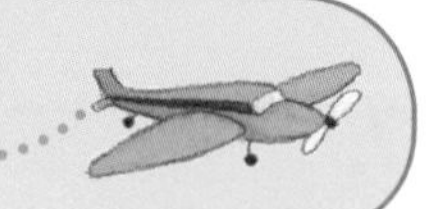

엠마와 알렉은 스티커 9장을 똑같이 나누려고 해요. 한 사람당 스티커를 몇 장씩 가지고 몇 장이 남을까요?

- 스티커 9장을 둘이서 나누어 가진다면 한 사람당 4장씩 갖게 돼요.
- 스티커 8장은 똑같이 나눌 수 있어요.
- 9장을 4장씩 나눠 가지면, 스티커 1장이 남아요.

이것을 나눗셈식으로 쓰면,

$\frac{9}{2}$ = 4, 나머지 1

정답 : 4장씩 갖고 1장이 남아요.

- 나누어떨어지지 않고 남은 수를 나머지라고 해요.

1. 구슬을 4개씩 나누어 계산해 보세요.

❶ 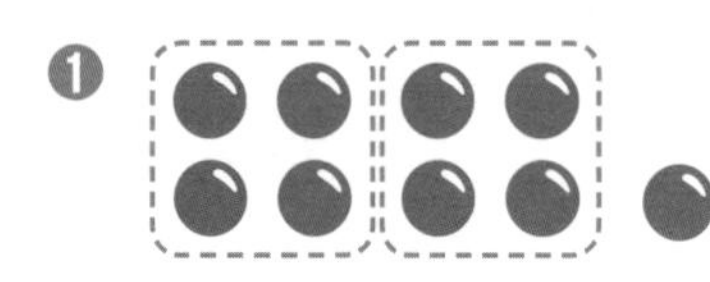

= ______ 나머지 ______

❷ 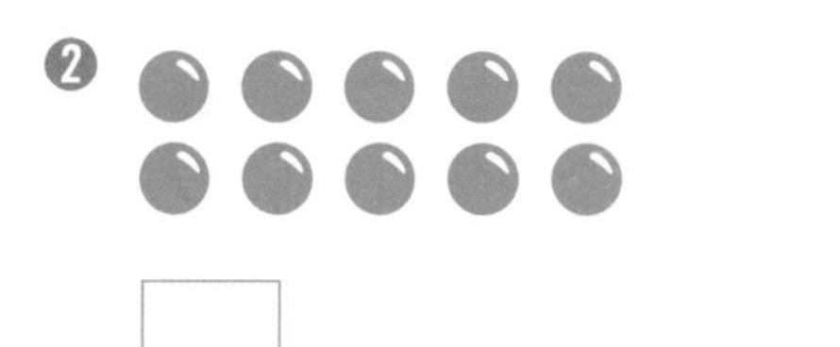

$\frac{\square}{\square}$ = ______ 나머지 ______

❸ 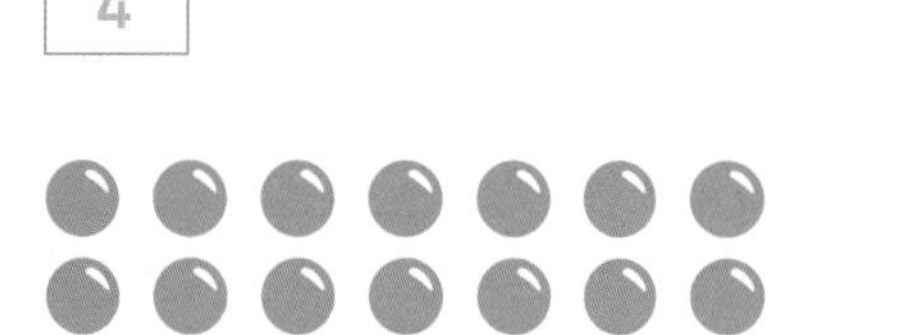

= ______ 나머지 ______

❹ 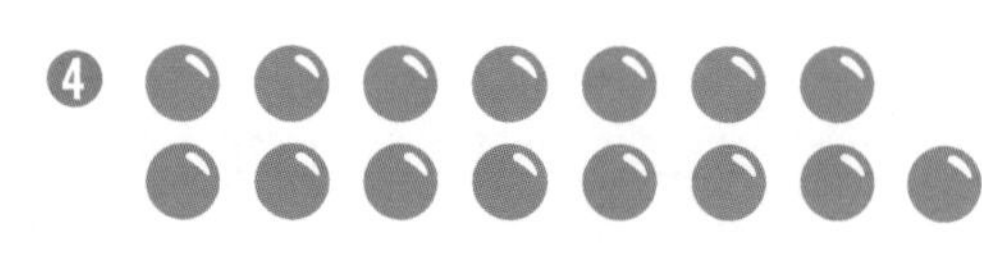

$\frac{\square}{\square}$ = ______ 나머지 ______

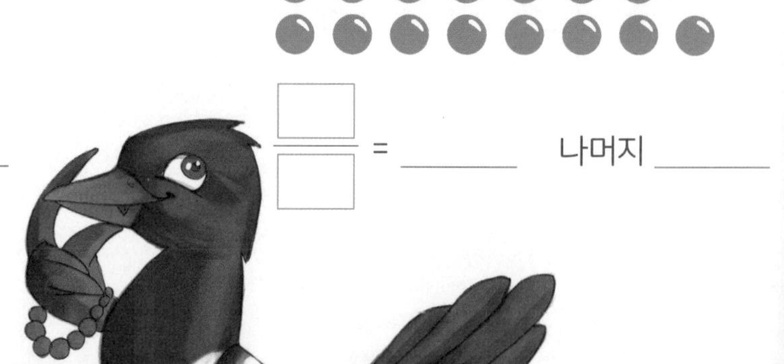

2. 아래 글을 읽고 알맞은 식을 세워 답을 구해 보세요.

❶ 엠마와 알렉이 사탕 11개를 똑같이 나누려고 해요. 한 사람당 사탕을 몇 개씩 가질 수 있을까요? 그리고 몇 개가 남을까요?

식 : ____________________

______개, 나머지 ______

❷ 아이 3명이 막대사탕 14개를 똑같이 나누려고 해요. 한 사람당 막대사탕을 몇 개씩 가질 수 있을까요? 그리고 몇 개가 남을까요?

식 : ____________________

______개, 나머지 ______

❸ 아이 4명이 카드 17장을 똑같이 나누려고 해요. 한 사람당 카드를 몇 장씩 가질 수 있을까요? 그리고 몇 장이 남을까요?

식 : ____________________

______개, 나머지 ______

❹ 아이 3명이 스티커 22장을 똑같이 나누려고 해요. 한 사람당 스티커를 몇 장씩 가질 수 있을까요? 그리고 몇 장이 남을까요?

식 : ____________________

______개, 나머지 ______

3. 계산해 보세요.

❶ 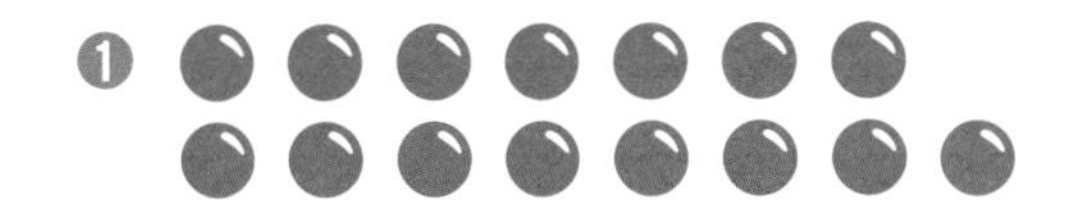

$15 \div 2 =$ ____________________

$15 \div 3 =$ ____________________

$15 \div 4 =$ ____________________

$15 \div 5 =$ ____________________

$15 \div 6 =$ ____________________

$15 \div 7 =$ ____________________

❷

$12 \div 2 =$ ____________________

$12 \div 3 =$ ____________________

$12 \div 4 =$ ____________________

$12 \div 5 =$ ____________________

$12 \div 6 =$ ____________________

$12 \div 7 =$ ____________________

더 생각해 보아요!

나는 어떤 수일까요? 나는 1과 25 사이에 있어요. 나를 4로 나누면 나머지가 3이고, 5로 나누면 나머지가 4예요.

____

4. 아래 글을 읽고 답을 구해 보세요.

❶ 25유로를 가지고 유니콘 인형을 몇 개까지 살 수 있을까요?

정답 :

❷ 48유로를 가지고 장난감 자동차를 몇 개까지 살 수 있을까요?

정답 :

❸ 20유로를 가지고 공을 몇 개까지 살 수 있을까요?

정답 :

❹ 30유로를 가지고 토끼 인형을 몇 개까지 살 수 있을까요?

정답 :

❺ 15유로를 가지고 줄넘기를 몇 개까지 살 수 있을까요?

정답 :

5. 아래 글을 읽고 답을 구해 보세요.

❶ 사탕 한 봉지를 아이 6명에게 똑같이 나누어 주었어요. 1명당 사탕을 7개씩 받았고, 4개가 남았어요. 사탕 한 봉지에 든 사탕은 모두 몇 개일까요?

정답 :

❷ 한 봉지에 사탕이 41개 들어 있어요. 아이 3명에게 사탕을 똑같이 나누어 주면 몇 개가 남을까요?

정답 :

❸ 한 봉지에 사탕이 53개 들어 있어요. 1명당 사탕을 9개씩 받았고, 8개가 남았어요. 사탕을 아이 몇 명에게 나누어 주었을까요?

정답 :

6. 나눗셈식이 성립하도록 알맞은 수를 찾아 아래 빈칸에 써넣어 보세요. 각 수는 한 번씩만 사용할 수 있어요.

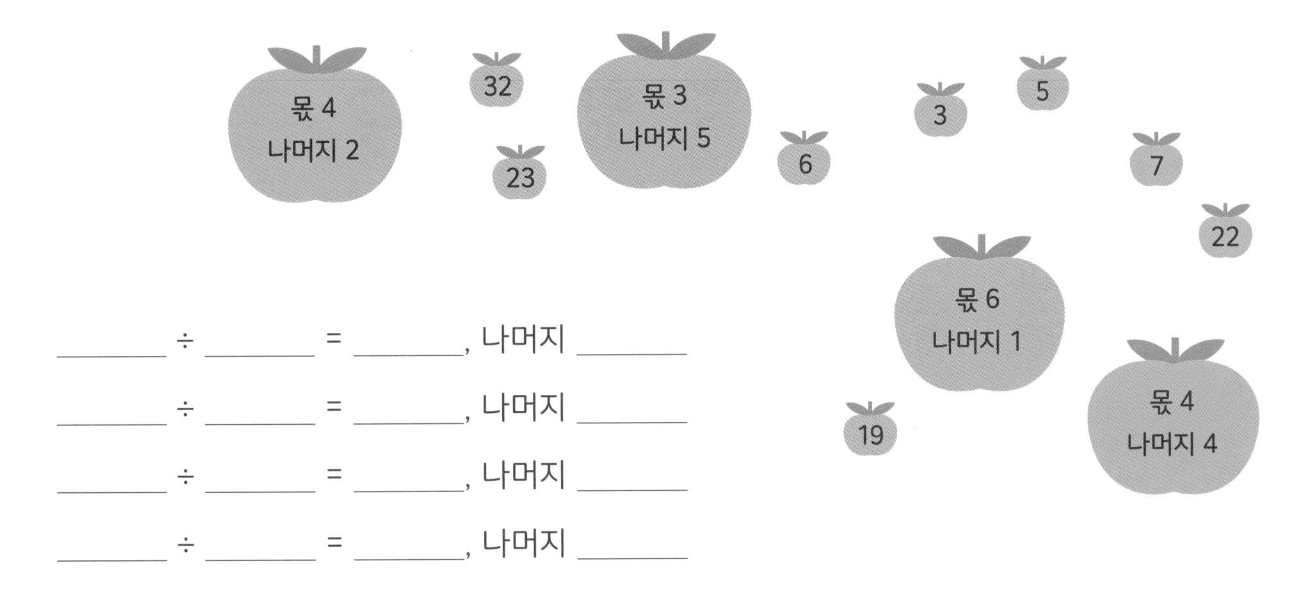

______ ÷ ______ = ______, 나머지 ______

______ ÷ ______ = ______, 나머지 ______

______ ÷ ______ = ______, 나머지 ______

______ ÷ ______ = ______, 나머지 ______

7. 계산한 후, 답을 구하여 □ 안에 써넣어 보세요.

❶ 7 → ×6 → □ → ÷2 → □ → ÷9 → □

❷ 90 → ÷3 → □ → ÷2 → □ → ÷6 → □

한 번 더 연습해요!

1. 아래 글을 읽고 알맞은 식을 세워 답을 구해 보세요.

❶ 제리와 줄스는 사탕 13개를 똑같이 나누어 가지려고 해요. 한 명당 사탕을 몇 개씩 갖고, 몇 개가 남을까요?

식 : ______

정답 : ______

❷ 아이 3명이 스티커 19장을 똑같이 나누려고 해요. 한 명당 스티커를 몇 장씩 갖고, 몇 장이 남을까요?

식 : ______

정답 : ______

___월 ___일 ___요일

1. 페스츄리 1개가 400원이에요. 마이클은 페스츄리를 몇 개까지 살 수 있을까요? 그리고 얼마가 남을까요?

❶ 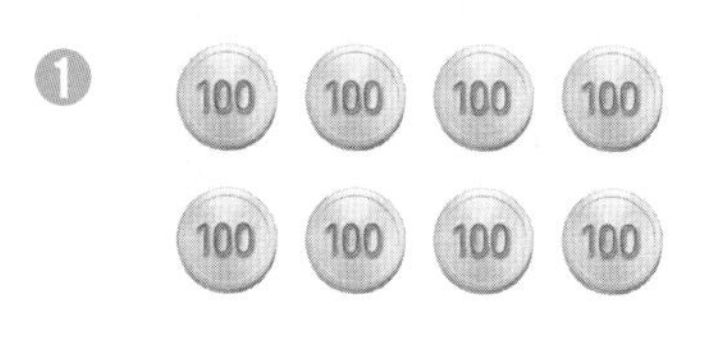

페스츄리 ______개를 사고,

______원이 남아요.

❷ 

페스츄리 ______개를 사고,

______원이 남아요.

❸ 

페스츄리 ______개를 사고,

______원이 남아요.

❹ 

페스츄리 ______개를 사고,

______원이 남아요.

2. 아이들에게 아래 스티커를 똑같이 나누어 주려고 해요. 알맞은 식을 세우고 답을 구해 보세요.

❶ 아이 2명에게 나누어 준다면?

□/□ = ______ 나머지 ______

______장, 나머지 ______

❷ 아이 3명에게 나누어 준다면?

□/□ = ______ 나머지 ______

______장, 나머지 ______

❸ 아이 3명에게 나누어 준다면?

□/□ = ______ 나머지 ______

______장, 나머지 ______

❹ 아이 4명에게 나누어 준다면?

□/□ = ______ 나머지 ______

______장, 나머지 ______

3. 같은 값끼리 선으로 이어 보세요.

$\frac{28}{2}$	$\frac{30}{3}+\frac{6}{3}$	10 + 4	12
$\frac{32}{2}$	$\frac{20}{2}+\frac{8}{2}$	10 + 5	16
$\frac{36}{3}$	$\frac{30}{3}+\frac{15}{3}$	10 + 6	15
$\frac{45}{3}$	$\frac{20}{2}+\frac{12}{2}$	10 + 2	14

4. 계산 과정을 쓰면서 계산해 보세요.

$\frac{63}{3}$ = ______________________

$\frac{65}{5}$ = ______________________

$\frac{57}{3}$ = ______________________

$\frac{84}{7}$ = ______________________

5. 계산해 보세요. 곱셈표를 이용해도 좋아요.

13 ÷ 6 = ______, 나머지 ______

17 ÷ 3 = ______, 나머지 ______

16 ÷ 5 = ______, 나머지 ______

22 ÷ 9 = ______, 나머지 ______

33 ÷ 5 = ______, 나머지 ______

41 ÷ 6 = ______, 나머지 ______

52 ÷ 7 = ______, 나머지 ______

60 ÷ 8 = ______, 나머지 ______

더 생각해 보아요!

나는 어떤 수일까요? 나는 5보다 크고 50보다 작아요. 나를 7로 나누면 나머지가 4이고, 6으로 나누면 나누어떨어져요. ______

6. 아래 글을 읽고 알맞은 식을 세워 답을 구해 보세요.

❶ 아이들이 비스킷 69개를 3개의 통에 똑같이 나누어 담으려고 해요. 한 통에 비스킷이 몇 개씩 들어갈까요?

식 : ______________________

정답 : ______________________

❷ 베라와 친구 3명은 비스킷 35개를 똑같이 나누어 먹으려고 해요. 한 명당 비스킷을 몇 개씩 먹을 수 있을까요? 그리고 몇 개가 남을까요?

식 : ______________________

정답 : ______________________

7. □ 안에 >, =, <를 알맞게 써넣어 보세요.

❶	❷	❸
$4 \square \frac{18}{3}$	$\frac{21}{3} \square 5$	$\frac{10}{2} \square \frac{12}{2}$
$2 \square \frac{10}{5}$	$\frac{12}{4} \square 3$	$\frac{20}{4} \square \frac{16}{4}$
$4 \square \frac{16}{8}$	$\frac{15}{5} \square 4$	$\frac{14}{2} \square \frac{14}{7}$
$4 \square \frac{24}{6}$	$\frac{18}{2} \square 3$	$\frac{20}{5} \square \frac{25}{5}$

8. 계산한 후, 답을 구하여 □ 안에 써넣어 보세요.

❶ 60 → ÷ 3 → □ → ÷ 2 → □ → ÷ 4 → □

❷ 80 → ÷ 2 → □ → ÷ 2 → □ → ÷ 3 → □

❸ 68 → ÷ 2 → □ → ÷ 2 → □ → ÷ 3 → □

9. 그림이 들어간 식을 보고 그림의 값을 구해 보세요.

❶

 × = 12

9 ÷  =

× =

❷

+ + = 13

− = 5

12 ÷ = 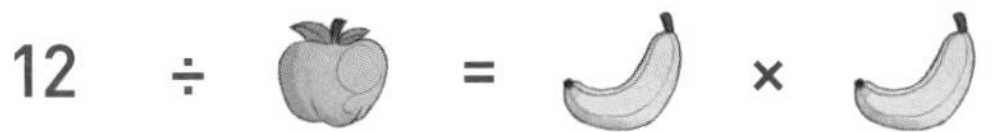 

 = ______ 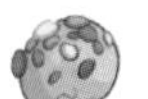 = ______

 = ______

 = ______ = ______

= ______

한 번 더 연습해요!

1. 아이들에게 아래 스티커를 똑같이 나누어 주려고 해요. 알맞은 식을 세우고 답을 구해 보세요.

❶ 아이 3명에게 나누어 준다면?

$\frac{\square}{\square}$ = ______ 나머지 ______

______장, 나머지 ______

❷ 아이 4명에게 나누어 준다면?

$\frac{\square}{\square}$ = ______ 나머지 ______

______장, 나머지 ______

2. 계산 과정을 쓰면서 계산해 보세요.

$\frac{66}{6}$ = ______________________

$\frac{48}{4}$ = ______________________

$\frac{74}{2}$ = ______________________

$\frac{91}{7}$ = ______________________

10. 엠마가 가는 길은 계산값이 항상 7이고, 알렉이 가는 길은 계산값이 항상 8이에요. 길을 찾아서 엠마와 알렉이 무엇을 만들었는지 알아맞혀 보세요.

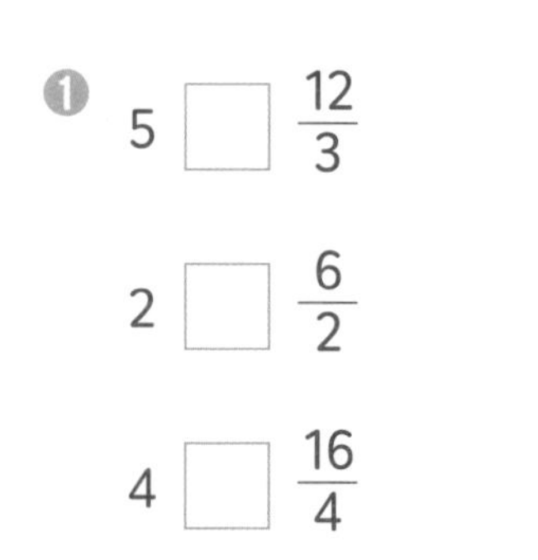

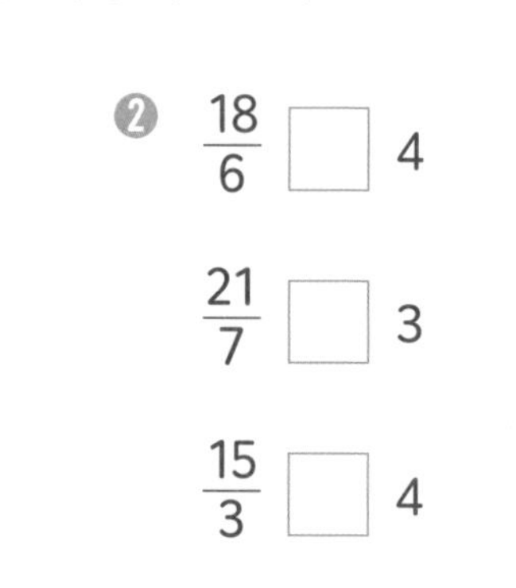

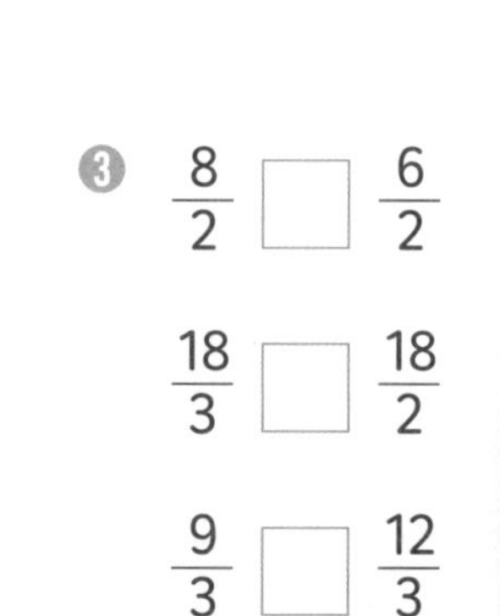

11. □ 안에 >, =, <를 알맞게 써넣어 보세요.

❶
$5 \ \square \ \frac{12}{3}$
$2 \ \square \ \frac{6}{2}$
$4 \ \square \ \frac{16}{4}$

❷
$\frac{18}{6} \ \square \ 4$
$\frac{21}{7} \ \square \ 3$
$\frac{15}{3} \ \square \ 4$

❸
$\frac{8}{2} \ \square \ \frac{6}{2}$
$\frac{18}{3} \ \square \ \frac{18}{2}$
$\frac{9}{3} \ \square \ \frac{12}{3}$

12. 아래 글을 읽고 답을 구해 보세요.

❶ 다음 중 누가 브라우니일까요?

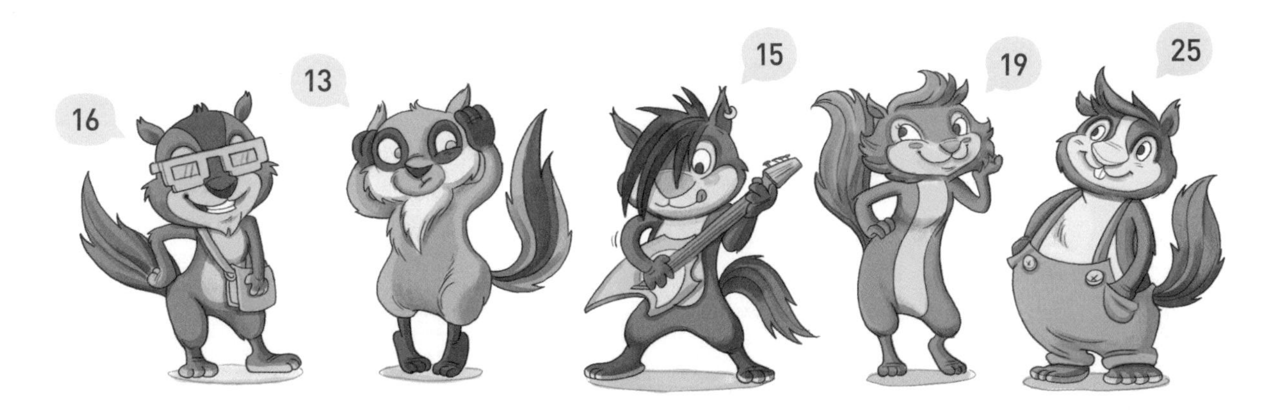

- 브라우니의 수를 2로 나누었을 때 나머지가 생겨요.
- 브라우니의 수를 5로 나누었을 때 나머지가 생겨요.
- 브라우니의 수에서 1을 빼면 그 값은 4로 나누어떨어져요.

브라우니의 수는 ______이에요.

❷ 다음 중 누가 어니일까요?

- 어니의 수를 4로 나누었을 때 나머지가 생겨요.
- 어니의 수를 3으로 나누었을 때 나머지가 생겨요.
- 어니의 수를 4로 나누면 나머지 1이 생겨요.

어니의 수는 ______이에요.

나누어지는 수,
나누는 수, 나머지를
잘 따져 보며 계산하렴~!

실력을 평가해 봐요!

____월 ____일 ____요일

1. 나눗셈식을 2가지 방법으로 쓰고 몫을 계산해 보세요.

❶ 나누어지는 수는 45이고, 나누는 수는 9예요.

❷ 나누어지는 수는 42이고, 나누는 수는 7이에요.

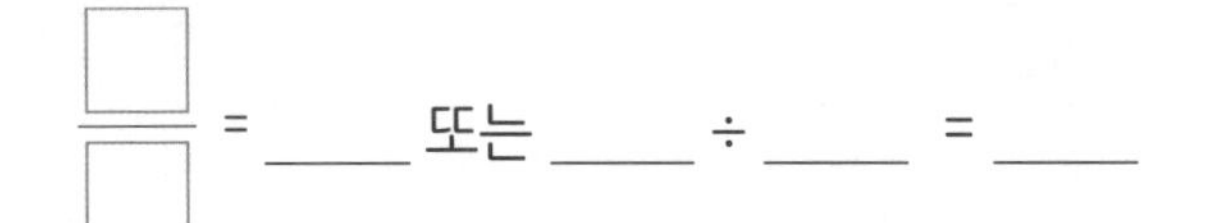

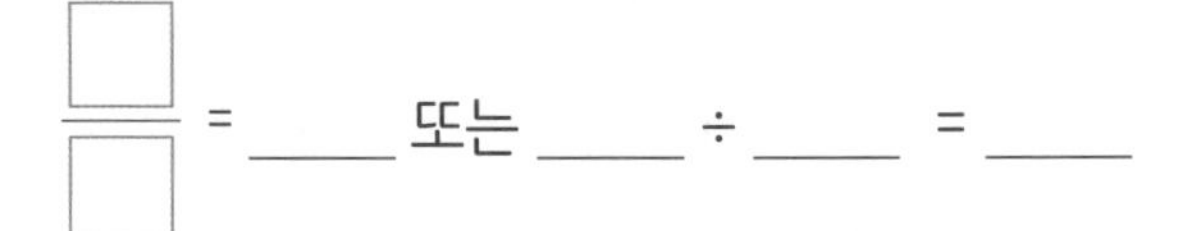

2. 계산해 보세요.

$\frac{32}{4}$ = ______

$\frac{63}{7}$ = ______

18 ÷ 9 = ______

49 ÷ 7 = ______

$\frac{24}{6}$ = ______

$\frac{40}{5}$ = ______

36 ÷ 6 = ______

20 ÷ 4 = ______

3. 아래 글을 읽고 답을 구해 보세요.

페스츄리가 1개에 300원이에요. 티나는 가진 돈으로 페스츄리를 몇 개까지 살 수 있을까요?
그리고 돈이 얼마 남을까요?

페스츄리 ________개를 살 수 있고,

________원이 남아요.

페스츄리 ________개를 살 수 있고,

________원이 남아요.

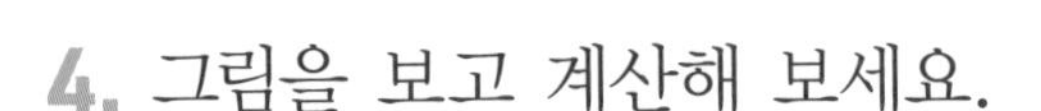

4. 그림을 보고 계산해 보세요.

❶

14 ÷ 2 = ____________

14 ÷ 3 = ____________

14 ÷ 4 = ____________

❷

18 ÷ 4 = ____________

18 ÷ 5 = ____________

18 ÷ 6 = ____________

5. 계산해 보세요.

$\frac{24}{2}$ = ______

$\frac{36}{3}$ = ______

$\frac{77}{7}$ = ______

$\frac{52}{4}$ = ______

$\frac{65}{5}$ = ______

6. 아래 글을 읽고 알맞은 식을 세워 답을 구해 보세요.

❶ 36유로로 4유로짜리 책을 몇 권까지 살 수 있을까요?

식 : ______

정답 : ______

❷ 56유로로 8유로짜리 책을 몇 권까지 살 수 있을까요?

식 : ______

정답 : ______

❸ 엄마는 머핀 23개를 3개들이 봉지에 나누어 담으려고 해요. 봉지가 몇 개 필요할까요?

식 : ______

정답 : ______

❹ 선생님은 연필 64자루를 상자 2개에 똑같이 나누어 담으려고 해요. 한 상자에 연필이 몇 개 들어갈까요?

식 : ______

정답 : ______

실력이 자란 만큼 별을 색칠하세요.

★★★ 정말 잘했어요.
★★☆ 꽤 잘했어요.
★☆☆ 앞으로 더 노력할게요.

1

3으로 나누어떨어지는 수의 컵케이크를 색칠해 보세요.

2

몫이 4가 나오는 길을 따라가 보세요.

출발

16 ÷ 4	24 ÷ 8	18 ÷ 9	40 ÷ 5	16 ÷ 8
20 ÷ 5	4 ÷ 1	40 ÷ 10	25 ÷ 5	50 ÷ 5
24 ÷ 8	10 ÷ 5	8 ÷ 2	28 ÷ 7	12 ÷ 3
40 ÷ 8	18 ÷ 2	4 ÷ 2	20 ÷ 4	24 ÷ 6
5 ÷ 1	36 ÷ 4	30 ÷ 5	45 ÷ 5	32 ÷ 8

    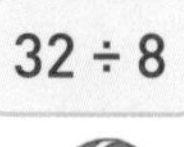 

3

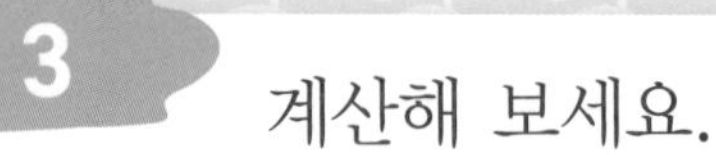

계산해 보세요.

$\frac{18}{9}$ = ______ $\frac{60}{6}$ = ______ $\frac{24}{3}$ = ______ $\frac{36}{4}$ = ______ $\frac{35}{7}$ = ______

4 알맞은 식을 세워 답을 구해 보세요.

❶ 나누어지는 수는 30이고, 나누는 수는 6이에요.

$\frac{\square}{\square}$ = ____

❷ 나누어지는 수는 56이고, 나누는 수는 8이에요.

$\frac{\square}{\square}$ = ____

5 계산해 보세요.

$\frac{46}{2}$ = ______________________ $\frac{45}{3}$ = ______________________

$\frac{64}{4}$ = ______________________ $\frac{78}{6}$ = ______________________

6

나머지가 가능한 한 적게 나올 수 있도록 빈칸에 알맞은 수를 써넣어 보세요.

17

35

7

______ ÷ 3 = ______, 나머지 ______

______ ÷ 4 = ______, 나머지 ______

______ ÷ 5 = ______, 나머지 ______

7

나머지가 7이 되는 나눗셈식을 2개 만들어 보세요.

____

도전! 심화 평가

1단계

____ 월 ____ 일 ____ 요일

1. 계산한 후, 답에 해당하는 알파벳을 찾아 빈칸에 써넣어 보세요.

$18 \div 6 =$ ______ ☐

$16 \div 4 =$ ______ ☐

$20 \div 10 =$ ______ ☐

$64 \div 8 =$ ______ ☐

$27 \div 3 =$ ______ ☐

$\frac{20}{2} =$ ______ ☐

$\frac{45}{9} =$ ______ ☐

$\frac{35}{7} =$ ______ ☐

$\frac{49}{7} =$ ______ ☐

$\frac{24}{4} =$ ______ ☐

2	3	4	5	6	7	8	9	10
N	T	U	L	J	E	O	D	Y

2. 계산해 보세요.

$13 \div 4 =$ ______, 나머지 ______

$12 \div 5 =$ ______, 나머지 ______

$15 \div 2 =$ ______, 나머지 ______

$14 \div 3 =$ ______, 나머지 ______

$16 \div 6 =$ ______, 나머지 ______

$17 \div 7 =$ ______, 나머지 ______

3. 계산해 보세요.

$\frac{24}{2} =$ ______________

$\frac{42}{3} =$ ______________

4. 아래 글을 읽고 알맞은 식을 세워 답을 구해 보세요.

① 앤이 머핀 27개를 3개들이 봉지에 나누어 담으려고 해요. 봉지가 몇 개 필요할까요?

식 : ______________

정답 : ______________

② 마르커스에게 초콜릿 45조각이 있어요. 페스츄리 1개를 만들려면 초콜릿 5조각이 필요해요. 마르커스는 페스츄리를 몇 개까지 만들 수 있을까요?

식 : ______________

정답 : ______________

도전! 심화 평가
2단계

____월 ____일 ____요일

1. 나눗셈식을 2가지 방법으로 쓰고 몫을 계산해 보세요.

❶ 나누어지는 수는 56이고, 나누는 수는 7이에요.

❷ 나누어지는 수는 36이고, 나누는 수는 4예요.

$\frac{\square}{\square}$ = ____ 또는 ____ ÷ ____ = ____

$\frac{\square}{\square}$ = ____ 또는 ____ ÷ ____ = ____

2. 계산해 보세요.

$\frac{12}{4}$ = ____

$\frac{18}{3}$ = ____

$\frac{35}{5}$ = ____

$\frac{24}{6}$ = ____

3. 계산해 보세요.

21 ÷ 7 = ____

21 ÷ 8 = ____

21 ÷ 9 = ____

32 ÷ 7 = ____

32 ÷ 8 = ____

32 ÷ 9 = ____

4. 아래 글을 읽고 알맞은 식을 세워 답을 구해 보세요.

❶ 스티커 48장을 6명이 똑같이 나누어 가지려고 해요. 한 사람당 몇 장씩 가질 수 있을까요?

식 : ____

정답 : ____

❷ 닉, 마일로, 이나는 스티커 69장을 똑같이 나누어 가지려고 해요. 한 사람당 몇 장씩 가질 수 있을까요?

식 : ____

정답 : ____

5. 알파벳이 들어간 식을 보고 알파벳 값을 구해 보세요.

U ÷ R = T

S ÷ R = U

U ÷ T = 2

T ÷ 2 = 3

R = ____

S = ____

T = ____

U = ____

도전! 심화 평가
3단계

___ 월 ___ 일 ___ 요일

1. 저드 엄마는 61유로를 가지고 있어요. 가지고 있는 돈으로 책을 몇 권까지 살 수 있을까요?

❶ 책 1권이 5유로라면? ______________

❷ 책 1권이 6유로라면? ______________

❸ 책 1권이 7유로라면? ______________

❹ 책 1권이 8유로라면? ______________

2. 아래 글을 읽고 어떤 수인지 알아맞혀 보세요.

- 각 자리의 수를 더하면 짝수예요.
- 2와 10 사이에 있는 어떤 수로 나누어도 나머지가 생겨요.

나는 어떤 수일까요? ______________

31

3. □ 안에 >, =, <를 알맞게 써넣어 보세요.

$21 \ \square \ \frac{63}{3}$	$\frac{41}{4} \ \square \ 10$
$13 \ \square \ \frac{84}{7}$	$\frac{26}{3} \ \square \ 9$
$15 \ \square \ \frac{84}{6}$	$\frac{67}{8} \ \square \ 7$
$13 \ \square \ \frac{64}{4}$	$\frac{73}{5} \ \square \ 15$

4. 나는 어떤 수일까요?

- 두 자리 수예요.
- 8로 나누면 나머지 7이 생겨요.
- 7로 나누어떨어져요.

나는 어떤 수일까요? ______________

___ 월 ___ 일 ___ 요일

★ 나눗셈

분수나 나눗셈 기호 ÷를 이용해 나눗셈식을 쓸 수 있어요.

또는

$12 \div 3 = 4$ ← 몫

↑ 나누어지는 수 ↑ 나누는 수

★ 나눗셈 검산

곱셈식을 이용하여 나눗셈을 검산할 수 있어요.

$\frac{8}{4} = 2$

검산 : $4 \times 2 = 8$

$\frac{9}{3} = 3$

검산 : $3 \times 3 = 9$

$\frac{10}{2} = 5$

검산 : $2 \times 5 = 10$

★ 나눗셈 암산

암산으로 나눗셈을 할 수 있는 여러 가지 방법이 있어요.

$\frac{28}{2} = \frac{20}{2} + \frac{8}{2} = 10 + 4 = 14$

$\frac{52}{4} = \frac{40}{4} + \frac{12}{4} = 10 + 3 = 13$

★ 나머지

$\frac{17}{3} = 5$, 나머지 2

나누어떨어지지 않고
나머지가 생기는
나눗셈도 있어요.

_____월 _____일 _____요일

9 똑같이 나누기

전체

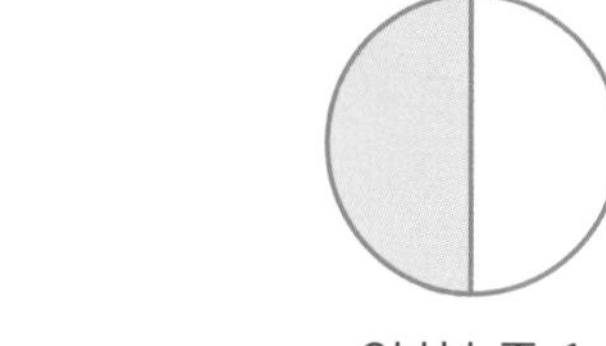

2부분 중 1

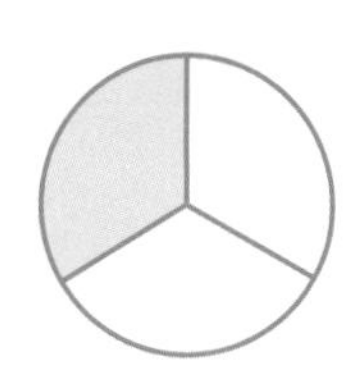

3부분 중 1

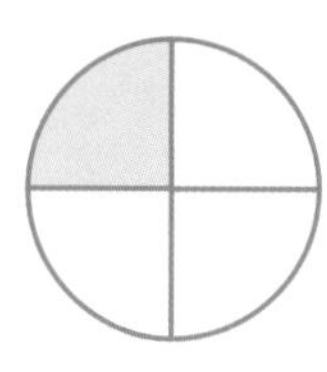

4부분 중 1

1. 아래 도형을 나누어 보세요.

❶ 2부분으로 똑같이 나누고 반만 색칠해 보세요.

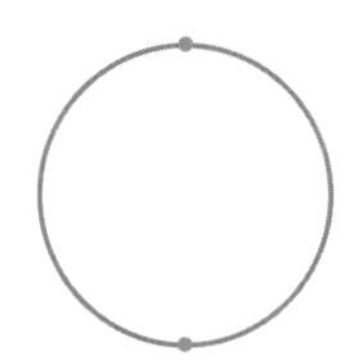 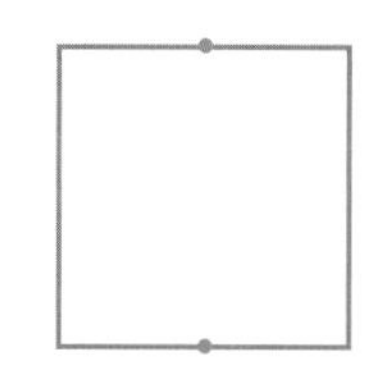 

❷ 3부분으로 똑같이 나누고 1부분만 색칠해 보세요.

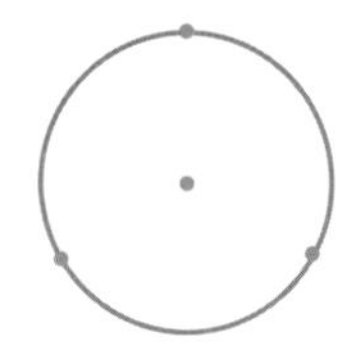 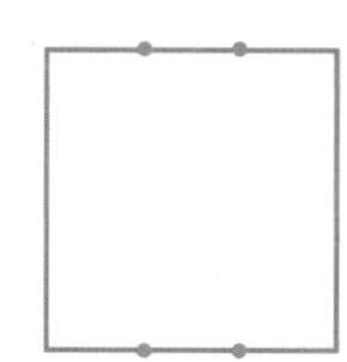 

❸ 4부분으로 똑같이 나누고 1부분만 색칠해 보세요.

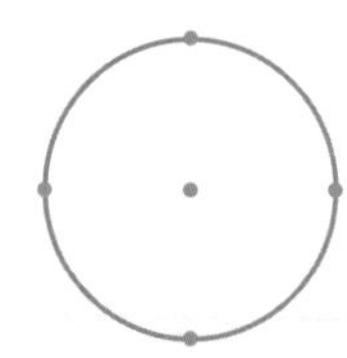 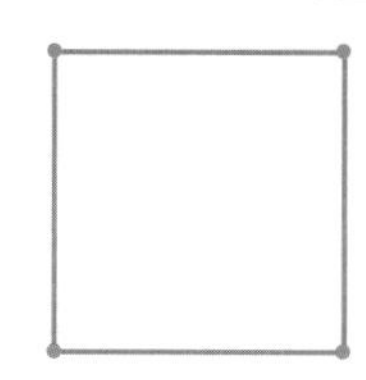 

2. 아래 도형은 몇 부분으로 똑같이 나누어져 있나요?

❶ 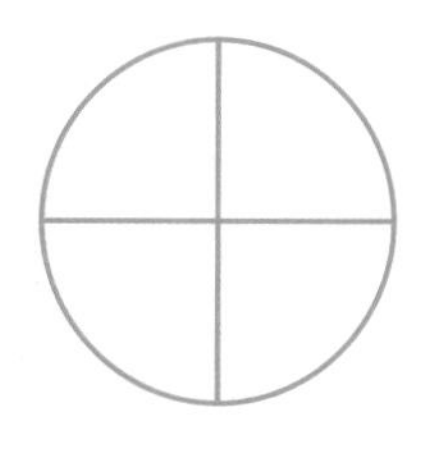 ________

❷ 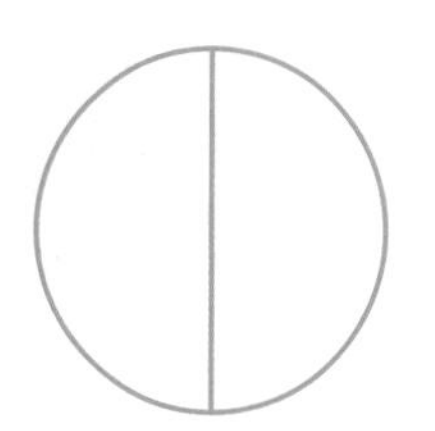 ________

❸ 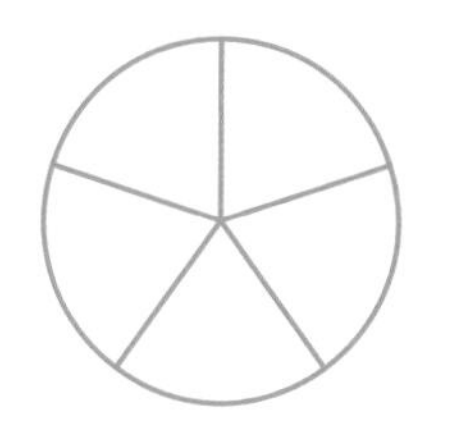 ________

❹ 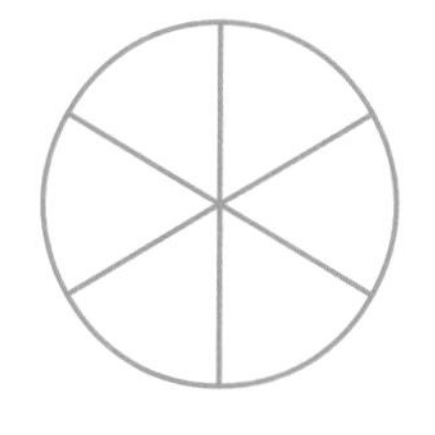 ________

3. 색칠한 부분은 전체의 몇 부분인가요?

❶ 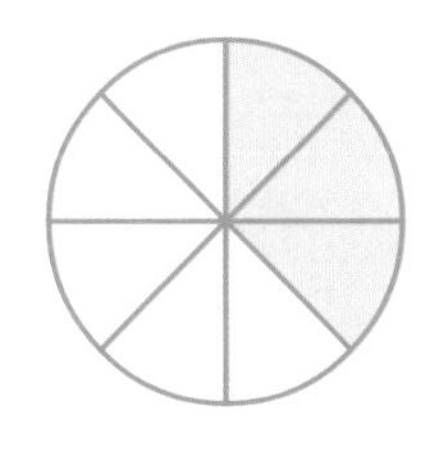

❷ 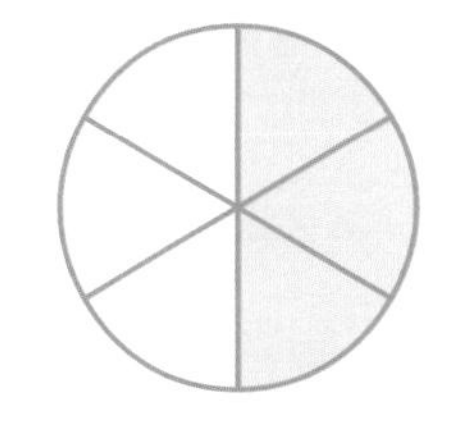

❸ 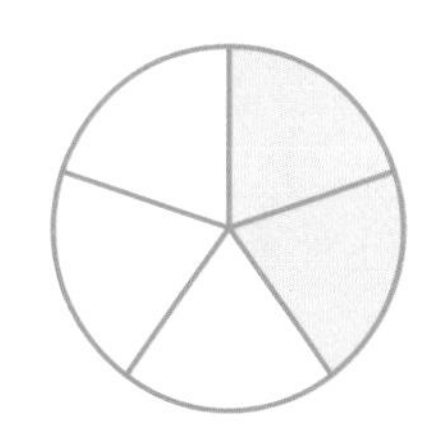

❹ 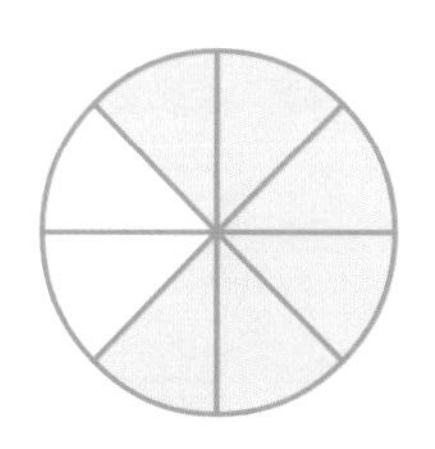

4. 선 아래 □에는 전체 도형이 몇 부분으로 나누어져 있는지 쓰고, 선 위 □에는 색칠한 부분이 몇 부분인지 써 보세요.

❶ 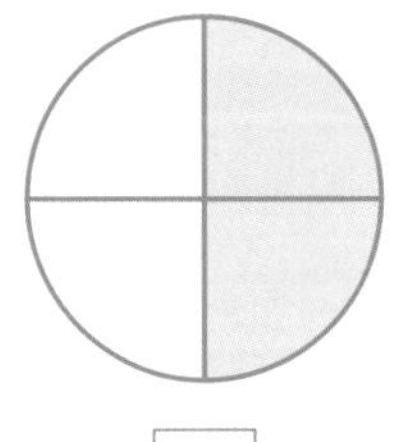

$\frac{2}{4}$

❷ 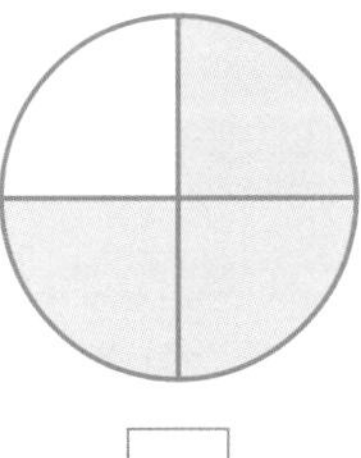

❸ 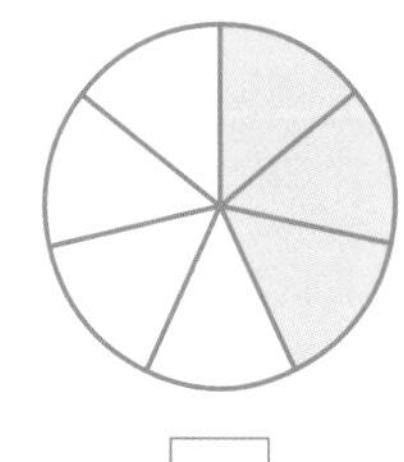

❹ 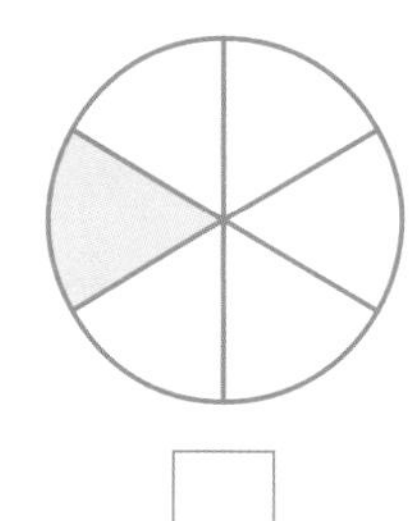

❺

❻

❼ 

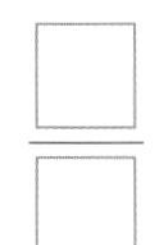

❽ 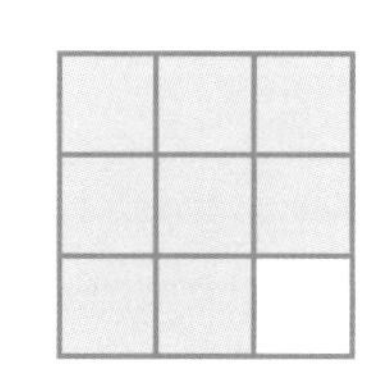

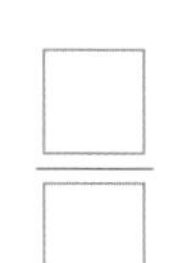

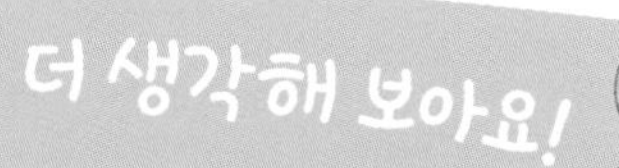

도형이 들어 있는 식을 보고 도형의 값을 구해 보세요.

★ − ▲ = 10　　★ ÷ ▲ = 3

★ = ______　▲ = ______

5. 조건에 맞게 색칠해 보세요.

❶ 2부분 중 1

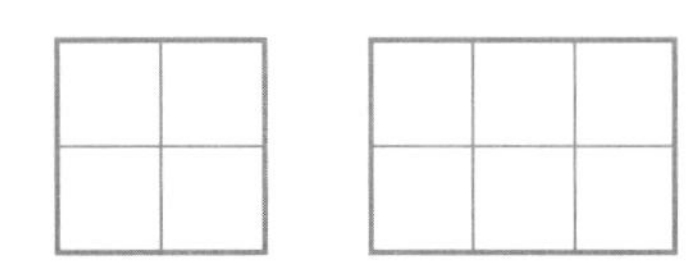

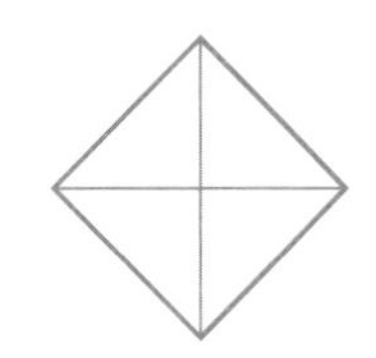

❷ 3부분 중 1

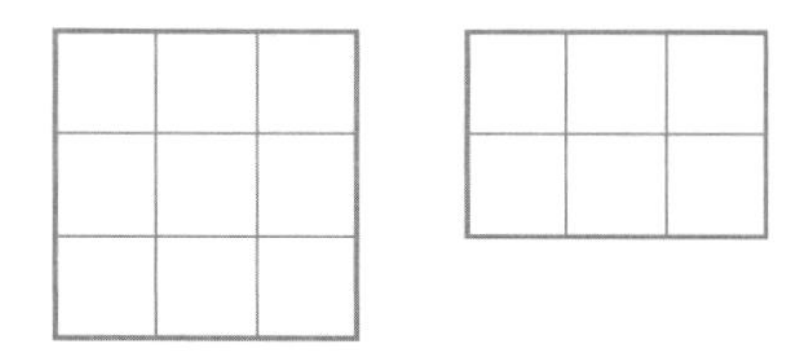

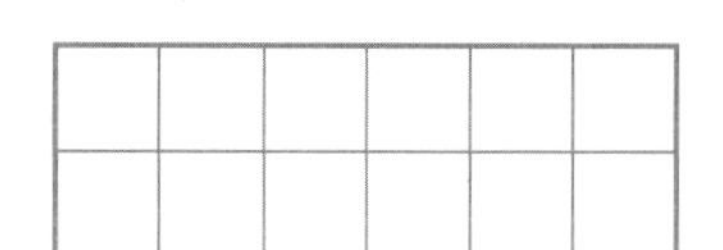

6. 계산해 보세요.

$\frac{25}{5}$ = ______ $\frac{21}{7}$ = ______ $\frac{64}{8}$ = ______

$\frac{24}{6}$ = ______ $\frac{45}{5}$ = ______ $\frac{42}{6}$ = ______

7. 아래 도형을 똑같이 나누어 보세요.

❶ 6등분해 보세요.

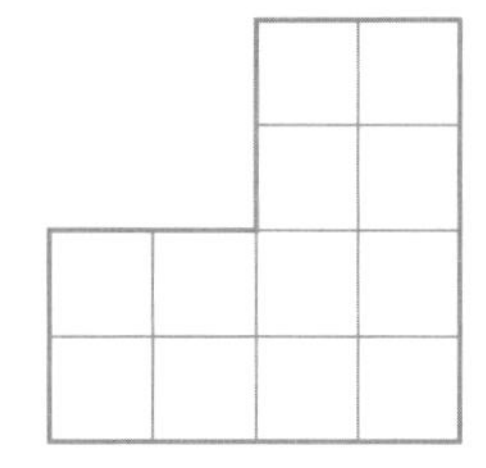

❷ 8등분해 보세요.

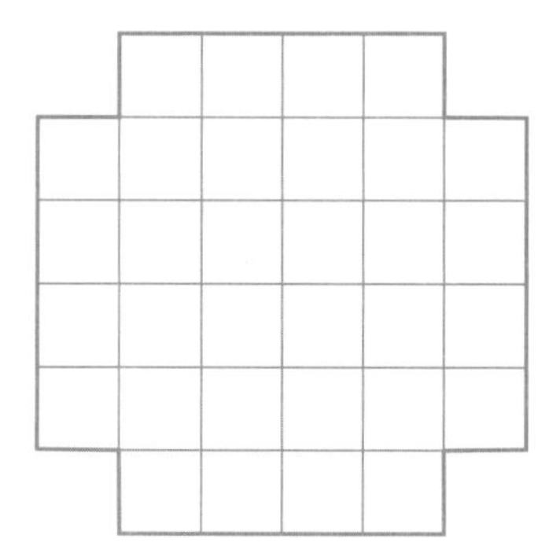

8. 아래 그림에서 정사각형은 몇 개 있나요?

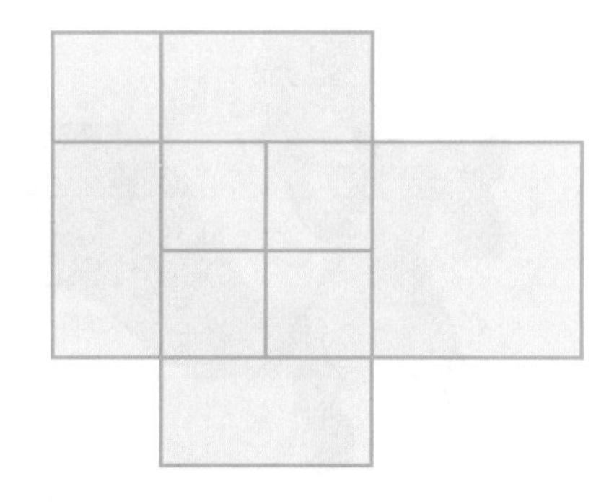

11개가 있어요.
여러분은 몇 개를 찾았나요?

______

9. 3개의 직선을 그어 외양간을 나누어 보세요. 한 영역에 소가 1마리씩만 있어야 해요.

한 번 더 연습해요!

1. 아래 도형은 몇 부분으로 똑같이 나누어져 있나요?

❶ 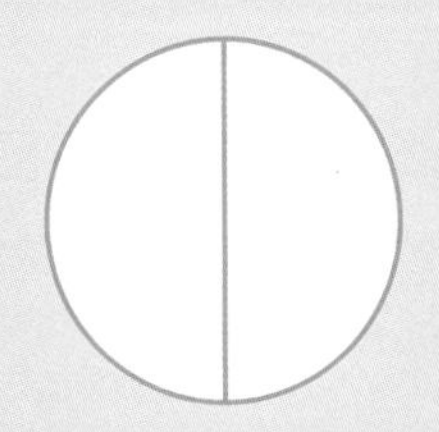 ________

❷ 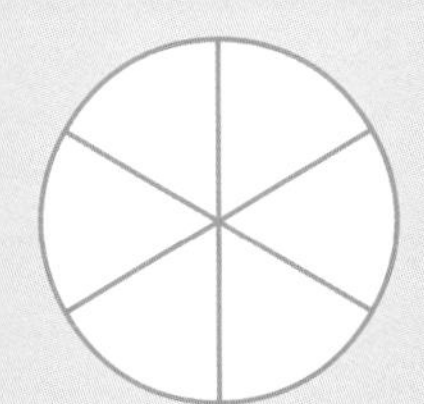 ________

❸ 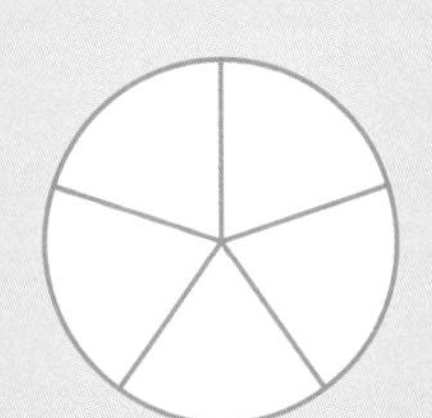 ________

❹ 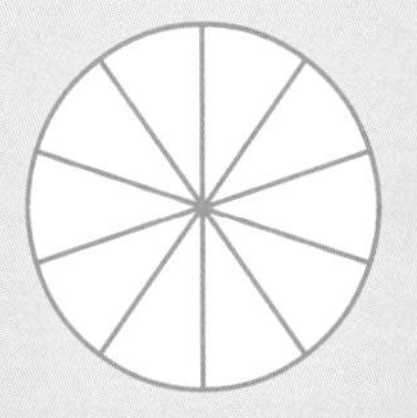 ________

2. 선 아래 □에는 전체 도형이 몇 부분으로 나누어져 있는지 쓰고, 선 위 □에는 색칠한 부분이 몇 부분인지 써 보세요.

❶ 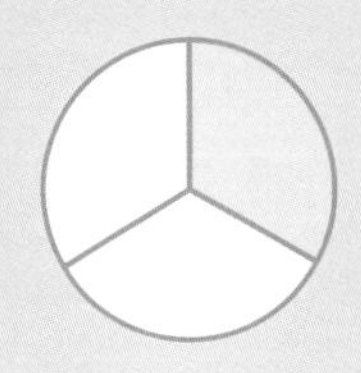

❷ 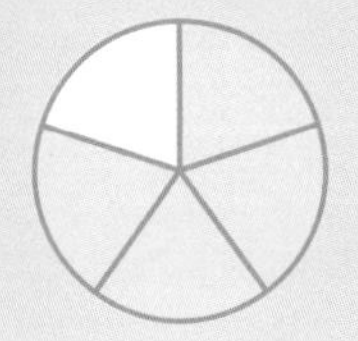

❸ 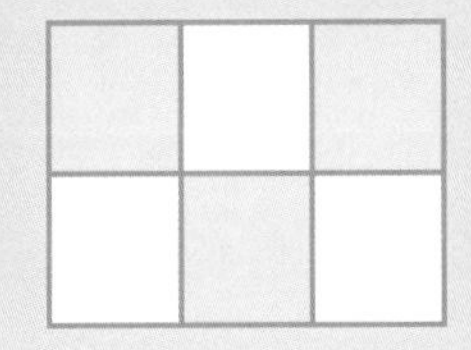

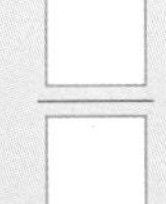

❹ 

_____ 월 _____ 일 _____ 요일

10 분수

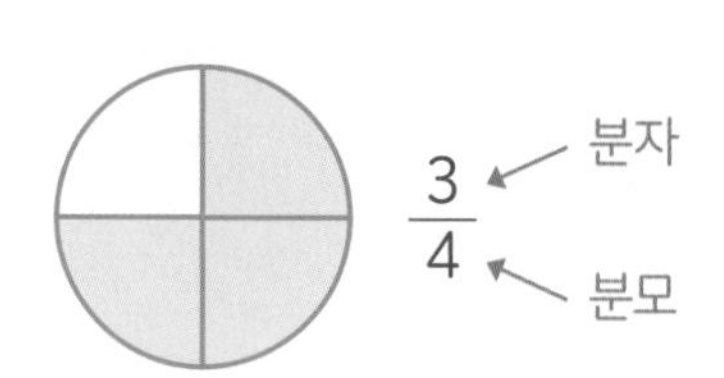

$\frac{3}{4}$은 4분의 3이라고 읽어요.

- 분모는 전체가 몇 부분으로 나누어져 있는지를 나타내요.
- 분자는 전체 중 몇 부분이 선택되었는지를 나타내요.

1. 주어진 분수만큼 색칠해 보세요.

❶ 

3분의 1

❷ 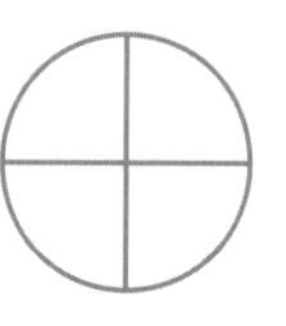

4분의 1

❸ 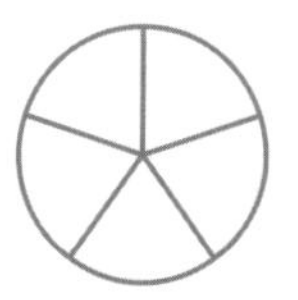

5분의 1

2. 주어진 분수만큼 색칠해 보세요.

❶ 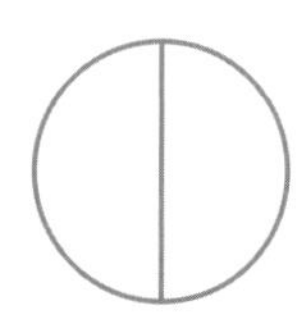

$\frac{1}{2}$

❷ 

$\frac{2}{3}$

❸ 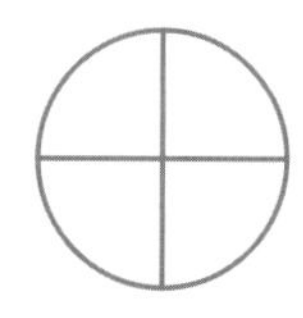

$\frac{3}{4}$

❹ 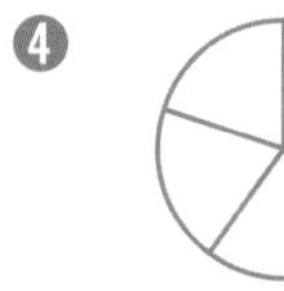

$\frac{2}{5}$

❺ 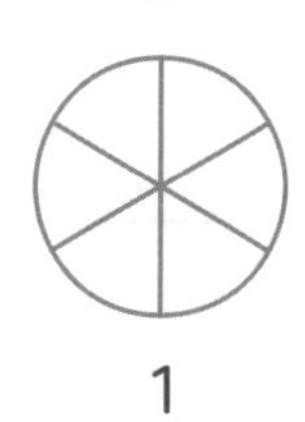

$\frac{1}{6}$

❻ 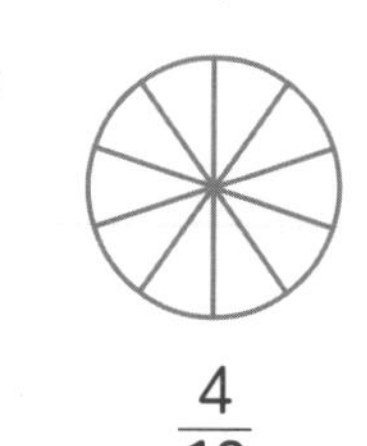

$\frac{4}{10}$

3. 분수식을 써 보세요.

❶ 분자는 1이고,
분모는 6이에요. 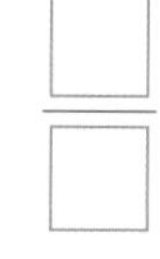

❷ 분자는 3이고,
분모는 8이에요. 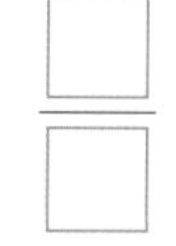

4. 값이 같은 것끼리 선으로 이어 보세요.

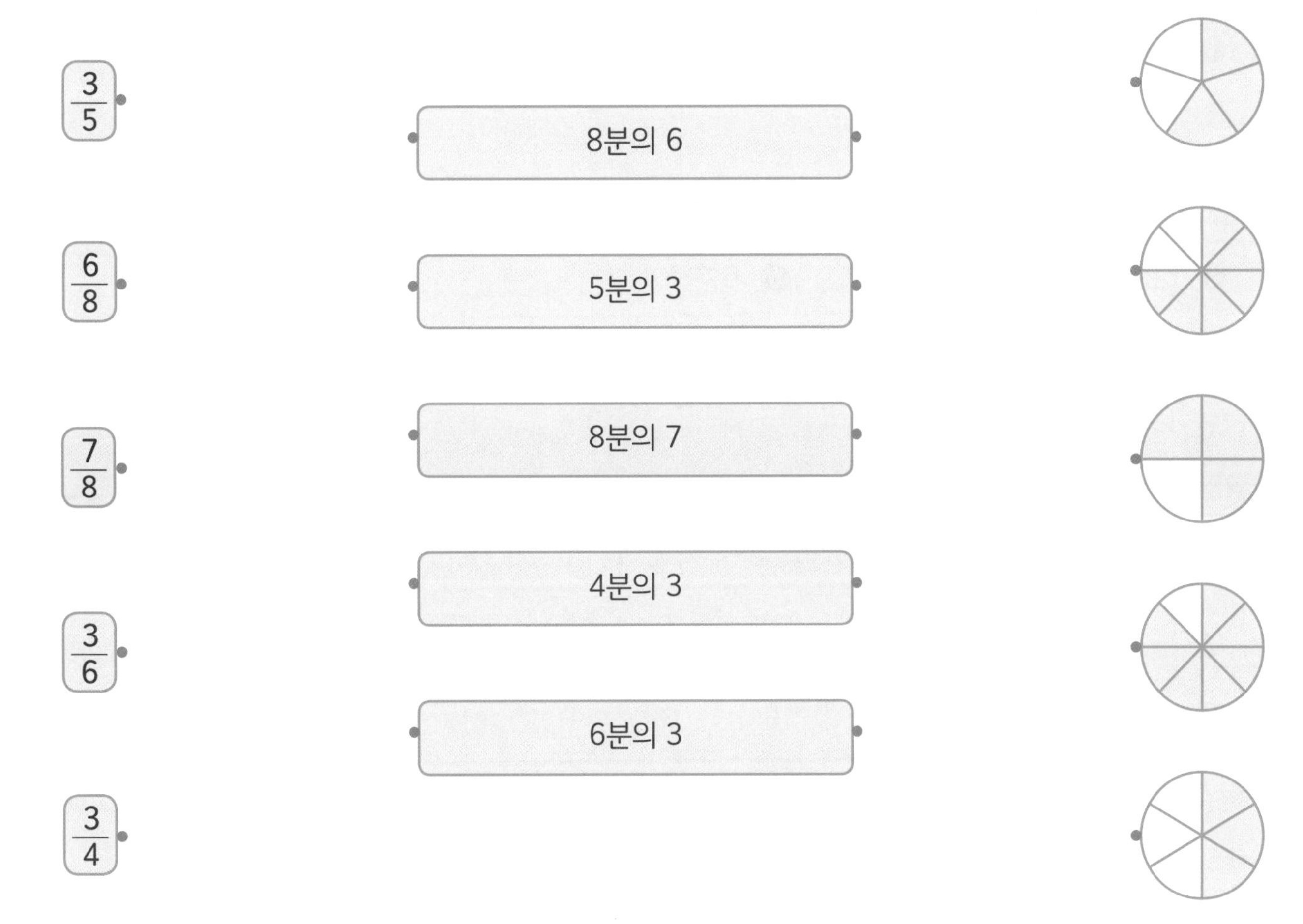

5. 애벌레의 몸통에서 색칠한 부분을 분수로 나타내 보세요.

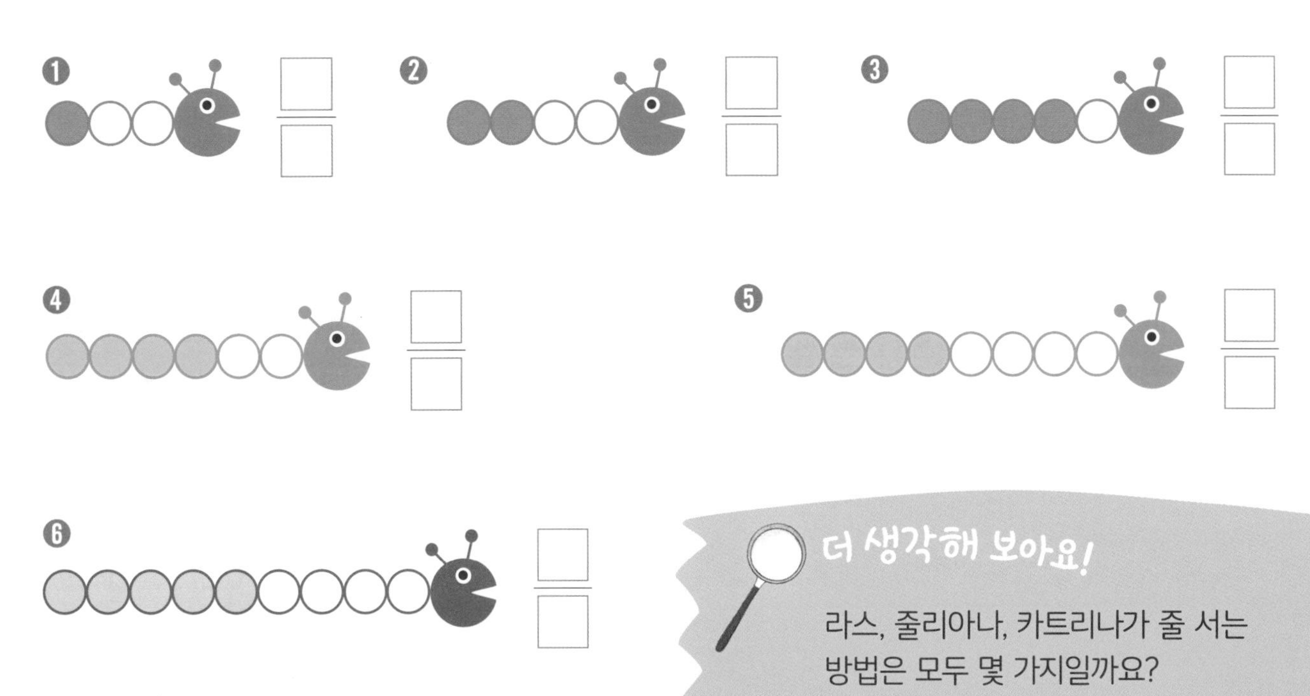

더 생각해 보아요!

라스, 줄리아나, 카트리나가 줄 서는 방법은 모두 몇 가지일까요?

6. 분수식으로 쓰고 주어진 분수만큼 도형에 색칠해 보세요.

❶ 3분의 1

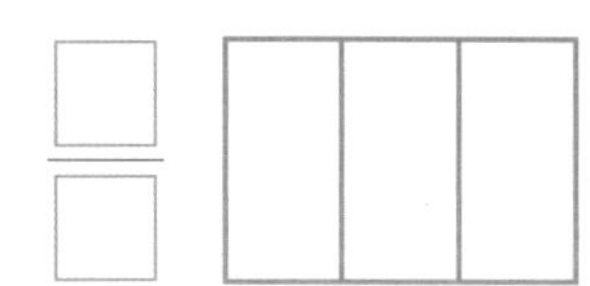

❷ 4분의 2

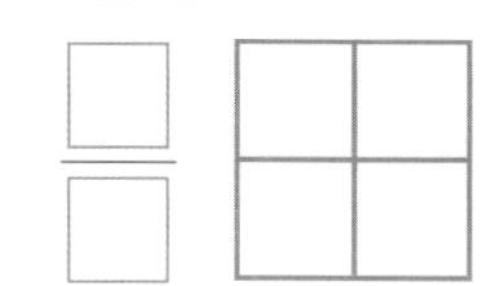

❸ 4분의 3

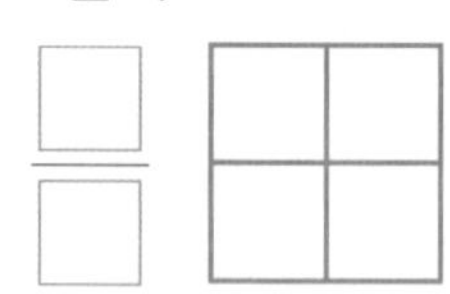

❹ 6분의 3

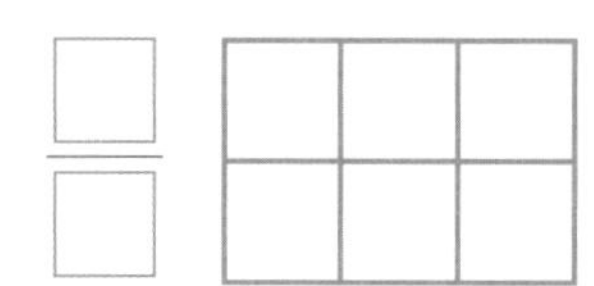

❺ 6분의 4

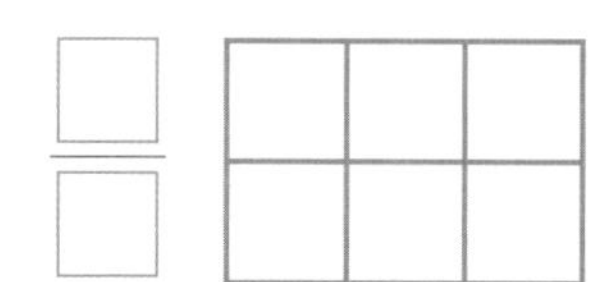

❻ 3분의 3

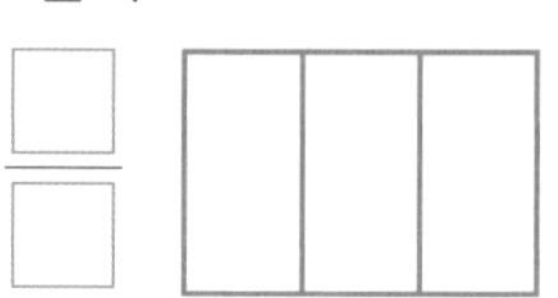

7. 아래 분수에 해당하는 도형의 알파벳을 찾아 빈칸에 써넣어 보세요.

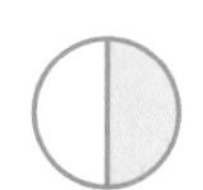 A
 C
 D
 E
 F
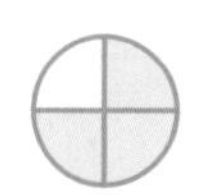 G
 H
 I
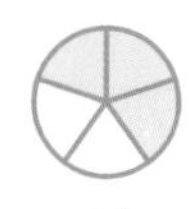 K
 L
 N
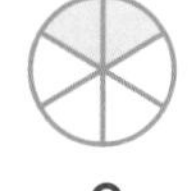 O

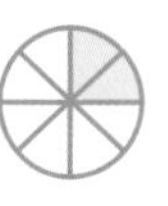

R S T W Y

$\frac{4}{6}$ ☐ $\frac{3}{4}$ ☐ $\frac{1}{2}$ ☐ $\frac{2}{3}$ ☐

$\frac{1}{5}$ ☐ $\frac{2}{6}$ ☐ $\frac{5}{6}$ ☐ $\frac{1}{2}$ ☐

$\frac{1}{2}$ ☐ $\frac{2}{5}$ ☐ $\frac{2}{5}$ ☐ $\frac{2}{8}$ ☐ !

$\frac{4}{5}$ ☐ $\frac{1}{3}$ ☐ $\frac{1}{6}$ ☐

$\frac{4}{5}$ ☐ $\frac{1}{4}$ ☐ $\frac{3}{4}$ ☐

$\frac{1}{8}$ ☐ $\frac{4}{6}$ ☐ $\frac{5}{6}$ ☐

$\frac{1}{4}$ ☐ $\frac{3}{5}$ ☐ $\frac{2}{6}$ ☐

8. 아래 글을 읽고 누가 어떤 도형을 그렸는지 알아맞혀 보세요.

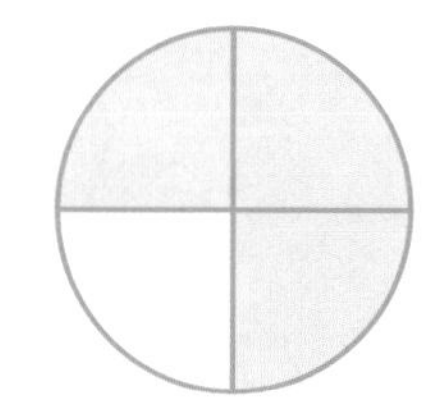 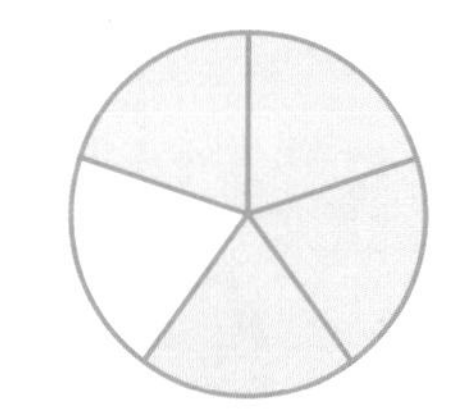 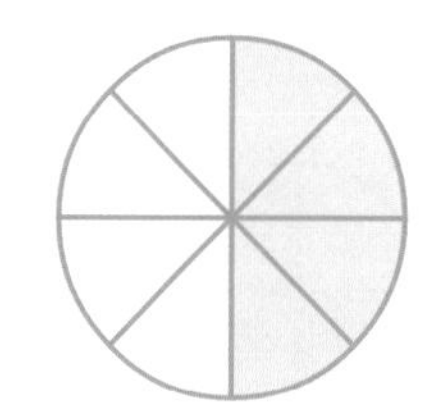 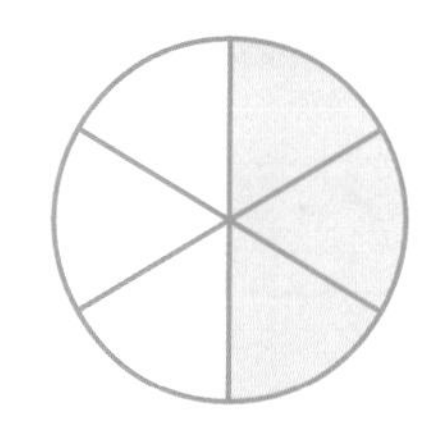

- 랜스는 도형의 절반을 색칠했어요.
- 리사는 도형의 나누어진 부분 중 3부분을 색칠했어요.
- 엠마는 도형의 나누어진 부분 중 한 칸을 색칠하지 않았어요.
- 리사 도형의 절반은 색칠이 안 되어 있어요.
- 알렉의 도형은 엠마의 것보다 더 많은 부분으로 나누어져 있어요.

한 번 더 연습해요!

1. 주어진 분수만큼 색칠해 보세요.

❶ $\frac{3}{4}$ 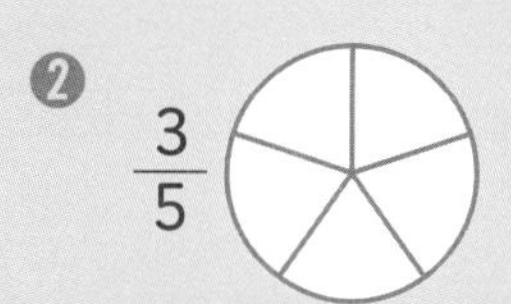 ❷ $\frac{3}{5}$ 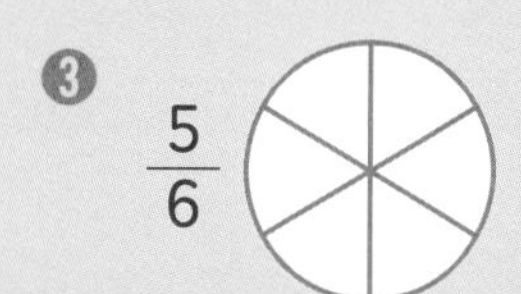 ❸ $\frac{5}{6}$ 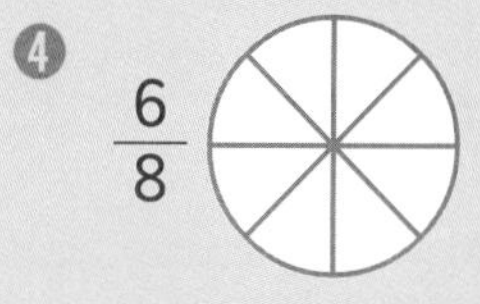 ❹ $\frac{6}{8}$

2. 색칠한 부분을 분수로 나타내 보세요.

❶ 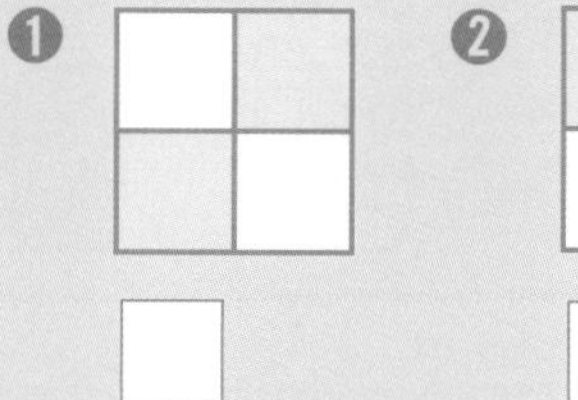 ❷  ❸  ❹ 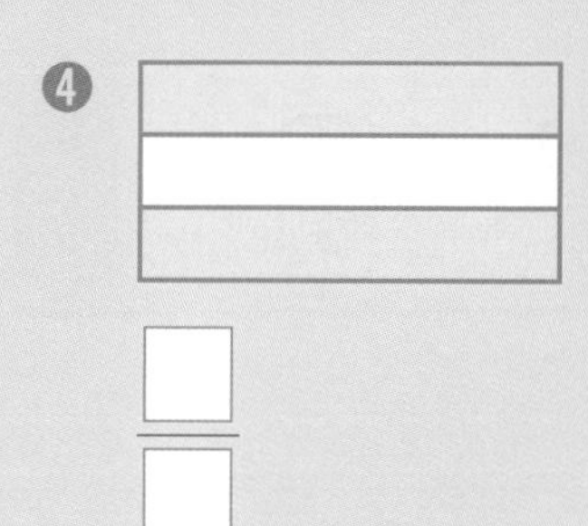

3. 분수식으로 써 보세요.

❶ 분자는 1이고, 분모는 4예요.

❷ 분자는 5이고, 분모는 8이에요.

___ 월 ___ 일 ___ 요일

11 전체를 나타내는 분수

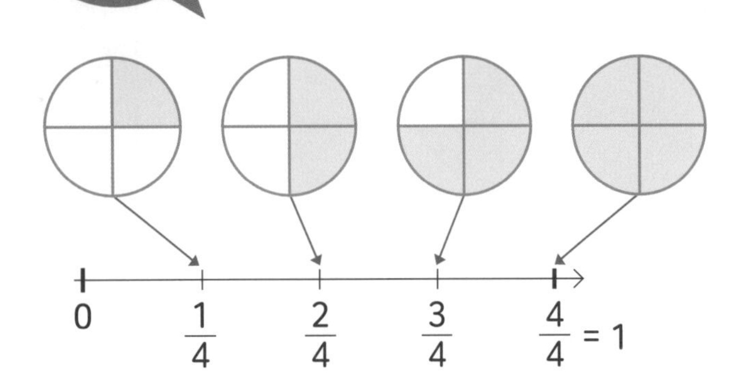

분수의 분모와 분자가 같을 때, 그 분수는 전체를 나타내요.

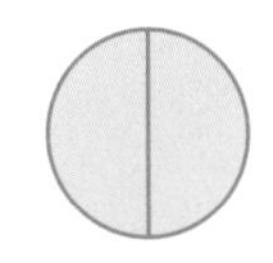
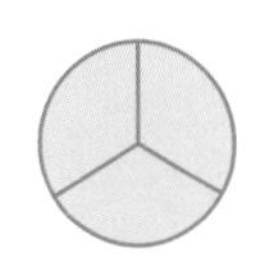
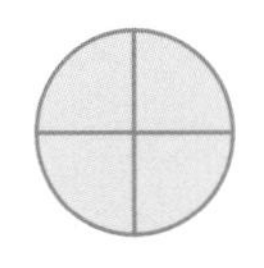
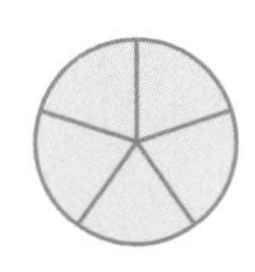

$\frac{1}{1} = 1$　$\frac{2}{2} = 1$　$\frac{3}{3} = 1$　$\frac{4}{4} = 1$　$\frac{5}{5} = 1$

1. 전체를 분수식으로 나타내 보세요.

❶ 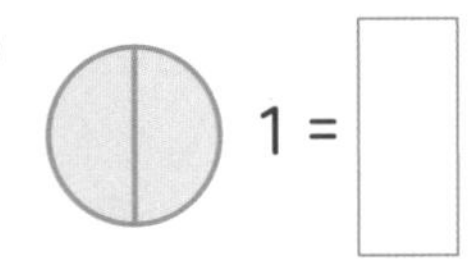 1 = ☐

❷ 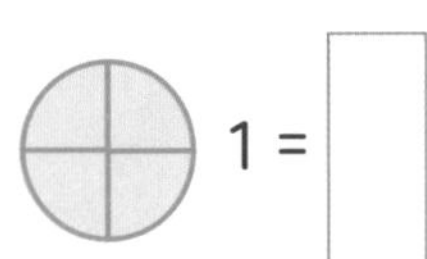 1 = ☐

❸ 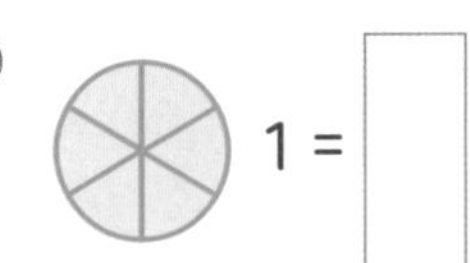 1 = ☐

❹ 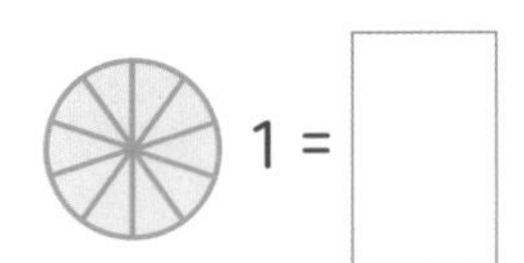 1 = ☐

2. 주어진 분수를 아래 수직선의 알맞은 위치에 연결해 보세요.

❶ 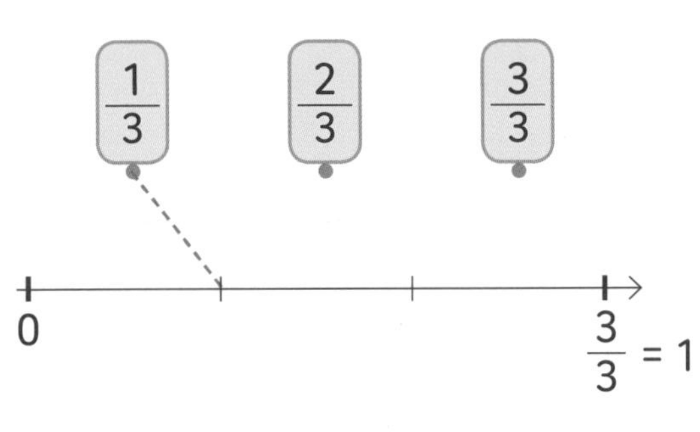

❷ 

❸ 

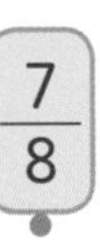

❹ 

3. 분수식으로 써 보세요.

❶ 전체의 몇 부분이 색칠한 부분인가요? □

전체의 몇 부분이 색칠하지 않은 부분인가요? □

❷ 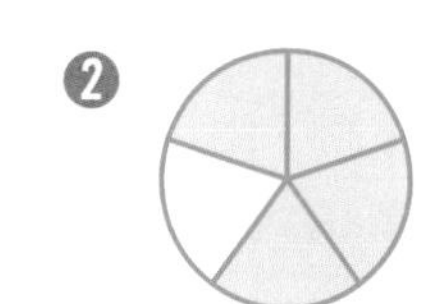

전체의 몇 부분이 색칠한 부분인가요? □

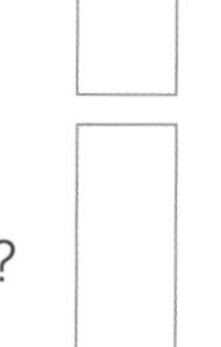

전체의 몇 부분이 색칠하지 않은 부분인가요? □

4. 아래 분수에 얼마를 더해야 전체가 될까요?

❶ 4분의 3

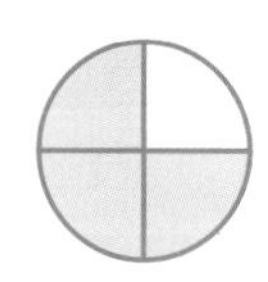

정답 : 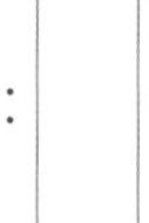

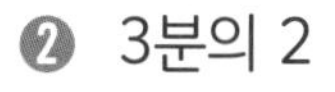

❷ 3분의 2

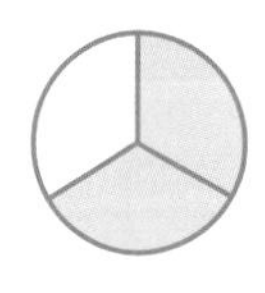

정답 : □

❸ 6분의 2

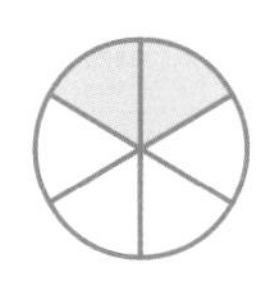

정답 : 

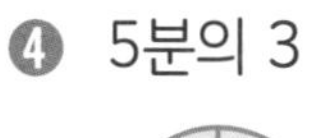

❹ 5분의 3

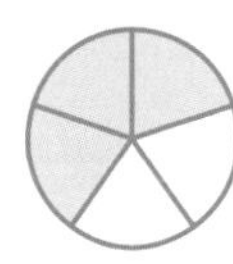

정답 : □

❺ 5분의 1

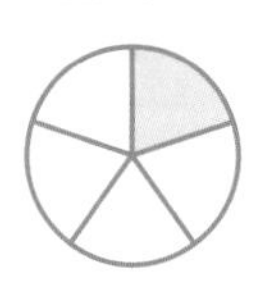

정답 : □

❻ 5분의 4

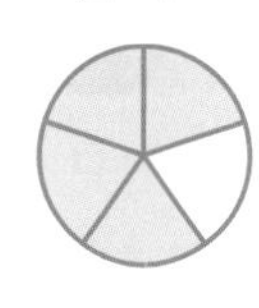

정답 : □

5. □ 안에 >, =, <를 알맞게 써넣어 보세요.

$\frac{4}{4}$ □ $\frac{3}{3}$	$\frac{6}{6}$ □ $\frac{3}{6}$	$\frac{1}{10}$ □ 1	1 □ $\frac{4}{5}$
$\frac{5}{5}$ □ 1	1 □ $\frac{9}{10}$	$\frac{1}{10}$ □ $\frac{3}{3}$	1 □ $\frac{1}{2}$
1 □ $\frac{1}{1}$	$\frac{4}{4}$ □ 1	$\frac{10}{10}$ □ $\frac{1}{10}$	1 □ $\frac{2}{2}$

더 생각해 보아요!

식이 성립하도록 성냥개비 1개를 움직여 보세요. 움직이는 성냥개비에 X표 하고 새로운 위치를 표시해 보세요.

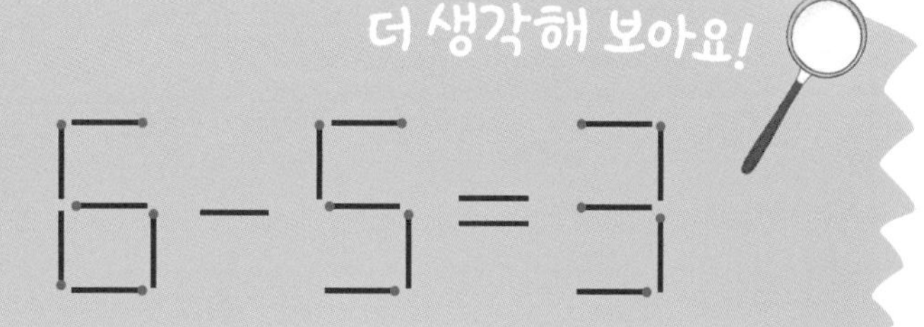

6. 전체를 나타내는 분수를 따라가 보세요.

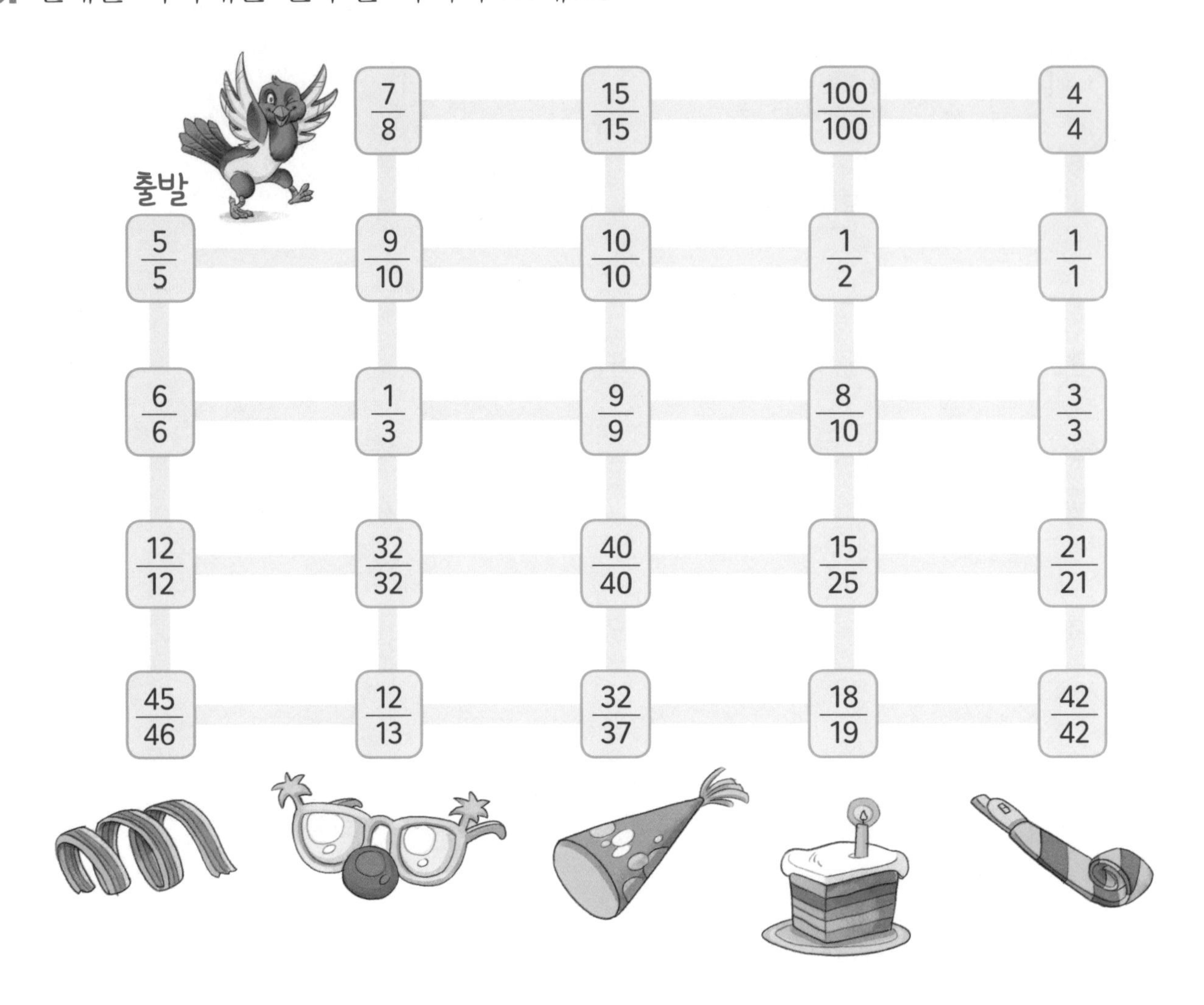

7. 아래 글을 읽고 누구의 주스 병인지 알아맞혀 보세요.

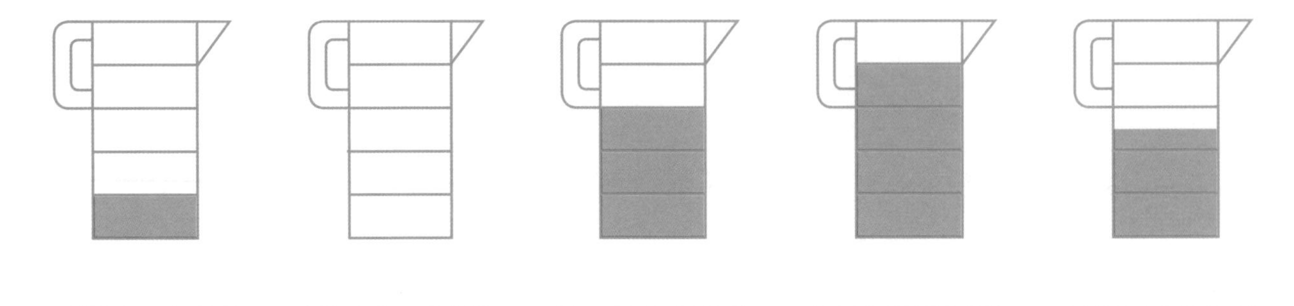

- 에시의 주스 병은 5분의 4가 비어 있어요.
- 알렉은 주스를 5분의 3만큼 남겨 두었어요.
- 미리암의 주스 병은 5분의 5가 비어 있어요.
- 조아킴의 주스 병은 5분의 1만 비어 있어요.
- 엠마의 주스는 절반이 남았어요.

8. 아래 도형이 나타내는 분수의 알파벳을 찾아 빈칸에 써넣어 보세요.

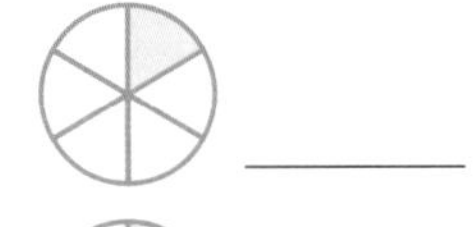 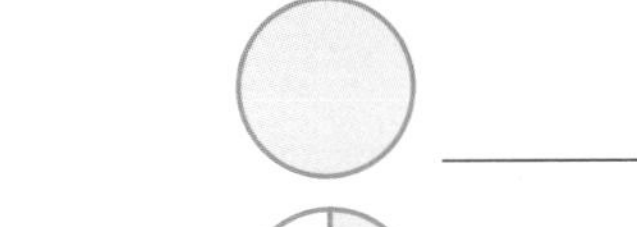 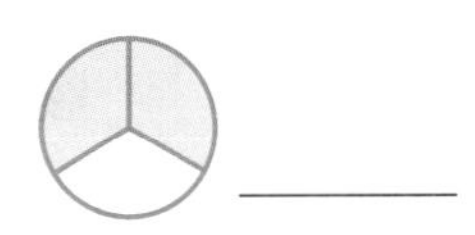

 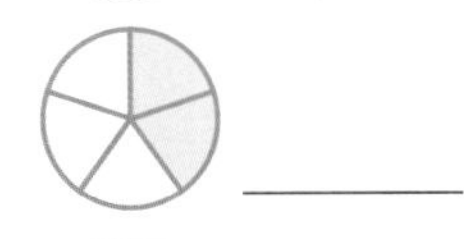

 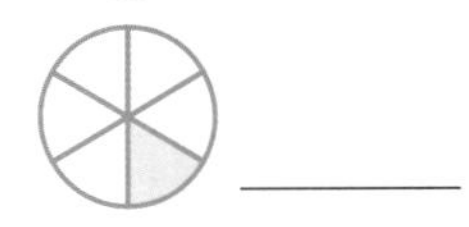

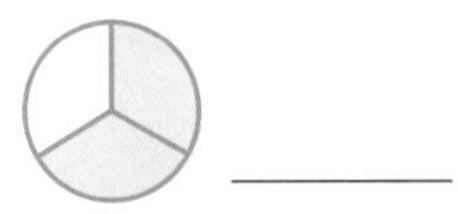 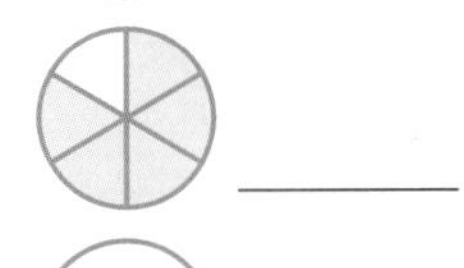

  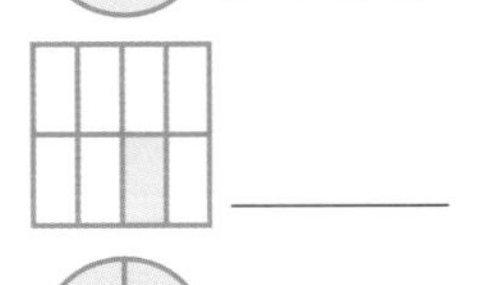

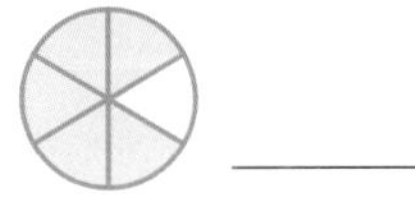 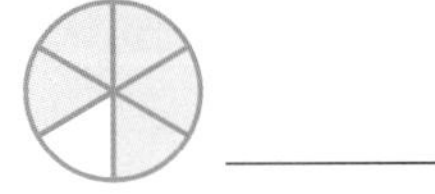 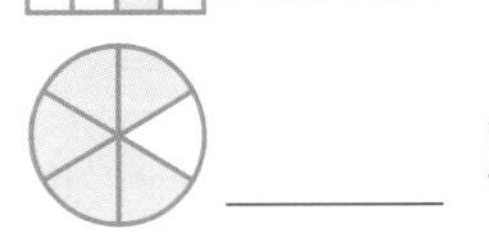 !

$\frac{1}{1}$	$\frac{1}{2}$	$\frac{1}{3}$	$\frac{5}{6}$	$\frac{1}{12}$	$\frac{1}{6}$	$\frac{1}{8}$	$\frac{1}{4}$	$\frac{2}{3}$	$\frac{2}{5}$	$\frac{4}{5}$
A	C	D	E	F	I	K	L	O	P	V

한 번 더 연습해요!

1. 전체를 분수식으로 나타내 보세요.

❶ 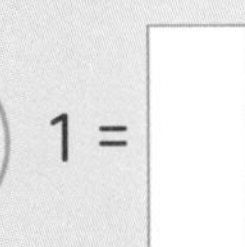 1 = ☐ ❷  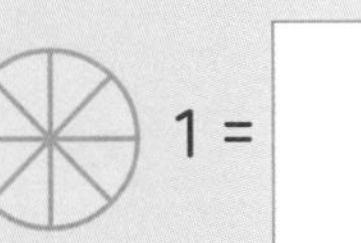 1 = ☐ ❸  1 = ☐ ❹ 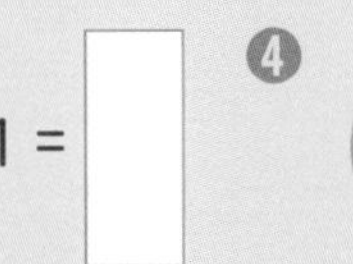 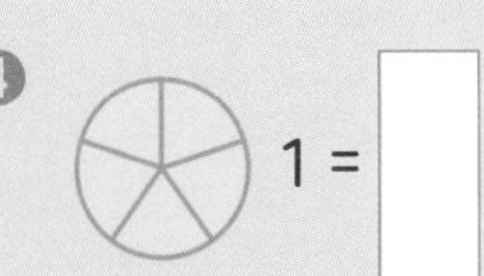 1 = ☐

2. 주어진 분수를 아래 수직선의 알맞은 위치에 연결해 보세요.

❶ $\frac{2}{5}$ $\frac{1}{5}$ $\frac{5}{5}$ $\frac{4}{5}$

0 ... $\frac{5}{5} = 1$

❷ $\frac{1}{6}$ $\frac{3}{6}$ $\frac{5}{6}$ $\frac{6}{6}$

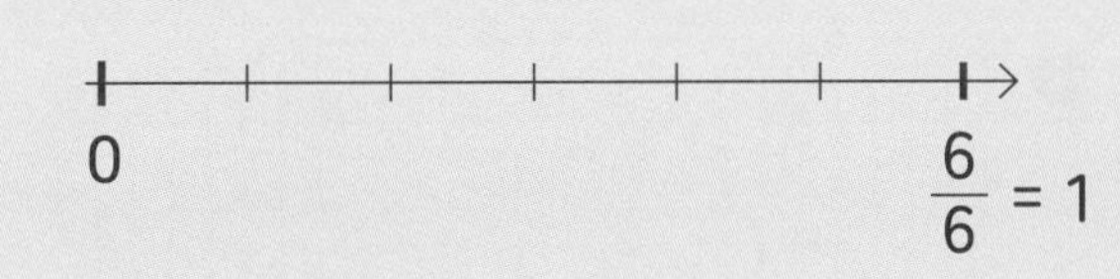

0 ... $\frac{6}{6} = 1$

12 분모가 같은 분수의 크기 비교하기

- 분수는 분모가 같은 경우 크기를 비교할 수 있어요.
- 분모가 같은 두 분수 중 분자가 작은 분수가 더 작아요.
- 분모가 같은 두 분수 중 분자가 큰 분수가 더 커요.

1. 주어진 분수만큼 색칠해 보세요. 그리고 두 분수의 크기를 비교하여 □ 안에 >, =, <를 알맞게 써넣어 보세요.

❶ 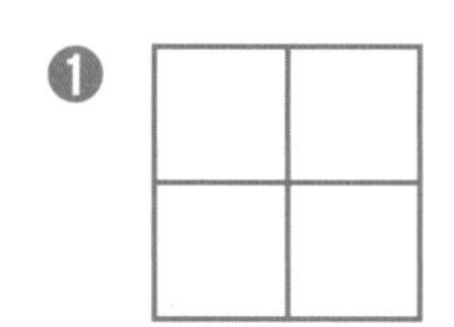 $\frac{1}{4}$ □ $\frac{3}{4}$

❷ 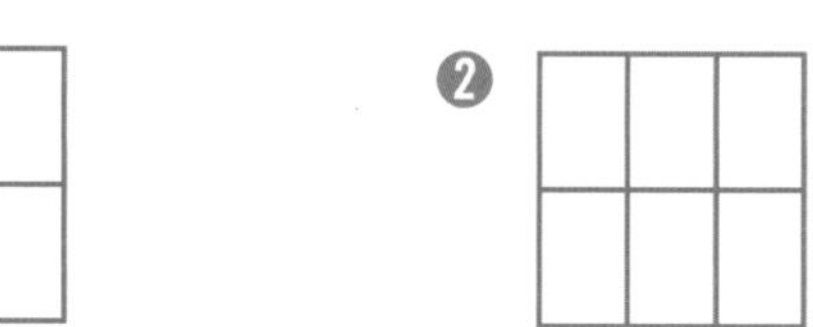 $\frac{3}{6}$ □ $\frac{1}{6}$

❸ 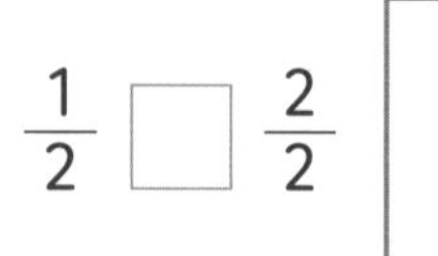 $\frac{1}{2}$ □ $\frac{2}{2}$

❹ 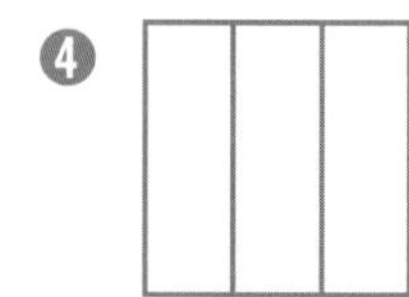 $\frac{3}{3}$ □ 1 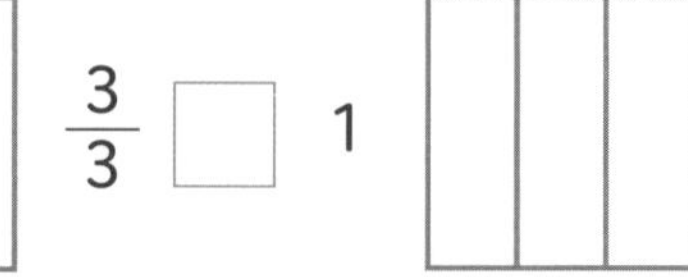

❺ 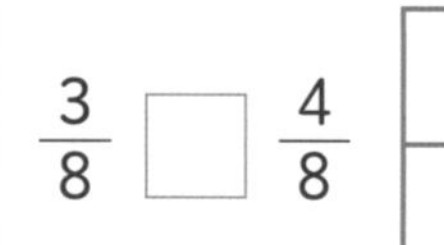 $\frac{3}{8}$ □ $\frac{4}{8}$

❻ 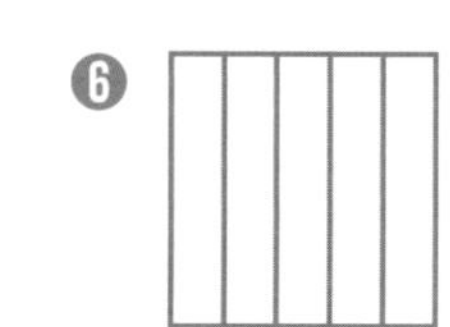 $\frac{4}{5}$ □ $\frac{2}{5}$ 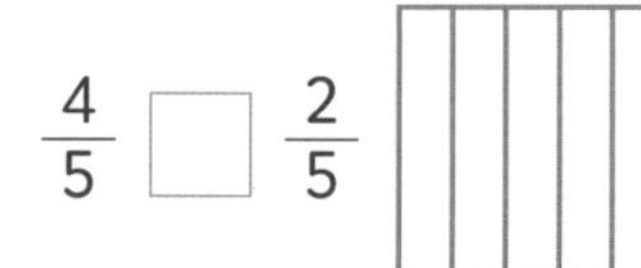

❼ $\frac{4}{7}$ □ $\frac{2}{7}$

❽ 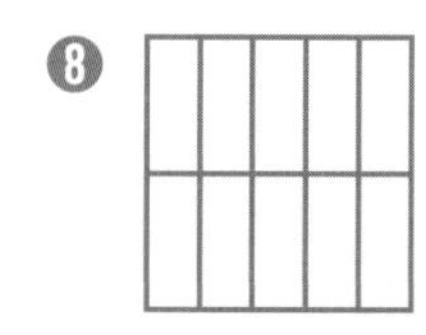 $\frac{5}{10}$ □ $\frac{4}{10}$

2. 주어진 분수를 아래 수직선의 알맞은 위치에 연결해 보세요. 그리고 두 분수의 크기를 비교하여 □ 안에 >, =, <를 알맞게 써넣어 보세요.

❶ $\frac{2}{5}$ □ $\frac{3}{5}$

0 ―――― 1

❷ $\frac{4}{4}$ □ $\frac{2}{4}$

0 ―――― 1

❸ $\frac{2}{3}$ □ $\frac{1}{3}$

0 ―――― 1

❹ $\frac{3}{6}$ □ $\frac{6}{6}$

0 ―――― 1

❺ $\frac{6}{7}$ □ $\frac{3}{7}$

0 ―――― 1

❻ $\frac{4}{8}$ □ $\frac{7}{8}$

0 ―――― 1

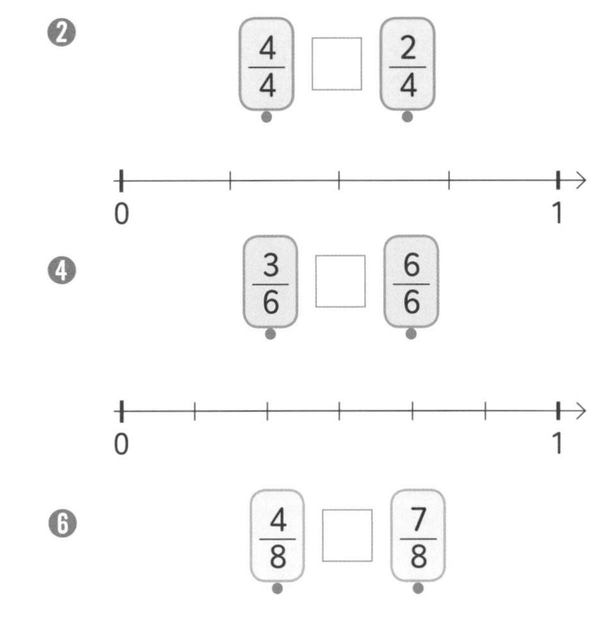

3. □ 안에 >, =, <를 알맞게 써넣어 보세요.

$\frac{1}{3}$ □ $\frac{2}{3}$	$\frac{9}{10}$ □ $\frac{7}{10}$	$\frac{3}{10}$ □ $\frac{4}{10}$
$\frac{3}{5}$ □ $\frac{1}{5}$	$\frac{2}{6}$ □ $\frac{3}{6}$	$\frac{3}{4}$ □ $\frac{4}{4}$
$\frac{7}{8}$ □ $\frac{6}{8}$	$\frac{5}{12}$ □ $\frac{7}{12}$	1 □ $\frac{6}{6}$

4. 아래 글을 읽고 알맞은 이름을 찾아보세요.

❶ 알파벳 A가 이름의 $\frac{2}{3}$를 차지하고,
알파벳 D는 $\frac{1}{3}$을 차지해요.

____

❷ 알파벳 E가 이름의 $\frac{2}{4}$를 차지하고,
알파벳 L도 $\frac{2}{4}$를 차지해요.

____

더 생각해 보아요!

애니가 케이크 2분의 1의 절반을 먹었어요. 애니가 먹은 케이크를 분수로 나타내 보세요. □

5. 주어진 분수만큼 색칠해 보세요.

❶ $\frac{4}{10}$는 빨간색, $\frac{6}{10}$은 파란색

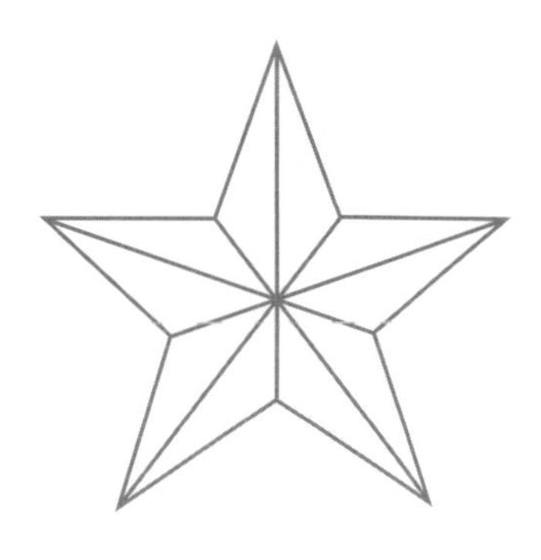

❷ $\frac{3}{6}$은 빨간색, $\frac{2}{6}$는 파란색, $\frac{1}{6}$은 초록색

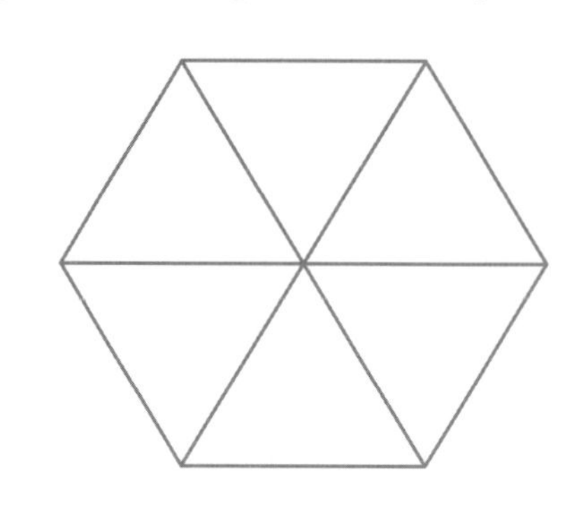

6. 빈칸에 알맞은 그림을 그려 보세요.

7. 아래 글을 읽고 누구의 티셔츠인지 알아맞혀 보세요.

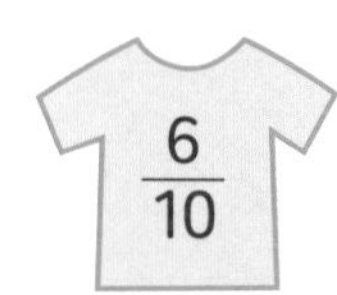

- 엠마의 분수는 분자와 분모 모두 2로 나누어떨어져요.
- 알렉의 분수는 가장 작아요.
- 잰의 분수는 1과 같아요.
- 엘리의 분수는 $\frac{1}{2}$보다 커요.

8. 나는 어떤 수일까요?

분모가 분자보다 3만큼 커요. 그리고 $\frac{1}{2}$과 같아요.

정답 : □

9. 사각형이 나누어져 있어요. A, B, C, D, E의 영역을 분수로 나타내 보세요.

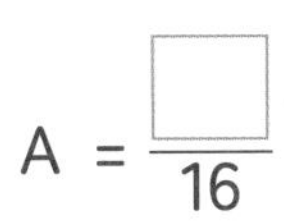

A = $\frac{\square}{16}$ B = $\frac{\square}{16}$ C = $\frac{\square}{16}$

D = $\frac{\square}{16}$ E = $\frac{\square}{16}$

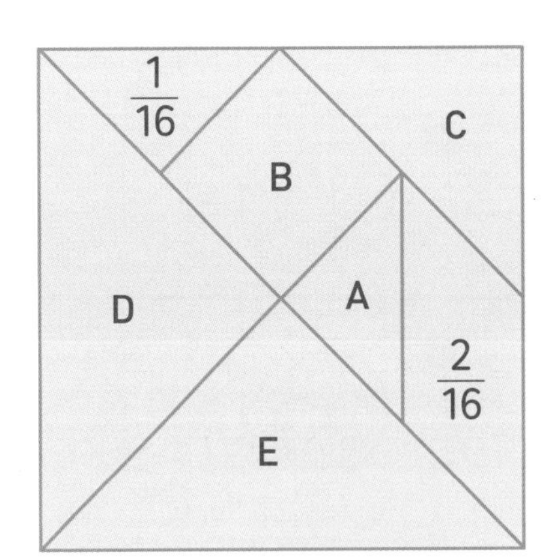

책 뒤에 있는 놀이 카드를 활용하세요.

한 번 더 연습해요!

1. 주어진 분수만큼 색칠해 보세요. 그리고 두 분수의 크기를 비교하여 □ 안에 >, =, <를 알맞게 써넣어 보세요.

①  $\frac{3}{6}$ □ $\frac{5}{6}$ 

②  $\frac{8}{8}$ □ $\frac{6}{8}$ 

2. 주어진 분수를 아래 수직선의 알맞은 위치에 연결해 보세요. 그리고 두 분수의 크기를 비교하여 □ 안에 >, =, <를 알맞게 써넣어 보세요.

① $\frac{2}{6}$ □ $\frac{5}{6}$

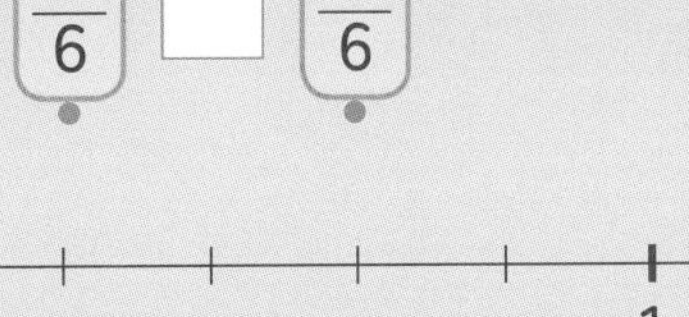

0 1

② $\frac{7}{8}$ □ $\frac{5}{8}$

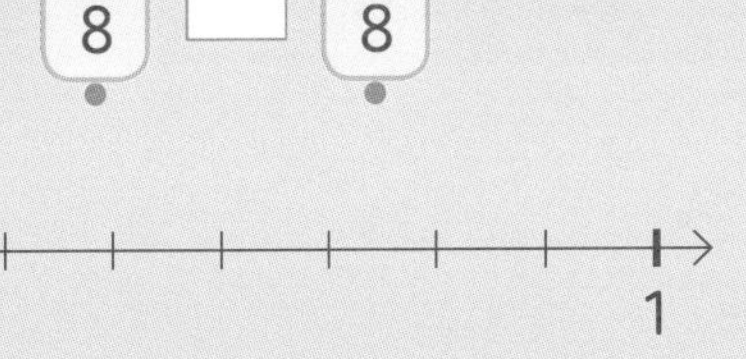

0 1

연습 문제

____ 월 ____ 일 ____ 요일

1. 분수식으로 써 보세요.

❶ 분자는 2이고, 분모는 5예요. 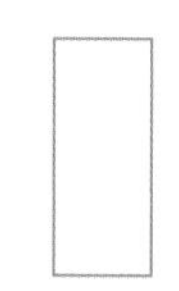

❷ 분자는 4이고, 분모는 9예요. 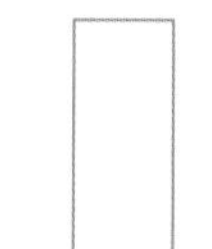

2. 전체를 분수식으로 나타내 보세요.

❶ 1 = □

❷ 1 = □

❸ 1 = □

❹ 1 = □

3. 주어진 분수를 아래 수직선의 알맞은 위치에 연결해 보세요.

❶ $\frac{1}{4}$ $\frac{4}{4}$ $\frac{3}{4}$

0 ———— 1

❷ $\frac{5}{6}$ $\frac{4}{6}$ $\frac{2}{6}$

0 ———— 1

❸ $\frac{3}{8}$ $\frac{5}{8}$ $\frac{1}{8}$

0 ———— 1

❹ $\frac{5}{5}$ $\frac{3}{5}$ $\frac{2}{5}$

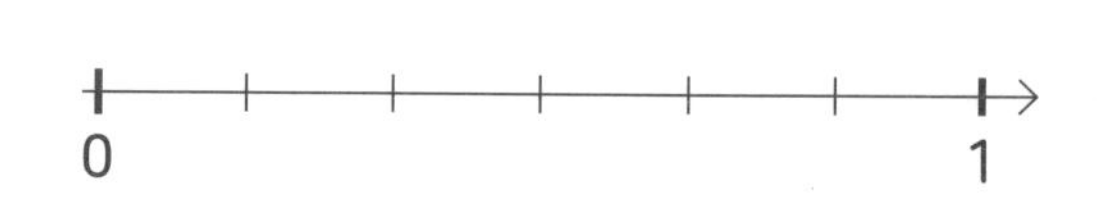

0 ———— 1

4. 두 분수의 크기를 비교하여 □ 안에 >, =, <를 알맞게 써넣어 보세요.

$\frac{1}{4}$ □ $\frac{3}{4}$　　$\frac{3}{3}$ □ 1　　1 □ $\frac{1}{6}$

$\frac{5}{6}$ □ $\frac{2}{6}$　　$\frac{2}{4}$ □ $\frac{4}{4}$　　$\frac{8}{10}$ □ $\frac{9}{10}$

5. 값이 같은 것끼리 선으로 이어 보세요.

$\frac{2}{5}$	4분의 3	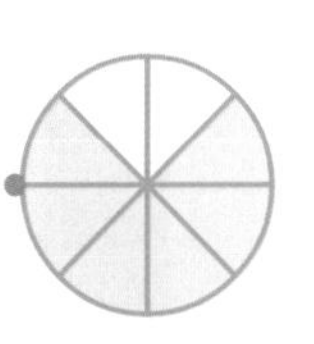
$\frac{3}{4}$	8분의 6	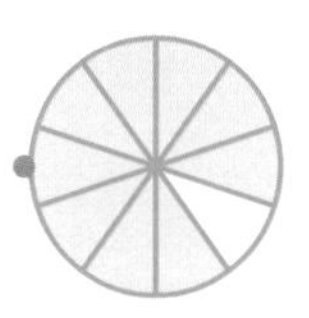
$\frac{9}{10}$	5분의 2	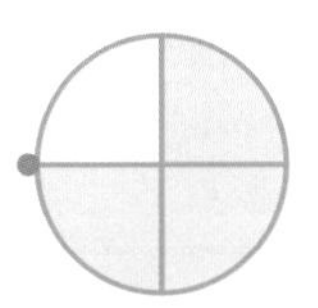
$\frac{6}{8}$	10분의 9	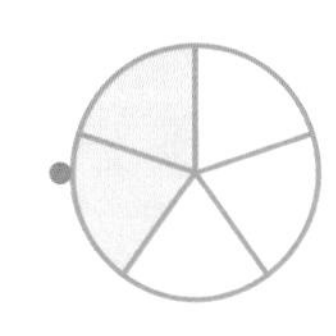

6. 주어진 분수만큼 색칠해 보세요.

❶ $\frac{6}{12}$은 빨간색

❷ $\frac{4}{12}$는 파란색

❸ $\frac{2}{12}$는 초록색

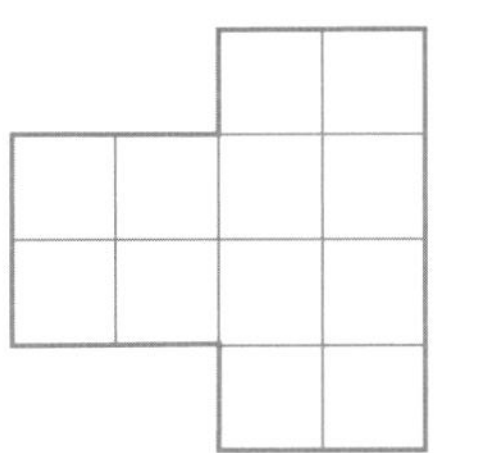

더 생각해 보아요!

두 수의 곱은 35이고, 두 수를 더하면 12예요. 두 수의 차는 얼마일까요?

____

7. 다음 색이 국기에서 차지하는 부분을 분수로 나타내 보세요.

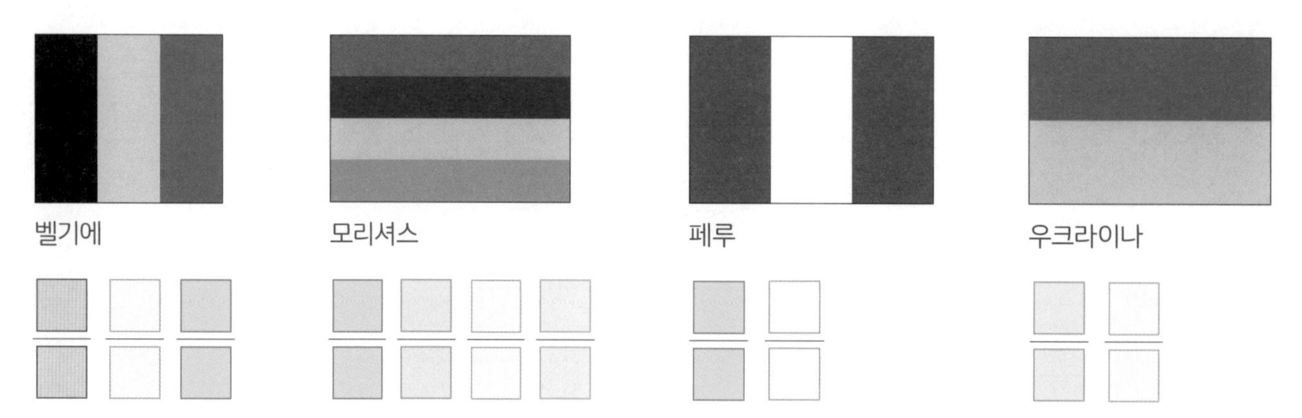

8. 아래 설명대로 국기를 색칠해 보세요.

❶
- 파란색이 국기의 $\frac{2}{6}$를 차지해요.
- 파란 부분이 국기의 가운데에 있어요.
- 빨간색이 국기의 $\frac{2}{6}$를 차지해요.
- 빨간 부분은 국기의 가장 위쪽과 가장 아래쪽에 있어요.
- 흰색이 국기의 $\frac{2}{6}$를 차지해요.

태국

❷
- 노란색이 국기의 $\frac{2}{4}$를 차지해요.
- 노란 부분이 가장 위쪽에 있어요.
- 빨간색이 국기의 $\frac{1}{4}$을 차지해요.
- 빨간 부분이 가장 아래쪽에 있어요.
- 파란색이 국기의 $\frac{1}{4}$을 차지해요.

콜롬비아

9. 아래 설명대로 색칠해 보세요.

빨간색과 파란색을 번갈아 색칠하세요. 단, 빨간색부터 시작하세요.
주어진 수만큼 사각형을 색칠한 후, 전체에 대한 빨간색 부분을 분수로 나타내 보세요.

<보기>

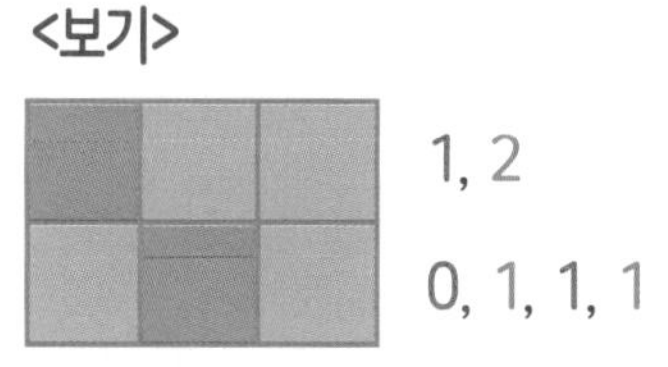

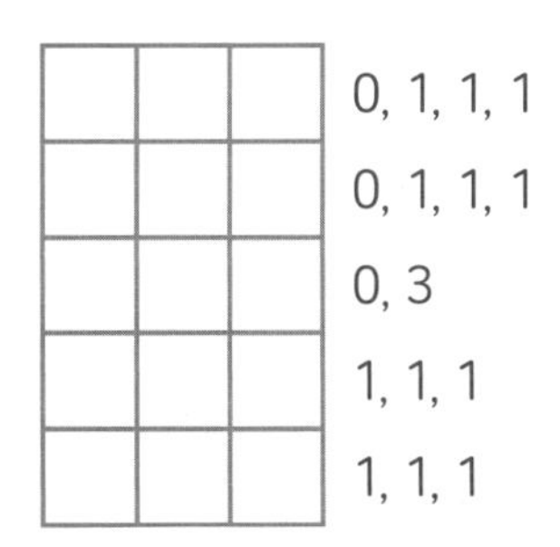

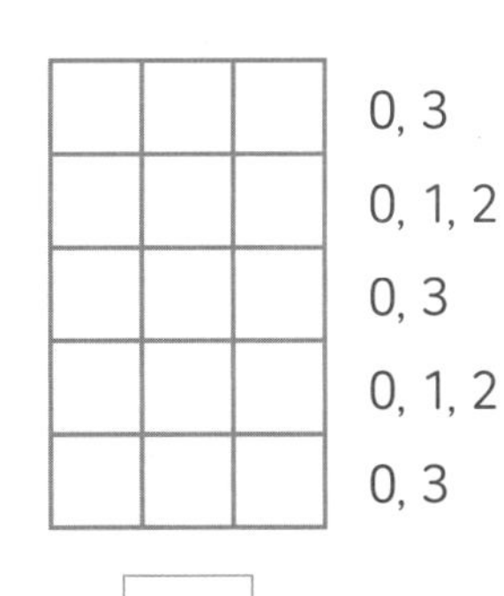

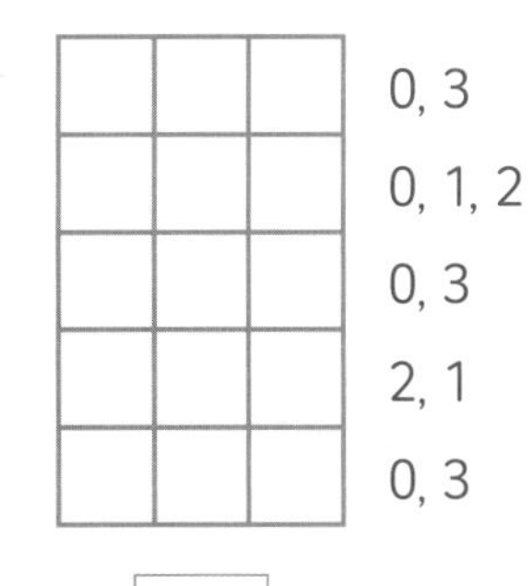

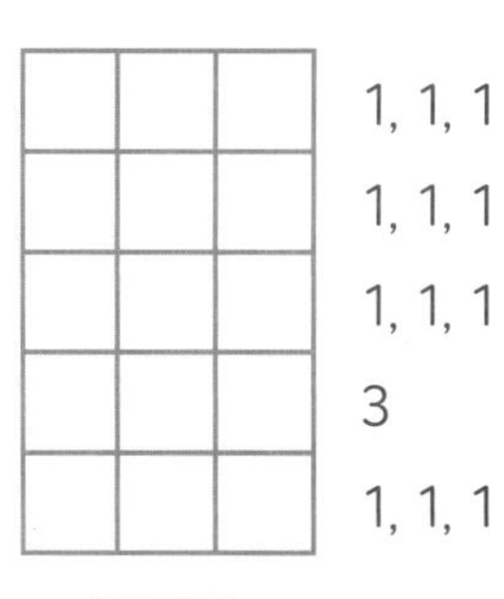

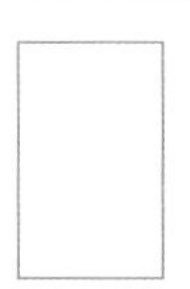

한 번 더 연습해요!

1. 분수식을 써 보세요.

❶ 분자는 10이고,
분모는 8이에요.

❷ 분자는 7이고,
분모는 9예요.

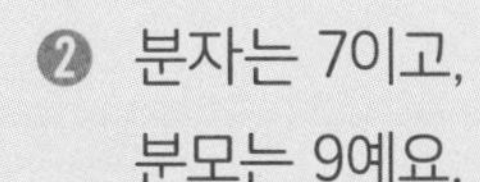

2. 주어진 분수를 아래 수직선의 알맞은 위치에 연결해 보세요.

❶ $\frac{1}{10}$ $\frac{5}{10}$ $\frac{10}{10}$ $\frac{6}{10}$

❷ $\frac{1}{9}$ $\frac{7}{9}$ $\frac{5}{9}$ $\frac{6}{9}$

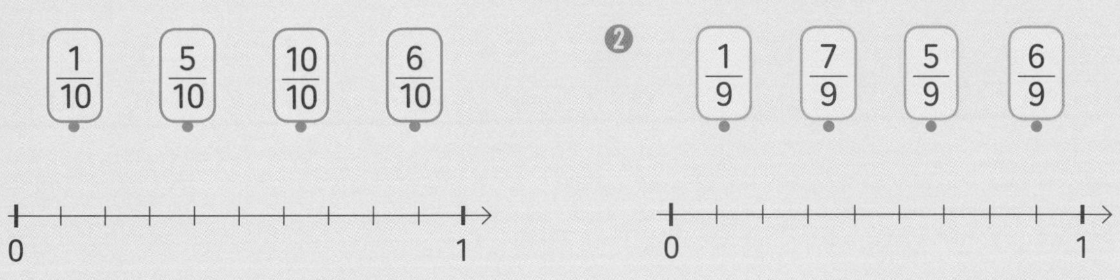

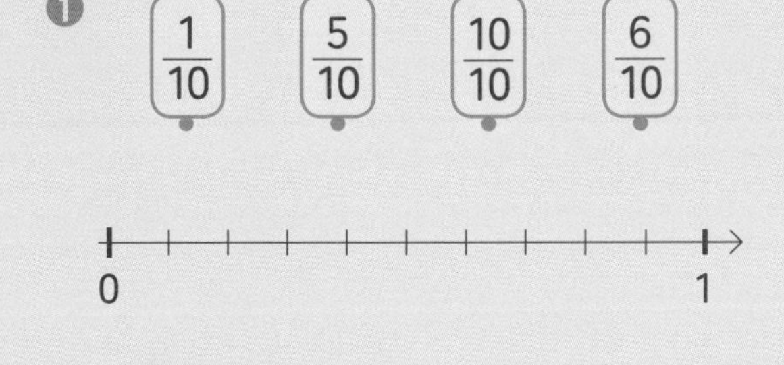

3. 두 분수의 크기를 비교하여 □ 안에 >, =, <를 알맞게 써넣어 보세요.

❶ $\frac{4}{5}$ □ $\frac{5}{5}$

❷ $\frac{1}{3}$ □ $\frac{2}{3}$

❸ 1 □ $\frac{5}{5}$

13 분모가 같은 분수의 덧셈

5분의 1을 5분의 3에
더해 보세요.
더한 값은
5분의 4예요.
...zzz...

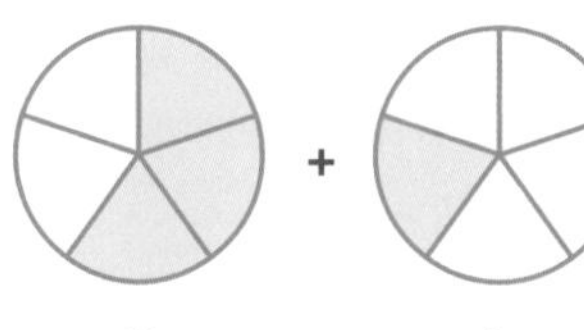

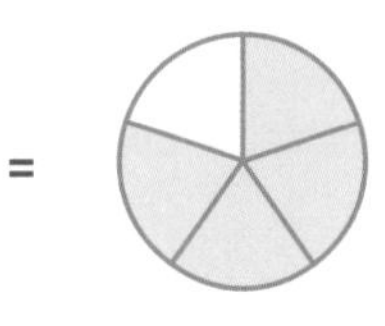

$\frac{3}{5} + \frac{1}{5} = \frac{4}{5}$

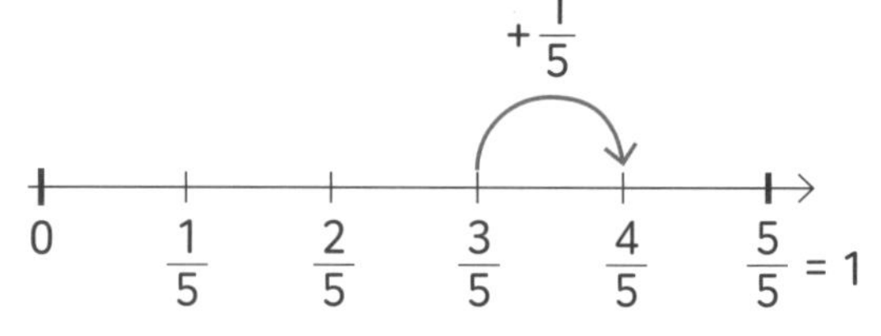

- 분모가 같은 분수를 더할 때 분자를 더하세요.
- 분모는 그대로예요.

1. 그림을 보고 계산해 보세요.

❶ 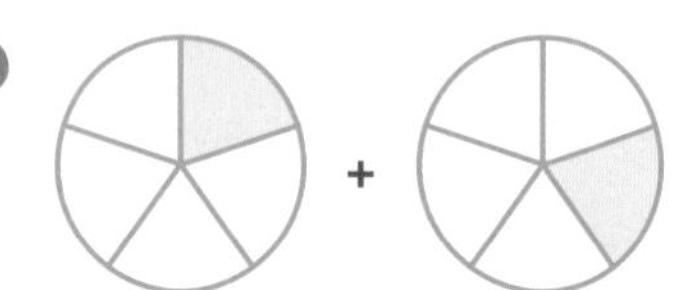

$\frac{1}{5} + \frac{1}{5} =$ $\frac{2}{5}$

❷ 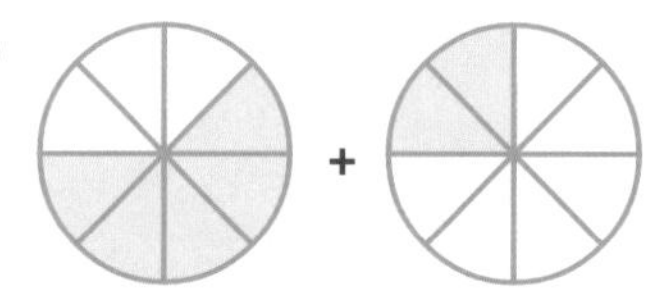

$\frac{5}{8} + \frac{2}{8} =$ ______

❸ 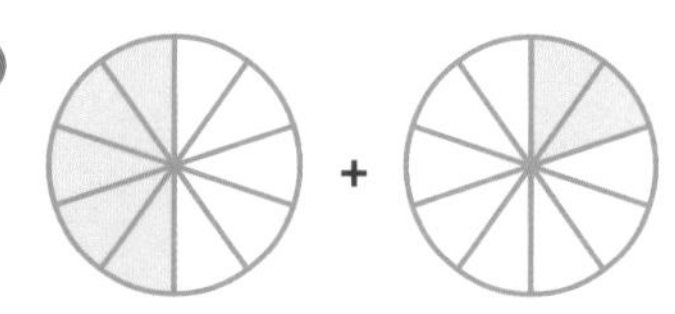

$\frac{5}{10} + \frac{2}{10} =$ ______

2. 분수의 덧셈식을 세워 답을 구해 보세요.

❶ 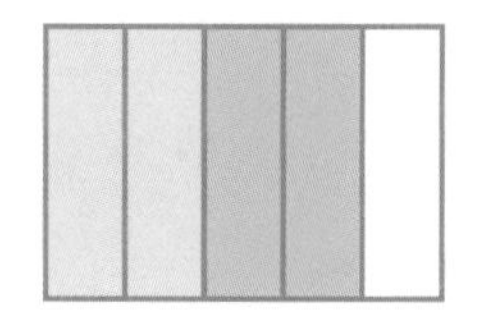

$\frac{2}{5} + \frac{2}{5} =$ ______

❷ 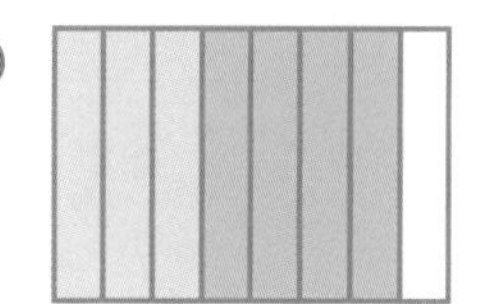

______

❸ 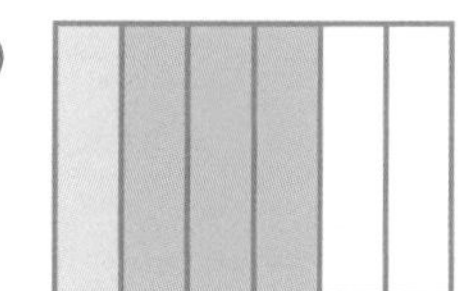

______

3. 주어진 식만큼 칩이 뛰어가기 한 곳을 아래 수직선에 표시해 보세요.

❶

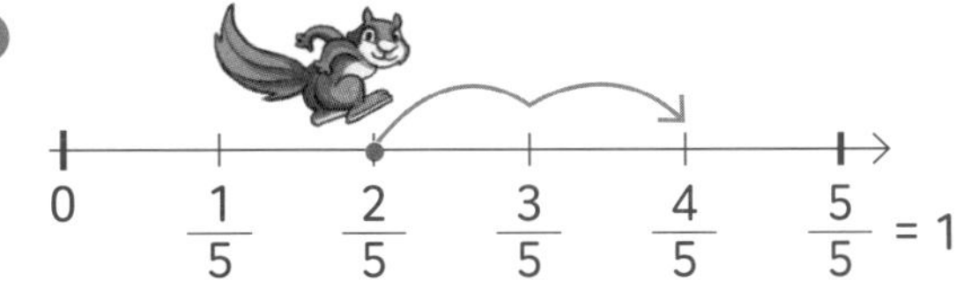

$\frac{2}{5} + \frac{2}{5} =$ ______

❷

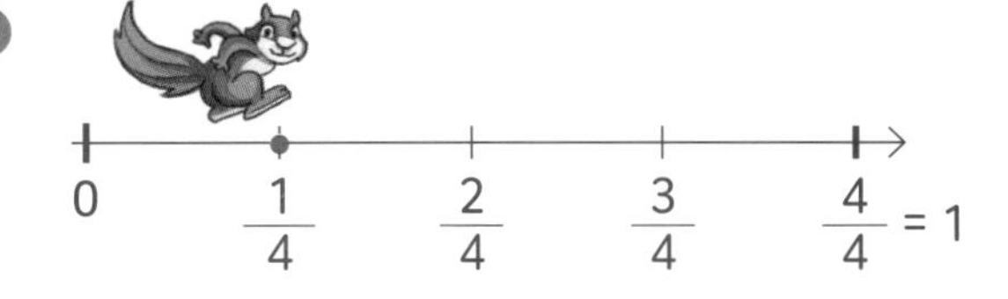

$\frac{1}{4} + \frac{2}{4} =$ ______

❸

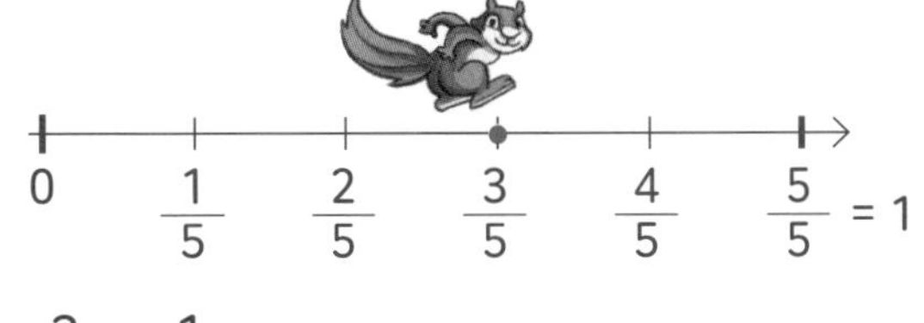

$\frac{3}{5} + \frac{1}{5} =$ ______

❹

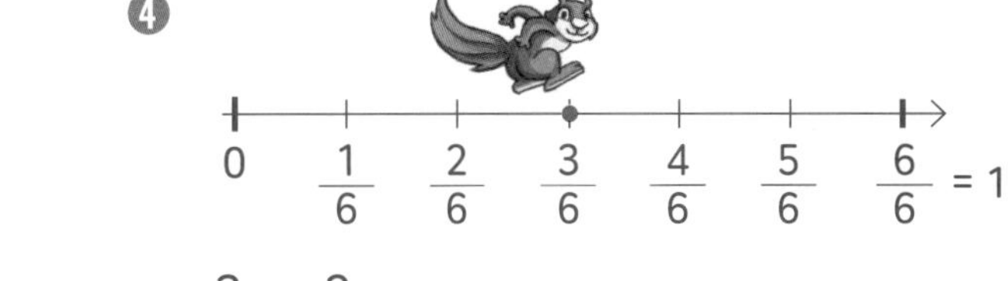

$\frac{3}{6} + \frac{2}{6} =$ ______

4. 계산해 보세요.

$\frac{1}{9} + \frac{1}{9} =$ ______ $\frac{5}{8} + \frac{2}{8} =$ ______ $\frac{2}{10} + \frac{7}{10} =$ ______

$\frac{2}{7} + \frac{3}{7} =$ ______ $\frac{4}{12} + \frac{7}{12} =$ ______ $\frac{3}{10} + \frac{4}{10} =$ ______

5. 아래 글을 읽고 알맞은 식을 세워 답을 구해 보세요.

❶ 엠마는 팬케이크의 $\frac{2}{8}$를, 알렉은 $\frac{3}{8}$을 먹었어요. 엠마와 알렉 둘이 함께 먹은 팬케이크의 양은 얼마일까요?

2				
8				

정답 : ☐

❷ 세라는 아이스크림의 $\frac{5}{8}$를, 엘라는 $\frac{2}{8}$를 먹었어요. 세라와 엘라 둘이 함께 먹은 아이스크림의 양은 얼마일까요?

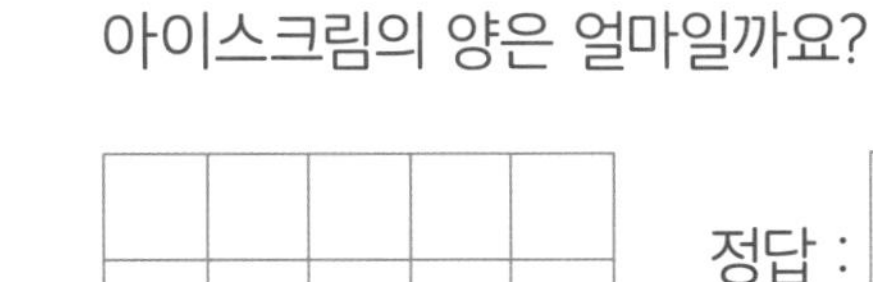

정답 : ☐

더 생각해 보아요!

2개의 직선을 그어 4영역으로 나누어 각 영역의 별이 같은 수가 되도록 만들어 보세요.

6. A, B, C, D, E의 크기를 분수로 나타내 보세요.

1						
A			$\frac{1}{2}$			
$\frac{1}{3}$	B		$\frac{1}{3}$			
$\frac{1}{4}$	C		$\frac{1}{4}$			
$\frac{1}{5}$	$\frac{1}{5}$	D				
E	$\frac{1}{6}$	$\frac{1}{6}$	$\frac{1}{6}$	$\frac{1}{6}$		

A = ☐ B = ☐ C = ☐ D = ☐ E = ☐

7. 분수의 크기를 비교하여 ☐ 안에 >, =, <를 알맞게 써넣어 보세요.

$\frac{2}{5}+\frac{2}{5}$ ☐ $\frac{1}{5}+\frac{3}{5}$

$\frac{2}{6}+\frac{3}{6}$ ☐ $\frac{1}{6}+\frac{3}{6}$

$\frac{4}{8}+\frac{3}{8}$ ☐ $\frac{6}{8}+\frac{2}{8}$

$\frac{3}{7}+\frac{4}{7}$ ☐ $\frac{2}{4}+\frac{2}{4}$

8. 식이 성립하도록 빈칸에 알맞은 수를 써넣어 보세요.

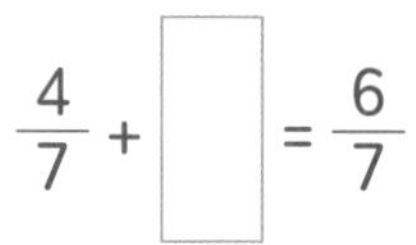

$\frac{4}{7}+$ ☐ $=\frac{6}{7}$

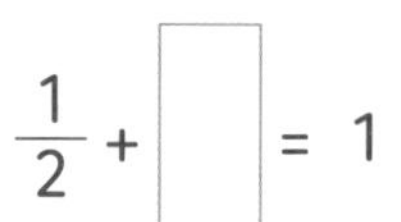

$\frac{1}{2}+$ ☐ $=1$

☐ $+\frac{5}{12}=\frac{11}{12}$

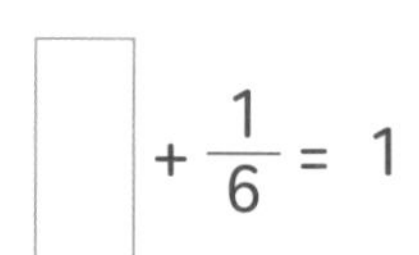

☐ $+\frac{1}{6}=1$

9. 가로, 세로 줄을 더했을 때 1이 되도록 분수 $\frac{2}{9}$, $\frac{3}{9}$, $\frac{4}{9}$를 아래 표에 알맞게 써넣어 보세요. 같은 분수를 반복하여 쓸 수 있어요.

$\frac{4}{9}$		$\frac{2}{9}$
	$\frac{2}{9}$	

케이크를 이용하면
문제를 더 쉽게
풀 수 있어.

10. 오른쪽 도형을 살펴보고 답을 구해 보세요.

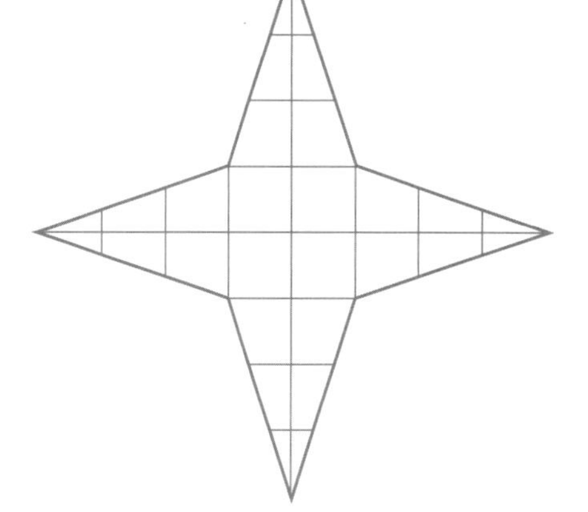

- 도형을 8부분으로 똑같이 나누어 보세요.
- 4분의 1에 해당하는 부분을 빨간색으로 색칠해 보세요.
- 8분의 2에 해당하는 부분을 노란색으로 색칠해 보세요.
- 색칠하지 않은 부분을 분수로 나타내 보세요. ☐

한 번 더 연습해요!

1. 그림을 보고 계산해 보세요.

❶ 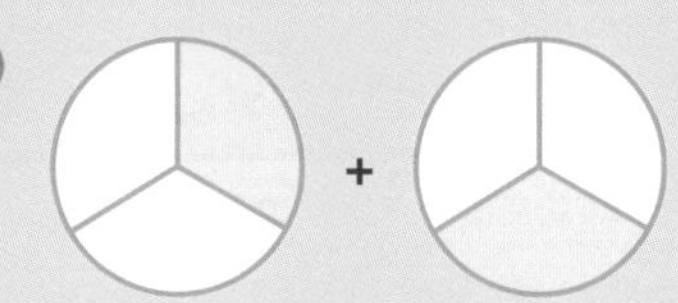

$\frac{1}{3} + \frac{1}{3} =$ ______

❷ 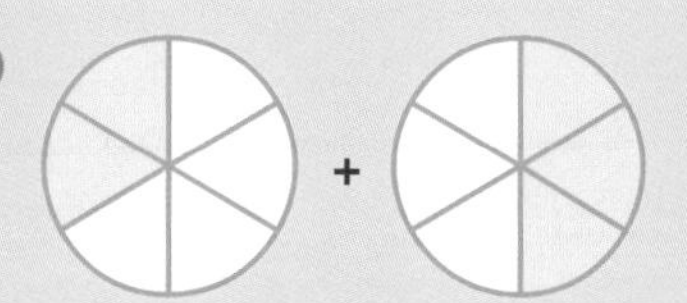

$\frac{2}{6} + \frac{3}{6} =$ ______

❸ 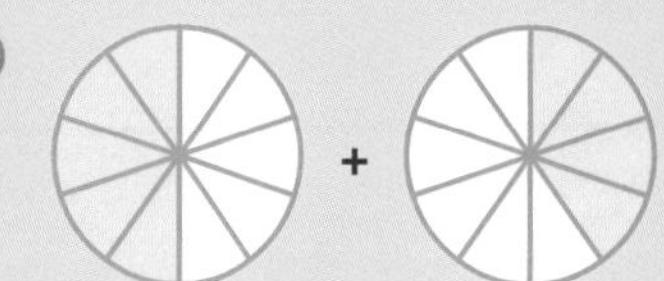

$\frac{5}{10} + \frac{4}{10} =$ ______

2. 계산해 보세요.

$\frac{2}{7} + \frac{2}{7} =$ ______

$\frac{2}{9} + \frac{5}{9} =$ ______

$\frac{3}{7} + \frac{2}{7} =$ ______

14 분모가 같은 분수의 뺄셈

5분의 3에서 5분의 1을 빼 보세요.

5분의 2가 남아요.

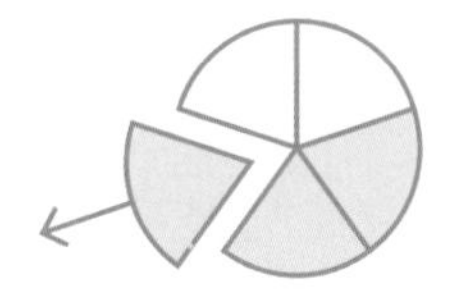

$\frac{3}{5} - \frac{1}{5} = \frac{2}{5}$

$-\frac{1}{5}$

$0 \quad \frac{1}{5} \quad \frac{2}{5} \quad \frac{3}{5} \quad \frac{4}{5} \quad \frac{5}{5} = 1$

- 분모가 같은 분수를 뺄 때 한 분자에서 다른 분자를 빼세요.
- 분모는 그대로예요.

1. 그림을 보고 계산해 보세요.

❶ 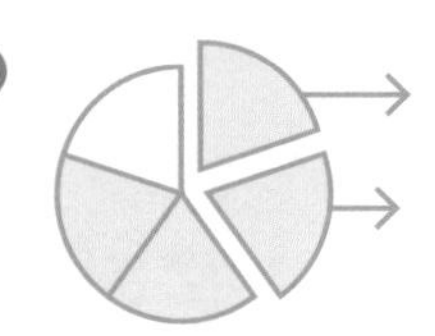

$\frac{4}{5} - \frac{2}{5} =$ ________

❷ 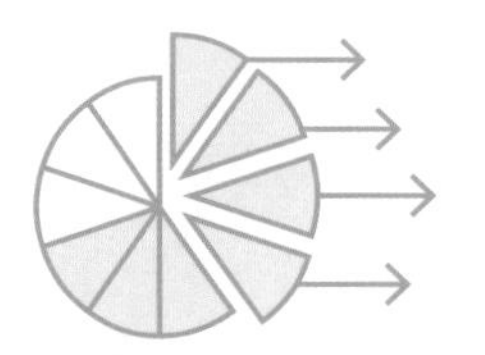

$\frac{7}{10} - \frac{4}{10} =$ ________

❸ 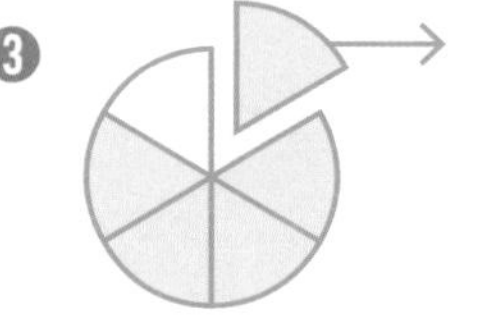

$\frac{5}{6} - \frac{1}{6} =$ ________

2. 그림을 보고 계산해 보세요.

❶ 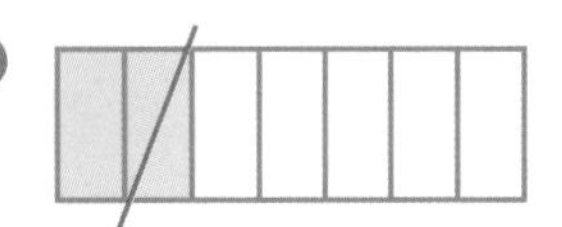

$\frac{2}{7} - \frac{1}{7} =$ ________

❷ 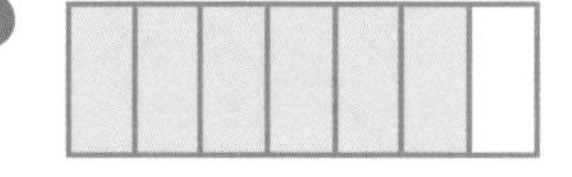

$\frac{6}{7} - \frac{3}{7} =$ ________

❸ 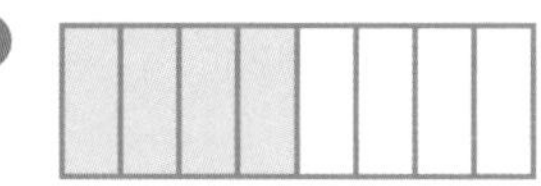

$\frac{4}{8} - \frac{1}{8} =$ ________

3. 주어진 식만큼 칩이 뛰어가기 한 곳을 아래 수직선에 표시해 보세요.

❶

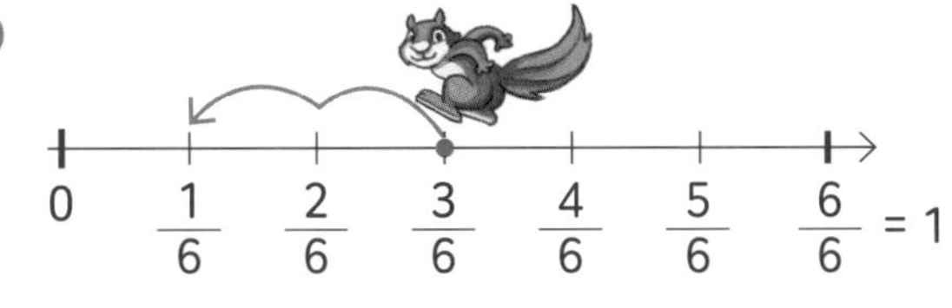

$0 \quad \frac{1}{6} \quad \frac{2}{6} \quad \frac{3}{6} \quad \frac{4}{6} \quad \frac{5}{6} \quad \frac{6}{6} = 1$

$\frac{3}{6} - \frac{2}{6} =$ ________

❷

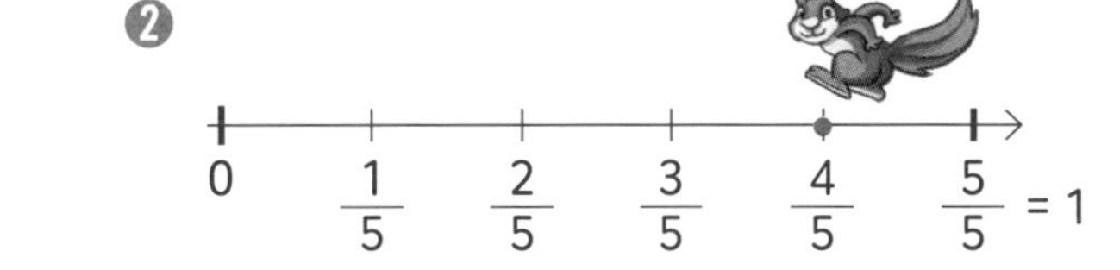

$0 \quad \frac{1}{5} \quad \frac{2}{5} \quad \frac{3}{5} \quad \frac{4}{5} \quad \frac{5}{5} = 1$

$\frac{4}{5} - \frac{1}{5} =$ ________

❸

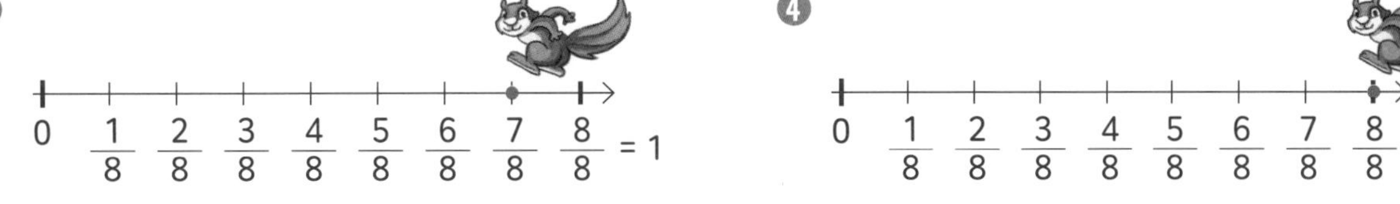

$0 \quad \frac{1}{8} \quad \frac{2}{8} \quad \frac{3}{8} \quad \frac{4}{8} \quad \frac{5}{8} \quad \frac{6}{8} \quad \frac{7}{8} \quad \frac{8}{8} = 1$

$\frac{7}{8} - \frac{5}{8} =$ ________

❹

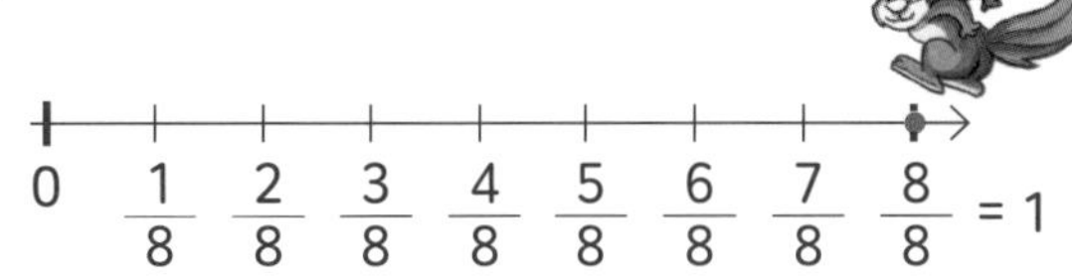

$0 \quad \frac{1}{8} \quad \frac{2}{8} \quad \frac{3}{8} \quad \frac{4}{8} \quad \frac{5}{8} \quad \frac{6}{8} \quad \frac{7}{8} \quad \frac{8}{8} = 1$

$\frac{8}{8} - \frac{3}{8} =$ ________

4. 계산해 보세요.

$\frac{3}{4} - \frac{2}{4} =$ ________ $\frac{9}{9} - \frac{7}{9} =$ ________ $\frac{5}{7} - \frac{2}{7} =$ ________

$\frac{8}{12} - \frac{7}{12} =$ ________ $\frac{6}{7} - \frac{3}{7} =$ ________ $1 - \frac{7}{8} =$ ________

5. 아래 글을 읽고 알맞은 식을 세워 답을 구해 보세요.

❶ 넬라는 파이를 5등분 해서 $\frac{2}{5}$를 먹었어요.
파이가 얼마나 남았을까요?

5				
5				

정답 : ☐

❷ 알렉은 피자 한 판에서 $\frac{5}{8}$를 먹었어요.
피자가 얼마나 남았을까요?

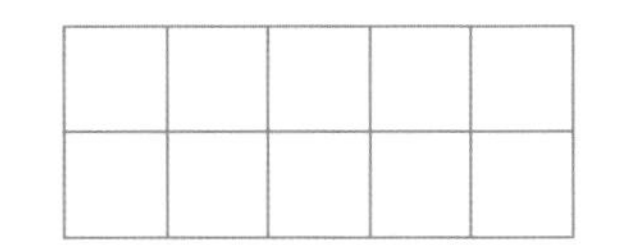

정답 : ☐

더 생각해 보아요!

두 분수를 알아맞혀 보세요.
두 분수의 합은 $\frac{4}{5}$이고, 차는 $\frac{2}{5}$예요. ☐ 과 ☐

6. 주어진 분수만큼 색칠해 보세요. 그리고 색칠하지 않은 부분을 분수로 나타내 보세요.

❶ $\frac{2}{4}$

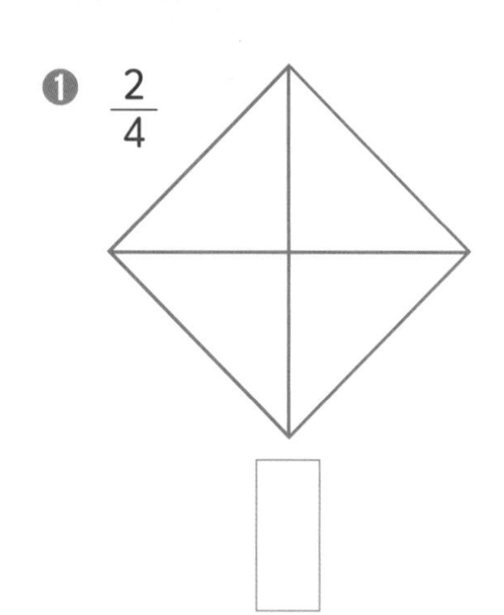

❷ $\frac{5}{6}$

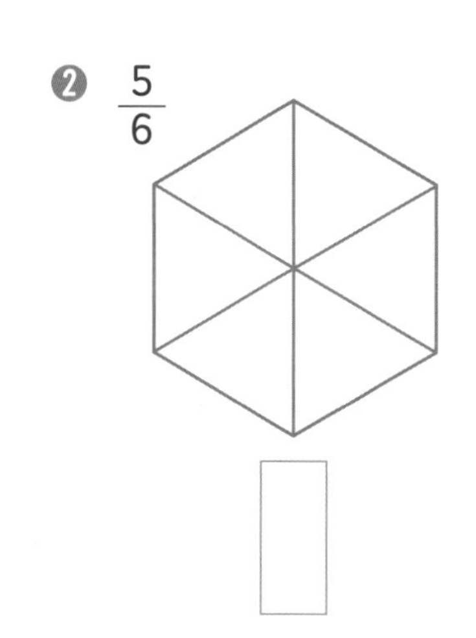

❸ $\frac{4}{10}$

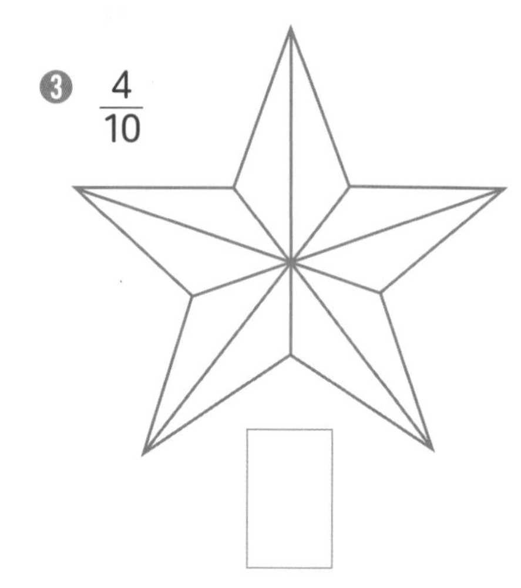

7. 분수의 크기를 비교하여 □ 안에 >, =, <를 알맞게 써넣어 보세요.

$\frac{3}{10} - \frac{2}{10}$ □ $\frac{7}{10} - \frac{5}{10}$

$\frac{3}{6} + \frac{2}{6}$ □ $\frac{3}{6} - \frac{2}{6}$

$\frac{7}{8} - \frac{3}{8}$ □ $\frac{6}{8} - \frac{2}{8}$

$\frac{3}{10} - \frac{3}{10}$ □ $\frac{3}{5} - \frac{3}{5}$

8. 아래 설명대로 색칠해 보세요.

❶ 빨간색과 파란색을 번갈아 색칠하되, 빨간색부터 색칠하세요. 주어진 수만큼 사각형을 색칠한 후, 전체에 대한 빨간색 부분을 분수로 나타내 보세요.

<보기>

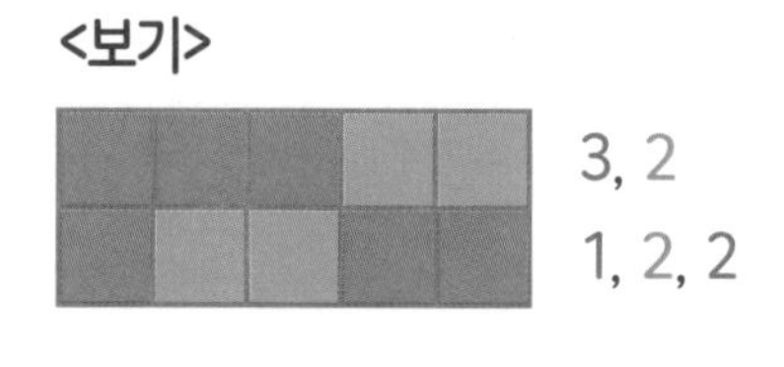

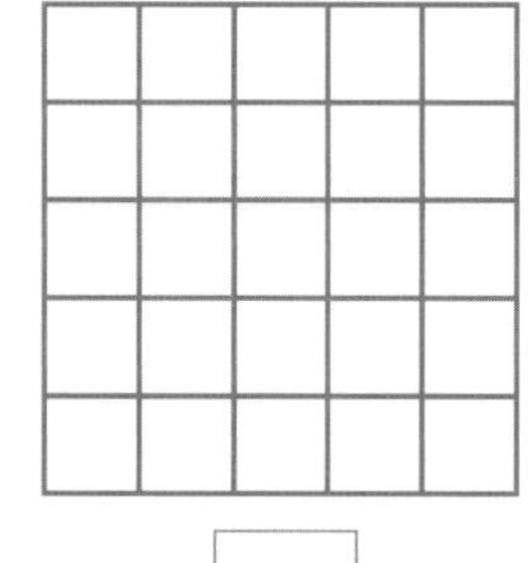

5
2, 1, 2
1, 3, 1
2, 1, 2
5

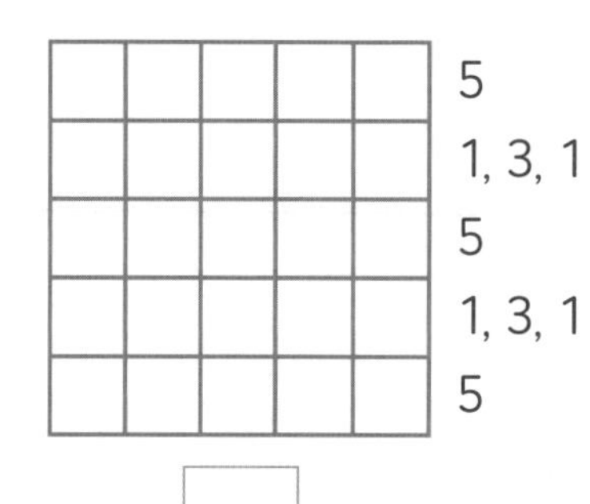

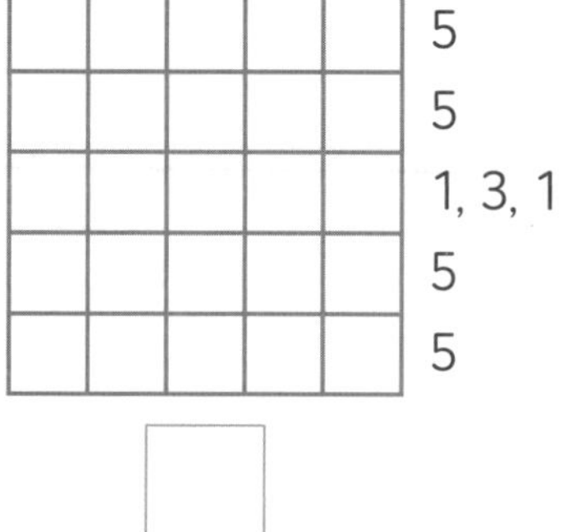

❷ 아래 식이 성립하도록 알맞은 기호를 빈칸에 써넣어 보세요.

$\frac{3}{4}$ □ $\frac{1}{4}$ □ $\frac{2}{4}$ □ $\frac{2}{4}$

9. 그림이 들어간 식을 보고 그림의 값을 구해 보세요.

❶

$= \frac{4}{10}$

$= \_\_\_\_\_$ $= \_\_\_\_\_$

❷

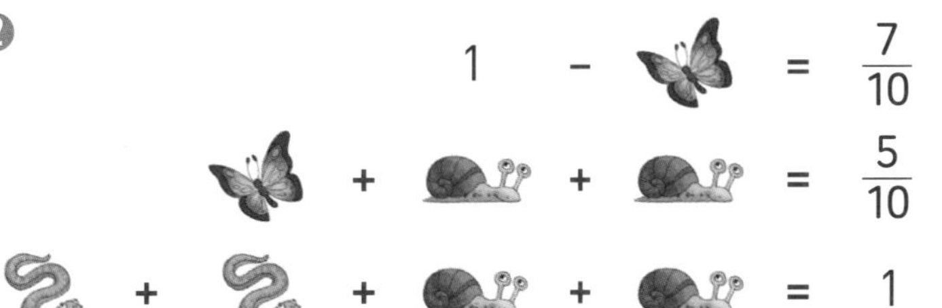

한 번 더 연습해요!

1. 그림을 보고 계산해 보세요.

❶ 

$\frac{7}{10} - \frac{6}{10} = \_\_\_\_\_$

❷ 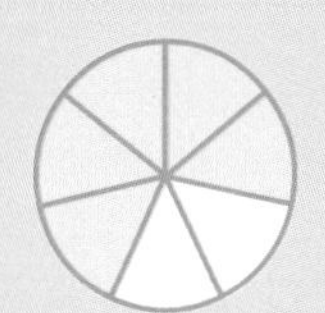

$\frac{5}{7} - \frac{3}{7} = \_\_\_\_\_$

❸ 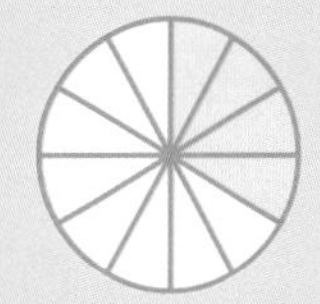

$\frac{4}{12} - \frac{3}{12} = \_\_\_\_\_$

2. 계산해 보세요.

$\frac{2}{8} - \frac{1}{8} = \_\_\_\_\_$ $\frac{5}{6} - \frac{4}{6} = \_\_\_\_\_$ $\frac{6}{7} - \frac{2}{7} = \_\_\_\_\_$

$\frac{11}{12} - \frac{6}{12} = \_\_\_\_\_$ $\frac{8}{10} - \frac{5}{10} = \_\_\_\_\_$ $1 - \frac{1}{2} = \_\_\_\_\_$

3. 아래 글을 읽고 알맞은 식을 세워 답을 구해 보세요.

❶ 네아는 피자 한 판의 $\frac{3}{5}$을 먹었어요. 피자가 얼마나 남았을까요?

5				
5				

정답 : ☐

❷ 파이의 $\frac{1}{6}$이 남았다면 미리암이 먹은 파이의 양은 얼마일까요?

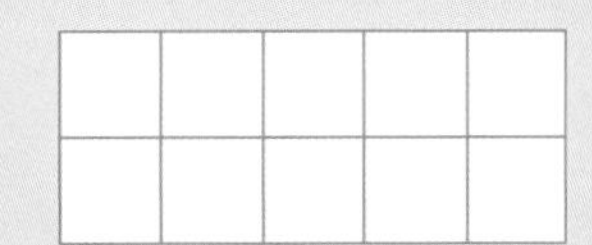

정답 : ☐

연습 문제

___월 ___일 ___요일

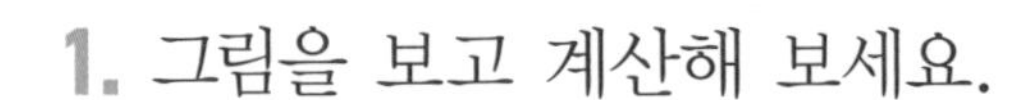

1. 그림을 보고 계산해 보세요.

❶ 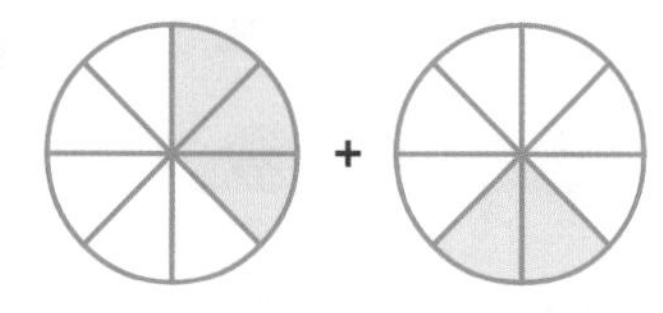

$\frac{3}{8} + \frac{2}{8} =$ ______

❷ 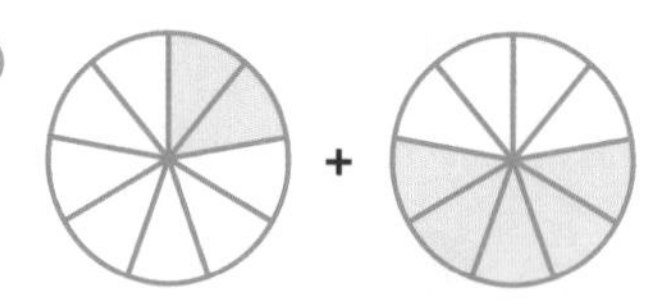

$\frac{2}{9} + \frac{5}{9} =$ ______

❸ 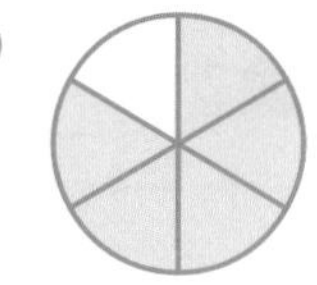 $\frac{5}{6} - \frac{4}{6} =$ ______

❹ 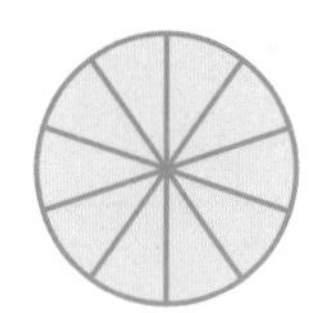 $1 - \frac{4}{10} =$ ______

2. 더해서 1이 되는 분수끼리 선으로 이어 보세요.

$\frac{3}{5}$	$\frac{4}{6}$	$\frac{1}{5}$	$\frac{5}{10}$	$\frac{3}{10}$
$\frac{2}{6}$	$\frac{7}{10}$	$\frac{5}{10}$	$\frac{2}{5}$	$\frac{4}{5}$

3. 계산해 보세요. 아래 수직선을 이용해도 좋아요.

❶ $\frac{1}{10} + \frac{1}{10} =$ ______ ❷ $\frac{5}{10} + \frac{4}{10} =$ ______ ❸ $\frac{1}{10} + \frac{4}{10} =$ ______

$\frac{9}{10} - \frac{3}{10} =$ ______ $\frac{8}{10} - \frac{7}{10} =$ ______ $\frac{4}{10} - \frac{1}{10} =$ ______

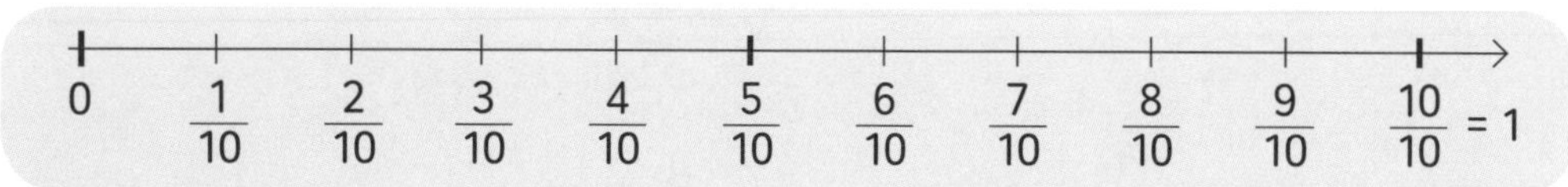

4. 계산해 보세요.

$\frac{2}{4} + \frac{1}{4} =$ ______ $\frac{3}{10} + \frac{5}{10} =$ ______ $\frac{3}{7} + \frac{2}{7} =$ ______

5. 아래 글을 읽고 알맞은 식을 세워 답을 구해 보세요.

❶ 엠마는 주스의 $\frac{3}{8}$을 마신 후, 나중에 $\frac{2}{8}$를 또 마셨어요. 엠마가 마신 주스의 양은 얼마일까요?

정답 :

❷ 프리다는 영화의 $\frac{3}{5}$을 보았어요. 영화를 다 보려면 얼마나 남았을까요?

$\frac{5}{5}$

정답 :

❸ 알렉은 집으로 돌아가는 길의 $\frac{1}{3}$까지 왔어요. 집까지 남은 거리는 얼마일까요?

정답 :

❹ 카이는 주스의 $\frac{5}{6}$를 마셨어요. 남은 주스는 얼마일까요?

정답 :

6. 주어진 조건에 맞게 색칠해 보세요.

- $\frac{1}{8}$을 빨간색으로
- $\frac{5}{8}$를 파란색으로
- 나머지를 초록색으로
- 초록색으로 칠한 부분을 분수로 나타내 보세요.

더 생각해 보아요!

두 분수를 알아맞혀 보세요.

두 분수의 합은 1이고, 차는 $\frac{5}{9}$예요. 　과　

7. 애벌레의 몸통을 완성해 보세요.

❶

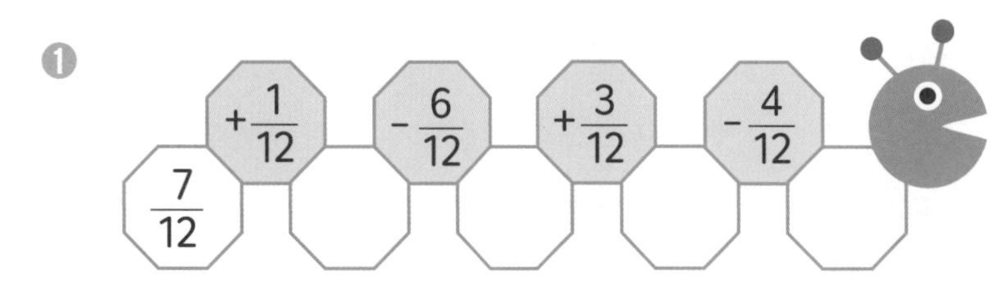

❷

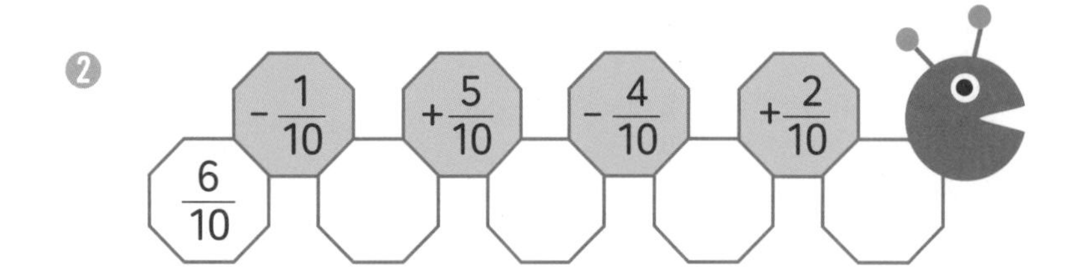

❸

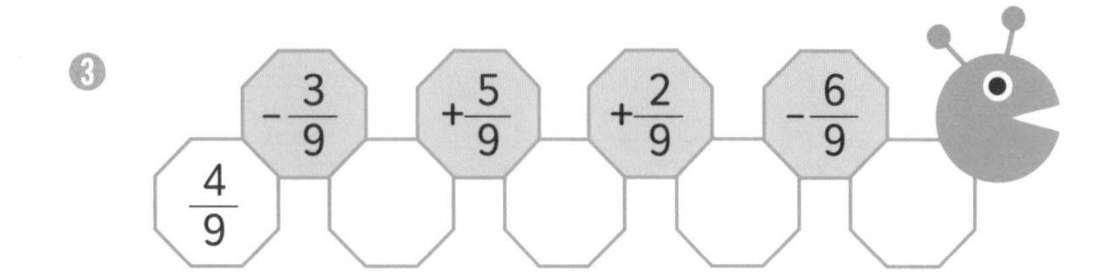

8. 그림이 들어간 식을 보고 그림의 값을 구해 보세요.

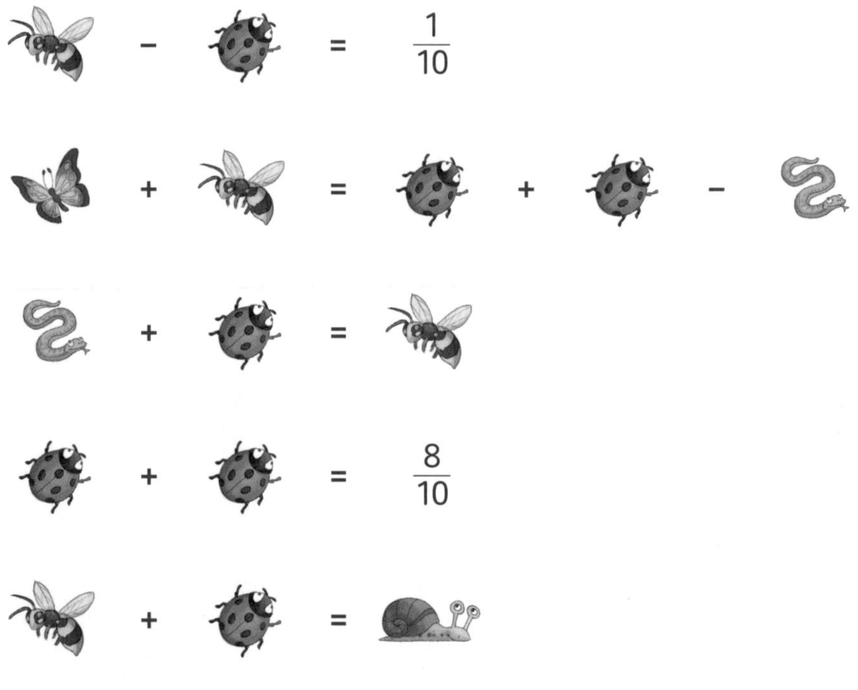

− = $\frac{1}{10}$

+ = + −

+ =

+ = $\frac{8}{10}$

+ =

9. 오른쪽 도형을 살펴보고 답을 구해 보세요.

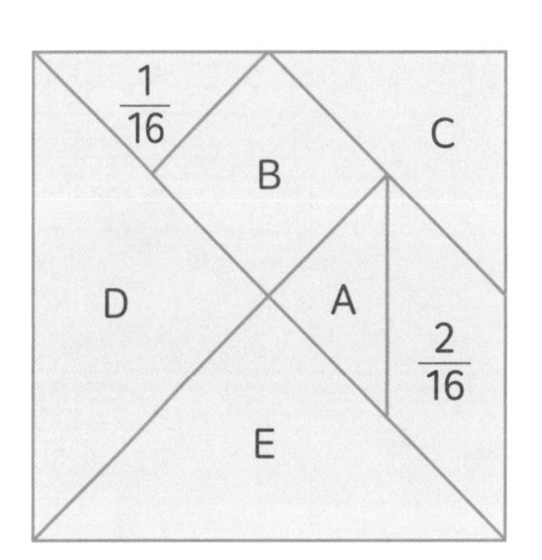

❶

$A = \frac{\square}{16}$ $B = \frac{\square}{16}$ $C = \frac{\square}{16}$

$D = \frac{\square}{16}$ $E = \frac{\square}{16}$

❷ 계산해 보세요.

$A + B = \frac{\square}{16} + \frac{\square}{16} = \frac{\square}{16}$

$C - A = \frac{\square}{16} - \frac{\square}{16} = \frac{\square}{16}$

$A + B + C = \frac{\square}{16} + \frac{\square}{16} + \frac{\square}{16} = \frac{\square}{16}$

$C - B = \frac{\square}{16} - \frac{\square}{16} = \frac{\square}{16}$

$A + B + D = \frac{\square}{16} + \frac{\square}{16} + \frac{\square}{16} = \frac{\square}{16}$

$B + E - C = \frac{\square}{16} + \frac{\square}{16} - \frac{\square}{16} = \frac{\square}{16}$

한 번 더 연습해요!

1. 계산해 보세요.

$\frac{7}{12} + \frac{2}{12} =$ ________ $\frac{5}{9} + \frac{2}{9} =$ ________ $\frac{7}{13} + \frac{4}{13} =$ ________

$\frac{10}{12} - \frac{8}{12} =$ ________ $\frac{9}{10} - \frac{2}{10} =$ ________ $\frac{9}{11} - \frac{6}{11} =$ ________

2. 아래 글을 읽고 알맞은 식을 세워 답을 구해 보세요.

❶ 엠마는 책의 $\frac{1}{6}$을 먼저 읽고 나중에 $\frac{4}{6}$를 읽었어요. 엠마는 책을 모두 얼마나 읽었을까요?

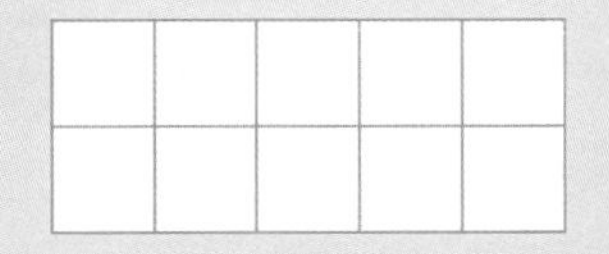

정답 :

❷ 알렉은 노는 시간의 $\frac{3}{8}$을 썼어요. 노는 시간은 얼마나 더 남았을까요?

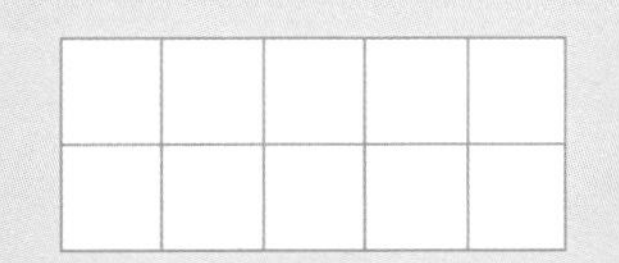

정답 :

10. 규칙에 따라 마지막 칸에 있는 그림을 색칠해 보세요.

❶

❷

❸

11. 빈칸에 알맞은 수를 써넣어 보세요.

$\frac{2}{4} + \square = \frac{3}{4}$

$\frac{2}{4} + \square = 1$

$\frac{2}{4} - \square = \frac{1}{4}$

$\square - \frac{1}{4} = \frac{2}{4}$

$\frac{1}{6} + \square = \frac{6}{6}$

$\frac{1}{6} + \square = 1$

$1 - \square = \frac{1}{6}$

$1 - \square = \frac{1}{2}$

$\frac{2}{4} + \frac{2}{4} = \square + \frac{1}{4}$

$\frac{3}{5} - \frac{1}{5} = 1 - \square$

$\frac{4}{5} + \frac{1}{5} = \frac{1}{2} + \square$

$1 - \frac{5}{5} = \square - \frac{3}{3}$

12. 아래 설명을 읽고 답을 구해 보세요.

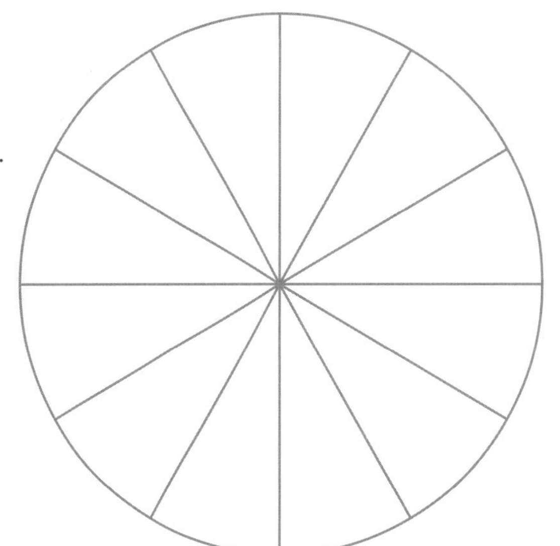

❶ 조건에 맞게 원을 색칠해 보세요.

- 노란색, 빨간색, 파란색, 초록색만 색칠할 수 있어요.
- 같은 색깔을 연달아 칠할 수 없어요.
- 노란색의 반대편에는 반드시 노란색이 와야 해요.
- $\frac{2}{12}$를 노란색으로 색칠하세요.
- 노란색 양옆에는 반드시 파란색이 와야 해요.
- 초록색과 빨간색을 색칠한 칸 수가 같아요.

❷ 색칠한 부분을 분수로 나타내 보세요.

노란색 : ☐ 파란색 : 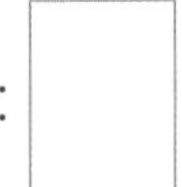

초록색 :  빨간색 : ☐

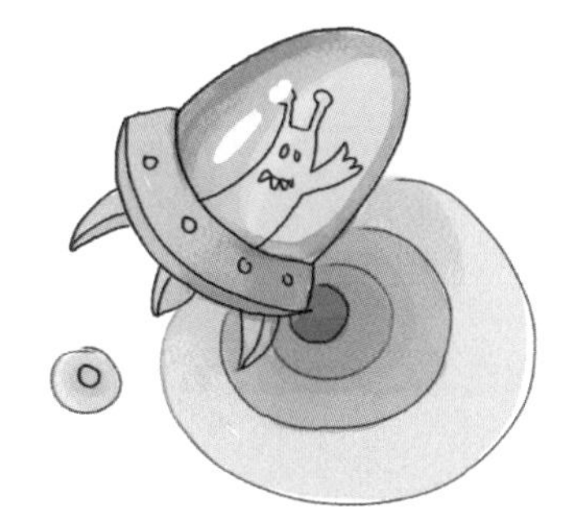

한 번 더 연습해요!

1. 두 분수의 크기를 비교하여 ☐ 안에 >, =, <를 알맞게 써넣어 보세요.

$\frac{2}{4}$ ☐ 1　　$\frac{4}{7}$ ☐ $\frac{3}{7}$　　$\frac{1}{12}$ ☐ $\frac{11}{12}$

$\frac{8}{8}$ ☐ $\frac{4}{8}$　　$\frac{2}{9}$ ☐ $\frac{6}{9}$　　$\frac{1}{2}$ ☐ 1

2. 계산해 보세요.

$\frac{6}{10} + \frac{2}{10} =$ ______　　$\frac{3}{9} + \frac{6}{9} =$ ______　　$\frac{3}{7} + \frac{3}{7} =$ ______

$\frac{4}{6} - \frac{1}{6} =$ ______　　$\frac{8}{8} - \frac{6}{8} =$ ______　　$\frac{4}{5} - \frac{2}{5} =$ ______

실력을 평가해 봐요!

_____월 _____일 _____요일

1. 주어진 분수만큼 색칠해 보세요.

❶ $\frac{1}{4}$ 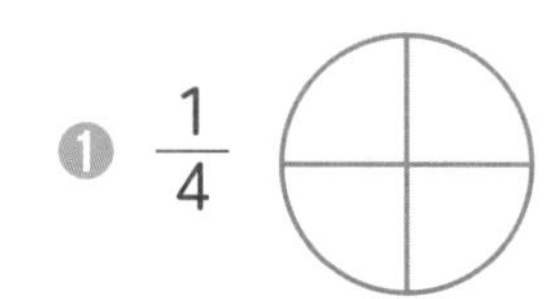

❷ $\frac{1}{10}$ 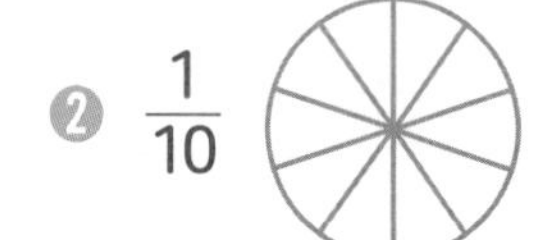

❸ $\frac{3}{5}$ 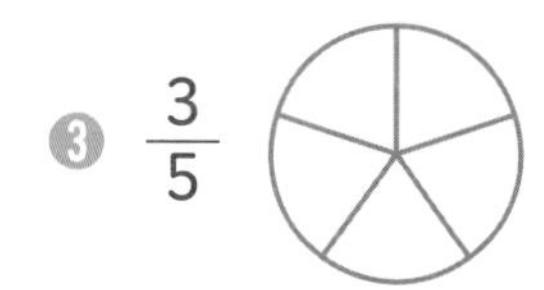

❹ $\frac{7}{8}$ 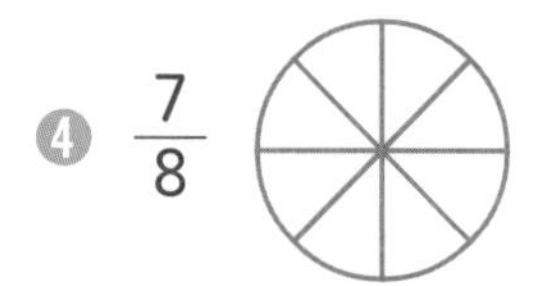

2. 색칠한 부분을 분수로 나타내 보세요.

❶ 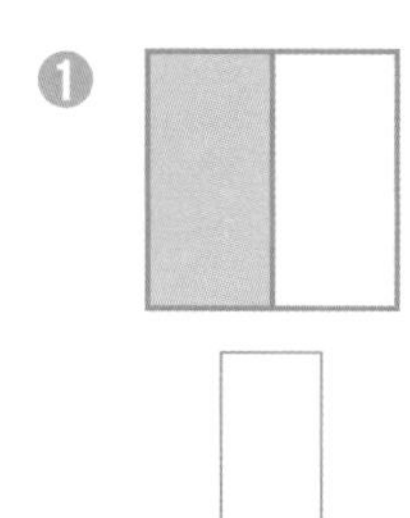

❷ 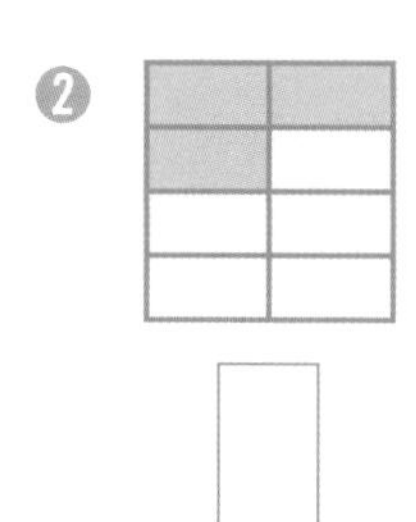

❸ 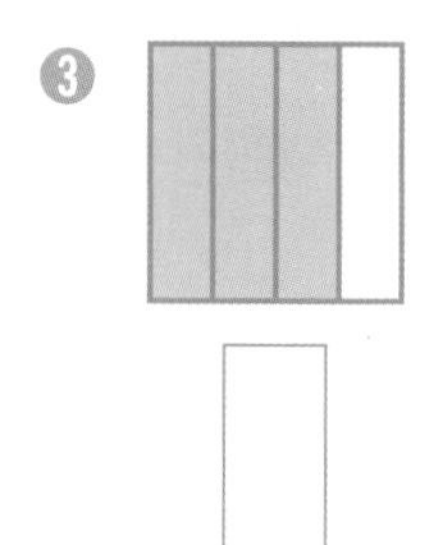

❹ 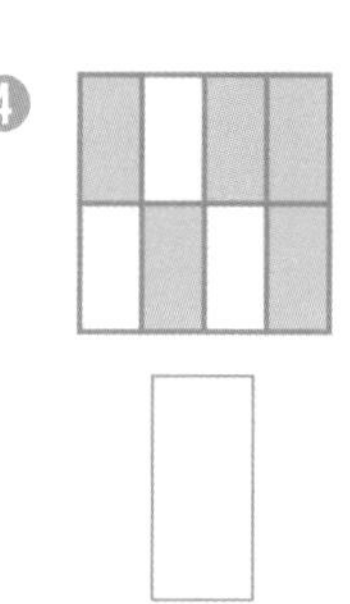

3. 색칠한 부분이 나타내는 분수를 아래 수직선의 알맞은 위치에 연결해 보세요.

❶ 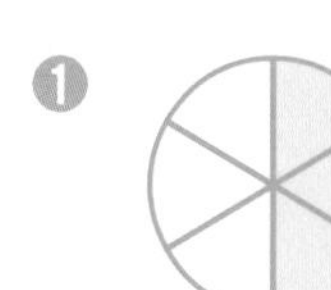 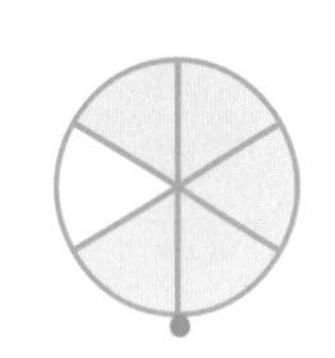

❷ 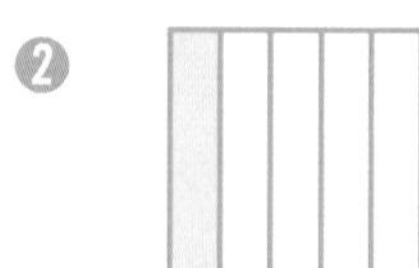 

4. 계산해 보세요.

❶ $\frac{6}{8} - \frac{1}{8} =$ ________

$\frac{2}{5} + \frac{1}{5} =$ ________

$\frac{7}{8} - \frac{3}{8} =$ ________

❷ $\frac{3}{7} - \frac{1}{7} =$ ________

$\frac{3}{6} + \frac{2}{6} =$ ________

$\frac{6}{7} - \frac{5}{7} =$ ________

❸ $1 - \frac{3}{4} =$ ________

$1 - \frac{1}{3} =$ ________

$1 - \frac{6}{10} =$ ________

5. 두 분수의 크기를 비교하여 □ 안에 >, =, <를 알맞게 써넣어 보세요.

$\frac{2}{3}$ □ $\frac{3}{3}$	$\frac{9}{9}$ □ $\frac{2}{2}$	$\frac{2}{4}+\frac{2}{4}$ □ 1
$\frac{4}{5}$ □ $\frac{1}{5}$	$\frac{7}{8}$ □ 1	$\frac{5}{5}-\frac{3}{5}$ □ $\frac{2}{5}$
$\frac{6}{6}$ □ 1	$\frac{11}{12}$ □ $\frac{9}{12}$	$\frac{3}{6}+\frac{2}{6}$ □ $\frac{4}{6}$

6. 아래 글을 읽고 알맞은 식을 세워 답을 구해 보세요.

❶ 엠마는 초콜릿의 $\frac{2}{6}$를 먹고, 나중에 $\frac{1}{6}$을 더 먹었어요. 엠마가 먹은 초콜릿의 양은 모두 얼마일까요?

정답 :

❷ 알렉은 학교 가는 길의 $\frac{1}{4}$까지 갔어요. 학교에 도착하기까지 남은 거리는 얼마일까요?

정답 :

❸ 엠마는 주스의 $\frac{1}{3}$을 마셨어요. 주스는 얼마나 남았을까요?

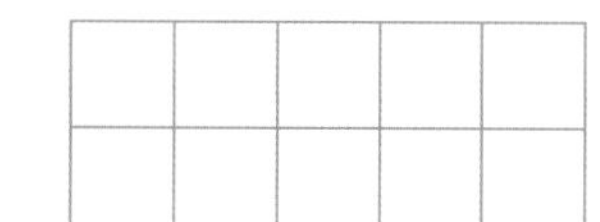

정답 :

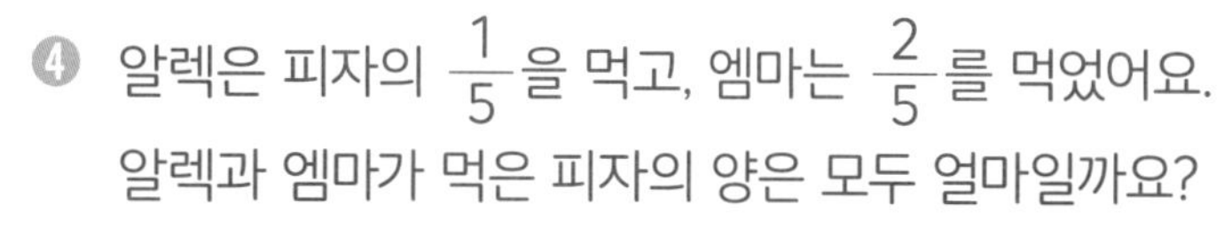

❹ 알렉은 피자의 $\frac{1}{5}$을 먹고, 엠마는 $\frac{2}{5}$를 먹었어요. 알렉과 엠마가 먹은 피자의 양은 모두 얼마일까요?

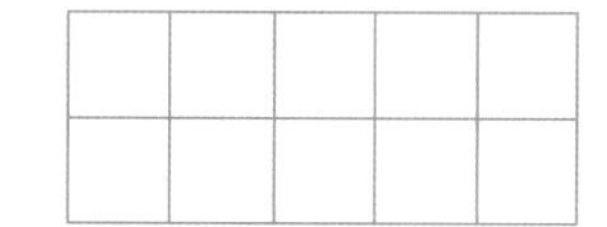

정답 :

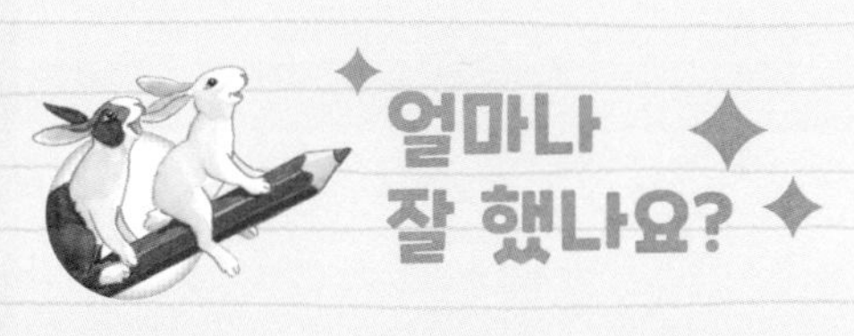

실력이 자란 만큼 별을 색칠하세요.

 정말 잘했어요.

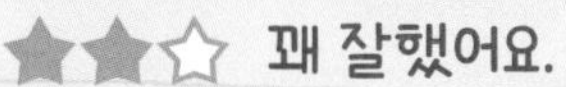 꽤 잘했어요.

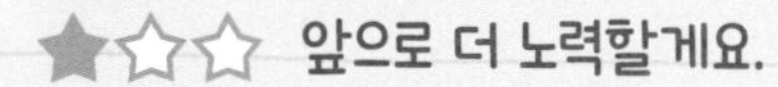 앞으로 더 노력할게요.

단원 평가

1

앞의 분수에 $\frac{1}{12}$을 더해 보세요.

$\frac{1}{12}$	$\frac{2}{12}$			$\frac{5}{12}$				$\frac{9}{12}$			$\frac{12}{12}$

앞의 분수에서 $\frac{1}{10}$을 빼 보세요.

$\frac{10}{10}$			$\frac{7}{10}$			$\frac{4}{10}$			$\frac{1}{10}$

2

아래 도형을 4부분으로 똑같이 나누어 보세요.

3

아래 도형의 $\frac{2}{8}$를 주황색으로, $\frac{2}{8}$를 빨간색으로, $\frac{4}{8}$를 노란색으로 색칠해 보세요.

4

전체를 나타내는 분수를 찾아 색칠해 보세요.

$\frac{4}{5}$ $\frac{3}{4}$ $\frac{3}{6}$ $\frac{4}{4}$ $\frac{9}{10}$ $\frac{10}{11}$ $\frac{3}{3}$ $\frac{1}{2}$ $\frac{1}{9}$ $\frac{2}{7}$ $\frac{8}{8}$ $\frac{7}{8}$ $\frac{7}{7}$ $\frac{1}{7}$ $\frac{6}{6}$ $\frac{9}{10}$ $\frac{5}{5}$ $\frac{1}{3}$ $\frac{11}{12}$ $\frac{2}{6}$ $\frac{2}{5}$

5

분수의 크기를 비교하여 □ 안에 >, =, <를 알맞게 써넣어 보세요.

$\frac{3}{5}$ □ $\frac{4}{5}$ $\frac{8}{8}$ □ $\frac{6}{8}+\frac{2}{8}$

$\frac{2}{2}$ □ $\frac{1}{2}$ $\frac{3}{4}-\frac{1}{4}$ □ $\frac{1}{4}$

$\frac{5}{7}$ □ $\frac{6}{7}$ $\frac{3}{9}+\frac{3}{9}$ □ $\frac{5}{9}+\frac{4}{9}$

스스로 문제를 만들어 보세요.

□ + □ < □

6

선 2개를 그어 쟁반을 나누어 보세요.
한 영역에 간식이 2개씩 들어가야 해요.

도전! 심화 평가

1단계

___월 ___일 ___요일

1. 주어진 분수만큼 색칠해 보세요.

① $\frac{2}{4}$ 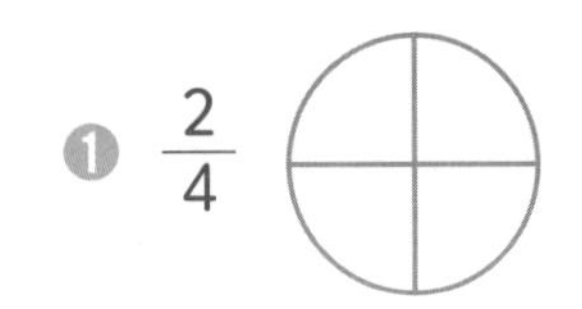

② $\frac{5}{6}$

③ $\frac{3}{8}$ 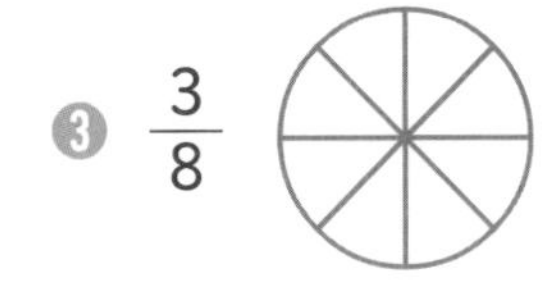

2. 수직선의 빈칸에 알맞은 수를 써넣어 보세요.

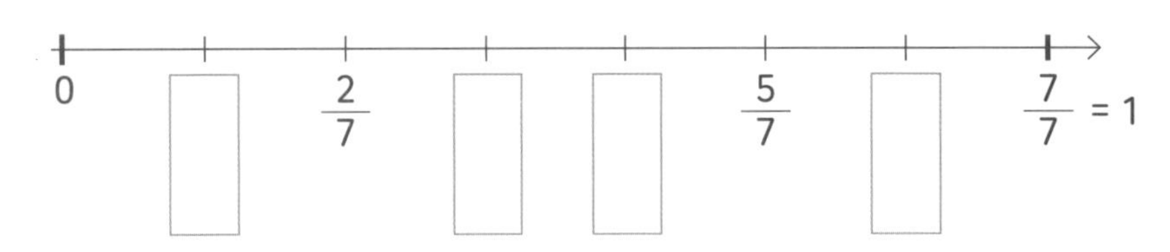

3. □ 안에 >, =, <를 알맞게 써넣어 보세요.

$\frac{2}{4}$ □ $\frac{1}{4}$　　$\frac{9}{12}$ □ $\frac{7}{12}$　　$\frac{4}{9}$ □ $\frac{5}{9}$

$\frac{5}{5}$ □ $\frac{4}{5}$　　$\frac{2}{11}$ □ $\frac{4}{11}$　　$\frac{6}{8}$ □ $\frac{5}{8}$

4. 합해서 1이 되는 분수끼리 선으로 이어 보세요.

$\frac{3}{5}$　　$\frac{1}{8}$　　$\frac{4}{5}$　　$\frac{6}{9}$　　$\frac{3}{8}$

$\frac{7}{8}$　　$\frac{3}{9}$　　$\frac{5}{8}$　　$\frac{1}{5}$　　$\frac{2}{5}$

5. 계산해 보세요.

$\frac{3}{8} + \frac{2}{8} =$ ______　　$\frac{7}{10} + \frac{2}{10} =$ ______

$\frac{5}{12} + \frac{6}{12} =$ ______　　$\frac{5}{6} - \frac{3}{6} =$ ______

도전! 심화 평가
2단계

____월 ____일 ____요일

1. 두 분수의 크기를 비교하여 □ 안에 >, =, <를 알맞게 써넣어 보세요.

$\frac{8}{9}$ □ $\frac{6}{9}$ $\qquad$ $\frac{5}{8}$ □ $\frac{7}{8}$ $\qquad$ $\frac{3}{4}$ □ $\frac{4}{4}$

$\frac{6}{6}$ □ $\frac{4}{4}$ $\qquad$ $\frac{3}{5}$ □ $\frac{3}{3}$ $\qquad$ $\frac{2}{2}$ □ 1

2. 계산해 보세요.

$\frac{2}{10} + \frac{7}{10} =$ ________ $\qquad$ $\frac{4}{9} + \frac{3}{9} =$ ________ $\qquad$ $\frac{7}{11} + \frac{4}{11} =$ ________

$\frac{10}{11} - \frac{8}{11} =$ ________ $\qquad$ $\frac{8}{9} - \frac{5}{9} =$ ________ $\qquad$ $1 - \frac{6}{10} =$ ________

3. 아래 글을 읽고 알맞은 식을 세워 답을 구해 보세요.

❶ 엠마는 주스의 $\frac{2}{7}$를, 알렉은 $\frac{3}{7}$을 마셨어요. 둘이 마신 주스의 양은 모두 얼마일까요?

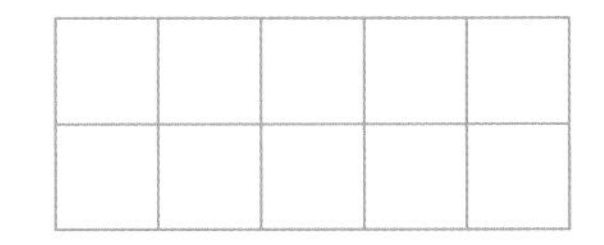

정답 : □

❷ 세라는 초콜릿 케이크의 $\frac{1}{8}$을, 엘라는 $\frac{2}{8}$를 먹었어요. 둘이 먹은 케이크의 양은 모두 얼마일까요?

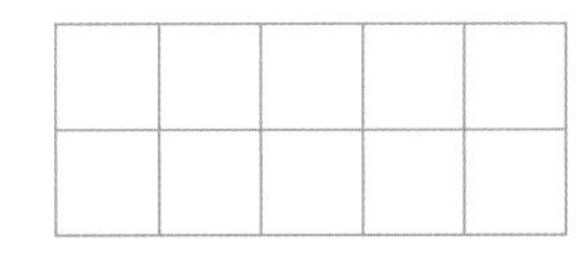

정답 : □

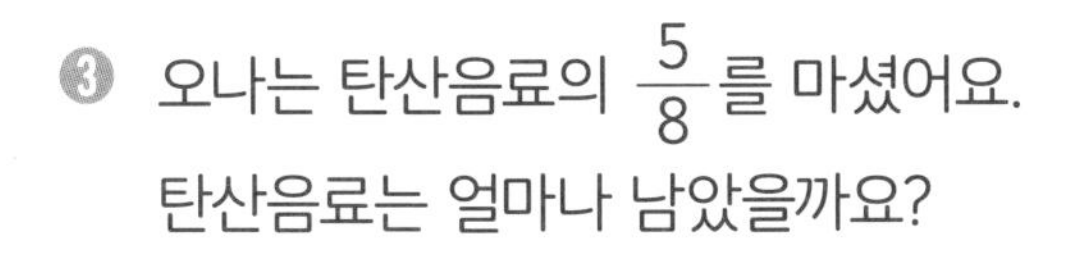

❸ 오나는 탄산음료의 $\frac{5}{8}$를 마셨어요. 탄산음료는 얼마나 남았을까요?

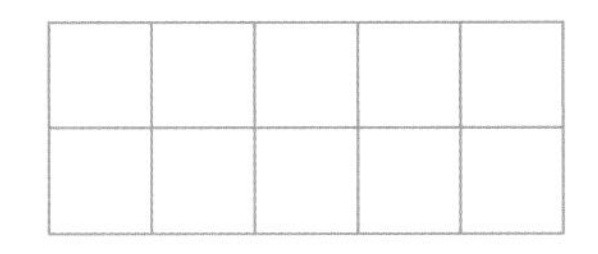

정답 : □

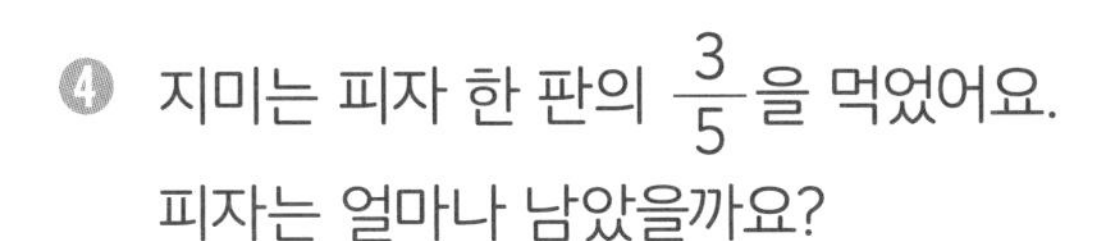

❹ 지미는 피자 한 판의 $\frac{3}{5}$을 먹었어요. 피자는 얼마나 남았을까요?

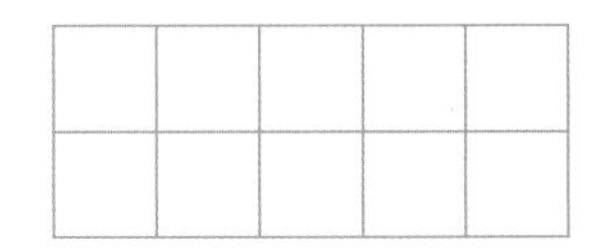

정답 : □

도전! 심화 평가
3단계

_____월 _____일 _____요일

1. 분수의 크기를 비교하여 □ 안에 >, =, <를 알맞게 써넣어 보세요.

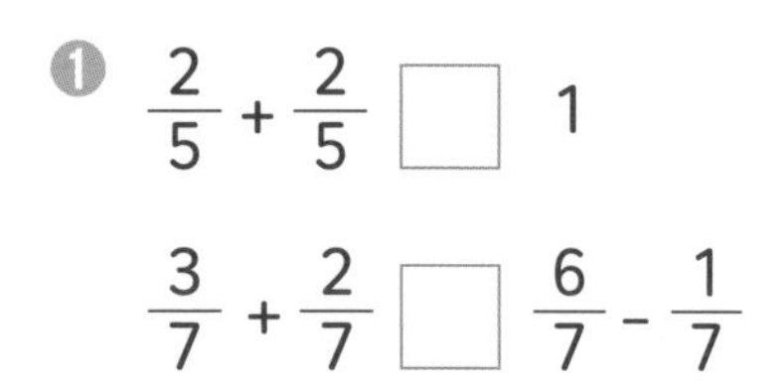

❶ $\frac{2}{5}+\frac{2}{5}$ □ 1

$\frac{3}{7}+\frac{2}{7}$ □ $\frac{6}{7}-\frac{1}{7}$

❷ $\frac{2}{8}+\frac{2}{8}$ □ $\frac{4}{8}$

$\frac{6}{10}-\frac{3}{10}$ □ $\frac{6}{10}+\frac{3}{10}$

❸ $\frac{5}{9}+\frac{3}{9}$ □ $\frac{4}{9}+\frac{5}{9}$

$\frac{10}{11}-\frac{4}{11}$ □ $\frac{8}{11}-\frac{2}{11}$

2. 빈칸에 알맞은 분수를 써넣어 보세요.

❶ $\frac{5}{11}+$ □ $=\frac{7}{11}$

❷ □ $+\frac{6}{12}=\frac{11}{12}$

❸ $\frac{6}{7}-$ □ $=\frac{2}{7}$

❹ □ $-\frac{1}{6}=\frac{5}{6}$

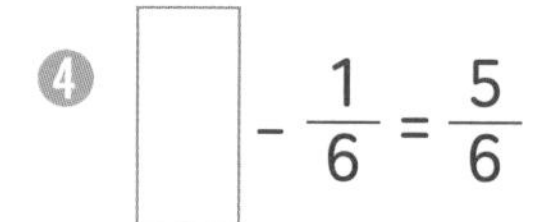

3. 계산해 보세요.

$\frac{2}{13}+\frac{4}{13}+\frac{5}{13}=$ ______

$\frac{8}{11}+\frac{2}{11}-\frac{7}{11}=$ ______

$\frac{1}{6}+\frac{2}{6}+\frac{3}{6}=$ ______

$\frac{9}{9}-\frac{4}{9}-\frac{3}{9}=$ ______

$\frac{4}{11}+\frac{6}{11}-\frac{2}{11}=$ ______

$1-\frac{6}{10}+\frac{3}{10}=$ ______

4. 아래 글을 읽고 암산으로 답을 구해 보세요.

❶ 알렉은 피자 한 판의 $\frac{5}{8}$를 먼저 먹고, 나중에 $\frac{2}{8}$를 먹었어요. 피자는 얼마나 남았을까요?

정답 : □

❷ 세라는 오후에 책의 $\frac{3}{10}$을 읽고, 저녁에 $\frac{1}{10}$을 읽었으며, 다음 날 $\frac{5}{10}$를 읽었어요. 세라가 더 읽어야 할 책의 양은 얼마일까요?

정답 : □

____ 월 ____ 일 ____ 요일

★ 분수

- $\frac{5}{8}$ 는 8분의 5라고 읽어요.
- 분모는 전체가 몇 부분으로 나누어져 있는지를 보여 줘요.
- 분자는 전체 중 몇 부분이 선택되었는지를 보여 줘요.

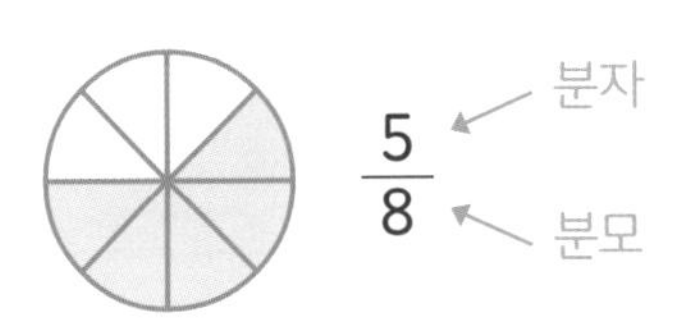

★ 전체

분수의 분자와 분모가 같을 때 그 분수는 전체를 나타내요.

$\frac{1}{1} = 1$ $\frac{2}{2} = 1$ $\frac{3}{3} = 1$ $\frac{4}{4} = 1$ $\frac{5}{5} = 1$

★ 분모가 같은 분수

$\frac{1}{3}$ ← 같은 분모 → $\frac{2}{3}$

분모가 같은 분수끼리 크기를 비교할 수 있어요.

★ 분수의 크기 비교

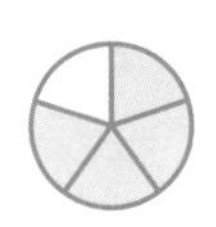
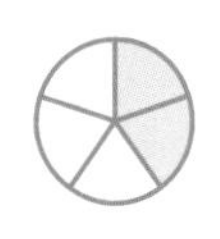

$\frac{4}{5} > \frac{2}{5}$ $\frac{1}{3} < \frac{2}{3}$

분모가 같은 두 분수 중 분자가 큰 분수가 더 커요.

★ 분수의 덧셈

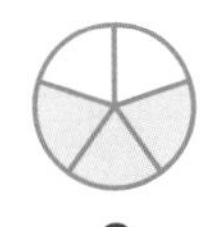

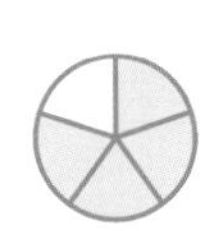

$\frac{3}{5} + \frac{1}{5} = \frac{4}{5}$

분모가 같은 분수를 더할 때 분자끼리 더하세요.
분모는 그대로예요.

★ 분수의 뺄셈

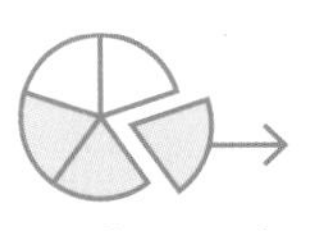

$\frac{3}{5} - \frac{1}{5} = \frac{2}{5}$

분모가 같은 분수를 뺄 때 한 분자에서 다른 분자를 빼세요.
분모는 그대로예요.

___월 ___일 ___요일

1. 계산해 보세요.

$45 \div 5 =$ ______　　$16 \div 4 =$ ______　　$48 \div 6 =$ ______

$\frac{27}{3} =$ ______　　$\frac{28}{7} =$ ______　　$\frac{63}{9} =$ ______

2. 알맞은 식을 세워 몫을 계산해 보세요.

❶ 나누어지는 수는 18이고, 나누는 수는 3이에요.

$\frac{\square}{\square} =$ ______

❷ 나누어지는 수는 32이고, 나누는 수는 8이에요.

$\frac{\square}{\square} =$ ______

3. 아래 표를 완성해 보세요.

다리의 수	새의 수
2	1
6	
14	
	5
18	

다리의 수	강아지의 수
4	1
16	
	3
20	
	7

다리의 수	곤충의 수
6	1
24	
	8
	3
60	

다리의 수	거미의 수
8	1
24	
32	
	6
	9

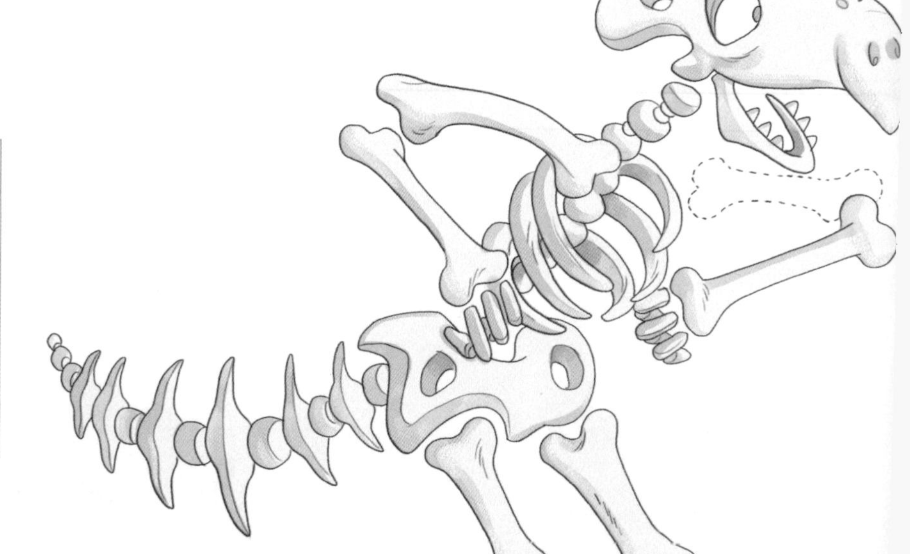

4. 빈칸에 알맞은 수를 써넣어 보세요.

$\frac{24}{2} = \frac{\square}{2} + \frac{10}{2}$　　$\frac{36}{3} = \frac{27}{3} + \frac{\square}{3}$　　$\frac{56}{4} = \frac{32}{4} + \frac{\square}{4}$

5. 계산해 보세요.

$\frac{26}{2}$ = ______________　　$\frac{39}{3}$ = ______________

$\frac{88}{8}$ = ______________　　$\frac{75}{5}$ = ______________

$\frac{96}{8}$ = ______________　　$\frac{84}{7}$ = ______________

6. 계산해 보세요.

$9 \div 2$ = ______, 나머지 ______　　$41 \div 6$ = ______, 나머지 ______

$17 \div 3$ = ______, 나머지 ______　　$68 \div 8$ = ______, 나머지 ______

$36 \div 5$ = ______, 나머지 ______　　$71 \div 9$ = ______, 나머지 ______

$30 \div 4$ = ______, 나머지 ______　　$52 \div 7$ = ______, 나머지 ______

7. 아래 글을 읽고 알맞은 식을 세워 답을 구해 보세요.

❶ 36유로로 9유로짜리 털모자를 몇 개까지 살 수 있을까요?

식 : ______________

정답 : ______________

❷ 아이들 4명이 사탕 21개를 똑같이 나누어 가지려고 해요. 한 사람당 사탕을 몇 개씩 갖고, 몇 개가 남을까요?

식 : ______________

정답 : ______________

더 생각해 보아요!

그림이 들어간 식을 보고 그림의 값을 구해 보세요.

+ = 45　　= ______

÷ = 8　　= ______

8. 계산해 보세요.

$12 \div 2 =$ ____________________

$12 \div 3 =$ ____________________

$12 \div 4 =$ ____________________

$12 \div 5 =$ ____________________

$12 \div 6 =$ ____________________

$12 \div 7 =$ ____________________

$15 \div 2 =$ ____________________

$15 \div 3 =$ ____________________

$15 \div 4 =$ ____________________

$15 \div 5 =$ ____________________

$15 \div 6 =$ ____________________

$15 \div 7 =$ ____________________

9. 빈칸에 알맞은 수를 써넣어 보세요.

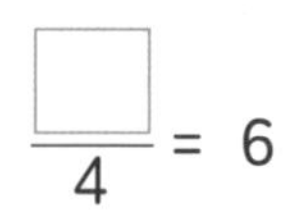

$\frac{\square}{4} = 6$　　$\frac{15}{\square} = 3$　　$\frac{18}{2} = \square \times 3$　　$\frac{36}{6} = \frac{18}{\square}$

$\frac{\square}{8} = 3$　　$\frac{36}{\square} = 9$　　$\frac{48}{2} = \square \times 4$　　$\frac{39}{3} = \frac{26}{\square}$

10. 날짜와 요일이 길을 따라 시간 순서대로 배열되어 있어요. 빈칸에 알맞은 요일과 날짜를 써넣어 보세요.

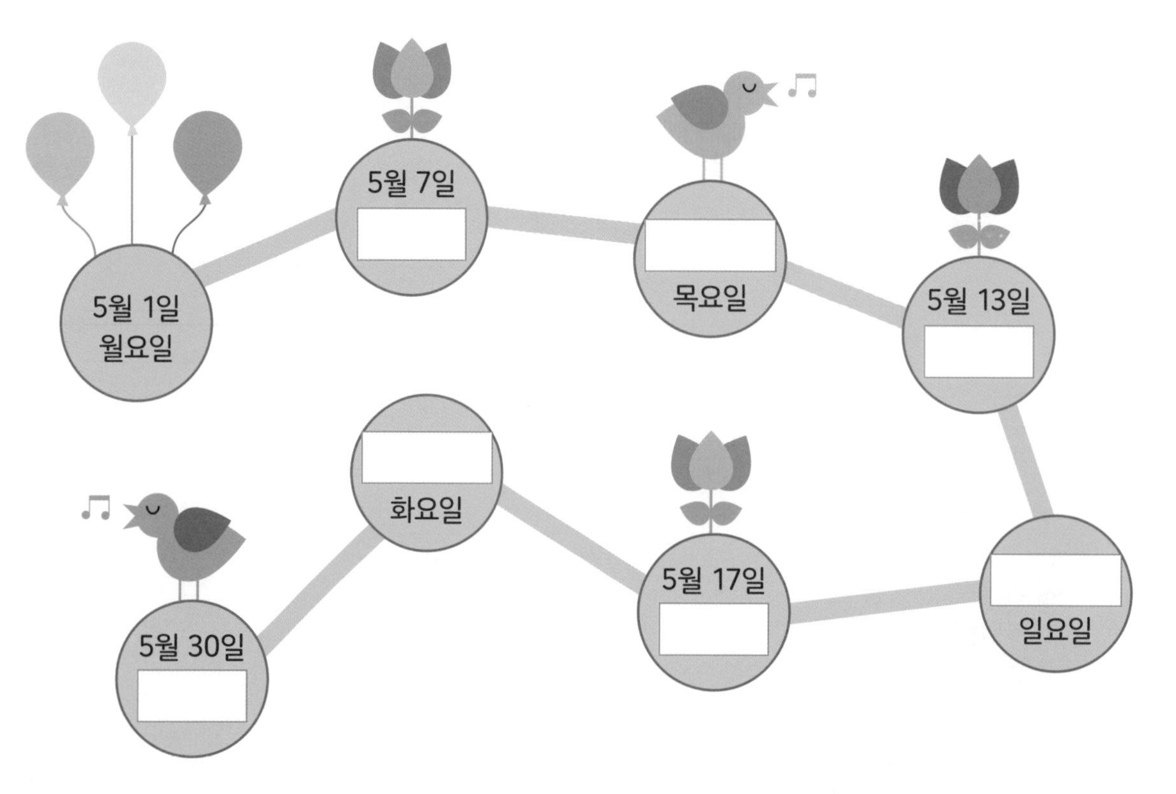

11. 아래 설명을 읽고 답을 구해 보세요.

영화표 4장을 사려고 해.
2장이 17유로라면 돈이 모두
얼마 필요할까?

식 : ____________________

정답 : ____________________

게임팩 5개를 사려고 해. 게임팩의
가격은 모두 같아. 게임팩 3개가
15유로라면 돈이 모두 얼마 필요할까?

식 : ____________________

정답 : ____________________

나는 500원짜리 동전 몇 개를
갖고 있는데 모두 5000원이야.
500원짜리 동전이 몇 개 있을까?

식 : ____________________

정답 : ____________________

나는 100원짜리 동전 몇 개를
갖고 있는데 모두 2000원이야.
100원짜리 동전이 몇 개 있을까?

식 : ____________________

정답 : ____________________

한 번 더 연습해요!

1. 계산해 보세요.

❶ 16 ÷ 2 = ________

24 ÷ 3 = ________

35 ÷ 5 = ________

❷ 14 ÷ 3 = ________, 나머지 ________

39 ÷ 5 = ________, 나머지 ________

31 ÷ 6 = ________, 나머지 ________

2. 아래 글을 읽고 알맞은 식을 세워 답을 구해 보세요.

❶ 16유로로 4유로짜리 아이스크림을
몇 개까지 살 수 있을까요?

식 : ____________________

정답 : ____________________

❷ 아이 3명이 막대사탕 16개를 똑같이
나누어 가지려고 해요. 한 사람당 사탕을
몇 개씩 갖고, 몇 개가 남을까요?

식 : ____________________

정답 : ____________________

분수 복습

____월 ____일 ____요일

1. 주어진 분수만큼 색칠해 보세요.

❶ $\frac{1}{3}$ 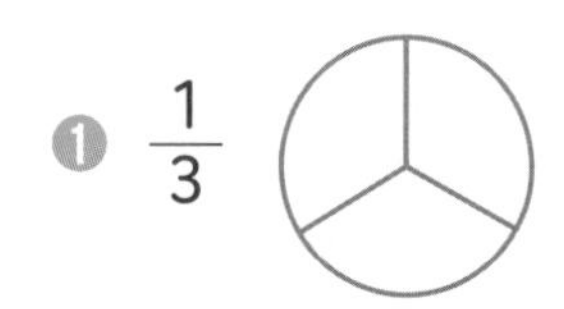

❷ $\frac{2}{4}$ 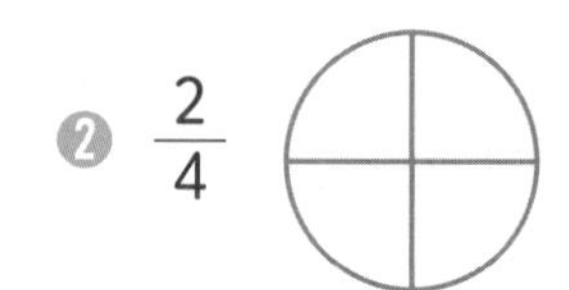

❸ $\frac{4}{6}$ 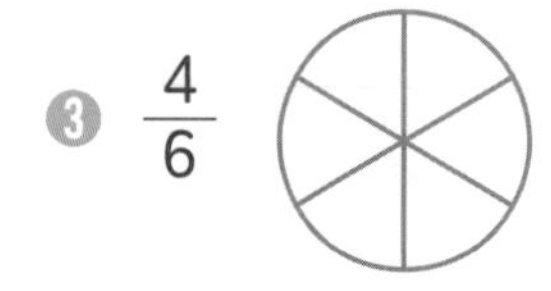

2. 색칠한 부분을 분수로 나타내 보세요.

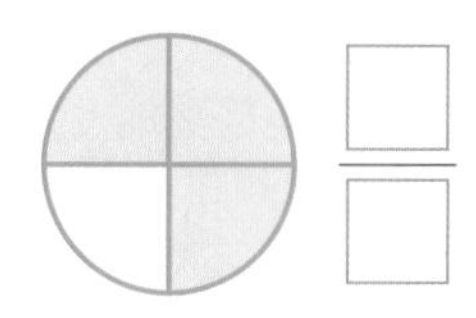

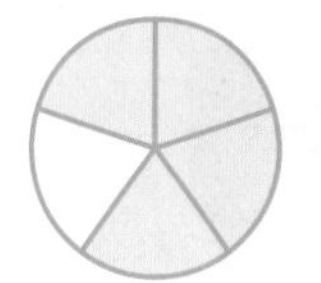

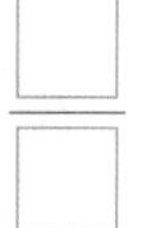

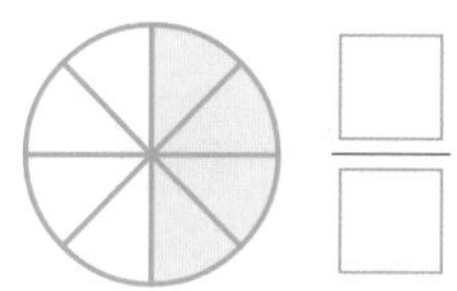

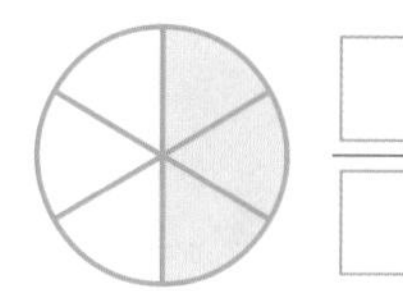

3. 같은 값끼리 선으로 연결해 보세요.

$\frac{3}{5}$	6분의 5	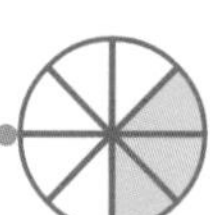
$\frac{4}{4}$	8분의 3	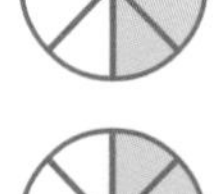
$\frac{1}{7}$	5분의 3	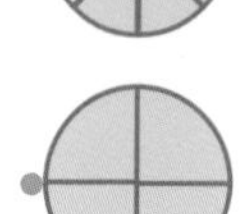
$\frac{5}{8}$	7분의 1	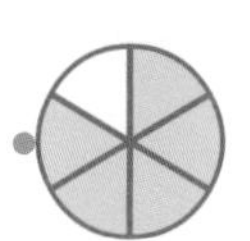
$\frac{5}{6}$	8분의 5	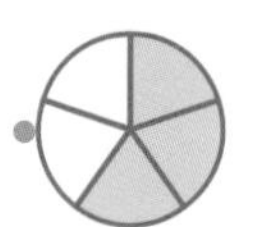
$\frac{3}{8}$	4분의 4	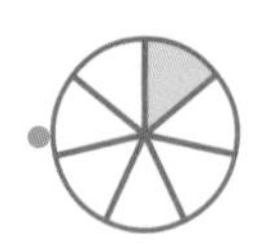

4. 아래 분수에 얼마를 더해야 전체가 될까요?

❶ 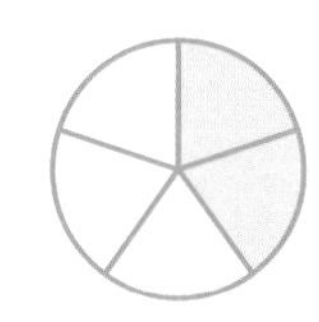 정답 : $\frac{\square}{\square}$

❷ 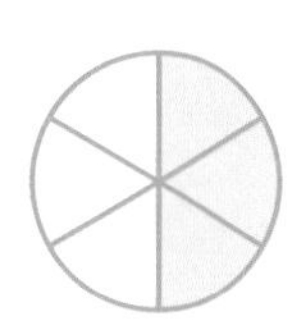 정답 : $\frac{\square}{\square}$

❸ 정답 : $\frac{\square}{\square}$

❹  정답 : $\frac{\square}{\square}$

5. 분수의 크기를 비교하여 □ 안에 >, =, <를 알맞게 써넣어 보세요.

$\frac{6}{8} \square \frac{5}{8}$　　$\frac{12}{12} \square \frac{11}{12}$　　$\frac{3}{9} \square \frac{7}{9}$

$\frac{3}{7} \square \frac{7}{7}$　　$\frac{5}{6} \square \frac{4}{6}$　　$\frac{2}{2} \square \frac{1}{2}$

$\frac{3}{10} \square \frac{8}{10}$　　$\frac{4}{5} \square \frac{3}{5}$　　$1 \square \frac{6}{6}$

6. 계산해 보세요.

$\frac{3}{12} + \frac{2}{12} =$ ______　　$\frac{2}{11} + \frac{5}{11} =$ ______　　$\frac{1}{10} + \frac{4}{10} =$ ______

$\frac{6}{12} - \frac{4}{12} =$ ______　　$\frac{8}{11} - \frac{1}{11} =$ ______　　$\frac{10}{10} - \frac{6}{10} =$ ______

더 생각해 보아요!

가로줄과 세로줄의 합이 각각 16이 되도록 빈칸을 알맞은 수로 채워 보세요.

7		
3		5
		4

		6
8	4	
	7	

7. 아래 분수에 해당하는 도형의 알파벳을 찾아 빈칸에 써넣어 보세요.

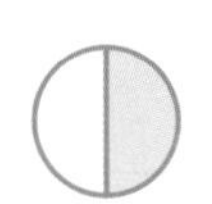
E

M

O

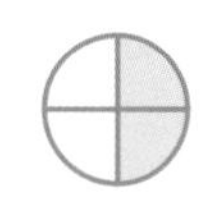
R

D

U

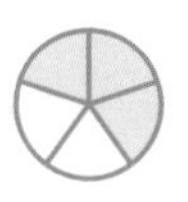
T

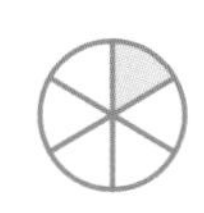
A

I

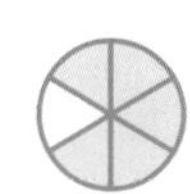
N

$\frac{2}{4}$ □	$\frac{3}{6}$ □	$\frac{1}{5}$ □	$\frac{2}{4}$ □
$\frac{4}{4}$ □	$\frac{2}{3}$ □	$\frac{2}{4}$ □	$\frac{1}{2}$ □
$\frac{3}{5}$ □	$\frac{4}{4}$ □	$\frac{4}{4}$ □	$\frac{2}{3}$ □
$\frac{1}{6}$ □	$\frac{5}{6}$ □	$\frac{3}{5}$ □	$\frac{2}{5}$ □
$\frac{5}{6}$ □	$\frac{1}{2}$ □	$\frac{1}{6}$ □	$\frac{5}{6}$ □

8. 아래 글을 읽고 알맞은 식을 세워 답을 구해 보세요.

❶ 제임스는 영화의 $\frac{1}{5}$을 보고, 나중에 $\frac{2}{5}$를 더 보았어요. 제임스가 본 영화의 양은 모두 얼마일까요?

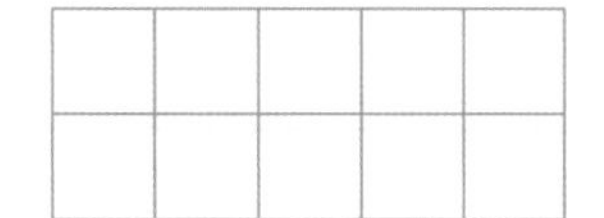

정답 : □

❷ 키아는 처음에 케이크의 $\frac{1}{9}$을 먹고, 나중에 $\frac{2}{9}$를 더 먹었어요. 키아가 먹은 케이크의 양은 모두 얼마일까요?

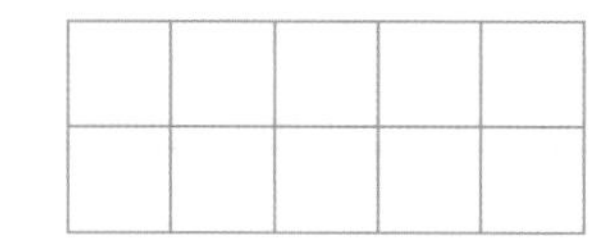

정답 : □

❸ 레오는 노는 시간의 $\frac{4}{7}$를 썼어요. 레오의 노는 시간은 얼마나 남았을까요?

정답 : □

❹ 애런은 영화의 $\frac{5}{8}$를 보았어요. 영화를 다 보려면 얼마나 남았을까요?

정답 : □

9. 계산하여 애벌레의 몸통을 완성해 보세요.

❶

$\frac{6}{12}$, $+\frac{2}{12}$, $+\frac{4}{12}$, $-\frac{7}{12}$, $+\frac{1}{12}$

❷

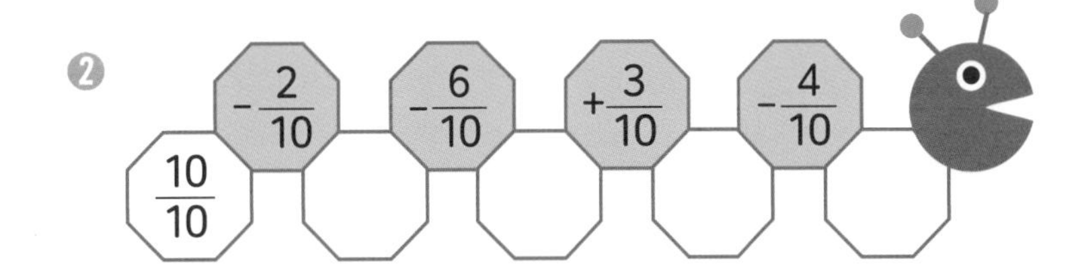

10. 그림이 들어간 식을 보고 그림의 값을 구해 보세요.

− = $\frac{1}{10}$

\+ = $\frac{6}{10}$

\+ = $\frac{7}{10}$

− =

\+ + = 1

= ______ = ______ = ______

= ______ = ______

한 번 더 연습해요!

1. 분수의 크기를 비교하여 □ 안에 >, =, <를 알맞게 써넣어 보세요.

❶ $\frac{6}{12}$ □ $\frac{12}{12}$　　$\frac{1}{3}$ □ $\frac{3}{3}$

❷ $\frac{10}{11}$ □ $\frac{10}{11}$　　$\frac{2}{8}$ □ $\frac{4}{8}$

❸ $\frac{3}{4}$ □ $\frac{4}{4}$　　$\frac{5}{7}$ □ $\frac{6}{7}$

2. 계산해 보세요.

❶ $\frac{4}{6}+\frac{1}{6}=$ ______　❷ $\frac{4}{7}+\frac{2}{7}=$ ______　❸ $\frac{5}{10}+\frac{4}{10}=$ ______

빙고 놀이

인원 : 2명 준비물 : 주사위 1개

28	16	5	25	6	20	12
24	8	18	9	15	28	3
4	28	21	20	16	30	8
15	12	16	12	4	10	6
15	30	10	12	9	15	12
3	6	4	5	25	18	21
15	18	24	30	4	21	6
8	9	20	3	24	12	15
27	4	18	16	6	21	27
30	12	8	24	18	16	30

교재 뒤에 있는
활동지로 한 번 더 놀이해요.

놀이 방법

1. 각자 O, X, / 등 빙고판에 표시할 자신만의 기호를 정하세요.
2. 정해진 순서에 따라 주사위를 굴려요. 주사위 눈으로 똑같이 나누어질 수 있는 수를 표에서 찾아 자기가 정한 기호로 표시하세요.
3. 알맞은 수를 찾을 수 없거나, 주사위 눈이 1 또는 2가 나오면 순서가 다음 사람에게 넘어가요.
4. 가로, 세로, 대각선으로 놓인 3개의 숫자에 나란히 표시하는 사람이 놀이에서 이겨요.

눈싸움

인원 : 2명 준비물 : 주사위 1개, 놀이 말 2개

 **놀이 방법**

1. 정해진 순서에 따라 주사위를 굴리세요. 주사위 눈의 수만큼 말을 움직여요. 그러나 눈뭉치 위의 수가 주사위 눈으로 나누어떨어지지 않으면 말을 움직일 수 없어요.
2. 주사위 눈이 1이 나오면 한 칸 전진할 수 있어요.
3. 먼저 도착하는 사람이 놀이에서 이겨요.

풍선 놀이

인원 : 2명　준비물 : 놀이 말 2개, 주사위 1개, 122쪽 활동지

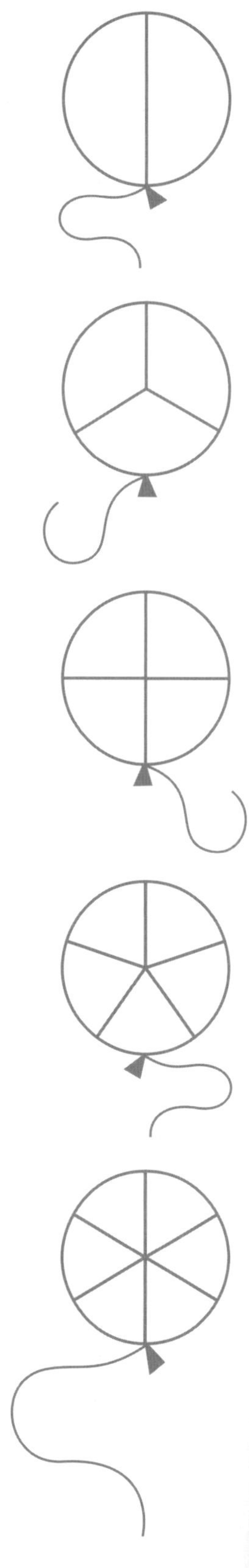

 **놀이 방법**

1. 한 명은 교재를, 다른 한 명은 활동지를 이용하세요.
2. 주사위를 굴려서 나온 눈만큼 말을 움직이세요.
3. 말이 멈춘 곳에 쓰인 분수를 보고 색칠할 수 있는 풍선을 찾아 색칠하세요. 주어진 분수만큼 색칠할 수 없다면 순서는 다음 사람에게 돌아가요.
4. 길의 끝에 도달하면 다시 처음부터 시작해요. 풍선을 모두 색칠하는 사람이 나올 때까지 놀이를 계속해요.

케이크 만들기

인원 : 2명
준비물 : 주사위 1개, 놀이 카드에 있는 분수 케이크, 123쪽 활동지

주사위 눈	활동
1	다음 사람에게!
2	2분의 1 가지기
3	3분의 1 가지기
4	4분의 1 가지기
5	자유 선택
6	6분의 1 가지기

놀이 방법

1. 한 명은 교재를, 다른 한 명은 활동지를 이용하세요.
2. 순서를 정해 주사위를 굴려서 나온 수에 해당하는 활동을 해요. 주사위 눈이 2, 3, 4, 6이 나오면 표에 나온 분수만큼 케이크 조각을 가져갈 수 있어요. 5가 나오면 어떤 조각이나 가져갈 수 있으며, 1이 나오면 다음 사람에게 순서가 돌아가요.
3. 도중에 케이크 조각을 자유롭게 움직일 수 있고 모든 조각을 꼭 사용해야 하는 것은 아니에요.
4. 3개의 케이크를 가장 먼저 채우는 사람이 놀이에서 이겨요.

116쪽 놀이 수학 <빙고 놀이>에 활용하세요.

28	16	5	25	6	20	12
24	8	18	9	15	28	3
4	28	21	20	16	30	8
15	12	16	12	4	10	6
15	30	10	12	9	15	12
3	6	4	5	25	18	21
15	18	24	30	4	21	6
8	9	20	3	24	12	15
27	4	18	16	6	21	27
30	12	8	24	18	16	30

118쪽 놀이 수학 <풍선 놀이>에 활용하세요.

119쪽 놀이 수학 <케이크 만들기>에 활용하세요.

핀란드에서 가장 많이 보는 1등 수학 교과서!
핀란드 초등학교 수학 교육 최고 전문가들이 만든
혼공 시대에 꼭 필요한 자기주도 수학 교과서를 만나요!

1 2 3
4 5 6
7 8 9

핀란드 수학 교과서, 왜 특별할까?

수학적 구조를 발견하고 이해하게 하여 수학 공식을 암기할 필요가 없어요.

수학적 이야기가 풍부한 그림으로 수학 학습에 영감을 불어넣어요.

교구를 활용한 놀이를 통해 수학 개념을 이해시켜요.

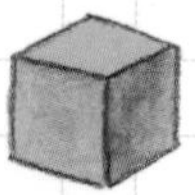

수학과 연계하여 컴퓨팅 사고와 문제 해결력을 키워 줘요.

연산, 서술형, 응용과 심화, 사고력 문제가 한 권에 모두 들어 있어요.

어떤 문제를 푸느냐에
따라 수학 사고력은
달라집니다!

개별가 없음(세트로만 판매)

9 791189 010911
64410

ISBN 979-11-89010-91-1
979-11-89010-90-4 (세트)

무형광 종이 인쇄로 아이들 눈을 지켜 줘요

핀란드 3학년 수학 교과서

3-2

2권

글 파이비 키빌루오마, 킴모 뉘리넨, 피리타 페랄라,
페카 록카, 마리아 살미넨, 티모 타피아이넨

그림 미리야미 만니넨

옮김 박문선

감수 이경희(전 수학 교과서 집필진)

마음이음

놀이 수학 카드와
동영상 제공

글 **파이비 키빌루오마** | Päivi Kiviluoma

탐페레에서 초등학교 교사로 일하고 있습니다. 학생들마다 문제 해결 도출 방식이 다르므로 수학 교수법에 있어서도 어떻게 접근해야 할지 늘 고민하고 도전합니다.

킴모 뉘리넨 | Kimmo Nyrhinen

투루쿠에서 수학과 과학을 가르치고 있습니다. 「핀란드 수학 교과서」 외에도 화학, 물리학 교재를 집필했습니다. 낚시와 버섯 채집을 즐겨하며, 체력과 인내심은 자연에서 얻을 수 있는 놀라운 선물이라 생각합니다.

피리타 페랄라 | Pirita Perälä

탐페레에서 초등학교 교사로 일하고 있습니다. 수학을 제일 좋아하지만 정보통신기술을 활용한 수업에도 관심이 많습니다. 「핀란드 수학 교과서」를 집필하면서 다양한 수준의 학생들이 즐겁게 도전하며 배울 수 있는 교재를 만드는 데 중점을 두었습니다.

페카 록카 | Pekka Rokka

교사이자 교장으로 30년 이상 재직하며 1~6학년 모든 과정을 가르쳤습니다. 학생들이 수학 학습에서 영감을 얻고 자신만의 강점을 더 발전시킬 수 있는 교재를 만드는 게 목표입니다.

마리아 살미넨 | Maria Salminen

오울루에서 초등학교 교사로 일하고 있습니다. 체험과 실습을 통한 배움, 협동, 유연한 사고를 중요하게 생각합니다. 수학 교육에 있어서도 이를 적용하여 똑같은 결과를 도출하기 위해 얼마나 다양한 방식으로 접근할 수 있는지 토론하는 것을 좋아합니다.

티모 타피아이넨 | Timo Tapiainen

오울루에 있는 고등학교에서 수학 교사로 있습니다. 다양한 교구를 활용하여 수학을 가르치고, 학습 성취가 뛰어난 학생들에게 적절한 도전 과제를 제공하는 것을 중요하게 생각합니다.

옮김 **박문선**

연세대학교 불어불문학과를 졸업하고 한국외국어대학교 통역 번역 대학원 영어과를 전공하였습니다. 졸업 후 부동산 투자 회사 세빌스코리아(Savills Korea)에서 5년간 에디터로 근무하면서 다양한 프로젝트 통번역과 사내 영어교육을 담담했습니다. 현재 프리랜서로 번역 활동 중입니다.

감수 **이경희**

서울교육대학교와 동 대학원에서 초등교육방법을 전공했으며, 2009 개정 교육과정에 따른 초등학교 수학 교과서 집필진으로 활동했습니다. ICME12(세계 수학교육자대회)에서 한국 수학 교과서 발표, 2012년 경기도 연구년 교사로 덴마크에서 덴마크 수학을 공부했습니다. 현재 학교를 은퇴하고 외국인들에게 한국어를 가르쳐 주며 봉사활동을 하고 있습니다. 집필한 책으로는 『외우지 않고 구구단이 술술술』 『예비 초등학생을 위한 든든한 수학 짝꿍』 『한 권으로 끝내는 초등 수학사전』 등이 있습니다.

핀란드 3학년 수학 교과서

_______ 초등학교 ___ 학년 ___ 반

이름 ___________

QR코드를 스캔하면 놀이 수학
동영상을 보실 수 있습니다.

핀란드 3학년 수학 교과서 3-2 2권

초판 1쇄 발행 2021년 8월 5일
초판 2쇄 발행 2022년 9월 30일

지은이 파이비 키빌루오마, 킴모 뉘리넨, 피리타 페랄라, 페카 롹카, 마리아 살미넨, 티모 타피아이넨
그린이 미리야미 만니넨 **옮긴이** 박문선 **감수** 이경희
펴낸이 정혜숙 **펴낸곳** 마음이음

책임편집 이금정 **디자인** 디자인서가
등록 2016년 4월 5일(제2018-000037호)
주소 03925 서울시 마포구 월드컵북로 402 9층 917A호(상암동 KGIT센터)
전화 070-7570-8869 **팩스** 0505-333-8869
전자우편 ieum2016@hanmail.net
블로그 https://blog.naver.com/ieum2018

ISBN 979-11-89010-92-8 64410
979-11-89010-90-4 (세트)

어린이제품안전특별법에 의한 제품표시
제조자명 마음이음 **제조국명** 대한민국 **사용연령** 만 9세 이상 어린이 제품
KC마크는 이 제품이 공통안전기준에 적합하였음을 의미합니다.

핀란드 3학년 수학 교과서 3-2 2권

글 파이비 키빌루오마, 킴모 뉘리넨, 피리타 페랄라,
페카 록카, 마리아 살미넨, 티모 타피아이넨
그림 미리야미 만니넨
옮김 박문선
감수 이경희(전 수학 교과서 집필진)

마음이음

아이들이 수학을 공부해야 하는 이유는 수학 지식을 위한 단순 암기도 아니며, 많은 문제를 빠르게 푸는 것도 아닙니다. 시행착오를 통해 정답을 유추해 가면서 스스로 사고하는 힘을 키우기 위함입니다.

핀란드의 수학 교육은 다양한 수학적 활동을 통하여 수학 개념을 자연스럽게 깨닫게 하고, 논리적 사고를 유도하는 문제들로 학생들이 수학에 흥미를 갖도록 하는 데 성공했습니다. 이러한 자기 주도적인 수학 교과서가 우리나라에 번역되어 출판하게 된 것을 두 팔 벌려 환영하며, 학생들이 수학을 즐겁게 공부하게 될 것이라 생각하여 감히 추천하는 바입니다.

하동우(민족사관고등학교 수학 교사)

수학은 언어, 그림, 색깔, 그래프, 방정식 등으로 다양하게 표현하는 의사소통의 한 형태입니다. 이들 사이의 관계를 파악하면서 수학적 사고력도 높아지는데, 안타깝게도 우리나라 교육 환경에서는 수학이 의사소통임을 인지하기 어렵습니다. 수학 교육 과정이 수직적으로 배열되어 있기 때문입니다. 그런데 『핀란드 수학 교과서』는 배운 개념이 거미줄처럼 수평으로 확장, 반복되고, 아이들은 넓고 깊게 스며들 듯이 개념을 이해할 수 있습니다.

정유숙(쑥샘TV 운영자)

『핀란드 수학 교과서』를 보는 순간 다양한 문제들을 보고 놀랐습니다. 다양한 형태의 문제를 풀면서 생각의 폭을 넓히고, 생각의 힘을 기르고, 수학 실력을 보다 안정적으로 만들 수 있습니다. 또한 놀이와 탐구로 학습하면서 수학에 대한 흥미가 높아져 문제를 스스로 이해하고 터득하는 데 도움이 됩니다.

숫자가 바탕이 되는 수학은 세계적인 유일한 공통 과목입니다. 21세기를 이끌어 갈 아이들에게 4차산업혁명을 넘어 인공지능 시대에 맞는 창의적인 사고를 길러 주는 바람직한 수학 교육이 이 책을 통해 이루어지길 바랍니다.

김재련(사월이네 공부방 원장)

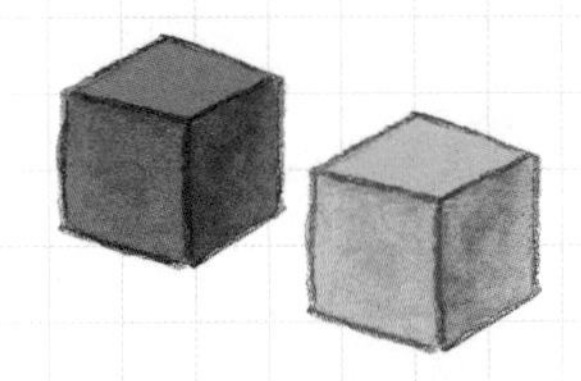

한국의 학생들에게

「핀란드 수학 교과서(Star Maths)」 시리즈를 펴낸 오타바(Otava) 출판사는 교재 전문 출판사로 120년이 넘는 역사를 지닌 명실상부한 핀란드의 대표 출판사입니다. 특히 「Star Maths」 시리즈는 핀란드 학교 현장의 수학 전문가들이 최신 핀란드 국립교육과정을 반영하여 함께 개발한 핀란드의 대표 수학 교과서입니다.

수 개념과 십진법을 이해하기 위한 탄탄한 기반을 제공하여 연산 능력을 키우고, 기본, 응용, 심화 문제 등 학생 개개인의 학습 차이를 다각도에서 고려하여 다양한 평가 문제를 실었습니다. 또한 친구 또는 부모님과 함께 놀이를 통해 문제 해결을 하며 수학적 즐거움을 발견하여 수학에 대한 긍정적인 태도를 갖도록 합니다.

한국의 학생들이 이 책과 함께 즐거운 수학 세계로 여행을 떠나길 바랍니다.

파이비 키빌루오마, 킴모 뉘리넨, 피리타 페랄라, 페카 록카,
마리아 살미넨, 티모 타피아이넨(STAR MATHS 공동 저자)

차례

추천의 글 4
한국의 학생들에게 5

1 자로 재기 ········ 8
2 밀리미터와 센티미터 ········ 12
연습 문제 ········ 16
3 미터 ········ 20
연습 문제 ········ 26
4 킬로미터 ········ 30
연습 문제 ········ 34
실력을 평가해 봐요! ········ 38
단원 평가 ········ 40
도전! 심화 평가 1단계 ········ 42
도전! 심화 평가 2단계 ········ 43
도전! 심화 평가 3단계 ········ 44
단원 정리 ········ 45

5 점, 선분, 직선 ········ 46
6 각 ········ 50
7 다각형 ········ 54
8 삼각형 ········ 58
9 사각형 ········ 62
연습 문제 ········ 66
10 도형의 둘레 ········ 72
11 도형의 넓이 ········ 76
12 직사각형의 넓이 ········ 80
연습 문제 ········ 84
실력을 평가해 봐요! ········ 88
단원 평가 ········ 90
도전! 심화 평가 1단계 ········ 92

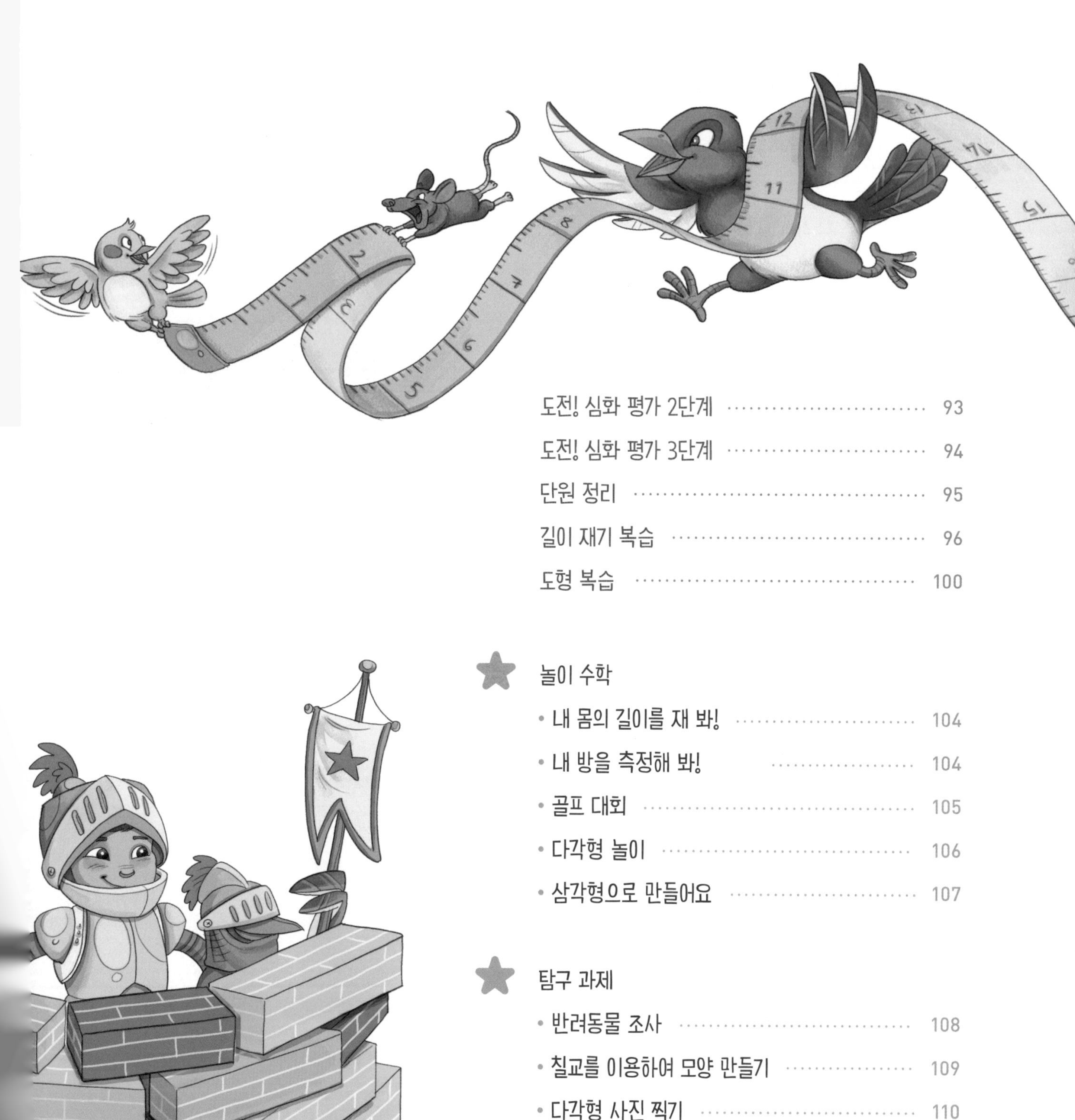

도전! 심화 평가 2단계 ········· 93

도전! 심화 평가 3단계 ········· 94

단원 정리 ········· 95

길이 재기 복습 ········· 96

도형 복습 ········· 100

놀이 수학

- 내 몸의 길이를 재 봐! ········· 104
- 내 방을 측정해 봐! ········· 104
- 골프 대회 ········· 105
- 다각형 놀이 ········· 106
- 삼각형으로 만들어요 ········· 107

탐구 과제

- 반려동물 조사 ········· 108
- 칠교를 이용하여 모양 만들기 ········· 109
- 다각형 사진 찍기 ········· 110
- 짝꿍 프로그래밍 ········· 110

1 자로 재기

물건의 한쪽 끝을 자의 눈금 0에 맞추세요.

다른 쪽 끝이 닿는 눈금을 읽으세요.

연필의 길이는 9cm이고 9센티미터라고 읽어요.

- 물건의 길이는 자나 줄자로 측정할 수 있어요.
- 센티미터는 줄여서 cm라고 써요.

1. 연필의 길이를 재어 cm로 나타내 보세요.

길이 : ______cm

길이 : ______cm

길이 : ______cm

길이 : ______cm

길이 : ______cm

길이 : ______cm

길이 : ______cm

길이 : ______cm

2. 주어진 길이만큼 자를 대고 선을 그어 보세요.

❶ 11 cm •

❷ 8 cm •

❸ 3 cm •

❹ 5 cm •

❺ 1 cm •

3. 아래 글을 읽고 알맞은 식을 세워 답을 구한 후, 애벌레에서 찾아 ○표 해 보세요.

❶ 잰의 엄마 키는 160cm예요. 잰의 아빠는 엄마보다 30cm 더 커요. 아빠 키는 얼마일까요?

식 : ____________________

정답 : ____________________

❷ 잰의 할아버지 키는 175cm예요. 잰의 할머니는 할아버지보다 15cm 더 작아요. 할머니의 키는 얼마일까요?

식 : ____________________

정답 : ____________________

❸ 잰의 키는 145cm이며, 잰의 오빠 키는 180cm예요. 두 사람의 키 차이는 얼마일까요?

식 : ____________________

정답 : ____________________

❹ 잰의 언니는 태어날 때 50cm였어요. 지금은 키가 140cm예요. 언니는 키가 얼마나 더 컸나요?

식 : ____________________

정답 : ____________________

25 cm   35 cm   90 cm   160 cm   180 cm   190 cm

더 생각해 보아요!

알렉, 엠마, 사마라는 길이가 100cm인 감초 사탕을 3개로 나누려고 해요. 알렉과 사마라 것은 똑같은 길이로, 엠마의 것은 알렉과 사마라의 것을 합친 길이보다 20cm 짧게 나누려고 해요. 3명의 친구는 각각 몇 cm의 감초 사탕을 가질 수 있을까요?

알렉 : __________ 엠마 : __________ 사마라 : __________

4. 아래 단서를 읽고 친구들의 키가 얼마인지 알아맞혀 보세요.

나는 5cm 더 크면 140cm가 될 거예요.

나는 여기서 가장 큰 친구보다 4cm 작아요.

제리: ________ cm

올리비아: ________

작년에 나는 지금보다 15cm 작았어요. 그당시 나는 105cm였어요.

나는 제리보다 3cm 더 커요.

필리: ________

페이톤: ________

나는 여기서 가장 작은 친구보다 2cm 더 커요.

나는 필리보다 8cm 작아요.

알렉스: ________

튤립: ________

5. 아래 글을 읽고 알맞은 식을 세워 답을 구해 보세요.

❶ 아빠의 2걸음이 엠마의 4걸음과 같아요. 아빠의 몇 걸음이 엠마의 16걸음과 같을까요?

정답 : ________

❷ 알렉의 3걸음이 필리의 5걸음과 같아요. 필리의 몇 걸음이 알렉의 18걸음과 같을까요?

정답 : ________

❸ 에릭의 2걸음이 페넬로페의 3걸음과 같아요. 페넬로페의 1걸음은 앨리스의 2걸음과 같아요. 앨리스의 몇 걸음이 에릭의 2걸음과 같을까요?

정답 : ________

❹ 페이블의 5걸음이 올리비아의 3걸음과 같아요. 엘사의 2걸음이 올리비아의 3걸음과 같아요. 엘사의 몇 걸음이 페이블의 10걸음과 같을까요?

정답 : ________

6. 달팽이가 있는 곳에서 사과가 있는 곳까지 거리가 28cm예요. 알맞은 길을 찾아 표시해 보세요.

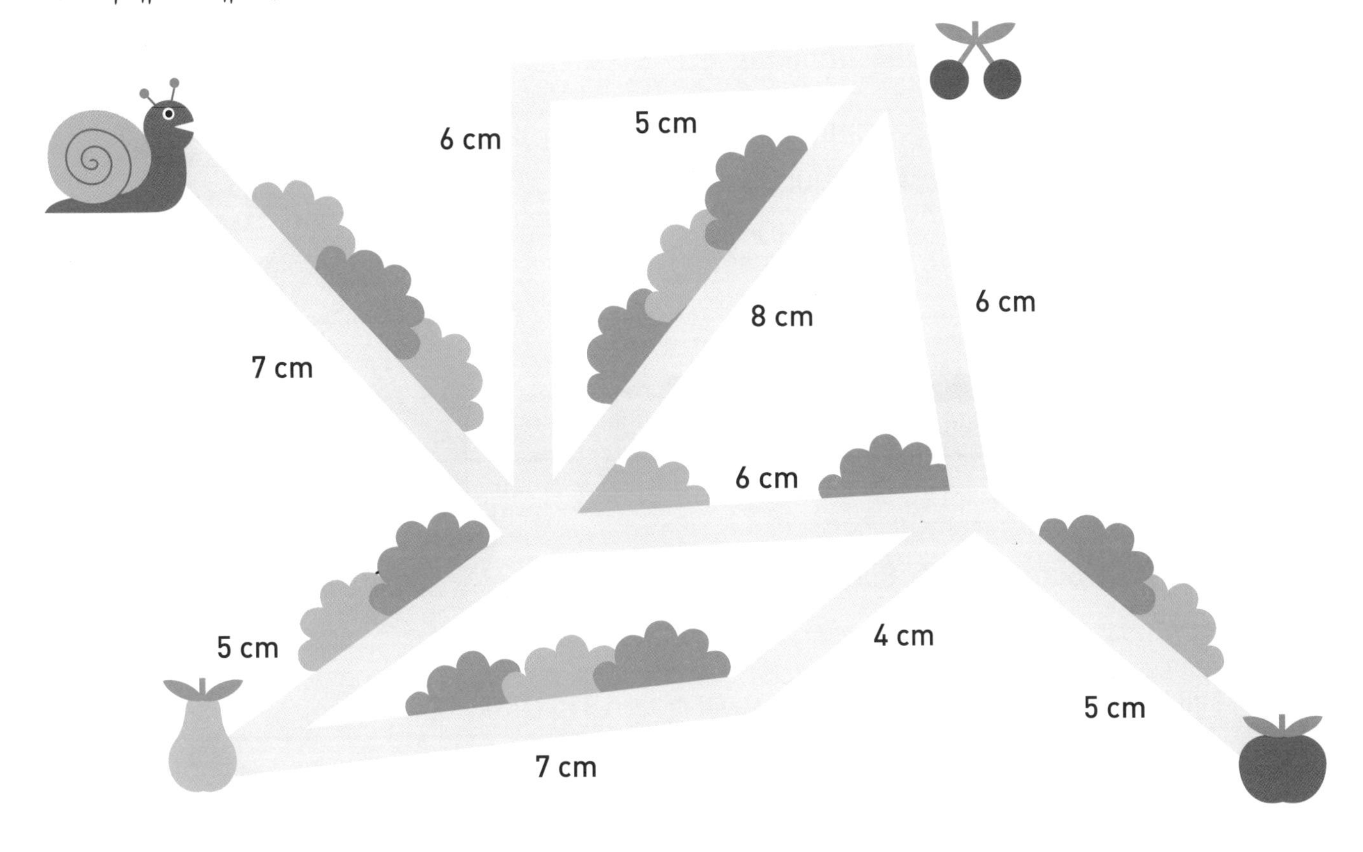

한 번 더 연습해요!

1. 연필의 길이를 재어 cm로 나타내 보세요.

_______cm　　　　　　_______cm

2. 아래 글을 읽고 알맞은 식을 세워 답을 구해 보세요.

❶ 제니카 엄마의 키는 165cm예요. 아빠는 엄마보다 15cm 더 커요. 제니카 아빠의 키는 얼마일까요?

식 : ____________________

정답 : ____________________

❷ 폴은 키가 200cm만큼 크길 원해요. 지금 키는 145cm예요. 200cm가 되려면 얼마나 더 커야 할까요?

식 : ____________________

정답 : ____________________

2 밀리미터와 센티미터

자에서 작은 눈금 사이의 길이를 1mm라고 해요.

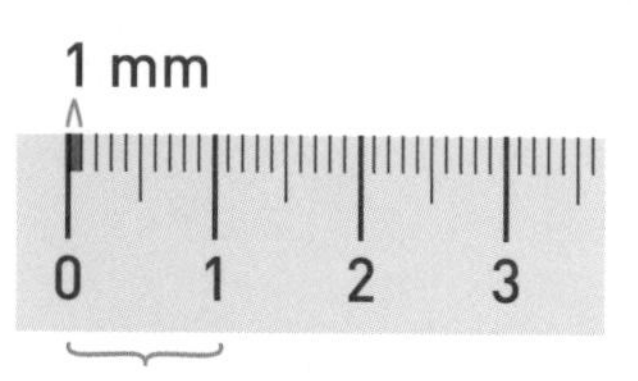

1 cm = 10 mm

- 밀리미터는 줄여서 mm라고 써요.
- 1센티미터는 10mm예요.
  1cm = 10mm

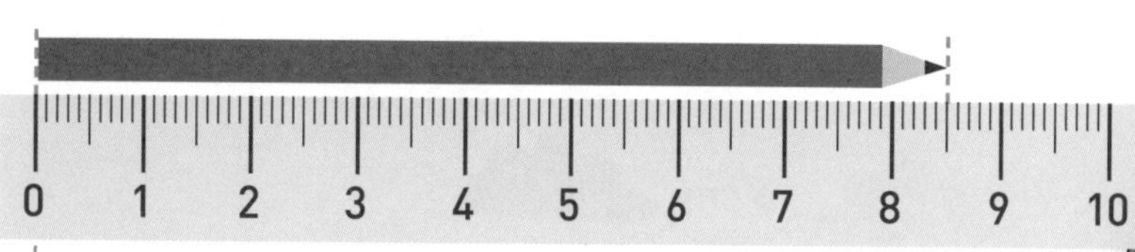

연필의 길이는 8cm 5mm 즉, 85mm예요.

1. 아래 그림의 길이를 재어 2가지 방법으로 나타내 보세요.

길이 : ____cm ____mm = ______mm

길이 : ____cm ____mm = ______mm

길이 : ____cm ____mm = ______mm

길이 : ____cm ____mm = ______mm

길이 : ____cm ____mm = ______mm

길이 : ____cm ____mm = ______mm

2. □ 안에 >, =, <를 알맞게 써넣어 보세요.

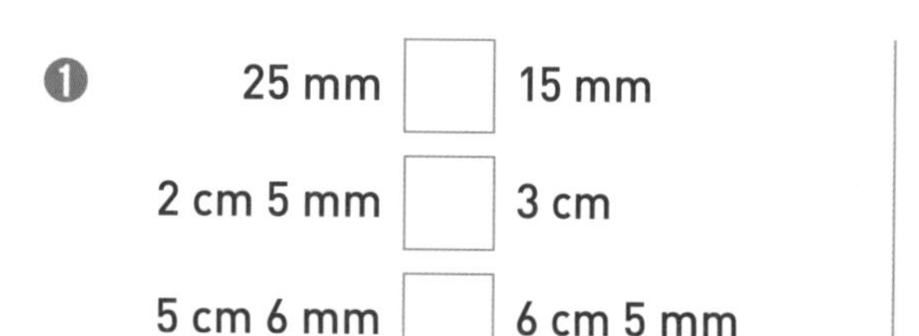

❶

25 mm	□	15 mm
2 cm 5 mm	□	3 cm
5 cm 6 mm	□	6 cm 5 mm

❷

4 cm	□	8 mm
10 mm	□	1 cm
47 mm	□	4 cm 5 mm

3. 계산기의 가로, 세로 대각선의 길이를 재어 2가지 방법으로 나타내 보세요.

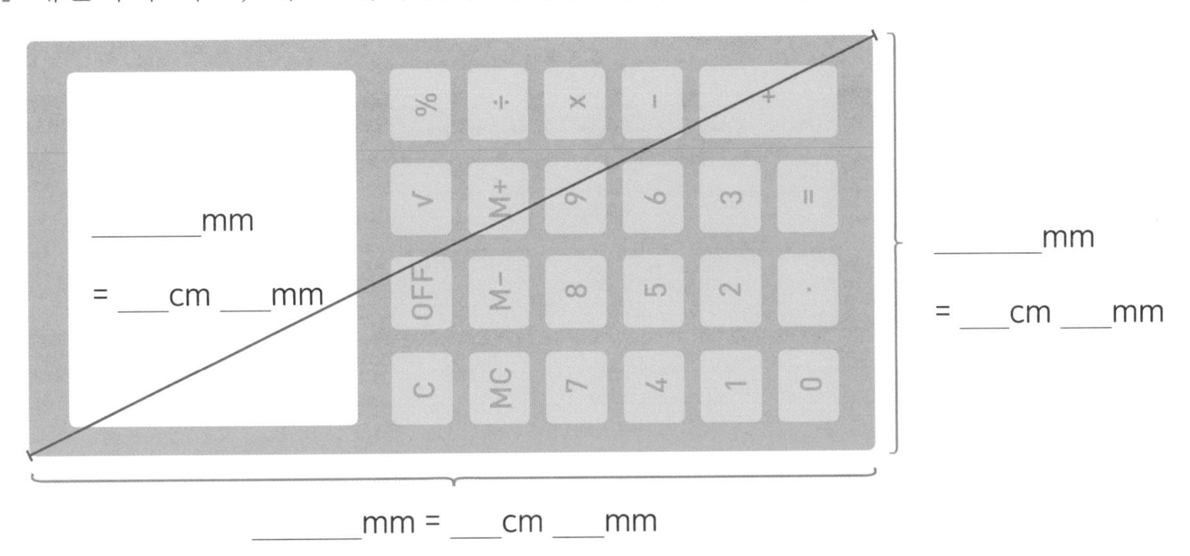

4. 내 주변에 있는 작은 물건을 골라서 길이를 mm로 나타내 보세요.

물건	길이 (mm)

5. 아래 벌레의 걸음나비를 주어진 길이만큼 자를 대고 그려 보세요.

❷ 4 cm

❸ 3 cm 5 mm

더 생각해 보아요!

리본의 전체 길이를 구해 보세요. 매듭을 묶는 데 30cm가 쓰였어요.

____

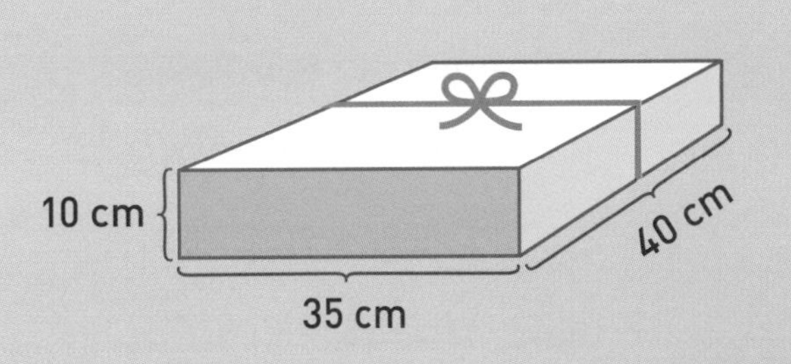

6. 캐시는 늘 길이가 긴 쪽으로 움직여요. 길을 찾아 표시해 보세요.

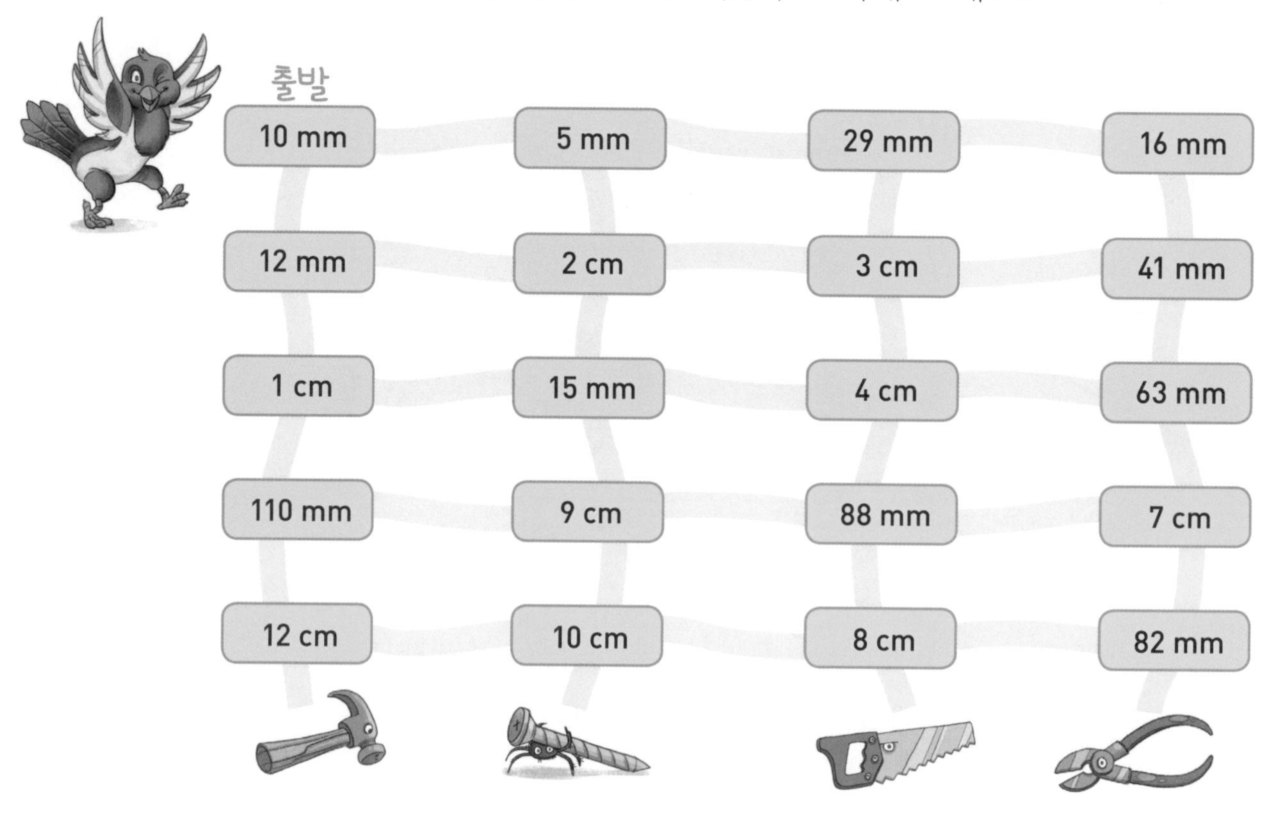

7. 아래 단서를 읽고 개들의 키를 알아맞혀 보세요.

- 패치스는 버디 키의 $\frac{1}{3}$이에요.
- 벨라는 버디보다 5cm 작아요.
- 슈가는 버디 키의 절반이에요.
- 스쿠비는 패치스 키의 2배예요.
- 버디는 링크스와 키가 같아요.

8. 아래 단서를 읽고 달팽이 샐리와 샘의 위치를 표시해 보세요. 샐리의 위치는 X표로, 샘의 위치는 ○로 표시해 보세요.

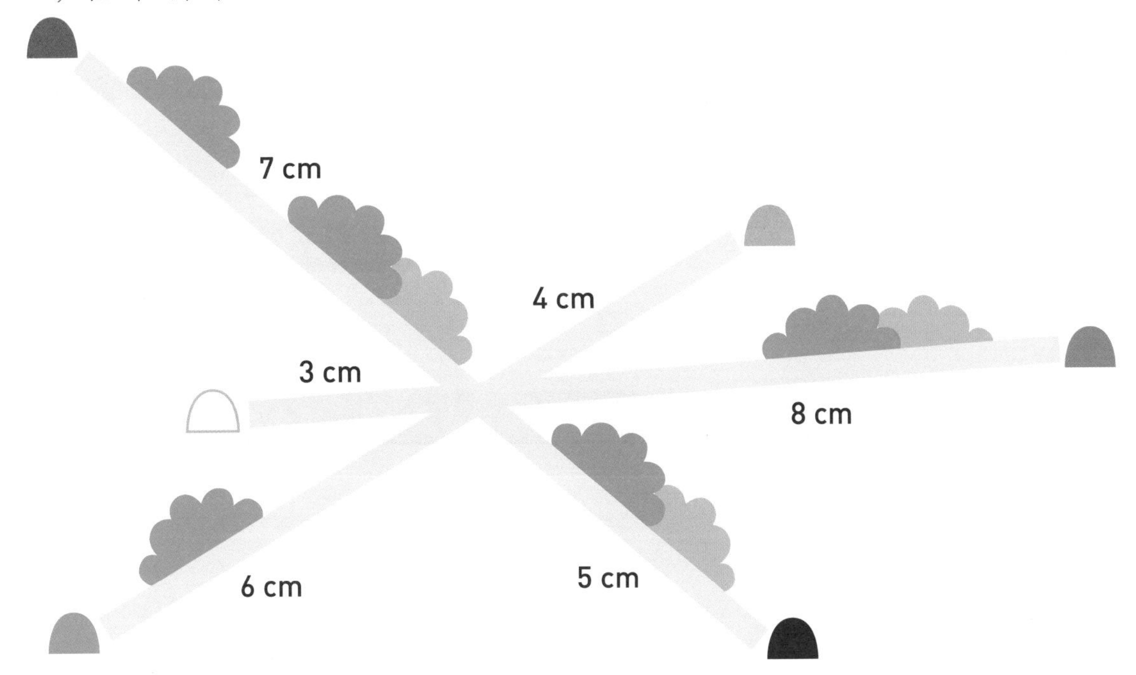

- 샐리는 노란색 보금자리와 초록색 보금자리에서 똑같은 거리에 있어요.
- 샘은 빨간색 보금자리에서 9cm 떨어져 있어요.
- 샘은 초록색 보금자리에서 8cm 떨어져 있어요.
- 샘에게 가장 가까운 보금자리는 흰색 보금자리로, 5cm 떨어져 있어요.

한 번 더 연습해요!

1. 막대의 길이를 재어 2가지 방법으로 나타내 보세요.

길이 : ____cm ____mm = ______mm　　길이 : ____cm ____mm = ______mm

2. 동전 지름의 길이를 재어 2가지 방법으로 나타내 보세요.

______mm

= ___cm ___mm

______mm

= ___cm ___mm

______mm

= ___cm ___mm

____월 ____일 ____요일

1. 아래 그림의 길이를 재어 2가지 방법으로 나타내 보세요.

❶ ____cm = ______mm

❷ ____cm = ______mm

❸ ____cm = ______mm

❹ ____cm ______mm = ______mm

❺ ____cm ____mm = ______mm

2. 로봇 사이의 거리를 어림해 보세요. 그리고 자로 재어 보세요.

❶

예상치 : ______________________

측정치 : ______________________

❷

예상치 : ______________________

측정치 : ______________________

❸

예상치 : ______________________

측정치 : ______________________

❹

예상치 : ______________________

측정치 : ______________________

1 cm = 10 mm

10 mm

0 1

1 cm

3. 아래 글을 읽고 알맞은 식을 세워 답을 구한 후, 애벌레에서 찾아 ○표 해 보세요.

❶ 리사는 50cm 길이의 리본에서 15cm를 잘랐어요. 남은 리본의 길이는 얼마인가요?

식 : ____________________

정답 : ____________________

❷ 엠마의 목도리 길이가 90cm예요. 알렉의 목도리 길이는 엠마의 것보다 25cm 길어요. 알렉의 목도리는 몇 cm일까요?

식 : ____________________

정답 : ____________________

❸ 조엘의 신발 끈 길이는 85cm이고, 다니엘의 신발 끈은 조엘의 것보다 20cm 더 길어요. 두 사람의 신발 끈 길이를 합하면 모두 몇 cm일까요?

식 : ____________________

____

정답 : ____________________

❹ 샌디의 신발 끈 길이는 90cm이고, 폴린의 신발 끈은 샌디의 것보다 15cm 더 짧아요. 두 사람의 신발 끈 길이를 합하면 모두 몇 cm일까요?

식 : ____________________

____

정답 : ____________________

25 cm 35 cm 115 cm 165 cm 170 cm 190 cm

더 생각해 보아요!

리본의 전체 길이를 구해 보세요. 매듭을 묶는 데 30cm가 쓰였어요.

____

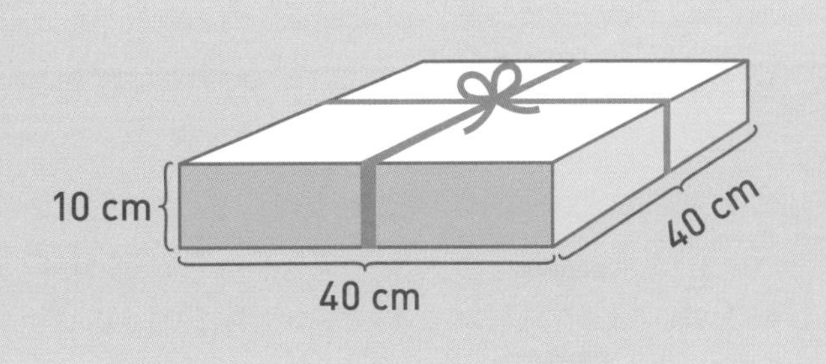

4. 답을 구해 보세요.

❶ 아래 경로를 살펴보고 답을 어림해 보세요.

가장 짧은 경로는 ____________________색이에요.

가장 짧은 경로의 길이는 약 ____________________예요.

가장 긴 경로는 ____________________색이에요.

가장 긴 경로의 길이는 약 ____________________예요.

❷ 어림한 길이가 맞는지 자로 길이를 측정하여 계산해 보세요.

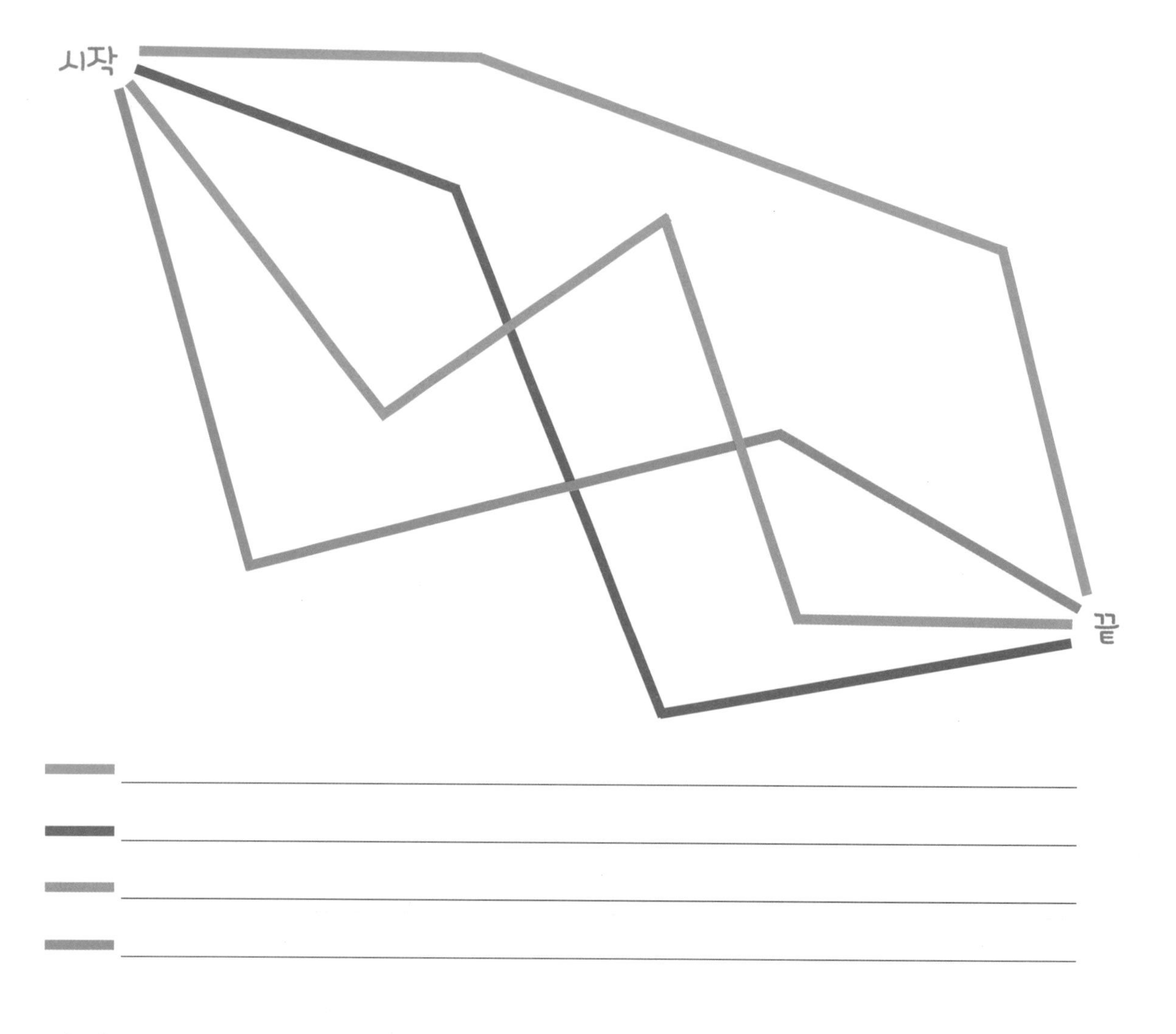

5. □ 안에 $>$, $=$, $<$를 알맞게 써넣어 보세요.

❶
- 1 cm □ 1 mm
- 3 cm □ 30 mm
- 9 cm □ 100 mm

❷
- 80 mm □ 60 cm
- 90 mm □ 6 cm
- 55 mm □ 4 cm

❸
- 2 cm 5 mm □ 2 cm
- 6 cm 5 mm □ 65 mm
- 9 cm 5 mm □ 90 mm

6. 아래 단서를 읽고 누가 어떤 목도리를 짰는지 알아맞혀 보세요.

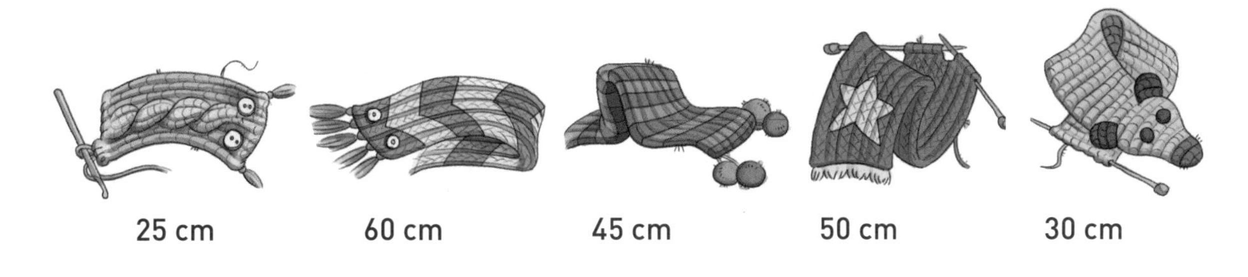

25 cm　　60 cm　　45 cm　　50 cm　　30 cm

- 애런의 목도리 길이는 앤소니 목도리 길이의 절반이에요.
- 페리의 목도리 길이는 에디 목도리 길이의 절반이에요.
- 올리버의 목도리는 앤소니의 목도리보다 5cm 짧아요.
- 앤소니의 목도리는 에디의 목도리보다 10cm 짧아요.

7. 파란색 선의 길이를 구해 보세요.

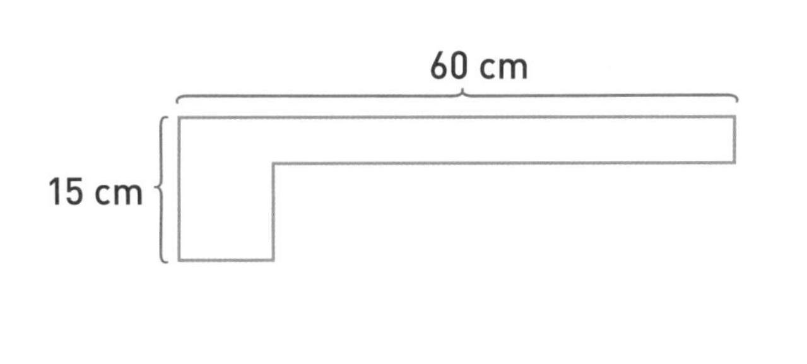

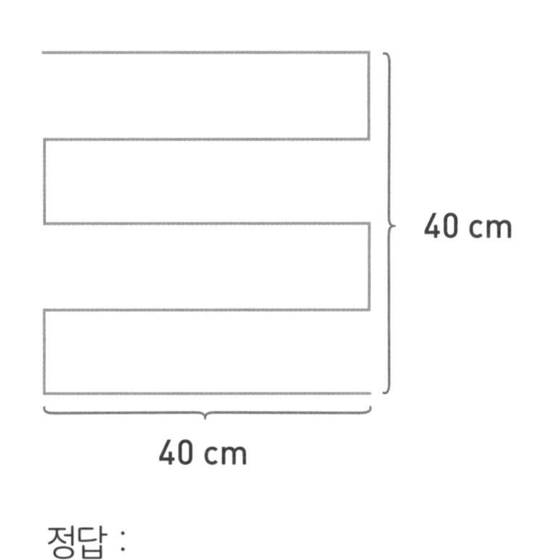

정답 :

정답 :

한 번 더 연습해요!

1. 아래 글을 읽고 알맞은 식을 세워 답을 구해 보세요.

❶ 아빠는 막대 3개를 이으려고 해요. 막대의 길이는 각각 35cm, 50cm, 20cm예요. 막대를 모두 이으면 몇 cm일까요?

식 :

정답 :

❷ 엄마는 100cm 길이의 리본에서 15cm를 잘랐어요. 남은 리본은 몇 cm일까요?

식 :

정답 :

____ 월 ____ 일 ____ 요일

3 미터

- 미터는 줄여서 m라고 써요.
- 1미터는 100센티미터와 같아요.
  1m = 100cm

1. 적당한 길이에 ○표 해 보세요.

❶ 아기의 키

50 mm 50 cm 50 m

❷ 리모컨의 길이

15 mm 15 cm 15 m

❸ 새끼손가락의 길이

5 mm 5 cm 5 m

❹ 남자의 키

2 mm 2 cm 2 m

❺ TV의 높이

50 mm 50 cm 50 m

❻ 유리잔의 높이

10 mm 10 cm 10 m

❼ 문의 너비

92 mm 92 cm 92 m

❽ 집의 높이

4 mm 4 cm 4 m

❾ 책의 두께

2 mm 2 cm 2 m

❿ 자의 길이

20 mm 20 cm 20 m

2. 식이 성립하도록 아래 빈칸에 알맞은 cm를 써넣어 보세요.

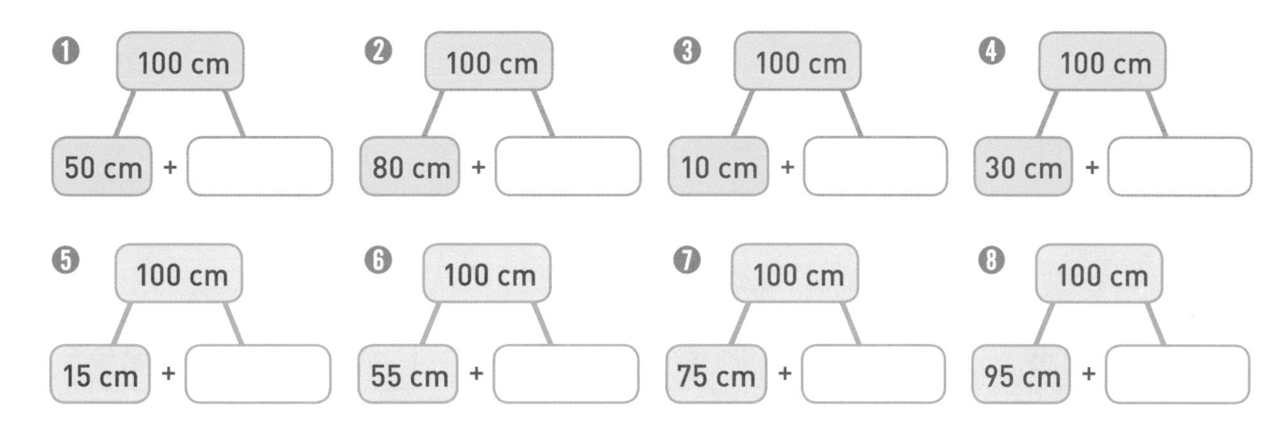

3. 아래 글을 읽고 알맞은 식을 세워 답을 구해 보세요.

❶ 알렉은 1m 길이의 널빤지를 톱으로 잘라서 2등분했어요. 2등분된 널빤지의 길이는 얼마일까요?

식 :

정답 :

❷ 엠마는 1m 길이의 널빤지에서 15cm짜리 나무판을 2개 잘라 냈어요. 남은 널빤지의 길이는 얼마일까요?

식 :

정답 :

❸ 아이노는 널빤지를 5등분했어요. 자른 나무판은 각각 20cm예요. 원래 널빤지의 길이는 얼마였을까요?

식 :

정답 :

❹ 알렉은 널빤지를 4등분했어요. 자른 나무판은 각각 25cm예요. 원래 널빤지의 길이는 얼마였을까요?

식 :

정답 :

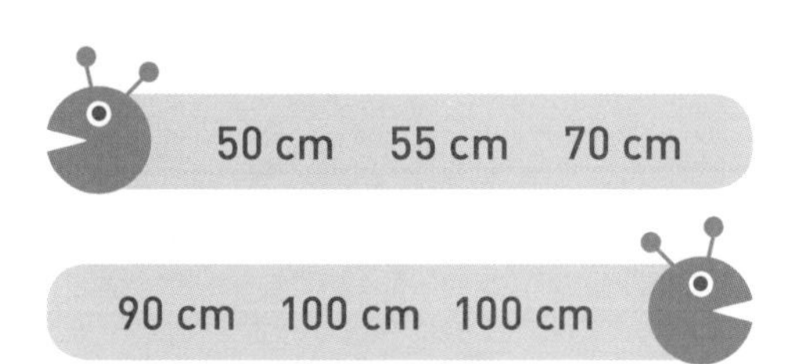

더 생각해 보아요!

1m 길이의 막대를 2개로 잘랐어요.
1개는 다른 1개보다 10cm 더 길어요.
막대의 길이는 각각 얼마일까요?

________, ________

4. 캐시가 1m씩 날아가요. 캐시가 날아간 길을 따라가 보세요.

1 m	120 cm − 30 cm	30 cm + 70 cm	9 m − 8 m	2 × 50 cm
3 × 30 cm	50 cm + 50 cm	100 cm − 80 cm	60 cm + 80 cm	10 × 10 cm
2 × 20 cm	15 cm + 75 cm	5 × 20 cm	20 cm + 80 cm	6 m − 5 m
3 × 30 cm	35 cm + 55 cm	40 cm + 60 cm	66 cm + 44 cm	4 × 20 cm
3 × 50 cm	105 cm − 15 cm	1 × 100 cm	200 cm − 100 cm	100 cm

5. 몇 cm일까요?

❶ 1m의 반은? __________

❷ 1m의 100분의 1은? __________

❸ 1m의 10분의 1은? __________

❹ 1m의 4분의 1은? __________

❺ 1m의 5분의 1은? __________

❻ 1m의 20분의 1은? __________

6. 아래 글을 읽고 답을 구해 보세요.

❶ 엠마는 감초 막대사탕을 정확히 1m만큼 먹고 싶어요. 20cm짜리 막대사탕을 몇 개 먹어야 할까요?

정답 : ________________

❷ 알렉과 친구 3명은 감초 막대사탕을 정확히 2m만큼 먹고 싶어요. 25cm짜리 막대사탕을 몇 개 먹어야 할까요?

정답 : ________________

❸ 엠마는 2cm짜리 진주를 이용해 1m 길이의 진주 끈을 만들려고 해요. 진주가 몇 개 필요할까요?

정답 : ________________

❹ 알렉은 2cm짜리 진주를 이용해 150cm 길이의 진주 끈을 만들려고 해요. 진주가 몇 개 필요할까요?

정답 : ________________

7. 파란색 선의 길이를 구해 보세요.

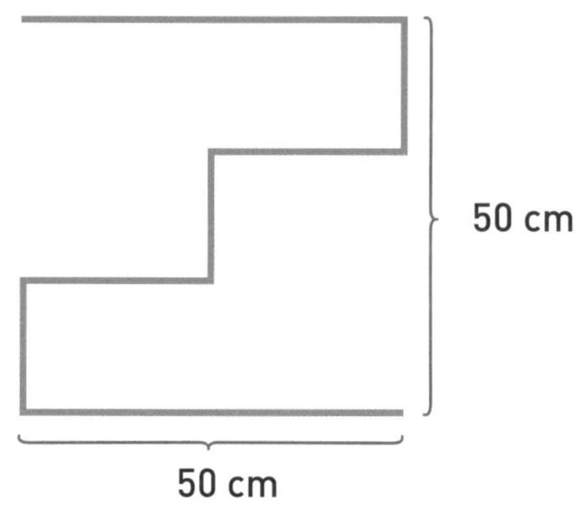

정답 : ________________

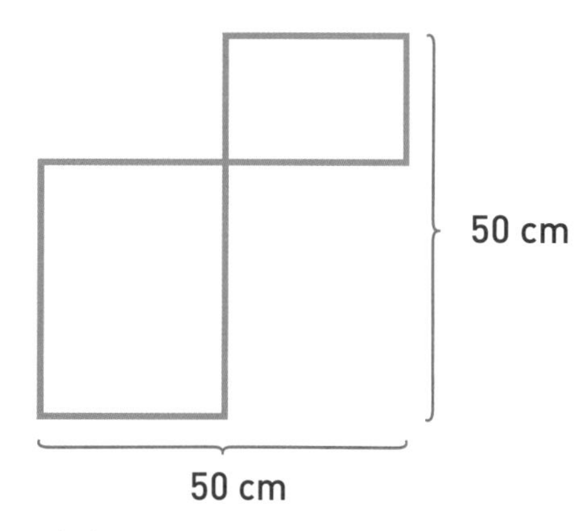

정답 : ________________

한 번 더 연습해요!

1. 빈칸에 mm, cm, m를 알맞게 써넣어 보세요.

❶ 아빠의 키는 178______예요.

❷ 문의 높이가 2______예요.

❸ 책의 두께가 35______예요.

❹ 휴대 전화의 길이가 10______예요.

2. 빈칸에 알맞은 수를 써넣어 보세요.

❶ 50cm + ______ = 100cm = 1m

❷ ______ + 25cm = 100cm = 1m

❸ 90cm + ______ = 100cm = 1m

❹ ______ + 15cm = 100cm = 1m

8. 통행 규칙을 살펴보고 로봇이 미로를 벗어날 수 있는 코드를 아래 칸에 써 보세요.

❶ 로봇이 미로를 탈출할 수 있는 길을 찾아보세요.

❷ 로봇이 미로를 찾아 탈출하는 길을 통행 규칙에 있는 코드를 사용하여 적어 보세요.

____

____

____

<통행 규칙>
1 = 1칸 전진
2 = 2칸 전진
3 = 제자리에서 우회전
4 = 제자리에서 좌회전

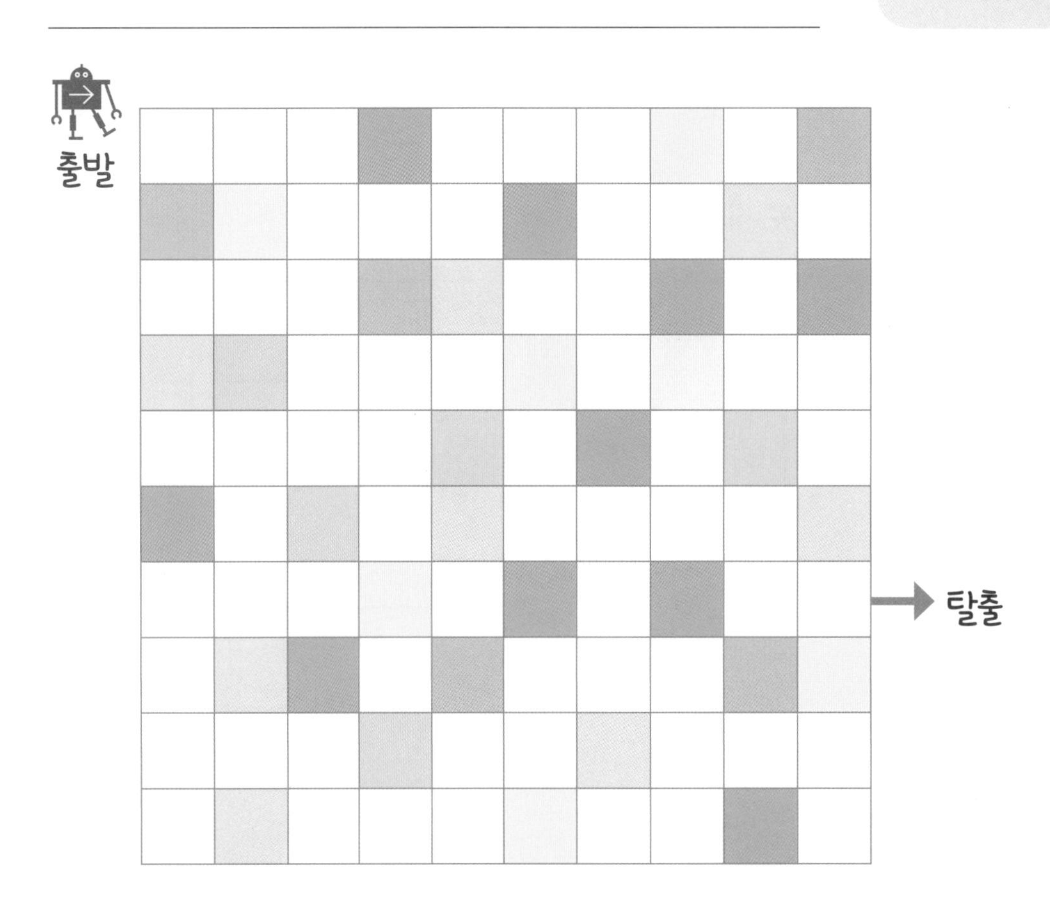

9. 주어진 규칙에 따라 배열해 보세요.

❶ 가장 짧은 것부터 가장 긴 순서로

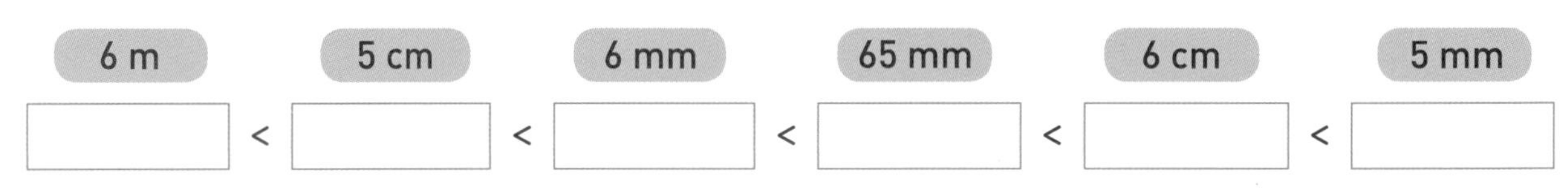

❷ 가장 긴 것부터 가장 짧은 순서로

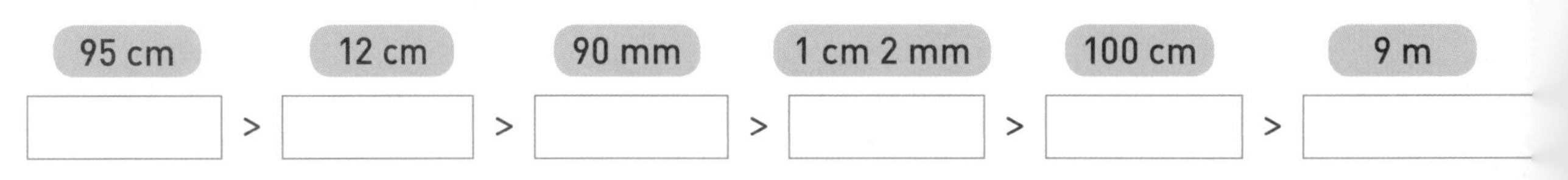

10. 아래 글을 읽고 답을 구해 보세요.

줄의 길이를 어림한 후, 실제 길이를 재 보세요. 그리고 어림한 길이와 실제 길이의 차를 계산해 보세요.

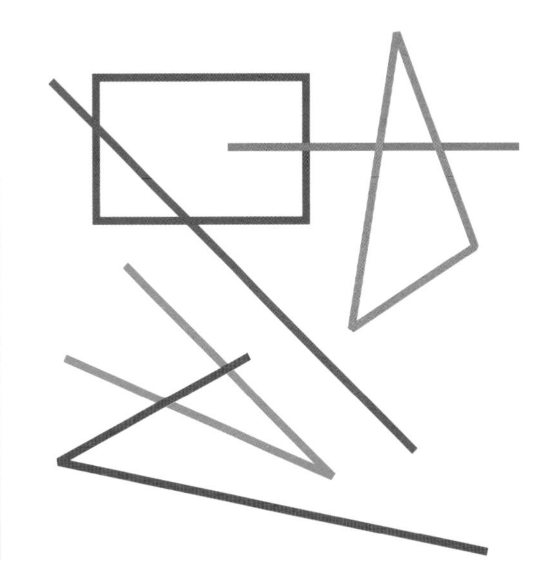

	어림한 길이	측정한 길이	차

한 번 더 연습해요!

1. 연필의 길이를 측정하여 2가지 방법으로 나타내 보세요.

_____cm = _______mm

_____cm = _______mm

2. 빈칸에 알맞은 수를 써넣어 보세요.

70 cm + _________ = 100 cm = 1 m

_________ + 40 cm = 100 cm = 1 m

25 cm + _________ = 100 cm = 1 m

_________ + 55 cm = 100 cm = 1 m

3. 집에서 길이를 측정해 보세요.

❶ 식탁의 높이

____

❷ 냉장고의 너비

____

❸ 방문의 너비

____

❹ 침대의 길이

____

____월 ____일 ____요일

1. 빈칸에 mm, cm, m 중 알맞은 단위를 써넣어 보세요.

① 판지 두께가 2______예요.

② 집의 높이가 4______예요.

③ 다람쥐 길이가 20______예요.

④ 전나무 열매 길이가 9______예요.

⑤ 판지 두께가 1______예요.

⑥ 자동차의 높이가 150______예요.

2. 아래 글을 읽고 알맞은 식을 세워 답을 구한 후, 애벌레에서 찾아 ○표 해 보세요.

① 선생님의 집은 수영장에서 400m 떨어져 있어요. 수영장에 갔다가 집에 오면 거리가 얼마나 될까요?

식 :

정답 :

② 선생님은 처음에 350m를 수영하고 이후에 550m를 더 수영했어요. 선생님이 수영한 거리는 모두 몇 m일까요?

식 :

정답 :

③ 알렉 엄마는 물속에서 900m 뛰기가 목표였는데 목표보다 150m 덜 뛰었어요. 알렉 엄마가 뛴 거리는 몇 m일까요?

식 :

정답 :

④ 엠마 아빠는 800m 수영이 목표인데 지금까지 350m를 수영했어요. 엠마 아빠는 목표를 달성하기 위해서 몇 m를 더 수영해야 할까요?

식 :

정답 :

⑤ 선생님은 처음에 450m를 수영하고 이후에 400m를 더 수영했어요. 선생님이 수영한 거리는 모두 몇 m일까요?

식 :

정답 :

⑥ 디에나는 950m를 수영하는 게 목표예요. 디에나는 250m씩 2번 수영했어요. 디에나가 목표를 달성하려면 얼마나 더 수영해야 할까요?

식 :

정답 :

350 m 450 m 450 m 700 m 750 m 800 m 850 m 900 m

3. 캐시를 기준으로 물건까지의 거리를 재 보세요. 어떤 물건이 캐시와 6cm 떨어져 있는지 찾아서 아래 빈칸에 적어 보세요.

____

____

더 생각해 보아요!

알렉스와 타라의 키를 합하면 290cm예요.
알렉스는 타라보다 10cm 더 작아요.
알렉스와 타라의 키는 각각 몇 cm일까요?

알렉스 : ____________ 타라 : ____________

4. 계산한 후, 답에 해당하는 알파벳을 아래 수직선에서 찾아 빈칸에 써넣어 보세요.

50 mm + 50 mm = ______ ☐

10 mm + 10 mm = ______ ☐

30 mm − 20 mm = ______ ☐

35 mm + 35 mm = ______ ☐

60 mm + 60 mm = ______ ☐

100 mm + 50 mm = ______ ☐

40 mm − 20 mm = ______ ☐

25 mm + 20 mm = ______ ☐

100 mm + 10 mm = ______ ☐

100 mm − 25 mm = ______ ☐

35 mm + 15 mm = ______ ☐

5 mm + 5 mm = ______ ☐

50 mm + 100 mm = ______ ☐

100 mm + 20 mm = ______ ☐

90 mm − 60 mm = ______ ☐

80 mm − 60 mm = ______ ☐

75 mm + 75 mm = ______ ☐

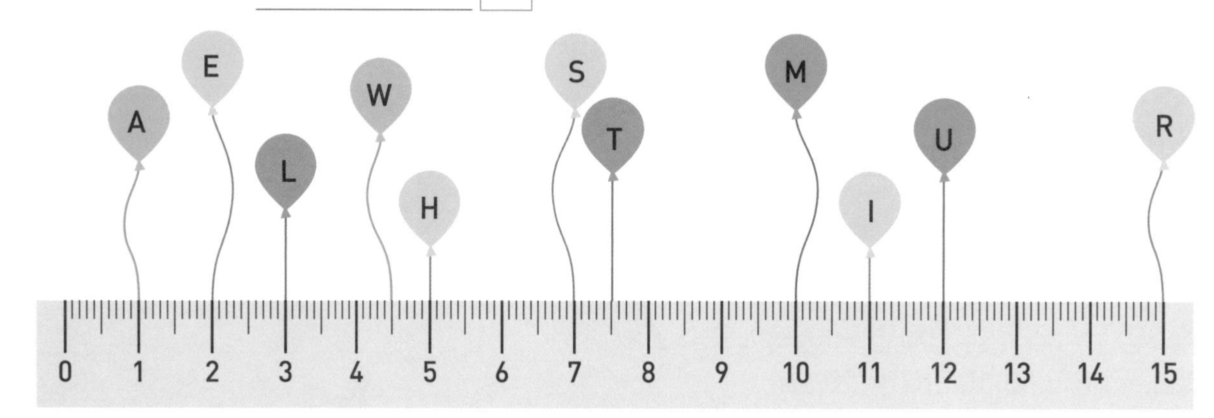

5. ☐ 안에 >, =, <를 알맞게 써넣어 보세요.

❶
4 m ☐ 40 cm
100 cm ☐ 1 m
50 m ☐ 900 cm

❷
50 cm ☐ 59 mm
65 cm ☐ 1 m
90 mm ☐ 9 cm

❸
200 cm ☐ 2 m
100 mm ☐ 10 cm
12 m ☐ 12 cm

6. 아래 설명을 읽고 친구들의 이름을 알아맞혀 보세요.

130 cm
______

140 cm
______

135 cm
______

145 cm
______

- 니나는 엘라보다 5cm 더 커요.
- 올리비아는 세라보다 15cm 더 커요.
- 세라는 엘라보다 5cm 더 작아요.
- 세라와 엘라의 키를 합하면 265cm예요.

7. 아래 글을 읽고 답을 구해 보세요.

❶ 더해서 1m가 될 수 있는 길이 3개를 주머니에서 찾아보세요.
하나의 길이는 한 번만 쓸 수 있어요.

❷ 길이의 합을 계산해 보세요.

______ + ______ + ______ = 1 m

______ + ______ + ______ = 1 m

______ + ______ + ______ = 1 m

______ + ______ + ______ = 1 m

______ + ______ + ______ = 1 m

주머니 속 길이들의 총합 = ______

50 cm
55 cm 20 cm
25 cm 10 cm 30 cm
5 cm 40 cm 25 cm
40 cm 10 cm 5 cm
15 cm 90 cm
80 cm

한 번 더 연습해요!

1. mm, cm, m 중 알맞은 단위를 빈칸에 써넣어 보세요.

❶ 통장의 너비는 13______예요.

❷ 동전의 두께는 2______예요.

❸ 경주 트랙의 길이는 100______예요.

❹ 배드민턴 라켓의 길이는 67______예요.

- 킬로미터는 줄여서 km라고 써요.
- 1킬로미터는 1000미터와 같아요.
  1km = 1000m

1. 더해서 1km가 되는 것끼리 선으로 이어 보세요.

200 m	500 m	150 m	550 m
500 m	800 m	450 m	850 m
100 m	600 m	350 m	650 m
400 m	900 m	250 m	750 m

2. 아래 표를 완성해 보세요. 전체 거리는 1km(1000m)예요.

간 거리	남은 거리
200 m	1000 m − 200 m =
500 m	
900 m	
250 m	
550 m	
950 m	

3. 아래 장소에서 1km 이내에 사는 친구 이름을 빈칸에 써 보세요.

❶ 아론의 집

____

____

❷ 디사의 집

____

____

❸ 이나의 집

____

____

❹ 우슬라의 집

____

____

아론 300 m
우슬라 550 m
디사 650 m
이나 400 m
조슈아 750 m

4. 아래 글을 읽고 알맞은 식을 세워 답을 구해 보세요.

❶ 선생님이 자전거를 25km 타려고 하는데 지금까지 18km를 탔어요. 선생님은 자전거를 몇 km 더 타야 할까요?

식 : ________________

정답 : ________________

❷ 엄마는 350km를 운전해야 하는데 지금까지 150km를 운전했어요. 엄마는 몇 km를 더 운전해야 할까요?

식 : ________________

정답 : ________________

더 생각해 보아요!

아순타, 헨드릭, 티몬의 키를 합하면 400cm예요. 헨드릭은 아순타보다 10cm 더 크고, 아순타와 티몬은 키가 같아요. 아순타, 헨드릭, 티몬의 키는 각각 얼마일까요?

아순타 : ________ 헨드릭 : ________ 티몬 : ________

5. 캐시는 항상 1km씩 날아가요. 길을 찾아 표시해 보세요.

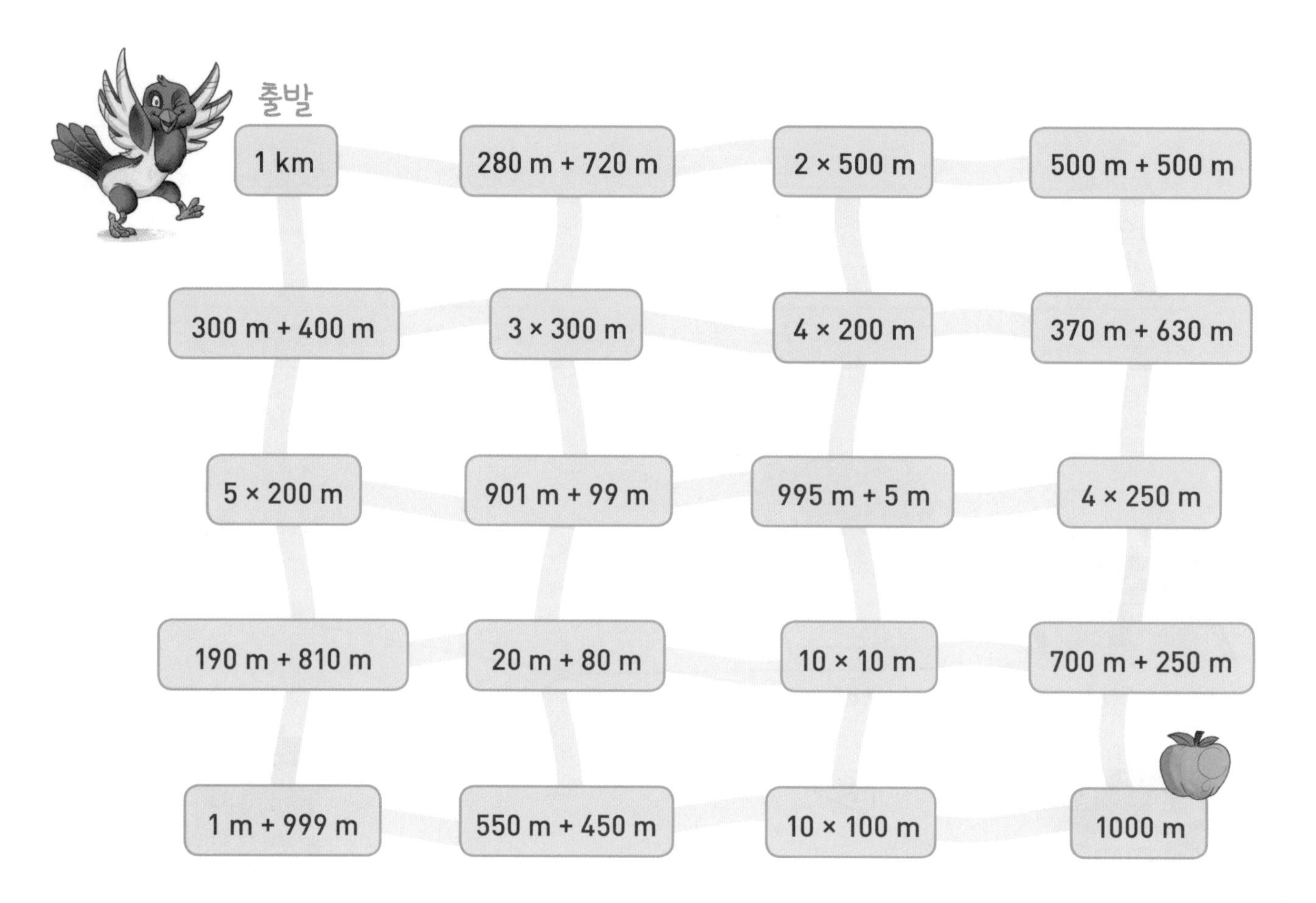

6. 아래 설명을 읽고 누가 어느 학교에 다니는지 알아맞혀 보세요.

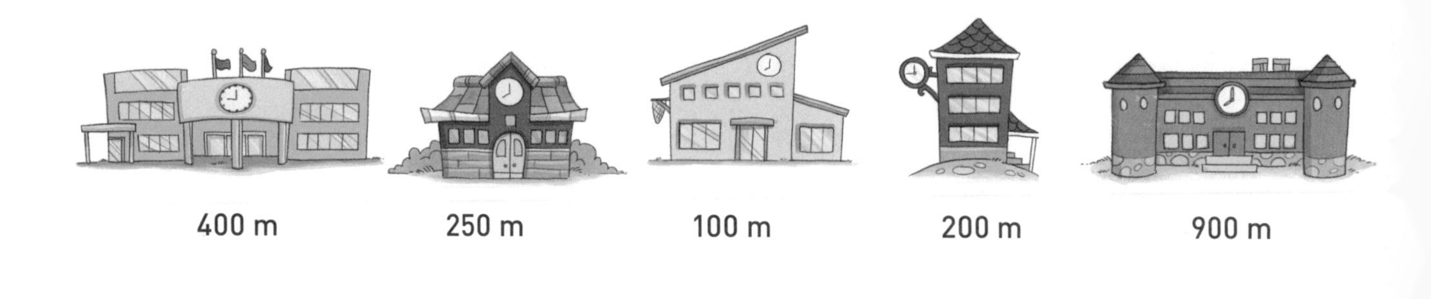

400 m	250 m	100 m	200 m	900 m
______	______	______	______	______

- 톰의 집에서 학교까지 거리는 1km의 4분의 1이에요.
- 제리의 집에서 학교까지 거리는 1km의 5분의 1이에요.
- 루이스의 집에서 학교까지 거리는 1km에서 100m 부족해요.
- 나일스의 집에서 학교까지 거리는 제리가 학교까지 가는 거리의 2배예요.
- 릴리의 집에서 학교까지 거리는 1km의 10분의 1이에요.

7. 타냐, 크리시, 비올레타가 학교까지 가는 거리를 모두 합하면 1km보다 50m 부족해요. 비올레타와 크리시가 학교까지 가는 거리는 같으며, 타냐가 학교까지 가는 거리는 비올레타와 크리시가 가는 거리보다 50m 더 멀어요. 세 아이가 학교까지 가는 거리는 각각 얼마일까요?

타냐 : ______

크리시 : ______

비올레타 : ______

8.

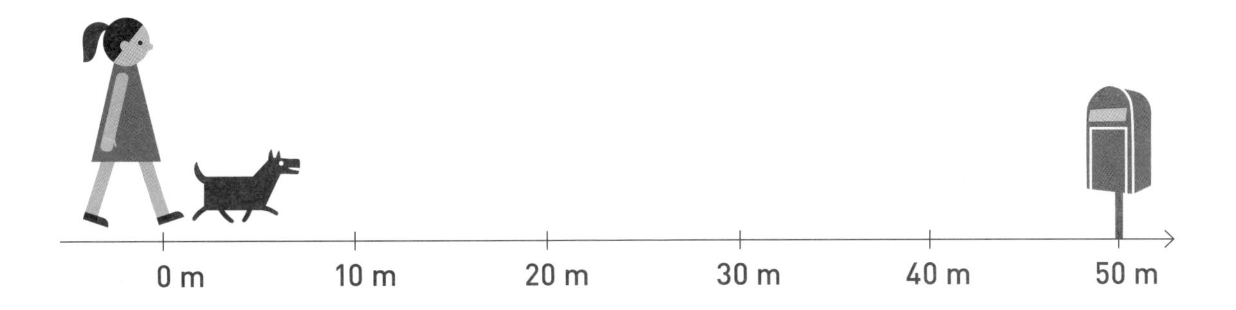

요하나는 개를 훈련시키고 있어요. 정문에서 우체통까지 거리는 50m예요. 요하나는 개를 10m 걷게 한 후 멈추어 개가 우체통까지 갔다가 돌아올 때까지 기다렸어요. 그리고 다시 개와 함께 10m를 걸은 후 멈추어 개가 우체통까지 갔다가 돌아올 때까지 기다렸어요. 이러한 과정을 우체통에 도착할 때까지 계속 반복한다면, 요하나가 50m 걸을 때 개가 걸은 거리는 모두 몇 m일까요?

정답 : ______

한 번 더 연습해요!

1. 엘사네 집에서 학교까지 거리는 1km예요. 아래 표를 완성해 보세요.

간 거리	200 m	300 m	350 m	700 m	900 m	950 m
남은 거리						

2. 31쪽 3번 문제의 지도를 보고 알맞은 식을 세워 답을 구해 보세요.

❶ 아론의 집에서 디사의 집까지 거리는 얼마일까요?

식 : ______

정답 : ______

❷ 우슬라의 집에서 이나의 집까지 거리는 얼마일까요?

식 : ______

정답 : ______

____ 월 ____ 일 ____ 요일

1. 더해서 1km가 되는 것끼리 선으로 이어 보세요.

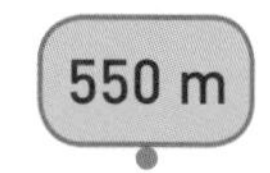

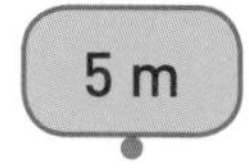

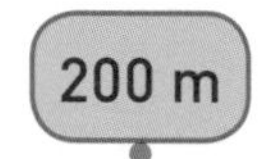

450 m　　150 m　　700 m　　800 m　　90 m　　995 m

2. 아래 글을 읽고 알맞은 식을 세워 답을 구한 후, 애벌레에서 찾아 ○표 해 보세요.

❶ 요하나의 집에서 학교까지 거리는 400m예요. 학교에 갔다 돌아오면 거리가 얼마일까요?

식 : ____________________

정답 : ____________________

❷ 모나는 처음에 500m를 달렸고, 나중에 450m를 더 달렸어요. 모나가 달린 거리는 모두 몇 m일까요?

식 : ____________________

정답 : ____________________

❸ 에반의 집에서 학교까지 거리는 1km인데 지금까지 750m를 걸었어요. 학교에 도착하려면 몇 m를 더 걸어야 할까요?

식 : ____________________

정답 : ____________________

❹ 엘라의 집에서 학교까지 거리는 1km예요. 엘라는 300m를 걸은 후, 550m를 더 걸었어요. 학교에 도착하려면 몇 m를 더 걸어야 할까요?

식 : ____________________

정답 : ____________________

❺ 앨리스는 자전거를 5km 타는 게 목표인데 지금까지 2km를 탔어요. 목표를 달성하기 위해 자전거를 몇 km 더 타야 할까요?

식 : ____________________

정답 : ____________________

❻ 아빠는 자전거를 20km 타는 게 목표인데 지금까지 목표 거리의 $\frac{1}{4}$을 탔어요. 자전거를 몇 km 더 타야 목표를 달성할까요?

식 : ____________________

____

정답 : ____________________

150 m　200 m　250 m　800 m　950 m　3 km　12 km　15 km

3. 연장의 길이를 재어 2가지 방법으로 나타내 보세요.

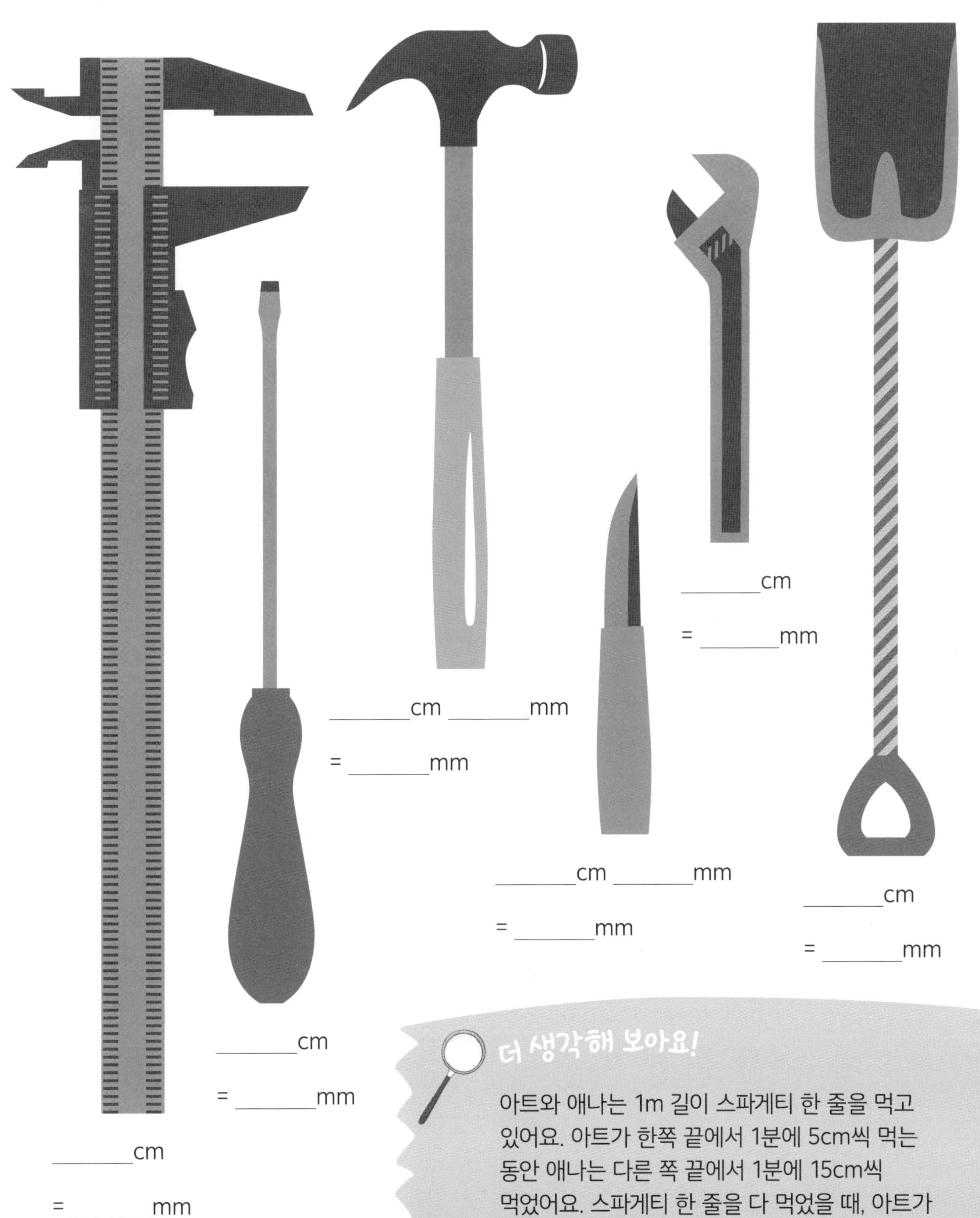

더 생각해 보아요!

아트와 애나는 1m 길이 스파게티 한 줄을 먹고 있어요. 아트가 한쪽 끝에서 1분에 5cm씩 먹는 동안 애나는 다른 쪽 끝에서 1분에 15cm씩 먹었어요. 스파게티 한 줄을 다 먹었을 때, 아트가 먹은 스파게티는 몇 cm일까요?

____

4. 벌레 이케와 친구들 사이의 거리를 자로 잰 후, cm로 나타내 보세요.

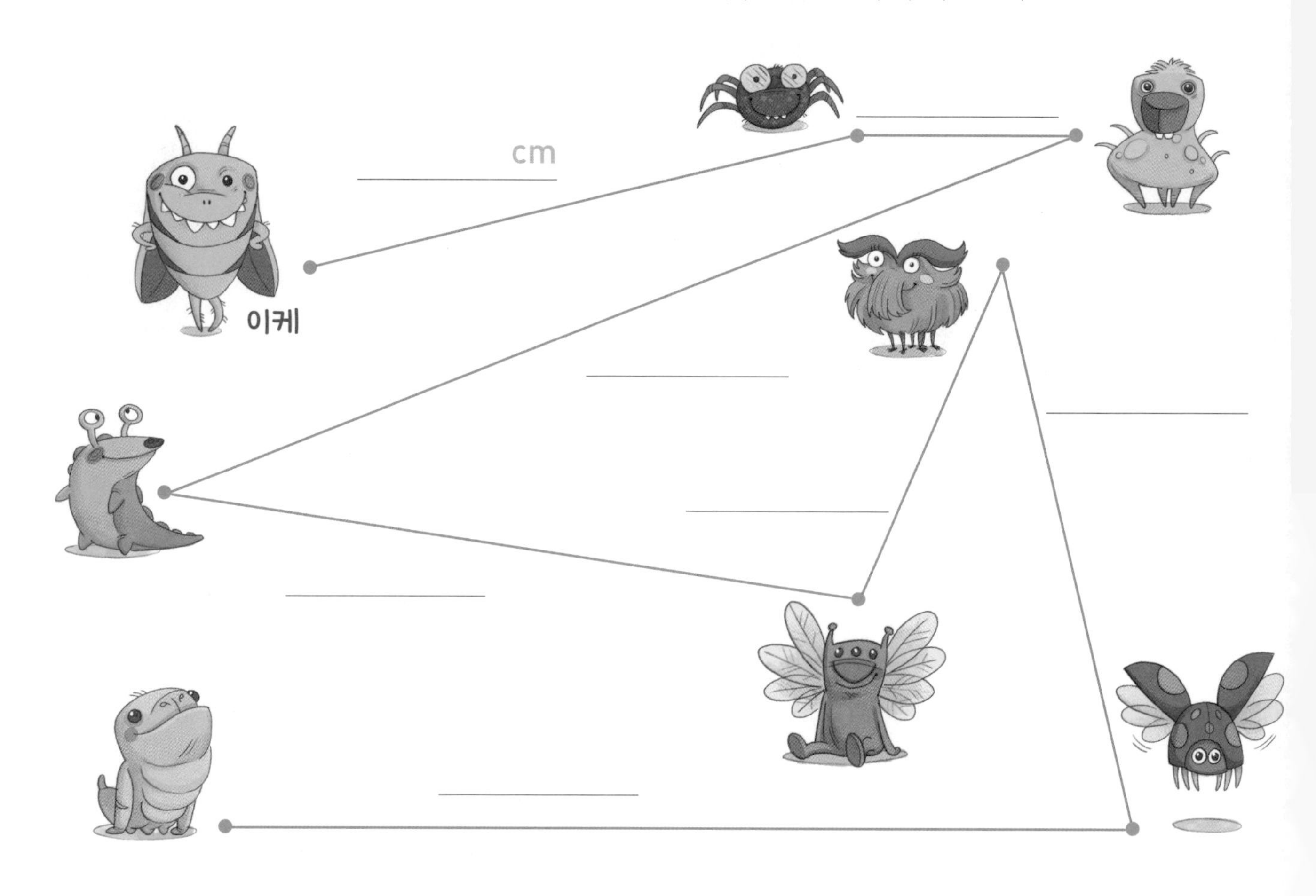

5. 거리를 재어 어떤 건물이 있는지 알아보세요.

❶ 매점에서부터 1km 거리

❷ 도서관으로부터 1km 거리

❸ 수영장으로부터 1km 거리

❹ 학교로부터 1km 거리

6. 아래 글을 읽고 답을 구해 보세요.

- 생쥐 마티는 1분에 30m씩 움직여요.
- 들쥐 랜디는 1분에 20m씩 움직여요.
- 마티와 랜디는 100m 떨어져 있고 동시에 움직이기 시작해요.

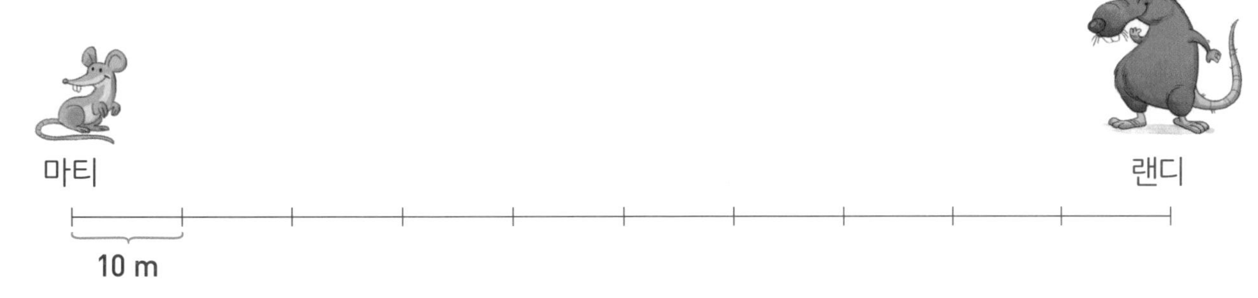

❶ 랜디가 100m 움직이면 몇 분 걸릴까요?

____

❷ 마티와 랜디가 만나려면 몇 분 걸릴까요?

____

❸ 마티와 랜디가 만날 때 마티는 출발점에서 얼마나 움직였을까요?

____

❹ 마티가 90m 움직였을 때, 랜디는 출발점에서 얼마나 움직였을까요?

____

한 번 더 연습해요!

1. 연필의 길이를 재어 cm로 나타내 보세요.

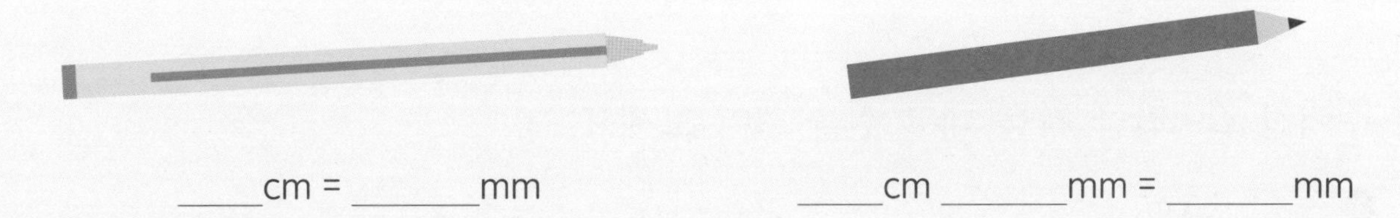

____cm = ______mm

____cm ______mm = ______mm

2. 아래 글을 읽고 알맞은 식을 세워 답을 구해 보세요.

❶ 선생님이 150m를 수영한 후, 800m를 더 수영했어요. 선생님이 수영한 거리는 모두 몇 m일까요?

식 : ____________________

정답 : ____________________

❷ 한나네 집에서 학교까지 거리는 400m예요. 한나가 학교에 갔다 돌아오는 거리는 1km에서 몇 m 부족할까요?

식 : ____________________

정답 : ____________________

실력을 평가해 봐요!

____월 ____일 ____요일

1. mm, cm, m 중 알맞은 단위를 빈칸에 써넣어 보세요.

❶ 바늘의 길이는 25______예요.

❷ 바나나의 길이는 20______예요.

❸ 방의 높이는 2______예요.

❹ 화물차의 길이는 12______예요.

❺ 옷장의 높이는 180______예요.

❻ 집 열쇠의 길이는 60______예요.

2. 길이를 재어 2가지 방법으로 나타내 보세요.

____cm = ______mm

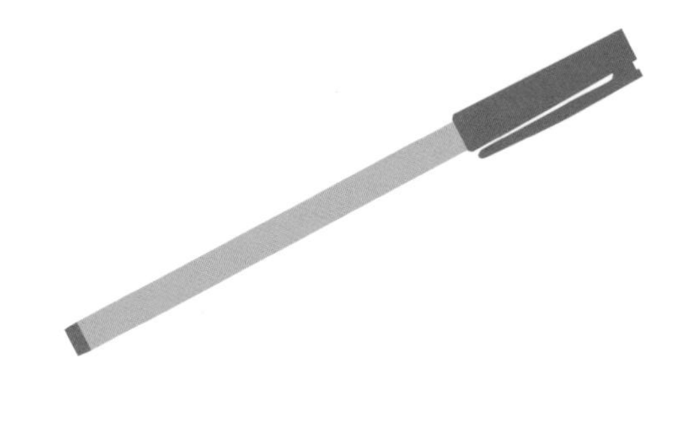

____cm ______mm = ______mm

3. 주어진 길이만큼 자를 대고 선을 그어 보세요.

❶ 6 cm •

❷ 45 cm •

❸ 8 cm 5 mm •

4. □ 안에 >, =, <를 알맞게 써넣어 보세요.

❶ 3 m □ 3 cm
8 km □ 1000 m

❷ 10 mm □ 1 cm
7 m □ 3 km

❸ 15 cm □ 9 cm 9 mm
90 mm □ 8 cm 5 mm

5. 빈칸에 알맞은 길이를 써넣어 보세요.

40 cm + ________ = 100 cm = 1 m

90 cm + ________ = 100 cm = 1 m

________ + 65 cm = 100 cm = 1 m

6. 아래 표를 완성해 보세요. 총 거리는 1km(1000m)예요.

간 거리	남은 거리
300 m	
450 m	
950 m	

7. 아래 글을 읽고 알맞은 식을 세워 답을 구해 보세요.

❶ 알렉은 95cm 길이의 리본에서 40cm를 잘랐어요. 리본은 몇 cm 남았을까요?

식 : ________

정답 : ________

❷ 엠마는 1m 길이의 널빤지에서 25cm 길이 나무판을 2개 잘라 냈어요. 남은 널빤지의 길이는 얼마일까요?

식 : ________

정답 : ________

❸ 베라가 도서관에 가려면 1km를 가야 해요. 이미 350m를 갔다면 얼마나 더 가야 할까요?

식 : ________

정답 : ________

❹ 제론이 상점에 가려면 500m를 가야 해요. 이미 150m를 갔다면 얼마나 더 가야 할까요?

식 : ________

정답 : ________

실력이 자란 만큼 별을 색칠하세요.

★★★ 정말 잘했어요.

★★☆ 꽤 잘했어요.

★☆☆ 앞으로 더 노력할게요.

단원 평가

1 교실에서 3가지 물건을 골라 보세요. 물건의 길이를 먼저 어림한 후, 실제 길이를 측정해 보세요.

길이를 잴 물건	어림한 길이	측정한 길이

2 길이가 같은 것끼리 ○표 해 보세요.

❶ 25 mm
2 cm 5 mm
205 cm

❷ 345 cm
34 m 5 cm
3 m 45 cm

3 더해서 1m가 될 수 있는 길이 3개를 주머니에서 찾아보세요. 한 번 쓴 길이는 다시 쓸 수 없어요.

________ + ________ + ________ = 1 m

________ + ________ + ________ = 1 m

30 cm
35 cm 50 cm
30 cm 15 cm
40 cm

4

어느 로봇이 가장 먼 거리를 갔는지 어림해 보고 그 로봇을 색칠해 보세요. 로봇이 간 실제 거리를 측정해서 답이 맞았는지 확인해 보세요.

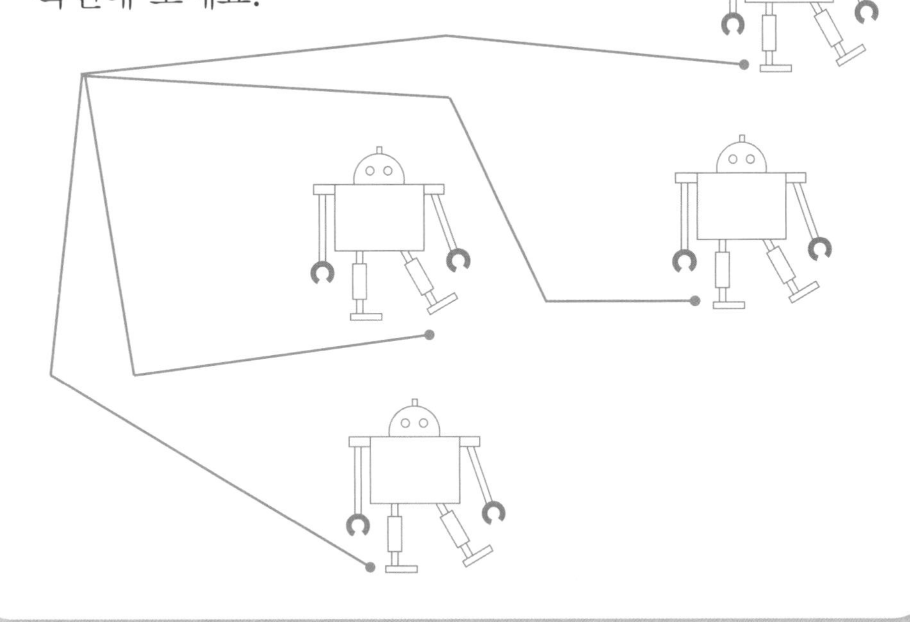

5

가장 짧은 것부터 순서대로 배열해 보세요.

3 m　　31 cm　　300 mm　　3 cm　　1 mm

	<		<		<		<	

6

규칙에 따라 빈칸을 채워 보세요.

1 m	90 cm	80 cm					

250 m	500 m	1 km					

500 km	50 km	5 km					

도전! 심화 평가
1단계

____월 ____일 ____요일

1. 아래 그림의 길이를 재어 2가지 방법으로 나타내 보세요.

____cm = ______mm

____cm = ______mm

____cm = ______mm

2. 주어진 길이만큼 자를 대고 선을 그어 보세요.

❶ 3 cm •

❷ 5 cm •

❸ 12 cm •

3. □ 안에 >, =, <를 알맞게 써넣어 보세요.

❶ 30 cm □ 30 mm　　❷ 2 cm □ 2 m　　❸ 500 m □ 3 km

4. 아래 글을 읽고 알맞은 식을 세워 답을 구해 보세요.

❶ 엄마는 처음에 400m를 수영하고 나중에 350m를 더 수영했어요. 엄마가 수영한 거리는 모두 몇 m일까요?

식 : ______________

정답 : ______________

❷ 아빠는 1000m 수영이 목표인데 지금까지 600m를 수영했어요. 목표를 달성하려면 몇 m를 더 수영해야 할까요?

식 : ______________

정답 : ______________

5. 빈칸에 알맞은 길이를 써넣어 보세요.

❶ __________ + 50 cm = 100 cm = 1 m

❷ 20 cm + __________ = 100 cm = 1 m

____월 ____일 ____요일

1. 연필의 길이를 재어 2가지 방법으로 나타내 보세요.

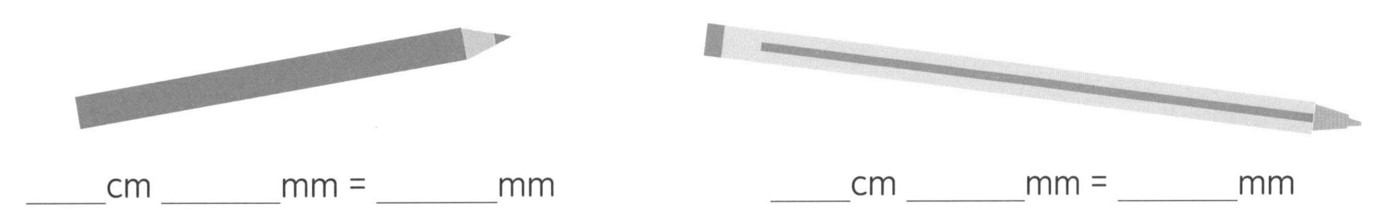

____cm ______mm = ______mm　　　____cm ______mm = ______mm

2. 가장 짧은 것부터 순서대로 배열해 보세요.

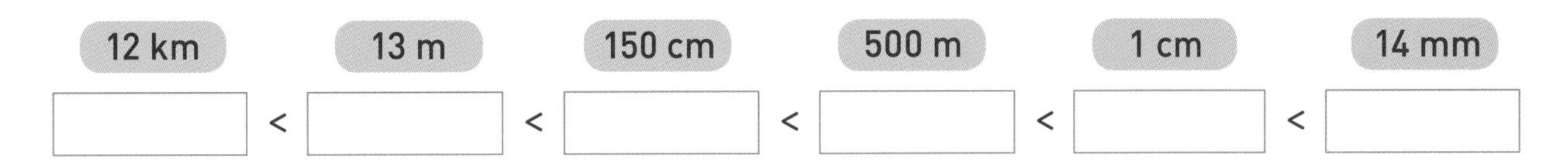

☐ < ☐ < ☐ < ☐ < ☐ < ☐

3. □ 안에 >, =, <를 알맞게 써넣어 보세요.

❶	❷	❸
110 m □ 1 km	1000 m □ 1 km	42mm □ 4 cm
38 mm □ 3 cm 8 mm	1 m □ 99 cm	999 m □ 1 km

4. 식이 성립하도록 빈칸에 알맞은 수를 써넣어 보세요.

❶ ________ + 650 m = 1 km

❷ 120 m + ________ + 680 m = 1 km

5. 아래 글을 읽고 알맞은 식을 세워 답을 구해 보세요.

❶ 할머니 댁은 450km 떨어져 있어요.
할머니 댁에 갔다 집에 오는 거리는
모두 얼마일까요?

식 : ____________________

정답 : ____________________

❷ 에시네 집에서 학교까지 거리는 1km예요.
에시는 처음에 250m를 걷고, 이후에 350m를
더 걸었어요. 학교에 도착하려면 몇 m를
더 걸어야 할까요?

식 : ____________________

정답 : ____________________

도전! 심화 평가 3단계

____ 월 ____ 일 ____ 요일

1. 주어진 길이만큼 자를 대고 선을 그어 보세요.

① 18cm의 절반 •

② 12cm의 $\frac{1}{3}$ •

2. 가장 긴 것부터 순서대로 배열해 보세요.

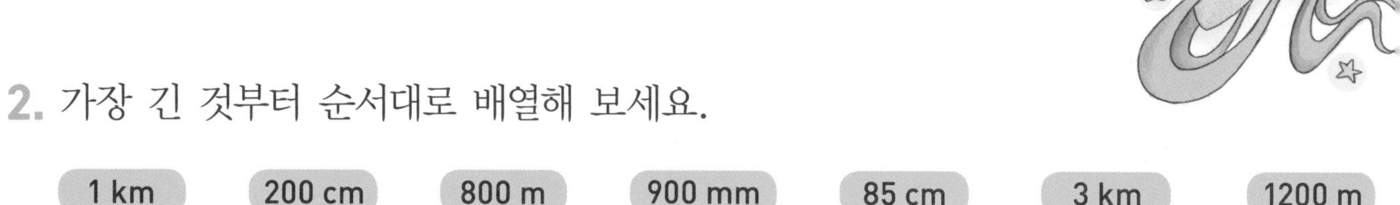

3. 아래 글을 읽고 알맞은 식을 세워 답을 구해 보세요.

① 에밀은 850m를 가야 하는데, 500m를 걸었어요. 몇 m를 더 걸어야 할까요?

식 :

정답 :

② 앨리스는 월요일에 1km 300m를 수영했고, 목요일에는 1km 800m를 수영했어요. 앨리스가 수영한 거리는 모두 얼마일까요?

식 :

정답 :

③ 앤은 1km 수영을 목표로 하고 있어요. 앤은 처음에 목표 거리의 절반만큼 수영하고, 나중에 350m를 더 수영했어요. 목표를 달성하려면 몇 m를 더 수영해야 할까요?

식 :

정답 :

④ 선생님은 자전거를 90km 타는 게 목표인데 지금까지 목표 거리의 $\frac{1}{3}$을 탔어요. 목표를 달성하려면 자전거를 몇 km 더 타야 할까요?

식 :

정답 :

4. B와 C 사이의 거리를 계산해 보세요.

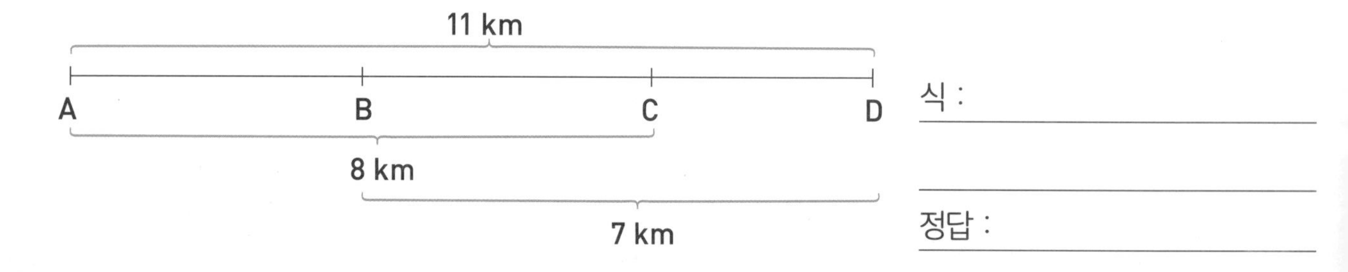

식 :

정답 :

단원 정리

____월 ____일 ____요일

★ 길이 재기

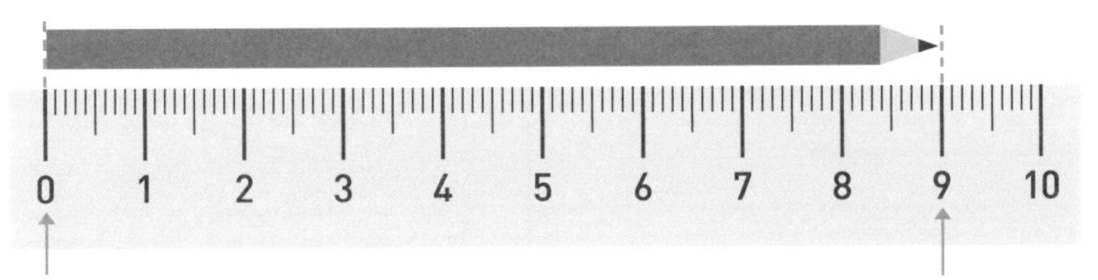

길이를 잴 물건의 한쪽 끝을
자의 눈금 0에 맞추세요.

다른 쪽 끝이 닿는
눈금을 읽으세요.

연필의 길이는 9cm이고,
9센티미터라고 읽어요.

★ 길이(거리) 단위

단위	표기
1밀리미터	1 mm
1센티미터	1 cm
1미터	1 m
1킬로미터	1 km

1 cm = 10 mm
1 m = 100 cm
1 km = 1000 m

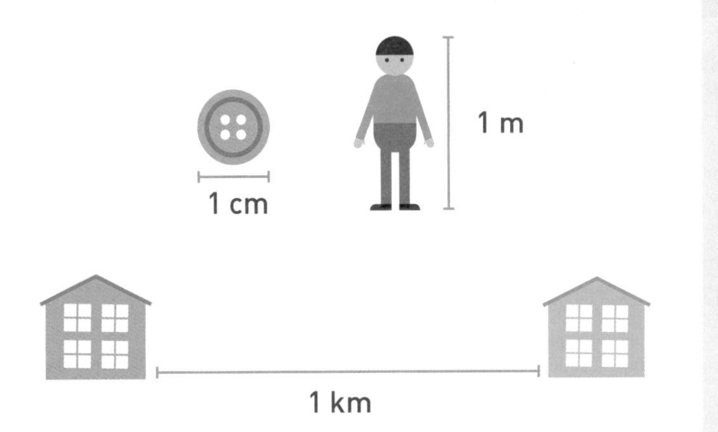

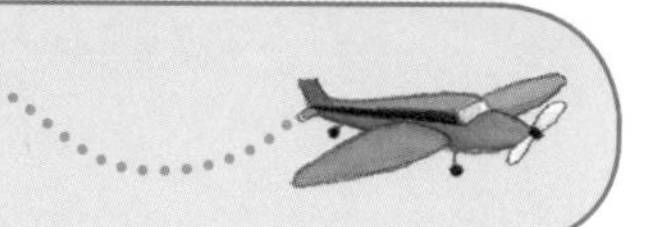

5 점, 선분, 직선

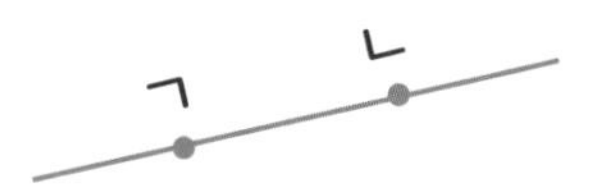

점

• ㄱ

• 점 ㄱ이라고 해요.

선분

ㄱ ㄴ

• 두 점을 곧게 이은 선을 선분이라고 해요.
• 점 ㄱ과 점 ㄴ을 이은 선분을 선분 ㄱㄴ 또는 선분 ㄴㄱ이라고 해요.
• 선분은 시작하는 점과 끝나는 점이 있어 길이를 측정할 수 있어요.

직선

ㄱ ㄴ

• 선분을 양쪽으로 늘인 곧은 선을 직선이라고 해요.
• 점 ㄱ과 점 ㄴ을 지나는 직선을 직선 ㄱㄴ 또는 직선 ㄴㄱ이라고 해요.
• 직선은 시작하는 점과 끝나는 점이 없으므로 길이를 측정할 수 없어요.

1. 아래 그림에서 점 3개, 직선 3개, 선분 3개를 찾아 표를 완성해 보세요.

점	C,
직선	
선분	

K L U V H n t E F D C m

2. 주어진 조건에 따라 선을 그리고 이름을 말해 보세요.

❶ 길이가 7cm인 선분 ㄱㄴ

❷ 점 ㄱ과 ㄴ을 통과하는 직선

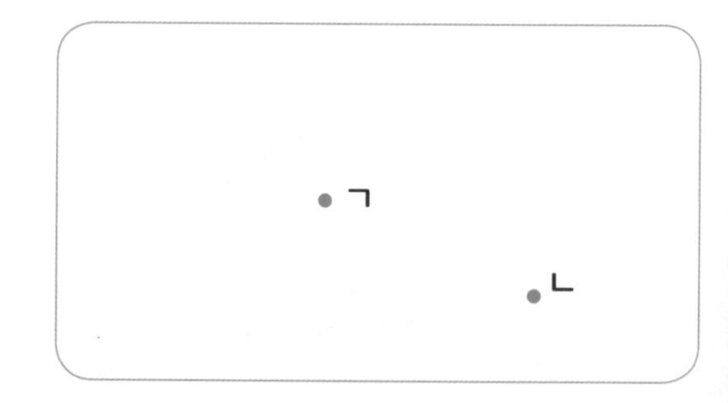

3. 아래 그림을 보고 답을 구해 보세요.

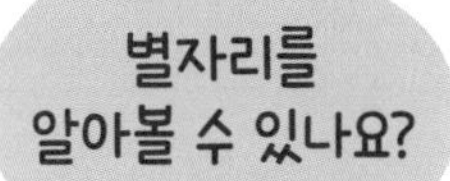

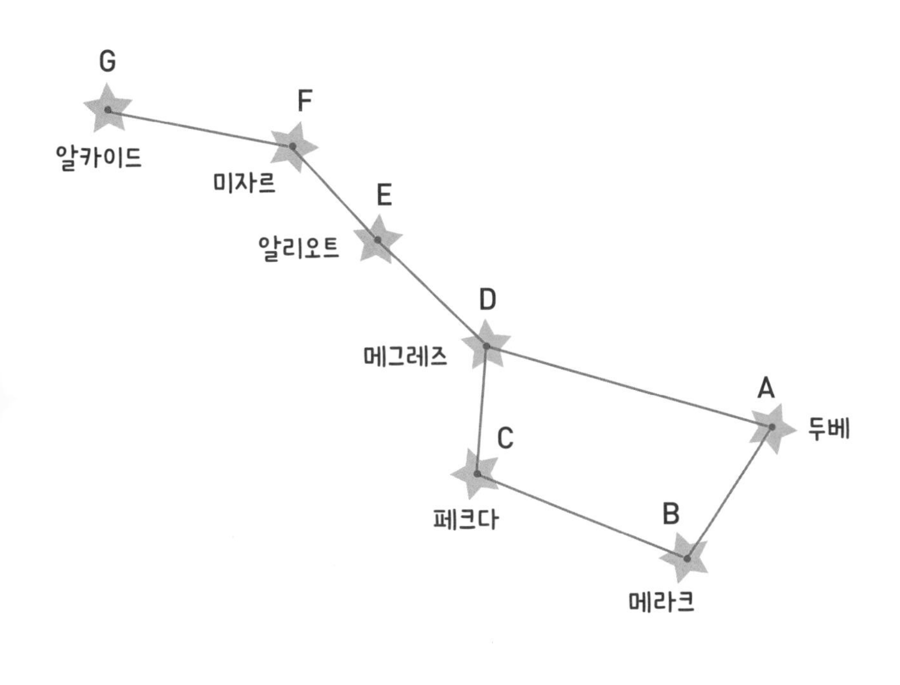

❶ 선분 AB의 시작하는 점과 끝나는 점은 어떤 별인가요?

❷ 선분 EF의 시작하는 점과 끝나는 점은 어떤 별인가요?

❸ 미자르와 알카이드를 시작하는 점과 끝나는 점으로 하는 선분의 이름은 무엇인가요?

❹ 페크다와 메그레즈를 시작하는 점과 끝나는 점으로 하는 선분의 이름은 무엇인가요?

❺ 선분 BA를 북극성까지 연결해 보세요.

❻ 선분 BA의 길이를 측정해 보세요.

❼ 북극성과 두베 사이의 거리를 측정해 보세요.

더 생각해 보아요!

아트는 북쪽으로 곧게 걷다가 방향을 바꾸어 서쪽으로 50m 걸었어요. 그리고 남쪽으로 방향을 바꾸어 30m 걷다가 동쪽으로 방향을 바꾸어 80m를 걸었어요. 아트는 도로에서 얼마나 떨어져 있을까요?

4. 자를 대고 선분을 그려 보세요.

❶ AB
EF
DC
CG
AE
FG
BC
AD
DF

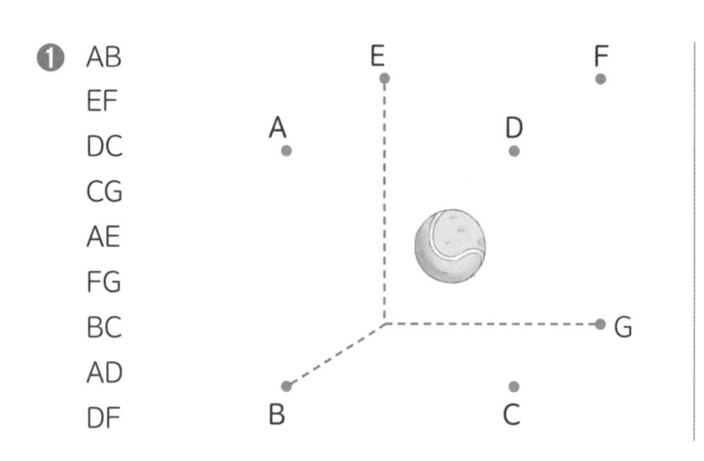

❷ AB
CD
AC
BC
AD

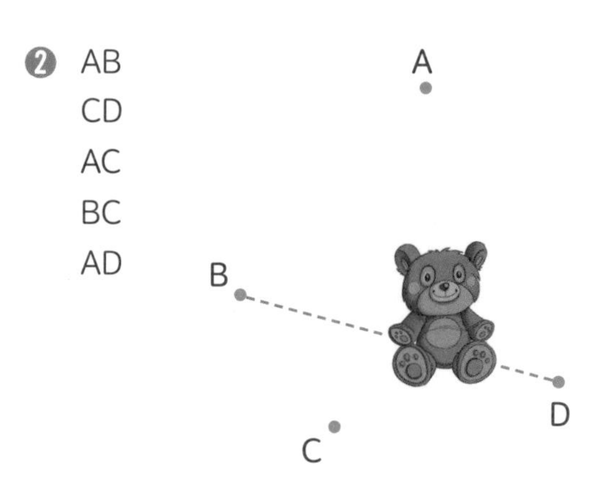

5. 주어진 조건에 따라 아래 10cm 길이의 막대를 선 하나를 그어 두 부분으로 나누어 보세요.

❶ 똑같은 길이로

❷ 두 부분 중 더 긴 부분의 길이가 6cm가 되게

❸ 한 부분이 1cm 5mm가 되게

❹ 한 부분이 다른 부분보다 4cm 길게

❺ 한 부분이 다른 부분보다 4배 길게

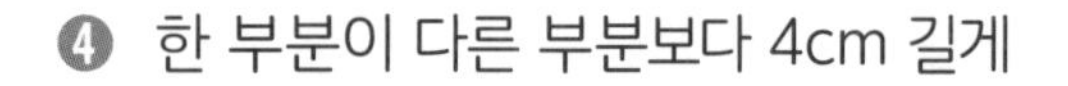

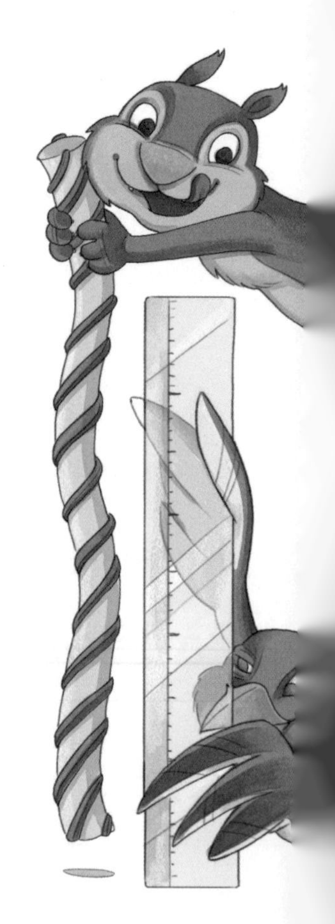

6. 선끼리 만나지 않으면서, 그림에 닿지 않게 선분을 가능한 한 많이 그려 보세요.

선분 7개를 그릴 수 있어요. 여러분은 몇 개를 그렸나요?

한 번 더 연습해요!

1. 아래 그림에서 점 2개, 직선 2개, 선분 2개를 찾아 표를 완성해 보세요.

점	A,
직선	
선분	

C
D
t
E
A
G
F
s

5 각

직각

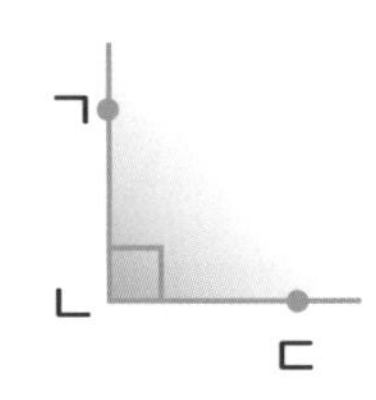

- 직각은 그림에서 보듯이 두 직선이 만나 이루는 각이 90도일 때를 말해요.

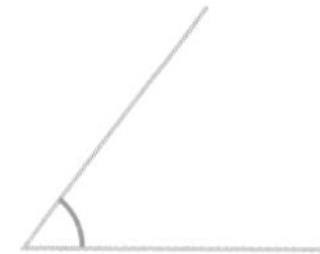

예각

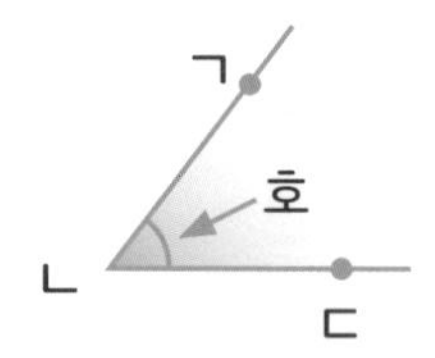

- 예각은 호를 이루어요.

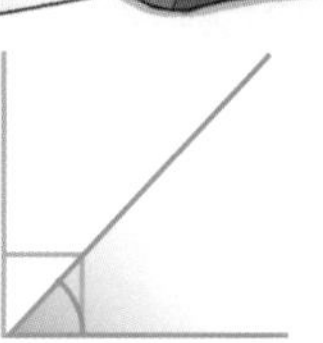

- 직각보다 작은 각을 예각이라고 해요.

둔각

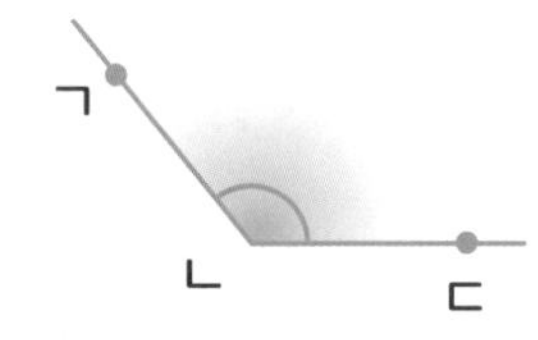

- 둔각은 호를 이루어요.

- 직각보다 큰 각을 둔각이라고 해요.

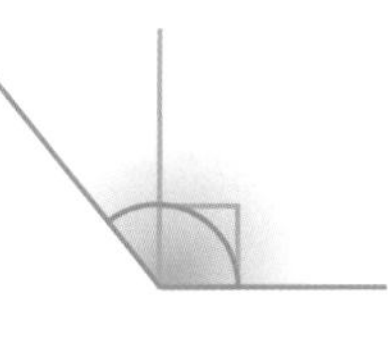

1. 선을 바르게 이어 보세요.

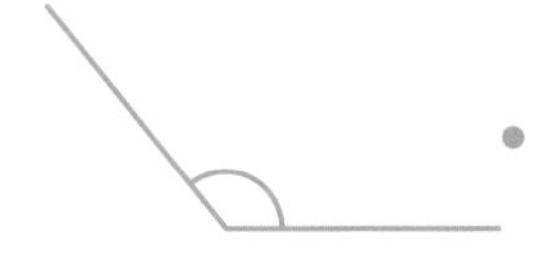

예각

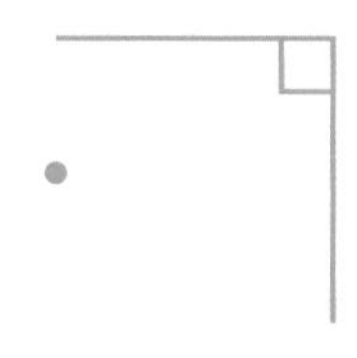

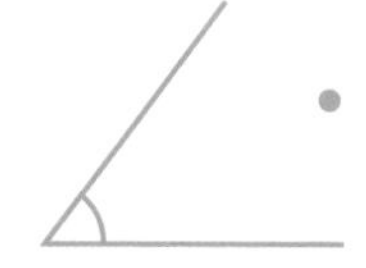

직각

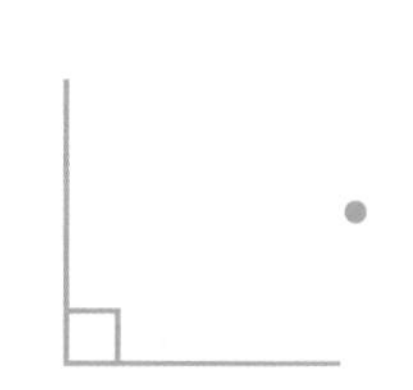

둔각

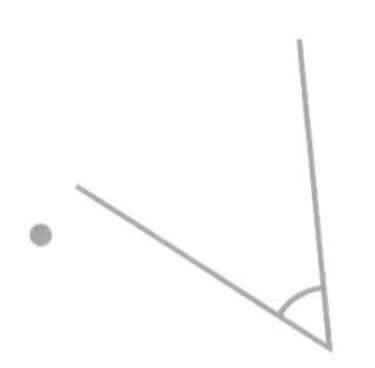

2. 그림을 보고 답을 구해 보세요.

❶ 알렉은 스토브 거리를 지나 미들 거리로 갔어요. 이때 각은 무슨 각일까요?

____

❷ 엠마는 글로우 거리를 지나 플레임 거리로 갔어요. 이때 각은 무슨 각일까요?

____

❸ 앤은 스토브 거리에서 메이플 거리로 방향을 바꾸었어요. 이때 각은 무슨 각일까요?

____

❹ 루이스가 직각으로 방향을 바꾸지 않고 클라우드 거리에서 스토브 거리로 가는 길을 찾아서 써 보세요.

____

3. 주어진 각을 그린 후, 각에 이름을 붙여 보세요.

❶ 직각 ㄱㄴㄷ

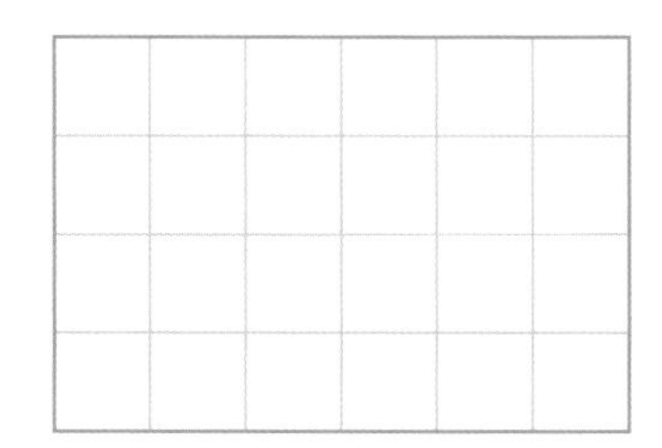

❷ 예각 ㄱㄴㄷ

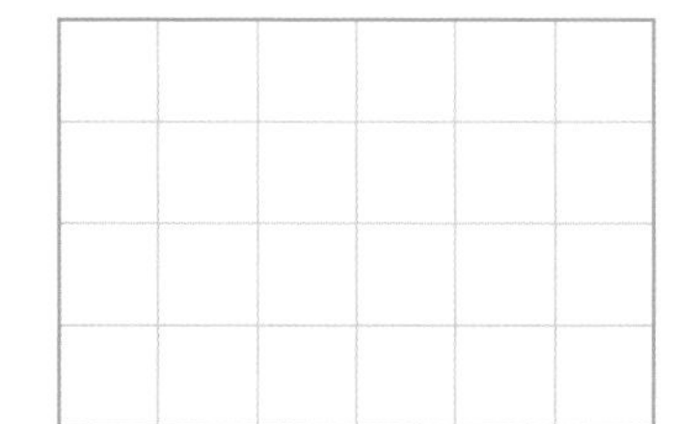

❸ 둔각 ㄱㄴㄷ

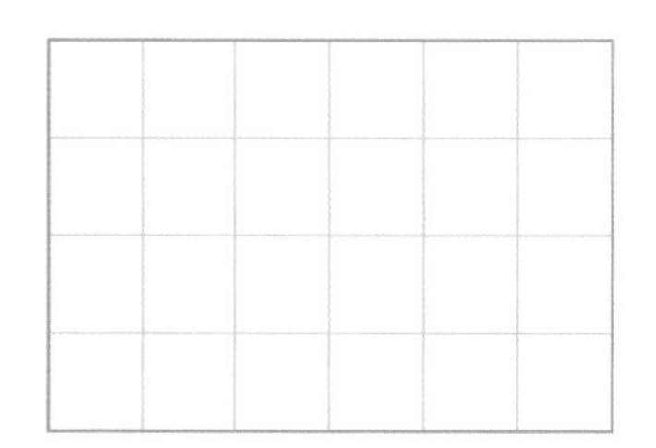

더 생각해 보아요!

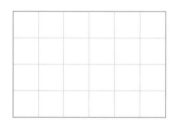

짧은바늘이 시계를 한 바퀴 돌 때 직각이 몇 번 생길까요?

____

4. 그림을 보고 답을 구해 보세요.

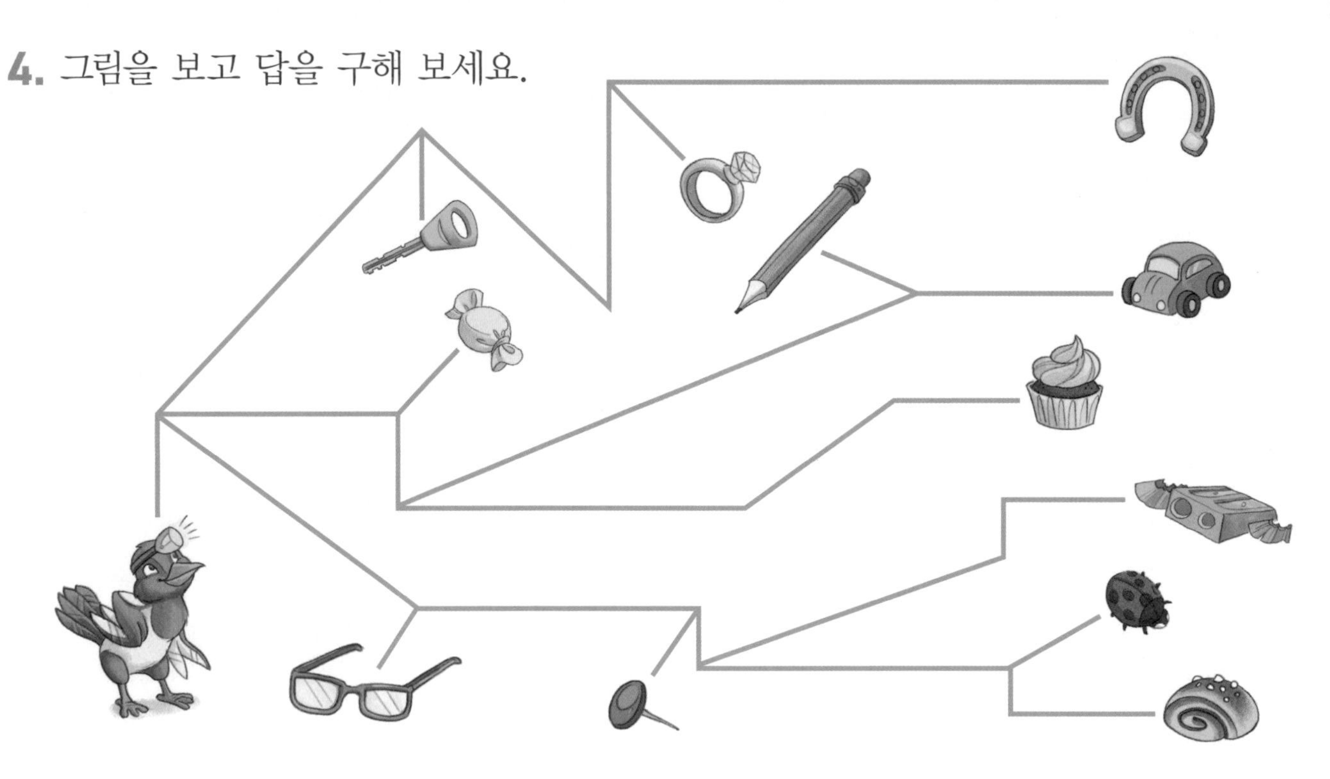

❶ 직각 → 직각 → 예각 → 둔각의 순서로 길을 찾아가면 캐시가 무엇을 발견할까요?

❷ 예각 → 둔각 → 직각 → 직각 → 둔각의 순서로 길을 찾아가면 캐시가 무엇을 발견할까요?

❸ 예각, 직각, 둔각을 이용하여 캐시가 말발굽 방향으로 가는 길을 설명해 보세요.

5. 빛의 방향을 그려 보세요.

빛은 항상 거울에 직각으로 반사되어 나아가요. 아래 사각형의 꼭짓점에 닿을 때까지 직선을 그어 빛이 반사되어 나아가는 길을 그려 보세요.

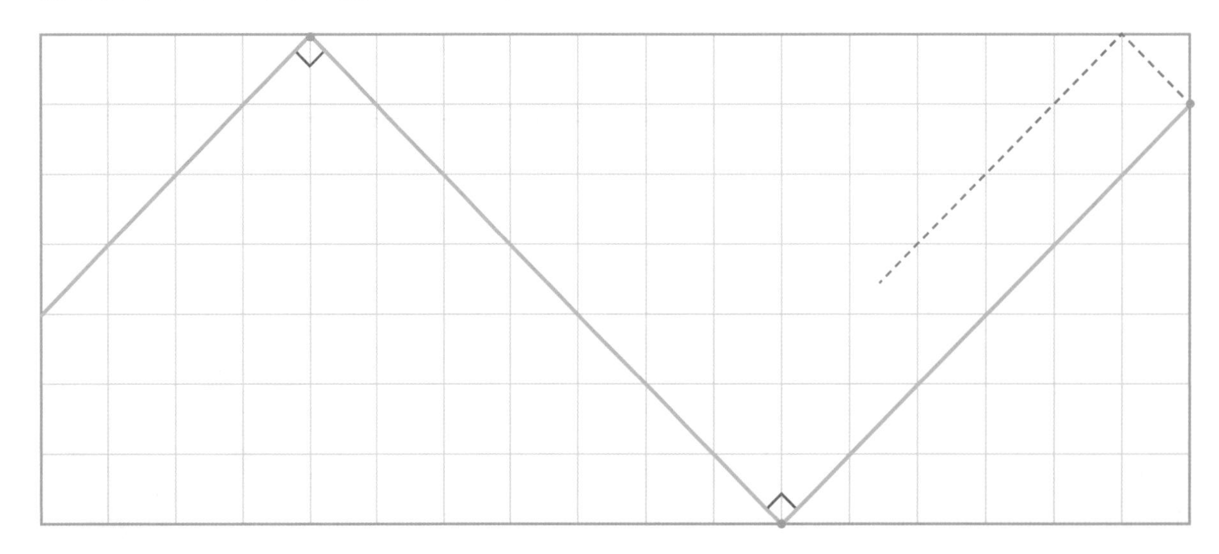

6. 로봇은 그림에 있는 점을 모두 통과하면서 정비소에 가려고 해요. 각각의 점에서 로봇은 직각으로 방향을 바꾸어요. 로봇이 가는 길을 찾아 표시해 보세요.

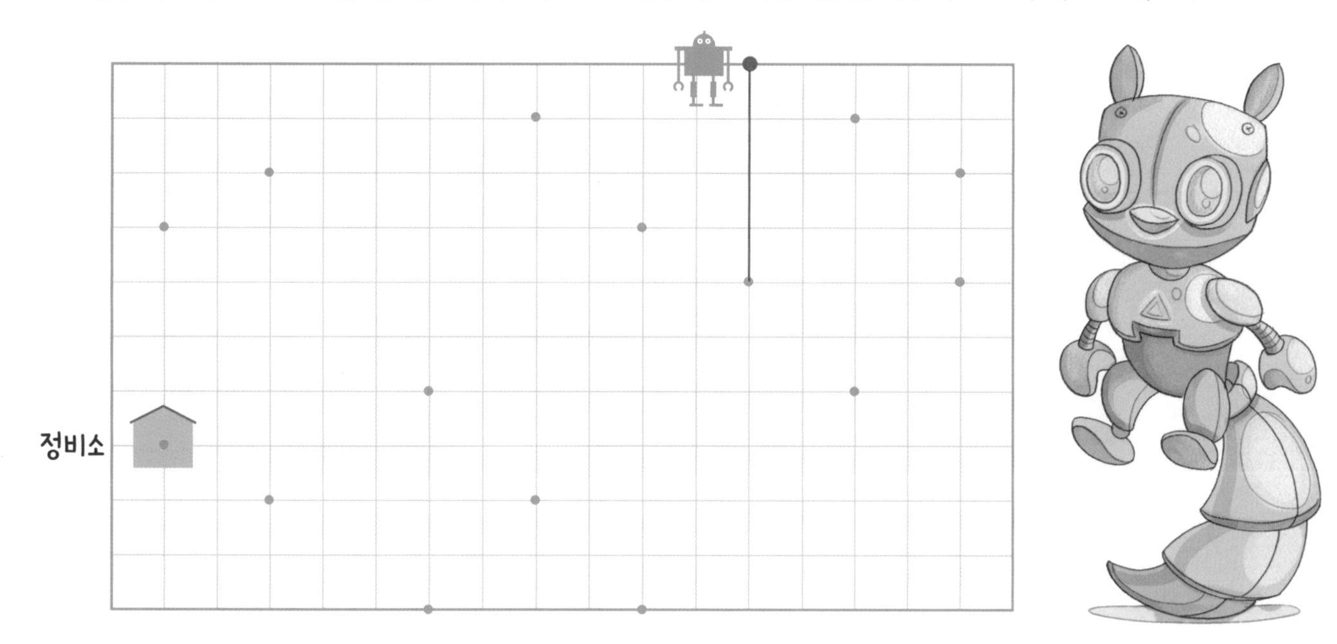

7. 주어진 조건에 따라 각을 그려 보세요.

❶ 각 A보다 큰 예각

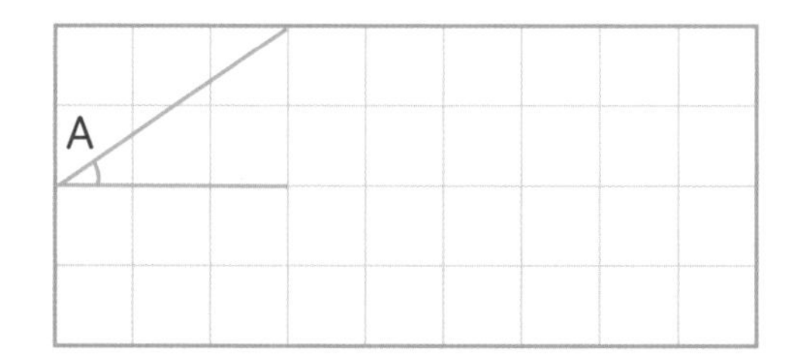

❷ 각 B보다 작은 둔각

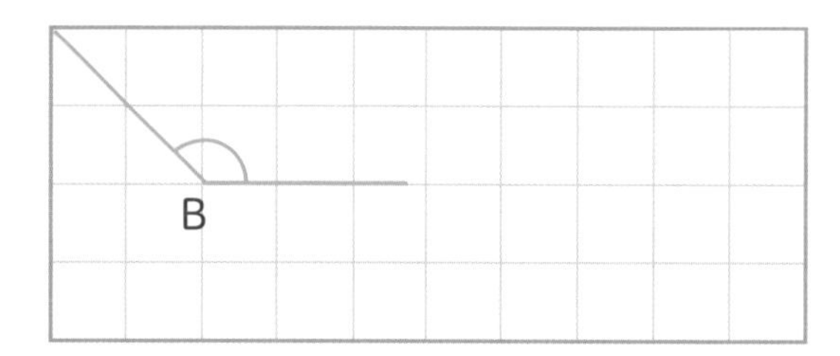

한 번 더 연습해요!

1. 그림의 각을 예각, 둔각, 직각으로 나누어 표를 완성해 보세요.

직각	
예각	
둔각	

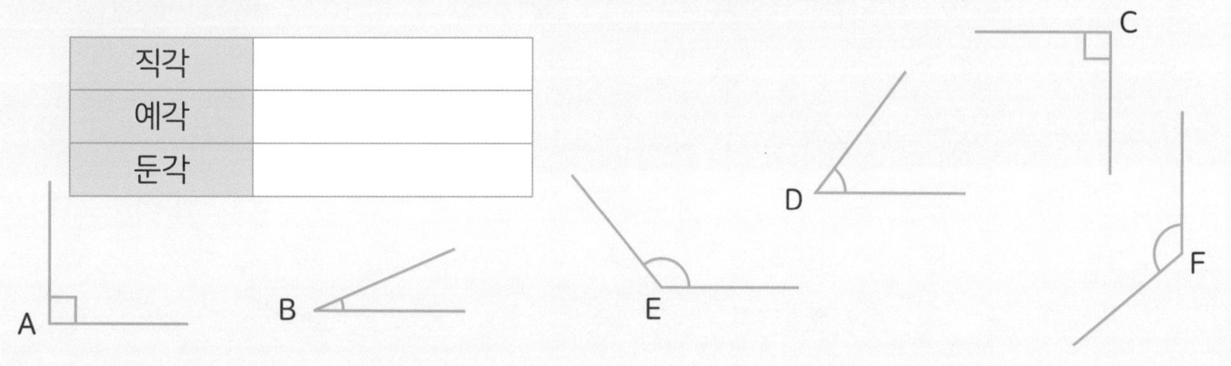

6 다각형

삼각형

변

변 변

삼각형은 변이 3개이고,
각이 3개인 도형이에요.

사각형

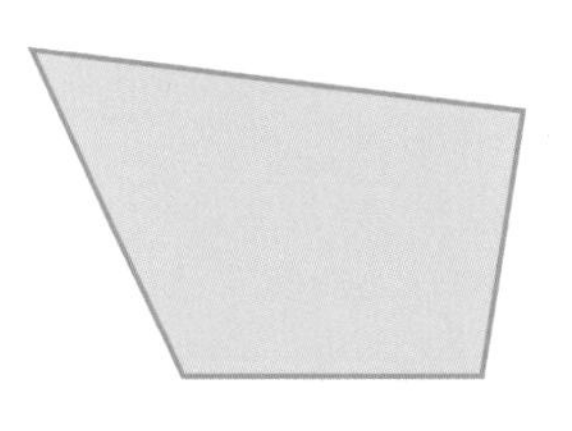

사각형은 변이 4개이고,
각이 4개인 도형이에요.

육각형

육각형은 변이 6개이고,
각이 6개인 도형이에요.

- 삼각형, 사각형, 육각형은 모두 다각형이에요.
- 다각형은 각의 수에 따라 이름 지어요.
- 다각형의 변은 항상 직선이에요.

1. 나는 어떤 도형일까요?

❶ 다각형이 아니면 X표 해 보세요.

❷ 삼각형은 ●, 사각형은 ●, 오각형은 ●으로 색칠해 보세요.

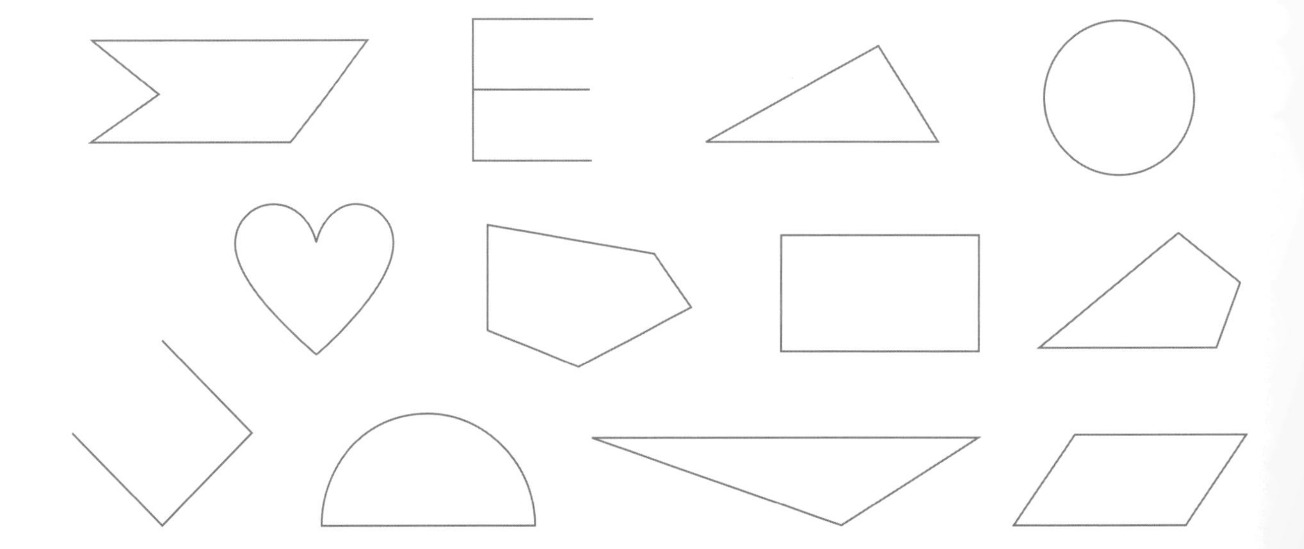

2. 아래 그림을 보고 표를 완성해 보세요.

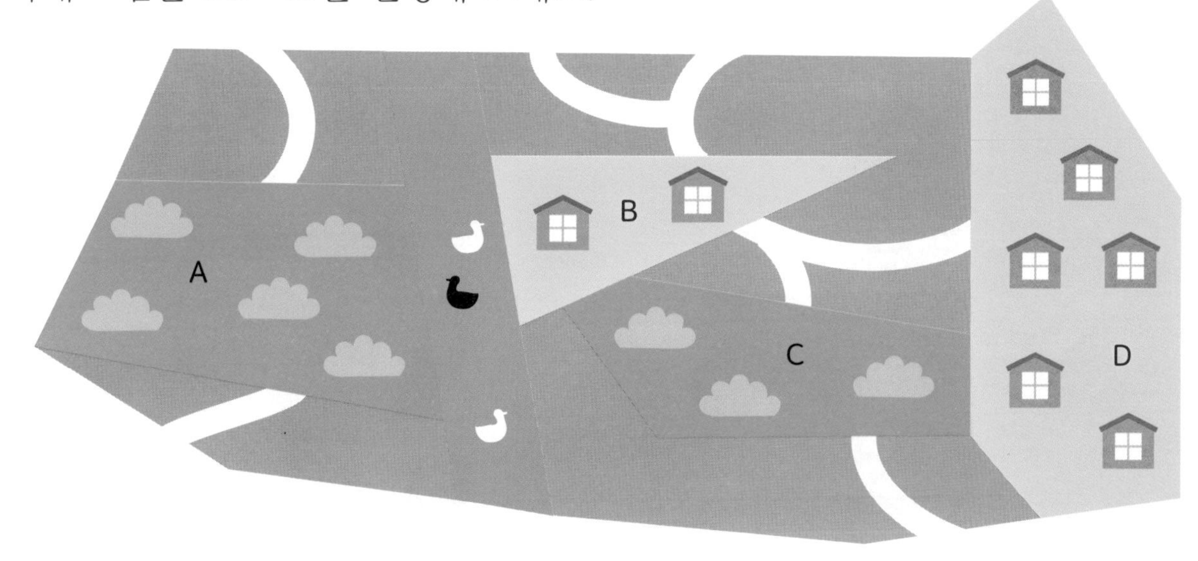

도형	둔각	직각	예각	각의 수	도형의 이름
A	2				
B					
C					
D					

3. 주어진 조건에 따라 다각형을 그려 보세요.

❶ 서로 다른 삼각형 2개

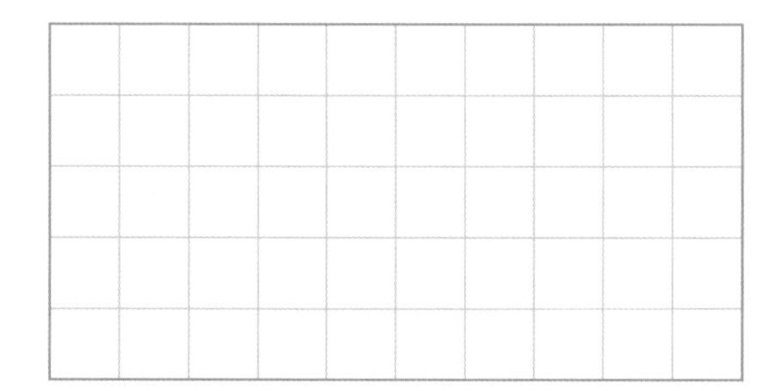

❷ 서로 다른 사각형 2개

❸ 오각형 1개

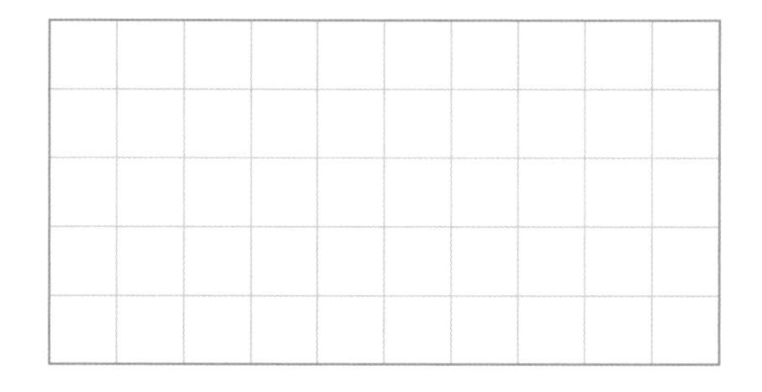

더 생각해 보아요!

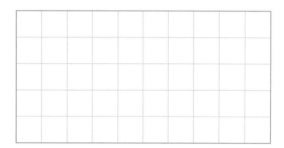

연필을 떼지 말고 아래 도형을 이어서 그려 보세요. 한 번 지나간 선은 다시 지나갈 수 없어요.

4. 다각형의 개수를 세어 보세요.

❶ 삼각형 ________

사각형 ________

오각형 ________

육각형 ________

❷ 삼각형 ________

사각형 ________

오각형 ________

육각형 ________

5. 주어진 조건에 따라 2개의 직선으로 아래 사각형을 나누어 보세요.

❶ 삼각형 4개

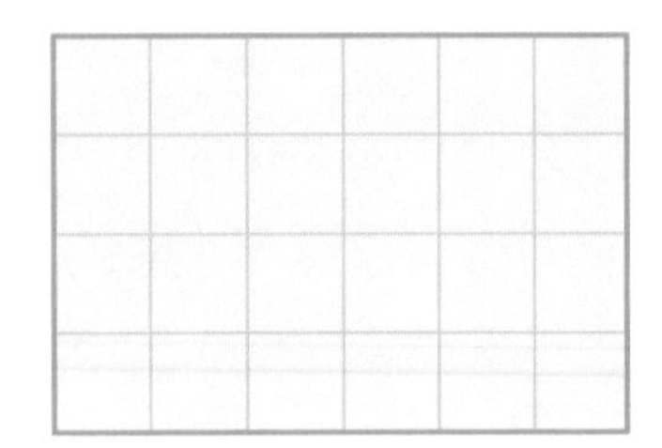

❷ 삼각형 2개와 사각형 1개

❸ 사각형 3개

❹ 삼각형 3개

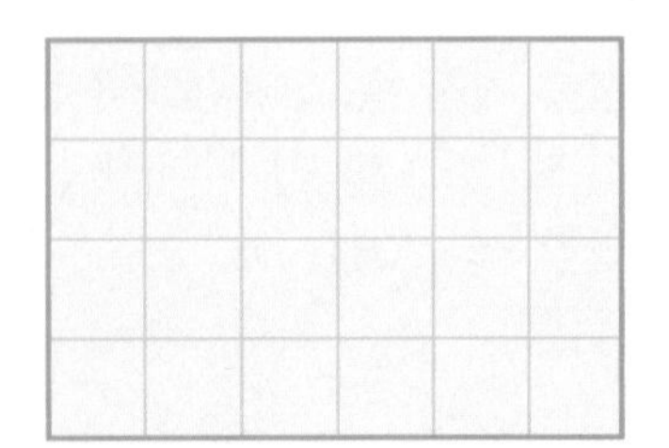

❺ 삼각형 2개와 오각형 2개

❻ 육각형 1개와 삼각형 2개

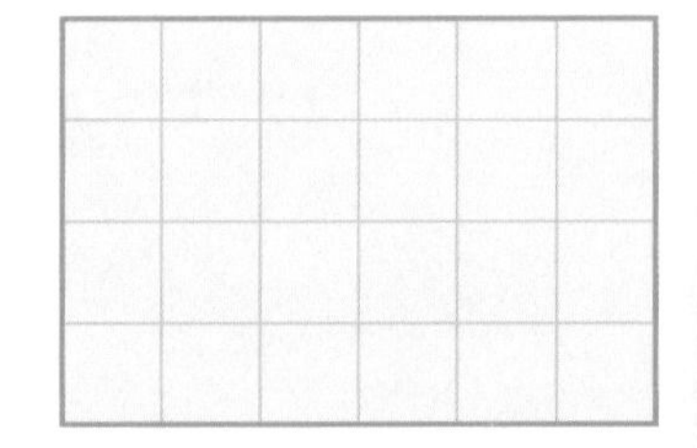

6. 그림을 보고 답을 구해 보세요.

❶ 상자의 뚜껑은 어떤 다각형인가요?

____

❷ 상자(뚜껑 포함)에 있는 다각형은 모두 몇 개인가요?

____

❸ 상자(뚜껑 포함)에 있는 다각형의 종류는 몇 개인가요?

____

7. 같은 그룹에 속하지 않는 도형에 V표 해 보세요.

❶ □ □ □ □

❷ □ □ □ □

한 번 더 연습해요!

1. 주어진 조건에 따라 도형을 그려 보세요.

❶ 서로 다른 사각형 2개

❷ 삼각형 1개가 들어 있는 육각형 1개

8 삼각형

- 삼각형은 각이 3개, 변이 3개, 꼭짓점이 3개인 도형이에요.

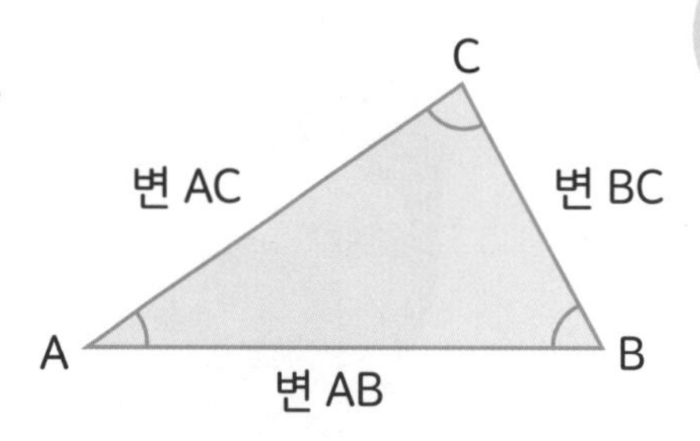

직각삼각형	예각삼각형	둔각삼각형
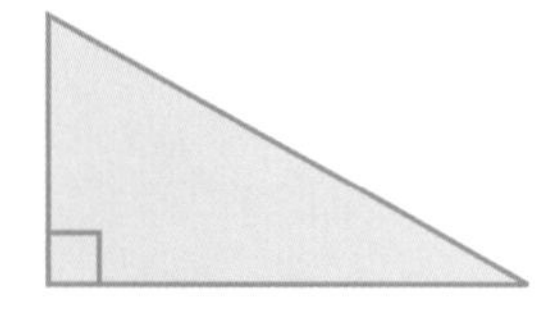	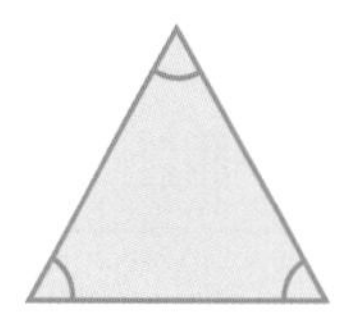	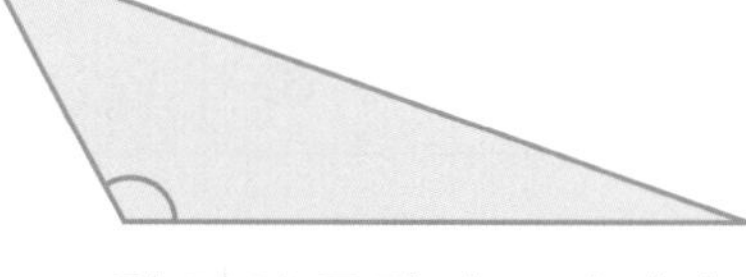
한 각이 직각이고 나머지 두 각이 예각인 삼각형	세 각이 모두 예각인 삼각형	한 각이 둔각이고 나머지 두 각이 예각인 삼각형

1. 주어진 조건에 따라 아래 그림을 색칠해 보세요.

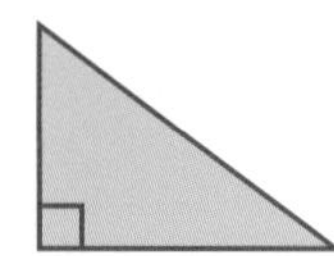	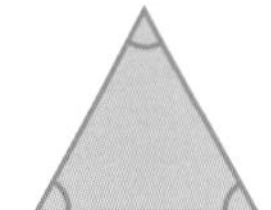	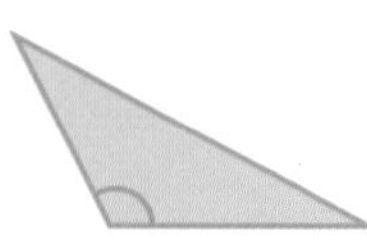
직각삼각형 : 빨간색	예각삼각형 : 파란색	둔각삼각형 : 초록색

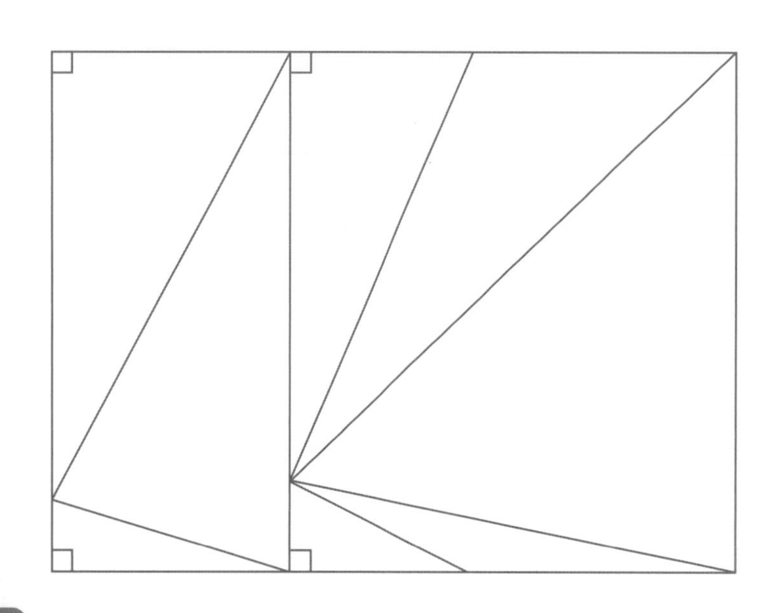

2. 주어진 조건에 따라 삼각형을 그려 보세요.

❶ 직각삼각형

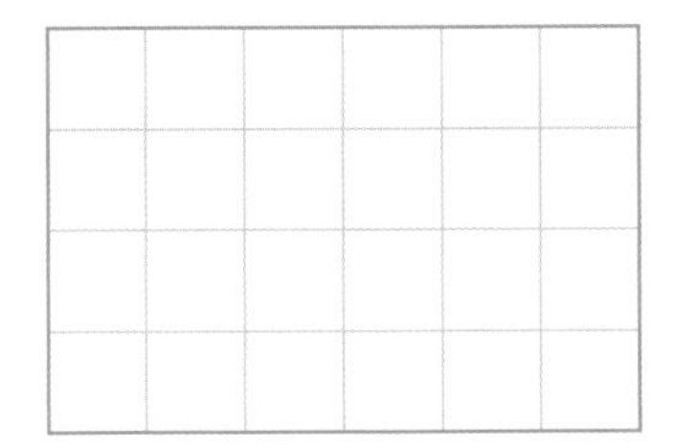

❷ 예각삼각형

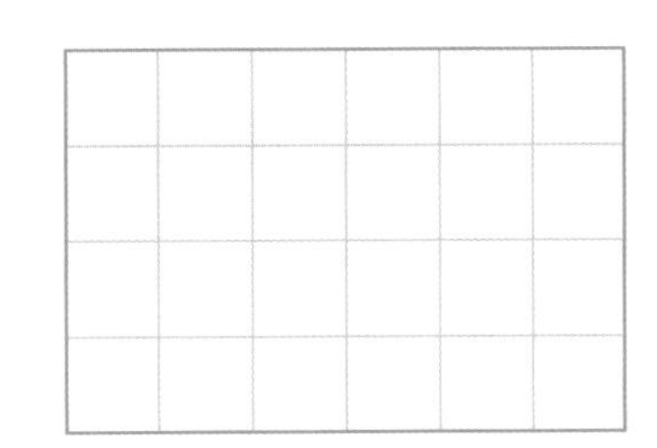

❸ 둔각삼각형

3. 오른쪽 삼각형이 직각, 예각, 둔각 중 어떤 삼각형인지 알아맞혀 보세요. 그리고 변의 길이를 재 보세요.

이름 ______________________

변 AB ______________________

변 BC ______________________

변 AC ______________________

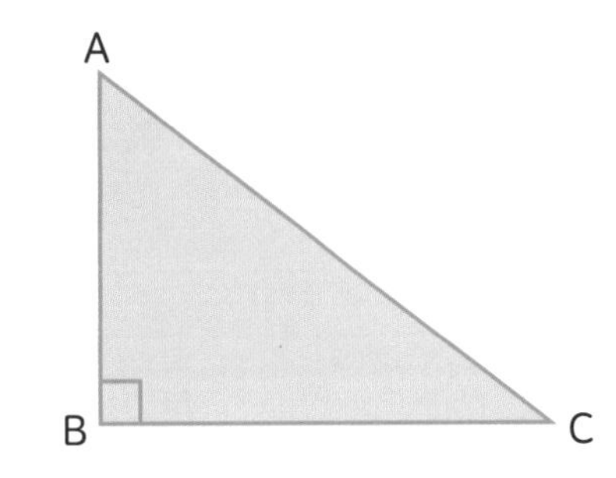

이름 ______________________

변 DE ______________________

변 EF ______________________

변 DF ______________________

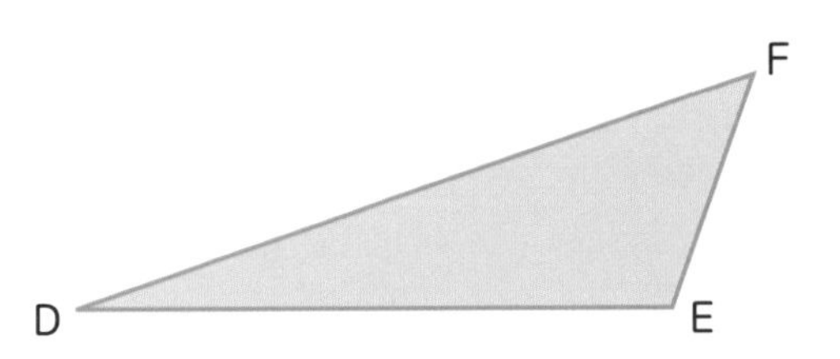

이름 ______________________

변 GH ______________________

변 HK ______________________

변 GK ______________________

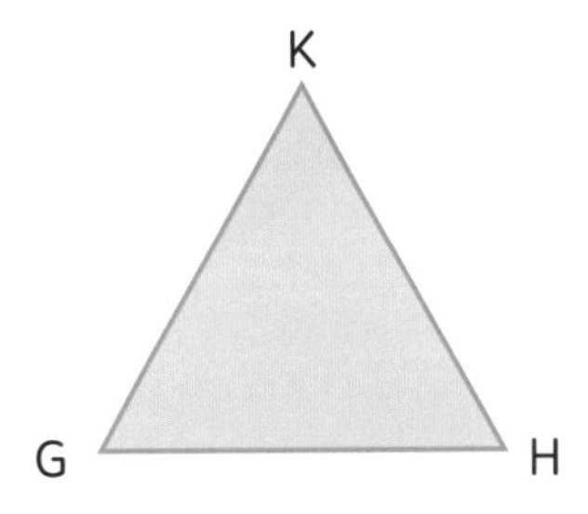

4. 예각삼각형이 없는 길을 따라가 보세요.

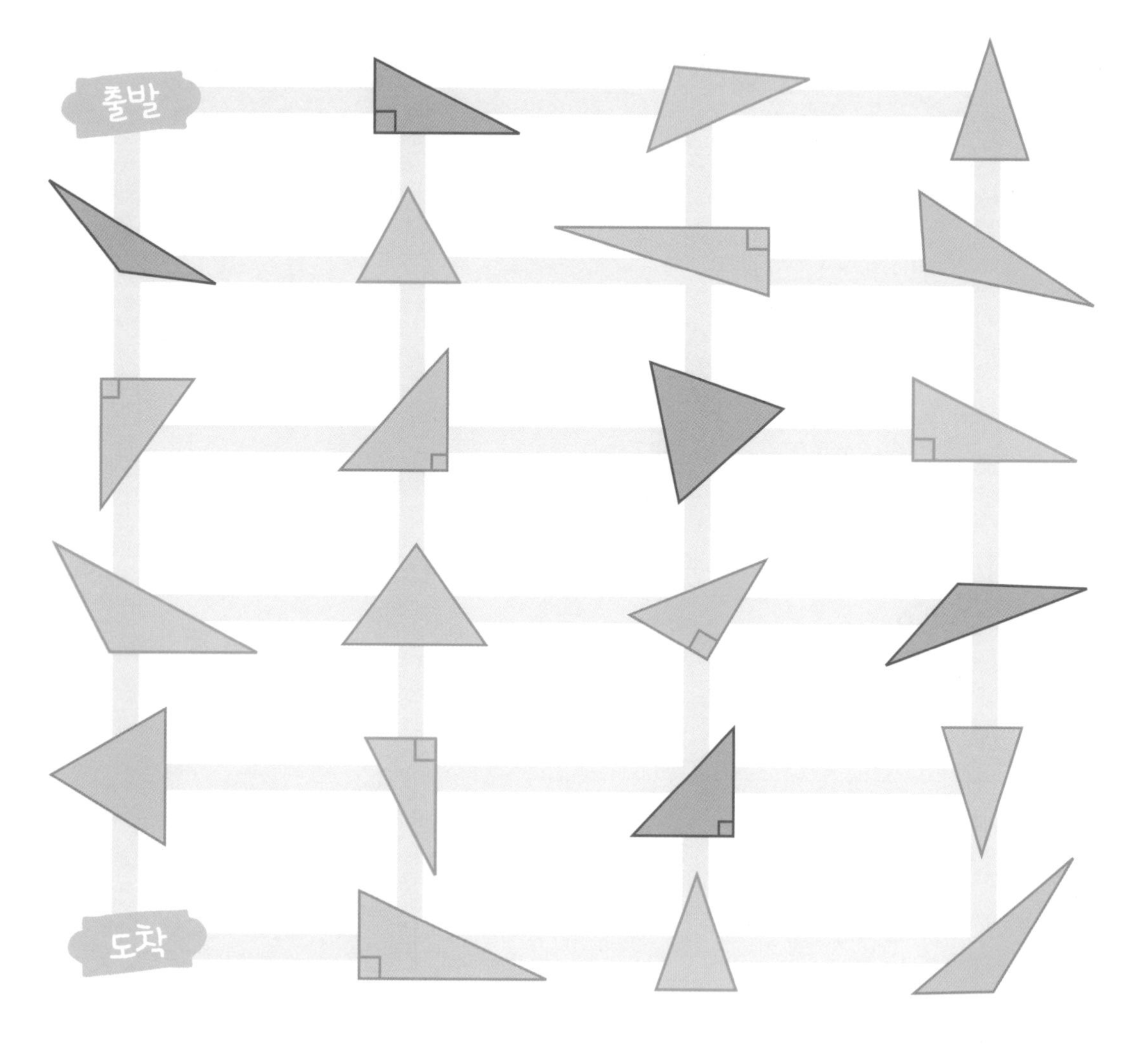

5. 장애물이나 삼각형끼리 닿지 않게 삼각형을 가능한 한 많이 그려 보세요.
단, 삼각형 안에 어떤 장애물이나 다른 삼각형이 들어갈 수 없어요.

삼각형 5개를 그릴 수 있어요.
여러분은 몇 개를 그렸나요?

____

6. 아래 글을 읽고 참이면 ○, 거짓이면 X를 표시해 보세요.

❶ 직각이 2개 있는 삼각형이 있어요. □

❷ 예각이 없는 삼각형이 있어요. □

❸ 변의 길이가 모두 같은 삼각형이 있어요. □

❹ 삼각형에서 가장 큰 각이 직각보다 작을 수 있어요. □

❺ 예각이 1개 있는 삼각형이 있어요. □

❻ 삼각형에서 가장 긴 변은 나머지 2개의 변을 합한 것보다 더 길어요. □

7. 그림에서 서로 다른 삼각형 8개를 찾아 이름을 빈칸에 써 보세요.
이름은 꼭짓점의 알파벳을 붙여 지으세요.

ABC ________

____

____

____

____

____

____

____

A B C D E

한 번 더 연습해요!

1. 주어진 조건에 따라 삼각형을 색칠해 보세요.

직각삼각형

둔각삼각형

예각삼각형

9 사각형

사각형

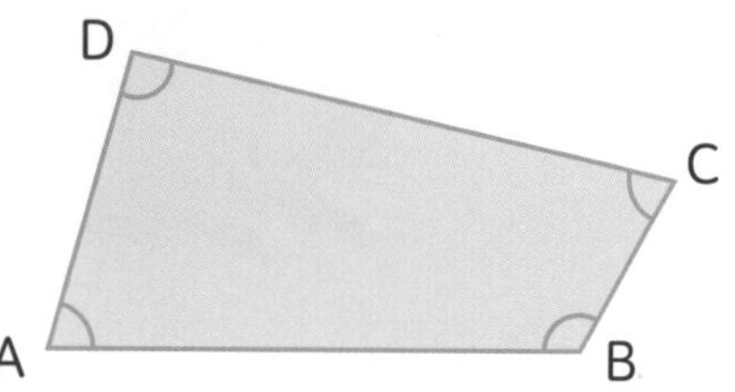

- 사각형은 변이 4개, 각이 4개, 꼭짓점이 4개인 도형이에요.

직사각형

- 직사각형은 네 각이 모두 직각이고, 마주 대하고 있는 변의 길이가 같은 사각형이에요.

정사각형

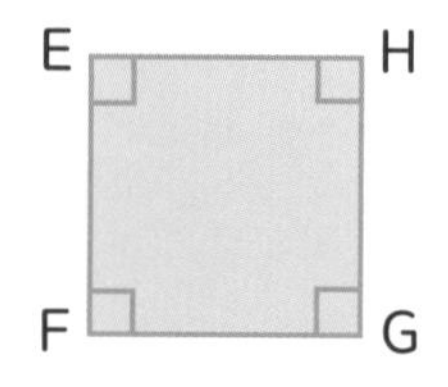

- 정사각형은 네 각이 모두 직각이고, 네 변의 길이가 모두 같은 사각형이에요.

그 밖의 사각형들

1. 사각형을 모두 색칠해 보세요.

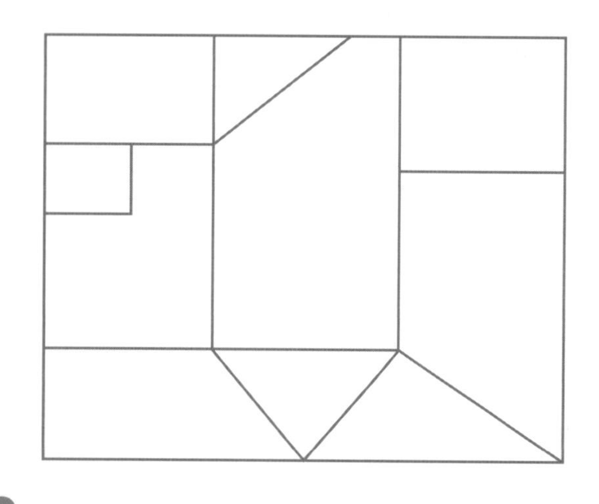

2. 주어진 조건에 따라 도형을 그려 보세요.

❶ 직사각형 ❷ 정사각형 ❸ 직사각형이 아닌 사각형

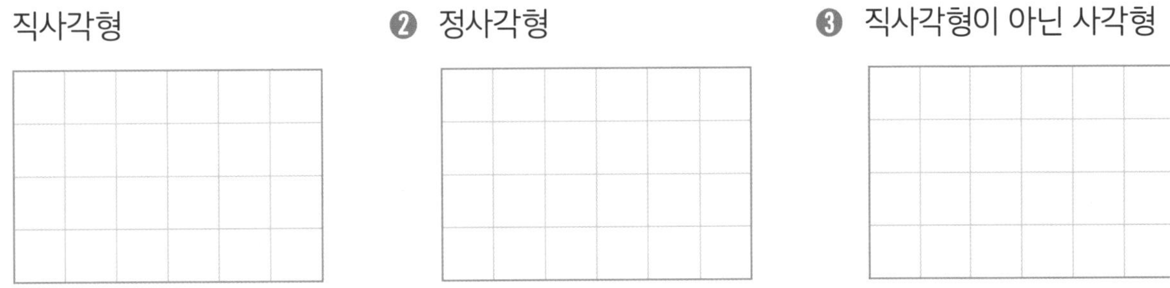

3. 다음 도형에 해당하는 이름에 V표 해 보세요.

❶ 사각형 □ 직사각형 □ 정사각형 □

❷ 사각형 □ 직사각형 □ 정사각형 □

❸ 사각형 □ 직사각형 □ 정사각형 □

❹ 사각형 □ 직사각형 □ 정사각형 □

❺ 사각형 □ 직사각형 □ 정사각형 □

❻ 사각형 □ 직사각형 □ 정사각형 □

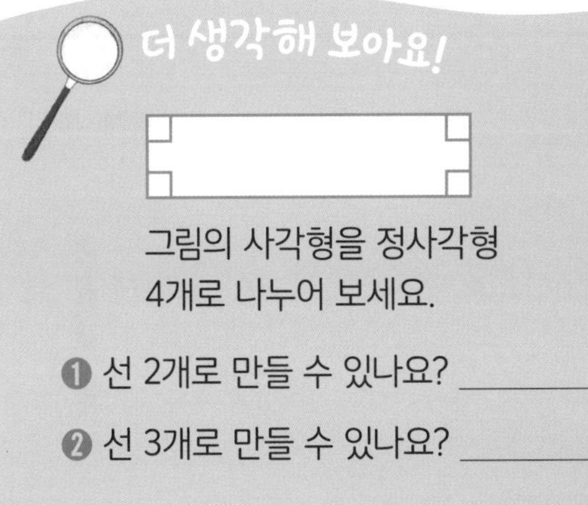

더 생각해 보아요!

그림의 사각형을 정사각형 4개로 나누어 보세요.

❶ 선 2개로 만들 수 있나요? ________

❷ 선 3개로 만들 수 있나요? ________

4. 정사각형이 없는 길을 따라가 보세요.

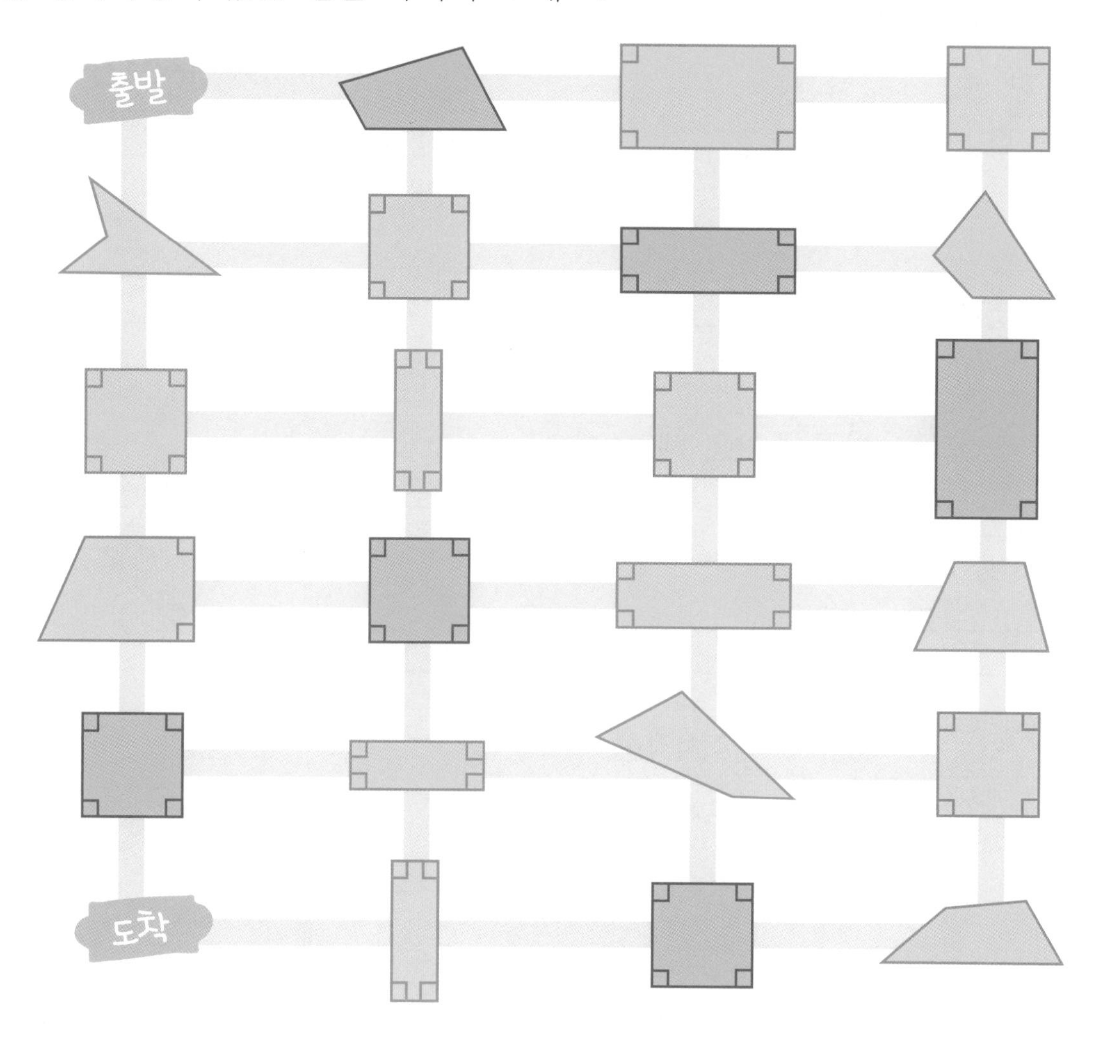

5. 장애물이나 사각형끼리 닿지 않게 사각형을 가능한 한 많이 그려 보세요. 단, 사각형 안에 어떤 장애물이나 다른 사각형이 들어갈 수 없어요.

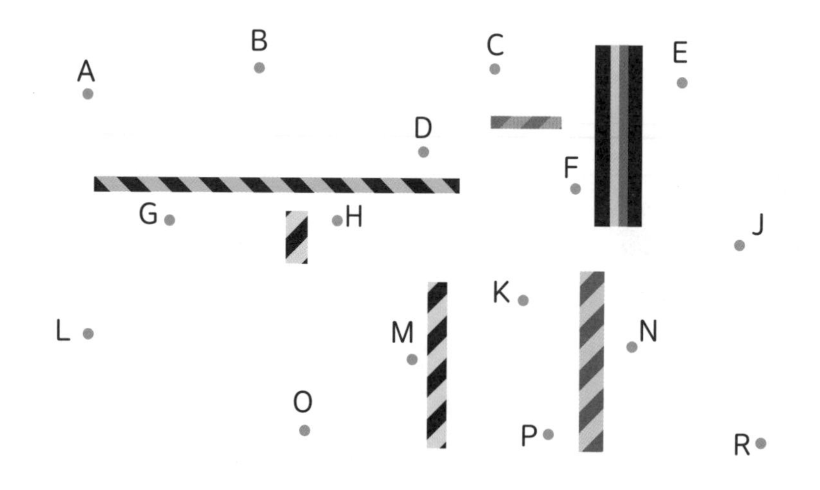

사각형 4개를 그릴 수 있어요.
여러분은 몇 개를 그렸나요?

____

6. 그림에서 사각형을 가능한 한 많이 찾아 이름을 빈칸에 써 보세요. 이름은 꼭짓점의 알파벳을 붙여 지으세요.

ADEB ______ ______
______ ______
______ ______
______ ______
______

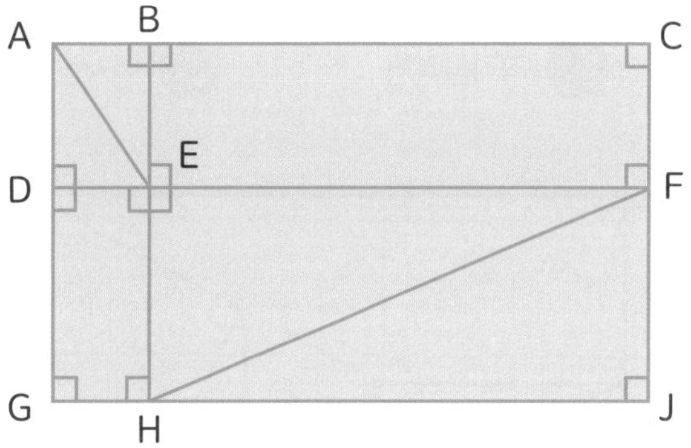

모두 9개의 사각형이 있어요.
여러분은 몇 개를 찾았나요? ______

7. 아래 글을 읽고 참이면 ○, 거짓이면 X를 표시해 보세요.

❶ 모든 정사각형은 직사각형이에요. ☐
❷ 모든 직사각형은 정사각형이에요. ☐
❸ 예각이 있는 직사각형이 있어요. ☐
❹ 직사각형이 아니어도 직각이 2개 있는 사각형이 있어요. ☐
❺ 변 3개의 길이가 같고 나머지 1개가 짧은 직사각형이 있어요. ☐
❻ 정사각형에서 마주 대하고 있는 변의 길이가 같아요. ☐

한 번 더 연습해요!

1. 다음 도형에 해당하는 이름에 V표 해 보세요.

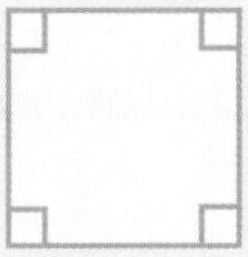

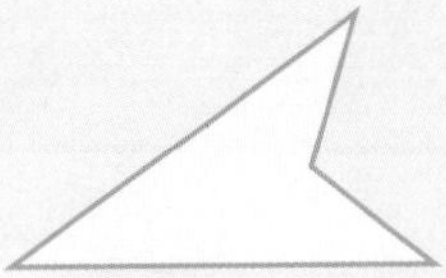

❶		❷		❸	
사각형	☐	사각형	☐	사각형	☐
직사각형	☐	직사각형	☐	직사각형	☐
정사각형	☐	정사각형	☐	정사각형	☐

2. 직사각형이나 정사각형 모양의 물건을 집에서 찾아보세요.

____ 월 ____ 일 ____ 요일

1. 주어진 조건에 따라 색칠해 보세요.

2. 해당하는 기호를 표에 써 보세요.

도형	알파벳
점	
선분	
직선	
직각	
예각	
둔각	
직각삼각형	
예각삼각형	
둔각삼각형	
사각형	

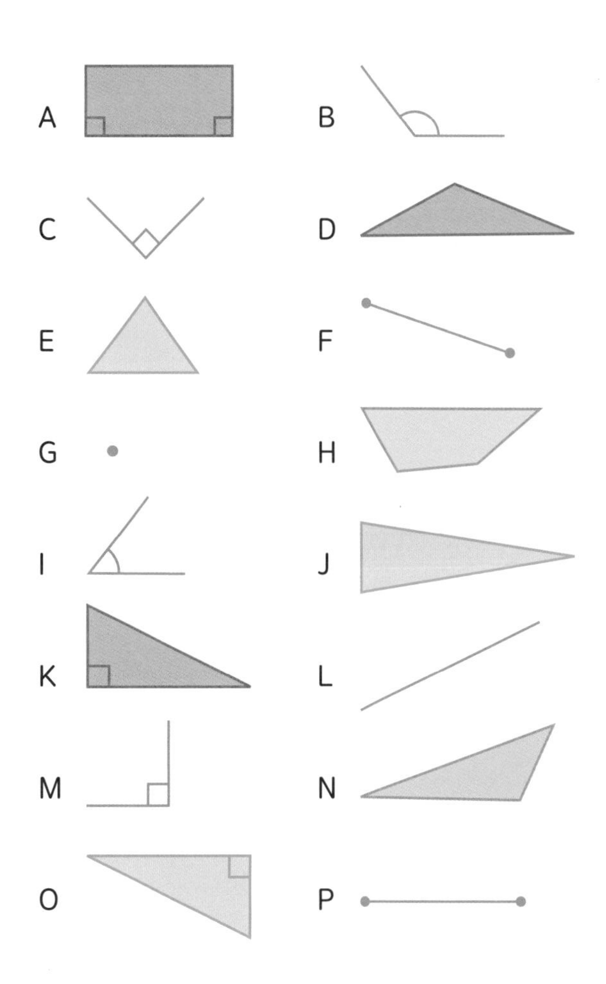

3. 주어진 조건에 따라 도형을 그려 보세요.

① 점 A를 지나는 직선 ② 직각보다 작은 각 ③ 직사각형이 아닌 사각형

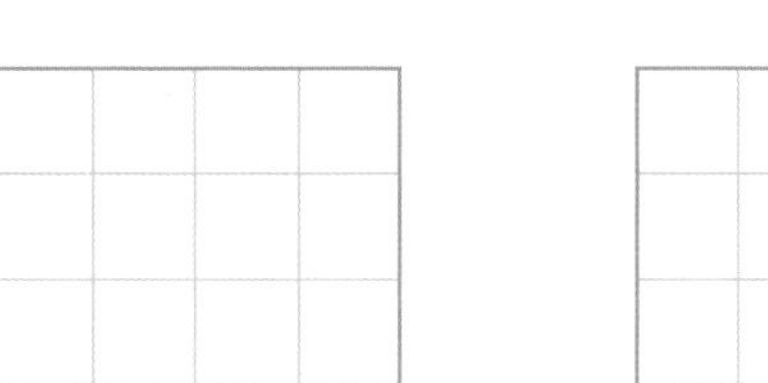

직선 2개를 그어 오른쪽 직사각형을 직각삼각형 2개와 오각형 1개로 나누어 보세요.

4. 그림을 보고 답을 구해 보세요.

❶ 캐시가 빨간색 선을 따라 길을 찾아갈 수 있도록 도형 이름을 써 주세요.

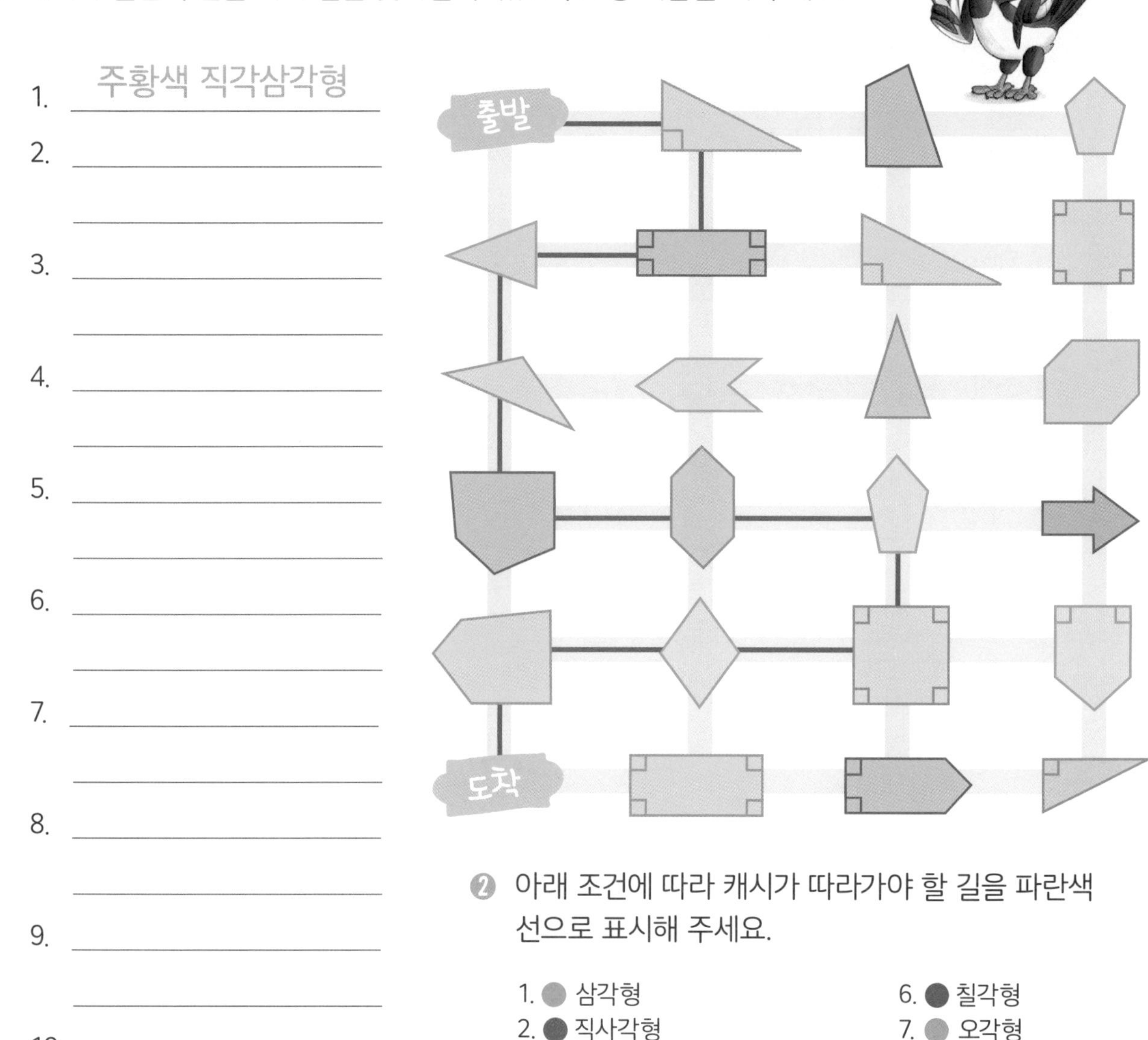

1. 주황색 직각삼각형
2. ______
3. ______
4. ______
5. ______
6. ______
7. ______
8. ______
9. ______
10. ______

❷ 아래 조건에 따라 캐시가 따라가야 할 길을 파란색 선으로 표시해 주세요.

1. ● 삼각형
2. ● 직사각형
3. ● 삼각형
4. ● 정사각형
5. ● 육각형
6. ● 칠각형
7. ● 오각형
8. ● 정사각형
9. ● 오각형
10. ● 직사각형

5. 자를 이용해서 거울에 비친 도형의 모습을 그려 보세요.

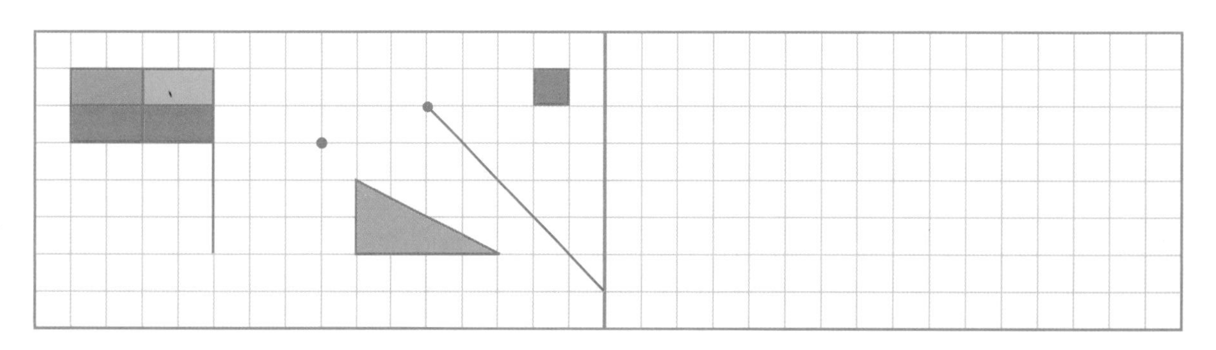

6. 다음 삼각형은 어떤 삼각형일까요? 이름을 빈칸에 써 보세요.

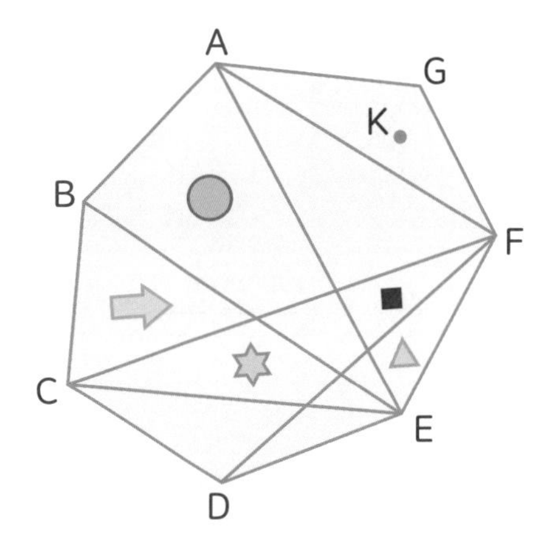

❶ 삼각형 안에 초록색 화살표와 파란색 별이 있어요. ______

❷ 삼각형 안에 주황색 삼각형이 있어요. ______

❸ 삼각형 안에 빨간색 원이 있어요. ______

❹ 삼각형 안에 까만색 정사각형이 있지만, 파란색 별은 없어요. ______

❺ 삼각형 안에 점 K가 있어요. ______

❻ 삼각형 안에 아무것도 없어요. ______

7. 도형 A, B의 파란 부분 면적이 같기 위해서는 A 도형의 어떤 부분이 B 도형으로 옮겨져야 할까요?

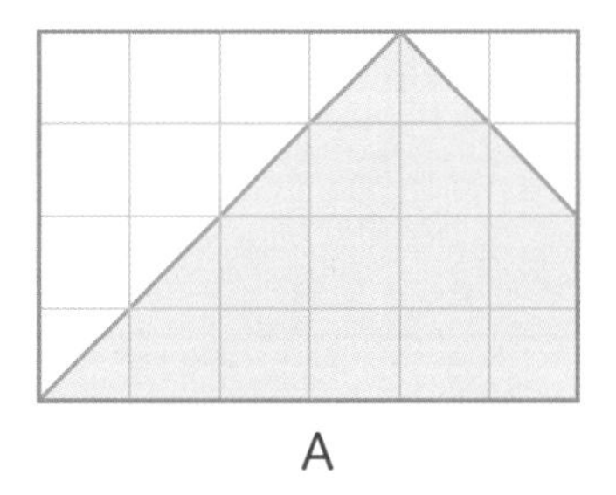
A

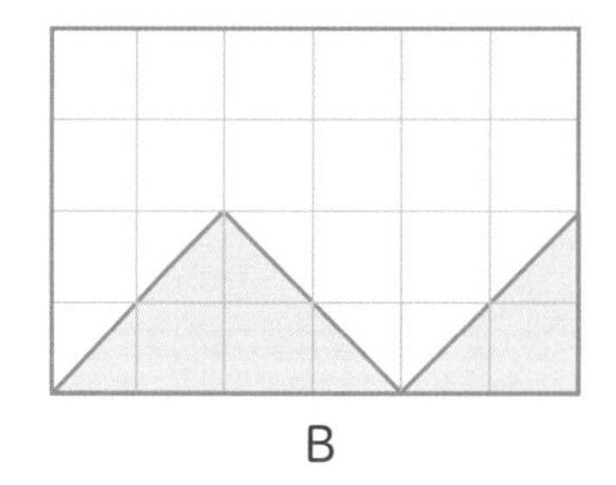
B

한 번 더 연습해요!

1. 같은 것끼리 선으로 이어 보세요.

직각 · 정사각형 · 직각삼각형 · 예각 · 사각형

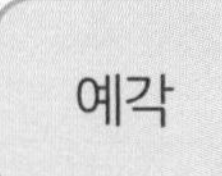

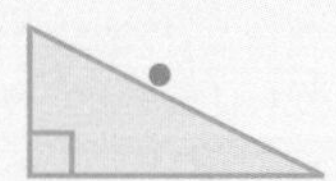

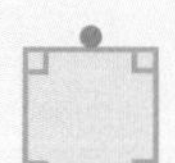
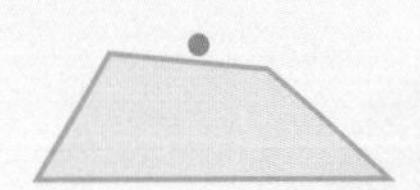

2. 변의 길이가 2cm인 정사각형을 그려 보세요.

8. 빈칸에 그림에서 빠진 도형을 그려 보세요.

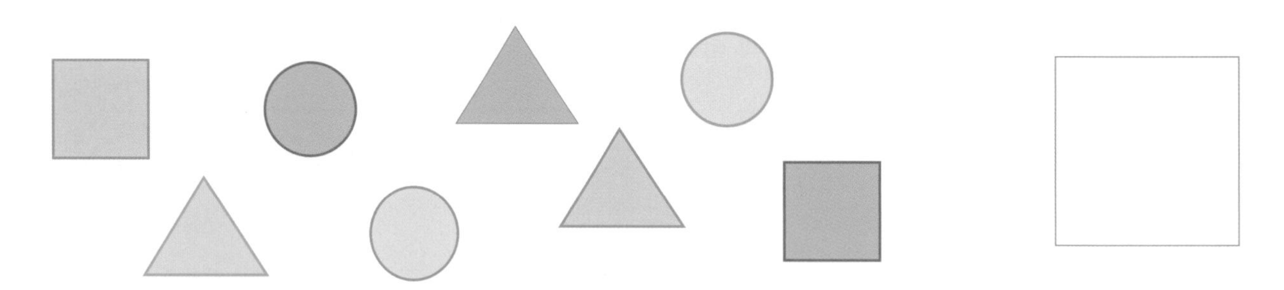

9. 다각형이 아닌 도형을 그려 보세요. 단, 아래 조건에 맞아야 해요.

❶ 각이 1개 있어요.

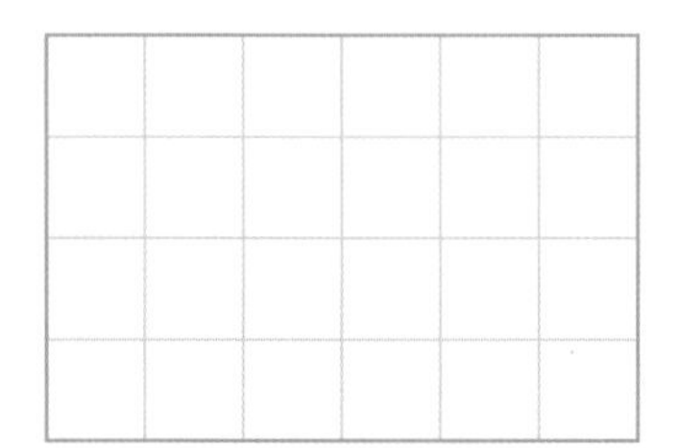

❷ 각이 2개 있어요.

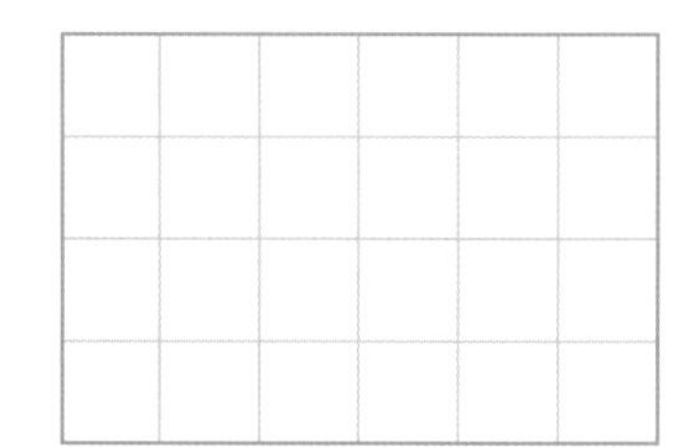

❸ 각이 3개 있어요.

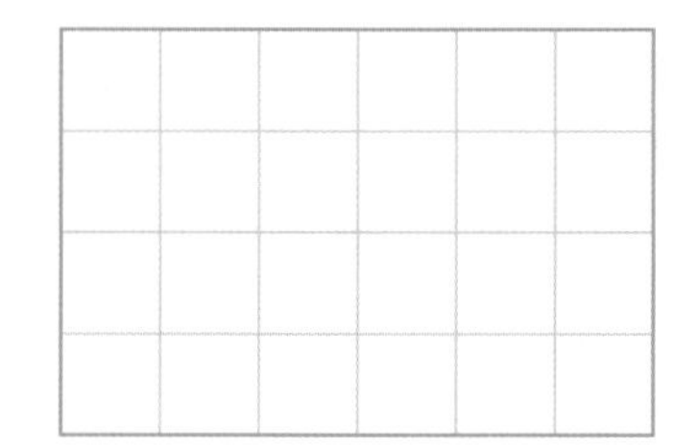

10. 아래 그림의 구슬을 살펴보고 주어진 설명대로 색칠해 보세요.

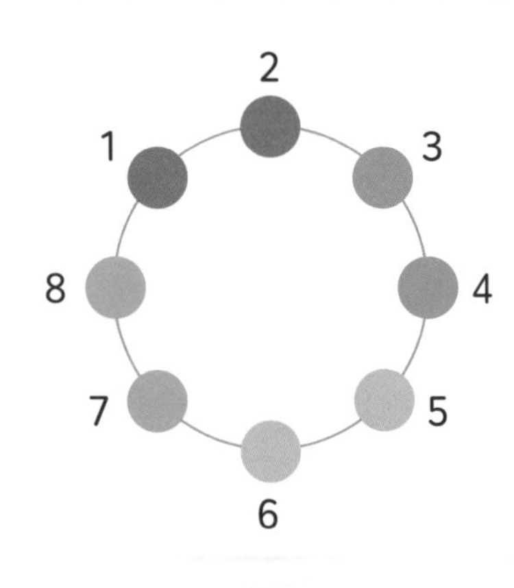

❶ 구슬 1과 5의 자리를 바꾸세요. 그리고 구슬 5와 8의 자리를 바꾸세요.

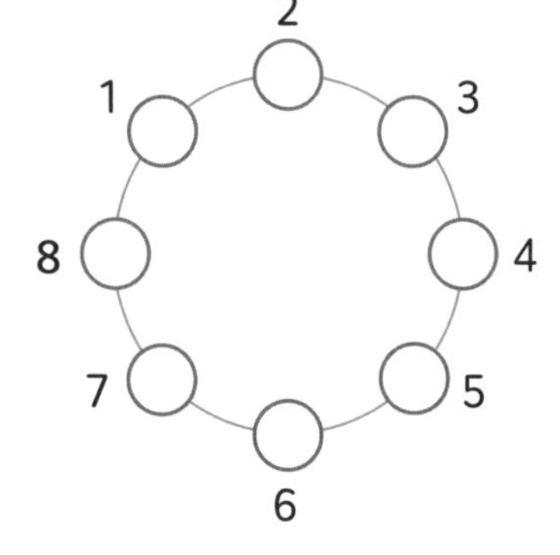

❷ 구슬 3과 7의 자리를 바꾸세요. 그리고 구슬 5와 2의 자리를 바꾸세요. 마지막으로 구슬 2와 3의 자리를 바꾸세요.

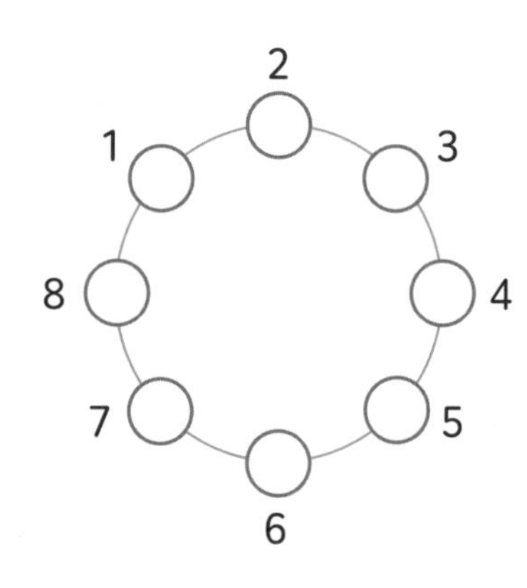

11. 아래 글을 읽고 답을 구해 보세요.

엠마는 서로 다른 셔츠가 3벌, 서로 다른 반바지가 2벌 있어요. 서로 다른 한 벌이 되는 경우의 수는 모두 몇 가지일까요?

정답 : ____________________

12. 그림을 보고 답을 구해 보세요.

같은 색 꼭짓점에서 노란색 도형 2개가 합쳐진다면 어떤 모양의 도형이 될까요? 아래 빈칸에 그리고 색칠해 보세요.

❶ 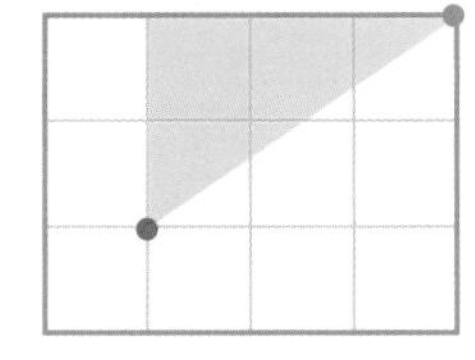 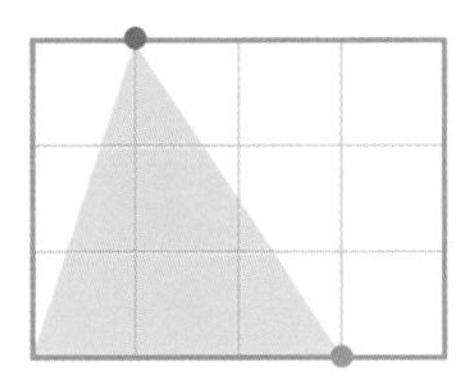 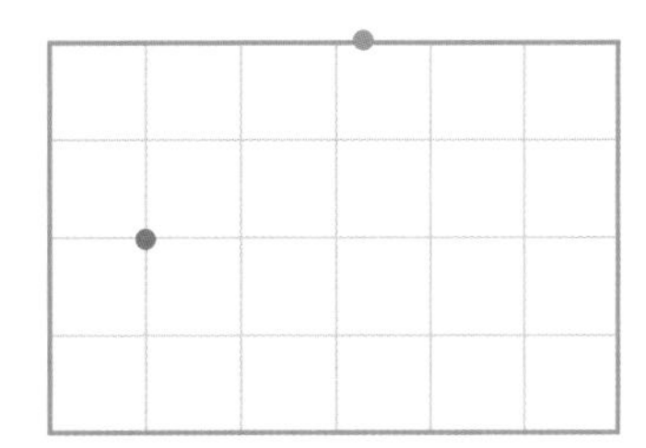

❷  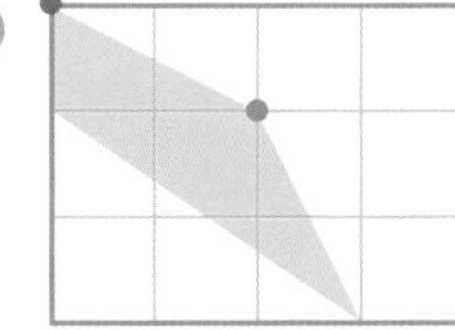 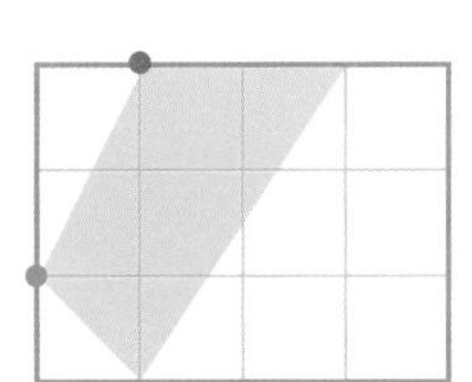 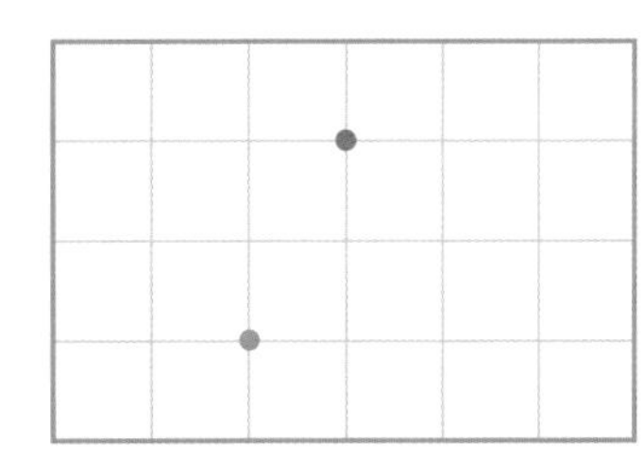

한 번 더 연습해요!

1. 주어진 조건에 따라 도형을 그려 보세요.

❶ 한 변의 길이가 각각 2cm, 3cm인 직사각형

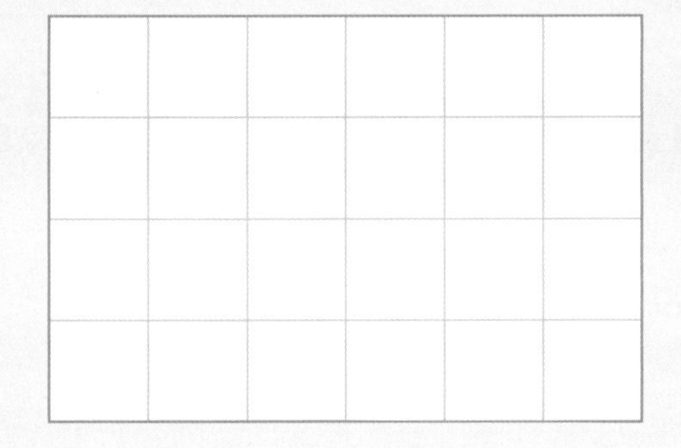

❷ 한 변의 길이가 각각 4cm, 2cm인 둔각삼각형

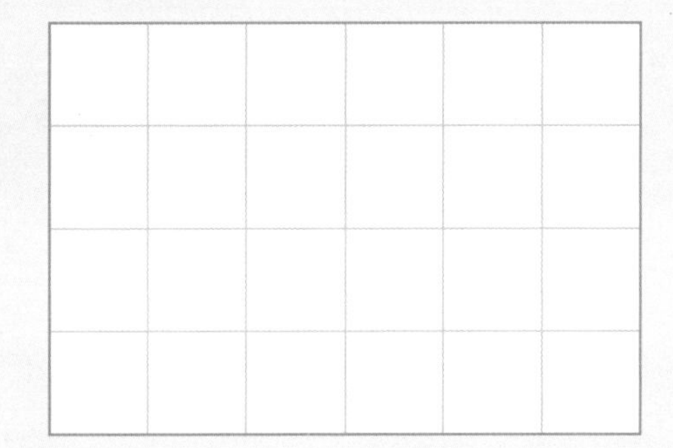

10 도형의 둘레

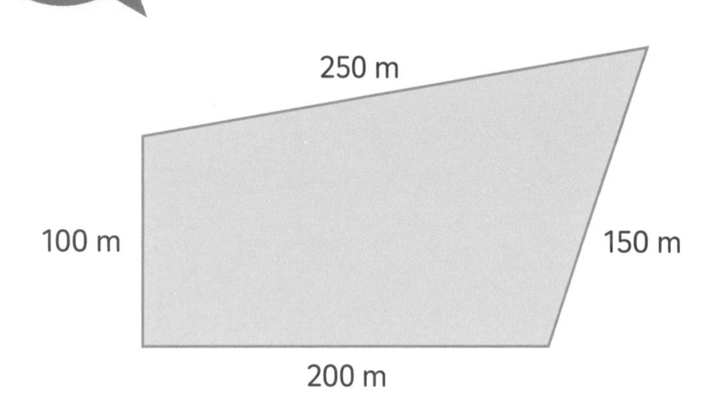

- 다각형의 둘레는 각 변의 길이를 모두 더한 값이에요.
- 위 사각형의 둘레는 700m예요.
  (200m + 150m + 250m + 100m = 700m)
  둘레 = 700m

1. 알맞은 식을 세워 목장의 둘레를 계산해 보세요.

❶

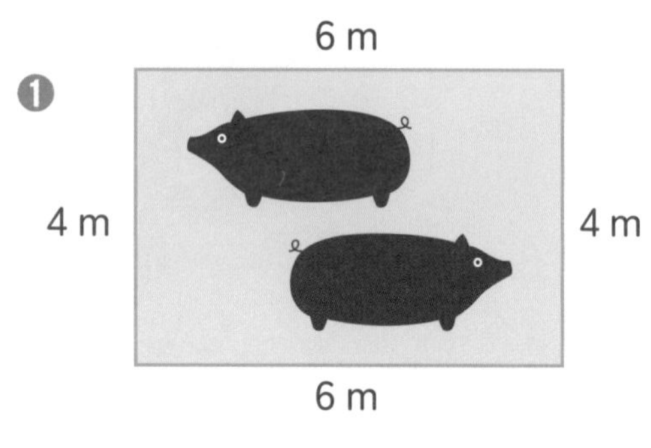

식 : ____________________

____

둘레 : ____________________

❷

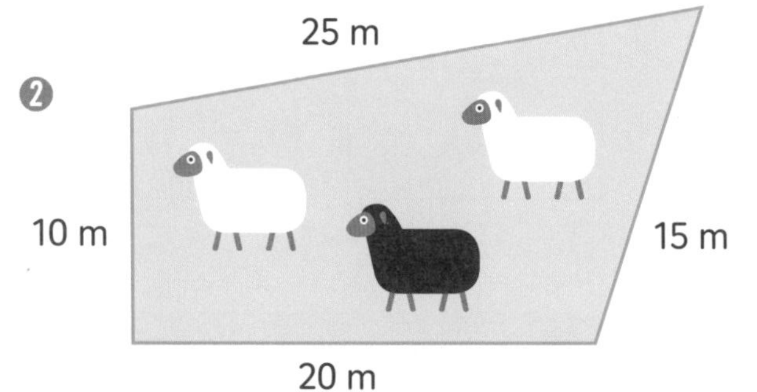

식 : ____________________

____

둘레 : ____________________

❸

식 : ____________________

둘레 : ____________________

2. 알맞은 식을 세워 도형의 둘레를 계산해 보세요.

❶

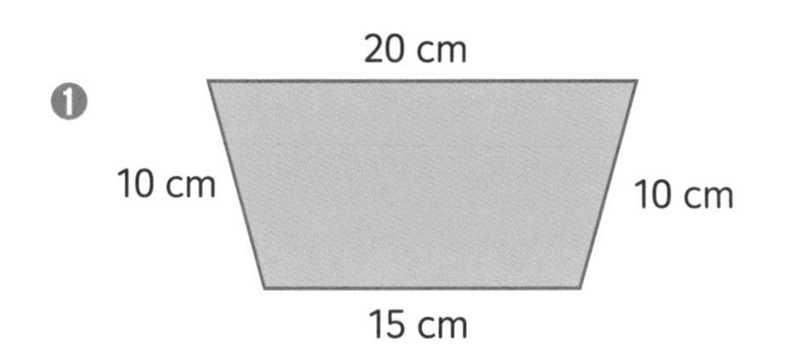

식 : ______________________

____

둘레 : ______________________

❷

15 cm
40 cm
50 cm

식 : ______________________

____

둘레 : ______________________

❸

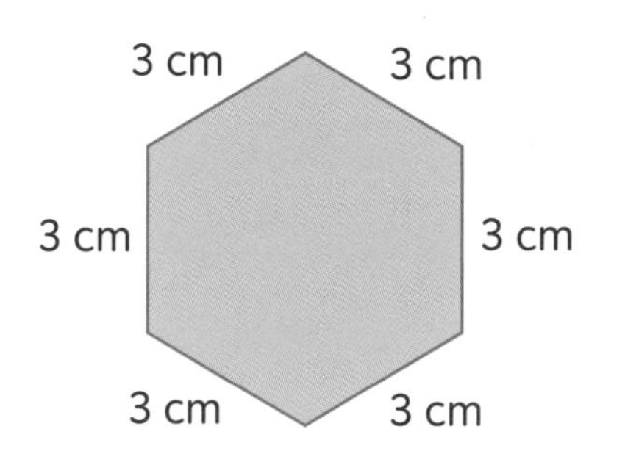

식 : ______________________

____

둘레 : ______________________

❹

5 cm
1 cm
4 cm
2 cm
5 cm
1 cm
4 cm

식 : ______________________

____

둘레 : ______________________

3. 아래 그림과 같은 틀을 만들기 위해 어떤 나무판을 이용했을까요? 찾아서 X표 해 보세요.

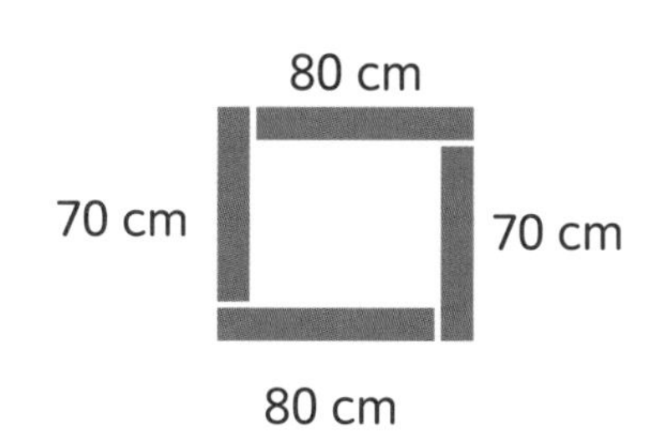

320 cm ☐

300 cm ☐

280 cm ☐

더 생각해 보아요!

직사각형의 둘레가 4m예요. 긴 변의 길이가 짧은 변의 길이보다 1m 길어요. 직사각형 변의 길이는 각각 얼마일까요?

____

4. 주어진 조건에 따라 도형을 그려 보세요.

❶ 둘레가 12cm인 정사각형

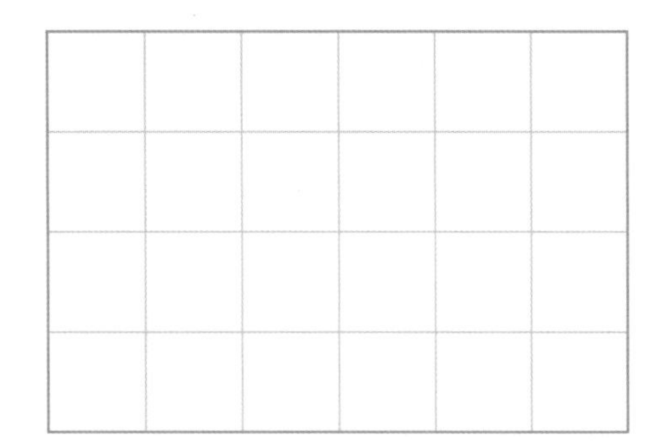

❷ 둘레가 14cm인 직사각형

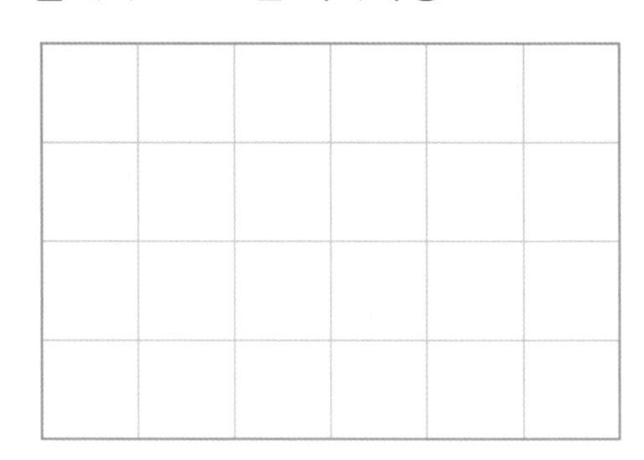

5. 아래 다각형의 둘레를 먼저 어림해 보세요. 그리고 변의 길이를 측정해서 정확한 둘레를 계산해 보세요.

❶ 어림한 둘레 ____________

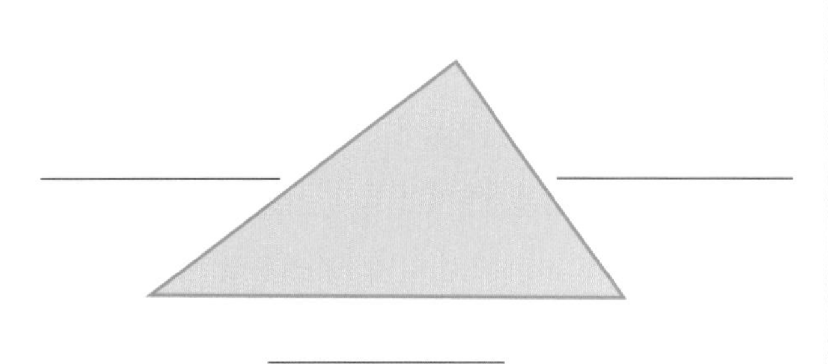

식 : ______________________________

____

측정한 둘레 : ______________________________

❷ 어림한 둘레 ____________

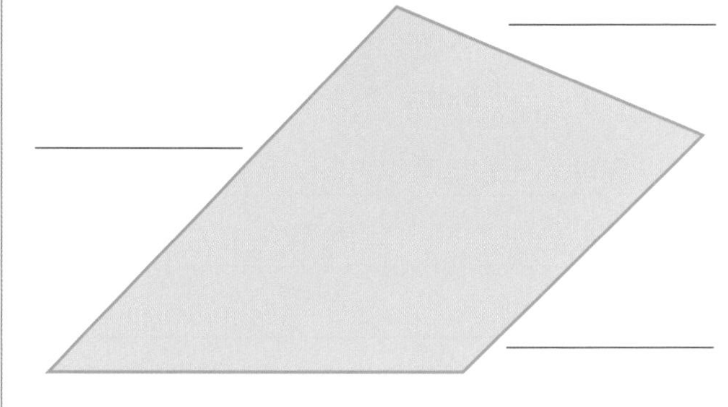

식 : ______________________________

측정한 둘레 : ______________________________

❸ 어림한 둘레 ____________

식 : ______________________________

측정한 둘레 : ______________________________

6. 둘레를 계산해 보세요.

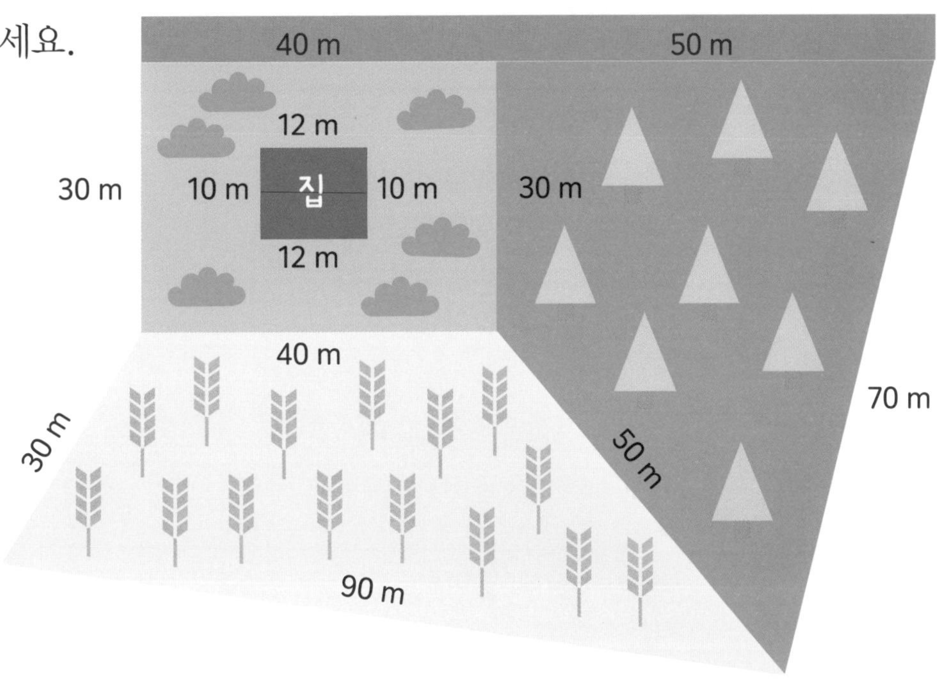

❶ 집 식 :

둘레 :

❷ 마당 식 :

둘레 :

❸ 논 식 :

둘레 :

❹ 숲 식 :

둘레 :

한 번 더 연습해요!

1. 알맞은 식을 세워 도형의 둘레를 계산해 보세요.

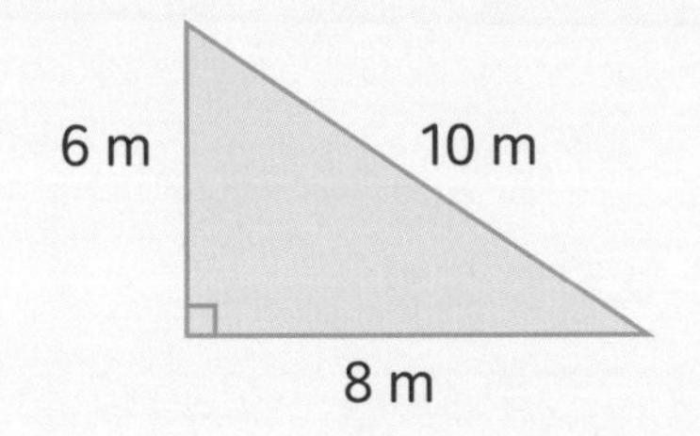

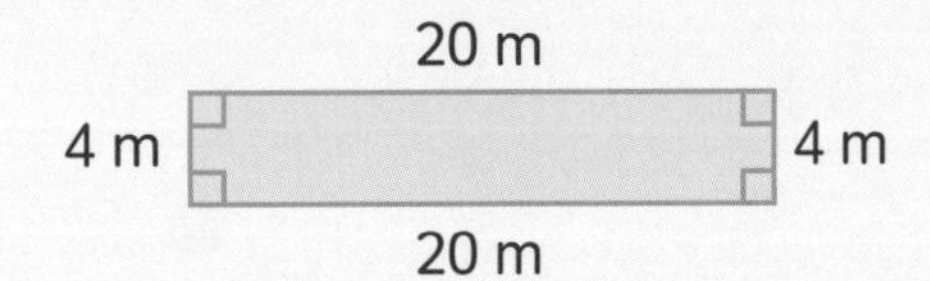

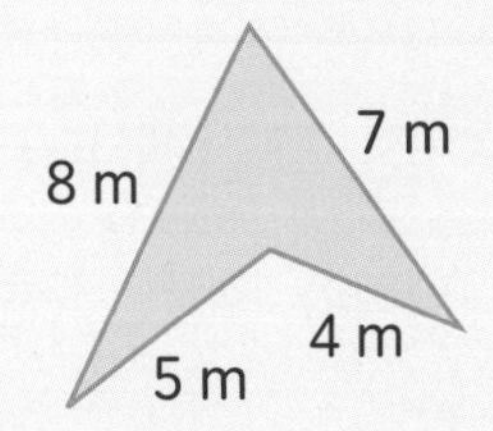

❶ 식 :

둘레 :

❷ 식 :

둘레 :

❸ 식 :

둘레 :

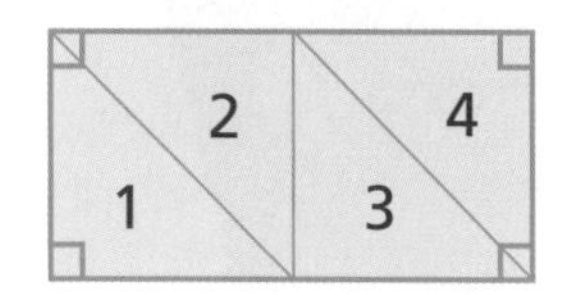

11 도형의 넓이

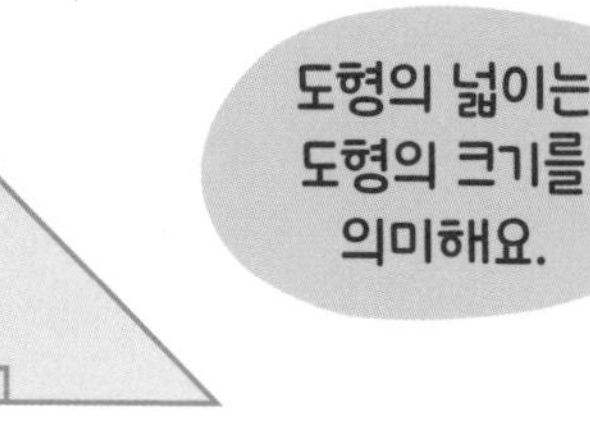

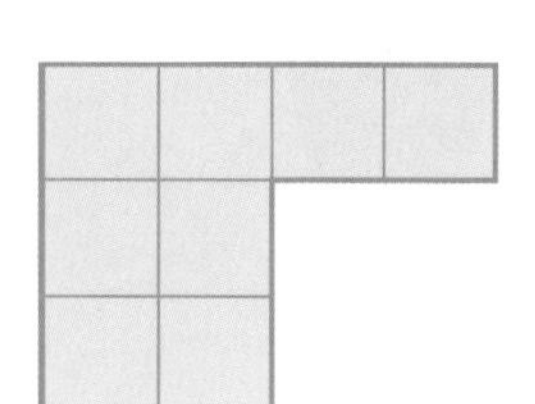

그림의 직사각형은 삼각형 4개로 딱 맞아떨어져요. 이 직사각형의 넓이는 삼각형 4개의 넓이와 같아요.

도형의 넓이는
도형의 크기를
의미해요.

그림의 육각형은 정사각형 8개로 딱 맞아떨어져요. 이 육각형의 넓이는 정사각형 8개의 넓이와 같아요.

1. 아래 도형의 넓이는 그림과 같은 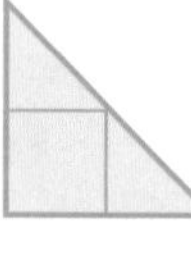 삼각형 몇 개의 넓이와 같을까요?

❶ 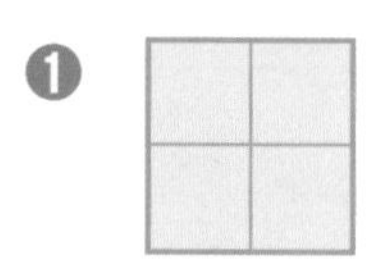 ________

❷ 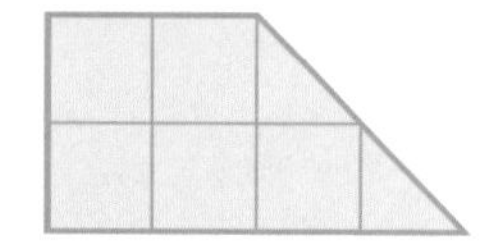 ________

❸ 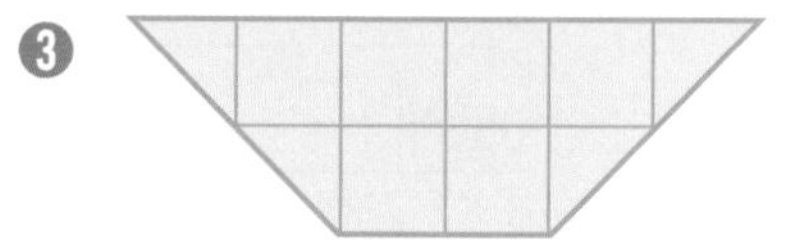 ________

2. 아래 도형의 넓이는 그림과 같은 사각형 몇 개의 넓이와 같을까요?

❶ 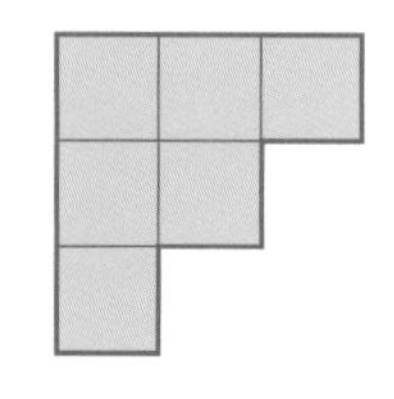 ________

❷ 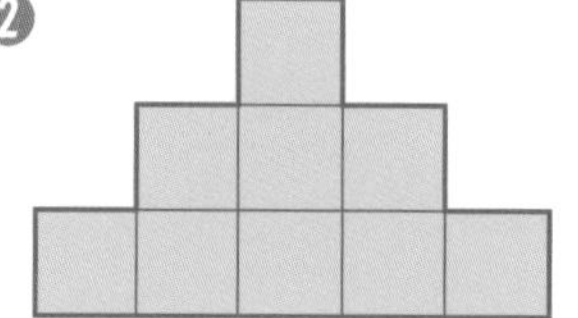 ________

❸ 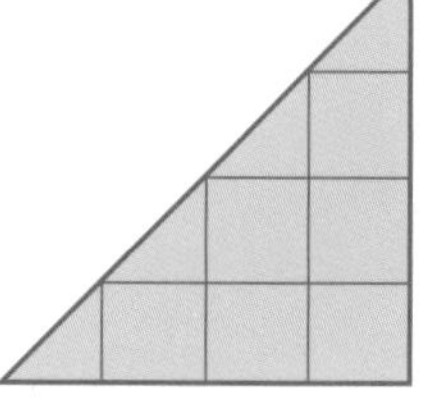 ________

3. 주어진 조건에 따라 도형을 그려 보세요.

❶ 넓이가 12칸인 도형

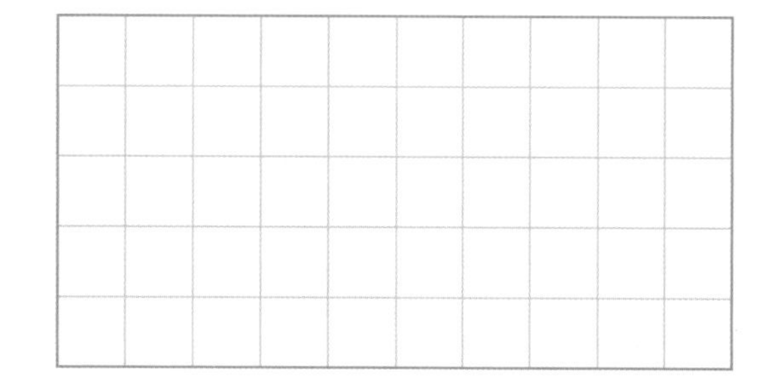

❷ 넓이가 18칸인 도형

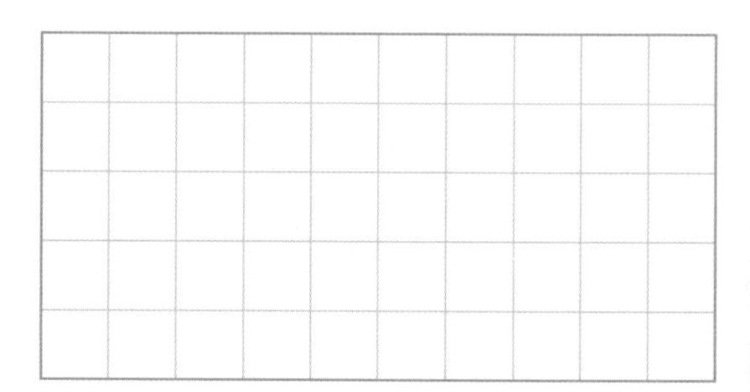

4. 아래 도형을 주어진 수만큼 이용하여 딱 맞아떨어지는 도형을 그려 보세요.

❶ 3개

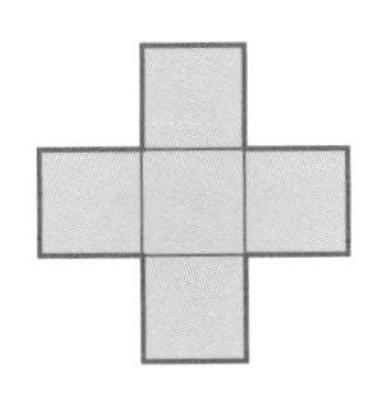

❷ 4개

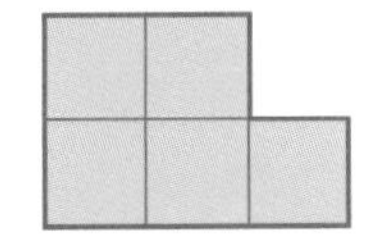

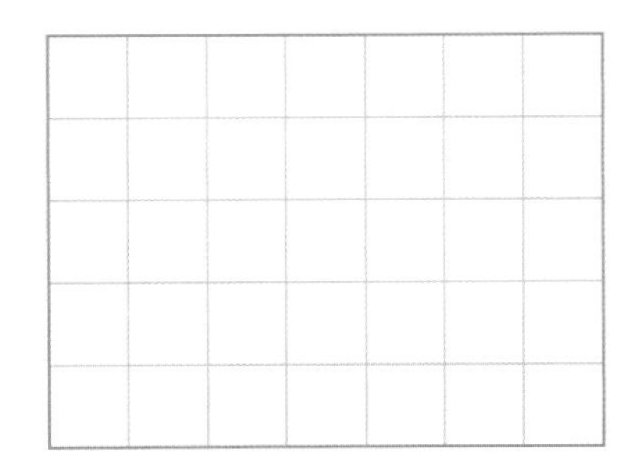

5. 아래 도형 위에 오른쪽 삼각형 6개를 그려 보세요.

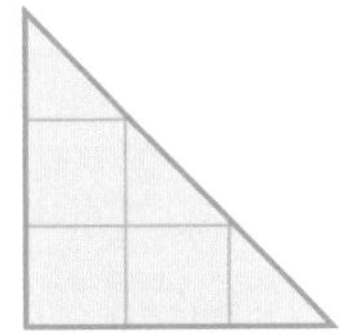

❶

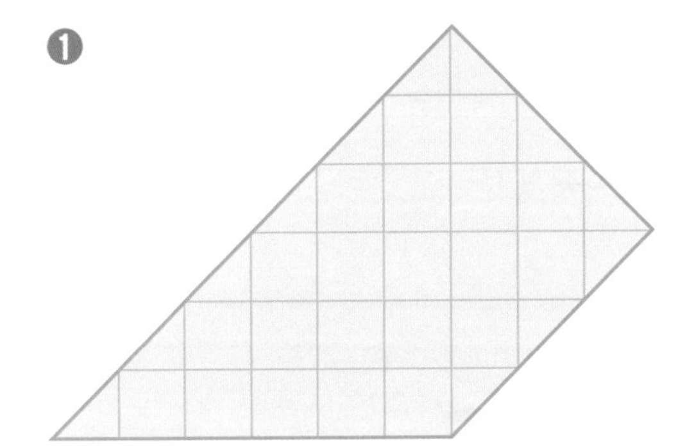

❷

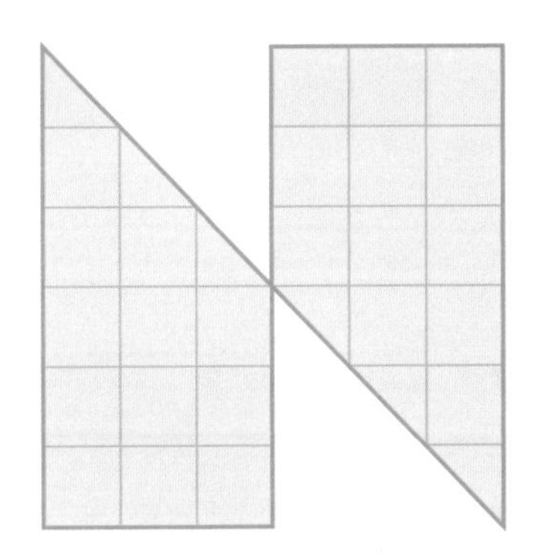

더 생각해 보아요!

가로 2칸, 세로 2칸 길이의 정사각형 여러 개로 오른쪽 정사각형이 딱 맞아떨어질까요? 생각해 보세요.

____

6. 주어진 색과 넓이에 따라 직사각형을 색칠해 보세요.

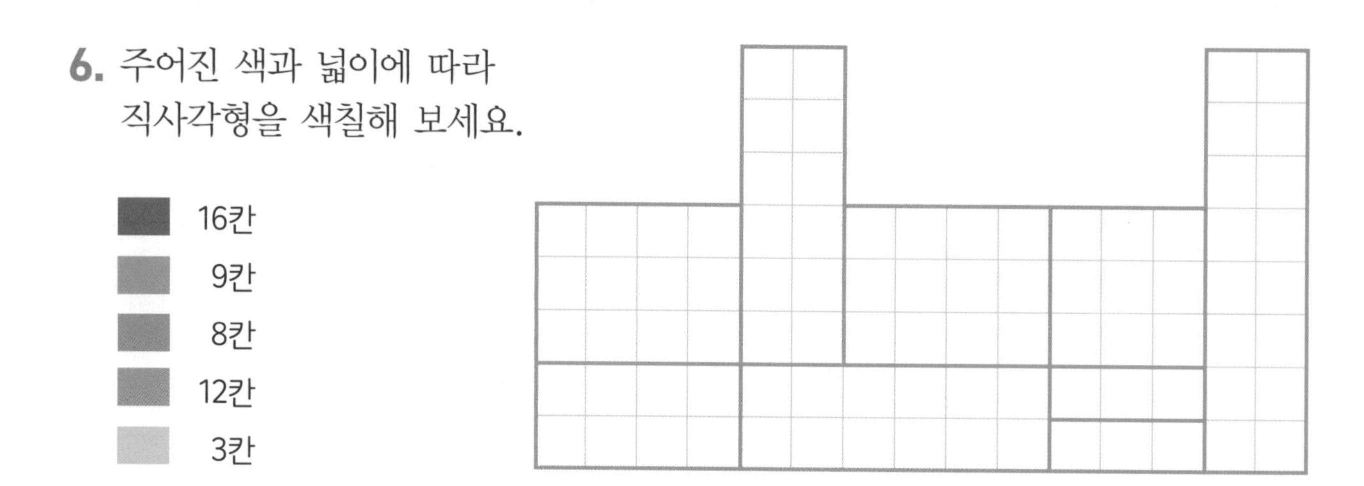

7. 아래 직사각형에 완전히 맞아떨어지려면 그림과 같은 도형이 몇 개가 필요할까요?

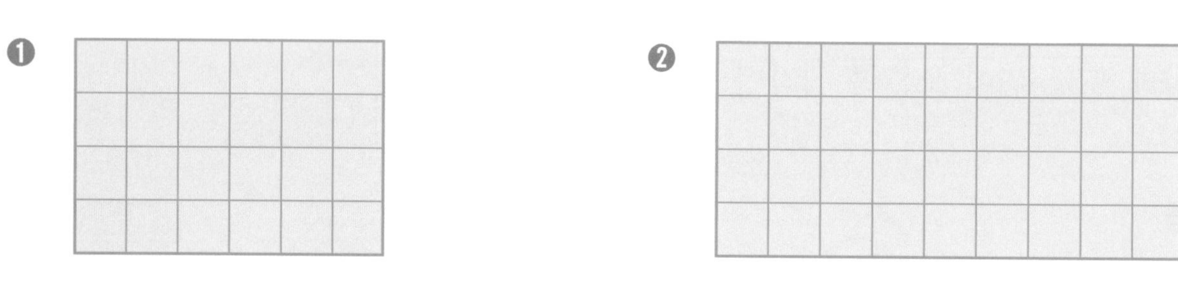

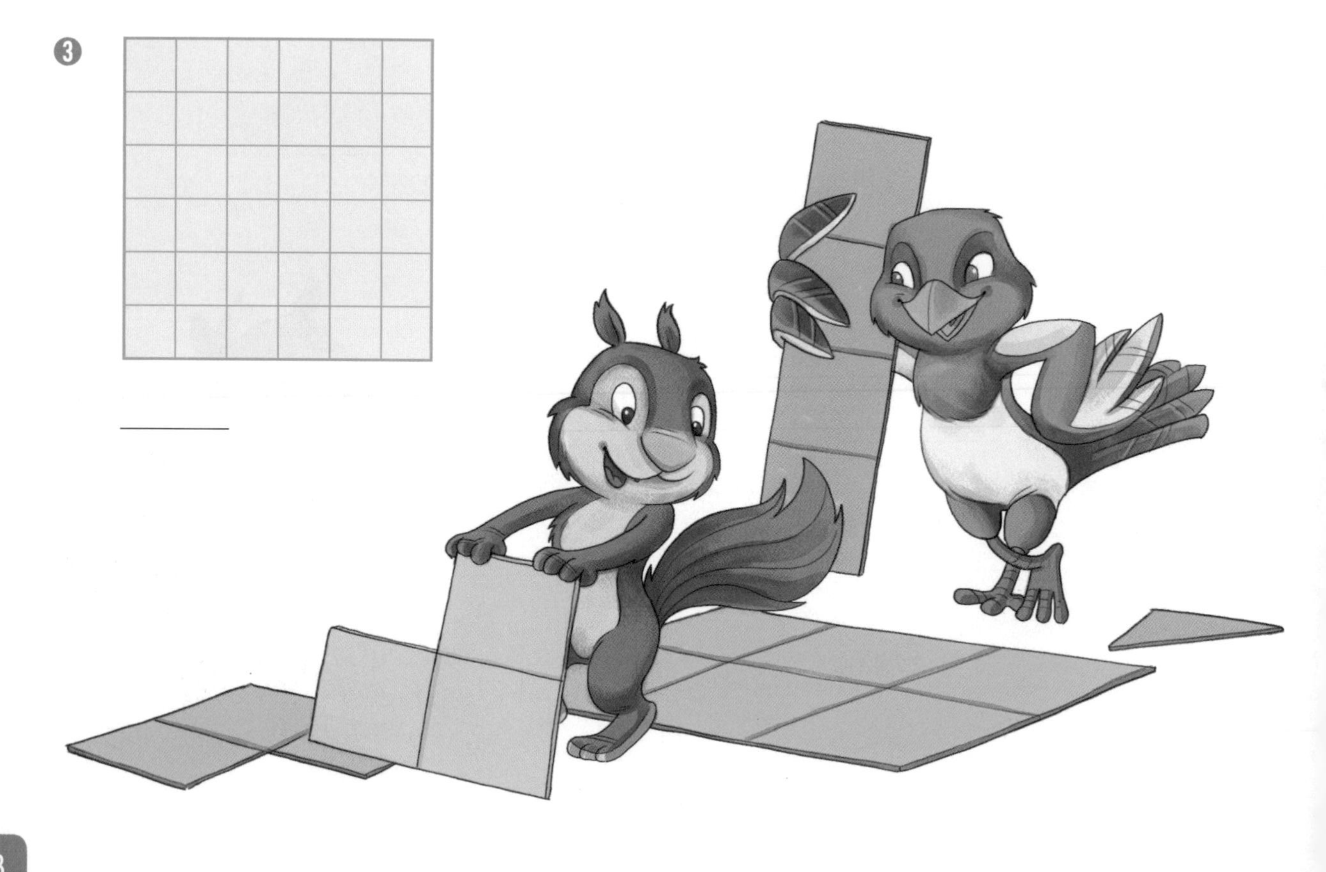

8. 서로 다른 다각형 8개를 그려 보세요. 다각형의 넓이는 모두 4칸이에요.

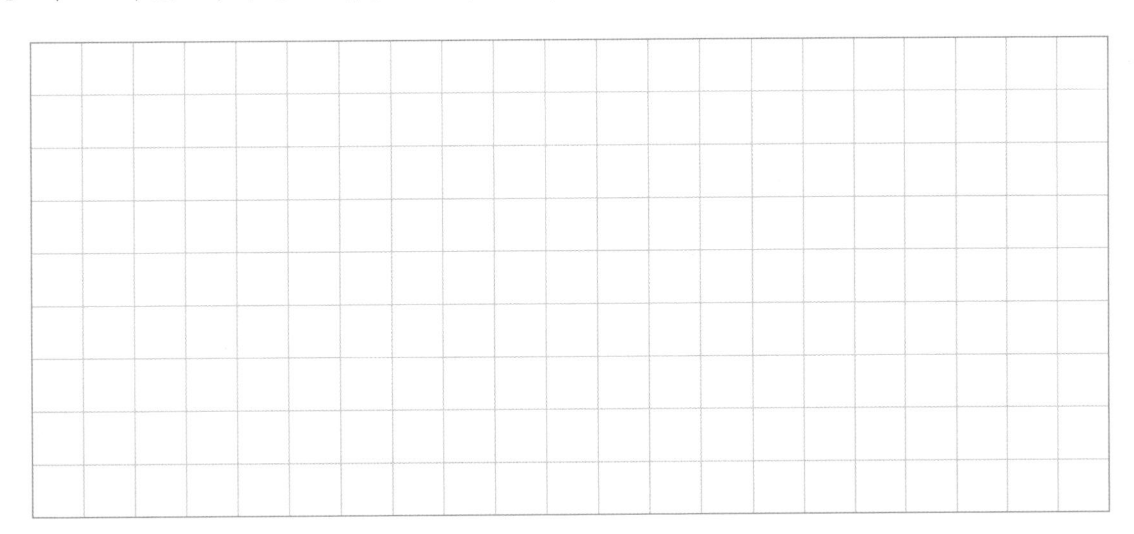

9. 아래 조각을 한 번씩만 사용해서 오른쪽 바둑판을 채워 보세요. 도형의 방향을 돌릴 수는 없어요.

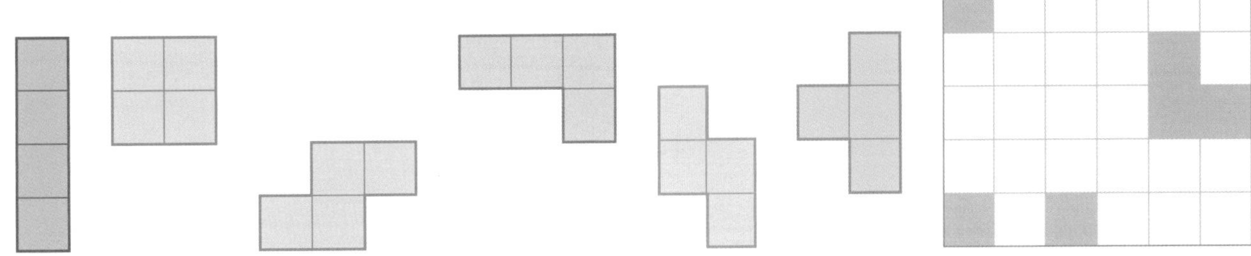

한 번 더 연습해요!

1. 아래 도형의 넓이는 그림과 같은 ▭▭ 직사각형 몇 개의 넓이와 같을까요?

❶ ______ ❷ ______

2. 넓이가 20칸인 도형을 그려 보세요.

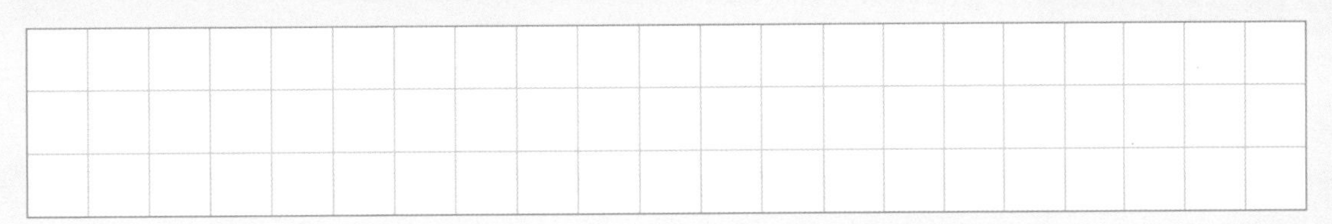

12 직사각형의 넓이

- 그림의 직사각형은 똑같은 크기의 정사각형 8개로 이루어져 있어요.
- 즉, 직사각형의 넓이는 8칸이에요.

- 직사각형의 넓이를 정사각형의 개수로 구하려면 가로 칸의 개수와 세로 칸의 개수를 곱하세요. (5 x 3 = 15 또는 3 x 5 = 15)
- 오른쪽 직사각형의 넓이는 15칸이에요.

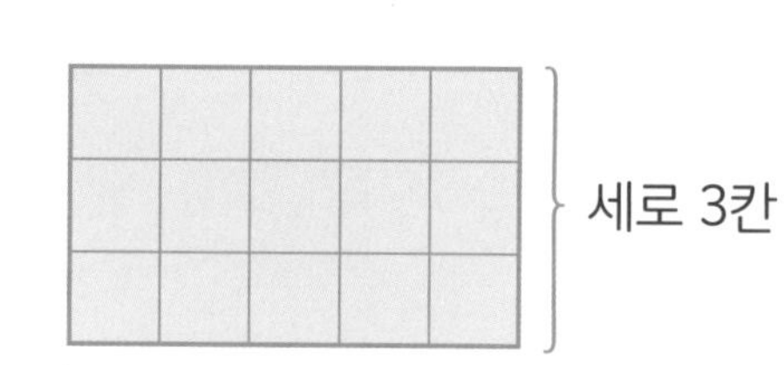

1. 알맞은 식을 세워 아래 도형의 넓이가 몇 칸인지 계산해 보세요.

❶

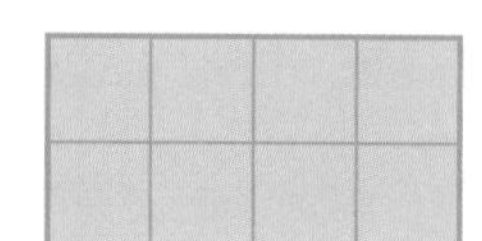

식 :

넓이 :

❷

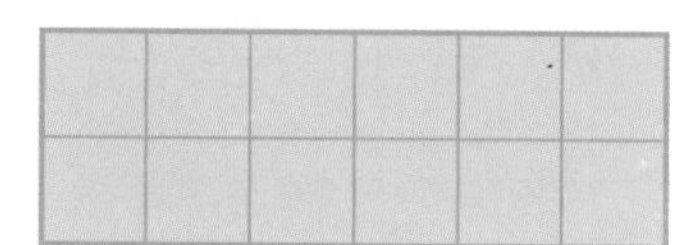

식 :

넓이 :

❸

식 :

넓이 :

❹

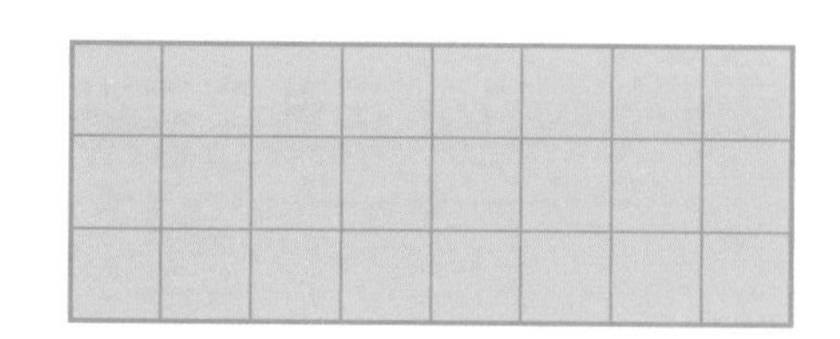

식 :

넓이 :

2. 알맞은 식을 세워 주어진 넓이의 직사각형을 그려 보세요.

❶ 6칸

식 :

❷ 8칸

식 :

❸ 10칸

식 :

❹ 21칸

식 :

3. 아래 글을 읽고 알맞은 식을 세워 답을 구해 보세요.

❶ 체스판의 가로는 1부터 8까지 있고 세로는 A부터 H까지 있어요. 체스판의 넓이는 몇 칸일까요?

식 :

넓이 :

❷ 정사각형이 가로 9개, 세로 7줄 있는 놀이 공간이 있어요. 이 공간의 넓이는 몇 칸일까요?

식 :

넓이 :

더 생각해 보아요!

직사각형의 넓이가 될 만한 수를 주머니에서 찾아 O표 해 보세요. 이 직사각형은 가로 칸과 세로 칸의 개수가 2개보다 많아요.

12 15
17 7 9
21 11
13

4. 그림을 보고 알맞은 식을 세워 색칠한 도형의 넓이를 계산해 보세요.

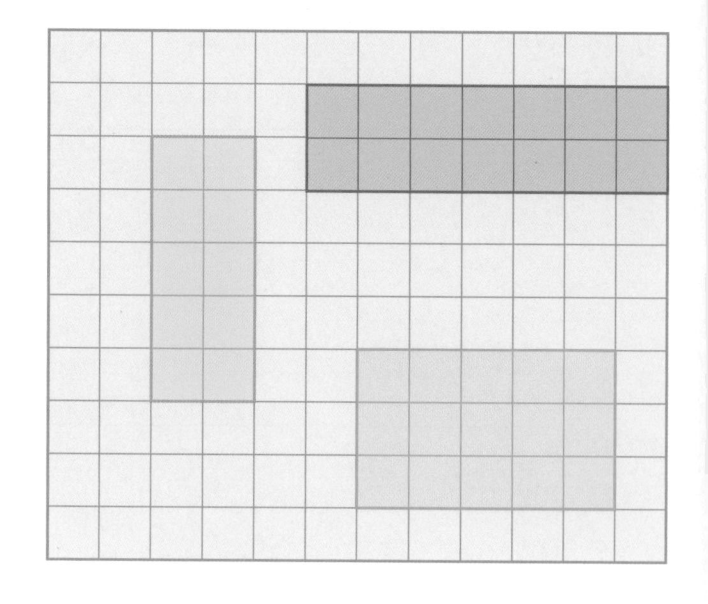

❶

식 : ____________________

넓이 : ____________________

❷

식 : ____________________

넓이 : ____________________

❸

식 : ____________________

넓이 : ____________________

❹

식 : ____________________

____

넓이 : ____________________

5. 서로 다른 직사각형 3개를 그려 보세요. 직사각형의 넓이는 각각 24칸이어야 해요.

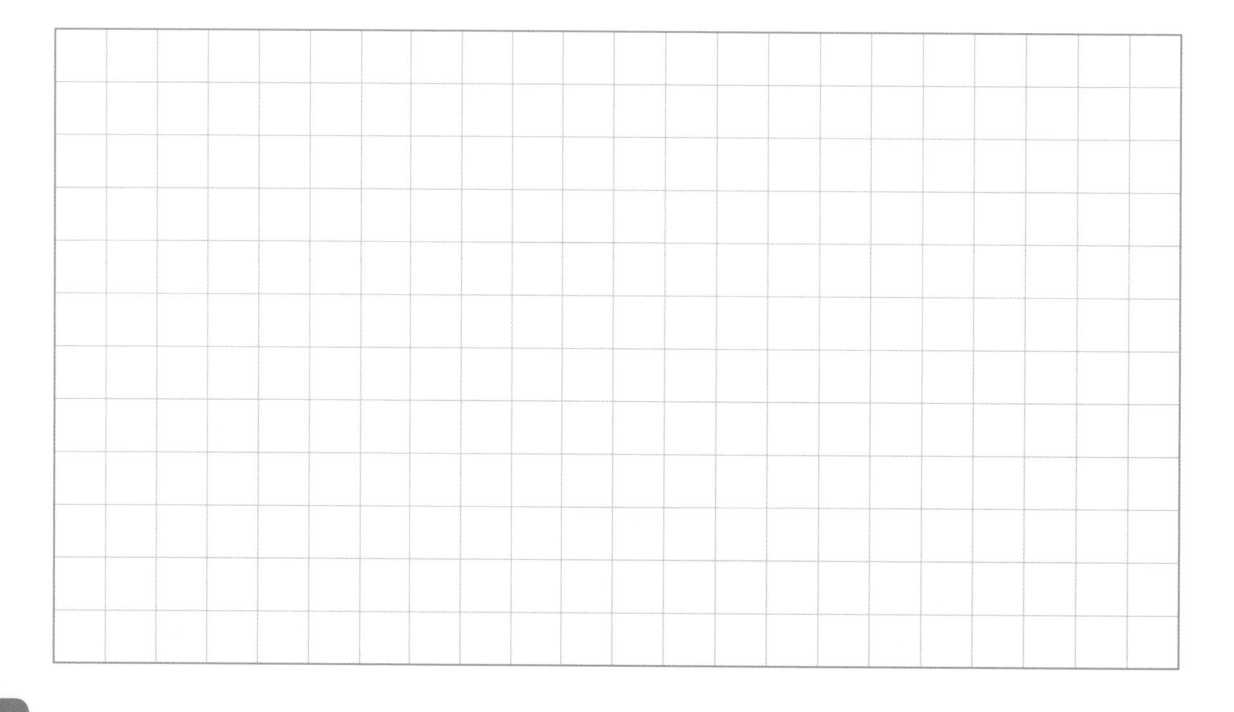

6. 아래 도형의 넓이가 몇 칸인지 계산해 보세요.

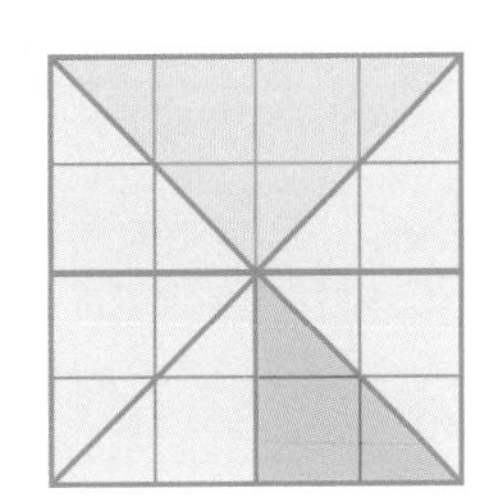

❶ 전체 정사각형 : ______칸

❷ 빨간색 삼각형 : ______칸

❸ 초록색 삼각형 : ______칸

7. 도형의 넓이를 계산해 보세요.

❶

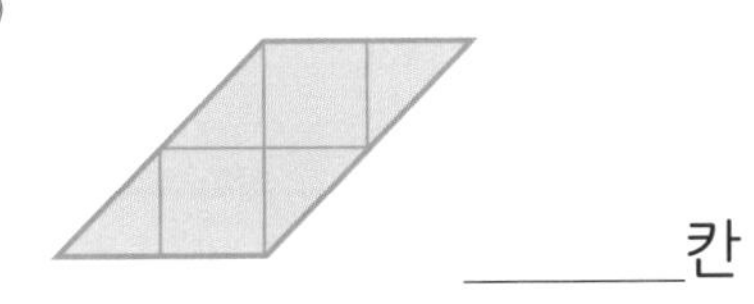

______칸

❷

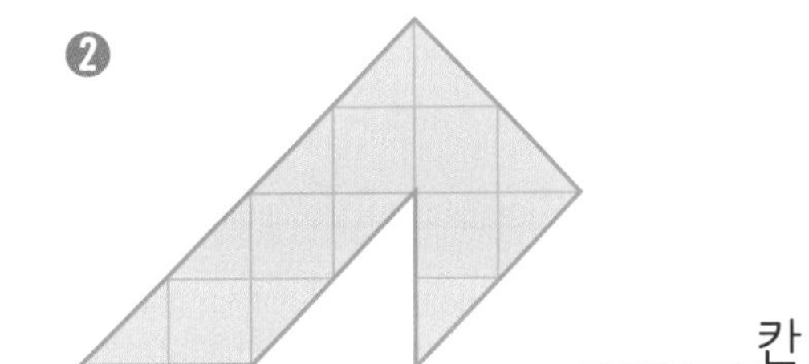

______칸

8. 아래 글을 읽고 답을 구해 보세요.

선 3개를 그어 아래 직사각형을 주어진 넓이의 직사각형 5개로 나누어 보세요.

❶ 9, 9, 12, 12, 18칸

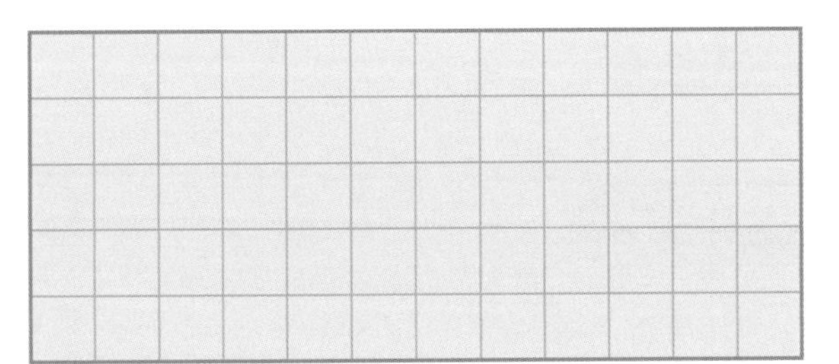

❷ 9, 10, 12, 14, 15칸

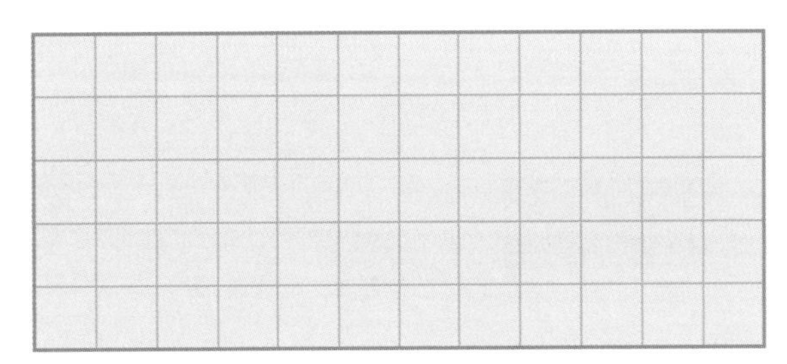

한 번 더 연습해요!

1. 알맞은 식을 세워 아래 직사각형의 넓이를 계산해 보세요.

❶

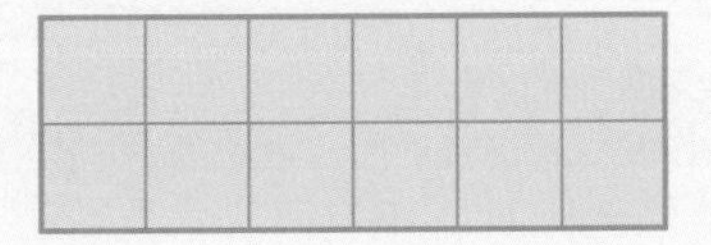

식 : ______________________

넓이 : ______________________

❷

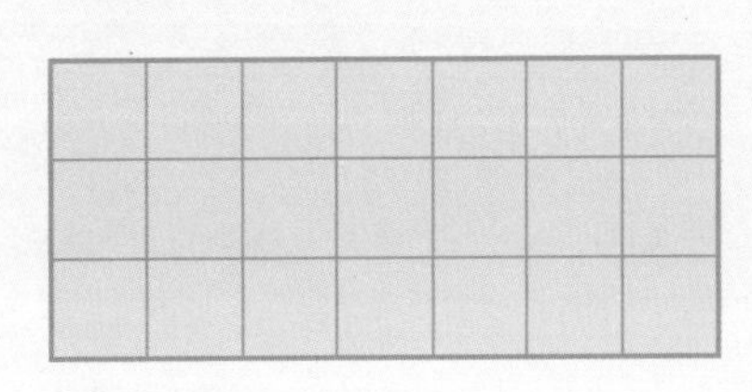

식 : ______________________

넓이 : ______________________

연습 문제

_____ 월 _____ 일 _____ 요일

1. 이름이 나타내는 것을 찾아 선으로 이어 보세요.

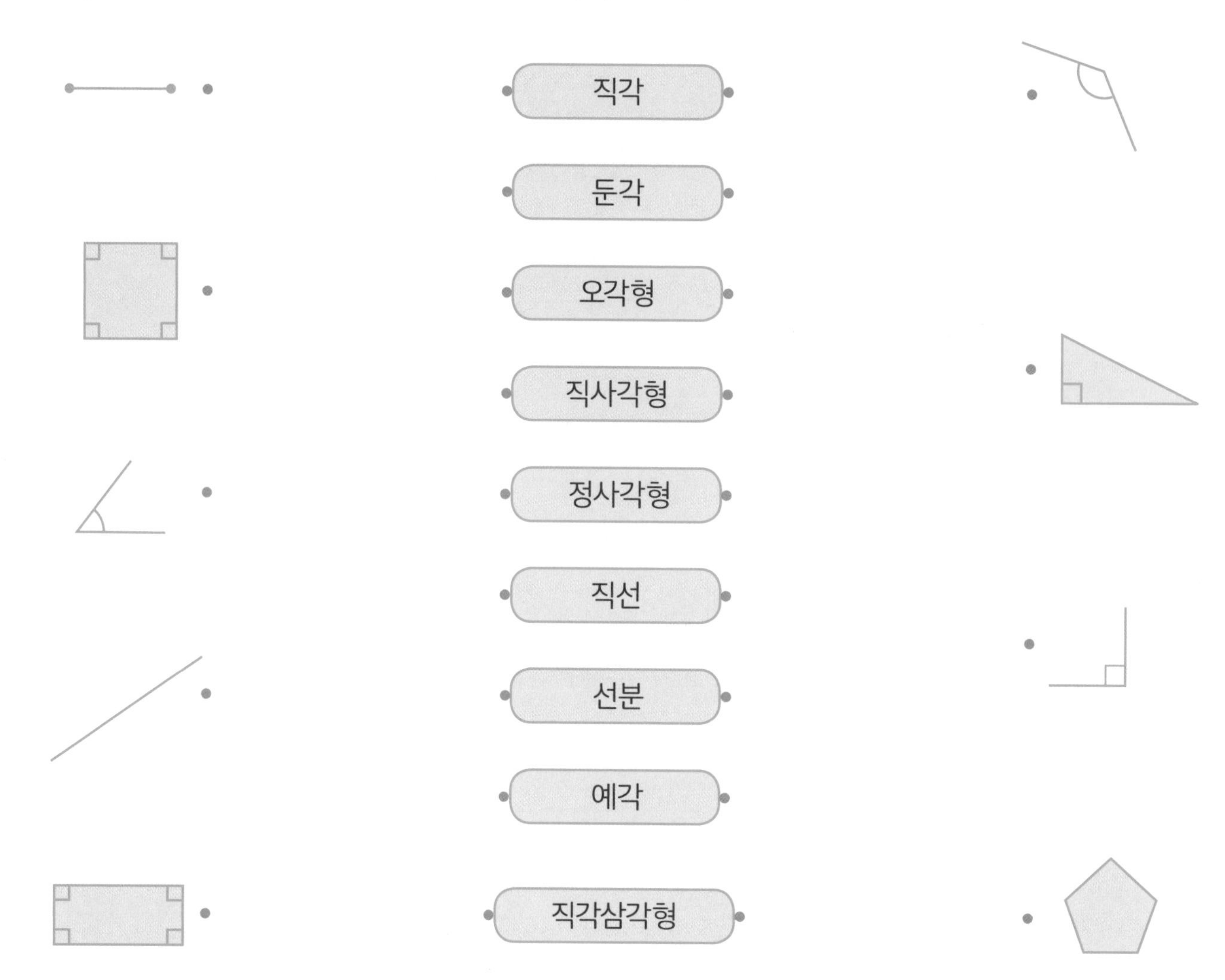

2. 알맞은 식을 세워 아래 다각형의 둘레를 계산해 보세요.

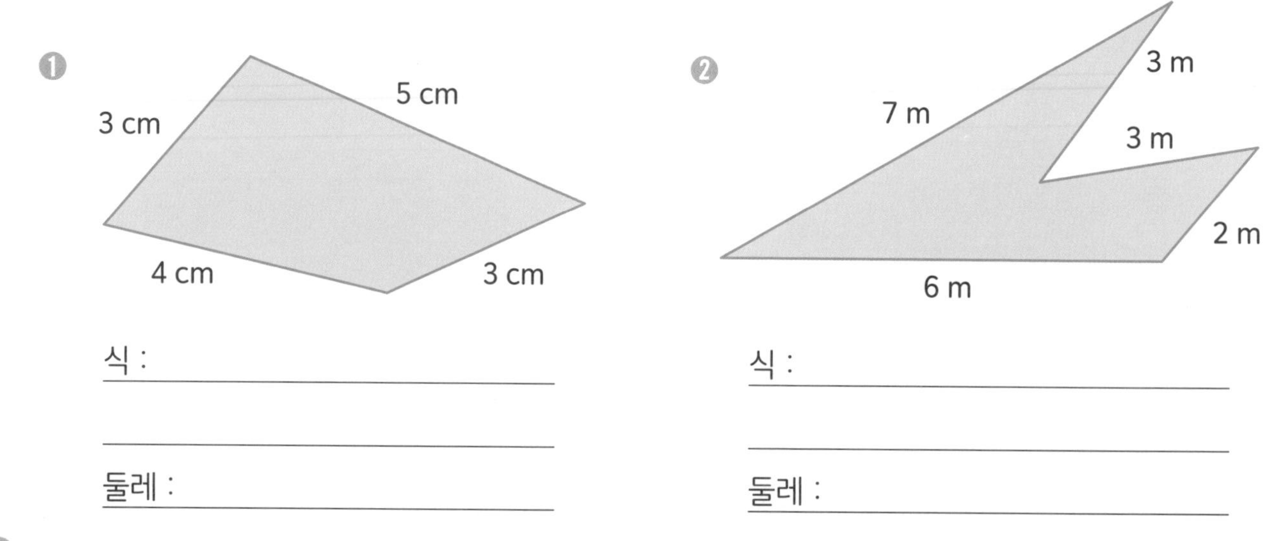

3. 알맞은 식을 세워 아래 직사각형의 넓이를 계산해 보세요.

❶

식 :

넓이 :

❷

식 :

넓이 :

4. 아래 글을 읽고 알맞은 식을 세워 답을 구해 보세요.

❶ 한 변이 3m인 정사각형 모양의 모래 놀이터가 있어요. 모래 놀이터의 둘레를 계산해 보세요.

식 :

정답 :

❷ 변의 길이가 각각 30m, 45m, 50m, 65m인 사각형 모양의 공원이 있어요. 공원의 둘레를 계산해 보세요.

식 :

정답 :

❸ 공원에는 8줄로 된 사방치기 놀이터가 있어요. 1줄은 각각 6개의 칸으로 되어 있어요. 사방치기 놀이터의 넓이는 몇 칸일까요?

식 :

정답 :

❹ 자전거 주차장이 4줄로 되어 있어요. 1줄에는 자전거 7대를 주차할 수 있어요. 자전거 주차장에는 모두 몇 대의 자전거를 주차할 수 있을까요?

식 :

정답 :

더 생각해 보아요!

직사각형의 넓이는 12칸이에요. 1칸의 변의 길이는 1cm이고, 직사각형의 둘레는 16cm예요. 1줄은 몇 칸으로 되어 있을까요? 2가지 답을 생각해 보세요.

5. 아래 주어진 직선, 점, 선분, 각, 다각형으로 멋진 작품을 그려 보세요.

- 선분 6개
- 점 10개
- 직선 5개
- 삼각형 4개
- 정사각형 2개
- 직사각형 2개
- 오각형 1개
- 육각형 1개
- 예각 4개
- 직각 2개
- 둔각 4개

6. 아래 도형으로 바둑판을 채워 보세요.

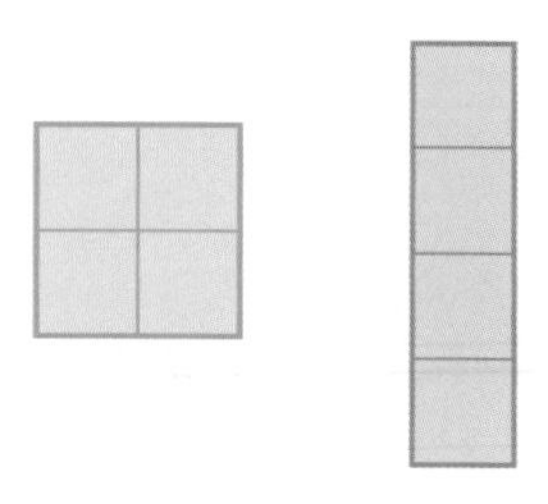

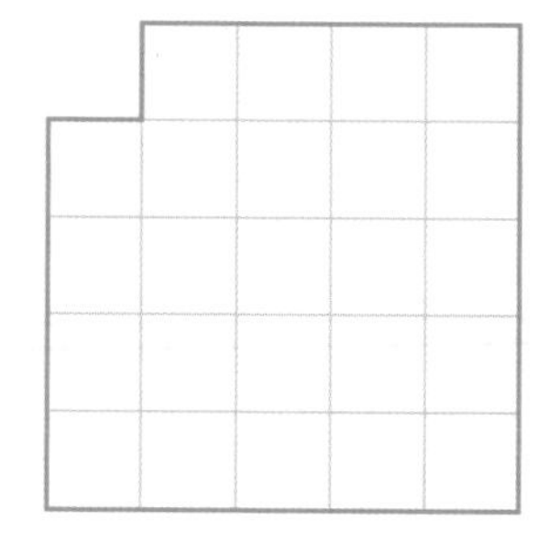

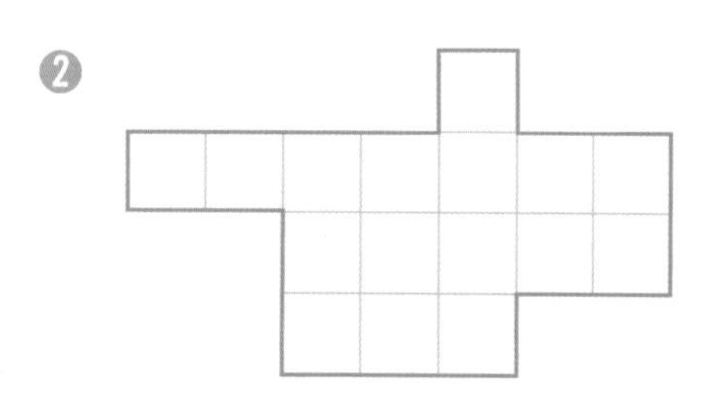

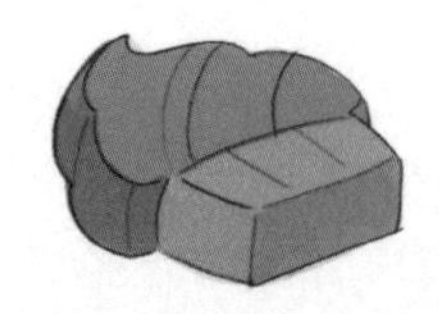

7. 바둑판에 직사각형을 가능한 한 많이 그려 보세요. 단, 직사각형의 넓이는 6칸이고, 서로 닿지 않아야 해요.

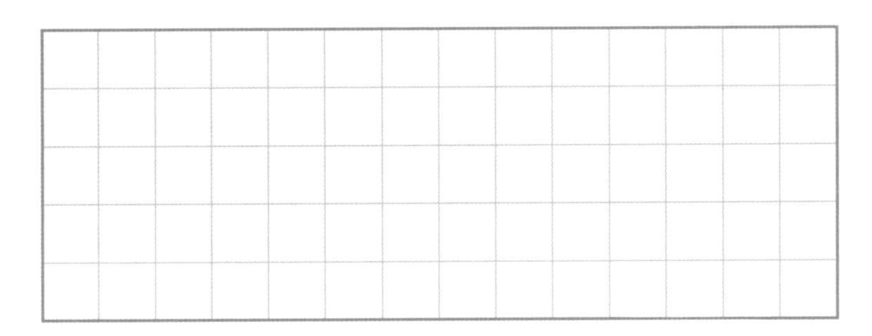

7개의 직사각형을 그릴 수 있어요.
여러분은 몇 개를 그렸나요?

____

8. 선 2개를 그어 아래 직사각형을 3개의 직사각형으로 나누어 보세요.

❶ 둘레가 8cm, 10cm, 14cm인 직사각형

1 cm

❷ 둘레가 10cm, 12cm, 12cm인 직사각형

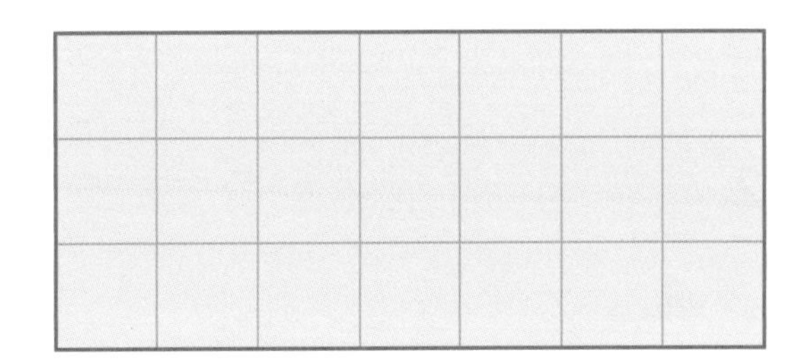

한 번 더 연습해요!

1. 알맞은 식을 세워 아래 직사각형의 둘레와 넓이를 계산해 보세요.

❶

1 cm

식 : ______________________

둘레 : ______________________

식 : ______________________

넓이 : ______________________

❷

1 cm

식 : ______________________

둘레 : ______________________

식 : ______________________

넓이 : ______________________

실력을 평가해 봐요!

____월 ____일 ____요일

1. 주어진 조건에 따라 그려 보세요.

❶ 길이가 3cm인 선분

❷ 직사각형

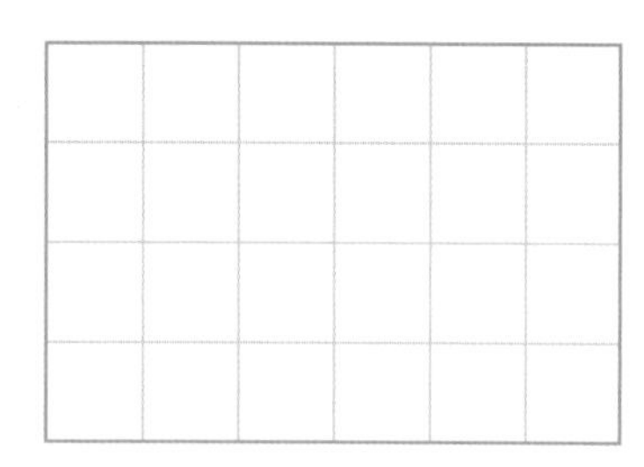

❸ 예각

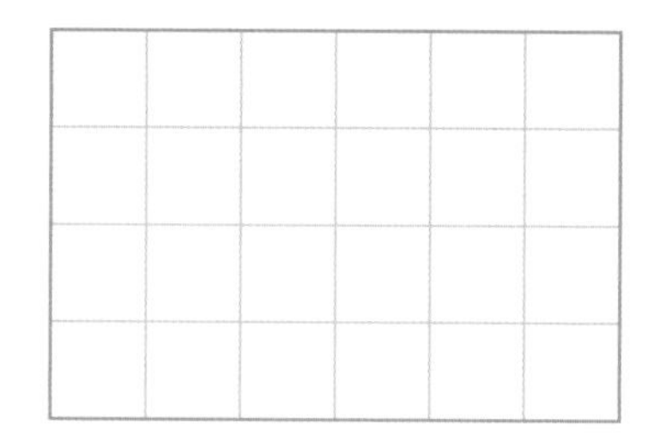

2. 아래 도형의 둘레를 측정하여 계산해 보세요.

❶

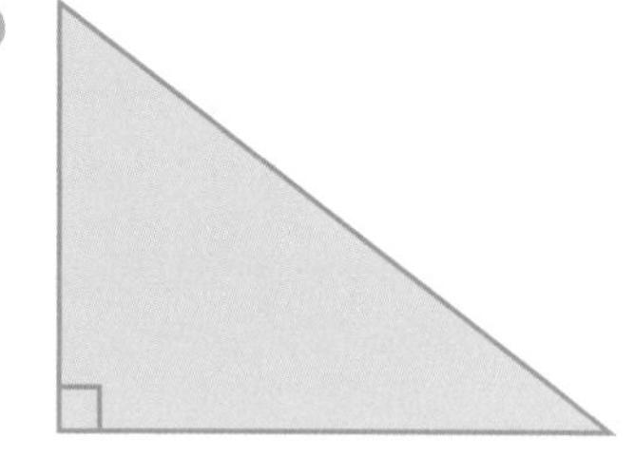

식 :

둘레 :

❷

식 :

둘레 :

3. 알맞은 식을 세워 아래 직사각형의 넓이를 계산해 보세요.

❶

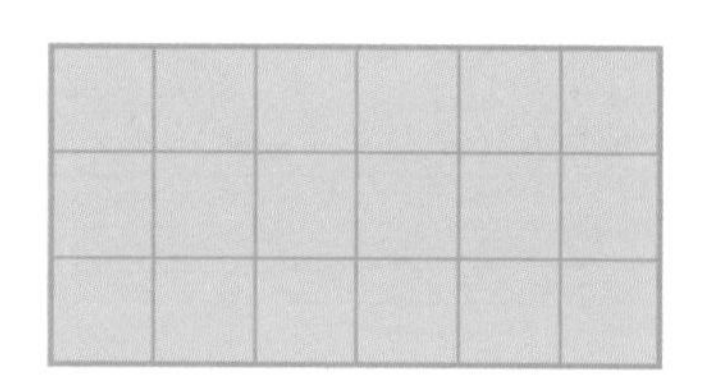

식 :

넓이 :

❷

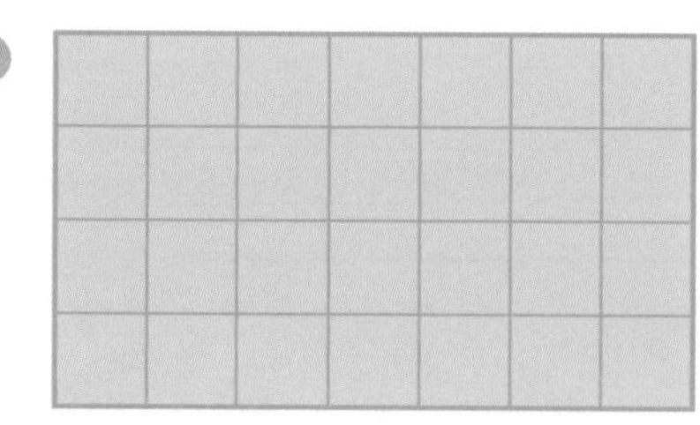

식 :

넓이 :

4. 아래 글을 읽고 알맞은 식을 세워 답을 구해 보세요.

❶ 한 변의 길이가 30m인 정사각형을 놀이터에 그렸어요. 이 정사각형의 둘레를 계산해 보세요.

식 :

정답 :

❷ 변의 길이가 80m, 200m, 250m인 삼각형 모양의 숲이 있어요. 이 숲의 둘레를 계산해 보세요.

식 :

정답 :

❸ 벽에는 10줄의 타일이 있어요. 1줄에는 6개의 타일이 있어요. 벽의 넓이는 몇 장의 타일과 같을까요?

식 :

정답 :

❹ 바둑판에 9줄이 있어요. 1줄에는 9칸이 있어요. 바둑판의 넓이는 몇 칸일까요?

식 :

정답 :

5. 알맞은 식을 세워 색칠한 부분의 넓이를 계산해 보세요.

❶ ■

식 :

정답 :

❷ □

식 :

정답 :

❸ □

식 :

정답 :

얼마나 잘 했나요?

실력이 자란 만큼 별을 색칠하세요.

★★★ 정말 잘했어요.

★★☆ 꽤 잘했어요.

★☆☆ 앞으로 더 노력할게요.

단원 평가

1 주어진 조건에 따라 색칠해 보세요.

삼각형 ● 사각형 ● 오각형 ●

2 주어진 조건에 따라 그려 보세요.

① 길이가 2cm인 선분

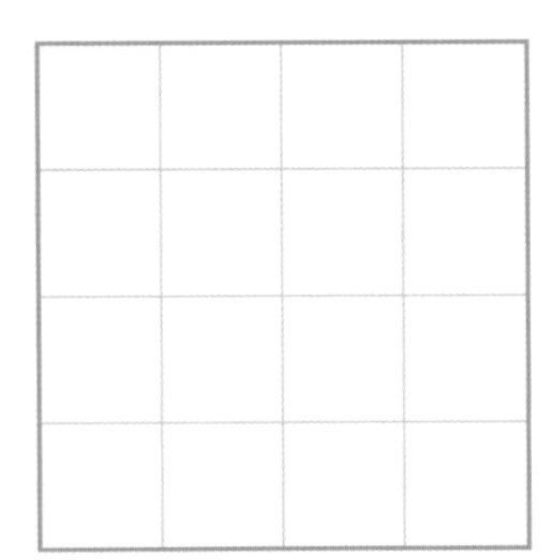

② 둘레가 10cm인 직사각형

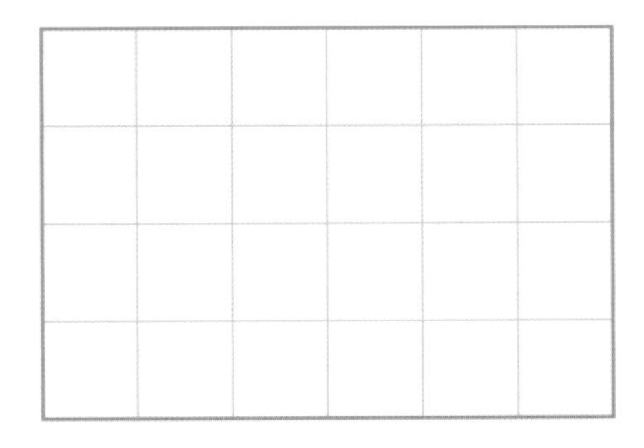

3 아래 다각형의 둘레를 계산해 보세요.

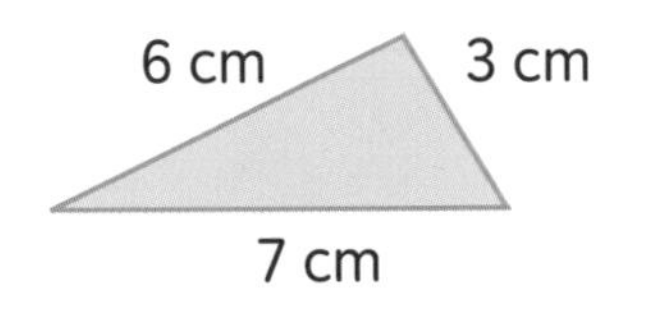

식 : ______________

____

둘레 : ______________

6 m
3 m
4 m
5 m

식 : ______________

____

둘레 : ______________

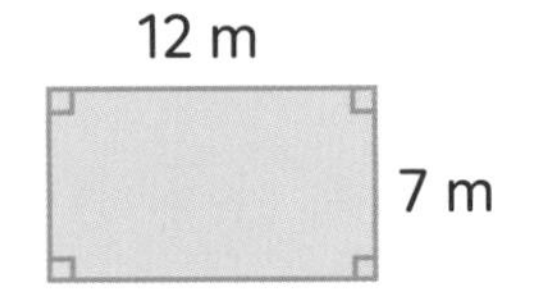

식 : ______________

____

둘레 : ______________

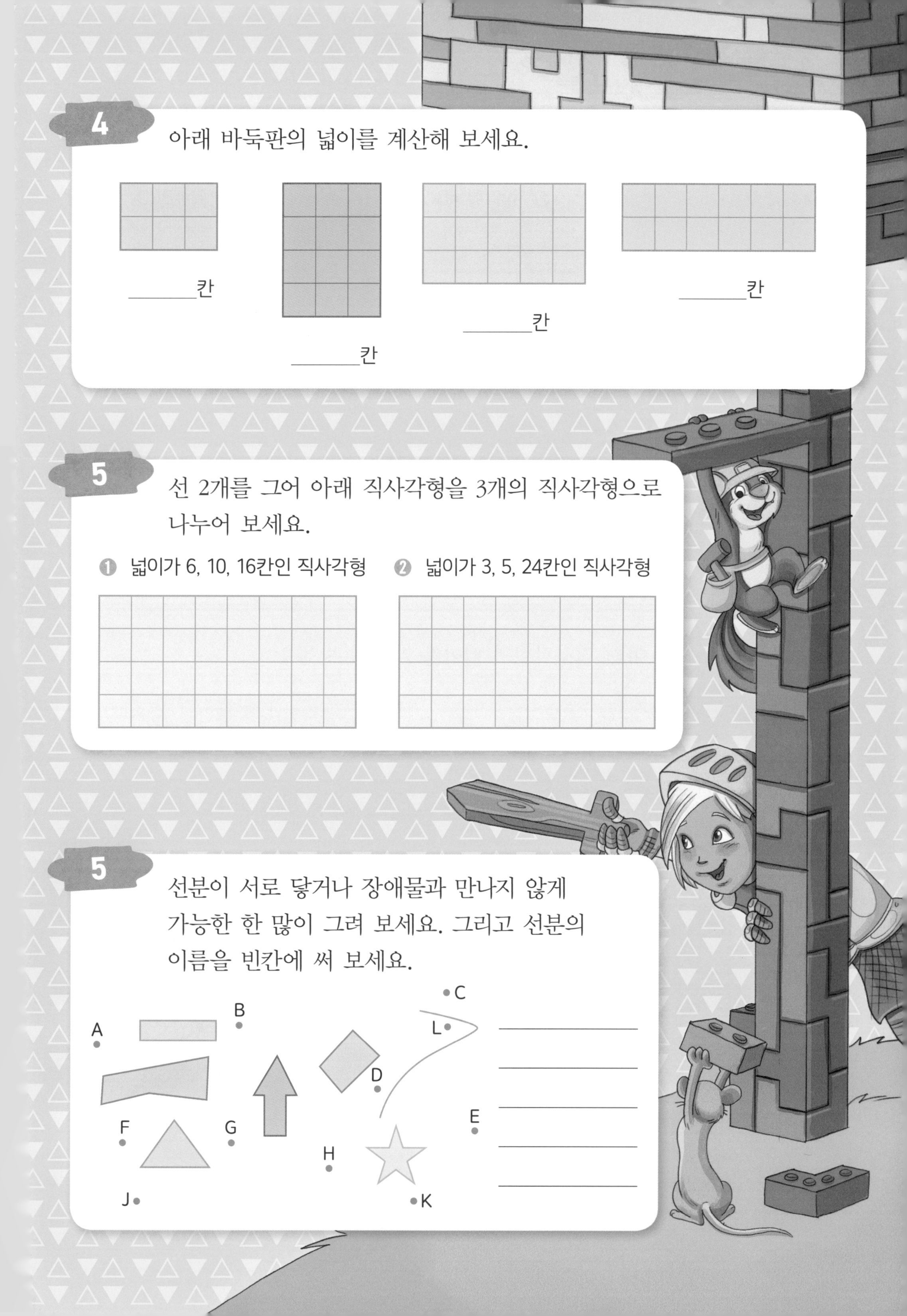

4 아래 바둑판의 넓이를 계산해 보세요.

_______칸

_______칸

_______칸

_______칸

5 선 2개를 그어 아래 직사각형을 3개의 직사각형으로 나누어 보세요.

① 넓이가 6, 10, 16칸인 직사각형

② 넓이가 3, 5, 24칸인 직사각형

5 선분이 서로 닿거나 장애물과 만나지 않게 가능한 한 많이 그려 보세요. 그리고 선분의 이름을 빈칸에 써 보세요.

____

____

____

____

____

도전! 심화 평가
1단계

_____월 _____일 _____요일

1. 주어진 조건에 따라 그려 보세요.

① 선분 EF 

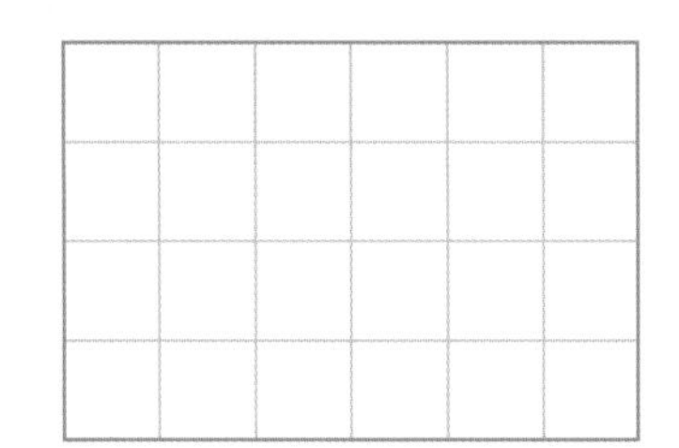

② 삼각형 ABC

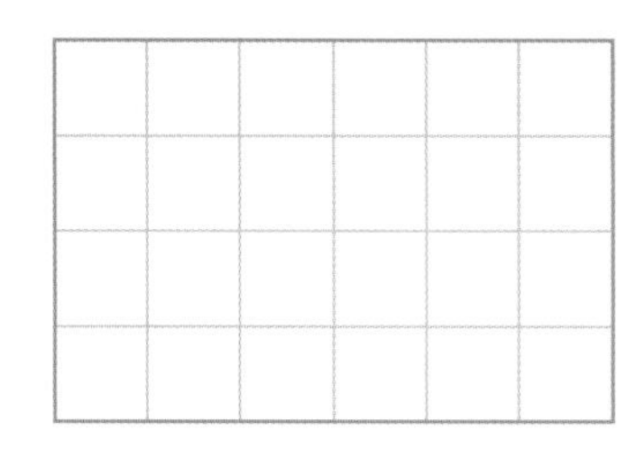

③ 사각형 ABCD

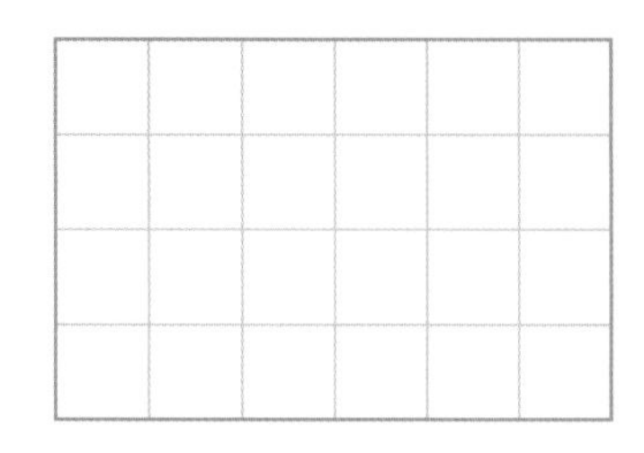

2. 알맞은 식을 세워 아래 도형의 둘레를 계산해 보세요.

①

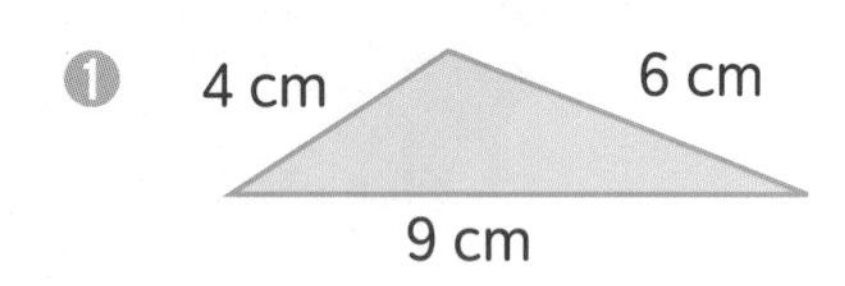

식 : ______________________

둘레 : ______________________

②

10 m

3 m

3 m

10 m

식 : ______________________

둘레 : ______________________

3. 알맞은 식을 세워 아래 직사각형의 넓이를 계산해 보세요.

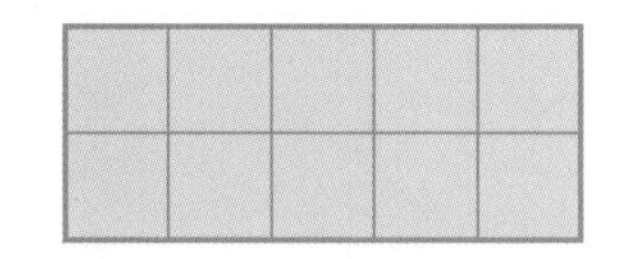

식 : ______________________

넓이 : ______________________

②

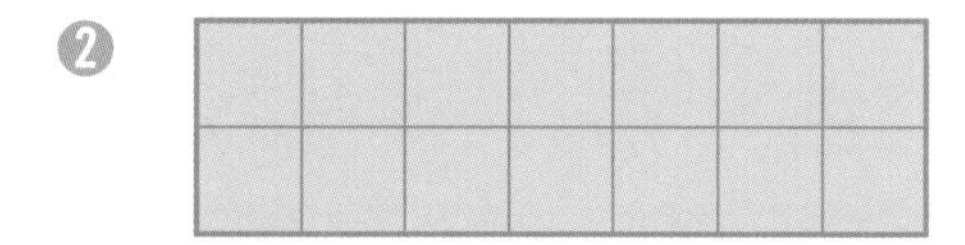

식 : ______________________

넓이 : ______________________

4. 아래 글을 읽고 알맞은 식을 세워 답을 구해 보세요.

① 변이 각각 40cm, 50cm, 70cm인 삼각형 모양의 연이 있어요.
이 연의 둘레는 얼마일까요?

식 : ______________________

둘레 : ______________________

② 바둑판이 7칸씩 6줄로 되어 있어요. 바둑판의 넓이는 몇 칸일까요?

식 : ______________________

둘레 : ______________________

도전! 심화 평가
2단계

____월 ____일 ____요일

1. 주어진 조건에 따라 그려 보세요.

❶ 길이가 4cm인 선분 AB

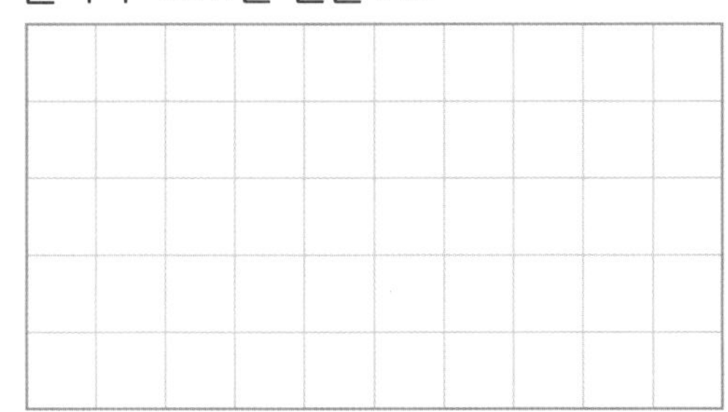

❷ 둔각삼각형 CDE

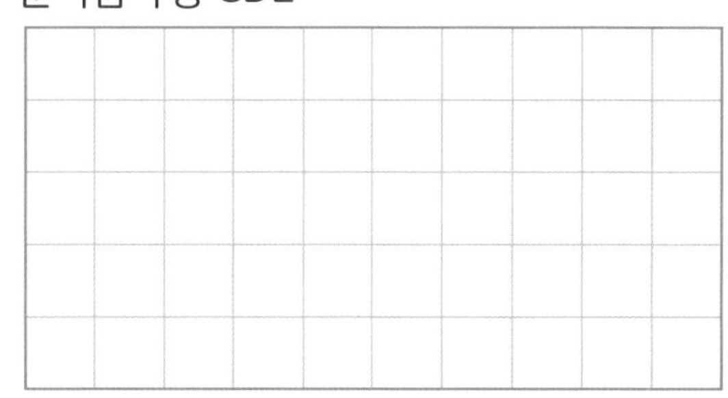

2. 알맞은 식을 세워 아래 도형의 둘레를 계산해 보세요.

❶

19 m
5 m
9 m
21 m

식 : ____________________

둘레 : ____________________

❷

22 m
9 m

식 : ____________________

둘레 : ____________________

3. 아래 사각형과 맞아떨어지려면 그림과 같은 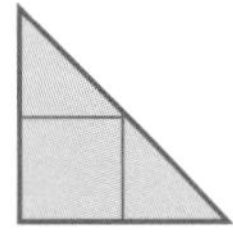 삼각형이 몇 개 필요할까요?

❶

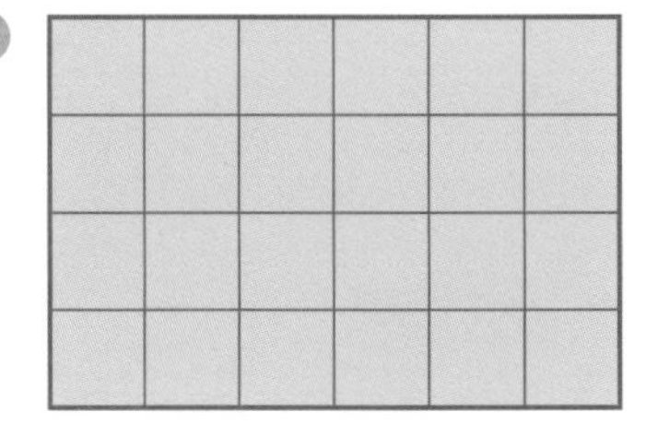

____

❷

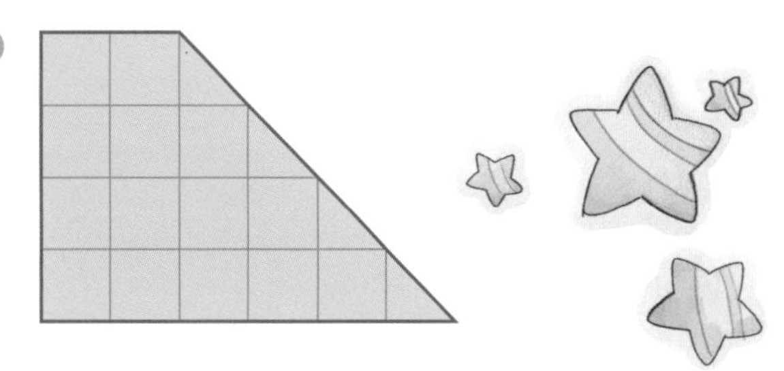

____

4. 아래 글을 읽고 알맞은 식을 세워 답을 구해 보세요.

❶ 각 변의 길이가 13cm일 때 오각형의 둘레는 얼마일까요?

식 : ____________________

____

둘레 : ____________________

❷ 가로 줄이 10칸이고, 세로로 12줄인 바둑판이 있어요. 바둑판의 넓이는 몇 칸일까요?

식 : ____________________

넓이 : ____________________

도전! 심화 평가

3단계

____ 월 ____ 일 ____ 요일

1. 주어진 조건에 따라 그려 보세요.

❶ 둘레가 8cm인 정사각형

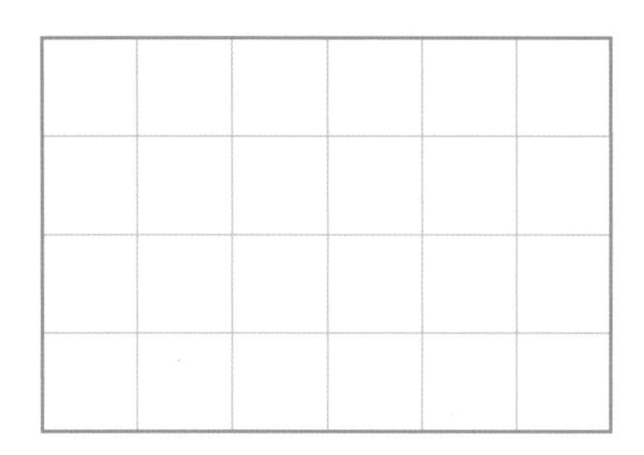

❷ 둘레가 10cm인 직사각형

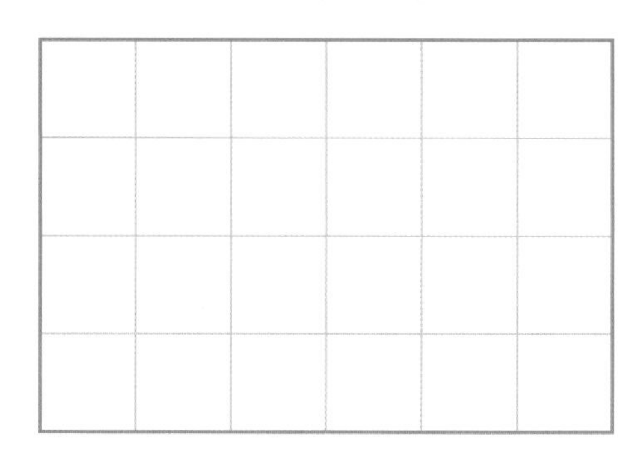

2. 알맞은 식을 세워 아래 다각형의 둘레를 계산해 보세요.

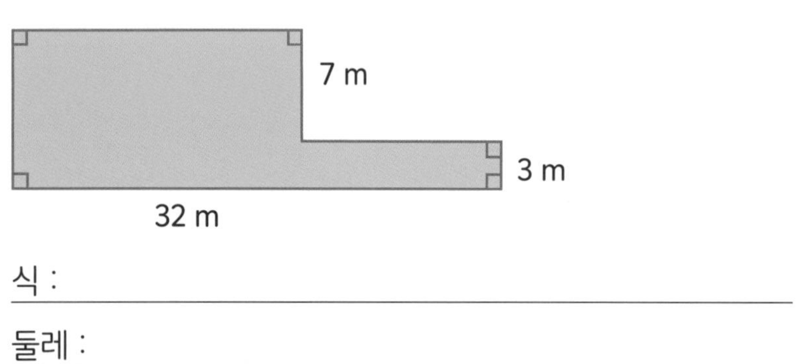

식 : ______________________

둘레 : ______________________

3. 아래 도형에서 삼각형을 모두 찾아보세요. 몇 개인가요?

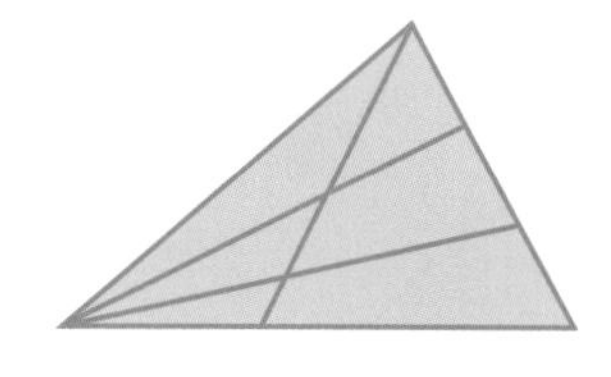

4. 초록색 직사각형과 둘레가 같은 다각형을 그려 보세요. 단, 넓이는 초록색 직사각형보다 7칸 작아야 해요.

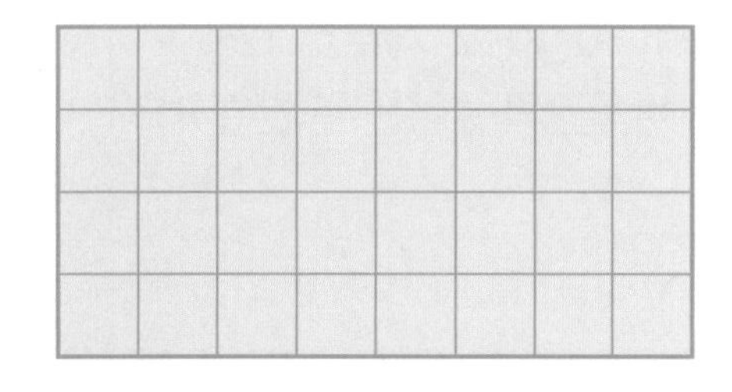

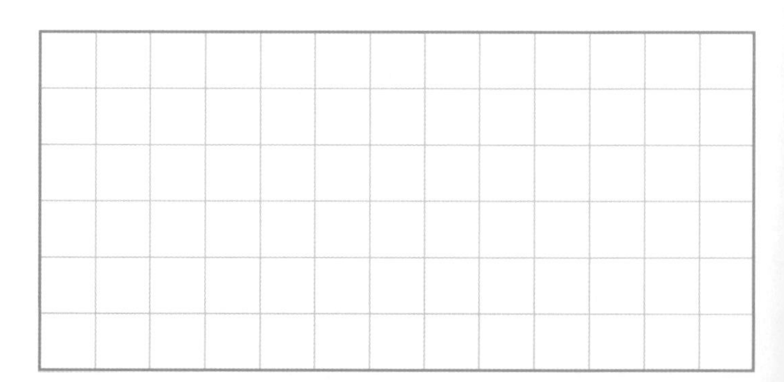

____ 월 ____ 일 ____ 요일

★ 점, 선분, 직선

점 ㄱ

선분 ㄱㄴ

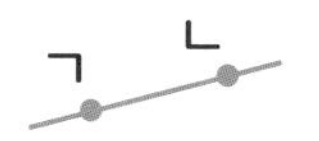

직선 ㄱㄴ

★ 각

직각

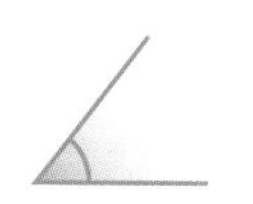

예각

둔각

★ 삼각형

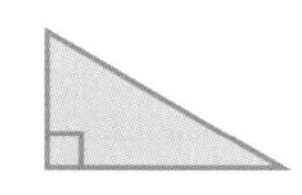

직각삼각형

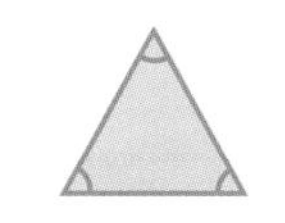

예각삼각형

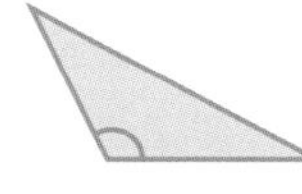

둔각삼각형

★ 다각형

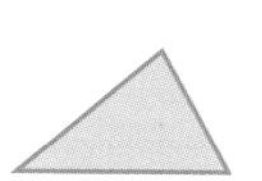

삼각형

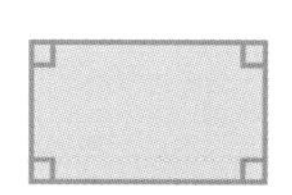

직사각형

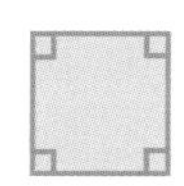

정사각형

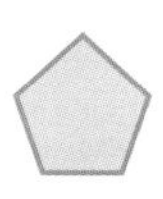

오각형

★ 둘레

다각형의 둘레는 모든 변의 길이를 합한 값이에요.
2cm + 4cm + 3cm + 5cm = 14cm
둘레는 14cm예요.

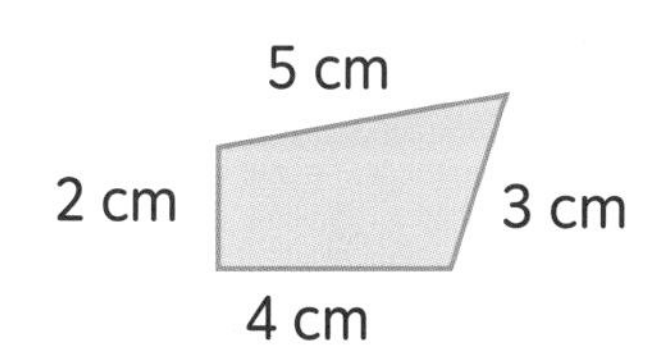

★ 넓이

직사각형의 넓이를 칸의 수로 구하려면,
가로 칸의 수와 세로 칸의 수를 곱하세요.
6 x 4 = 24
넓이는 24칸이에요.

세로 4칸

가로 6칸

____월 ____일 ____요일

1. 막대의 길이를 재어 2가지 방법으로 나타내 보세요.

❶ ______cm ______mm

= ______mm

❷ ______cm ______mm

= ______mm

❸ ______cm ______mm

= ______mm

❹ ______cm ______mm

= ______mm

❺ ______cm ______mm

= ______mm

❻ ______cm ______mm

= ______mm

2. 지도를 살펴보고 알맞은 식을 세워 답을 구한 후, 애벌레에서 찾아 ○표 해 보세요.

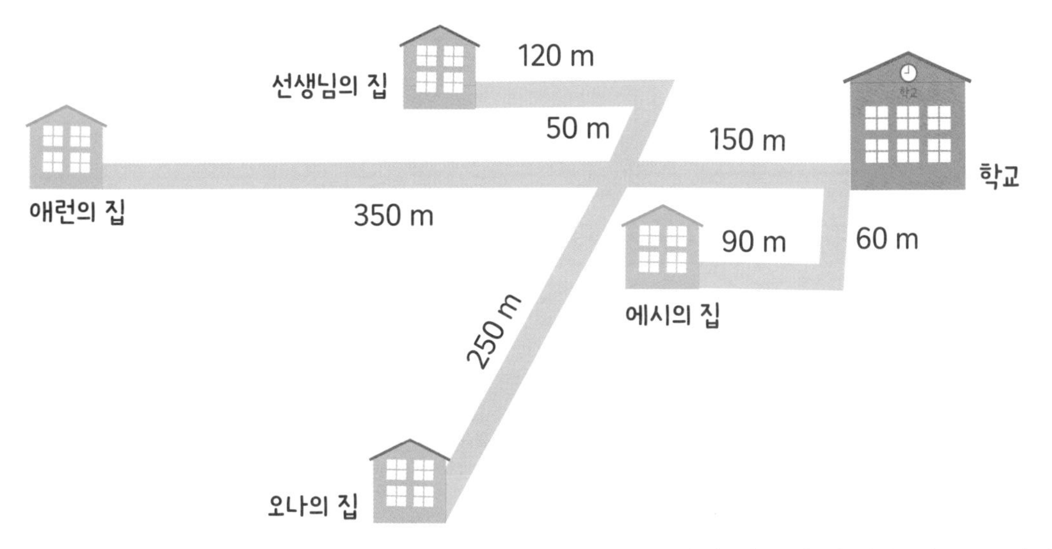

❶ 오나의 집에서 학교까지의 거리는 얼마일까요?

식 :

정답 :

❷ 오나가 학교에 갔다 돌아오는 거리는 얼마일까요?

식 :

정답 :

❸ 선생님의 집에서 학교까지의 거리는 얼마일까요?

식 :

정답 :

❹ 선생님이 학교에 갔다 돌아오는 거리는 얼마일까요?

식 :

정답 :

❺ 애런이 학교에 갔다 돌아오는 거리는 얼마일까요?

식 :

정답 :

❻ 애런이 5일 동안 학교에 갔다 돌아오는 거리는 모두 몇 km일까요?

식 :

정답 :

320 m 400 m 500 m 640 m

800 m 1 km 5 km 10 km

더 생각해 보아요!

사마라와 헨드릭이 학교까지 가는 거리를 합하면 1km예요. 사마라가 헨드릭보다 학교까지 가는 거리가 300m 짧아요. 사마라와 헨드릭이 학교까지 가는 거리는 각각 얼마일까요?

사마라 :

헨드릭 :

3. 왼쪽 그림을 대칭으로 그리고 색칠해 보세요.

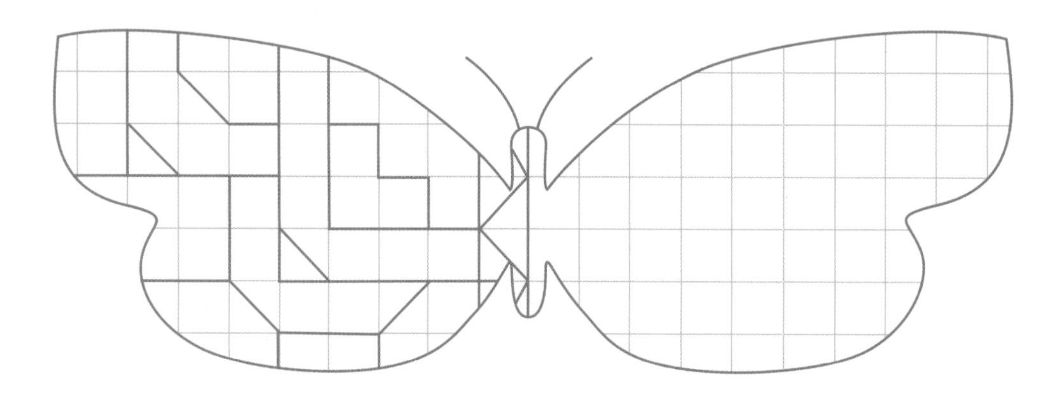

4. 거리를 재어 보고 아래 조건에 맞는 물건이 어떤 것인지 그림에서 찾아보세요.

① 점 A에서 6cm 떨어진 물건

② 점 B에서 8cm 떨어진 물건

③ 점 C에서 7cm 떨어진 물건

④ 점 D에서 45mm 떨어진 물건

⑤ 점 E에서 65mm 떨어진 물건

⑥ 점 F에서 100mm 떨어진 물건

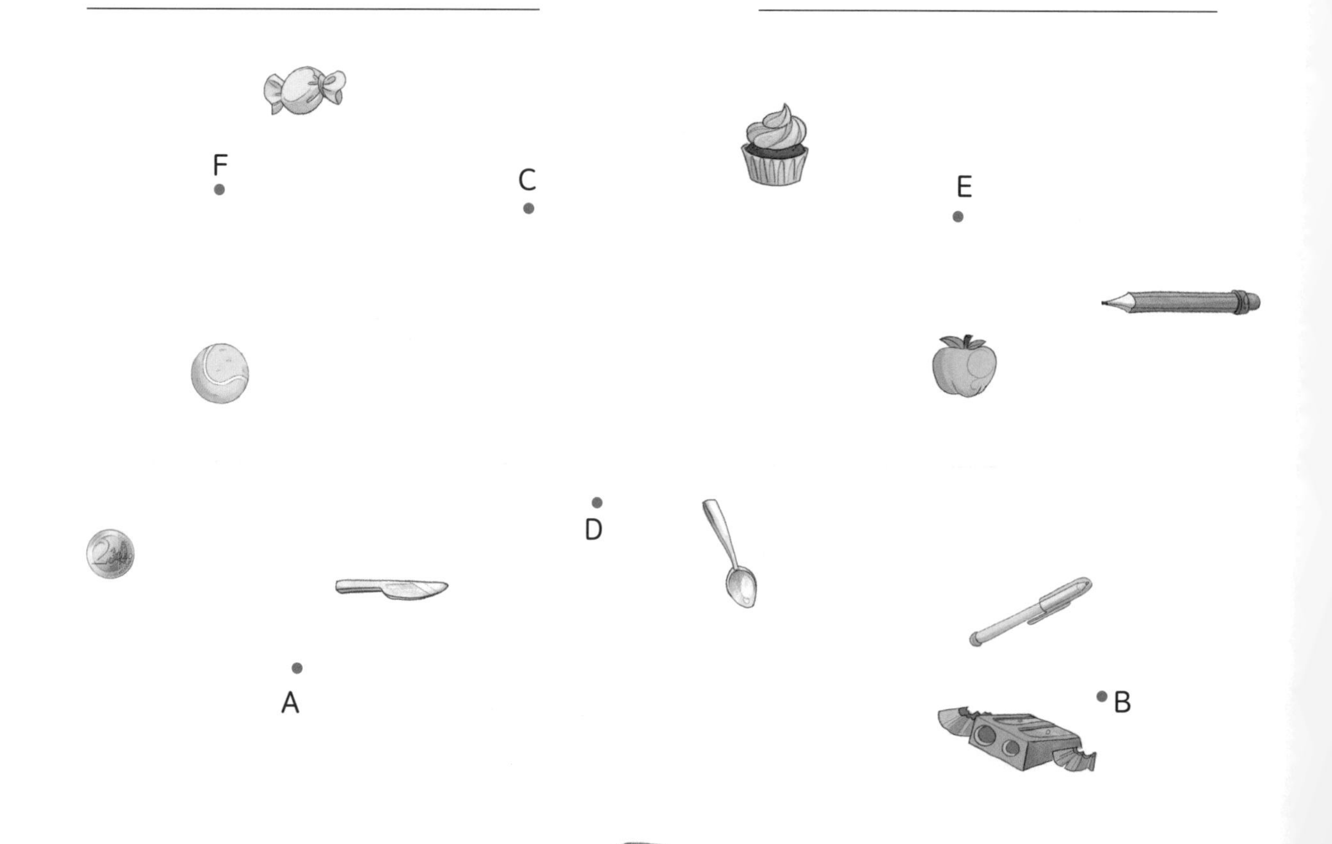

5. 아래 그림을 보고 답을 구해 보세요.

❶ 빈칸에 알맞은 길이를 써넣어 보세요.

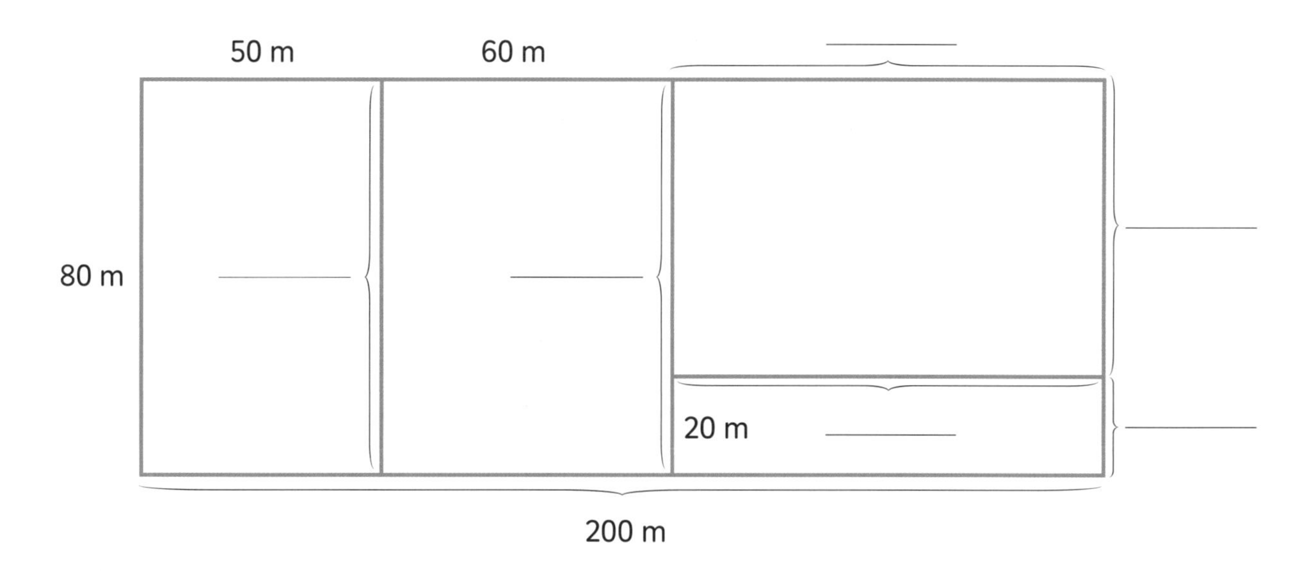

❷ ①의 목초지 전체에 울타리를 두르면 길이가 얼마일지 계산해 보세요.

식 :

정답 :

한 번 더 연습해요!

1. 97쪽의 지도를 보고, 알맞은 식을 세워 답을 구해 보세요.

❶ 에시의 집에서 학교까지 거리는 얼마일까요?

식 :

정답 :

❷ 에시가 학교에 갔다 돌아오는 거리는 얼마일까요?

식 :

정답 :

❸ 에시가 학교에 갔다 돌아오는 거리는 1km에서 몇 m 부족할까요?

식 :

정답 :

❹ 에시가 3일 동안 학교에 갔다 돌아오는 거리는 모두 얼마일까요?

식 :

정답 :

____월 ____일 ____요일

1. 같은 것끼리 선으로 이어 보세요.

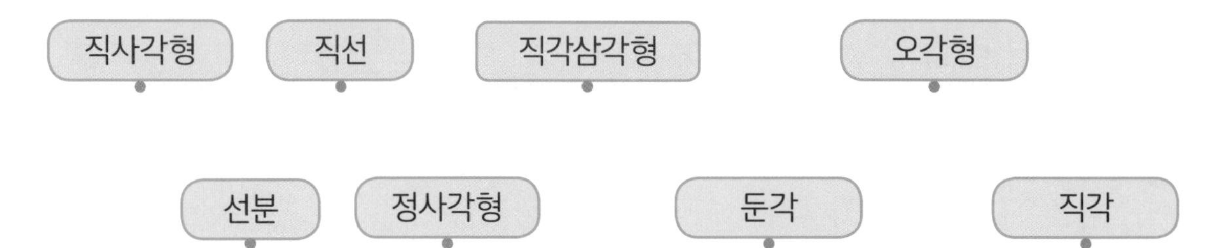

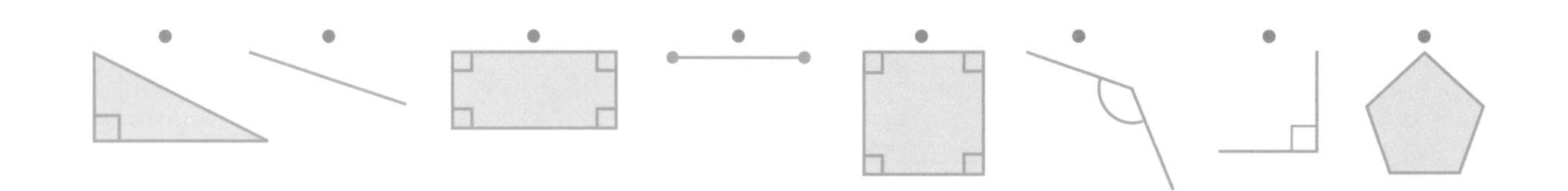

2. 아래 다각형의 둘레를 계산해 보세요.

❶

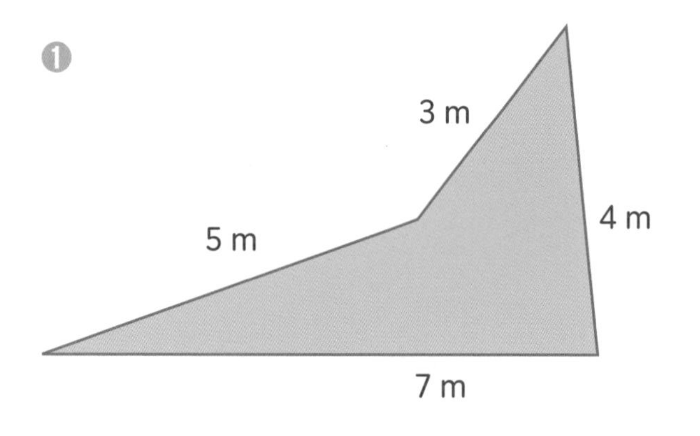

식 :

둘레 :

❷

10 m
7 m
3 m
8 m
10 m

식 :

둘레 :

3. 아래 직사각형의 넓이를 계산해 보세요.

❶

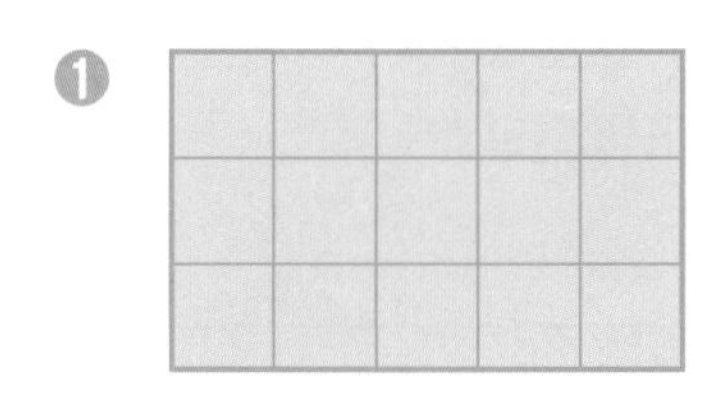

식 :

넓이 :

❷

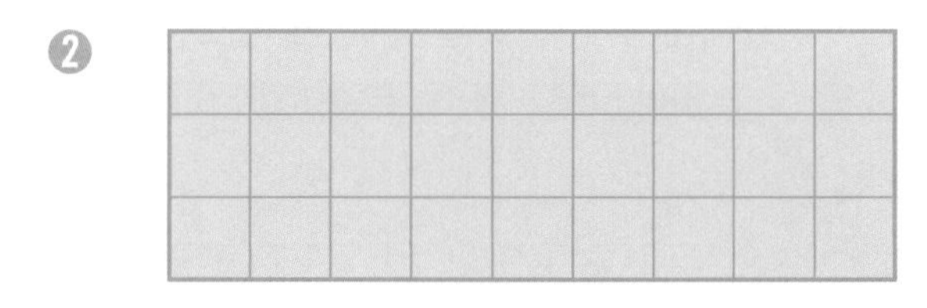

식 :

넓이 :

4. 주어진 조건에 따라 도형을 그려 보세요.

❶ 넓이가 10칸인 직사각형

❷ 둘레가 12cm인 정사각형

❸ 두 변의 길이가 같은 예각삼각형

❹ 직각 1개, 예각 1개, 둔각 3개로 이루어진 오각형

5. 아래 글을 읽고 알맞은 식을 세워 답을 구해 보세요.

❶ 한 변의 길이가 35m인 정사각형 모양의 마당이 있어요. 이 마당의 둘레는 얼마일까요?

식 : ____________________

둘레 : ____________________

❷ 변의 길이가 각각 9m, 12m인 직사각형이 있어요. 이 직사각형의 둘레는 얼마일까요?

식 : ____________________

둘레 : ____________________

더 생각해 보아요!

어떤 직사각형의 넓이가 한 변의 길이가 1cm인 정사각형 12칸과 같아요. 이 직사각형의 둘레는 얼마일까요? 3가지 답을 생각해 보세요.

__________, __________, __________

6. 주어진 조건에 따라 색칠해 보세요.

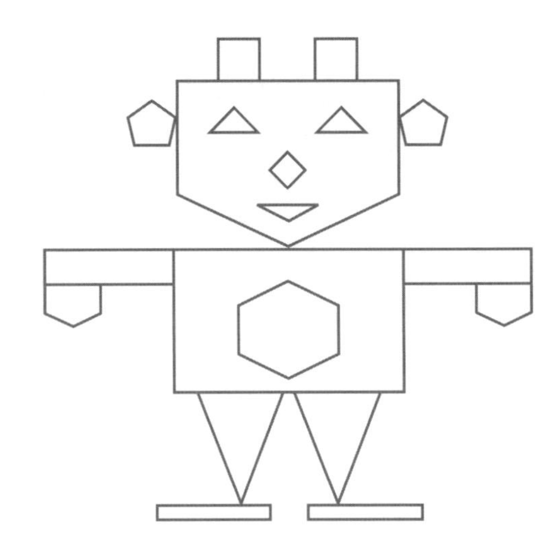

- 삼각형
- 사각형
- 오각형
- 육각형

7. 오른쪽 직사각형에 완전히 맞아떨어지도록 아래 도형으로 직사각형을 채우고 색칠해 보세요. 단, 2가지 조각 모두 이용해야 해요.

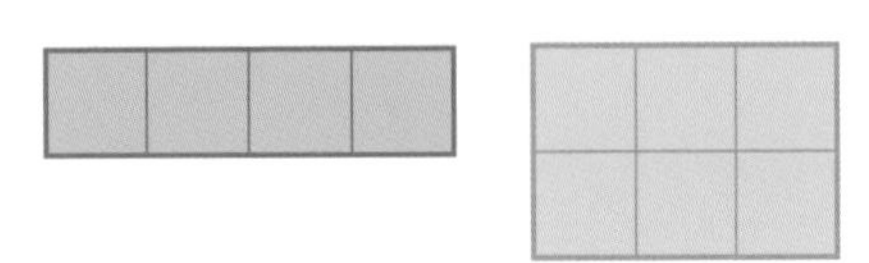

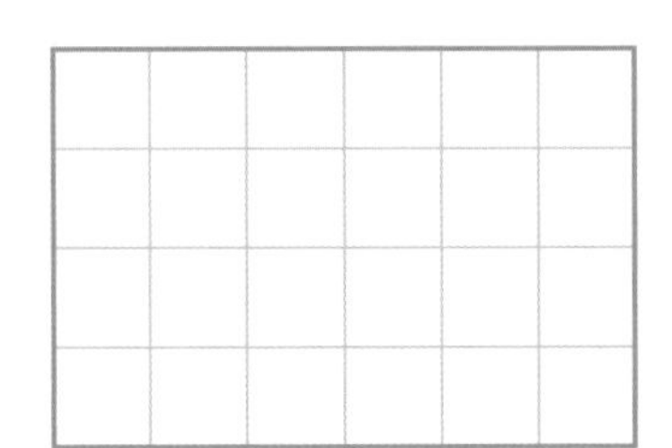

8. 주어진 조건에 따라 바둑판에 그려 보세요.

❶ 둘레가 12cm인 직사각형
❷ 둘레가 14cm인 육각형
❸ 둘레가 10cm인 팔각형
❹ 넓이가 5칸인 십이각형

다각형의 변은 대각선이 아닌 가로나 세로로 그리세요.

1 cm

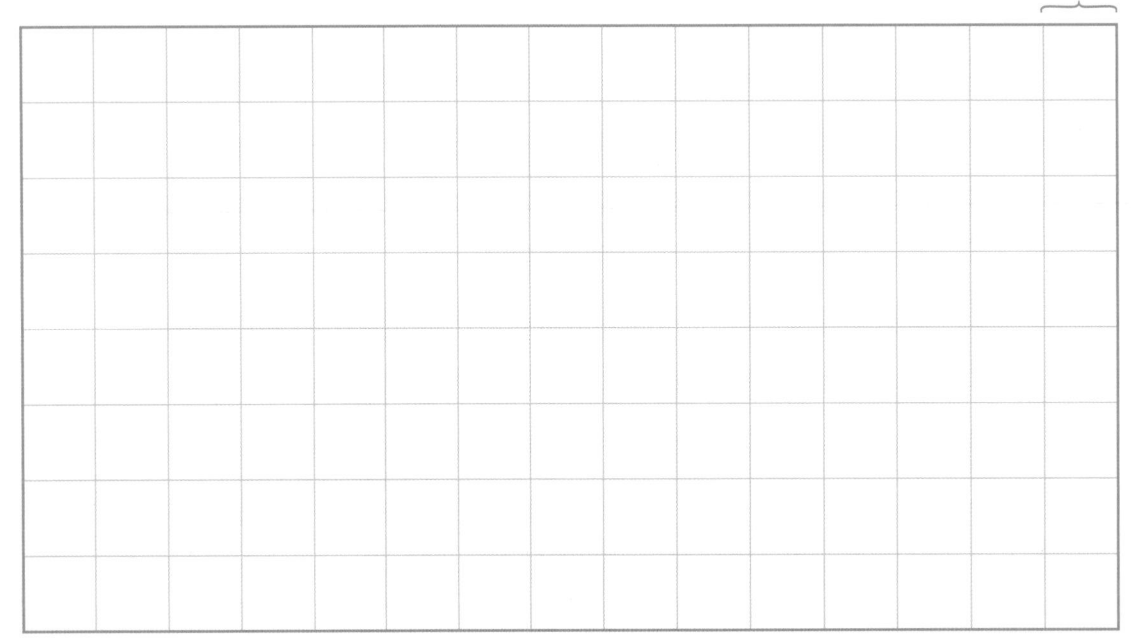

9. 서로 다른 다각형 6개를 그려 보세요. 각 도형의 넓이는 6칸이에요.

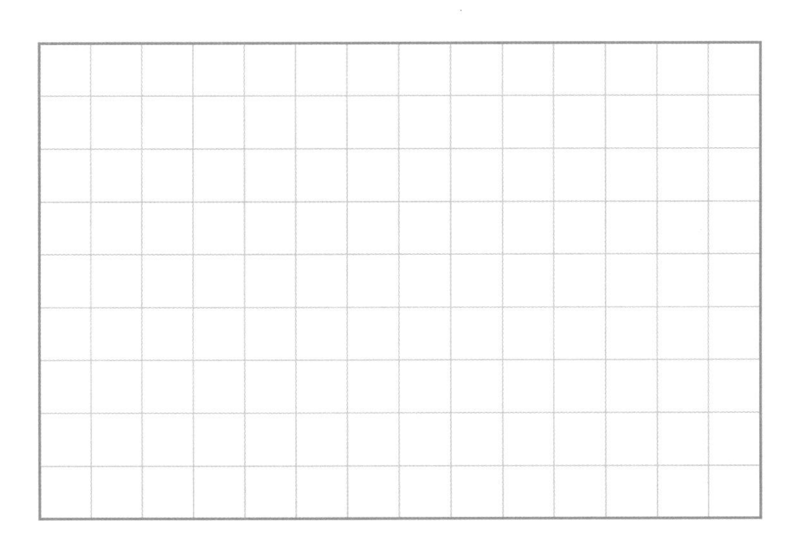

한 번 더 연습해요!

1. 아래 도형의 둘레를 계산해 보세요.

❶

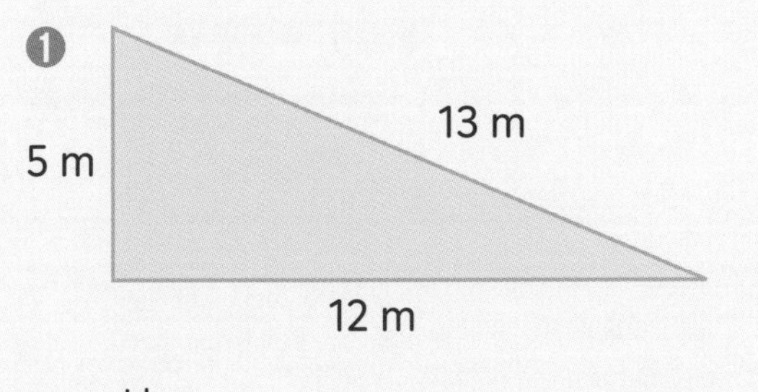

식 :

둘레 :

❷

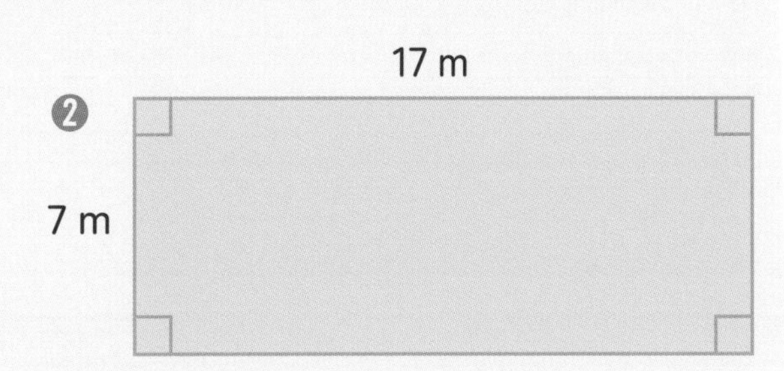

식 :

둘레 :

2. 아래 다각형의 넓이를 계산해 보세요.

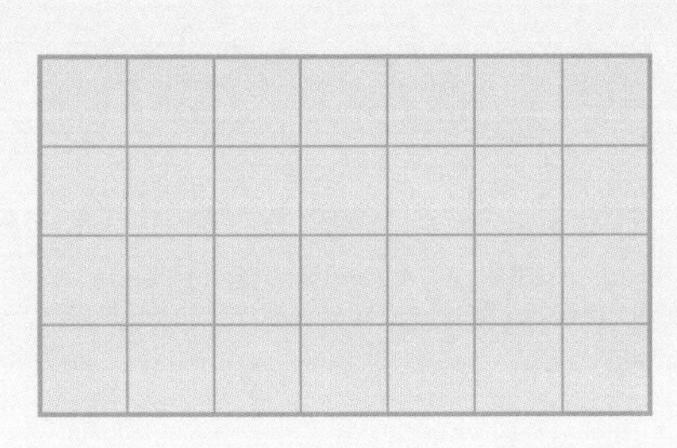

식 :

넓이 :

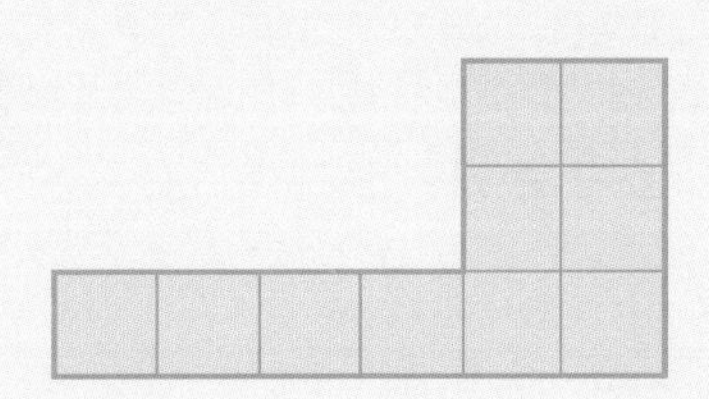

식 :

넓이 :

놀이 수학

내 몸의 길이를 재 봐!

인원 : 2명　준비물 : 자, 줄자

측정하는 신체 부위	측정한 길이	
엄지손가락의 너비	cm	mm
집게손가락의 길이	cm	mm
발바닥의 길이	cm	mm
발목의 둘레	cm	mm
팔의 길이 (겨드랑이부터 손가락 끝까지)	cm	mm
키	m	cm
	cm	mm
	cm	mm

놀이 방법

내 몸의 길이를 재 봐!

1. 부모님 또는 친구와 함께 신체 길이를 재 보세요.
2. 교재에 적힌 신체 부위 말고, 길이를 잴 만한 새로운 신체 부위를 찾아 길이를 측정해 보세요.

내 방을 측정해 봐!

1. 내 방에 있는 것들의 길이를 재 보세요.
2. 길이를 먼저 어림한 후, 자를 이용하여 정확하게 길이를 측정해 보세요.
3. 교재에 적힌 것 이외에도 길이를 잴 만한 새로운 것을 찾아 측정해 보세요.

내 방을 측정해 봐!

측정하는 물건	어림한 길이		측정한 길이	
방문의 높이	cm	mm	cm	mm
방문의 너비	cm	mm	cm	mm
창문의 너비	cm	mm	cm	mm
책상의 너비	cm	mm	cm	mm
책상의 높이	cm	mm	cm	mm
내 방의 너비	m	cm	m	cm

 놀이 방법

1. 한 명은 교재를, 다른 한 명은 교재 뒤에 있는 활동지를 이용하세요.
2. 순서를 정해 주사위를 굴린 후, 주사위 눈에 해당하는 길이 만큼 선을 그을 수 있어요. 가령 3이 나오면 3cm의 선을 그어요. 단, 장애물을 통과해서 그릴 수는 없으며, 장애물과 부딪힌다면 멈추고 다음 순서로 넘어가요.
3. 다시 차례가 돌아왔을 때 선이 멈춘 곳에서 다시 시작해요.
4. 먼저 도착한 사람이 놀이에서 이겨요.

다각형 놀이

인원 : 2명　준비물 : 주사위 1개, 놀이 말 2개

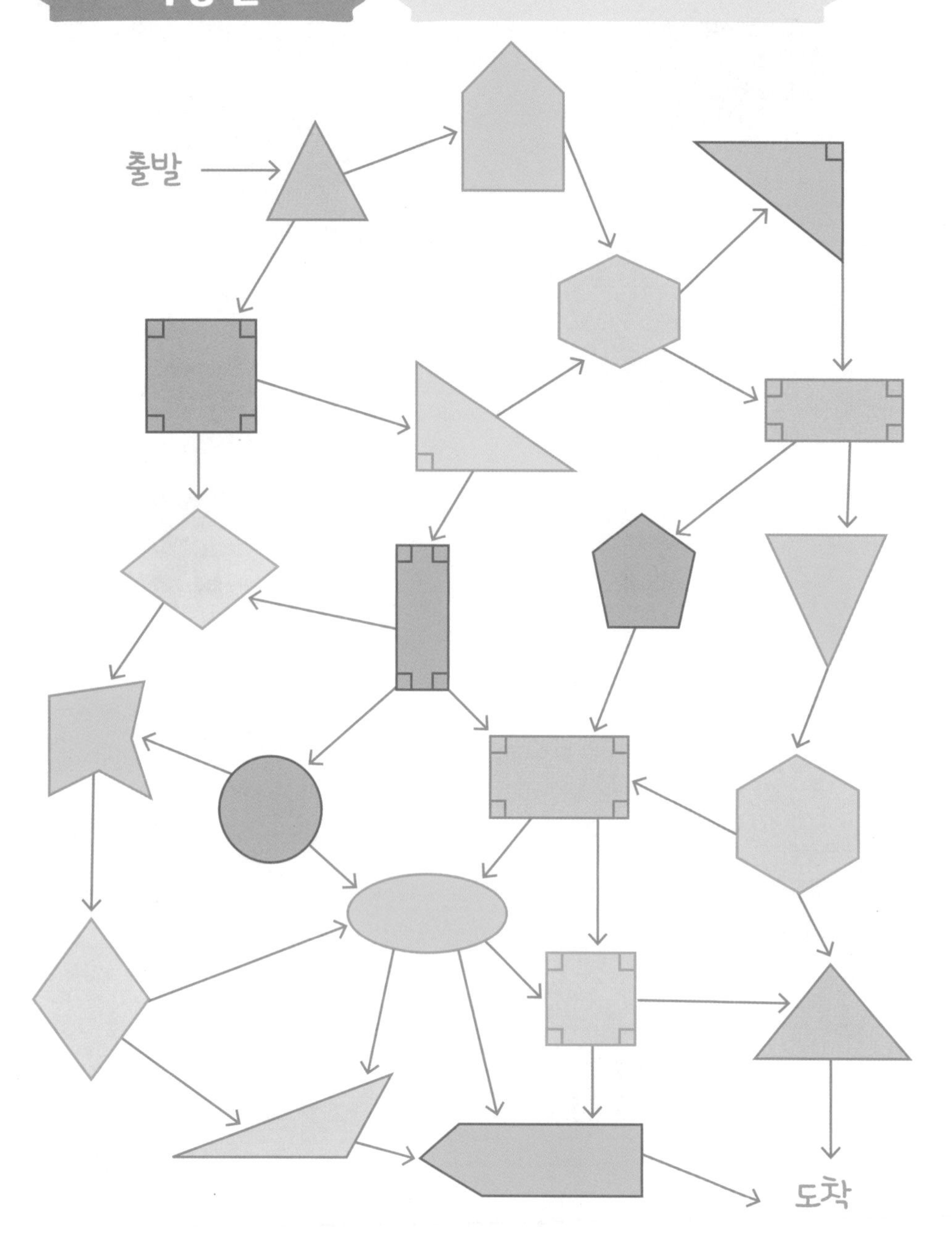

점수

참가자	
A	B
합계	

점수

참가자	
A	B
합계	

놀이 방법

1. 순서를 정해 주사위를 굴려요. 나온 주사위 눈의 수만큼 화살표 방향으로 말을 움직이세요.
2. 주사위 눈과 같은 수의 각이 있는 도형에 말이 멈추면 그 수만큼 점수를 얻어요. 가령, 주사위를 굴려서 4가 나왔는데 사각형에 말이 멈추면 4점을 얻게 돼요. 주사위 눈과 도형이 일치하지 않으면 점수를 얻지 못해요.
3. 얻은 점수를 표에 쓰세요. 한 명이라도 결승선에 도착하면 놀이가 끝나고, 점수가 높은 사람이 놀이에서 이겨요.

삼각형으로 만들어요

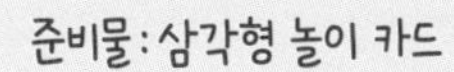

❶ 

❷ 

❸ 

❹ 

❺ 

❻ 

❼ 

❽ 

놀이 방법

삼각형으로 만들어요

삼각형 놀이 카드로 제시된 도형을 만들어 보세요.

나만의 도형을 만들어요

삼각형을 이용해서 나만의 도형을 만들고 그려 보세요.

나만의 도형을 만들어요

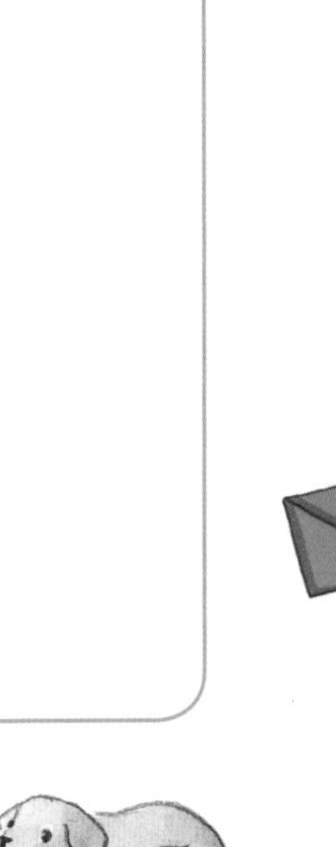

책 뒤에 있는 놀이 카드를 이용하세요.

탐구 과제

반려동물 조사

반 친구들이 어떤 반려동물을 키우는지 조사해 보세요. 남학생과 여학생을 구분하여 조사해 보세요. 아래 표에 반려동물의 수를 /로 표시하세요. 조사한 학생의 이름도 써 보세요. 마지막으로 반려동물의 합을 구해 보세요.

날짜 : ________년 ________월 ________일

조사한 학생 이름 :

____

____

____

____

____

두 번째로 인기가 많은 반려동물은 ________예요.

여학생이 가장 좋아하는 반려동물은 ________예요.

남학생이 가장 좋아하는 반려동물은 ________예요.

전체 학생 중 ________명은 반려동물이 없어요.

반려동물	여학생	남학생	합계
개			
고양이			
토끼			
기니피그			
햄스터			
새			
거북이			
도마뱀			
물고기			
곤충			
기타			
기타			
반려동물 없음.			

칠교를 이용하여 모양 만들기

준비물 : 칠교 놀이 카드

칠교 조각을 가지고 아래 도형을 만들어 보세요.
칠교 조각 몇 개를 이용해야 하는지 캐시가 말해 줄 거예요.

칠교를 이용하여 나만의 모양 만들기

동물, 사람, 탈것, 숫자 등 다양한 모양을 칠교 조각 7개로 만들어 보세요.

책 뒤에 있는 놀이 카드를 이용하세요.

탐구 과제

다각형 사진 찍기

다각형 모양의 물건을 주변에서 찾아보세요.
사진을 찍어 친구나 부모님께 보여 주세요.

예>
- 서로 다른 정사각형 5개
- 서로 다른 직사각형 5개
- 직사각형이 아닌 서로 다른 사각형 5개
- 서로 다른 삼각형 5개
- 서로 다른 모양의 다각형 5개

짝꿍 프로그래밍

준비물 : 삼각형, 분수 케이크, 칠교 조각

놀이 방법

1. 삼각형과 분수 케이크 또는 칠교 조각 중 준비물을 한 가지 고르세요.
2. 선택한 준비물로 탁자 위에 모양을 만들어 보세요. 절대 상대방에게 보여 주지 마세요.
3. 자신이 만든 모양 그대로 상대방이 만들 수 있게 설명해 주세요.
4. 상대방이 만든 모양과 내가 만든 것을 비교해 보세요. 비슷해 보이나요?

이 놀이는 그림 그리기로 진행할 수도 있어요.

책 뒤에 있는 놀이 카드를 이용하세요.

105쪽 놀이 수학 <골프 대회>에 활용하세요.

놀이 카드는 반복되어 사용될
준비물이니 잃어버리지 않도록
잘 보관해 주세요.

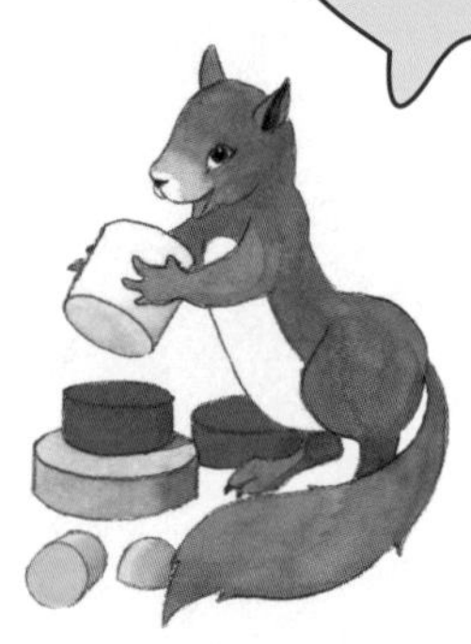

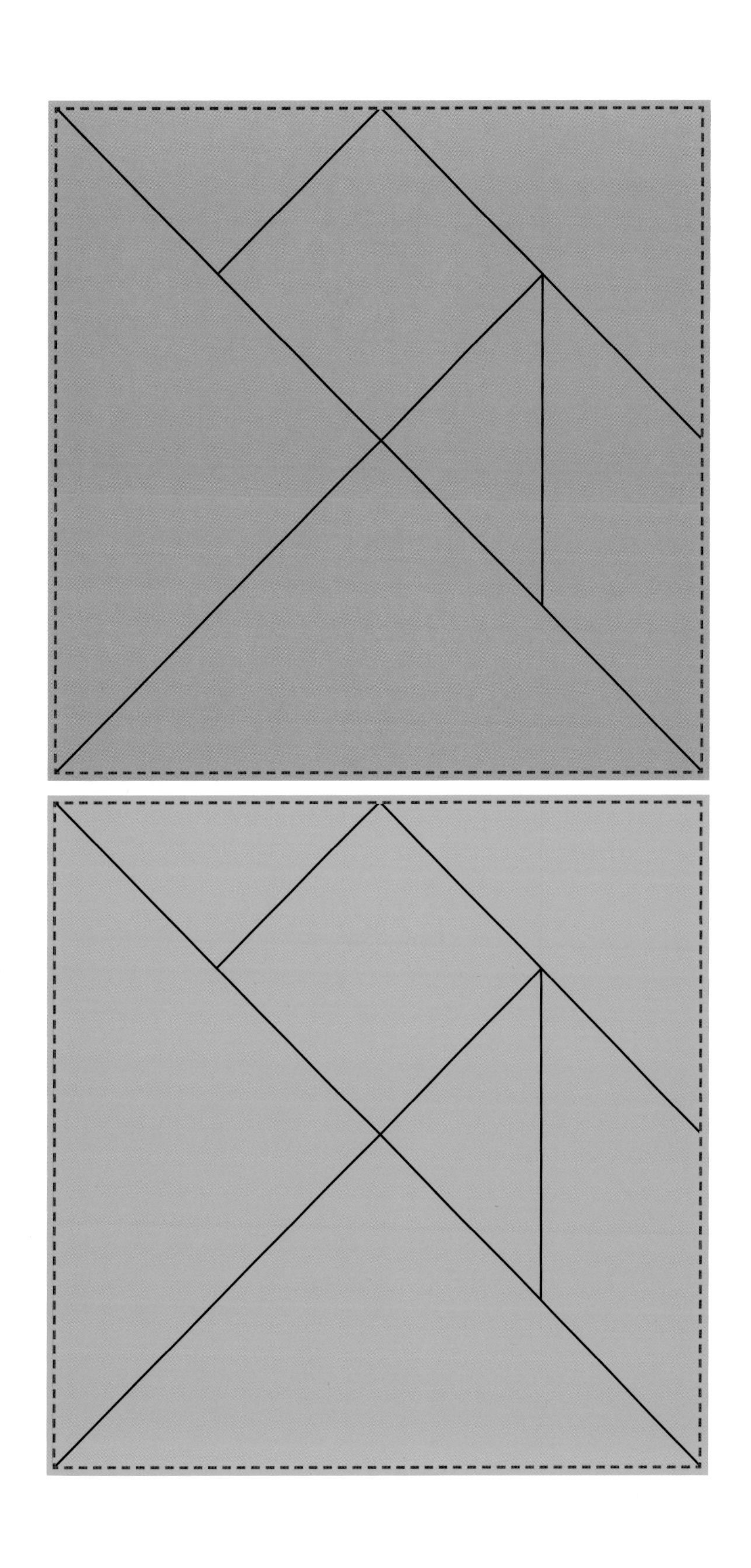

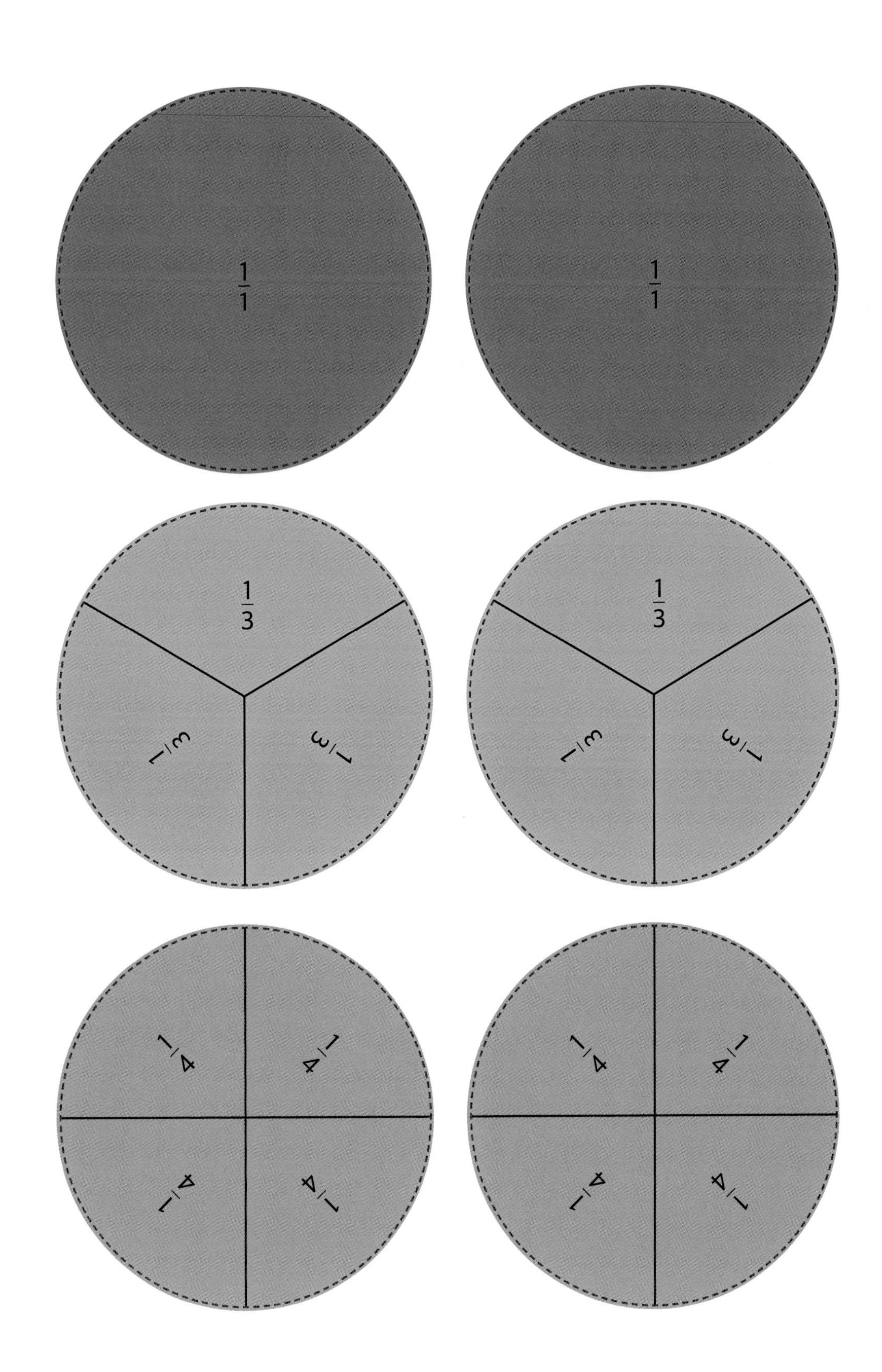
1/1
1/1
1/3
1/3
1/3
1/3
1/3
1/3
1/4
1/4
1/4
1/4
1/4
1/4
1/4
1/4

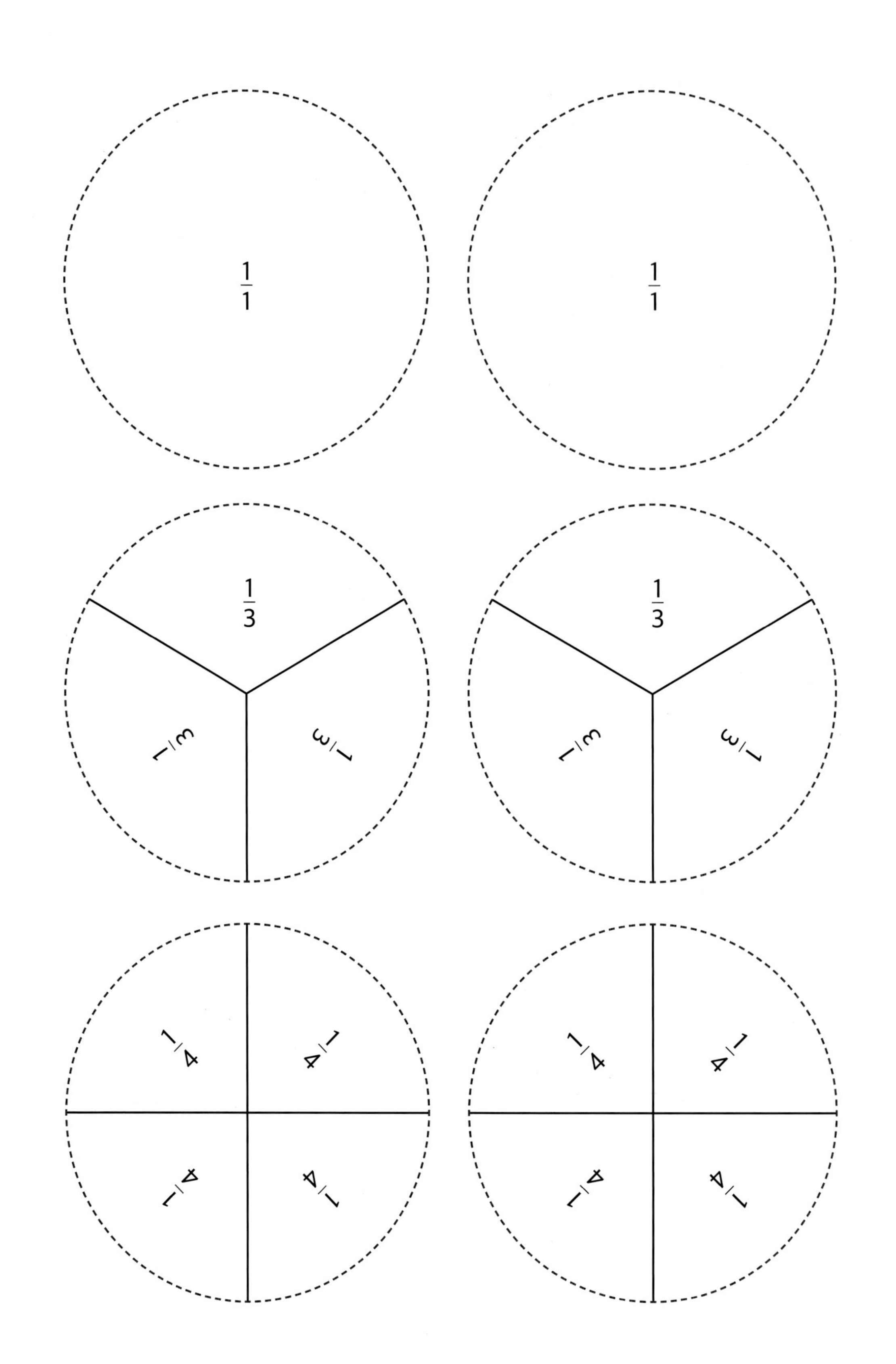

1/1
1/1
1/3
1/3
1/3
1/3
1/3
1/3
1/4
1/4
1/4
1/4
1/4
1/4
1/4
1/4

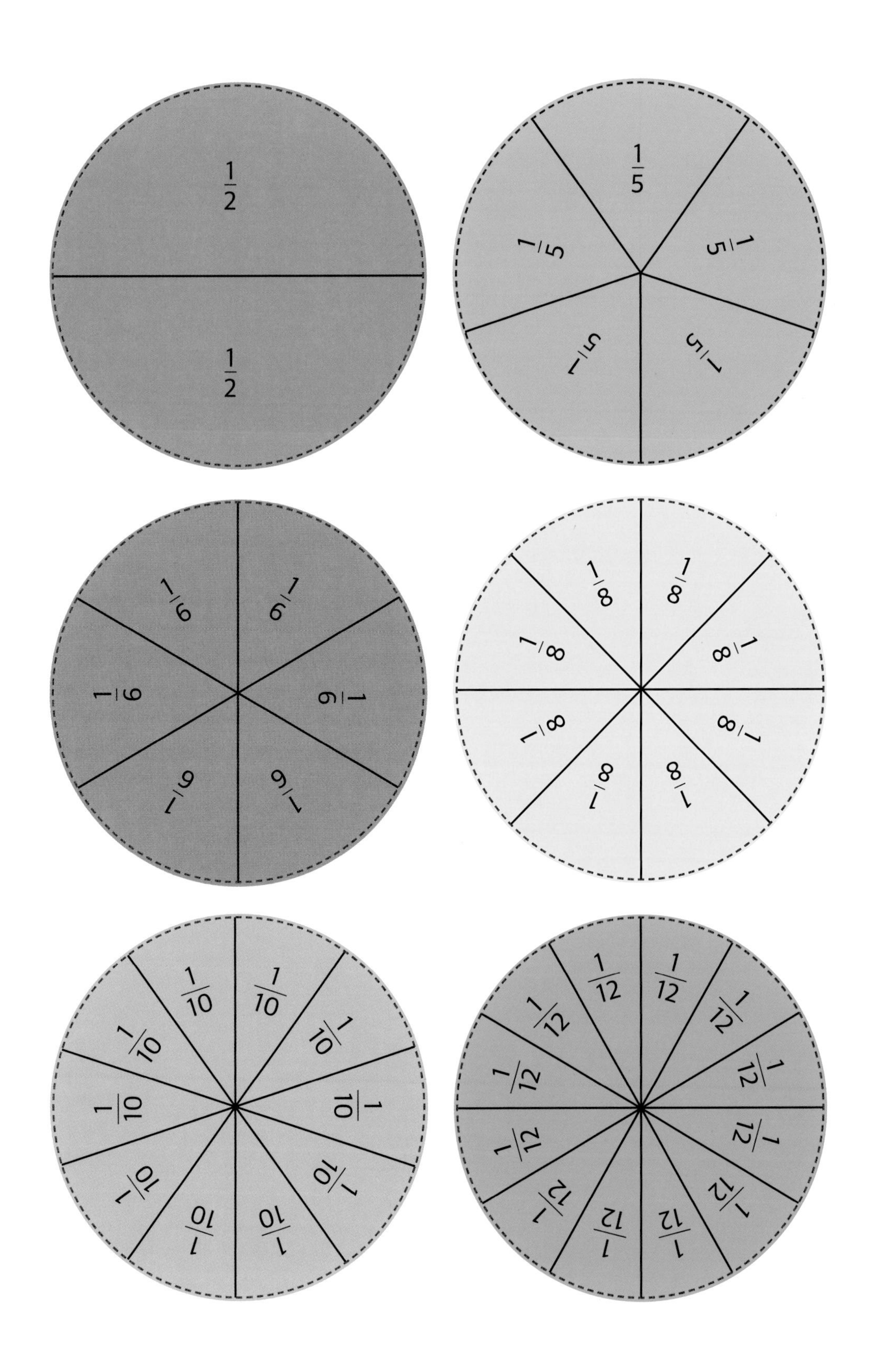

1/2
1/2
1/5
1/5
1/5
1/5
1/5
1/6
1/6
1/6
1/6
1/6
1/6
1/8
1/8
1/8
1/8
1/8
1/8
1/8
1/8
1/10
1/10
1/10
1/10
1/10
1/10
1/10
1/10
1/10
1/10
1/12
1/12
1/12
1/12
1/12
1/12
1/12
1/12
1/12
1/12
1/12
1/12

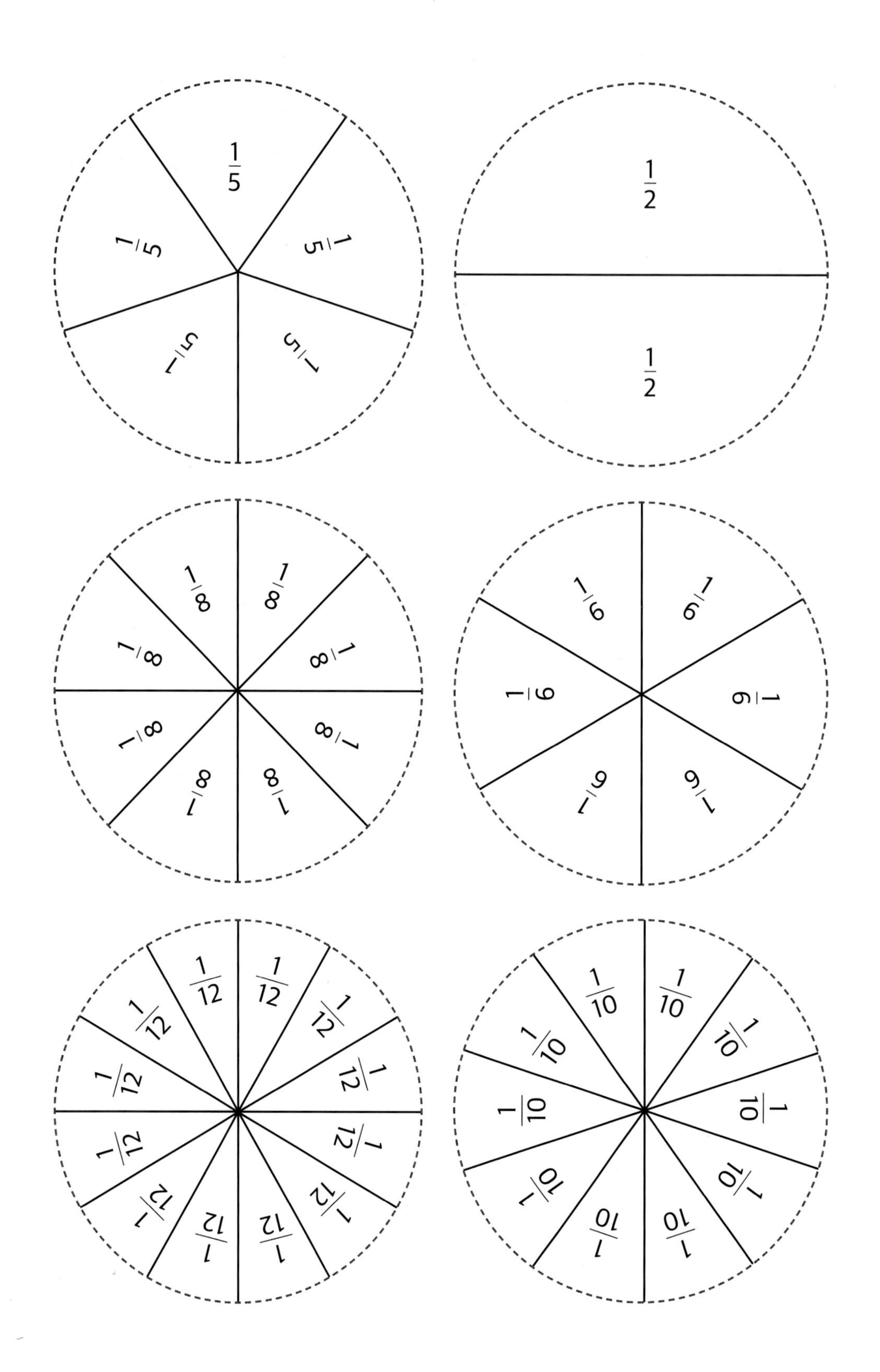

핀란드에서 가장 많이 보는 1등 수학 교과서!
핀란드 초등학교 수학 교육 최고 전문가들이 만든
혼공 시대에 꼭 필요한 자기주도 수학 교과서를 만나요!

핀란드 수학 교과서, 왜 특별할까?

수학적 구조를 발견하고 이해하게 하여 수학 공식을 암기할 필요가 없어요.

수학적 이야기가 풍부한 그림으로 수학 학습에 영감을 불어넣어요.

교구를 활용한 놀이를 통해 수학 개념을 이해시켜요.

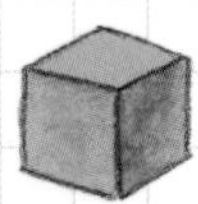

수학과 연계하여 컴퓨팅 사고와 문제 해결력을 키워 줘요.

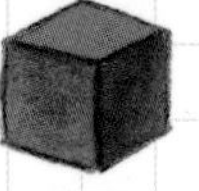

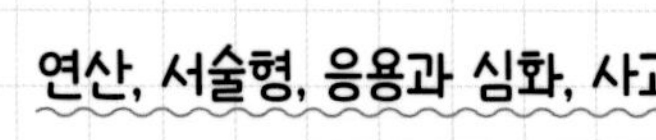

연산, 서술형, 응용과 심화, 사고력 문제가 한 권에 모두 들어 있어요.

어떤 문제를 푸느냐에
따라 수학 사고력은
달라집니다!

개별가 없음(세트로만 판매)

64410
9 791189 010928

ISBN 979-11-89010-92-8
979-11-89010-90-4 (세트)

무형광 종이 인쇄로 아이들 눈을 지켜 줘요

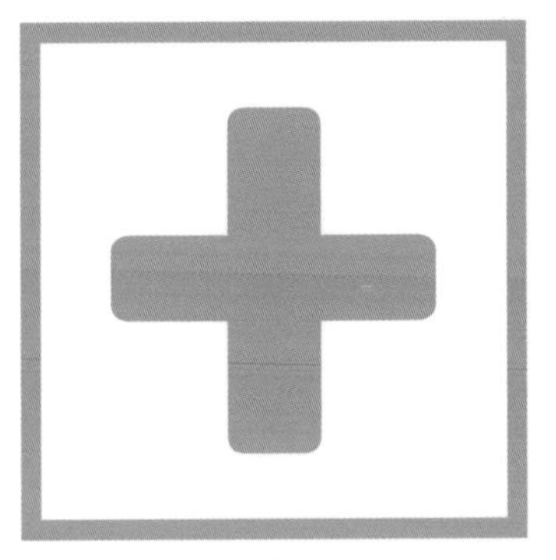

핀란드 3학년 수학 교과서

정답과 해설

마음이음

핀란드 3학년 수학 교과서 3-2

정답과 해설

1권

12-13쪽

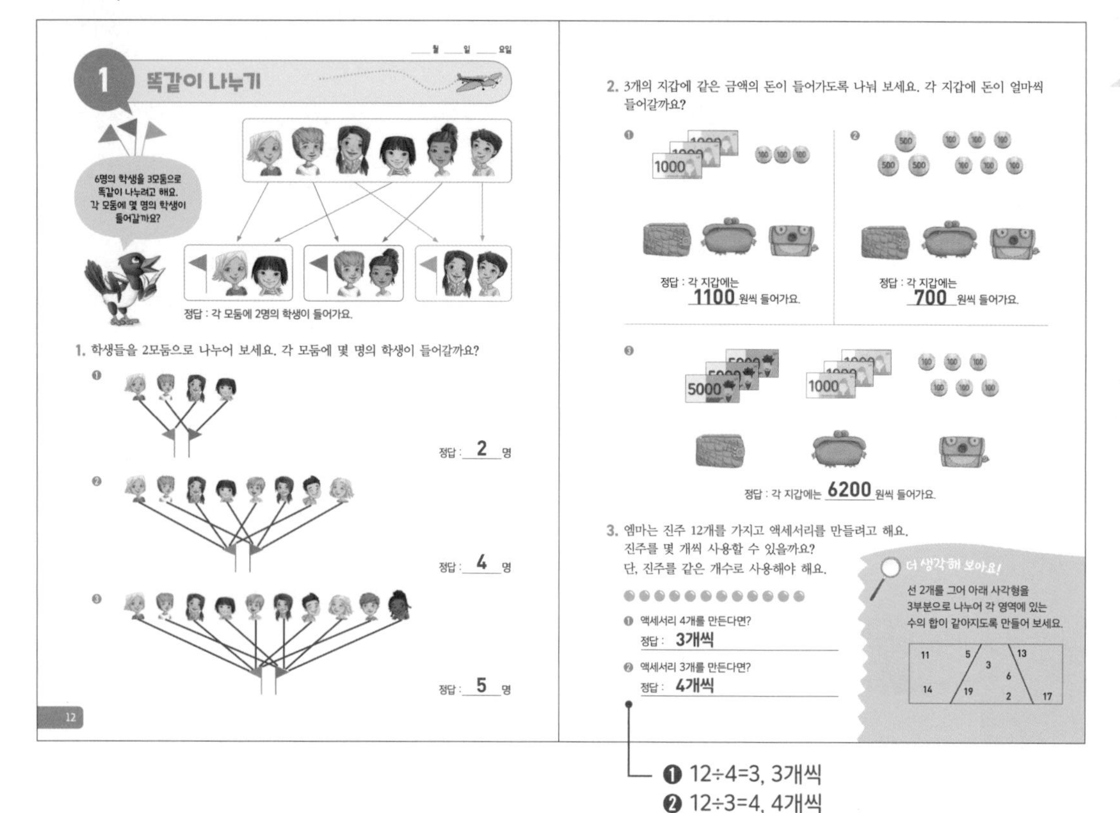

___월 ___일 ___요일

1 똑같이 나누기

6명의 학생을 3모둠으로 똑같이 나누려고 해요. 각 모둠에 몇 명의 학생이 들어갈까요?

정답 : 각 모둠에 2명의 학생이 들어가요.

1. 학생들을 2모둠으로 나누어 보세요. 각 모둠에 몇 명의 학생이 들어갈까요?

❶ 정답 : 2 명

❷ 정답 : 4 명

❸ 정답 : 5 명

2. 3개의 지갑에 같은 금액의 돈이 들어가도록 나눠 보세요. 각 지갑에 돈이 얼마씩 들어갈까요?

❶ 정답 : 각 지갑에는 1100 원씩 들어가요.

❷ 정답 : 각 지갑에는 700 원씩 들어가요.

❸ 정답 : 각 지갑에는 6200 원씩 들어가요.

3. 엄마는 진주 12개를 가지고 액세서리를 만들려고 해요. 진주를 몇 개씩 사용할 수 있을까요? 단, 진주를 같은 개수로 사용해야 해요.

❶ 액세서리 4개를 만든다면? 정답 : 3개씩

❷ 액세서리 3개를 만든다면? 정답 : 4개씩

더 생각해 보아요! 선 2개를 그어 아래 사각형을 3부분으로 나누어 각 영역에 있는 수의 합이 같아지도록 만들어 보세요.

12 / 13

❶ 12÷4=3, 3개씩
❷ 12÷3=4, 4개씩

14-15쪽

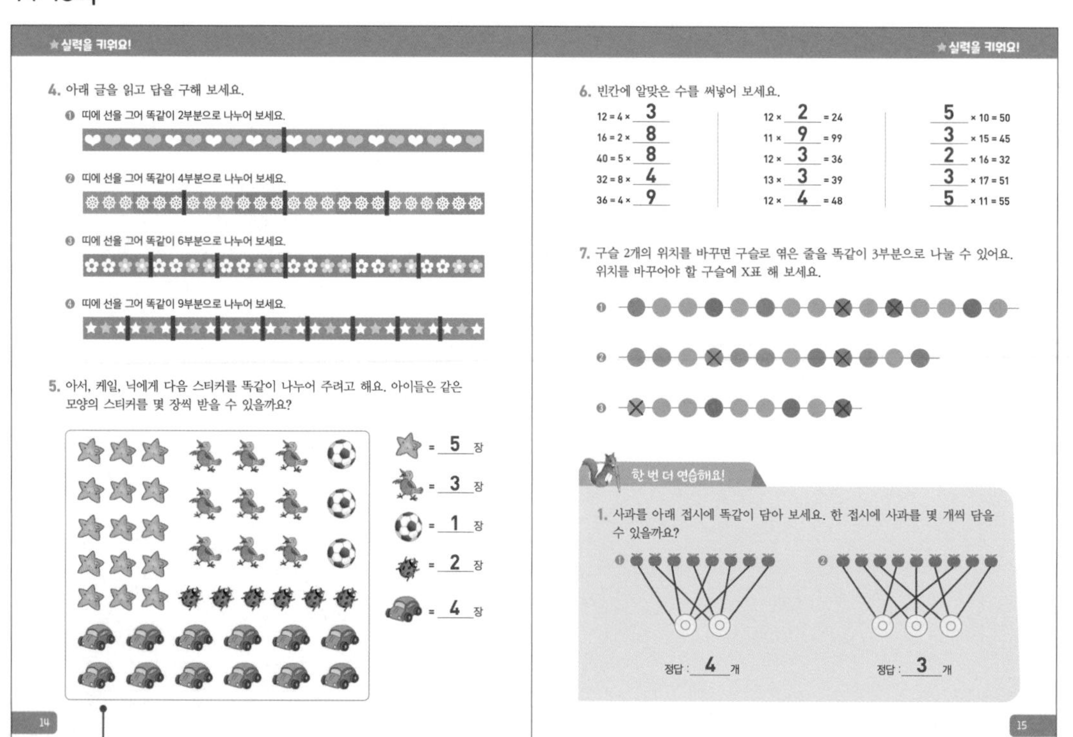

★실력을 키워요!

4. 아래 글을 읽고 답을 구해 보세요.

❶ 띠에 선을 그어 똑같이 2부분으로 나누어 보세요.

❷ 띠에 선을 그어 똑같이 4부분으로 나누어 보세요.

❸ 띠에 선을 그어 똑같이 6부분으로 나누어 보세요.

❹ 띠에 선을 그어 똑같이 9부분으로 나누어 보세요.

5. 아서, 케일, 닉에게 다음 스티커를 똑같이 나누어 주려고 해요. 아이들은 같은 모양의 스티커를 몇 장씩 받을 수 있을까요?

= 5 장 / = 3 장 / = 1 장 / = 2 장 / = 4 장

6. 빈칸에 알맞은 수를 써넣어 보세요.

12 = 4 × 3	12 × 2 = 24	5 × 10 = 50
16 = 2 × 8	11 × 9 = 99	3 × 15 = 45
40 = 5 × 8	12 × 3 = 36	2 × 16 = 32
32 = 8 × 4	13 × 3 = 39	3 × 17 = 51
36 = 4 × 9	12 × 4 = 48	5 × 11 = 55

7. 구슬 2개의 위치를 바꾸면 구슬로 엮은 줄을 똑같이 3부분으로 나눌 수 있어요. 위치를 바꾸어야 할 구슬에 X표 해 보세요.

한 번 더 연습해요!

1. 사과를 아래 접시에 똑같이 담아 보세요. 한 접시에 사과를 몇 개씩 담을 수 있을까요?

❶ 정답 : 4 개 ❷ 정답 : 3 개

14 / 15

스티커 개수를 나누어지는 수, 아서, 케일, 닉 3명을 나누는 수로 하여 나눗셈을 하면 됩니다.

부모님 가이드 | 12쪽

그림을 보며 아이에게 질문해 보세요.

- 몇 명의 학생이 있니? **6명**
- 몇 모둠으로 똑같이 나누려고 하니? **3모둠**
- 학생들을 어떻게 나누었니? **차례대로 1명씩 3개 모둠에 넣었어요. 1명씩 다 넣으면 2번째 학생들을 또 1명씩 각 모둠에 넣어요.**
- 한 모둠에 몇 명씩 들어갔니? **2명씩**

13쪽 2번

핀란드 수학 교과서에서는 유럽연합의 통용 화폐인 유로화를 다룹니다. 그러나 한국에서는 원화를 사용하고, 화폐 단위가 십원부터 있어 백의 자리보다 큰 천의 자리, 더 나아가 만의 자리까지 일상생활에서 아이들이 자주 사용합니다.
3학년 과정 나눗셈 단원에서는 (몇십)÷(몇)을 배우지만, 이 책에서는 좀 더 심화 과정으로 (네 자리 수)÷(한 자리 수)를 다뤘습니다. 단위가 커졌지만 일상생활에서 사용하는 돈 단위이며, 십의 자리까지는 0이 들어가므로 무리 없이 학습할 수 있을 것입니다.

더 생각해 보아요! | 13쪽

사각형 안에 있는 수의 총합을 구하면 90이며, 90을 3으로 나누면 30이에요. 각 영역에 있는 수의 합이 30이 되도록 선을 그으면 돼요.

14쪽 4번

❶ 무늬가 20개이므로 2로 나누면 10이 나와요. 또는 2단을 이용해서 2×10=20이므로 무늬를 10개씩 나눠 주면 돼요.
❷ 무늬가 24개이므로 4로 나누면 6이 나와요. 또는 4×6=24이므로 무늬를 6개씩 나눠 주면 돼요.
이런 식으로 남은 문제도 풀어 보세요.

16-17쪽

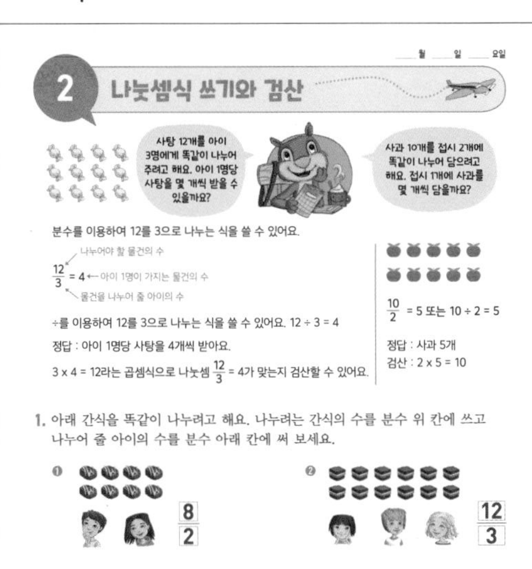

___월 ___일 ___요일
2 나눗셈식 쓰기와 검산
사탕 12개를 아이 3명에게 똑같이 나누어 주려고 해요. 아이 1명당 사탕을 몇 개씩 받을 수 있을까요?
사과 10개를 접시 2개에 똑같이 나누어 담으려고 해요. 접시 1개에 사과를 몇 개씩 담을까요?
분수를 이용하여 12를 3으로 나누는 식을 쓸 수 있어요.
나누어야 할 물건의 수
12/3 = 4 ← 아이 1명이 가지는 물건의 수
물건을 나누어 줄 아이의 수
÷를 이용하여 12를 3으로 나누는 식을 쓸 수 있어요. 12 ÷ 3 = 4
정답 : 아이 1명당 사탕을 4개씩 받아요.
3 x 4 = 12라는 곱셈식으로 나눗셈 12/3 = 4가 맞는지 검산할 수 있어요.
10/2 = 5 또는 10 ÷ 2 = 5
정답 : 사과 5개
검산 : 2 x 5 = 10
1. 아래 간식을 똑같이 나누려고 해요. 나누려는 간식의 수를 분수 위 칸에 쓰고 나누어 줄 아이의 수를 분수 아래 칸에 써 보세요.

❶ $\frac{8}{2}$ ❷ $\frac{12}{3}$

2. 접시에 사과를 똑같이 나누어 담으려고 해요. 분수를 이용하여 알맞은 식을 세워 답을 구한 후, 곱셈을 이용해 검산해 보세요.

❶ $\frac{8}{2} = 4$
검산 : 2 × 4 = 8

❷ $\frac{6}{3} = 2$
검산 : 3 × 2 = 6

3. 그림을 보고 알맞은 나눗셈식을 2가지 방법으로 써 보세요. 그리고 곱셈을 이용해 검산해 보세요.

❶ 6개를 3개씩 나누어요.
$\frac{6}{3} = 2$ 또는 6 ÷ 3 = 2
검산 : 3 × 2 = 6

❷ 10개를 5개씩 나누어요.
$\frac{10}{5} = 2$ 또는 10 ÷ 5 = 2
검산 : 5 × 2 = 10

❸ 12개를 6개씩 나누어요.
$\frac{12}{6} = 2$ 또는 12 ÷ 6 = 2
검산 : 6 × 2 = 12

❹ 16개를 2개씩 나누어요.
$\frac{16}{2} = 8$ 또는 16 ÷ 2 = 8
검산 : 2 × 8 = 16

4. 아래 글을 읽고 분수를 이용하여 알맞은 식을 세워 답을 구해 보세요.

❶ 엄마와 알렉이 사탕 20개를 똑같이 나누려고 해요. 엄마와 알렉은 사탕을 몇 개씩 가질 수 있을까요?
식 : $\frac{20}{2} = 10$
정답 : 10개

❷ 아이 3명이 사탕 15개를 똑같이 나누려고 해요. 아이 1명당 사탕을 몇 개씩 가질 수 있을까요?
식 : $\frac{15}{3} = 5$
정답 : 5개

❸ 엄마가 아이 4명에게 사탕 12개를 똑같이 나누어 주려고 해요. 아이 1명당 사탕을 몇 개씩 가질 수 있을까요?
식 : $\frac{12}{4} = 3$
정답 : 3개

❹ 루이스와 미리암, 그리고 3명의 친구가 사탕 25개를 똑같이 나누려고 해요. 사탕을 몇 개씩 받을 수 있을까요?
식 : $\frac{25}{5} = 5$
정답 : 5개

부모님 가이드 | 16쪽

그림을 보며 아이에게 질문해 보세요.
- 나누어 줄 사탕은 몇 개이니? **12개**
- 몇 명에게 나누어 줘야 하니? **3명**
- 한 사람당 몇 개씩 받니? **4개씩**
- 12개를 3명에게 똑같이 나누어 주는 것을 2가지 방법으로 식을 써 보렴. 12÷3=4, $\frac{12}{3}$=4
- 곱셈으로 나눗셈을 검산해 보렴. 3×4=12

17쪽 3번

핀란드에서는 나눗셈을 할 때 분수를 사용해요. 분수란 전체를 똑같이 나눈 것이므로 $\frac{6}{3}$은 전체 6을 3부분으로 나누었단 의미와 같아요. 분수와 나눗셈을 연결 지어 학습하면 분수의 의미도 정확하게 이해하고 나눗셈도 더 깊이 있게 공부할 수 있어요.
한국에서는 6학년 과정에서 나눗셈의 몫을 분수로 나타내는 것을 배운답니다.
예시) $6 \div 5 = \frac{6}{5}(1\frac{1}{5})$

18-19쪽

★ 실력을 키워요!

5. 알맞은 나눗셈값을 찾아 선으로 이어 보세요. 그리고 곱셈식을 이용해 검산해 보세요.

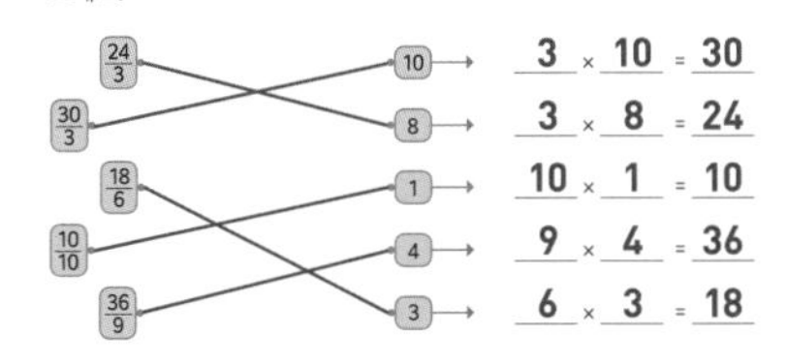

3 × 10 = 30
3 × 8 = 24
10 × 1 = 10
9 × 4 = 36
6 × 3 = 18

6. 계산 과정을 그림으로 나타낸 후 알맞은 식을 세워 답을 구해 보세요.

❶ 한 봉지에 비스킷이 21개 들어 있어요. 접시 3개에 똑같이 나눠 담는다면 한 접시에 비스킷을 몇 개씩 담을 수 있을까요?
식 : $\frac{21}{3} = 7$
정답 : 7개

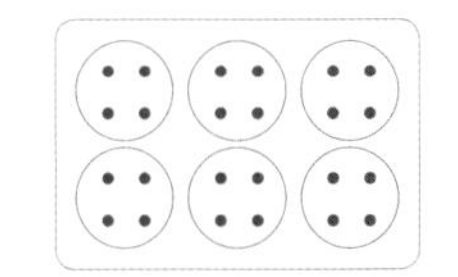

❷ 한 봉지에 비스킷이 24개 들어 있어요. 접시 6개에 똑같이 나눠 담는다면 한 접시에 비스킷을 몇 개씩 담을 수 있을까요?
식 : $\frac{24}{6} = 4$
정답 : 4개

7. 그림이 들어간 식을 보고 그림의 값을 구해 보세요.

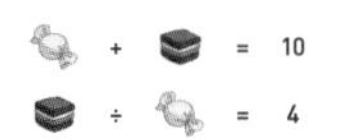

★ 실력을 키워요!

8. 아래 글을 읽고 답을 구해 보세요.

가로 또는 세로 방향으로 나란히 있는 수를 곱하거나 나눌 때 식이 성립하는 수를 오른쪽 표에서 찾아보세요. 같은 수가 여러 식에 쓰일 수 있어요. 모두 8개를 찾아 색칠해 보세요.

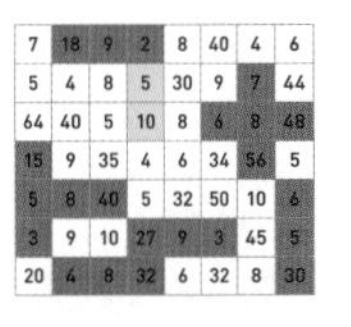

7	18	9	2	8	40	4	6
5	4	8	5	30	9	7	44
64	40	5	10	8	6	8	48
15	9	35	4	6	34	56	5
5	8	40	5	32	50	10	6
3	9	10	27	9	3	45	5
20	4	8	32	6	32	8	30

한 번 더 연습해요!

1. 그림을 보고 알맞은 나눗셈식을 2가지 방법으로 써 보세요. 그리고 곱셈을 이용해 검산해 보세요.

❶ 8개를 4개씩 나누어요.
$\frac{8}{4} = 2$ 또는 8 ÷ 4 = 2
검산 : 4 × 2 = 8

❷ 10개를 2개씩 나누어요.
$\frac{10}{2} = 5$ 또는 10 ÷ 2 = 5
검산 : 2 × 5 = 10

❸ 12개를 6개씩 나누어요.
$\frac{12}{6} = 2$ 또는 12 ÷ 6 = 2
검산 : 6 × 2 = 12

❹ 14개를 7개씩 나누어요.
$\frac{14}{7} = 2$ 또는 14 ÷ 7 = 2
검산 : 7 × 2 = 14

2. 스티커 16장을 똑같이 나누려고 해요.

❶ 2명에게 나누어 준다면? 16 ÷ 2 = 8 정답 : 8개
❷ 4명에게 나누어 준다면? 16 ÷ 4 = 4 정답 : 4개

18쪽 7번

더해서 10이 되는 수를 살펴보면 1과 9, 2와 8, 3과 7, 4와 6, 5와 5예요. 이 가운데 나눴을 때 몫이 4가 되는 수는 2와 8인데, 나누어지는 수가 더 커야 하므로 (그림)=8, (그림)=2

20-21쪽

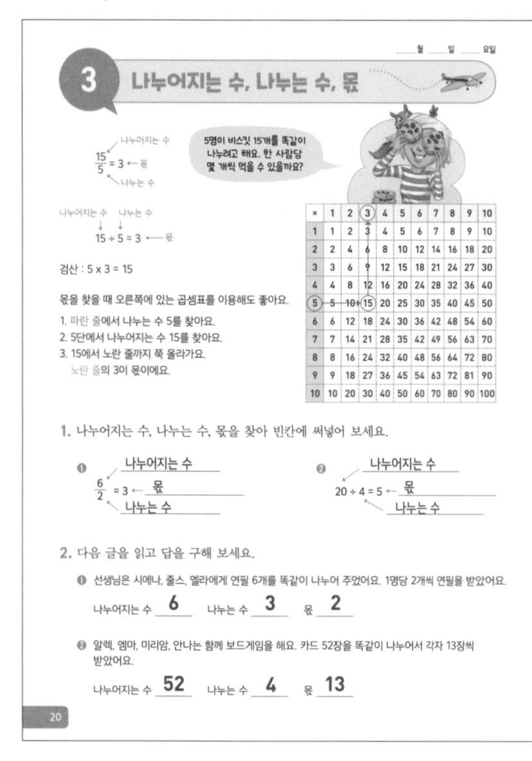

___월 ___일 ___요일

3 나누어지는 수, 나누는 수, 몫

15/5 = 3 ← 몫 (나누어지는 수: 15, 나누는 수: 5)

5명이 비스킷 15개를 똑같이 나누려고 해요. 한 사람당 몇 개씩 먹을 수 있을까요?

나누어지는 수 나누는 수

15 ÷ 5 = 3 ← 몫

검산 : 5 x 3 = 15

몫을 찾을 때 오른쪽에 있는 곱셈표를 이용해도 좋아요.

1. 파란 줄에서 나누는 수 5를 찾아요.
2. 5단에서 나누어지는 수 15를 찾아요.
3. 15에서 노란 줄까지 쭉 올라가요.

노란 줄의 3이 몫이에요.

×	1	2	3	4	5	6	7	8	9	10
1	1	2	3	4	5	6	7	8	9	10
2	2	4	6	8	10	12	14	16	18	20
3	3	6	9	12	15	18	21	24	27	30
4	4	8	12	16	20	24	28	32	36	40
5	5	10	15	20	25	30	35	40	45	50
6	6	12	18	24	30	36	42	48	54	60
7	7	14	21	28	35	42	49	56	63	70
8	8	16	24	32	40	48	56	64	72	80
9	9	18	27	36	45	54	63	72	81	90
10	10	20	30	40	50	60	70	80	90	100

1. 나누어지는 수, 나누는 수, 몫을 찾아 빈칸에 써넣어 보세요.

❶ 6/2 = 3 ← 몫 (6: 나누어지는 수, 2: 나누는 수)

❷ 20 ÷ 4 = 5 ← 몫 (20: 나누어지는 수, 4: 나누는 수)

2. 다음 글을 읽고 답을 구해 보세요.

❶ 선생님은 시에나, 줄스, 엘라에게 연필 6개를 똑같이 나누어 주었어요. 1명당 2개씩 연필을 받았어요.

나누어지는 수 6 나누는 수 3 몫 2

❷ 알렉, 엠마, 미리암, 안나는 함께 보드게임을 해요. 카드 52장을 똑같이 나누어서 각자 13장씩 받았어요.

나누어지는 수 52 나누는 수 4 몫 13

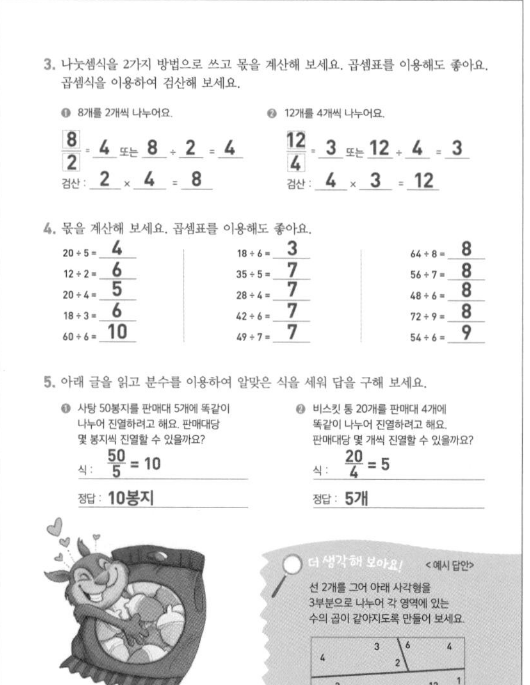

3. 나눗셈식을 2가지 방법으로 쓰고 몫을 계산해 보세요. 곱셈표를 이용해도 좋아요. 곱셈식을 이용하여 검산해 보세요.

❶ 8개를 2개씩 나누어요.

8/2 = 4 또는 8 ÷ 2 = 4

검산 : 2 × 4 = 8

❷ 12개를 4개씩 나누어요.

12/4 = 3 또는 12 ÷ 4 = 3

검산 : 4 × 3 = 12

4. 몫을 계산해 보세요. 곱셈표를 이용해도 좋아요.

20 ÷ 5 = 4	18 ÷ 6 = 3	64 ÷ 8 = 8
12 ÷ 2 = 6	35 ÷ 5 = 7	56 ÷ 7 = 8
20 ÷ 4 = 5	28 ÷ 4 = 7	48 ÷ 6 = 8
18 ÷ 3 = 6	42 ÷ 6 = 7	72 ÷ 9 = 8
60 ÷ 6 = 10	49 ÷ 7 = 7	54 ÷ 6 = 9

5. 아래 글을 읽고 분수를 이용하여 알맞은 식을 세워 답을 구해 보세요.

❶ 사탕 50봉지를 판매대 5개에 똑같이 나누어 진열하려고 해요. 판매대당 몇 봉지씩 진열할 수 있을까요?

식 : 50/5 = 10

정답 : 10봉지

❷ 비스킷 통 20개를 판매대 4개에 똑같이 나누어 진열하려고 해요. 판매대당 몇 개씩 진열할 수 있을까요?

식 : 20/4 = 5

정답 : 5개

더 생각해 보아요! <예시 답안>

선 2개를 그어 아래 사각형을 3부분으로 나누어 각 영역에 있는 수의 곱이 같아지도록 만들어 보세요.

부모님 가이드 | 20쪽

그림을 보며 아이에게 질문해 보세요.

- 나눠 먹을 전체 비스킷 수를 나눗셈식에서 뭐라고 부르니? **나누어지는 수**
- 비스킷을 나눠 먹을 사람의 수를 나눗셈식에서 뭐라고 부르니? **나누는 수**
- 비스킷 15개를 5명이 나눠 먹을 때 1명당 3개씩 먹을 수 있어. 나누어지는 수를 나누는 수로 나눴을 때 나오는 수를 뭐라고 부를까? **몫**
- 나눗셈의 검산은 어떻게 하니? **곱셈을 이용해요.**

22-23쪽

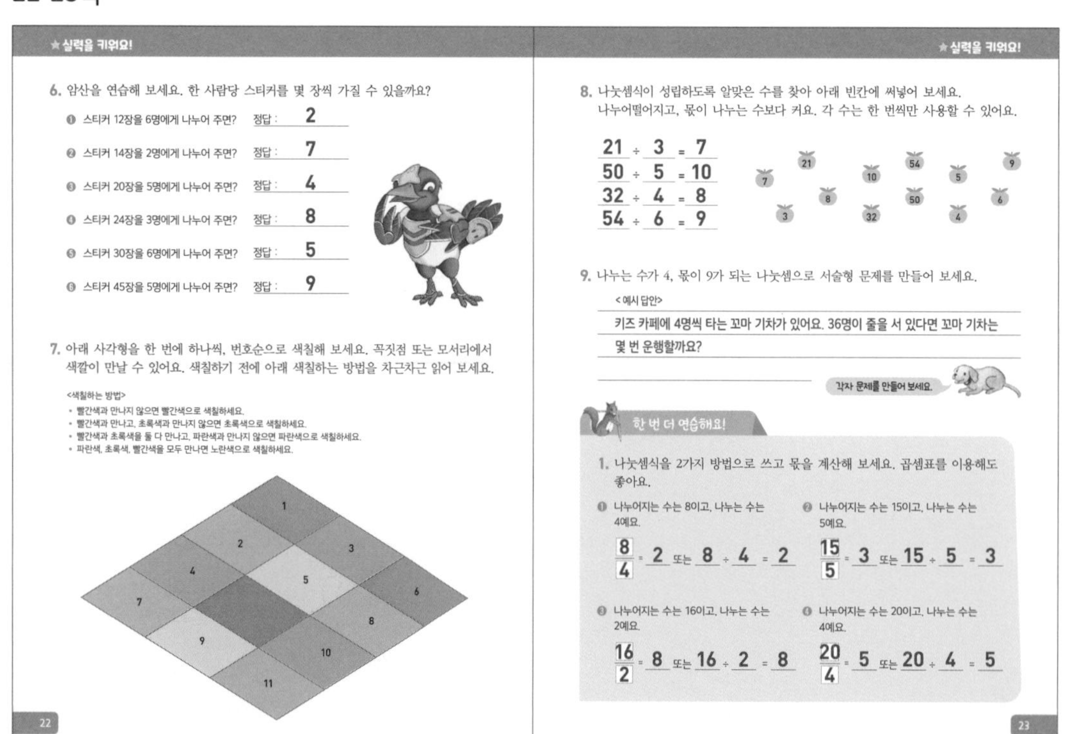

★실력을 키워요!

6. 암산을 연습해 보세요. 한 사람당 스티커를 몇 장씩 가질 수 있을까요?

❶ 스티커 12장을 6명에게 나누어 주면? 정답 : 2

❷ 스티커 14장을 2명에게 나누어 주면? 정답 : 7

❸ 스티커 20장을 5명에게 나누어 주면? 정답 : 4

❹ 스티커 24장을 3명에게 나누어 주면? 정답 : 8

❺ 스티커 30장을 6명에게 나누어 주면? 정답 : 5

❻ 스티커 45장을 5명에게 나누어 주면? 정답 : 9

7. 아래 사각형을 한 번에 하나씩, 번호순으로 색칠해 보세요. 꼭짓점 또는 모서리에서 색깔이 만날 수 있어요. 색칠하기 전에 아래 색칠하는 방법을 차근차근 읽어 보세요.

<색칠하는 방법>

- 빨간색과 만나지 않으면 빨간색으로 색칠하세요.
- 빨간색과 만나고, 초록색과 만나지 않으면 초록색으로 색칠하세요.
- 빨간색과 초록색을 둘 다 만나고, 파란색과 만나지 않으면 파란색으로 색칠하세요.
- 파란색, 초록색, 빨간색을 모두 만나면 노란색으로 색칠하세요.

★실력을 키워요!

8. 나눗셈식이 성립하도록 알맞은 수를 찾아 아래 빈칸에 써넣어 보세요. 나누어떨어지고, 몫이 나누는 수보다 커요. 각 수는 한 번씩만 사용할 수 있어요.

21 ÷ 3 = 7

50 ÷ 5 = 10

32 ÷ 4 = 8

54 ÷ 6 = 9

9. 나누는 수가 4, 몫이 9가 되는 나눗셈으로 서술형 문제를 만들어 보세요.

<예시 답안>

키즈 카페에 4명씩 타는 꼬마 기차가 있어요. 36명이 줄을 서 있다면 꼬마 기차는 몇 번 운행할까요?

각자 문제를 만들어 보세요.

한 번 더 연습해요!

1. 나눗셈식을 2가지 방법으로 쓰고 몫을 계산해 보세요. 곱셈표를 이용해도 좋아요.

❶ 나누어지는 수는 8이고, 나누는 수는 4예요.

8/4 = 2 또는 8 ÷ 4 = 2

❷ 나누어지는 수는 15이고, 나누는 수는 5예요.

15/5 = 3 또는 15 ÷ 5 = 3

❸ 나누어지는 수는 16이고, 나누는 수는 2예요.

16/2 = 8 또는 16 ÷ 2 = 8

❹ 나누어지는 수는 20이고, 나누는 수는 4예요.

20/4 = 5 또는 20 ÷ 4 = 5

22쪽 6번

나눗셈을 할 때 나누어지는 수가 무엇인지 찾는 것이 중요해요. 무조건 큰 수를 골라 작은 수로 나누는 경우가 있는데 학년이 올라가게 되면 작은 수를 큰 수로 나누는 경우도 있어요. 그러므로 나누어지는 수를 큰 수, 작은 수로 찾는 것이 아니라 문제에서 어떤 것을 나누려고 하는지를 보는 습관이 필요하답니다.

23쪽 8번

나누는 수와 몫을 곱하면 나누어지는 수가 나와요.
곱해서 21이 나오는 수는 7과 3. 몫이 나누는 수보다 커야 하므로 몫은 7, 나누는 수는 3이에요.
나눗셈식으로 나타내면 21÷3=7. 이런 식으로 나머지 문제도 풀어 보세요.

24-25쪽

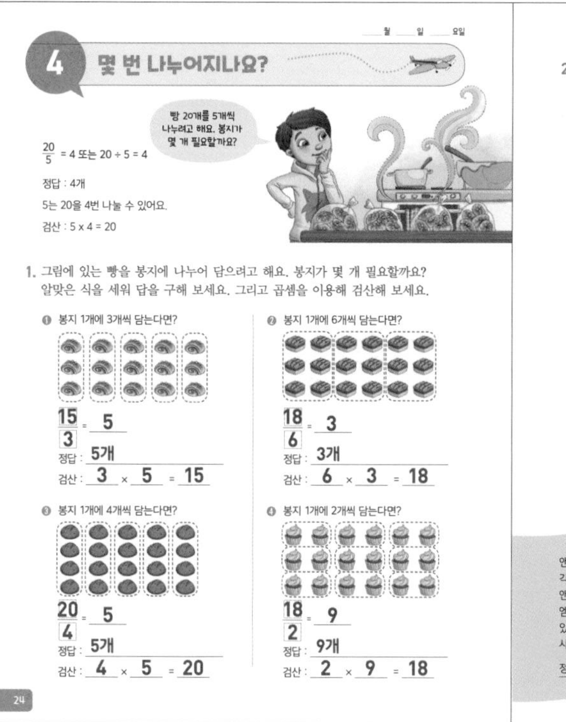

___월 ___일 ___요일

4 몇 번 나누어지나요?

빵 20개를 5개씩 나누려고 해요. 봉지가 몇 개 필요할까요?

$\frac{20}{5} = 4$ 또는 $20 \div 5 = 4$

정답 : 4개

5는 20을 4번 나눌 수 있어요.

검산 : $5 \times 4 = 20$

1. 그림에 있는 빵을 봉지에 나누어 담으려고 해요. 봉지가 몇 개 필요할까요? 알맞은 식을 세워 답을 구해 보세요. 그리고 곱셈을 이용해 검산해 보세요.

❶ 봉지 1개에 3개씩 담는다면?
$\frac{15}{3} = 5$
정답 : 5개
검산 : $3 \times 5 = 15$

❷ 봉지 1개에 6개씩 담는다면?
$\frac{18}{6} = 3$
정답 : 3개
검산 : $6 \times 3 = 18$

❸ 봉지 1개에 4개씩 담는다면?
$\frac{20}{4} = 5$
정답 : 5개
검산 : $4 \times 5 = 20$

❹ 봉지 1개에 2개씩 담는다면?
$\frac{18}{2} = 9$
정답 : 9개
검산 : $2 \times 9 = 18$

24

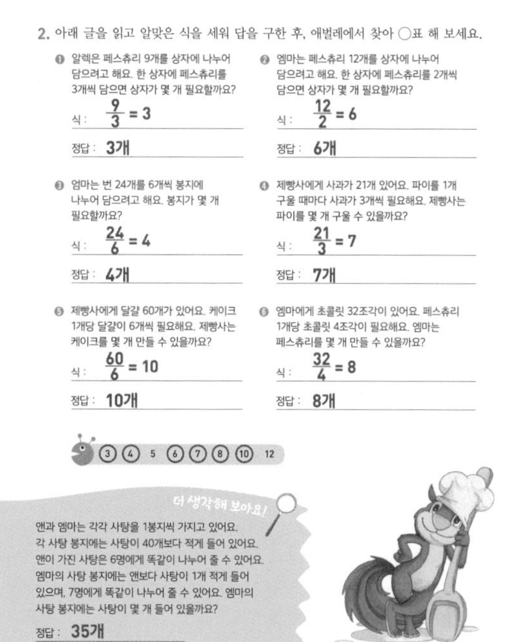

2. 아래 글을 읽고 알맞은 식을 세워 답을 구한 후, 애벌레에서 찾아 ○표 해 보세요.

❶ 알렉은 페스츄리 9개를 상자에 나누어 담으려고 해요. 한 상자에 페스츄리를 3개씩 담으면 상자가 몇 개 필요할까요?
식 : $\frac{9}{3} = 3$
정답 : 3개

❷ 엠마는 페스츄리 12개를 상자에 나누어 담으려고 해요. 한 상자에 페스츄리를 2개씩 담으면 상자가 몇 개 필요할까요?
식 : $\frac{12}{2} = 6$
정답 : 6개

❸ 엠마는 번 24개를 6개씩 봉지에 나누어 담으려고 해요. 봉지가 몇 개 필요할까요?
식 : $\frac{24}{6} = 4$
정답 : 4개

❹ 제빵사에게 사과가 21개 있어요. 파이를 1개 구울 때마다 사과가 3개씩 필요해요. 제빵사는 파이를 몇 개 구울 수 있을까요?
식 : $\frac{21}{3} = 7$
정답 : 7개

❺ 제빵사에게 달걀 60개가 있어요. 케이크 1개당 달걀이 6개씩 필요해요. 제빵사는 케이크를 몇 개 만들 수 있을까요?
식 : $\frac{60}{6} = 10$
정답 : 10개

❻ 엠마에게 초콜릿 32조각이 있어요. 페스츄리 1개당 초콜릿 4조각이 필요해요. 엠마는 페스츄리를 몇 개 만들 수 있을까요?
식 : $\frac{32}{4} = 8$
정답 : 8개

③ ④ 5 ⑥ ⑦ ⑧ ⑩ 12

더 생각해 보아요!

앤과 엠마는 각각 사탕을 1봉지씩 가지고 있어요. 각 사탕 봉지에는 사탕이 40개보다 적게 들어 있어요. 앤이 가진 사탕은 6명에게 똑같이 나누어 줄 수 있어요. 엠마의 사탕 봉지에는 앤보다 사탕이 1개 적게 들어 있으며, 7명에게 똑같이 나누어 줄 수 있어요. 엠마의 사탕 봉지에는 사탕이 몇 개 들어 있을까요?

정답 : 35개

25

부모님 가이드 | 24쪽

그림을 보며 아이에게 질문해 보세요.

- 몇 개의 빵을 나누어 담으려고 하니? **20개**
- 빵을 한 봉지에 몇 개씩 담으려고 하니? **5개씩**
- 봉지가 몇 개 필요하니? **4개**
- 나눗셈식으로 나타내 보렴. **20÷5=4**
- 곱셈을 이용해 검산해 보렴. **5×4=20**

더 생각해 보아요! | 25쪽

각 사탕 봉지에 든 사탕의 수는 40개보다 적으므로 39와 같거나 작은 수예요.
7로 나누어떨어지는 수이면서 6단의 수 가운데 1을 뺀 수와 같은 수는 35예요.

26-27쪽

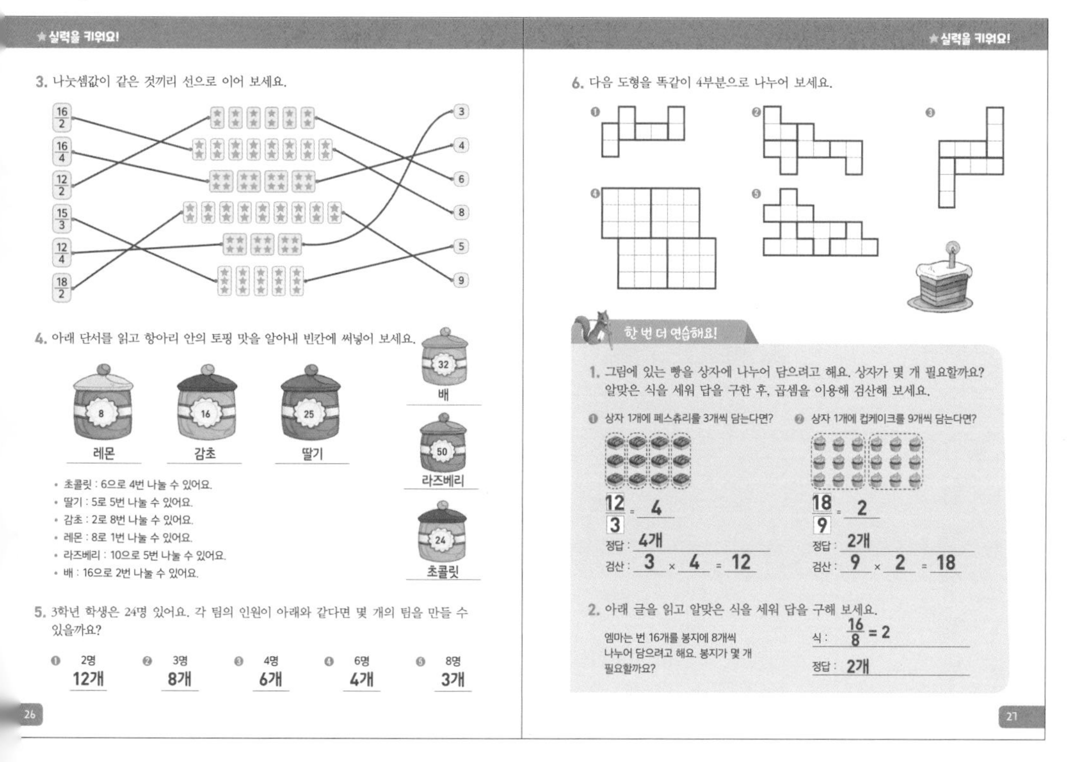

★실력을 키워요!

3. 나눗셈값이 같은 것끼리 선으로 이어 보세요.

$\frac{16}{2}$, $\frac{16}{4}$, $\frac{12}{2}$, $\frac{15}{3}$, $\frac{12}{4}$, $\frac{18}{2}$ — 3, 4, 6, 8, 5, 9

4. 아래 단서를 읽고 항아리 안의 토핑 맛을 알아내 빈칸에 써넣어 보세요.

8 레몬 / 16 감초 / 25 딸기 / 32 배 / 50 라즈베리 / 24 초콜릿

- 초콜릿 : 6으로 4번 나눌 수 있어요.
- 딸기 : 5로 5번 나눌 수 있어요.
- 감초 : 2로 8번 나눌 수 있어요.
- 레몬 : 8로 1번 나눌 수 있어요.
- 라즈베리 : 10으로 5번 나눌 수 있어요.
- 배 : 16으로 2번 나눌 수 있어요.

5. 3학년 학생은 24명 있어요. 각 팀의 인원이 아래와 같다면 몇 개의 팀을 만들 수 있을까요?

❶ 2명 12개 ❷ 3명 8개 ❸ 4명 6개 ❹ 6명 4개 ❺ 8명 3개

26

★실력을 키워요!

6. 다음 도형을 똑같이 4부분으로 나누어 보세요.

❶ ❷ ❸ ❹ ❺

한 번 더 연습해요!

1. 그림에 있는 빵을 상자에 나누어 담으려고 해요. 상자가 몇 개 필요할까요? 알맞은 식을 세워 답을 구한 후, 곱셈을 이용해 검산해 보세요.

❶ 상자 1개에 페스츄리를 3개씩 담는다면?
$\frac{12}{3} = 4$
정답 : 4개
검산 : $3 \times 4 = 12$

❷ 상자 1개에 컵케이크를 9개씩 담는다면?
$\frac{18}{9} = 2$
정답 : 2개
검산 : $9 \times 2 = 18$

2. 아래 글을 읽고 알맞은 식을 세워 답을 구해 보세요.

엠마는 번 16개를 봉지에 8개씩 나누어 담으려고 해요. 봉지가 몇 개 필요할까요?
식 : $\frac{16}{8} = 2$
정답 : 2개

21

26쪽 4번

초콜릿 : □÷6=4, 6×4=24
딸기 : □÷5=5, 5×5=25
감초 : □÷2=8, 2×8=16
레몬 : □÷8=1, 8×1=8
라즈베리 : □÷10=5, 10×5=50
배 : □÷16=2, 16×2=32

27쪽 6번

전체 칸의 수를 센 후 4로 나누면 1부분의 칸의 수를 알 수 있어요.

정답

28-29쪽

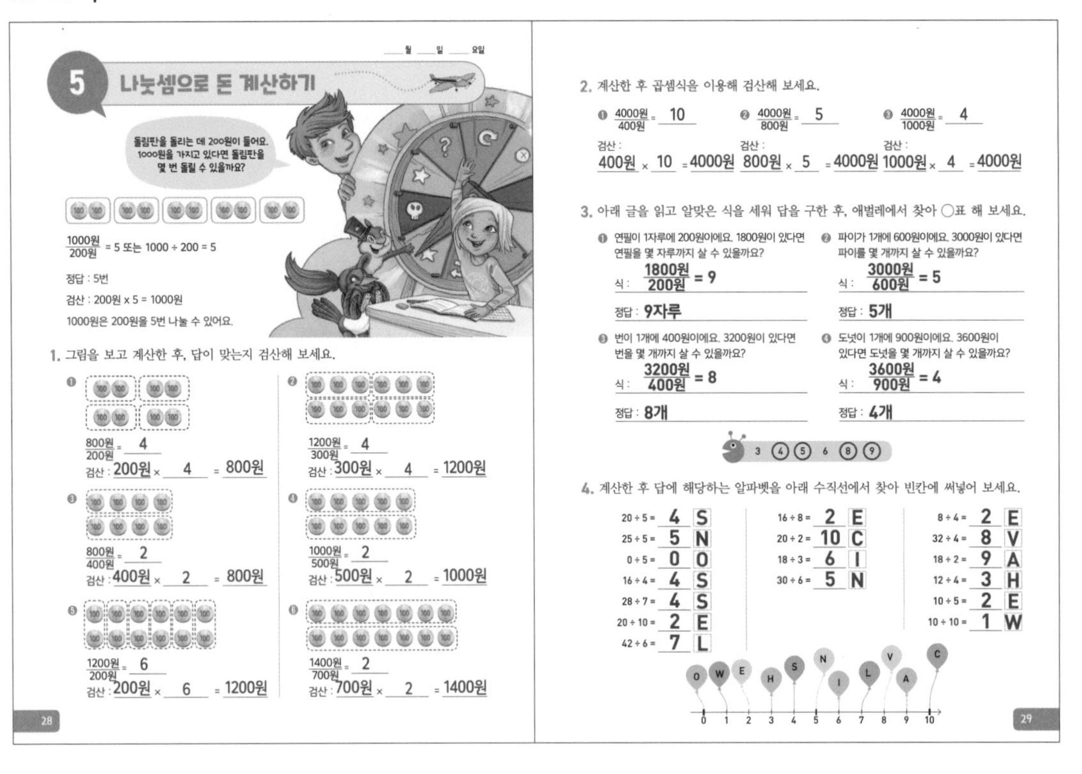

___월 ___일 ___요일

5 나눗셈으로 돈 계산하기

돌림판을 돌리는 데 200원이 들어요.
1000원을 가지고 있다면 돌림판을
몇 번 돌릴 수 있을까요?

$\frac{1000원}{200원}$ = 5 또는 1000 ÷ 200 = 5

정답 : 5번

검산 : 200원 x 5 = 1000원

1000원은 200원을 5번 나눌 수 있어요.

1. 그림을 보고 계산한 후, 답이 맞는지 검산해 보세요.

❶ $\frac{800원}{200원}$ = 4 검산 : 200원 × 4 = 800원

❷ $\frac{1200원}{300원}$ = 4 검산 : 300원 × 4 = 1200원

❸ $\frac{800원}{400원}$ = 2 검산 : 400원 × 2 = 800원

❹ $\frac{1000원}{500원}$ = 2 검산 : 500원 × 2 = 1000원

❺ $\frac{1200원}{200원}$ = 6 검산 : 200원 × 6 = 1200원

❻ $\frac{1400원}{700원}$ = 2 검산 : 700원 × 2 = 1400원

28

2. 계산한 후 곱셈식을 이용해 검산해 보세요.

❶ $\frac{4000원}{400원}$ = 10 검산 : 400원 × 10 = 4000원

❷ $\frac{4000원}{800원}$ = 5 검산 : 800원 × 5 = 4000원

❸ $\frac{4000원}{1000원}$ = 4 검산 : 1000원 × 4 = 4000원

3. 아래 글을 읽고 알맞은 식을 세워 답을 구한 후, 애벌레에서 찾아 ○표 해 보세요.

❶ 연필이 1자루에 200원이에요. 1800원이 있다면 연필을 몇 자루까지 살 수 있을까요?
식 : $\frac{1800원}{200원}$ = 9
정답 : 9자루

❷ 파이가 1개에 600원이에요. 3000원이 있다면 파이를 몇 개까지 살 수 있을까요?
식 : $\frac{3000원}{600원}$ = 5
정답 : 5개

❸ 번이 1개에 400원이에요. 3200원이 있다면 번을 몇 개까지 살 수 있을까요?
식 : $\frac{3200원}{400원}$ = 8
정답 : 8개

❹ 도넛이 1개에 900원이에요. 3600원이 있다면 도넛을 몇 개까지 살 수 있을까요?
식 : $\frac{3600원}{900원}$ = 4
정답 : 4개

3 ④ ⑤ 6 ⑧ ⑨

4. 계산한 후 답에 해당하는 알파벳을 아래 수직선에서 찾아 빈칸에 써넣어 보세요.

식	답	알파벳
20 ÷ 5 =	4	S
25 ÷ 5 =	5	N
0 ÷ 5 =	0	O
16 ÷ 4 =	4	S
28 ÷ 7 =	4	S
20 ÷ 10 =	2	E
42 ÷ 6 =	7	L

식	답	알파벳
16 ÷ 8 =	2	E
20 ÷ 2 =	10	C
18 ÷ 3 =	6	I
30 ÷ 6 =	5	N

식	답	알파벳
8 ÷ 4 =	2	E
32 ÷ 4 =	8	V
18 ÷ 2 =	9	A
12 ÷ 4 =	3	H
10 ÷ 5 =	2	E
10 ÷ 10 =	1	W

O W E H S N I L V A C
0 1 2 3 4 5 6 7 8 9 10

29

부모님 가이드 | 28쪽

- 돌림판을 1번 돌리는 데 얼마를 내야 하니? **200원**
- 1000원으로 돌림판을 몇 번 돌릴 수 있는지 알아보는 식을 만들어 보렴.
  1000원÷200원
- 1000원으로 돌림판을 몇 번 돌릴 수 있니?
  1000원÷200원=5, 5번
- 검산하는 식을 써서 답이 맞는지 확인해 보렴. **200원씩 5번 돌리면 1000원이 나오고 이를 식으로 쓰면 200원×5=1000원**

29쪽 4번

네모 칸에 쓴 알파벳을 거꾸로 거슬러 읽어 보세요.
We have nice lessons.
(우리는 재밌는 수업을 받아요.)

30-31쪽

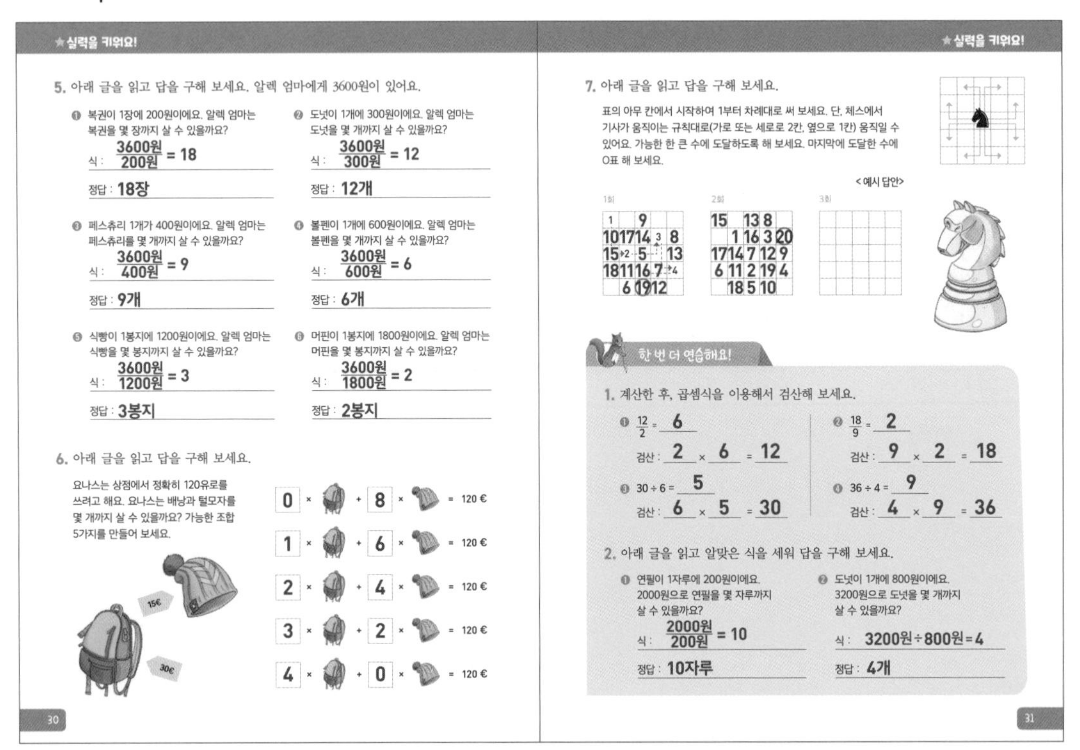

★실력을 키워요!

5. 아래 글을 읽고 답을 구해 보세요. 알렉 엄마에게 3600원이 있어요.

❶ 복권이 1장에 200원이에요. 알렉 엄마는 복권을 몇 장까지 살 수 있을까요?
식 : $\frac{3600원}{200원}$ = 18
정답 : 18장

❷ 도넛이 1개에 300원이에요. 알렉 엄마는 도넛을 몇 개까지 살 수 있을까요?
식 : $\frac{3600원}{300원}$ = 12
정답 : 12개

❸ 페스츄리 1개가 400원이에요. 알렉 엄마는 페스츄리를 몇 개까지 살 수 있을까요?
식 : $\frac{3600원}{400원}$ = 9
정답 : 9개

❹ 볼펜이 1개에 600원이에요. 알렉 엄마는 볼펜을 몇 개까지 살 수 있을까요?
식 : $\frac{3600원}{600원}$ = 6
정답 : 6개

❺ 식빵이 1봉지에 1200원이에요. 알렉 엄마는 식빵을 몇 봉지까지 살 수 있을까요?
식 : $\frac{3600원}{1200원}$ = 3
정답 : 3봉지

❻ 머핀이 1봉지에 1800원이에요. 알렉 엄마는 머핀을 몇 봉지까지 살 수 있을까요?
식 : $\frac{3600원}{1800원}$ = 2
정답 : 2봉지

6. 아래 글을 읽고 답을 구해 보세요.

요나스는 상점에서 정확히 120유로를 쓰려고 해요. 요나스는 배낭과 털모자를 몇 개까지 살 수 있을까요? 가능한 조합 5가지를 만들어 보세요.

15€ 30€

0 × (배낭) + 8 × (털모자) = 120 €
1 × (배낭) + 6 × (털모자) = 120 €
2 × (배낭) + 4 × (털모자) = 120 €
3 × (배낭) + 2 × (털모자) = 120 €
4 × (배낭) + 0 × (털모자) = 120 €

30

★실력을 키워요!

7. 아래 글을 읽고 답을 구해 보세요.

표의 아무 칸에서 시작하여 1부터 차례대로 써 보세요. 단, 체스에서 기사가 움직이는 규칙대로(가로 또는 세로로 2칸, 옆으로 1칸) 움직일 수 있어요. 가능한 한 큰 수에 도달하도록 해 보세요. 마지막에 도달한 수에 O표 해 보세요.

<예시 답안>

1회

1		9		
10	17	14	3	8
15	2	5		13
18	11	16	7	4
	6	(19)	12	

2회

15		13	8	
	1	16	3	(20)
17	14	7	12	9
6	11	2	19	4
	18	5	10	

3회

한 번 더 연습해요!

1. 계산한 후, 곱셈식을 이용해서 검산해 보세요.

❶ $\frac{12}{2}$ = 6 검산 : 2 × 6 = 12

❷ $\frac{18}{9}$ = 2 검산 : 9 × 2 = 18

❸ 30 ÷ 6 = 5 검산 : 6 × 5 = 30

❹ 36 ÷ 4 = 9 검산 : 4 × 9 = 36

2. 아래 글을 읽고 알맞은 식을 세워 답을 구해 보세요.

❶ 연필이 1자루에 200원이에요. 2000원으로 연필을 몇 자루까지 살 수 있을까요?
식 : $\frac{2000원}{200원}$ = 10
정답 : 10자루

❷ 도넛이 1개에 800원이에요. 3200원으로 도넛을 몇 개까지 살 수 있을까요?
식 : 3200원÷800원=4
정답 : 4개

31

31쪽 7번

이 문제는 코딩과 연관된 논리 문제라고 할 수 있어요. 수학에서의 논리가 코딩에도 적용되니 수학은 모든 학문의 기초라고 할 수 있겠네요.

32-33쪽

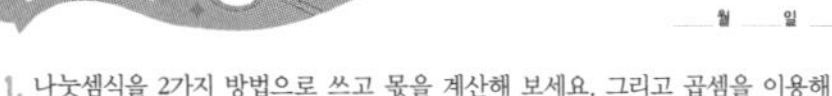

연습 문제

1. 나눗셈식을 2가지 방법으로 쓰고 몫을 계산해 보세요. 그리고 곱셈을 이용해 검산해 보세요.

① 나누어지는 수는 16이고, 나누는 수는 2예요.
$\frac{16}{2} = 8$ 또는 $16 \div 2 = 8$
검산 : $2 \times 8 = 16$

② 나누어지는 수는 40이고, 나누는 수는 4예요.
$\frac{40}{4} = 10$ 또는 $40 \div 4 = 10$
검산 : $4 \times 10 = 40$

③ 나누어지는 수는 35이고, 나누는 수는 5예요.
$\frac{35}{5} = 7$ 또는 $35 \div 5 = 7$
검산 : $5 \times 7 = 35$

④ 나누어지는 수는 70이고, 나누는 수는 10이에요.
$\frac{70}{10} = 7$ 또는 $70 \div 10 = 7$
검산 : $10 \times 7 = 70$

⑤ 나누어지는 수는 28이고, 나누는 수는 7이에요.
$\frac{28}{7} = 4$ 또는 $28 \div 7 = 4$
검산 : $7 \times 4 = 28$

⑥ 나누어지는 수는 45이고, 나누는 수는 9예요.
$\frac{45}{9} = 5$ 또는 $45 \div 9 = 5$
검산 : $9 \times 5 = 45$

2. 계산한 후 답에 해당하는 알파벳을 아래 수직선에서 찾아 빈칸에 써넣어 보세요.

$54 \div 6 = 9$ L
$40 \div 10 = 4$ U
$64 \div 8 = 8$ F
$40 \div 8 = 5$ E
$60 \div 6 = 10$ S
$32 \div 8 = 4$ U

$80 \div 8 = 10$ S
$28 \div 4 = 7$ I

$30 \div 5 = 6$ N
$24 \div 8 = 3$ O
$56 \div 8 = 7$ I
$50 \div 5 = 10$ S
$49 \div 7 = 7$ I
$2 \div 2 = 1$ V
$14 \div 2 = 7$ I
$16 \div 8 = 2$ D

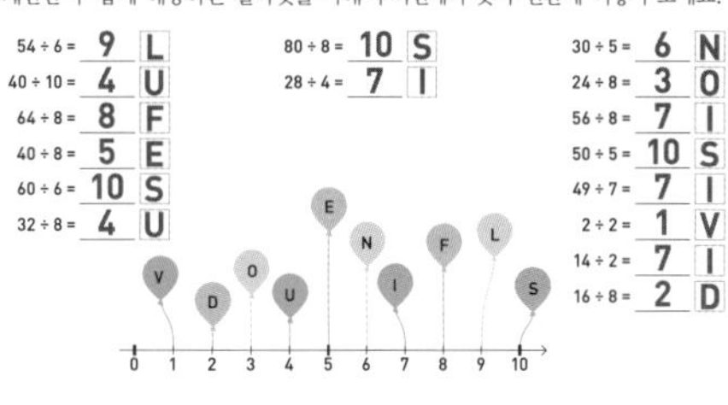

3. 아래 글을 읽고 알맞은 식을 세워 답을 구한 후, 애벌레에서 찾아 ○표 해 보세요.

① 알렉은 친구 3명에게 사탕 18개를 똑같이 나누어 주려고 해요. 친구 1명당 사탕을 몇 개씩 받을 수 있을까요?
식 : $\frac{18}{3} = 6$
정답 : 6개

② 엄마가 아이들 5명에게 15유로를 똑같이 나누어 주려고 해요. 아이 1명당 얼마를 받을 수 있을까요?
식 : $\frac{15€}{5} = 3€$
정답 : 3€

③ 알렉은 머핀 32개를 봉지에 4개씩 나누어 담으려고 해요. 봉지가 몇 개 필요할까요?
식 : $\frac{32}{4} = 8$
정답 : 8개

④ 엄마는 비스킷 40개를 통에 8개씩 나누어 담으려고 해요. 통이 몇 개 필요할까요?
식 : $\frac{40}{8} = 5$
정답 : 5개

⑤ 수잔과 마르커스는 14유로를 똑같이 나누어 가지려고 해요. 한 사람당 얼마씩 가질 수 있을까요?
식 : $\frac{14€}{2} = 7€$
정답 : 7€

⑥ 랜스는 2유로 동전으로 14유로짜리 영화표를 사려고 해요. 2유로 동전이 모두 몇 개 필요할까요?
식 : $\frac{14€}{2€} = 7$
정답 : 7개

4. 빈칸에 알맞은 수를 써넣어 보세요.

$6 \div 2 = 3$
$6 \div 3 = 2$
$15 \div 5 = 3$

$20 \div 4 = 5$
$36 \div 6 = 6$
$56 \div 7 = 8$

$24 \div 6 = 2 \times 2$
$16 \div 2 = 4 \times 2$
$18 \div 3 = 2 \times 3$

32쪽 2번

네모 칸에 쓴 알파벳을 거꾸로 거슬러 읽어 보세요.
Division is useful.
(나눗셈은 유용해요.)

34-35쪽

5. 구슬을 똑같이 나누려고 해요. 한 사람당 몇 개씩 가지게 될까요? 알맞은 식을 세워 답을 구해 보세요.

① 구슬 36개를 3명에게 나누어 주면?
$\frac{36}{3} = 12$ 또는 $36 \div 3 = 12$
검산 : $3 \times 12 = 36$

② 구슬 60개를 5명에게 나누어 주면?
$\frac{60}{5} = 12$ 또는 $60 \div 5 = 12$
검산 : $5 \times 12 = 60$

③ 구슬 44개를 4명에게 나누어 주면?
$\frac{44}{4} = 11$ 또는 $44 \div 4 = 11$
검산 : $4 \times 11 = 44$

④ 구슬 72개를 6명에게 나누어 주면?
$\frac{72}{6} = 12$ 또는 $72 \div 6 = 12$
검산 : $6 \times 12 = 72$

6. 다음 글을 읽고 답을 구해 보세요. 바나나 ○ 딸기 ● 초콜릿 ●

아이스크림 가게에서 1컵에 아이스크림 3스쿱을 담아 팔아요. 바나나, 초콜릿, 딸기 맛 3가지가 있어요. 주문할 수 있는 아이스크림의 조합을 모두 색칠해 보세요. 아이스크림을 담는 순서는 상관없어요.

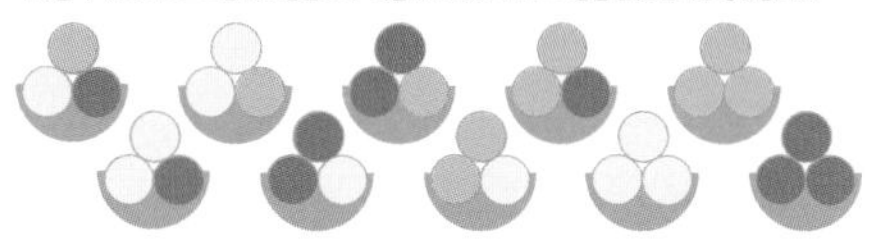

7. 아래 글을 읽고 답을 구해 보세요.

X가 가로, 세로, 대각선으로 1개씩만 있도록 X 4개를 바둑판에 그려 보세요. 2칸, 3칸, 4칸짜리 대각선을 모두 생각해 보세요.

<예시 답안>

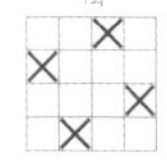
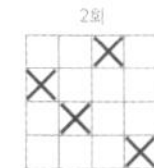
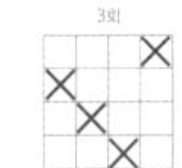
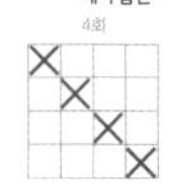

8. 계산해 보세요. 그림과 식을 보고 서술형 문제를 만들어 보세요.

<예시 답안>

① 10 cm ÷ 2 = 5cm
알렉과 엠마는 10cm짜리 끈을 똑같은 길이로 나누려고 해요. 각각 몇 cm씩 갖게 될까요?

② 10 cm ÷ 2 cm = 5
10cm짜리 끈을 2cm 길이로 나누면 몇 개가 나올까요?

한 번 더 연습해요!

1. 계산해 보세요.

① $\frac{14}{2} = 7$ $\frac{32}{4} = 8$ $\frac{27}{3} = 9$ $\frac{35}{7} = 5$

② $50 \div 5 = 10$ $48 \div 8 = 6$ $45 \div 9 = 5$ $36 \div 6 = 6$

2. 아래 글을 읽고 알맞은 식을 세워 답을 구해 보세요.

① 엄마가 아이 4명에게 비스킷 20개를 똑같이 나누어 주려고 해요. 아이 1명당 비스킷을 몇 개씩 받을 수 있을까요?
식 : $\frac{20}{4} = 5$
정답 : 5개

② 엄마는 연필 24자루를 필통에 8개씩 나누어 담으려고 해요. 필통이 몇 개 필요할까요?
식 : $\frac{24}{8} = 3$
정답 : 3개

35쪽 8번

❶ 알렉과 엠마는 10cm짜리 끈을 똑같은 길이로 나누려고 해요. 각각 몇 cm씩 갖게 될까요? 5cm

❷ 10cm짜리 끈을 2cm 길이로 나누면 몇 개가 나올까요? 5개

36-37쪽

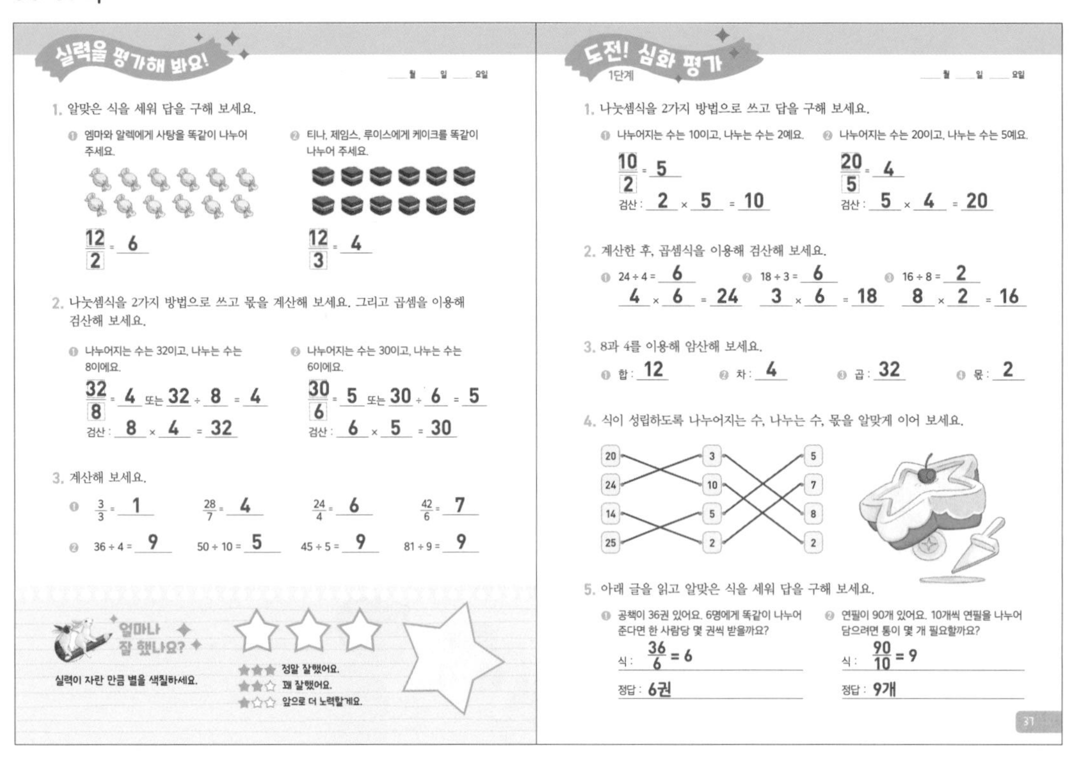

실력을 평가해 봐요!

___월 ___일 ___요일

1. 알맞은 식을 세워 답을 구해 보세요.

❶ 엄마와 알렉에게 사탕을 똑같이 나누어 주세요.

$\frac{12}{2}=6$

❷ 티나, 제임스, 루이스에게 케이크를 똑같이 나누어 주세요.

$\frac{12}{3}=4$

2. 나눗셈식을 2가지 방법으로 쓰고 몫을 계산해 보세요. 그리고 곱셈을 이용해 검산해 보세요.

❶ 나누어지는 수는 32이고, 나누는 수는 8이에요.

$\frac{32}{8}=4$ 또는 $32\div8=4$

검산 : $8\times4=32$

❷ 나누어지는 수는 30이고, 나누는 수는 6이에요.

$\frac{30}{6}=5$ 또는 $30\div6=5$

검산 : $6\times5=30$

3. 계산해 보세요.

❶ $\frac{3}{3}=1$　$\frac{28}{7}=4$　$\frac{24}{4}=6$　$\frac{42}{6}=7$

❷ $36\div4=9$　$50\div10=5$　$45\div5=9$　$81\div9=9$

얼마나 잘 했나요?

실력이 자란 만큼 별을 색칠하세요.

★★★ 정말 잘했어요.

★★☆ 꽤 잘했어요.

★☆☆ 앞으로 더 노력할게요.

도전! 심화 평가 1단계

___월 ___일 ___요일

1. 나눗셈식을 2가지 방법으로 쓰고 답을 구해 보세요.

❶ 나누어지는 수는 10이고, 나누는 수는 2예요.

$\frac{10}{2}=5$

검산 : $2\times5=10$

❷ 나누어지는 수는 20이고, 나누는 수는 5예요.

$\frac{20}{5}=4$

검산 : $5\times4=20$

2. 계산한 후, 곱셈식을 이용해 검산해 보세요.

❶ $24\div4=6$　$4\times6=24$

❷ $18\div3=6$　$3\times6=18$

❸ $16\div8=2$　$8\times2=16$

3. 8과 4를 이용해 암산해 보세요.

❶ 합 : 12　❷ 차 : 4　❸ 곱 : 32　❹ 몫 : 2

4. 식이 성립하도록 나누어지는 수, 나누는 수, 몫을 알맞게 이어 보세요.

나누어지는 수: 20, 24, 14, 25 / 나누는 수: 3, 10, 5, 2 / 몫: 5, 7, 8, 2

5. 아래 글을 읽고 알맞은 식을 세워 답을 구해 보세요.

❶ 공책이 36권 있어요. 6명에게 똑같이 나누어 준다면 한 사람당 몇 권씩 받을까요?

식 : $\frac{36}{6}=6$

정답 : 6권

❷ 연필이 90개 있어요. 10개씩 연필을 나누어 담으려면 통이 몇 개 필요할까요?

식 : $\frac{90}{10}=9$

정답 : 9개

37

36쪽 2번

나누어지는 수를 나누는 수로 나누면 몫이 나와요. 간단하지만 의미를 정확하게 아는 것이 꼭 필요해요. 몫은 1인당, 즉 1 단위당 받게 되는 양을 말한답니다.

38-39쪽

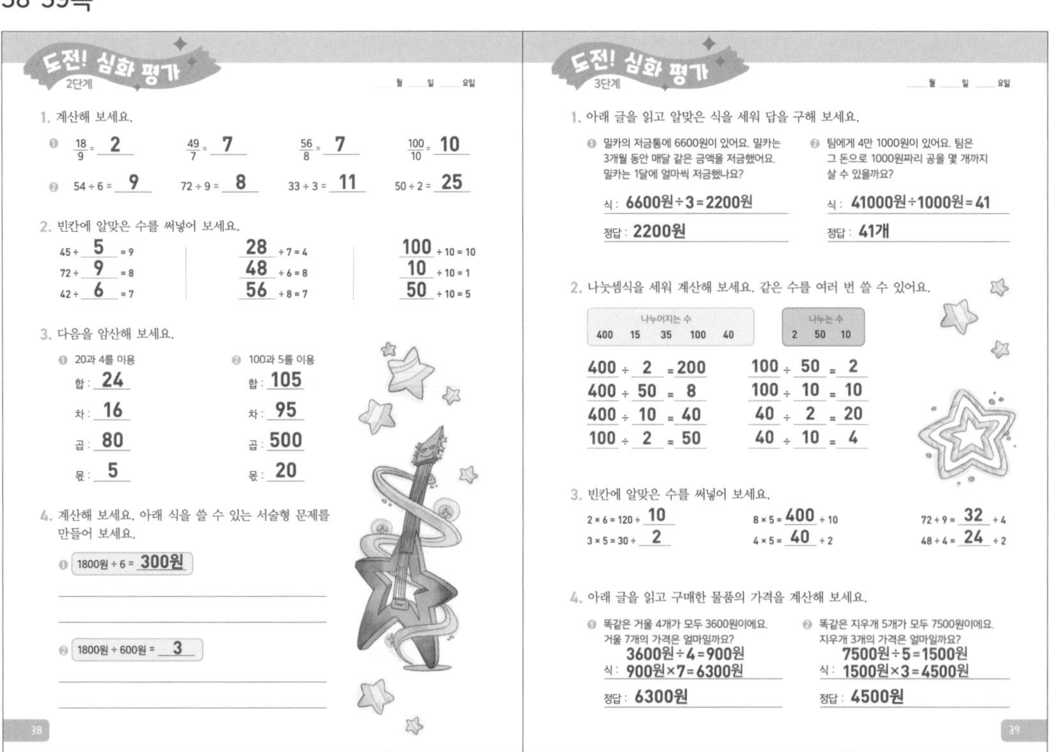

도전! 심화 평가 2단계

___월 ___일 ___요일

1. 계산해 보세요.

❶ $\frac{18}{9}=2$　$\frac{49}{7}=7$　$\frac{56}{8}=7$　$\frac{100}{10}=10$

❷ $54\div6=9$　$72\div9=8$　$33\div3=11$　$50\div2=25$

2. 빈칸에 알맞은 수를 써넣어 보세요.

$45\div5=9$　$72\div9=8$　$42\div6=7$

$28\div7=4$　$48\div6=8$　$56\div8=7$

$100\div10=10$　$10\div10=1$　$50\div10=5$

3. 다음을 암산해 보세요.

❶ 20과 4를 이용

합 : 24　차 : 16　곱 : 80　몫 : 5

❷ 100과 5를 이용

합 : 105　차 : 95　곱 : 500　몫 : 20

4. 계산해 보세요. 아래 식을 쓸 수 있는 서술형 문제를 만들어 보세요.

❶ 1800원 ÷ 6 = 300원

❷ 1800원 ÷ 600원 = 3

38

도전! 심화 평가 3단계

___월 ___일 ___요일

1. 아래 글을 읽고 알맞은 식을 세워 답을 구해 보세요.

❶ 밀카의 저금통에 6600원이 있어요. 밀카는 3개월 동안 매달 같은 금액을 저금했어요. 밀카는 1달에 얼마씩 저금했나요?

식 : 6600원÷3=2200원

정답 : 2200원

❷ 팀에게 4만 1000원이 있어요. 팀은 그 돈으로 1000원짜리 공을 몇 개까지 살 수 있을까요?

식 : 41000원÷1000원=41

정답 : 41개

2. 나눗셈식을 세워 계산해 보세요. 같은 수를 여러 번 쓸 수 있어요.

나누어지는 수: 400 15 35 100 40

나누는 수: 2 50 10

$400\div2=200$　$400\div50=8$　$400\div10=40$　$100\div2=50$

$100\div50=2$　$100\div10=10$　$40\div2=20$　$40\div10=4$

3. 빈칸에 알맞은 수를 써넣어 보세요.

$2\times6=120\div10$　$3\times5=30\div2$

$8\times5=400\div10$　$4\times5=40\div2$

$72\div9=32\div4$　$48\div4=24\div2$

4. 아래 글을 읽고 구매한 물품의 가격을 계산해 보세요.

❶ 똑같은 거울 4개가 모두 3600원이에요. 거울 7개의 가격은 얼마일까요?

3600원÷4=900원

식 : 900원×7=6300원

정답 : 6300원

❷ 똑같은 지우개 5개가 모두 7500원이에요. 지우개 3개의 가격은 얼마일까요?

7500원÷5=1500원

식 : 1500원×3=4500원

정답 : 4500원

39

38쪽 4번

<예시 답안>

❶ 저금통에 1800원이 있어요. 6일 동안 같은 금액을 저금했다면 하루에 얼마씩 저금한 걸까요?

1800원÷6=300원, 300원

❷ 연필이 1자루에 600원이에요. 1800원을 가지고 연필을 몇 자루까지 살 수 있을까요?

1800원÷600원=3, 3자루

40-41쪽

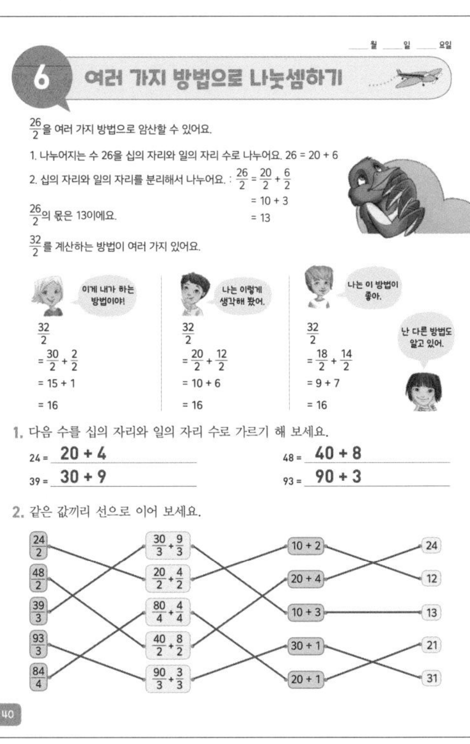

월 일 요일

6 여러 가지 방법으로 나눗셈하기

$\frac{26}{2}$을 여러 가지 방법으로 암산할 수 있어요.

1. 나누어지는 수 26을 십의 자리와 일의 자리 수로 나누어요. 26 = 20 + 6
2. 십의 자리와 일의 자리를 분리해서 나누어요. : $\frac{26}{2} = \frac{20}{2} + \frac{6}{2}$ = 10 + 3 = 13

$\frac{26}{2}$의 몫은 13이에요.

$\frac{32}{2}$를 계산하는 방법이 여러 가지 있어요.

이게 내가 하는 방법이야!
나는 이렇게 생각해 봤어.
나는 이 방법이 좋아.
난 다른 방법도 알고 있어.

$\frac{32}{2} = \frac{30}{2} + \frac{2}{2} = 15 + 1 = 16$

$\frac{32}{2} = \frac{20}{2} + \frac{12}{2} = 10 + 6 = 16$

$\frac{32}{2} = \frac{18}{2} + \frac{14}{2} = 9 + 7 = 16$

1. 다음 수를 십의 자리와 일의 자리 수로 가르기 해 보세요.

24 = 20 + 4 48 = 40 + 8
39 = 30 + 9 93 = 90 + 3

2. 같은 값끼리 선으로 이어 보세요.

$\frac{24}{2}$, $\frac{48}{2}$, $\frac{39}{3}$, $\frac{93}{3}$, $\frac{84}{4}$ / $\frac{30}{3}+\frac{9}{3}$, $\frac{20}{2}+\frac{4}{2}$, $\frac{80}{4}+\frac{4}{4}$, $\frac{40}{2}+\frac{8}{2}$, $\frac{90}{3}+\frac{3}{3}$ / 10 + 2, 20 + 4, 10 + 3, 30 + 1, 20 + 1 / 24, 12, 13, 21, 31

40

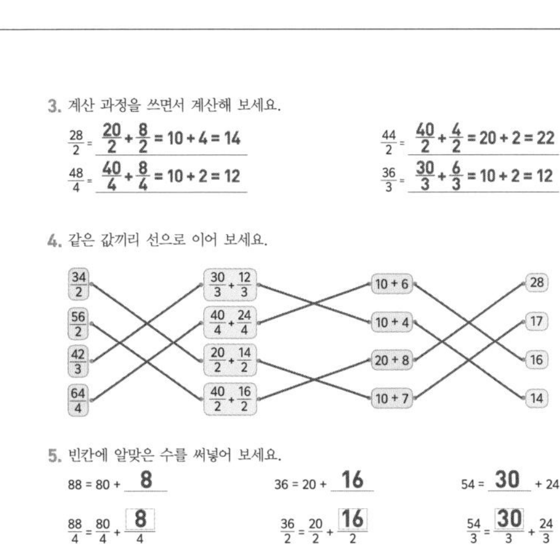

3. 계산 과정을 쓰면서 계산해 보세요.

$\frac{28}{2} = \frac{20}{2} + \frac{8}{2} = 10 + 4 = 14$ $\frac{44}{2} = \frac{40}{2} + \frac{4}{2} = 20 + 2 = 22$

$\frac{48}{4} = \frac{40}{4} + \frac{8}{4} = 10 + 2 = 12$ $\frac{36}{3} = \frac{30}{3} + \frac{6}{3} = 10 + 2 = 12$

4. 같은 값끼리 선으로 이어 보세요.

$\frac{34}{2}$, $\frac{56}{2}$, $\frac{42}{3}$, $\frac{64}{4}$ / $\frac{30}{3}+\frac{12}{3}$, $\frac{40}{4}+\frac{24}{4}$, $\frac{20}{2}+\frac{14}{2}$, $\frac{40}{2}+\frac{16}{2}$ / 10 + 6, 10 + 4, 20 + 8, 10 + 7 / 28, 17, 16, 14

5. 빈칸에 알맞은 수를 써넣어 보세요.

88 = 80 + 8 36 = 20 + 16 54 = 30 + 24

$\frac{88}{4} = \frac{80}{4} + \frac{8}{4}$ $\frac{36}{2} = \frac{20}{2} + \frac{16}{2}$ $\frac{54}{3} = \frac{30}{3} + \frac{24}{3}$

6. 계산 과정을 쓰면서 계산해 보세요.

$\frac{45}{3} = \frac{30}{3} + \frac{15}{3} = 10 + 5 = 15$ $\frac{56}{4} = \frac{40}{4} + \frac{16}{4} = 10 + 4 = 14$

$\frac{65}{5} = \frac{50}{5} + \frac{15}{5} = 10 + 3 = 13$ $\frac{48}{3} = \frac{30}{3} + \frac{18}{3} = 10 + 6 = 16$

더 생각해 보아요!

연필을 떼지 않고 이어서 그려 보세요. 한 번 지나간 선은 다시 지나갈 수 없어요.

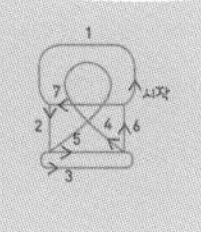

부모님 가이드 | 40쪽

분수의 약분을 배우기 전에 십진법의 원리에 따라 십의 자리 수와 일의 자리 수를 가르기 한 뒤, 더 편한 자연수로 바꾸어 계산하는 것은 우리나라에서는 잘 다루지 않는 알고리즘입니다. 다양한 알고리즘을 알고 이런 알고리즘에 숨은 아이디어를 잘 잡아내면 수학의 힘을 많이 키울 수 있어요. 특히 약분을 모르더라도 짝수인 수는 2로 나누면 절반이 된다는 것은 직관적으로 알 수 있기 때문에 핀란드식의 알고리즘도 알아두면 잘 활용할 수 있답니다.

더 생각해 보아요! | 41쪽

붓을 한 번도 떼지 않고 같은 곳을 두 번 지나지 않으면서 어떤 도형을 그릴 수 있느냐 하는 한붓그리기 문제예요. 한 점으로 모이는 선이 짝수 개로 된 도형이거나, 한 점으로 모이는 선이 홀수 개인 선 2개가 있는 도형만 한붓그리기가 가능하답니다.

42-43쪽

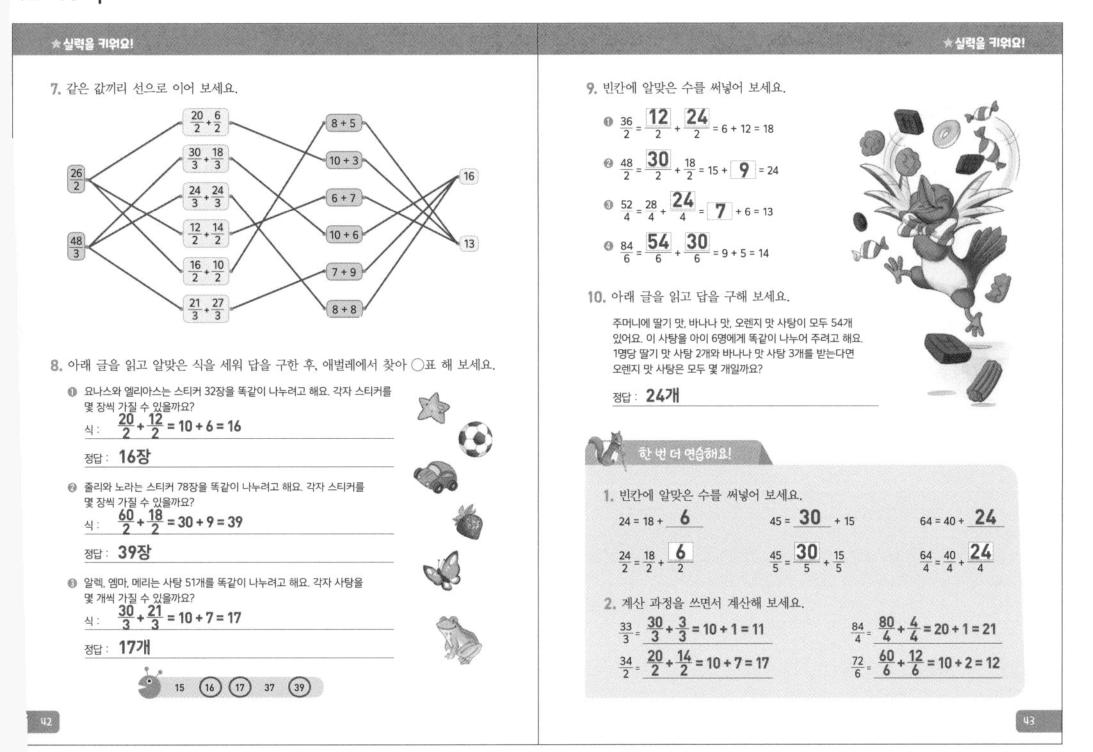

★실력을 키워요!

7. 같은 값끼리 선으로 이어 보세요.

$\frac{26}{2}$, $\frac{48}{3}$ / $\frac{20}{2}+\frac{6}{2}$, $\frac{30}{3}+\frac{18}{3}$, $\frac{24}{3}+\frac{24}{3}$, $\frac{12}{2}+\frac{14}{2}$, $\frac{16}{2}+\frac{10}{2}$, $\frac{21}{3}+\frac{27}{3}$ / 8 + 5, 10 + 3, 6 + 7, 10 + 6, 7 + 9, 8 + 8 / 16, 13

8. 아래 글을 읽고 알맞은 식을 세워 답을 구한 후, 애벌레에서 찾아 ○표 해 보세요.

❶ 요나스와 엘리아스는 스티커 32장을 똑같이 나누려고 해요. 각자 스티커를 몇 장씩 가질 수 있을까요?
식 : $\frac{20}{2} + \frac{12}{2} = 10 + 6 = 16$
정답 : 16장

❷ 줄리와 노라는 스티커 78장을 똑같이 나누려고 해요. 각자 스티커를 몇 장씩 가질 수 있을까요?
식 : $\frac{60}{2} + \frac{18}{2} = 30 + 9 = 39$
정답 : 39장

❸ 알렉, 엠마, 메리는 사탕 51개를 똑같이 나누려고 해요. 각자 사탕을 몇 개씩 가질 수 있을까요?
식 : $\frac{30}{3} + \frac{21}{3} = 10 + 7 = 17$
정답 : 17개

15 (16) (17) 37 (39)

42

★실력을 키워요!

9. 빈칸에 알맞은 수를 써넣어 보세요.

❶ $\frac{36}{2} = \frac{12}{2} + \frac{24}{2} = 6 + 12 = 18$
❷ $\frac{48}{2} = \frac{30}{2} + \frac{18}{2} = 15 + 9 = 24$
❸ $\frac{52}{4} = \frac{28}{4} + \frac{24}{4} = 7 + 6 = 13$
❹ $\frac{84}{6} = \frac{54}{6} + \frac{30}{6} = 9 + 5 = 14$

10. 아래 글을 읽고 답을 구해 보세요.

주머니에 딸기 맛, 바나나 맛, 오렌지 맛 사탕이 모두 54개 있어요. 이 사탕을 아이 6명에게 똑같이 나누어 주려고 해요. 1명당 딸기 맛 사탕 2개와 바나나 맛 사탕 3개를 받는다면 오렌지 맛 사탕은 모두 몇 개일까요?

정답 : 24개

한 번 더 연습해요!

1. 빈칸에 알맞은 수를 써넣어 보세요.

24 = 18 + 6 45 = 30 + 15 64 = 40 + 24

$\frac{24}{2} = \frac{18}{2} + \frac{6}{2}$ $\frac{45}{5} = \frac{30}{5} + \frac{15}{5}$ $\frac{64}{4} = \frac{40}{4} + \frac{24}{4}$

2. 계산 과정을 쓰면서 계산해 보세요.

$\frac{33}{3} = \frac{30}{3} + \frac{3}{3} = 10 + 1 = 11$ $\frac{84}{4} = \frac{80}{4} + \frac{4}{4} = 20 + 1 = 21$

$\frac{34}{2} = \frac{20}{2} + \frac{14}{2} = 10 + 7 = 17$ $\frac{72}{6} = \frac{60}{6} + \frac{12}{6} = 10 + 2 = 12$

43

43쪽 10번

아이 6명에게 딸기 맛 사탕 2개, 바나나 사탕 3개씩 나눠 줬으므로,
딸기 맛 사탕은 2×6=12(개),
바나나 맛 사탕은 3×6=18(개)
사탕이 모두 54개이므로, 전체 사탕 수 54에서 딸기 맛 사탕과 바나나 맛 사탕 개수를 빼면 오렌지 맛 사탕 개수가 나와요. 54-12-18=24, 오렌지 맛 사탕은 24개예요.

44-45쪽

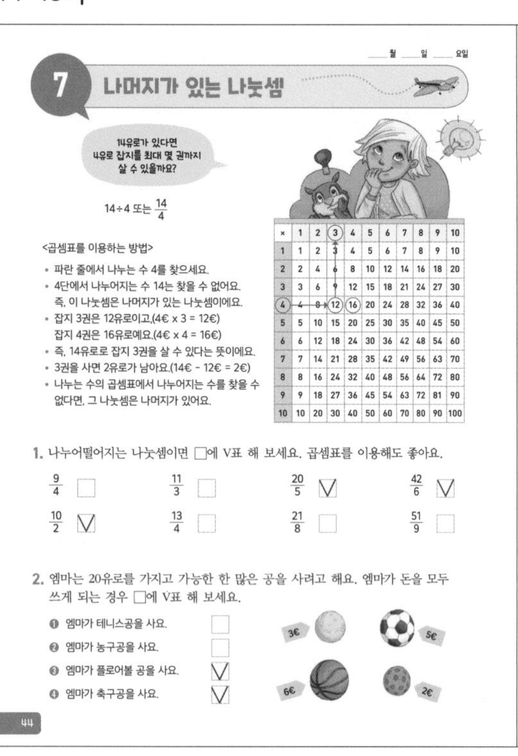

월 일 요일

7 나머지가 있는 나눗셈

14유로가 있다면 4유로 잡지를 최대 몇 권까지 살 수 있을까요?

$14 \div 4$ 또는 $\frac{14}{4}$

<곱셈표를 이용하는 방법>

- 파란 줄에서 나누는 수 4를 찾으세요.
- 4단에서 나누어지는 수 14는 찾을 수 없어요. 즉, 이 나눗셈은 나머지가 있는 나눗셈이에요.
- 잡지 3권은 12유로이고,(4€ x 3 = 12€) 잡지 4권은 16유로예요.(4€ x 4 = 16€)
- 즉, 14유로로 잡지 3권을 살 수 있다는 뜻이에요.
- 3권을 사면 2유로가 남아요.(14€ - 12€ = 2€)
- 나누는 수의 곱셈표에서 나누어지는 수를 찾을 수 없다면, 그 나눗셈은 나머지가 있어요.

×	1	2	3	4	5	6	7	8	9	10
1	1	2	3	4	5	6	7	8	9	10
2	2	4	6	8	10	12	14	16	18	20
3	3	6	9	12	15	18	21	24	27	30
4	4	8	12	16	20	24	28	32	36	40
5	5	10	15	20	25	30	35	40	45	50
6	6	12	18	24	30	36	42	48	54	60
7	7	14	21	28	35	42	49	56	63	70
8	8	16	24	32	40	48	56	64	72	80
9	9	18	27	36	45	54	63	72	81	90
10	10	20	30	40	50	60	70	80	90	100

1. 나누어떨어지는 나눗셈이면 □에 V표 해 보세요. 곱셈표를 이용해도 좋아요.

$\frac{9}{4}$ □　$\frac{11}{3}$ □　$\frac{20}{5}$ V　$\frac{42}{6}$ V

$\frac{10}{2}$ V　$\frac{13}{4}$ □　$\frac{21}{8}$ □　$\frac{51}{9}$ □

2. 엠마는 20유로를 가지고 가능한 한 많은 공을 사려고 해요. 엠마가 돈을 모두 쓰게 되는 경우 □에 V표 해 보세요.

❶ 엠마가 테니스공을 사요. □
❷ 엠마가 농구공을 사요. □
❸ 엠마가 플로어볼 공을 사요. V
❹ 엠마가 축구공을 사요. V

3€　5€　6€　2€

44

3. 아래 글을 읽고 계산해 보세요. 곱셈표를 이용해도 좋아요.

❶ 잡지가 1권에 3유로예요. 알렉은 13유로를 가지고 잡지를 몇 권까지 살 수 있을까요?

알렉은 잡지를 __4__ 권 사고,
__1__ 유로가 남아요.

❷ 줄넘기 1개는 4유로예요. 엠마는 17유로를 가지고 줄넘기를 몇 개까지 살 수 있을까요?

엠마는 줄넘기를 __4__ 개 사고,
__1__ 유로가 남아요.

❸ 책이 1권에 5유로예요. 메이는 27유로를 가지고 책을 몇 권까지 살 수 있을까요?

메이는 책을 __5__ 권 사고,
__2__ 유로가 남아요.

❹ 머핀 47개가 있어요. 한 봉지에 6개씩 나누어 담는다면 몇 봉지까지 담을 수 있을까요?

머핀을 __7__ 봉지 담고,
__5__ 개가 남아요.

❺ 체육관에 콩주머니가 32개 있어요. 팀마다 콩주머니가 4개씩 필요해요. 콩주머니는 몇 팀에게 배정될 수 있을까요?

콩주머니를 __8__ 팀에게 주고,
__0__ 개가 남아요.

❻ 마커스, 미슬라, 벨라는 비스킷 26개를 똑같이 나누어 먹으려고 해요. 한 사람이 비스킷을 몇 개씩 먹을 수 있을까요?

비스킷을 __8__ 개씩 먹고,
__2__ 개가 남아요.

더 생각해 보아요!

아래 식을 보고 알파벳이 나타내는 수가 무엇인지 구해 보세요.

C ÷ 2 = 3　A = 42
A ÷ B = C　B = 7
A ÷ C = 7　C = 6

45

부모님 가이드 | 44쪽

나누어떨어지는 나눗셈은 곱셈표를 이용해서 쉽게 구할 수 있어요. 그러나 나누어떨어지지 않는 나눗셈 문제를 접하면 아이들이 어려워하는 경우가 많아요. 이러한 인지적 갈등이 아이들의 뇌를 활성화시켜요. 기존의 방법이 안 통하기 때문에 새로운 방법을 찾아야 하고 많은 시행착오를 겪게 되죠. 이러한 시행착오는 아이들에게 꼭 필요하니 쉽게 방법을 알려 주지 말고 자꾸 고민해서 해결 방법을 찾도록 시간과 기회를 충분히 주세요. 그러다 보면 결국 곱셈구구를 통해 가장 가까운 값을 구한 후, 그 차이가 나머지와 같다는 것을 알게 될 거예요.
교재에서 예를 든 14는 4로 나누어떨어지지 않고 나머지가 있는 나눗셈이죠. 14보다 작으면서 가장 가까운 값은 4단을 통해 4×3=12라는 걸 알 수 있어요. 14와 12는 2만큼 차이가 나고 이 차이가 바로 나머지랍니다.

44쪽 2번

엠마가 가지고 있는 20유로는 나누어지는 수, 공의 가격이 나누는 수가 됩니다. 가격표로 20을 나누었을 때 나누어떨어지는 수를 찾아보면 플로어볼 공(20÷2=10)과 축구공(20÷5=4)이에요.

더 생각해 보아요! | 45쪽

C÷2=3, C=6
A÷C=7, A÷6=7, A=42
A÷B=C, 42÷B=6, B=7

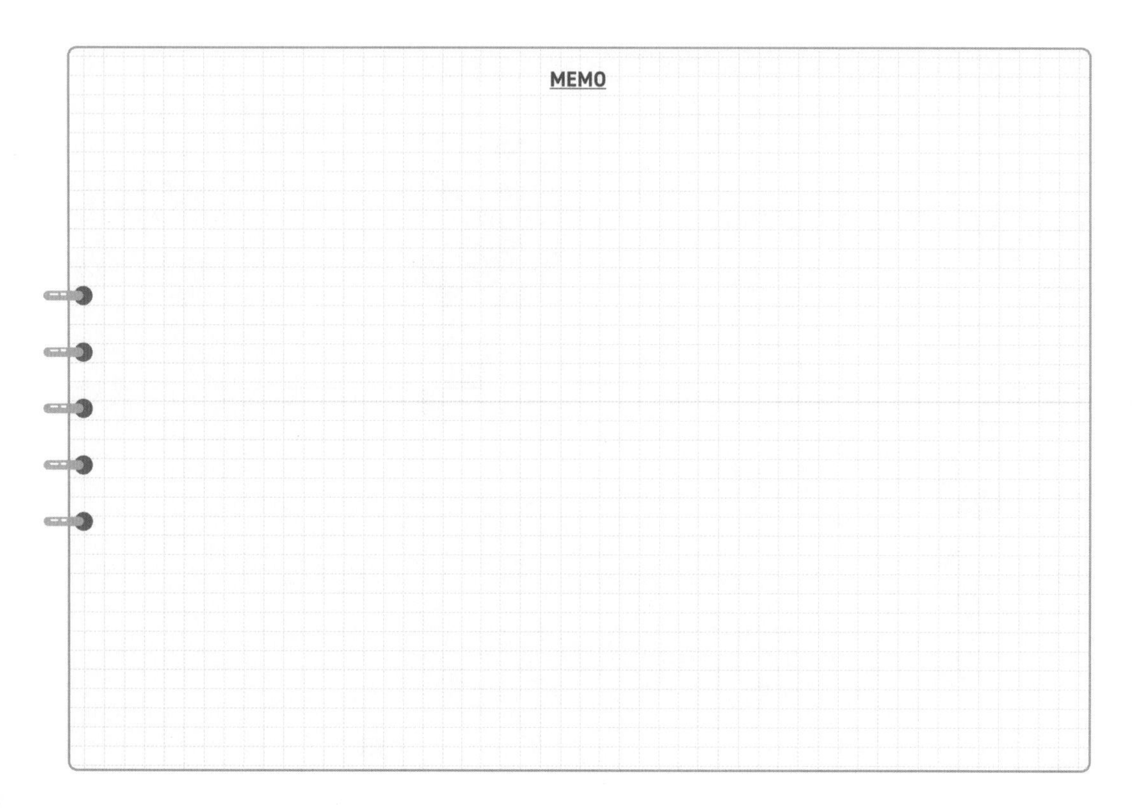

46-47쪽

Strawberry cake(딸기 케이크)

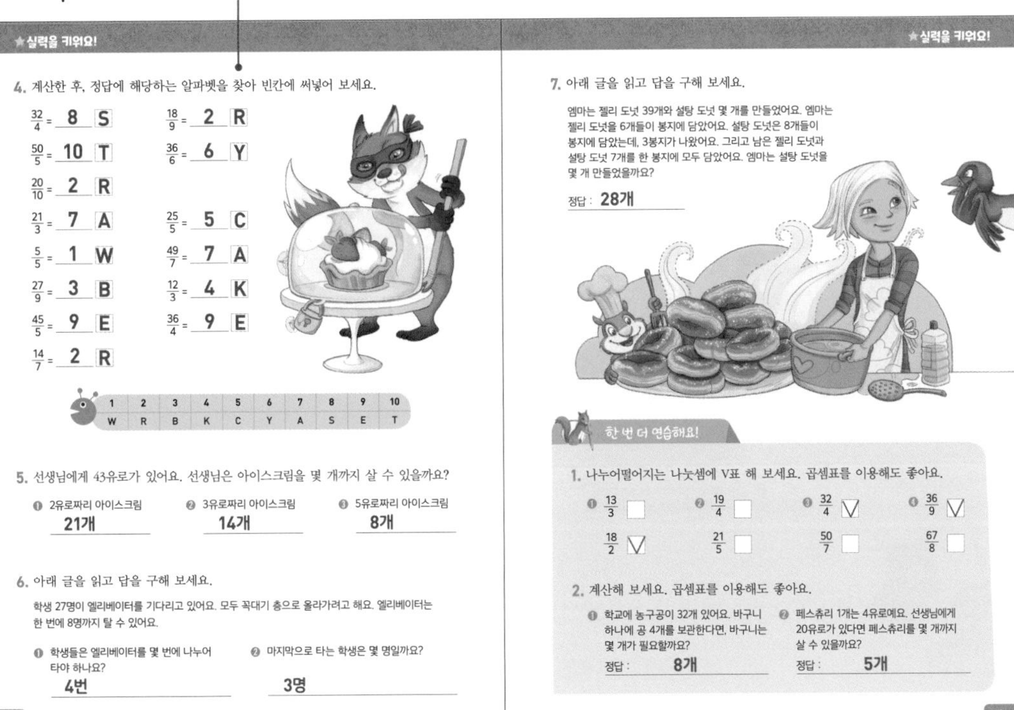

★실력을 키워요!

4. 계산한 후, 정답에 해당하는 알파벳을 찾아 빈칸에 써넣어 보세요.

$\frac{32}{4}$ = 8 S　$\frac{18}{9}$ = 2 R
$\frac{50}{5}$ = 10 T　$\frac{36}{6}$ = 6 Y
$\frac{20}{10}$ = 2 R
$\frac{21}{3}$ = 7 A　$\frac{25}{5}$ = 5 C
$\frac{5}{5}$ = 1 W　$\frac{49}{7}$ = 7 A
$\frac{27}{9}$ = 3 B　$\frac{12}{3}$ = 4 K
$\frac{45}{5}$ = 9 E　$\frac{36}{4}$ = 9 E
$\frac{14}{7}$ = 2 R

1	2	3	4	5	6	7	8	9	10
W	R	B	K	C	Y	A	S	E	T

5. 선생님에게 43유로가 있어요. 선생님은 아이스크림을 몇 개까지 살 수 있을까요?

❶ 2유로짜리 아이스크림 21개　❷ 3유로짜리 아이스크림 14개　❸ 5유로짜리 아이스크림 8개

6. 아래 글을 읽고 답을 구해 보세요.

학생 27명이 엘리베이터를 기다리고 있어요. 모두 꼭대기 층으로 올라가려고 해요. 엘리베이터는 한 번에 8명까지 탈 수 있어요.

❶ 학생들은 엘리베이터를 몇 번에 나누어 타야 하나요? 4번
❷ 마지막으로 타는 학생은 몇 명일까요? 3명

46

★실력을 키워요!

7. 아래 글을 읽고 답을 구해 보세요.

엠마는 젤리 도넛 39개와 설탕 도넛 몇 개를 만들었어요. 엠마는 젤리 도넛을 6개들이 봉지에 담았어요. 설탕 도넛은 8개들이 봉지에 담았는데, 3봉지가 나왔어요. 그리고 남은 젤리 도넛과 설탕 도넛 7개를 한 봉지에 모두 담았어요. 엠마는 설탕 도넛을 몇 개 만들었을까요?

정답 : 28개

한 번 더 연습해요!

1. 나누어떨어지는 나눗셈에 V표 해 보세요. 곱셈표를 이용해도 좋아요.

❶ $\frac{13}{3}$ ☐　$\frac{18}{2}$ V
❷ $\frac{19}{4}$ ☐　$\frac{21}{5}$ ☐
❸ $\frac{32}{4}$ V　$\frac{50}{7}$ ☐
❹ $\frac{36}{9}$ V　$\frac{67}{8}$ ☐

2. 계산해 보세요. 곱셈표를 이용해도 좋아요.

❶ 학교에 농구공이 32개 있어요. 바구니 하나에 공 4개를 보관한다면, 바구니는 몇 개가 필요할까요? 정답 : 8개
❷ 페스츄리 1개는 4유로예요. 선생님에게 20유로가 있다면 페스츄리를 몇 개까지 살 수 있을까요? 정답 : 5개

47

46쪽 5번

❶ 43÷2=21, 나머지 1이므로, 2유로짜리 아이스크림 21개를 사고 1유로가 남아요.
❷ 43÷3=14, 나머지 1이므로, 3유로짜리 아이스크림 14개를 사고 1유로가 남아요.
❸ 43÷5=8, 나머지 3이므로, 5유로짜리 아이스크림 8개를 사고 3유로가 남아요.

46쪽 6번

27÷8=3, 나머지 3이므로 엘리베이터를 4번에 나누어 타야 하며, 4번째 운행하는 엘리베이터에는 3명이 타요.

47쪽 7번

젤리 도넛 39개를 6개들이 봉지에 담았으므로 39÷6=6, 3개가 남아요.
설탕 도넛은 8개들이 봉지에 담았더니 3봉지가 나왔으므로 8×3=24
남은 젤리 도넛 3개와 설탕 도넛을 한 봉지에 모두 담았더니 7개이므로, 3+□=7, 8개들이 봉지에 담고 남은 설탕 도넛은 4개예요.
설탕 도넛 전체 개수는 24+4=28, 28개예요.

48-49쪽

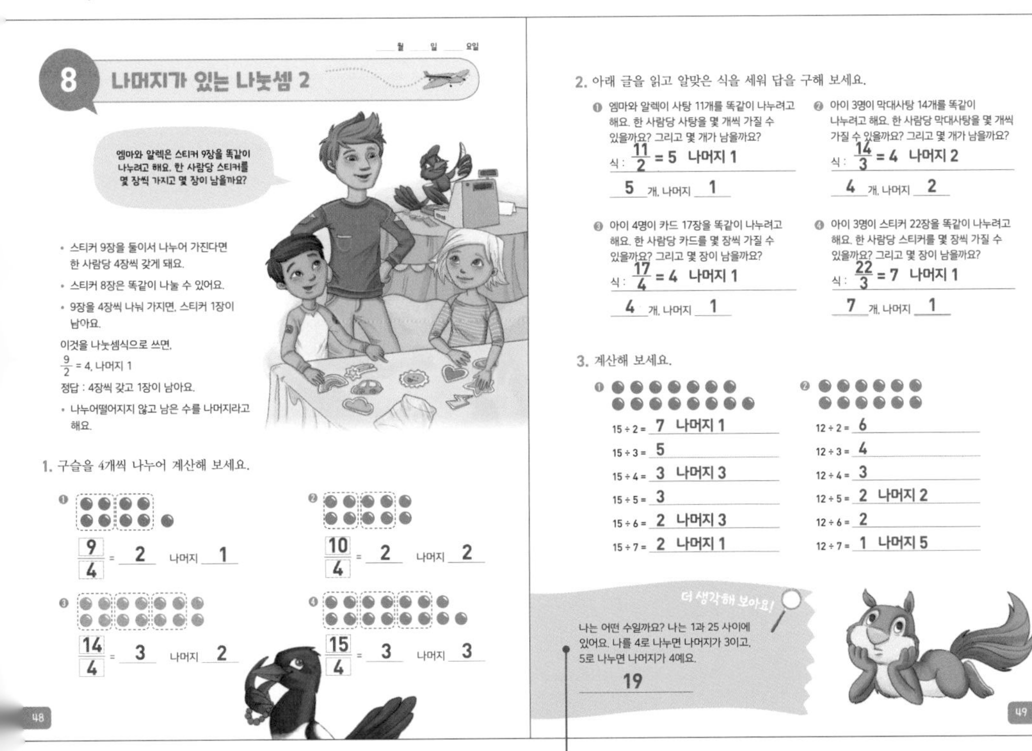

월 일 요일

8 나머지가 있는 나눗셈 2

엠마와 알렉은 스티커 9장을 똑같이 나누려고 해요. 한 사람당 스티커를 몇 장씩 가지고 몇 장이 남을까요?

- 스티커 9장을 둘이서 나누어 가진다면 한 사람당 4장씩 갖게 돼요.
- 스티커 8장은 똑같이 나눌 수 있어요.
- 9장을 4장씩 나눠 가지면, 스티커 1장이 남아요.

이것을 나눗셈식으로 쓰면,
$\frac{9}{2}$ = 4, 나머지 1
정답 : 4장씩 갖고 1장이 남아요.

- 나누어떨어지지 않고 남은 수를 나머지라고 해요.

1. 구슬을 4개씩 나누어 계산해 보세요.

❶ $\frac{9}{4}$ = 2 나머지 1
❷ $\frac{10}{4}$ = 2 나머지 2
❸ $\frac{14}{4}$ = 3 나머지 2
❹ $\frac{15}{4}$ = 3 나머지 3

48

2. 아래 글을 읽고 알맞은 식을 세워 답을 구해 보세요.

❶ 엠마와 알렉이 사탕 11개를 똑같이 나누려고 해요. 한 사람당 사탕을 몇 개씩 가질 수 있을까요? 그리고 몇 개가 남을까요?
식 : $\frac{11}{2}$ = 5 나머지 1
5 개, 나머지 1

❷ 아이 3명이 막대사탕 14개를 똑같이 나누려고 해요. 한 사람당 막대사탕을 몇 개씩 가질 수 있을까요? 그리고 몇 개가 남을까요?
식 : $\frac{14}{3}$ = 4 나머지 2
4 개, 나머지 2

❸ 아이 4명이 카드 17장을 똑같이 나누려고 해요. 한 사람당 카드를 몇 장씩 가질 수 있을까요? 그리고 몇 장이 남을까요?
식 : $\frac{17}{4}$ = 4 나머지 1
4 개, 나머지 1

❹ 아이 3명이 스티커 22장을 똑같이 나누려고 해요. 한 사람당 스티커를 몇 장씩 가질 수 있을까요? 그리고 몇 장이 남을까요?
식 : $\frac{22}{3}$ = 7 나머지 1
7 개, 나머지 1

3. 계산해 보세요.

❶
15 ÷ 2 = 7 나머지 1
15 ÷ 3 = 5
15 ÷ 4 = 3 나머지 3
15 ÷ 5 = 3
15 ÷ 6 = 2 나머지 3
15 ÷ 7 = 2 나머지 1

❷
12 ÷ 2 = 6
12 ÷ 3 = 4
12 ÷ 4 = 3
12 ÷ 5 = 2 나머지 2
12 ÷ 6 = 2
12 ÷ 7 = 1 나머지 5

더 생각해 보아요!

나는 어떤 수일까요? 나는 1과 25 사이에 있어요. 나를 4로 나누면 나머지가 3이고, 5로 나누면 나머지가 4예요.

19

49

조건을 정리해 보면,
1과 25 사이에 있으면서 4단에 3을 더한 수-7, 11, 15, 19, 23
1과 25 사이에 있으면서 5단에 4를 더한 수-9, 14, 19, 24
이 가운데 겹치는 수는 19

부모님 가이드 | 48쪽

그림을 보며 아이에게 질문해 보세요.
– 그림에서 스티커가 모두 몇 개 있니? **9개**
– 엠마와 알렉이 스티커를 같은 개수로 나눠 가지려면 몇 개씩 가져야 할까? **4개씩**
– 나눠 갖고 남는 스티커가 몇 개니? **1개**
– 이걸 나눗셈식으로 나타내 보렴. **9÷2=4, 나머지 1**

50-51쪽

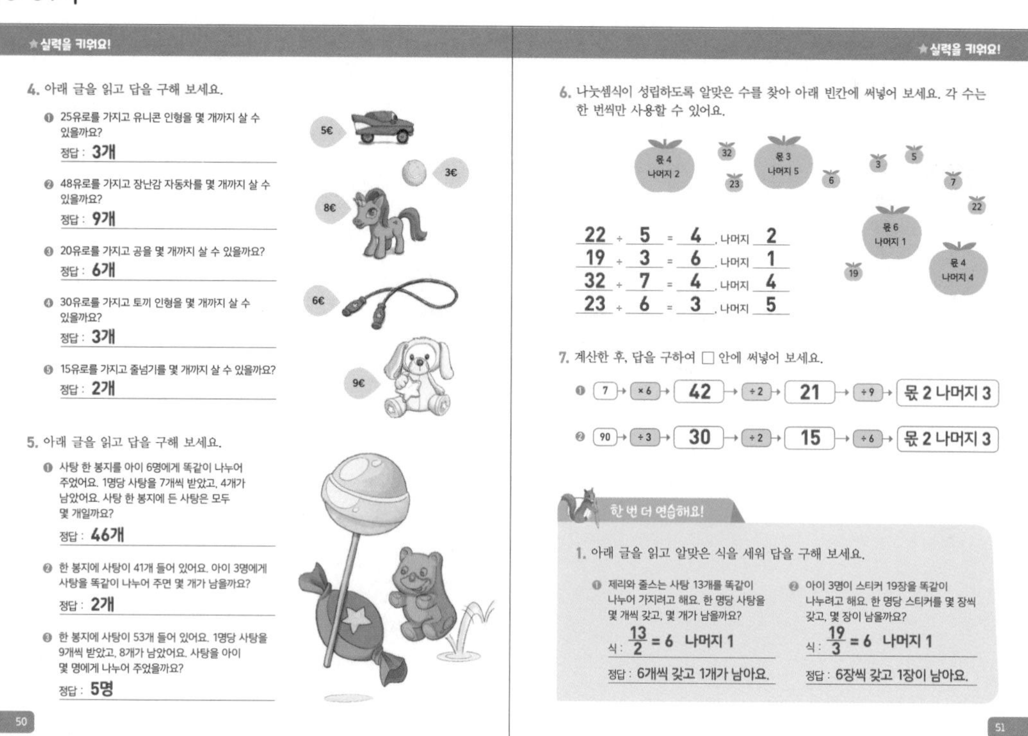

★실력을 키워요!

4. 아래 글을 읽고 답을 구해 보세요.

❶ 25유로를 가지고 유니콘 인형을 몇 개까지 살 수 있을까요?
정답 : 3개

❷ 48유로를 가지고 장난감 자동차를 몇 개까지 살 수 있을까요?
정답 : 9개

❸ 20유로를 가지고 공을 몇 개까지 살 수 있을까요?
정답 : 6개

❹ 30유로를 가지고 토끼 인형을 몇 개까지 살 수 있을까요?
정답 : 3개

❺ 15유로를 가지고 줄넘기를 몇 개까지 살 수 있을까요?
정답 : 2개

5€ 3€ 8€ 6€ 9€

5. 아래 글을 읽고 답을 구해 보세요.

❶ 사탕 한 봉지를 아이 6명에게 똑같이 나누어 주었어요. 1명당 사탕을 7개씩 받았고, 4개가 남았어요. 사탕 한 봉지에 든 사탕은 모두 몇 개일까요?
정답 : 46개

❷ 한 봉지에 사탕이 41개 들어 있어요. 아이 3명에게 사탕을 똑같이 나누어 주면 몇 개가 남을까요?
정답 : 2개

❸ 한 봉지에 사탕이 53개 들어 있어요. 1명당 사탕을 9개씩 받았고, 8개가 남았어요. 사탕을 아이 몇 명에게 나누어 주었을까요?
정답 : 5명

50

★실력을 키워요!

6. 나눗셈식이 성립하도록 알맞은 수를 찾아 아래 빈칸에 써넣어 보세요. 각 수는 한 번씩만 사용할 수 있어요.

몫 4 나머지 2 / 32 / 23 / 몫 3 나머지 5 / 6 / 3 / 5 / 7 / 22 / 몫 6 나머지 1 / 19 / 몫 4 나머지 4

22 ÷ 5 = 4, 나머지 2
19 ÷ 3 = 6, 나머지 1
32 ÷ 7 = 4, 나머지 4
23 ÷ 6 = 3, 나머지 5

7. 계산한 후, 답을 구하여 □ 안에 써넣어 보세요.

❶ 7 → ×6 → 42 → ÷2 → 21 → ÷9 → 몫 2 나머지 3

❷ 90 → ÷3 → 30 → ÷2 → 15 → ÷6 → 몫 2 나머지 3

한 번 더 연습해요!

1. 아래 글을 읽고 알맞은 식을 세워 답을 구해 보세요.

❶ 제리와 줄스는 사탕 13개를 똑같이 나누어 가지려고 해요. 한 명당 사탕을 몇 개씩 갖고, 몇 개가 남을까요?
식 : $\frac{13}{2}$ = 6 나머지 1
정답 : 6개씩 갖고 1개가 남아요.

❷ 아이 3명이 스티커 19장을 똑같이 나누려고 해요. 한 명당 스티커를 몇 장씩 갖고, 몇 장이 남을까요?
식 : $\frac{19}{3}$ = 6 나머지 1
정답 : 6장씩 갖고 1장이 남아요.

51

50쪽 4번

❶ 25÷8=3, 나머지 1
❷ 48÷5=9, 나머지 3
❸ 20÷3=6, 나머지 2
❹ 30÷9=3, 나머지 3
❺ 15÷6=2, 나머지 3

50쪽 5번

❶ 나누는 수와 몫을 곱한 후 나머지를 더하면 나누어지는 수를 구할 수 있어요.
6×7=42, 42+4=46
❷ 41÷3=13, 나머지 2
❸ 53÷□=9, 나머지 8
9단에서 53과 가까운 수를 찾아보면 9×5=45이므로 나누는 수는 5

MEMO

51쪽 6번

나머지가 있는 나눗셈에서도 패턴을 발견할 수 있어요. 나누는 수를 곱해 나누어지는 수보다 작으면서 가장 가까운 값을 찾아야 하니까요. 이것이 바로 나눗셈의 핵심이라고 할 수 있지요. 예를 들어 22÷5에서 5단에서 22와 가장 가까운 수를 찾아보면 5×4=20으로 22보다 작으면서 가장 가까운 값이 돼요.
따라서 몫은 4가 되고, 22-20=2이므로 나머지는 2가 나오죠.
하지만, 아이들이 항상 정답만 구하지는 않아요. 22÷5에서 5×3=15를 찾는 아이도 가끔 있으니까요. 이럴 때는 22-15=7이므로 7을 다시 5로 나누는 과정 즉, 7÷5=1이고 나머지는 2가 나오는 계산을 한 번 더 하게 돼요. 그러면 처음 계산의 3과 7÷5=1에서 1을 더해 몫이 4가 되고, 나머지 2라는 정답이 나오죠.
이렇듯 원리를 알면 빠른 계산이 아니더라도 정답을 구할 수 있어요.

52-53쪽

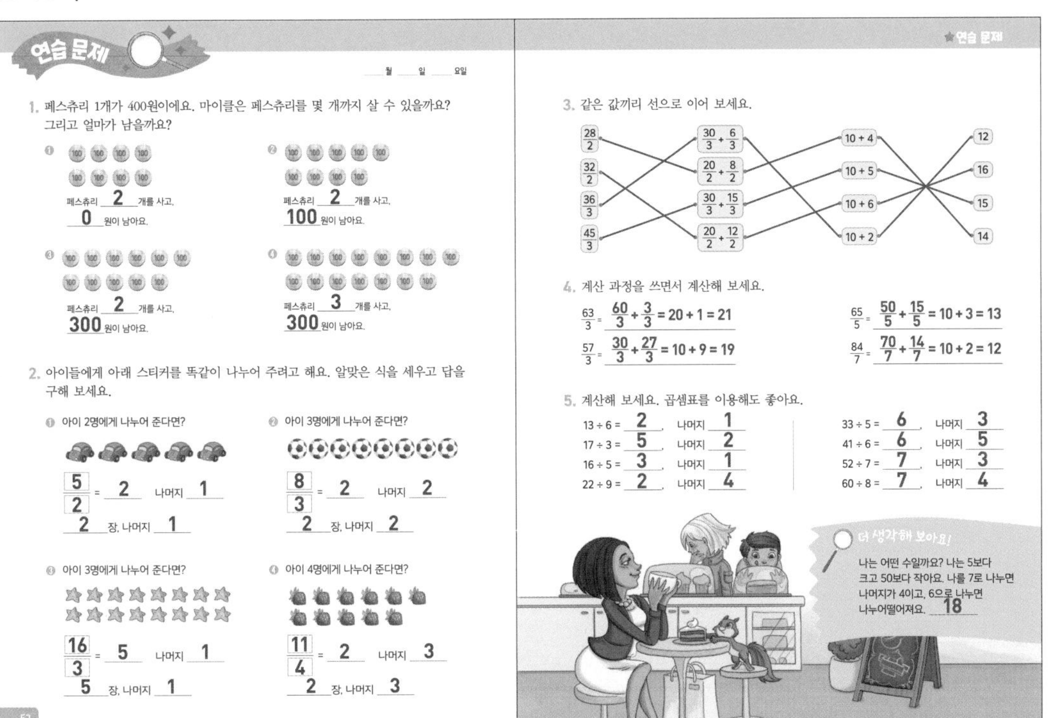

연습 문제

월 일 요일

1. 페스츄리 1개가 400원이에요. 마이클은 페스츄리를 몇 개까지 살 수 있을까요? 그리고 얼마가 남을까요?

① 페스츄리 2 개를 사고, 0 원이 남아요.

② 페스츄리 2 개를 사고, 100 원이 남아요.

③ 페스츄리 2 개를 사고, 300 원이 남아요.

④ 페스츄리 3 개를 사고, 300 원이 남아요.

2. 아이들에게 아래 스티커를 똑같이 나누어 주려고 해요. 알맞은 식을 세우고 답을 구해 보세요.

① 아이 2명에게 나누어 준다면?

$\frac{5}{2}$ = 2 나머지 1

2 장, 나머지 1

② 아이 3명에게 나누어 준다면?

$\frac{8}{3}$ = 2 나머지 2

2 장, 나머지 2

③ 아이 3명에게 나누어 준다면?

$\frac{16}{3}$ = 5 나머지 1

5 장, 나머지 1

④ 아이 4명에게 나누어 준다면?

$\frac{11}{4}$ = 2 나머지 3

2 장, 나머지 3

52

★연습 문제

3. 같은 값끼리 선으로 이어 보세요.

$\frac{28}{2}$, $\frac{32}{2}$, $\frac{36}{3}$, $\frac{45}{3}$

$\frac{30}{3}+\frac{6}{3}$, $\frac{20}{2}+\frac{8}{2}$, $\frac{30}{3}+\frac{15}{3}$, $\frac{20}{2}+\frac{12}{2}$

10 + 4, 10 + 5, 10 + 6, 10 + 2

12, 16, 15, 14

4. 계산 과정을 쓰면서 계산해 보세요.

$\frac{63}{3} = \frac{60}{3} + \frac{3}{3} = 20 + 1 = 21$

$\frac{65}{5} = \frac{50}{5} + \frac{15}{5} = 10 + 3 = 13$

$\frac{57}{3} = \frac{30}{3} + \frac{27}{3} = 10 + 9 = 19$

$\frac{84}{7} = \frac{70}{7} + \frac{14}{7} = 10 + 2 = 12$

5. 계산해 보세요. 곱셈표를 이용해도 좋아요.

13 ÷ 6 = 2, 나머지 1

17 ÷ 3 = 5, 나머지 2

16 ÷ 5 = 3, 나머지 1

22 ÷ 9 = 2, 나머지 4

33 ÷ 5 = 6, 나머지 3

41 ÷ 6 = 6, 나머지 5

52 ÷ 7 = 7, 나머지 3

60 ÷ 8 = 7, 나머지 4

더 생각해 보아요!

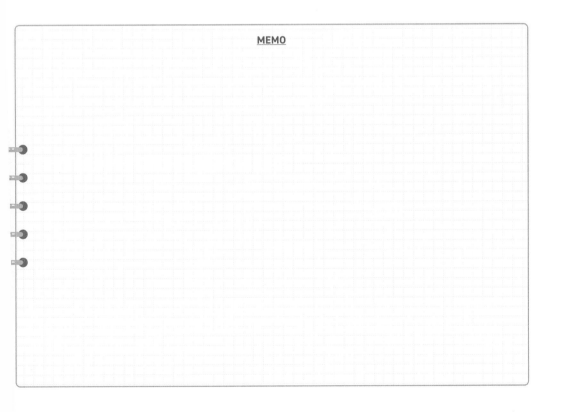

나는 어떤 수일까요? 나는 5보다 크고 50보다 작아요. 나를 7로 나누면 나머지가 4이고, 6으로 나누어떨어져요. 18

더 생각해 보아요! | 53쪽

5<□<50 가운데 7단에 4를 더한 수-11, 18, 25, 32, 39, 46

5<□<50 가운데 6으로 나누어 떨어지는 수-6, 12, 18, 24, 30, 36, 42, 48

이 가운데 겹치는 수는 18

54-55쪽

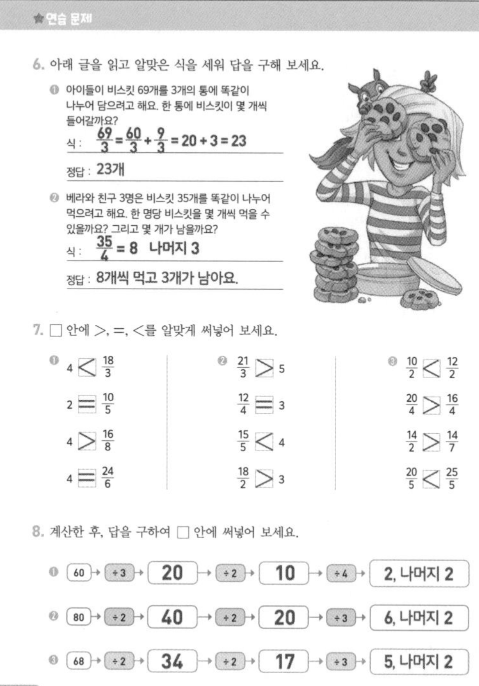

연습 문제

6. 아래 글을 읽고 알맞은 식을 세워 답을 구해 보세요.

① 아이들이 비스킷 69개를 3개의 통에 똑같이 나누어 담으려고 해요. 한 통에 비스킷이 몇 개씩 들어갈까요?

식 : $\frac{69}{3}=\frac{60}{3}+\frac{9}{3}=20+3=23$

정답 : 23개

② 베라와 친구 3명은 비스킷 35개를 똑같이 나누어 먹으려고 해요. 한 명당 비스킷을 몇 개씩 먹을 수 있을까요? 그리고 몇 개가 남을까요?

식 : $\frac{35}{4}=8$ 나머지 3

정답 : 8개씩 먹고 3개가 남아요.

7. □ 안에 >, =, <를 알맞게 써넣어 보세요.

①	②	③
$4 < \frac{18}{3}$	$\frac{21}{3} > 5$	$\frac{10}{2} < \frac{12}{2}$
$2 = \frac{10}{5}$	$\frac{12}{4} = 3$	$\frac{20}{4} > \frac{16}{4}$
$4 > \frac{16}{8}$	$\frac{15}{5} < 4$	$\frac{14}{2} > \frac{14}{7}$
$4 = \frac{24}{6}$	$\frac{18}{2} > 3$	$\frac{20}{5} < \frac{25}{5}$

8. 계산한 후, 답을 구하여 □ 안에 써넣어 보세요.

① 60 → ÷3 → 20 → ÷2 → 10 → ÷4 → 2, 나머지 2

② 80 → ÷2 → 40 → ÷2 → 20 → ÷3 → 6, 나머지 2

③ 68 → ÷2 → 34 → ÷2 → 17 → ÷3 → 5, 나머지 2

54

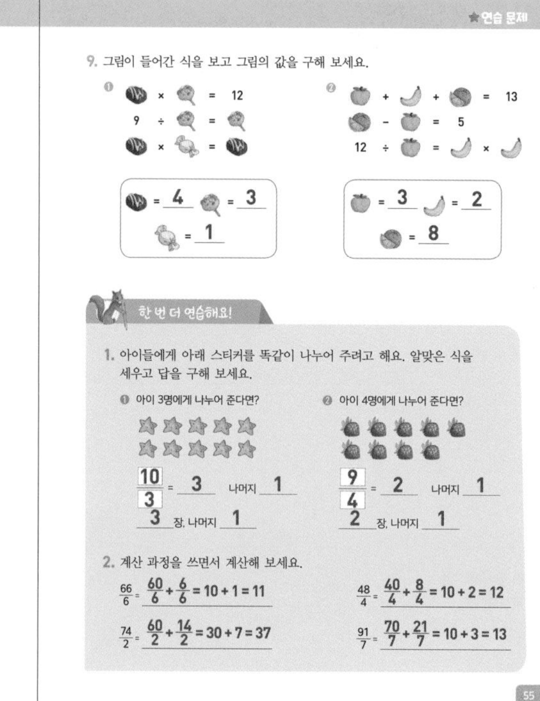

연습 문제

9. 그림이 들어간 식을 보고 그림의 값을 구해 보세요.

① × = 12, 9 ÷ = , × =

= 4, = 3, = 1

② + + = 13, - = 5, 12 ÷ = ×

= 3, = 2, = 8

한 번 더 연습해요!

1. 아이들에게 아래 스티커를 똑같이 나누어 주려고 해요. 알맞은 식을 세우고 답을 구해 보세요.

① 아이 3명에게 나누어 준다면?

$\frac{10}{3}=3$ 나머지 1

3 장, 나머지 1

② 아이 4명에게 나누어 준다면?

$\frac{9}{4}=2$ 나머지 1

2 장, 나머지 1

2. 계산 과정을 쓰면서 계산해 보세요.

$\frac{66}{6}=\frac{60}{6}+\frac{6}{6}=10+1=11$

$\frac{48}{4}=\frac{40}{4}+\frac{8}{4}=10+2=12$

$\frac{74}{2}=\frac{60}{2}+\frac{14}{2}=30+7=37$

$\frac{91}{7}=\frac{70}{7}+\frac{21}{7}=10+3=13$

55

55쪽 9번

❶ × = , 곱했을 때 원래 수가 그대로 나오는 수는 1, =1

9 ÷ = , 9를 나눴을 때 나누는 수와 몫이 같은 수는 3, =3

×=12, ×3=12, =4

❷ 12÷ = × ,
12를 나누어 보면, 12÷1=12, 12÷2=6, 12÷3=4, 12÷4=3, 12÷6=2
이 가운데 같은 수를 곱해 나올 수 있는 수는 4(2×2). 그러므로 =3, =2

+ + =13,
3+2+ =13, =8

MEMO

54쪽 7번

❶ 분수의 값을 구하기 위해 나눗셈을 이용하여 수의 크기를 비교해 보세요.
예시) 4 □ $\frac{18}{3}$의 크기를 비교하는 문제에서 $\frac{18}{3}$=18÷3=6이므로 6과 4의 크기를 비교하면 돼요.

❷ 분모를 같게 해서 분자의 크기를 비교해 보세요.
예시) 4 □ $\frac{18}{3}$의 크기를 비교할 때 자연수 4의 분모를 3으로 같게 하면 4=$\frac{12}{3}$가 돼요.
$\frac{12}{3}$와 $\frac{18}{3}$은 분모가 같으므로 분자의 크기를 비교하면 12<18이 돼요.

❸ 분모를 같게 만들기 위해 자연수에 비교하고자 하는 분수의 분모를 곱한 수와 나머지 분수의 분자 크기만 비교하면 두 수의 크기를 더 빠르게 비교할 수 있어요.
예시) 4 □ $\frac{18}{3}$에서, 두 수의 분모가 3이므로, 4×3=12와 18을 바로 비교할 수 있어요.
5 □ $\frac{21}{3}$에서, 두 수의 분모가 3이므로, 5×3=15와 21을 바로 비교할 수 있어요.

56-57쪽

★연습 문제

10. 엠마가 가는 길은 계산값이 항상 7이고, 알렉이 가는 길은 계산값이 항상 8이에요. 길을 찾아서 엠마와 알렉이 무엇을 만들었는지 알아맞혀 보세요.

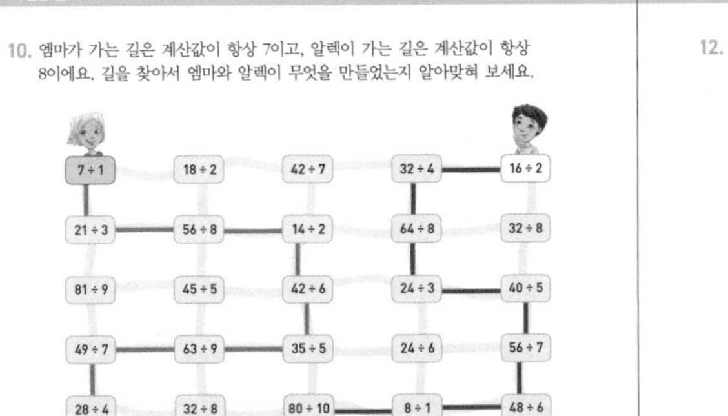

11. □ 안에 >, =, <를 알맞게 써넣어 보세요.

① $5 > \frac{12}{3}$, $2 < \frac{6}{2}$, $4 = \frac{16}{4}$

② $\frac{18}{6} < 4$, $\frac{21}{7} = 3$, $\frac{15}{3} > 4$

③ $\frac{8}{2} > \frac{6}{2}$, $\frac{18}{3} < \frac{18}{2}$, $\frac{9}{3} < \frac{12}{3}$

56

★연습 문제

12. 아래 글을 읽고 답을 구해 보세요.

① 다음 중 누가 브라우니일까요?

- 브라우니의 수를 2로 나누었을 때 나머지가 생겨요.
- 브라우니의 수를 5로 나누었을 때 나머지가 생겨요.
- 브라우니의 수에서 1을 빼면 그 값은 4로 나누어떨어져요.

브라우니의 수는 **13** 이에요.

② 다음 중 누가 어니일까요?

- 어니의 수를 4로 나누었을 때 나머지가 생겨요.
- 어니의 수를 3으로 나누었을 때 나머지가 생겨요.
- 어니의 수를 4로 나누면 나머지 1이 생겨요.

어니의 수는 **41** 이에요.

나누어지는 수, 나누는 수, 나머지를 잘 따져 보며 계산하렴~!

57

57쪽 12번

❶ - 브라우니의 수를 2로 나누었을 때 나머지가 생겨요.→2의 단에 속하는 짝수 16 탈락
- 브라우니의 수를 5로 나누었을 때 나머지가 생겨요.→5의 단에 속하는 15, 25 탈락
- 브라우니의 수에서 1을 빼면 그 값은 4로 나누어떨어져요.→13과 19에서 1을 빼면 12와 18. 이 가운데 1을 뺐을 때 4의 단이 되는 수는 13

❷ - 어니의 수를 4로 나누었을 때 나머지가 생겨요.→4로 나누어떨어지는 수 20, 36 탈락
- 어니의 수를 3으로 나누었을 때 나머지가 생겨요.→3으로 나누어떨어지는 수 27 탈락
- 어니의 수를 4로 나누면 나머지 1이 생겨요.→41과 31 중 4로 나누었을 때 1이 남는 수는 41

58-59쪽

실력을 평가해 봐요!

___월 ___일 ___요일

1. 나눗셈식을 2가지 방법으로 쓰고 몫을 계산해 보세요.

① 나누어지는 수는 45이고, 나누는 수는 9예요.

② 나누어지는 수는 42이고, 나누는 수는 7이에요.

$\frac{45}{9} = 5$ 또는 $45 \div 9 = 5$　　$\frac{42}{7} = 6$ 또는 $42 \div 7 = 6$

2. 계산해 보세요.

$\frac{32}{4} = 8$　　$\frac{24}{6} = 4$

$\frac{63}{7} = 9$　　$\frac{40}{5} = 8$

$18 \div 9 = 2$　　$36 \div 6 = 6$

$49 \div 7 = 7$　　$20 \div 4 = 5$

3. 아래 글을 읽고 답을 구해 보세요.

페스츄리가 1개에 300원이에요. 티나는 가진 돈으로 페스츄리를 몇 개까지 살 수 있을까요? 그리고 돈이 얼마 남을까요?

① 페스츄리 **2** 개를 살 수 있고, **100** 원이 남아요.

② 1000 1000 페스츄리 **6** 개를 살 수 있고, **200** 원이 남아요.

4. 그림을 보고 계산해 보세요.

① $14 \div 2 =$ 7
$14 \div 3 =$ 4 나머지 2
$14 \div 4 =$ 3 나머지 2

② $18 \div 4 =$ 4 나머지 2
$18 \div 5 =$ 3 나머지 3
$18 \div 6 =$ 3

58

★실력을 평가해 봐요!

5. 계산해 보세요.

$\frac{24}{2} = \frac{20}{2} + \frac{4}{2} = 10 + 2 = 12$

$\frac{36}{3} = \frac{30}{3} + \frac{6}{3} = 10 + 2 = 12$

$\frac{77}{7} = \frac{70}{7} + \frac{7}{7} = 10 + 1 = 11$

$\frac{52}{4} = \frac{40}{4} + \frac{12}{4} = 10 + 3 = 13$

$\frac{65}{5} = \frac{50}{5} + \frac{15}{5} = 10 + 3 = 13$

6. 아래 글을 읽고 알맞은 식을 세워 답을 구해 보세요.

① 36유로로 4유로짜리 책을 몇 권까지 살 수 있을까요?
식: $\frac{36}{4} = 9$
정답: 9권

② 56유로로 8유로짜리 책을 몇 권까지 살 수 있을까요?
식: $\frac{56}{8} = 7$
정답: 7권

③ 엄마는 머핀 23개를 3개들이 봉지에 나누어 담으려고 해요. 봉지가 몇 개 필요할까요?
식: $\frac{23}{3} = 7$ 나머지 2
정답: 7개, 나머지 2

④ 선생님은 연필 64자루를 상자 2개에 똑같이 나누어 담으려고 해요. 한 상자에 연필이 몇 개 들어갈까요?
식: $\frac{60}{2} + \frac{4}{2} = 30 + 2 = 32$
정답: 32개

실력이 자란 만큼 별을 색칠하세요.

★★★ 정말 잘했어요.
★★☆ 꽤 잘했어요.
★☆☆ 앞으로 더 노력할게요.

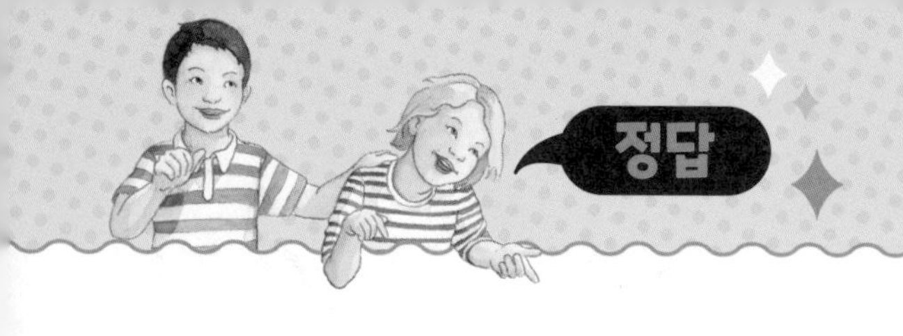

60-61쪽

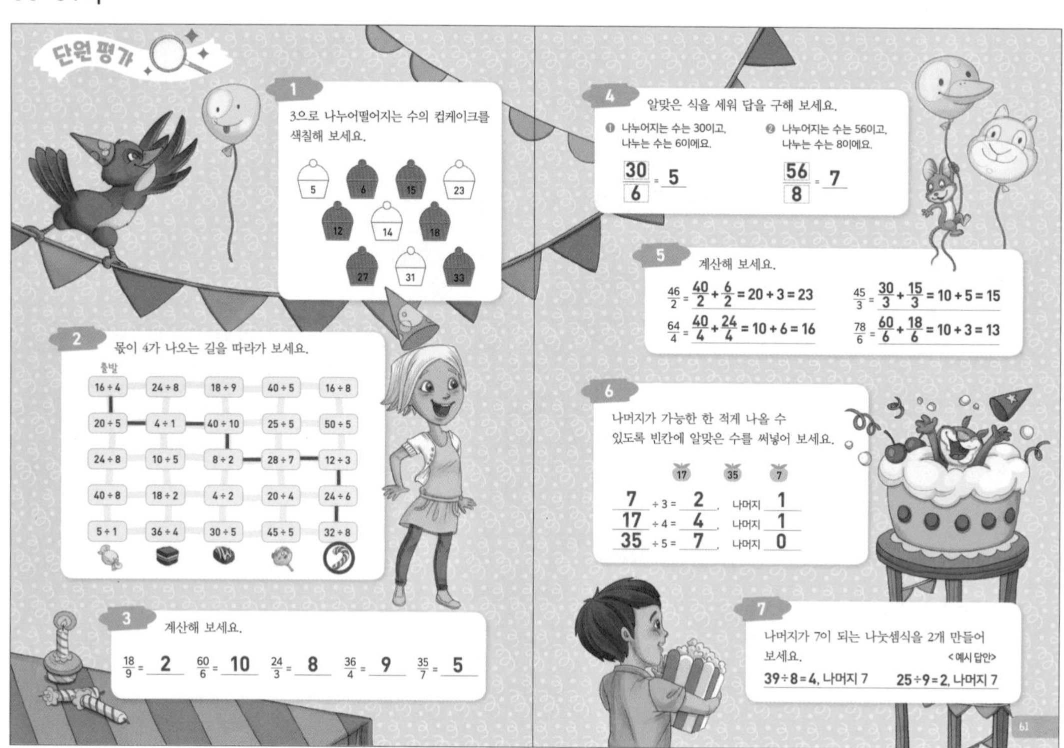

단원 평가

1 3으로 나누어떨어지는 수의 컵케이크를 색칠해 보세요.

5, 6, 15, 23, 12, 14, 18, 27, 31, 33

2 몫이 4가 나오는 길을 따라가 보세요.

출발

16÷4	24÷8	18÷9	40÷5	16÷8
20÷5	4÷1	40÷10	25÷5	50÷5
24÷8	10÷5	8÷2	28÷7	12÷3
40÷8	18÷2	4÷2	20÷4	24÷6
5÷1	36÷4	30÷5	45÷5	32÷8

3 계산해 보세요.

$\frac{18}{9}$ = 2 $\frac{60}{6}$ = 10 $\frac{24}{3}$ = 8 $\frac{36}{4}$ = 9 $\frac{35}{7}$ = 5

4 알맞은 식을 세워 답을 구해 보세요.

① 나누어지는 수는 30이고, 나누는 수는 6이에요. $\frac{30}{6}$ = 5

② 나누어지는 수는 56이고, 나누는 수는 8이에요. $\frac{56}{8}$ = 7

5 계산해 보세요.

$\frac{46}{2} = \frac{40}{2} + \frac{6}{2} = 20 + 3 = 23$ $\frac{45}{3} = \frac{30}{3} + \frac{15}{3} = 10 + 5 = 15$

$\frac{64}{4} = \frac{40}{4} + \frac{24}{4} = 10 + 6 = 16$ $\frac{78}{6} = \frac{60}{6} + \frac{18}{6} = 10 + 3 = 13$

6 나머지가 가능한 한 적게 나올 수 있도록 빈칸에 알맞은 수를 써넣어 보세요.

17 35 7

7 ÷3 = 2, 나머지 1

17 ÷4 = 4, 나머지 1

35 ÷5 = 7, 나머지 0

7 나머지가 7이 되는 나눗셈식을 2개 만들어 보세요. <예시 답안>

39÷8=4, 나머지 7 25÷9=2, 나머지 7

61

61쪽 7번

나머지가 7이 나오게 되는 경우 나누는 수는 7보다 커야 해요. 즉 나누는 수는 7보다 큰 8, 9, 10 이상이 되어야 하죠.
나누어지는 수는 나누는 수×몫+나머지이므로, 이걸 식으로 나타내면 (8 이상의 수)×(어떤 수)+7이 돼요.
예를 들어 몫이 12일 경우 나누어지는 수는 8×12+7=96+7=103이며, 나눗셈으로 나타내면 103÷8=12, 나머지 7이에요.
몫이 9, 나누는 수가 2일 경우 나누어지는 수는 9×2+7=18+7=25이며, 나눗셈으로 나타내면 25÷9=2, 나머지 7이에요.
이 밖에도 수없이 많이 만들 수 있어요.

62-63쪽

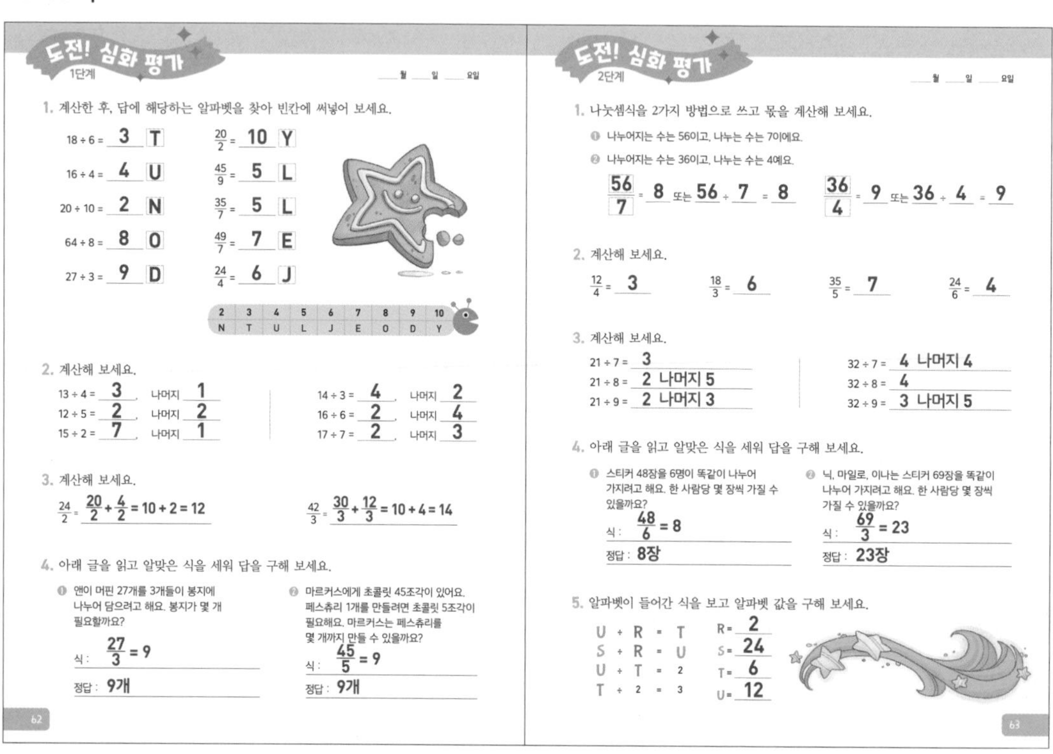

도전! 심화 평가 1단계

월 일 요일

1. 계산한 후, 답에 해당하는 알파벳을 찾아 빈칸에 써넣어 보세요.

18÷6 = 3 T $\frac{20}{2}$ = 10 Y

16÷4 = 4 U $\frac{45}{9}$ = 5 L

20÷10 = 2 N $\frac{35}{7}$ = 5 L

64÷8 = 8 O $\frac{49}{7}$ = 7 E

27÷3 = 9 D $\frac{24}{4}$ = 6 J

2	3	4	5	6	7	8	9	10
N	T	U	L	J	E	O	D	Y

2. 계산해 보세요.

13÷4 = 3, 나머지 1 14÷3 = 4, 나머지 2

12÷5 = 2, 나머지 2 16÷6 = 2, 나머지 4

15÷2 = 7, 나머지 1 17÷7 = 2, 나머지 3

3. 계산해 보세요.

$\frac{24}{2} = \frac{20}{2} + \frac{4}{2} = 10 + 2 = 12$ $\frac{42}{3} = \frac{30}{3} + \frac{12}{3} = 10 + 4 = 14$

4. 아래 글을 읽고 알맞은 식을 세워 답을 구해 보세요.

① 앤이 머핀 27개를 3개들이 봉지에 나누어 담으려고 해요. 봉지가 몇 개 필요할까요?
식: $\frac{27}{3} = 9$
정답: 9개

② 마르커스에게 초콜릿 45조각이 있어요. 페스츄리 1개를 만들려면 초콜릿 5조각이 필요해요. 마르커스는 페스츄리를 몇 개까지 만들 수 있을까요?
식: $\frac{45}{5} = 9$
정답: 9개

62

도전! 심화 평가 2단계

월 일 요일

1. 나눗셈식을 2가지 방법으로 쓰고 몫을 계산해 보세요.

① 나누어지는 수는 56이고, 나누는 수는 7이에요.
② 나누어지는 수는 36이고, 나누는 수는 4예요.

$\frac{56}{7}$ = 8 또는 56 ÷ 7 = 8 $\frac{36}{4}$ = 9 또는 36 ÷ 4 = 9

2. 계산해 보세요.

$\frac{12}{4}$ = 3 $\frac{18}{3}$ = 6 $\frac{35}{5}$ = 7 $\frac{24}{6}$ = 4

3. 계산해 보세요.

21÷7 = 3 32÷7 = 4 나머지 4

21÷8 = 2 나머지 5 32÷8 = 4

21÷9 = 2 나머지 3 32÷9 = 3 나머지 5

4. 아래 글을 읽고 알맞은 식을 세워 답을 구해 보세요.

① 스티커 48장을 6명이 똑같이 나누어 가지려고 해요. 한 사람당 몇 장씩 가질 수 있을까요?
식: $\frac{48}{6} = 8$
정답: 8장

② 닉, 마일로, 이나는 스티커 69장을 똑같이 나누어 가지려고 해요. 한 사람당 몇 장씩 가질 수 있을까요?
식: $\frac{69}{3} = 23$
정답: 23장

5. 알파벳이 들어간 식을 보고 알파벳 값을 구해 보세요.

U ÷ R = T R = 2
S ÷ R = U S = 24
U ÷ T = 2 T = 6
T ÷ 2 = 3 U = 12

63

62쪽 1번

Jelly Donut(젤리 도넛)

63쪽 5번

T÷2=3 T=6
U÷T=2, U÷6=2, U=12
U÷R=T, 12÷R=6, R=2
S÷R=U, S÷2=12, S=24

64-65쪽

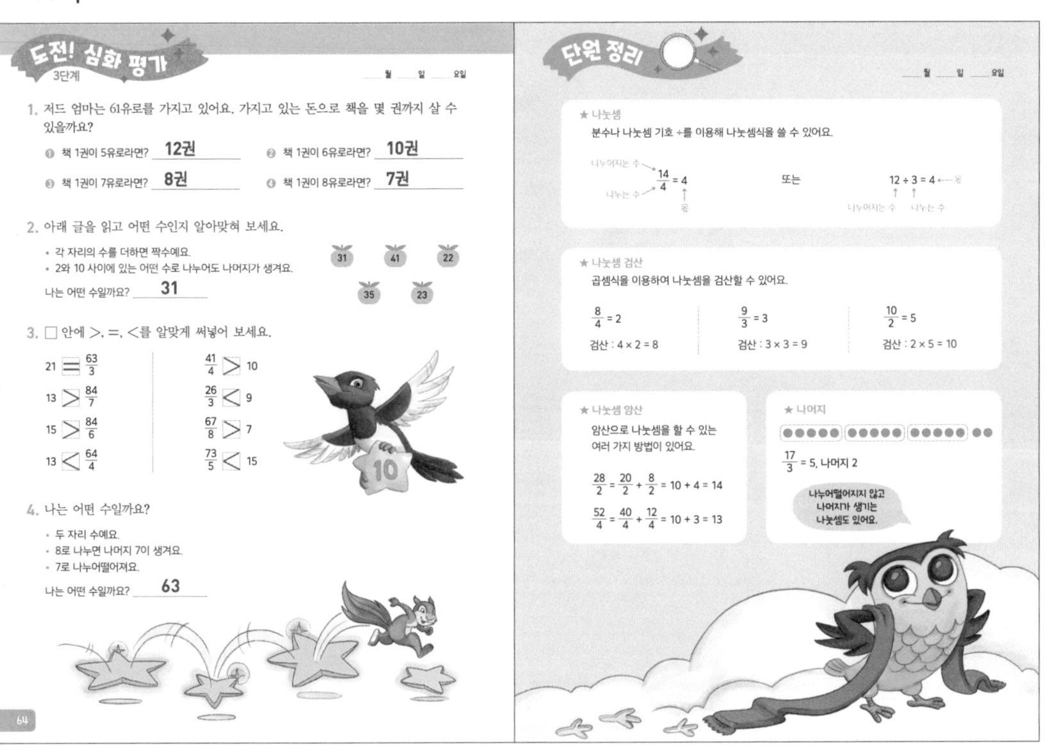

도전! 심화 평가 3단계

___월 ___일 ___요일

1. 저드 엄마는 61유로를 가지고 있어요. 가지고 있는 돈으로 책을 몇 권까지 살 수 있을까요?

① 책 1권이 5유로라면? 12권　② 책 1권이 6유로라면? 10권

③ 책 1권이 7유로라면? 8권　④ 책 1권이 8유로라면? 7권

2. 아래 글을 읽고 어떤 수인지 알아맞혀 보세요.

- 각 자리의 수를 더하면 짝수예요.
- 2와 10 사이에 있는 어떤 수로 나누어도 나머지가 생겨요.

나는 어떤 수일까요? 31

31　41　22　35　23

3. □ 안에 >, =, <를 알맞게 써넣어 보세요.

$21 = \frac{63}{3}$　$\frac{41}{4} > 10$

$13 > \frac{84}{7}$　$\frac{26}{3} < 9$

$15 > \frac{84}{6}$　$\frac{67}{8} > 7$

$13 < \frac{64}{4}$　$\frac{73}{5} < 15$

4. 나는 어떤 수일까요?

- 두 자리 수예요.
- 8로 나누면 나머지 7이 생겨요.
- 7로 나누어떨어져요.

나는 어떤 수일까요? 63

64

단원 정리

___월 ___일 ___요일

★ 나눗셈

분수나 나눗셈 기호 ÷를 이용해 나눗셈식을 쓸 수 있어요.

$\frac{14}{4} = 4$ (나누어지는 수, 나누는 수, 몫)　또는　$12 \div 3 = 4$ (나누어지는 수, 나누는 수, 몫)

★ 나눗셈 검산

곱셈식을 이용하여 나눗셈을 검산할 수 있어요.

$\frac{8}{4} = 2$ 검산 : $4 \times 2 = 8$　$\frac{9}{3} = 3$ 검산 : $3 \times 3 = 9$　$\frac{10}{2} = 5$ 검산 : $2 \times 5 = 10$

★ 나눗셈 암산

암산으로 나눗셈을 할 수 있는 여러 가지 방법이 있어요.

$\frac{28}{2} = \frac{20}{2} + \frac{8}{2} = 10 + 4 = 14$

$\frac{52}{4} = \frac{40}{4} + \frac{12}{4} = 10 + 3 = 13$

★ 나머지

$\frac{17}{3} = 5$, 나머지 2

나누어떨어지지 않고 나머지가 생기는 나눗셈도 있어요.

64쪽 1번

❶ 책 1권이 5유로일 경우, 61÷5=12, 나머지 1, 12권을 사고 1유로가 남아요.

❷ 책 1권이 6유로일 경우, 61÷6=10, 나머지 1, 10권을 사고 1유로가 남아요.

❸ 책 1권이 7유로일 경우, 61÷7=8, 나머지 5, 8권을 사고 5유로가 남아요.

❹ 책 1권이 8유로일 경우, 61÷8=7, 나머지 5, 7권을 사고 5유로가 남아요.

64쪽 2번

- 각 자리의 수를 더하면 짝수예요.→41, 23 탈락
- 2와 10 사이에 있는 어떤 수로 나누어도 나머지가 생겨요.→22는 2로 나누어떨어지므로 탈락, 35는 5와 7로 나누어떨어지므로 탈락. 정답은 31이에요.

64쪽 4번

8단에 7을 더한 수 가운데 두 자리 수를 찾아보면 15, 23, 31, 39, 47, 55, 63… 95

7로 나누어떨어지는 수는 7단임. 14, 21, 28, 35, 42, 49, 56, 63, 70…

이 가운데 겹치는 수는 63이에요.

66-67쪽

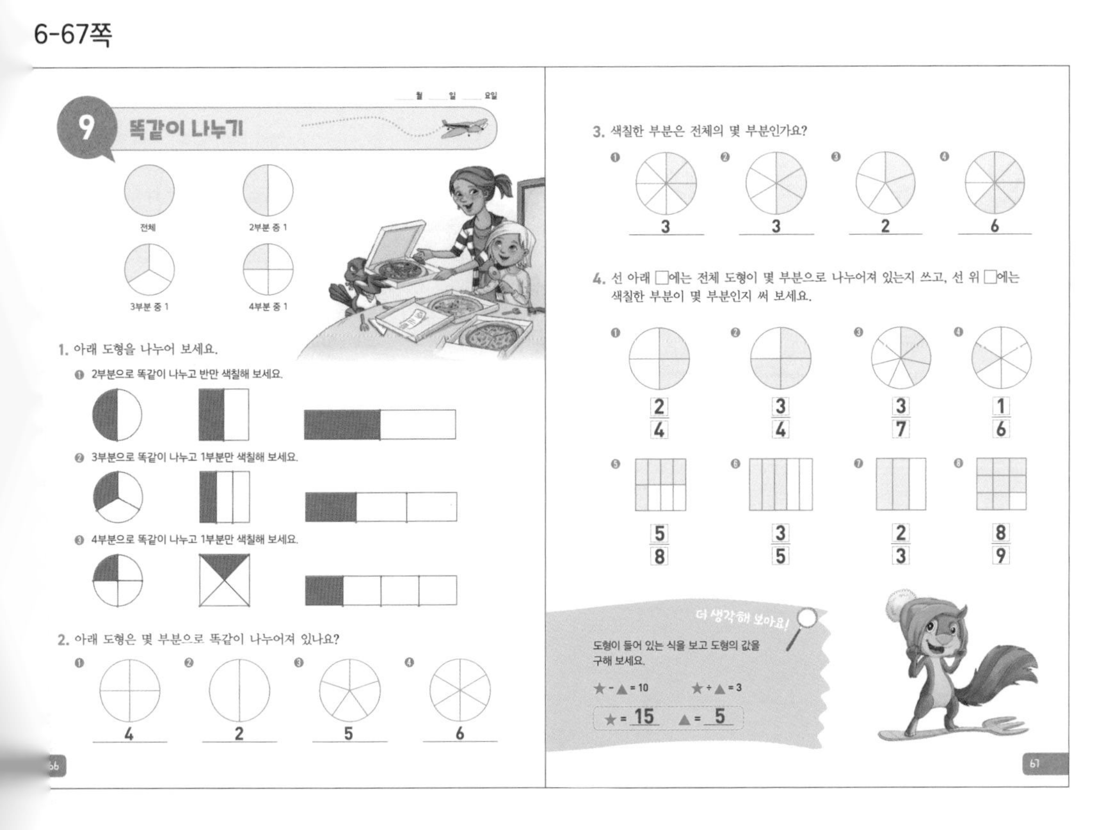

___월 ___일 ___요일

9 똑같이 나누기

전체　2부분 중 1　3부분 중 1　4부분 중 1

1. 아래 도형을 나누어 보세요.

① 2부분으로 똑같이 나누고 반만 색칠해 보세요.

② 3부분으로 똑같이 나누고 1부분만 색칠해 보세요.

③ 4부분으로 똑같이 나누고 1부분만 색칠해 보세요.

2. 아래 도형은 몇 부분으로 똑같이 나누어져 있나요?

① 4　② 2　③ 5　④ 6

66

3. 색칠한 부분은 전체의 몇 부분인가요?

① 3　② 3　③ 2　④ 6

4. 선 아래 □에는 전체 도형이 몇 부분으로 나누어져 있는지 쓰고, 선 위 □에는 색칠한 부분이 몇 부분인지 써 보세요.

① $\frac{2}{4}$　② $\frac{3}{4}$　③ $\frac{3}{7}$　④ $\frac{1}{6}$

⑤ $\frac{5}{8}$　⑥ $\frac{3}{5}$　⑦ $\frac{2}{3}$　⑧ $\frac{8}{9}$

더 생각해 보아요!

도형이 들어 있는 식을 보고 도형의 값을 구해 보세요.

★ - ▲ = 10　★ ÷ ▲ = 3

★ = 15　▲ = 5

67

68-69쪽

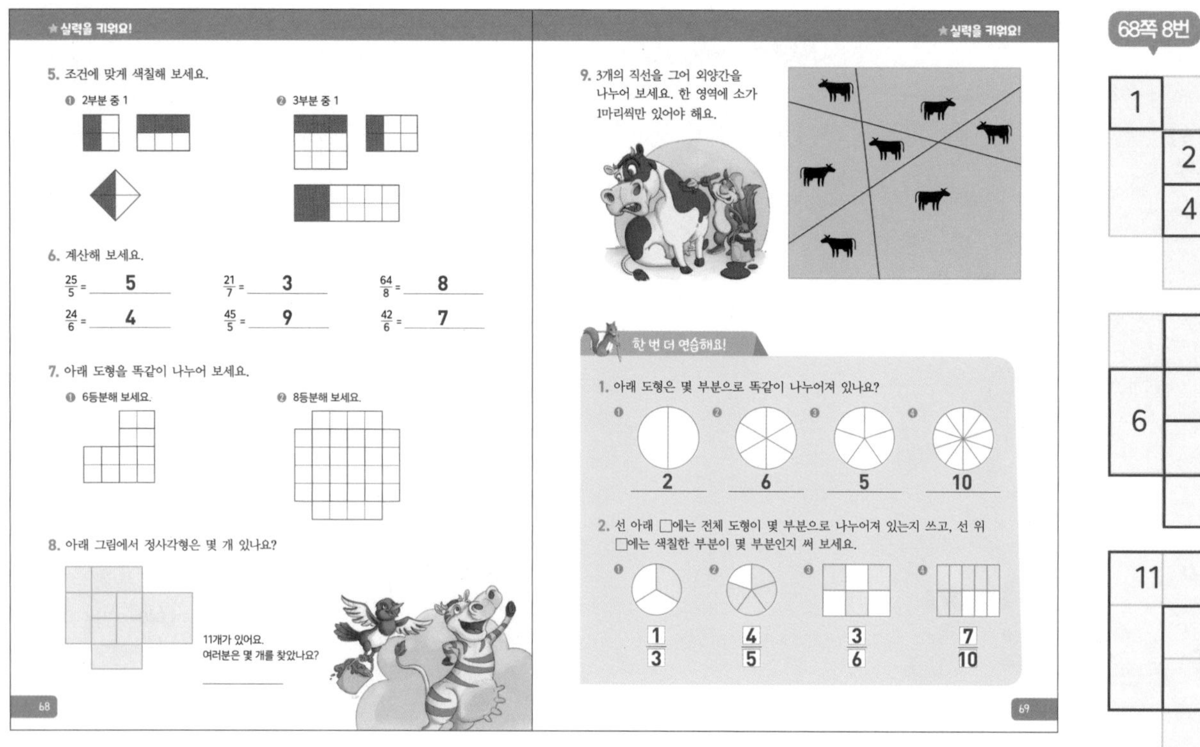

★실력을 키워요!

5. 조건에 맞게 색칠해 보세요.

❶ 2부분 중 1 ❷ 3부분 중 1

6. 계산해 보세요.

$\frac{25}{5}$ = 5 $\frac{21}{7}$ = 3 $\frac{64}{8}$ = 8

$\frac{24}{6}$ = 4 $\frac{45}{5}$ = 9 $\frac{42}{6}$ = 7

7. 아래 도형을 똑같이 나누어 보세요.

❶ 6등분해 보세요. ❷ 8등분해 보세요.

8. 아래 그림에서 정사각형은 몇 개 있나요?

11개가 있어요.
여러분은 몇 개를 찾았나요?

68

★실력을 키워요!

9. 3개의 직선을 그어 외양간을 나누어 보세요. 한 영역에 소가 1마리씩만 있어야 해요.

한 번 더 연습해요!

1. 아래 도형은 몇 부분으로 똑같이 나누어져 있나요?

❶ 2 ❷ 6 ❸ 5 ❹ 10

2. 선 아래 □에는 전체 도형이 몇 부분으로 나누어져 있는지 쓰고, 선 위 □에는 색칠한 부분이 몇 부분인지 써 보세요.

❶ $\frac{1}{3}$ ❷ $\frac{4}{5}$ ❸ $\frac{3}{6}$ ❹ $\frac{7}{10}$

69

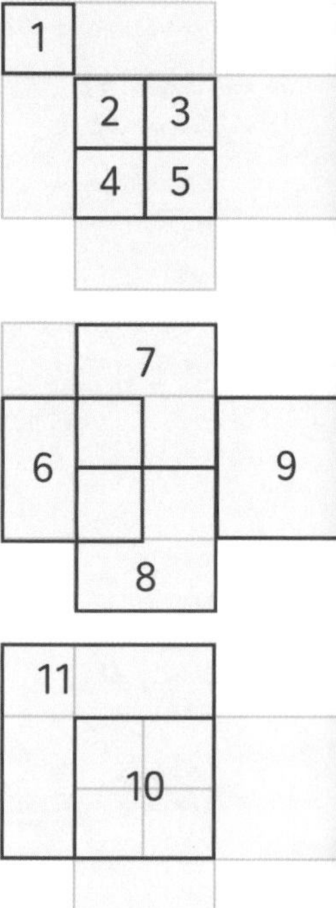

70-71쪽

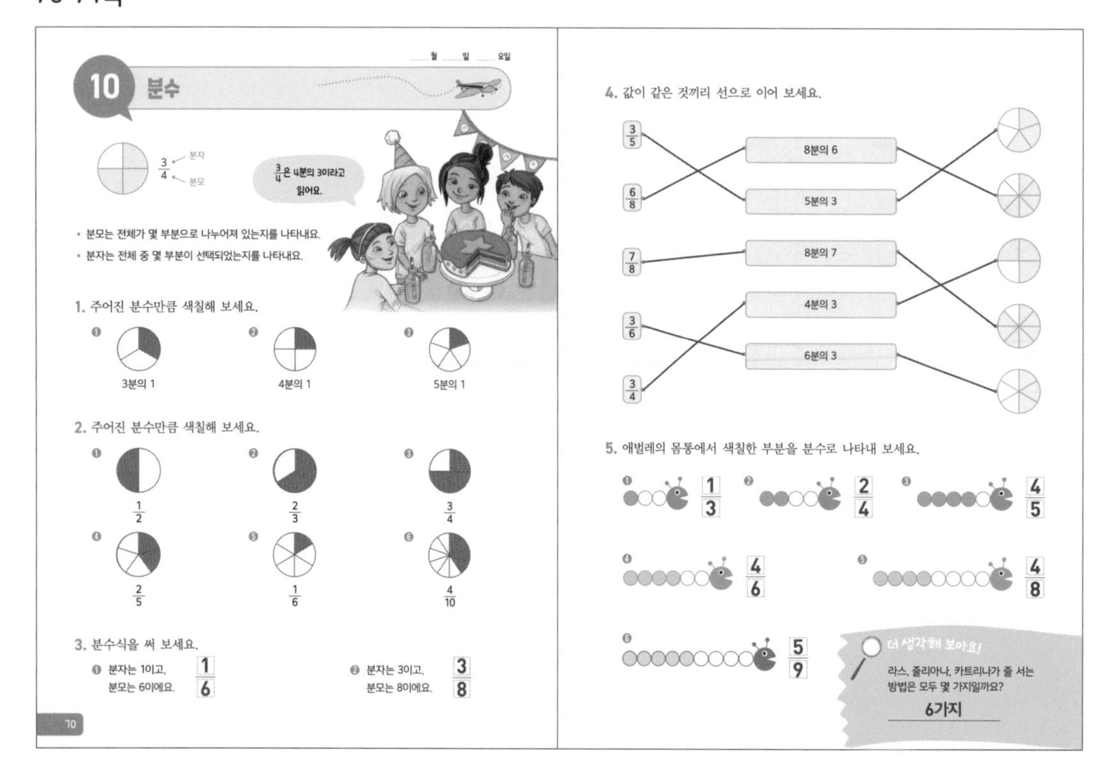

월 일 요일

10 분수

$\frac{3}{4}$ 분자 분모

$\frac{3}{4}$은 4분의 3이라고 읽어요.

• 분모는 전체가 몇 부분으로 나누어져 있는지를 나타내요.
• 분자는 전체 중 몇 부분이 선택되었는지를 나타내요.

1. 주어진 분수만큼 색칠해 보세요.

❶ 3분의 1 ❷ 4분의 1 ❸ 5분의 1

2. 주어진 분수만큼 색칠해 보세요.

❶ $\frac{1}{2}$ ❷ $\frac{2}{3}$ ❸ $\frac{3}{4}$ ❹ $\frac{2}{5}$ ❺ $\frac{1}{6}$ ❻ $\frac{4}{10}$

3. 분수식을 써 보세요.

❶ 분자는 1이고, 분모는 6이에요. $\frac{1}{6}$

❷ 분자는 3이고, 분모는 8이에요. $\frac{3}{8}$

70

4. 값이 같은 것끼리 선으로 이어 보세요.

$\frac{3}{5}$ $\frac{6}{8}$ $\frac{7}{8}$ $\frac{3}{6}$ $\frac{3}{4}$

8분의 6 / 5분의 3 / 8분의 7 / 4분의 3 / 6분의 3

5. 애벌레의 몸통에서 색칠한 부분을 분수로 나타내 보세요.

❶ $\frac{1}{3}$ ❷ $\frac{2}{4}$ ❸ $\frac{4}{5}$ ❹ $\frac{4}{6}$ ❺ $\frac{4}{8}$ ❻ $\frac{5}{9}$

더 생각해 보아요!

라스, 줄리아나, 카트리나가 줄 서는 방법은 모두 몇 가지일까요?

6가지

71쪽 4번

하나의 원을 5등분, 8등분,
등분, 4등분 할 수 있어요.
모는 달라도 전체인 원은 1
라는 사실을 아이들이 항상
지하도록 알려 주세요. 분수
분모와 분자 2개의 수로 이
어지며 전체를 기준으로 했
때 비교하는 양을 나타내기
한 값이라는 것을 알고 있어
분수를 제대로 이해하게 되
까요.

더 생각해 보아요! | 71쪽

6가지

1열	2열	3열
라스	줄리아나	카트리
라스	카트리나	줄리아
줄리아나	라스	카트리
줄리아나	카트리나	라스
카트리나	라스	줄리아
카트리나	줄리아나	라스

72-73쪽

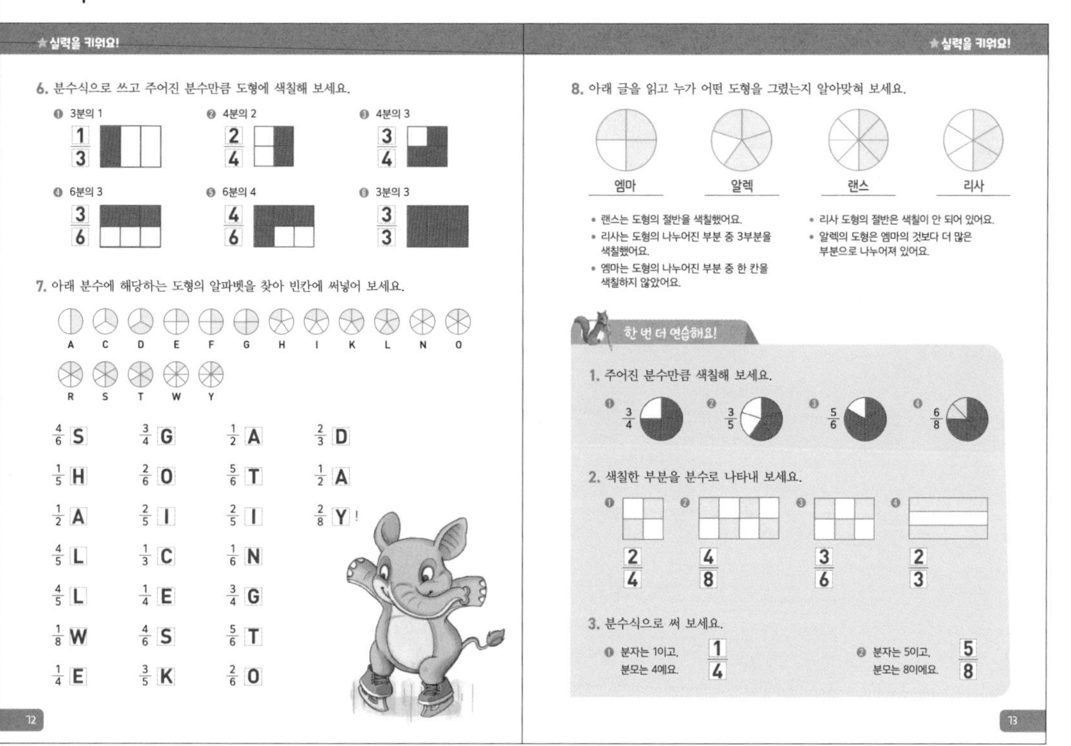

★실력을 키워요!

6. 분수식으로 쓰고 주어진 분수만큼 도형에 색칠해 보세요.

❶ 3분의 1 $\frac{1}{3}$ ❷ 4분의 2 $\frac{2}{4}$ ❸ 4분의 3 $\frac{3}{4}$

❹ 6분의 3 $\frac{3}{6}$ ❺ 6분의 4 $\frac{4}{6}$ ❻ 3분의 3 $\frac{3}{3}$

7. 아래 분수에 해당하는 도형의 알파벳을 찾아 빈칸에 써넣어 보세요.

A C D E F G H I K L N O R S T W Y

$\frac{4}{6}$ S	$\frac{3}{4}$ G	$\frac{1}{2}$ A	$\frac{2}{3}$ D
$\frac{1}{5}$ H	$\frac{2}{6}$ O	$\frac{5}{6}$ T	$\frac{1}{2}$ A
$\frac{1}{2}$ A	$\frac{2}{5}$ I	$\frac{2}{5}$ I	$\frac{2}{8}$ Y !
$\frac{4}{5}$ L	$\frac{1}{3}$ C	$\frac{1}{6}$ N	
$\frac{4}{5}$ L	$\frac{1}{4}$ E	$\frac{3}{4}$ G	
$\frac{1}{8}$ W	$\frac{4}{6}$ S	$\frac{5}{6}$ T	
$\frac{1}{4}$ E	$\frac{3}{5}$ K	$\frac{2}{6}$ O	

72

★실력을 키워요!

8. 아래 글을 읽고 누가 어떤 도형을 그렸는지 알아맞혀 보세요.

엠마 알렉 랜스 리사

- 랜스는 도형의 절반을 색칠했어요.
- 리사는 도형의 나누어진 부분 중 3부분을 색칠했어요.
- 엠마는 도형의 나누어진 부분 중 한 칸을 색칠하지 않았어요.
- 리사 도형의 절반은 색칠이 안 되어 있어요.
- 알렉의 도형은 엠마의 것보다 더 많은 부분으로 나누어져 있어요.

한 번 더 연습해요!

1. 주어진 분수만큼 색칠해 보세요.

❶ $\frac{3}{4}$ ❷ $\frac{3}{5}$ ❸ $\frac{5}{6}$ ❹ $\frac{6}{8}$

2. 색칠한 부분을 분수로 나타내 보세요.

❶ $\frac{2}{4}$ ❷ $\frac{4}{8}$ ❸ $\frac{3}{6}$ ❹ $\frac{2}{3}$

3. 분수식으로 써 보세요.

❶ 분자는 1이고, 분모는 4예요. $\frac{1}{4}$

❷ 분자는 5이고, 분모는 8이에요. $\frac{5}{8}$

73

72쪽 7번

Shall we go ice skating today?
(오늘 아이스 스케이트를 타러 갈래?)

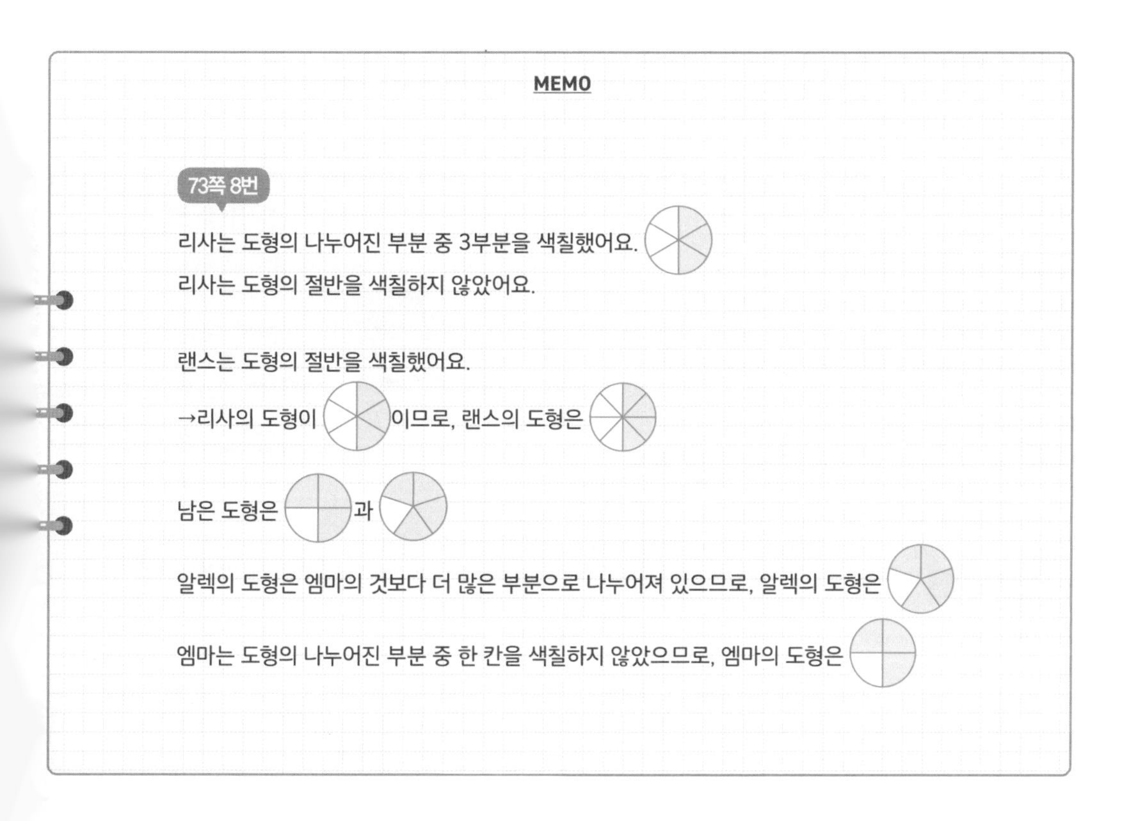

MEMO

73쪽 8번

리사는 도형의 나누어진 부분 중 3부분을 색칠했어요.
리사는 도형의 절반을 색칠하지 않았어요.

랜스는 도형의 절반을 색칠했어요.
→리사의 도형이 이므로, 랜스의 도형은

남은 도형은 과

알렉의 도형은 엠마의 것보다 더 많은 부분으로 나누어져 있으므로, 알렉의 도형은

엠마는 도형의 나누어진 부분 중 한 칸을 색칠하지 않았으므로, 엠마의 도형은

74-75쪽

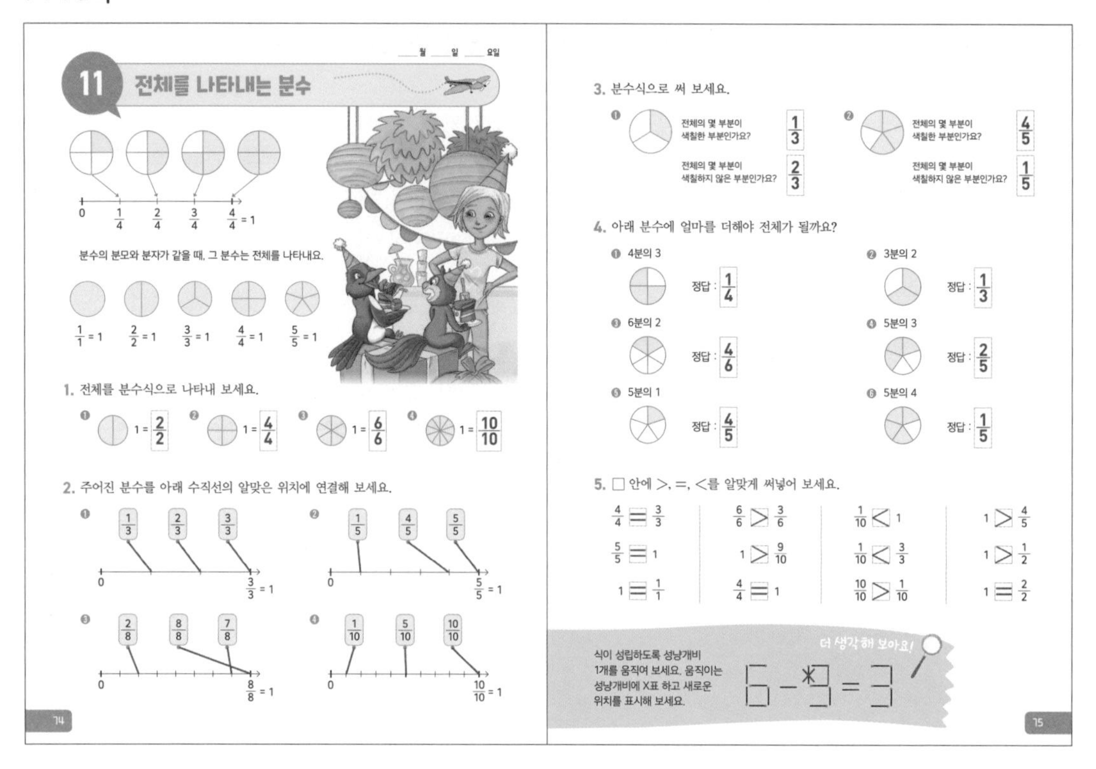

월 일 요일

11 전체를 나타내는 분수

0, $\frac{1}{4}$, $\frac{2}{4}$, $\frac{3}{4}$, $\frac{4}{4}=1$

분수의 분모와 분자가 같을 때, 그 분수는 전체를 나타내요.

$\frac{1}{1}=1$ $\frac{2}{2}=1$ $\frac{3}{3}=1$ $\frac{4}{4}=1$ $\frac{5}{5}=1$

1. 전체를 분수식으로 나타내 보세요.

❶ $1=\frac{2}{2}$ ❷ $1=\frac{4}{4}$ ❸ $1=\frac{6}{6}$ ❹ $1=\frac{10}{10}$

2. 주어진 분수를 아래 수직선의 알맞은 위치에 연결해 보세요.

❶ $\frac{1}{3}$ $\frac{2}{3}$ $\frac{3}{3}$ (0, $\frac{3}{3}=1$)
❷ $\frac{1}{5}$ $\frac{4}{5}$ $\frac{5}{5}$ (0, $\frac{5}{5}=1$)
❸ $\frac{2}{8}$ $\frac{8}{8}$ $\frac{7}{8}$ (0, $\frac{8}{8}=1$)
❹ $\frac{1}{10}$ $\frac{5}{10}$ $\frac{10}{10}$ (0, $\frac{10}{10}=1$)

74

3. 분수식으로 써 보세요.

❶ 전체의 몇 부분이 색칠한 부분인가요? $\frac{1}{3}$ 전체의 몇 부분이 색칠하지 않은 부분인가요? $\frac{2}{3}$
❷ 전체의 몇 부분이 색칠한 부분인가요? $\frac{4}{5}$ 전체의 몇 부분이 색칠하지 않은 부분인가요? $\frac{1}{5}$

4. 아래 분수에 얼마를 더해야 전체가 될까요?

❶ 4분의 3 정답 : $\frac{1}{4}$
❷ 3분의 2 정답 : $\frac{1}{3}$
❸ 6분의 2 정답 : $\frac{4}{6}$
❹ 5분의 3 정답 : $\frac{2}{5}$
❺ 5분의 1 정답 : $\frac{4}{5}$
❻ 5분의 4 정답 : $\frac{1}{5}$

5. □ 안에 $>$, $=$, $<$를 알맞게 써넣어 보세요.

$\frac{4}{4}=\frac{3}{3}$	$\frac{6}{6}>\frac{3}{6}$	$\frac{1}{10}<1$	$1>\frac{4}{5}$
$\frac{5}{5}=1$	$1>\frac{9}{10}$	$\frac{1}{10}<\frac{3}{3}$	$1>\frac{1}{2}$
$1=\frac{1}{1}$	$\frac{4}{4}=1$	$\frac{10}{10}>\frac{1}{10}$	$1=\frac{2}{2}$

더 생각해 보아요!

식이 성립하도록 성냥개비 1개를 움직여 보세요. 움직이는 성냥개비에 X표 하고 새로운 위치를 표시해 보세요.

6 - 9 = 3

75

74쪽 2번

도형으로만 분수를 나타내는 것에서 벗어나 수직선 등의 다양한 모델을 활용해서 분수의 크기를 익히면 분수에 대한 이해를 확장시킬 수 있어요. 문제에 제시된 것 말고 다른 분수도 수직선에 나타내 보세요.

76-77쪽

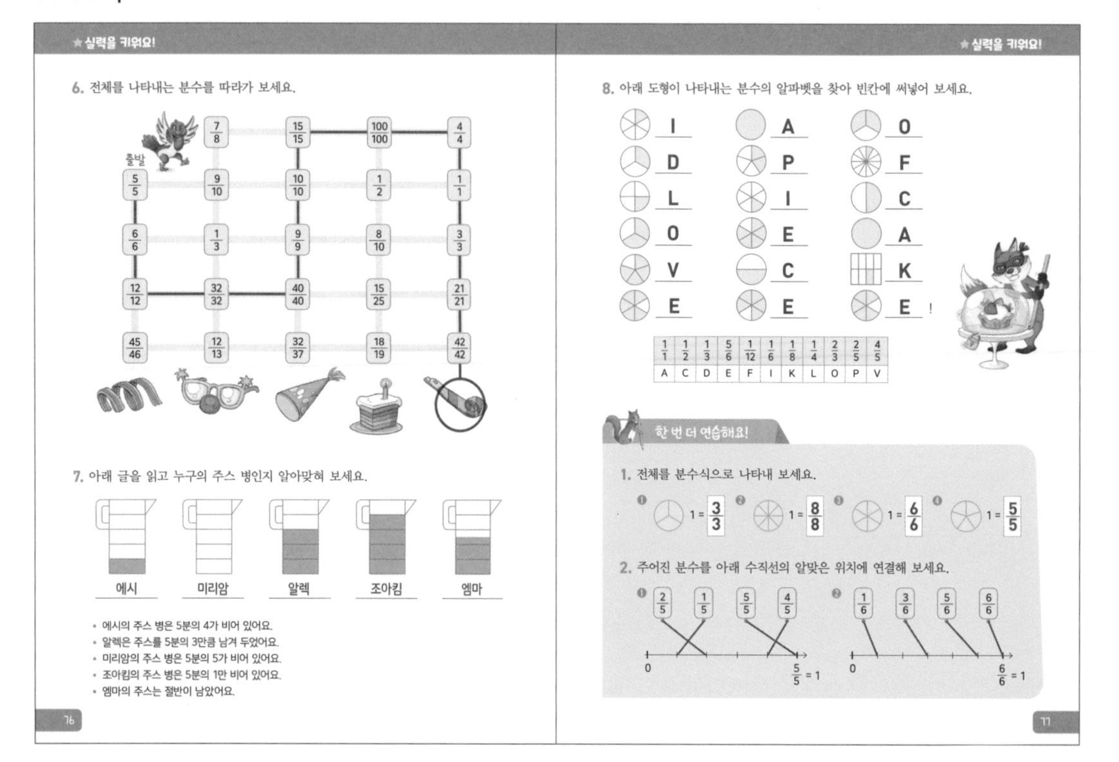

★실력을 키워요!

6. 전체를 나타내는 분수를 따라가 보세요.

출발

	$\frac{7}{8}$	$\frac{15}{15}$	$\frac{100}{100}$	$\frac{4}{4}$
$\frac{5}{5}$	$\frac{9}{10}$	$\frac{10}{10}$	$\frac{1}{2}$	$\frac{1}{1}$
$\frac{6}{6}$	$\frac{1}{3}$	$\frac{9}{9}$	$\frac{8}{10}$	$\frac{3}{3}$
$\frac{12}{12}$	$\frac{32}{32}$	$\frac{40}{40}$	$\frac{15}{25}$	$\frac{21}{21}$
$\frac{45}{46}$	$\frac{12}{13}$	$\frac{32}{37}$	$\frac{18}{19}$	$\frac{42}{42}$

7. 아래 글을 읽고 누구의 주스 병인지 알아맞혀 보세요.

에시 미리암 알렉 조아킴 엠마

- 에시의 주스 병은 5분의 4가 비어 있어요.
- 알렉은 주스를 5분의 3만큼 남겨 두었어요.
- 미리암의 주스 병은 5분의 5가 비어 있어요.
- 조아킴의 주스 병은 5분의 1만 비어 있어요.
- 엠마의 주스는 절반이 남았어요.

76

★실력을 키워요!

8. 아래 도형이 나타내는 분수의 알파벳을 찾아 빈칸에 써넣어 보세요.

I A O
D P F
L I C
O E A
V C K
E E E !

$\frac{1}{1}$	$\frac{1}{2}$	$\frac{1}{3}$	$\frac{5}{6}$	$\frac{1}{12}$	$\frac{1}{6}$	$\frac{1}{8}$	$\frac{1}{4}$	$\frac{2}{3}$	$\frac{2}{5}$	$\frac{4}{5}$
A	C	D	E	F	I	K	L	O	P	V

한 번 더 연습해요!

1. 전체를 분수식으로 나타내 보세요.

❶ $1=\frac{3}{3}$ ❷ $1=\frac{8}{8}$ ❸ $1=\frac{6}{6}$ ❹ $1=\frac{5}{5}$

2. 주어진 분수를 아래 수직선의 알맞은 위치에 연결해 보세요.

❶ $\frac{2}{5}$ $\frac{1}{5}$ $\frac{5}{5}$ $\frac{4}{5}$ (0, $\frac{5}{5}=1$)
❷ $\frac{1}{6}$ $\frac{3}{6}$ $\frac{5}{6}$ $\frac{6}{6}$ (0, $\frac{6}{6}=1$)

77

77쪽 8번

원분수를 통해 분수의 패턴을 발견할 수 있어요.
분자가 1일 때, 원을 더 많이 조갤수록 즉, 분모의 크기가 커질수록 분수의 값은 작아지고, 반대로 분모의 크기가 작아질수록 분수의 값은 커진다는 것을 이 문제를 통해 발견하게 해 주세요. 수학 원리를 스스로 발견할수록 수학하는 힘이 커진답니다.

I'd love a piece of cake.
(케이크 한 조각 주세요.)

78-79쪽

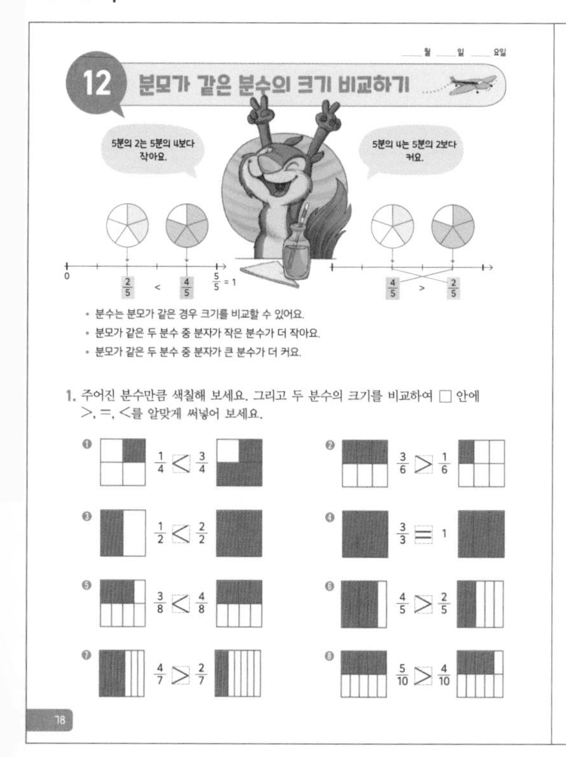

월 일 요일

12 분모가 같은 분수의 크기 비교하기

5분의 2는 5분의 4보다 작아요.

5분의 4는 5분의 2보다 커요.

$\frac{2}{5}$ < $\frac{4}{5}$ $\frac{5}{5}=1$

$\frac{4}{5}$ > $\frac{2}{5}$

- 분수는 분모가 같은 경우 크기를 비교할 수 있어요.
- 분모가 같은 두 분수 중 분자가 작은 분수가 더 작아요.
- 분모가 같은 두 분수 중 분자가 큰 분수가 더 커요.

1. 주어진 분수만큼 색칠해 보세요. 그리고 두 분수의 크기를 비교하여 □ 안에 >, =, <를 알맞게 써넣어 보세요.

❶ $\frac{1}{4}$ < $\frac{3}{4}$ ❷ $\frac{3}{6}$ > $\frac{1}{6}$

❸ $\frac{1}{2}$ < $\frac{2}{2}$ ❹ $\frac{3}{3}$ = 1

❺ $\frac{3}{8}$ < $\frac{4}{8}$ ❻ $\frac{4}{5}$ > $\frac{2}{5}$

❼ $\frac{4}{7}$ > $\frac{2}{7}$ ❽ $\frac{5}{10}$ > $\frac{4}{10}$

78

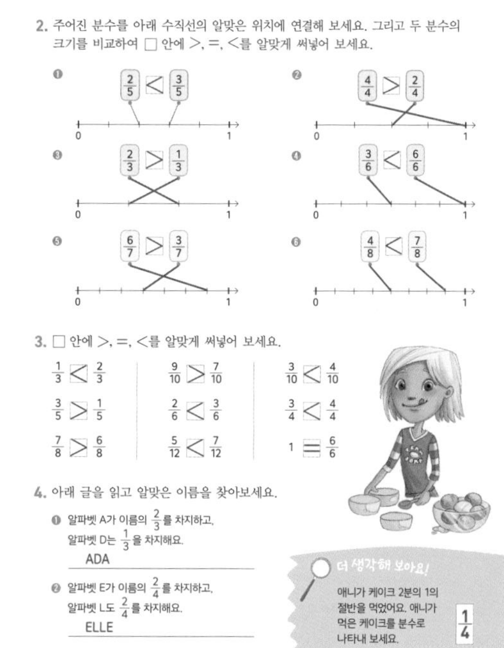

2. 주어진 분수를 아래 수직선의 알맞은 위치에 연결해 보세요. 그리고 두 분수의 크기를 비교하여 □ 안에 >, =, <를 알맞게 써넣어 보세요.

❶ $\frac{2}{5}$ < $\frac{3}{5}$ ❷ $\frac{4}{4}$ > $\frac{2}{4}$

❸ $\frac{2}{3}$ > $\frac{1}{3}$ ❹ $\frac{3}{6}$ < $\frac{6}{6}$

❺ $\frac{6}{7}$ > $\frac{3}{7}$ ❻ $\frac{4}{8}$ < $\frac{7}{8}$

3. □ 안에 >, =, <를 알맞게 써넣어 보세요.

$\frac{1}{3}$ < $\frac{2}{3}$	$\frac{9}{10}$ > $\frac{7}{10}$	$\frac{3}{10}$ < $\frac{4}{10}$
$\frac{3}{5}$ > $\frac{1}{5}$	$\frac{2}{6}$ < $\frac{3}{6}$	$\frac{3}{4}$ < $\frac{4}{4}$
$\frac{7}{8}$ > $\frac{6}{8}$	$\frac{5}{12}$ < $\frac{7}{12}$	1 = $\frac{6}{6}$

4. 아래 글을 읽고 알맞은 이름을 찾아보세요.

❶ 알파벳 A가 이름의 $\frac{2}{3}$를 차지하고, 알파벳 D는 $\frac{1}{3}$을 차지해요. ADA

❷ 알파벳 E가 이름의 $\frac{2}{4}$를 차지하고, 알파벳 L도 $\frac{2}{4}$를 차지해요. ELLE

더 생각해 보아요! 애니가 케이크 2분의 1의 절반을 먹었어요. 애니가 먹은 케이크를 분수로 나타내 보세요. $\frac{1}{4}$

더 생각해 보아요! | 79쪽

애니가 먹은 케이크	

80-81쪽

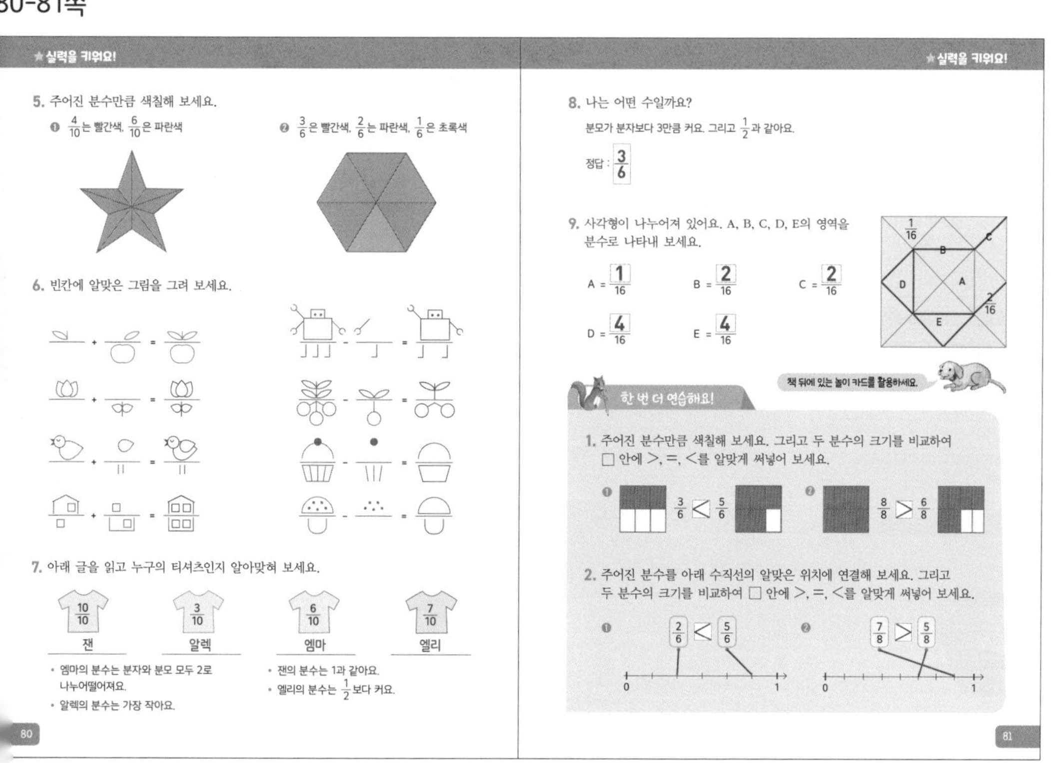

실력을 키워요!

5. 주어진 분수만큼 색칠해 보세요.

❶ $\frac{4}{10}$는 빨간색, $\frac{6}{10}$은 파란색 ❷ $\frac{3}{6}$은 빨간색, $\frac{2}{6}$는 파란색, $\frac{1}{6}$은 초록색

6. 빈칸에 알맞은 그림을 그려 보세요.

7. 아래 글을 읽고 누구의 티셔츠인지 알아맞혀 보세요.

$\frac{10}{10}$ 잰 $\frac{3}{10}$ 알렉 $\frac{6}{10}$ 엠마 $\frac{7}{10}$ 엘리

- 엠마의 분수는 분자와 분모 모두 2로 나누어떨어져요.
- 알렉의 분수는 가장 작아요.
- 잰의 분수는 1과 같아요.
- 엘리의 분수는 $\frac{1}{2}$보다 커요.

80

8. 나는 어떤 수일까요?

분모가 분자보다 3만큼 커요. 그리고 $\frac{1}{2}$과 같아요.

정답 : $\frac{3}{6}$

9. 사각형이 나누어져 있어요. A, B, C, D, E의 영역을 분수로 나타내 보세요.

A = $\frac{1}{16}$ B = $\frac{2}{16}$ C = $\frac{2}{16}$

D = $\frac{4}{16}$ E = $\frac{4}{16}$

한 번 더 연습해요! 책 뒤에 있는 놀이 카드를 활용하세요.

1. 주어진 분수만큼 색칠해 보세요. 그리고 두 분수의 크기를 비교하여 □ 안에 >, =, <를 알맞게 써넣어 보세요.

❶ $\frac{3}{6}$ < $\frac{5}{6}$ ❷ $\frac{8}{8}$ > $\frac{6}{8}$

2. 주어진 분수를 아래 수직선의 알맞은 위치에 연결해 보세요. 그리고 두 분수의 크기를 비교하여 □ 안에 >, =, <를 알맞게 써넣어 보세요.

❶ $\frac{2}{6}$ < $\frac{5}{6}$ ❷ $\frac{7}{8}$ > $\frac{5}{8}$

81

80쪽 7번

- 알렉의 분수는 가장 작아요.→분모가 같을 때 분자가 작을수록 작으므로, 알렉의 분수는 $\frac{3}{10}$
- 잰의 분수는 1과 같아요.→ 분모와 분자가 같을 때 전체를 나타내므로 잰의 분수는 $\frac{10}{10}$
- 엠마의 분수는 분자와 분모 모두 2로 나누어떨어져요.→ 남은 분수는 $\frac{6}{10}$과 $\frac{7}{10}$이며 이 가운데 분자와 분모 모두 짝수인 수는 $\frac{6}{10}$
- 엘리의 분수는 $\frac{1}{2}$보다 커요.→ 분모가 10일 때 $\frac{1}{2}$은 $\frac{5}{10}$이므로, 엘리의 분수는 $\frac{7}{10}$

81쪽 9번

이런 문제가 나오면 가장 작은 단위를 찾아보세요. $\frac{1}{16}$이 가장 작은 단위네요. 그럼 다른 도형에 $\frac{1}{16}$이 몇 번 들어가는지 각각의 도형을 연필로 선을 그으며 등분해 보세요.

82-83쪽

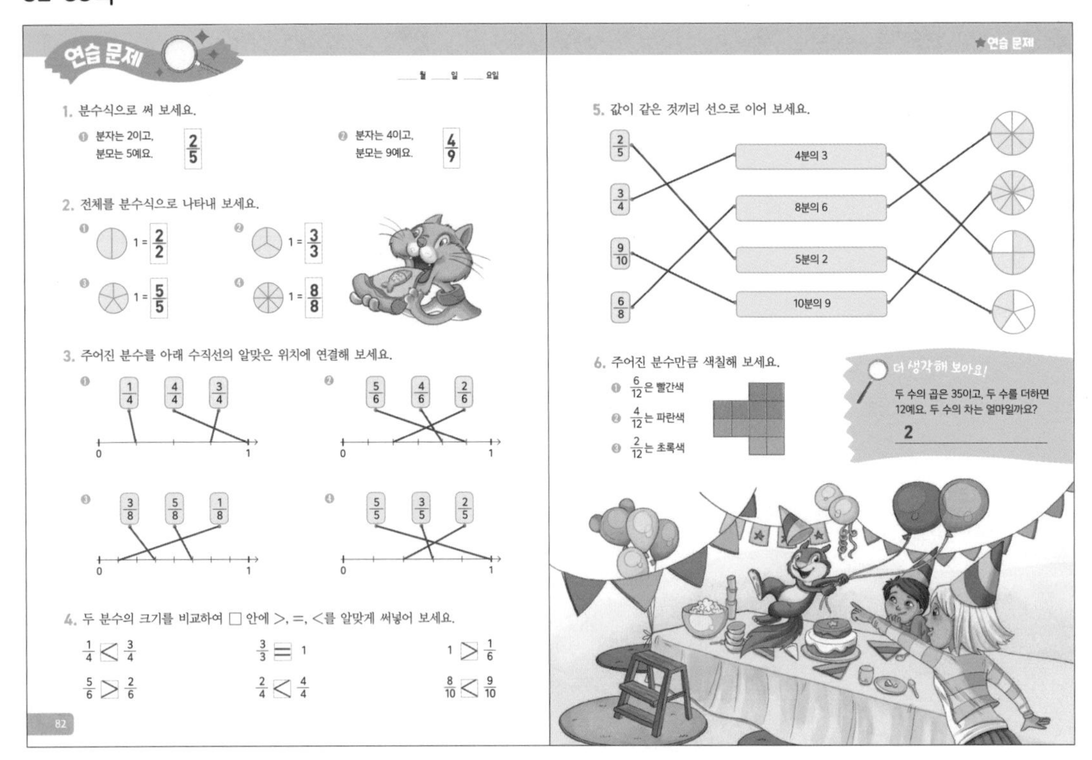
연습 문제

월 일 요일

1. 분수식으로 써 보세요.

① 분자는 2이고, 분모는 5예요. $\frac{2}{5}$

② 분자는 4이고, 분모는 9예요. $\frac{4}{9}$

2. 전체를 분수식으로 나타내 보세요.

① $1=\frac{2}{2}$ ② $1=\frac{3}{3}$ ③ $1=\frac{5}{5}$ ④ $1=\frac{8}{8}$

3. 주어진 분수를 아래 수직선의 알맞은 위치에 연결해 보세요.

① $\frac{1}{4}$ $\frac{4}{4}$ $\frac{3}{4}$ ② $\frac{5}{6}$ $\frac{4}{6}$ $\frac{2}{6}$ ③ $\frac{3}{8}$ $\frac{5}{8}$ $\frac{1}{8}$ ④ $\frac{5}{5}$ $\frac{3}{5}$ $\frac{2}{5}$

4. 두 분수의 크기를 비교하여 □ 안에 >, =, <를 알맞게 써넣어 보세요.

$\frac{1}{4} < \frac{3}{4}$ $\frac{3}{3} = 1$ $1 > \frac{1}{6}$

$\frac{5}{6} > \frac{2}{6}$ $\frac{2}{4} < \frac{4}{4}$ $\frac{8}{10} < \frac{9}{10}$

82

연습 문제

5. 값이 같은 것끼리 선으로 이어 보세요.

$\frac{2}{5}$ $\frac{3}{4}$ $\frac{9}{10}$ $\frac{6}{8}$

4분의 3 8분의 6 5분의 2 10분의 9

6. 주어진 분수만큼 색칠해 보세요.

① $\frac{6}{12}$은 빨간색
② $\frac{4}{12}$는 파란색
③ $\frac{2}{12}$는 초록색

더 생각해 보아요!
두 수의 곱은 35이고, 두 수를 더하면 12예요. 두 수의 차는 얼마일까요?
2

더 생각해 보아요! | 83쪽

두 수의 곱 7×5=35

두 수의 합 7+5=12

두 수의 차 7-5=2

84-85쪽

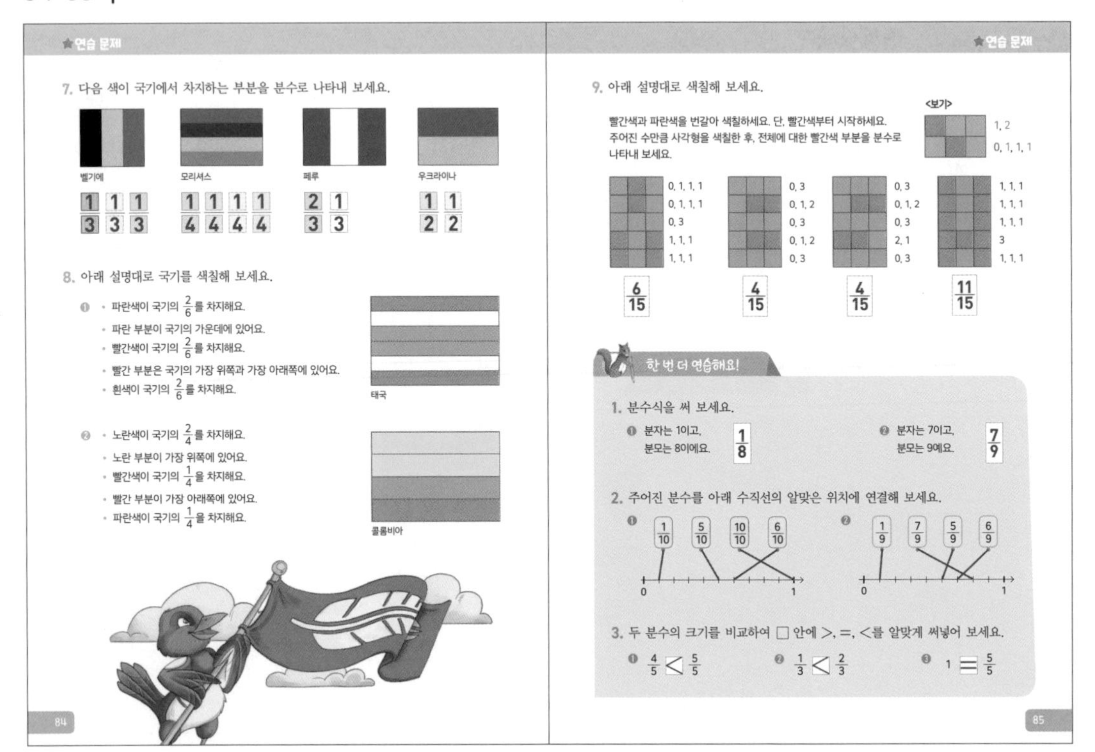
연습 문제

7. 다음 색이 국기에서 차지하는 부분을 분수로 나타내 보세요.

벨기에 $\frac{1}{3}$ $\frac{1}{3}$ $\frac{1}{3}$ 모리셔스 $\frac{1}{4}$ $\frac{1}{4}$ $\frac{1}{4}$ $\frac{1}{4}$ 페루 $\frac{2}{3}$ $\frac{1}{3}$ 우크라이나 $\frac{1}{2}$ $\frac{1}{2}$

8. 아래 설명대로 국기를 색칠해 보세요.

① • 파란색이 국기의 $\frac{2}{6}$를 차지해요.
• 파란 부분이 국기의 가운데에 있어요.
• 빨간색이 국기의 $\frac{2}{6}$를 차지해요.
• 빨간 부분은 국기의 가장 위쪽과 가장 아래쪽에 있어요.
• 흰색이 국기의 $\frac{2}{6}$를 차지해요.
태국

② • 노란색이 국기의 $\frac{2}{4}$를 차지해요.
• 노란 부분이 가장 위쪽에 있어요.
• 빨간색이 국기의 $\frac{1}{4}$을 차지해요.
• 빨간 부분이 가장 아래쪽에 있어요.
• 파란색이 국기의 $\frac{1}{4}$을 차지해요.
콜롬비아

84

연습 문제

9. 아래 설명대로 색칠해 보세요.

빨간색과 파란색을 번갈아 색칠하세요. 단, 빨간색부터 시작하세요. 주어진 수만큼 사각형을 색칠한 후, 전체에 대한 빨간색 부분을 분수로 나타내 보세요.

<보기> 1, 2 / 0, 1, 1, 1

$\frac{6}{15}$ $\frac{4}{15}$ $\frac{4}{15}$ $\frac{11}{15}$

한 번 더 연습해요!

1. 분수식을 써 보세요.

① 분자는 1이고, 분모는 8이에요. $\frac{1}{8}$

② 분자는 7이고, 분모는 9예요. $\frac{7}{9}$

2. 주어진 분수를 아래 수직선의 알맞은 위치에 연결해 보세요.

① $\frac{1}{10}$ $\frac{5}{10}$ $\frac{10}{10}$ $\frac{6}{10}$ ② $\frac{1}{9}$ $\frac{7}{9}$ $\frac{5}{9}$ $\frac{6}{9}$

3. 두 분수의 크기를 비교하여 □ 안에 >, =, <를 알맞게 써넣어 보세요.

① $\frac{4}{5} < \frac{5}{5}$ ② $\frac{1}{3} < \frac{2}{3}$ ③ $1 = \frac{5}{5}$

85

84쪽 7번

세계 여러 나라의 국기 중에 도
형을 등분하여 색을 넣은 것이
많아요. 그래서 분수를 배울 때
다양한 국기를 다루는 경우가
많아요. 이럴 때는 수학만 하는
것이 아니라 통합하여 지도에서
이러한 국기를 쓰는 나라가 어
디에 있는지 찾아보며 세계 지
리와 문화를 함께 알아보세요.
수학 시간에 수학만 하라는 법
은 없으니까요.

86-87쪽

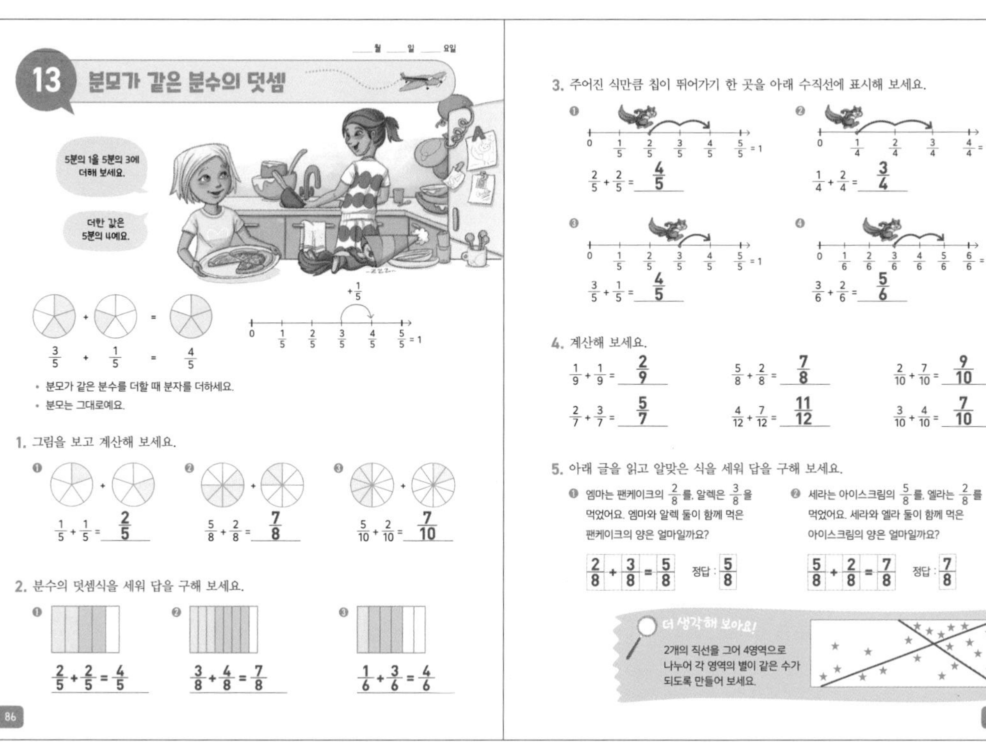

부모님 가이드 | 86쪽

분모가 같은 분수를 계산할 때 자연수를 계산할 때와 다르게 분모는 그대로 두고 분자만 더하기 때문에 아이들이 혼동하는 경우가 많아요. 분모가 같은 분수의 덧셈과 뺄셈에서 예시) $\frac{3}{5}+\frac{1}{5}=\frac{4}{5}$에서 $\frac{3}{5}$은 단위분수 $\frac{1}{5}$의 3개와 단위분수 $\frac{1}{5}$의 1개를 더해 $\frac{1}{5}$이 4개가 되어 $\frac{4}{5}$가 되었다는 것을 그림을 통해 확실하게 이해시켜 주세요. 분모가 같은 분수의 덧셈과 뺄셈에서 분모는 그대로 두고 분자만 더하거나 뺀다는 것을 개념적으로 더 쉽게 이해할 수 있습니다.

88-89쪽

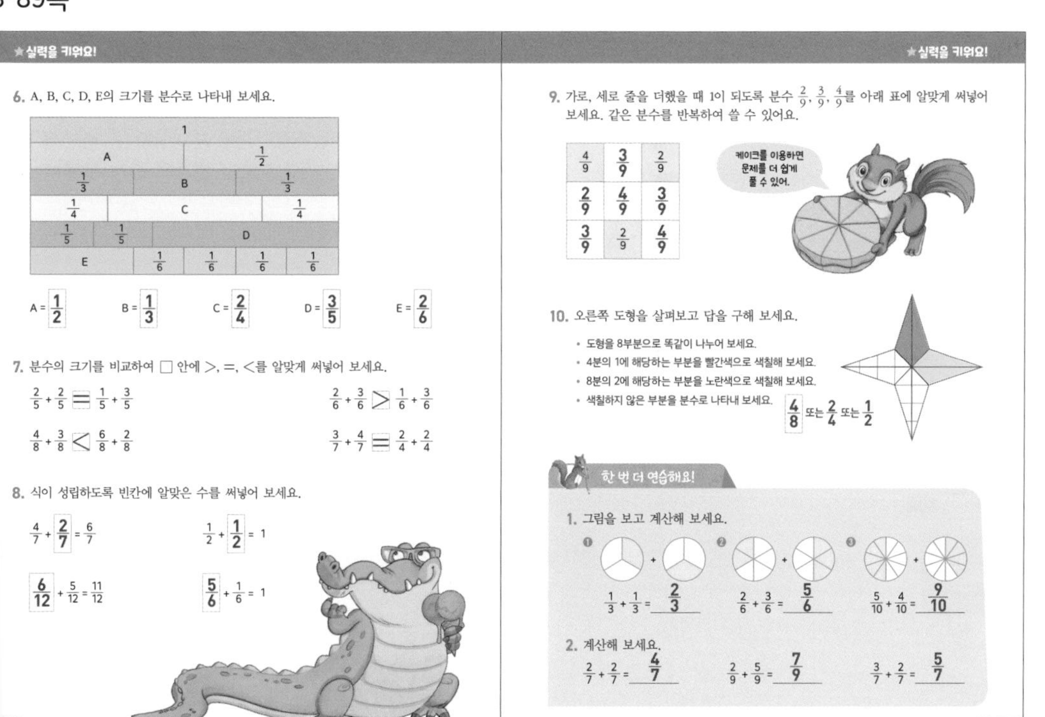

88쪽 6번

원분수뿐만 아니라 막대분수에서도 분모의 크기가 커질수록 분수의 값은 작아지고, 반대로 분모의 크기가 작아질수록 분수의 값은 커진다는 것을 발견하게 해 주세요.
그림을 보며 아이에게 질문해 보세요.
- 분모가 커질수록 분수의 값은 어떻게 변하지?
- 분모가 작아질수록 분수의 값은 어떻게 변하지?

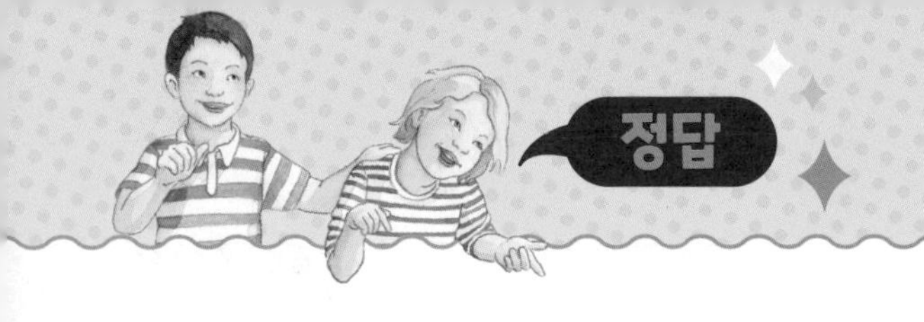

90-91쪽

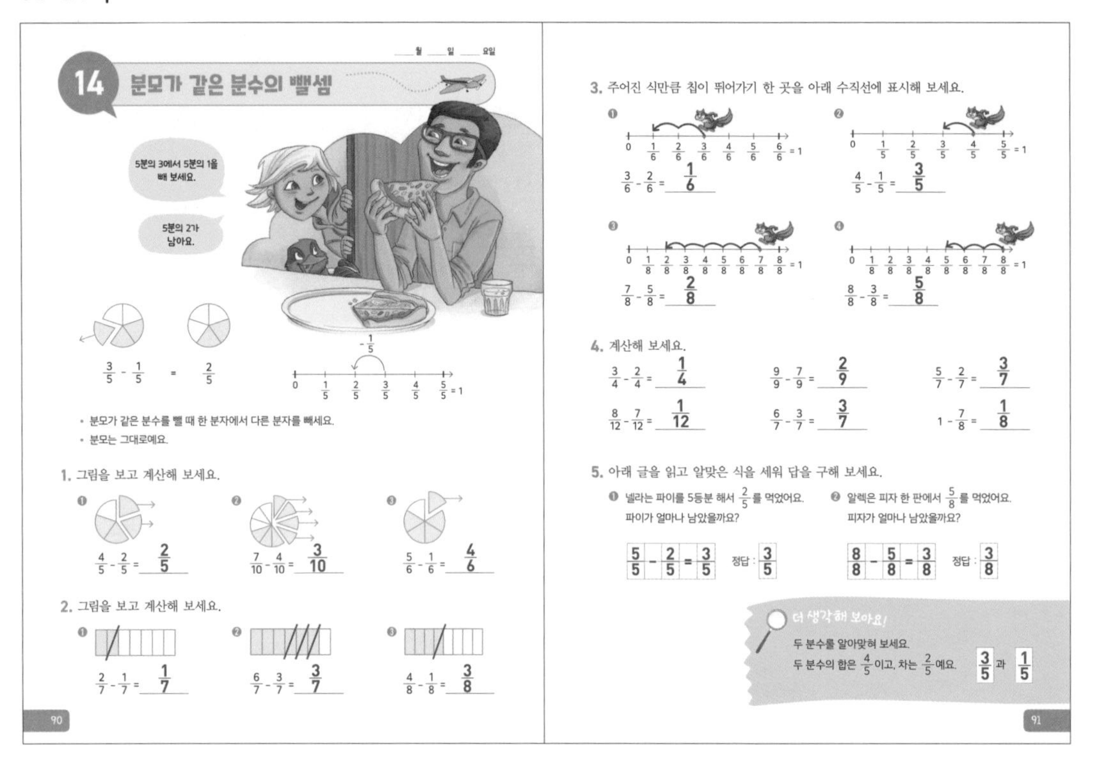

___월 ___일 ___요일

14 분모가 같은 분수의 뺄셈

5분의 3에서 5분의 1을 빼 보세요.

5분의 2가 남아요.

$\frac{3}{5} - \frac{1}{5} = \frac{2}{5}$

- 분모가 같은 분수를 뺄 때 한 분자에서 다른 분자를 빼세요.
- 분모는 그대로예요.

1. 그림을 보고 계산해 보세요.

❶ $\frac{4}{5} - \frac{2}{5} = \frac{2}{5}$ ❷ $\frac{7}{10} - \frac{4}{10} = \frac{3}{10}$ ❸ $\frac{5}{6} - \frac{1}{6} = \frac{4}{6}$

2. 그림을 보고 계산해 보세요.

❶ $\frac{2}{7} - \frac{1}{7} = \frac{1}{7}$ ❷ $\frac{6}{7} - \frac{3}{7} = \frac{3}{7}$ ❸ $\frac{4}{8} - \frac{1}{8} = \frac{3}{8}$

3. 주어진 식만큼 칩이 뛰어가기 한 곳을 아래 수직선에 표시해 보세요.

❶ $\frac{3}{6} - \frac{2}{6} = \frac{1}{6}$ ❷ $\frac{4}{5} - \frac{1}{5} = \frac{3}{5}$

❸ $\frac{7}{8} - \frac{5}{8} = \frac{2}{8}$ ❹ $\frac{8}{8} - \frac{3}{8} = \frac{5}{8}$

4. 계산해 보세요.

$\frac{3}{4} - \frac{2}{4} = \frac{1}{4}$ $\frac{9}{9} - \frac{7}{9} = \frac{2}{9}$ $\frac{5}{7} - \frac{2}{7} = \frac{3}{7}$

$\frac{8}{12} - \frac{7}{12} = \frac{1}{12}$ $\frac{6}{7} - \frac{3}{7} = \frac{3}{7}$ $1 - \frac{7}{8} = \frac{1}{8}$

5. 아래 글을 읽고 알맞은 식을 세워 답을 구해 보세요.

❶ 넬라는 파이를 5등분 해서 $\frac{2}{5}$를 먹었어요. 파이가 얼마나 남았을까요?

$\frac{5}{5} - \frac{2}{5} = \frac{3}{5}$ 정답 : $\frac{3}{5}$

❷ 알렉은 피자 한 판에서 $\frac{5}{8}$를 먹었어요. 피자가 얼마나 남았을까요?

$\frac{8}{8} - \frac{5}{8} = \frac{3}{8}$ 정답 : $\frac{3}{8}$

더 생각해 보아요!

두 분수를 알아맞혀 보세요.

두 분수의 합은 $\frac{4}{5}$이고, 차는 $\frac{2}{5}$예요. $\frac{3}{5}$ 과 $\frac{1}{5}$

더 생각해 보아요! | 91쪽

분모는 같으니, 분자 값만 찾아
요. 두 수를 더해 합이 4가 되는
수를 찾으면 1과 3, 2와 2예요.
그 가운데 차가 2인 경우는 1과
3이므로, 정답은 $\frac{3}{5}$과 $\frac{1}{5}$

92-93쪽

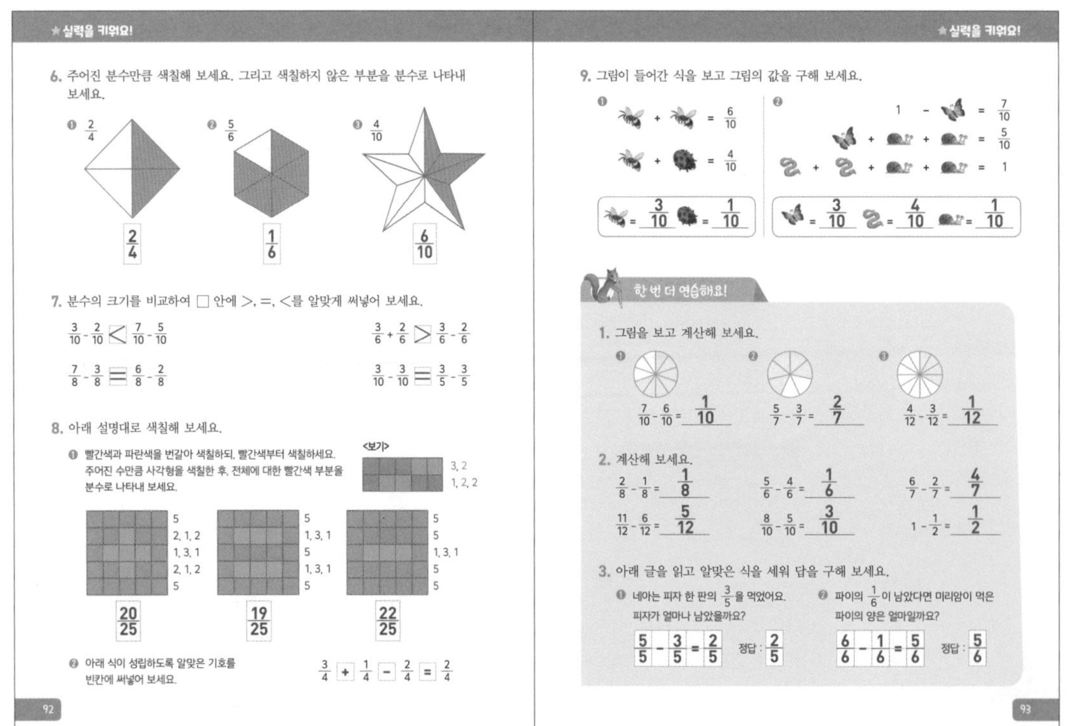

★실력을 키워요!

6. 주어진 분수만큼 색칠해 보세요. 그리고 색칠하지 않은 부분을 분수로 나타내 보세요.

❶ $\frac{2}{4}$ → $\frac{2}{4}$ ❷ $\frac{5}{6}$ → $\frac{1}{6}$ ❸ $\frac{4}{10}$ → $\frac{6}{10}$

7. 분수의 크기를 비교하여 □ 안에 >, =, <를 알맞게 써넣어 보세요.

$\frac{3}{10} - \frac{2}{10} < \frac{7}{10} - \frac{5}{10}$ $\frac{3}{6} + \frac{2}{6} > \frac{3}{6} - \frac{2}{6}$

$\frac{7}{8} - \frac{3}{8} = \frac{6}{8} - \frac{2}{8}$ $\frac{3}{10} - \frac{3}{10} = \frac{3}{5} - \frac{3}{5}$

8. 아래 설명대로 색칠해 보세요.

❶ 빨간색과 파란색을 번갈아 색칠하되, 빨간색부터 색칠하세요. 주어진 수만큼 사각형을 색칠한 후, 전체에 대한 빨간색 부분을 분수로 나타내 보세요.

<보기> 3, 2 / 1, 2, 2

5 / 2, 1, 2 / 1, 3, 1 / 2, 1, 2 / 5 → $\frac{20}{25}$

5 / 1, 3, 1 / 5 / 1, 3, 1 / 5 → $\frac{19}{25}$

5 / 5 / 1, 3, 1 / 5 / 5 → $\frac{22}{25}$

❷ 아래 식이 성립하도록 알맞은 기호를 빈칸에 써넣어 보세요.

$\frac{3}{4} + \frac{1}{4} - \frac{2}{4} = \frac{2}{4}$

★실력을 키워요!

9. 그림이 들어간 식을 보고 그림의 값을 구해 보세요.

❶ 벌 + 벌 = $\frac{6}{10}$, 벌 + 무당벌레 = $\frac{4}{10}$

벌 = $\frac{3}{10}$, 무당벌레 = $\frac{1}{10}$

❷ 1 − 나비 = $\frac{7}{10}$, 나비 + 달팽이 + 달팽이 = $\frac{5}{10}$, 애벌레 + 애벌레 + 달팽이 + 달팽이 = 1

나비 = $\frac{3}{10}$, 애벌레 = $\frac{4}{10}$, 달팽이 = $\frac{1}{10}$

한 번 더 연습해요!

1. 그림을 보고 계산해 보세요.

❶ $\frac{7}{10} - \frac{6}{10} = \frac{1}{10}$ ❷ $\frac{5}{7} - \frac{3}{7} = \frac{2}{7}$ ❸ $\frac{4}{12} - \frac{3}{12} = \frac{1}{12}$

2. 계산해 보세요.

$\frac{2}{8} - \frac{1}{8} = \frac{1}{8}$ $\frac{5}{6} - \frac{4}{6} = \frac{1}{6}$ $\frac{6}{7} - \frac{2}{7} = \frac{4}{7}$

$\frac{11}{12} - \frac{6}{12} = \frac{5}{12}$ $\frac{8}{10} - \frac{5}{10} = \frac{3}{10}$ $1 - \frac{1}{2} = \frac{1}{2}$

3. 아래 글을 읽고 알맞은 식을 세워 답을 구해 보세요.

❶ 네아는 피자 한 판의 $\frac{3}{5}$을 먹었어요. 피자가 얼마나 남았을까요?

$\frac{5}{5} - \frac{3}{5} = \frac{2}{5}$ 정답 : $\frac{2}{5}$

❷ 파이의 $\frac{1}{6}$이 남았다면 미리암이 먹은 파이의 양은 얼마일까요?

$\frac{6}{6} - \frac{1}{6} = \frac{5}{6}$ 정답 : $\frac{5}{6}$

92쪽 8번

코드와 분수를 통합한 문제예
요. 제시된 모델의 사각형 오른
쪽의 코드를 통해 규칙을 파악
한 후, 전체 25개 중에 빨간색이
얼마를 차지하는지 알아보는 형
의 문제이지요. 코드를 이해하
고 분수의 값을 찾을 수 있도록
충분한 시간을 주면 좋아요.

93쪽 9번

❶ 벌 + 벌 = $\frac{6}{10}$, 같은 분수
더해 $\frac{6}{10}$이 나오는 분수는
벌 = $\frac{3}{10}$
벌 + 무당벌레 = $\frac{4}{10}$, $\frac{3}{10}$ + 무당벌레 =
무당벌레 = $\frac{1}{10}$

❷ 1 − 나비 = $\frac{7}{10}$, 나비 = $\frac{3}{10}$
나비 + 달팽이 + 달팽이 = $\frac{5}{10}$,
$\frac{3}{10}$ + 달팽이 + 달팽이 = $\frac{5}{10}$, 달팽이 =
애벌레 + 애벌레 + 달팽이 + 달팽이 = 1,
애벌레 + 애벌레 + $\frac{1}{10}$ + $\frac{1}{10}$ = 1,
애벌레 + 애벌레 = $\frac{8}{10}$, 애벌레 = $\frac{4}{10}$

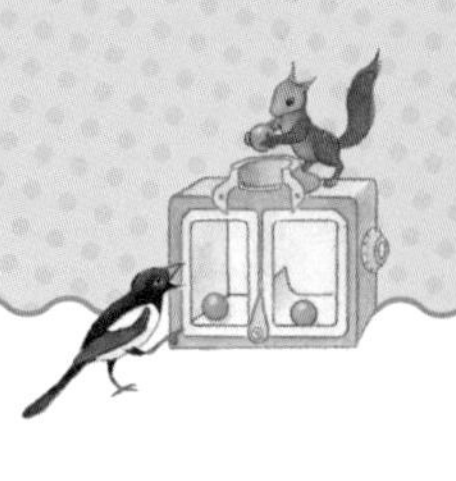

94-95쪽

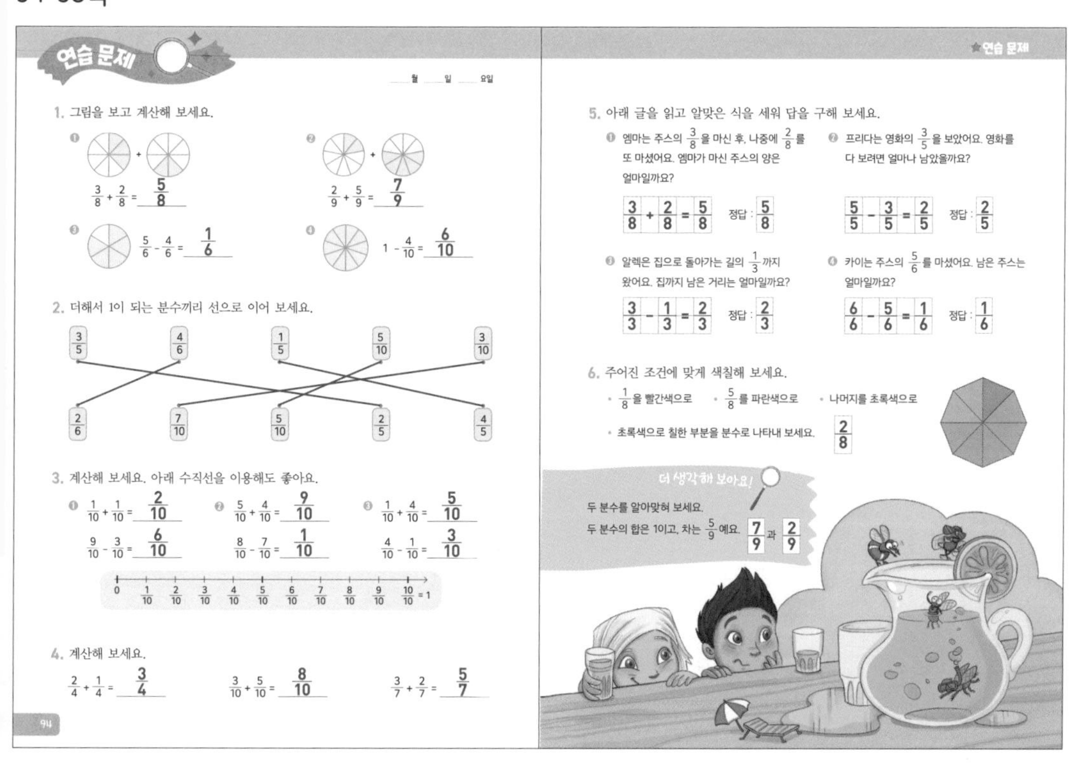

연습 문제

___월 ___일 ___요일

1. 그림을 보고 계산해 보세요.

① $\frac{3}{8}+\frac{2}{8}=\frac{5}{8}$　② $\frac{2}{9}+\frac{5}{9}=\frac{7}{9}$

③ $\frac{5}{6}-\frac{4}{6}=\frac{1}{6}$　④ $1-\frac{4}{10}=\frac{6}{10}$

2. 더해서 1이 되는 분수끼리 선으로 이어 보세요.

$\frac{3}{5}$　$\frac{4}{6}$　$\frac{1}{5}$　$\frac{5}{10}$　$\frac{3}{10}$

$\frac{2}{6}$　$\frac{7}{10}$　$\frac{5}{10}$　$\frac{2}{5}$　$\frac{4}{5}$

3. 계산해 보세요. 아래 수직선을 이용해도 좋아요.

① $\frac{1}{10}+\frac{1}{10}=\frac{2}{10}$, $\frac{9}{10}-\frac{3}{10}=\frac{6}{10}$　② $\frac{5}{10}+\frac{4}{10}=\frac{9}{10}$, $\frac{8}{10}-\frac{7}{10}=\frac{1}{10}$　③ $\frac{1}{10}+\frac{4}{10}=\frac{5}{10}$, $\frac{4}{10}-\frac{1}{10}=\frac{3}{10}$

0　$\frac{1}{10}$　$\frac{2}{10}$　$\frac{3}{10}$　$\frac{4}{10}$　$\frac{5}{10}$　$\frac{6}{10}$　$\frac{7}{10}$　$\frac{8}{10}$　$\frac{9}{10}$　$\frac{10}{10}=1$

4. 계산해 보세요.

$\frac{2}{4}+\frac{1}{4}=\frac{3}{4}$　$\frac{3}{10}+\frac{5}{10}=\frac{8}{10}$　$\frac{3}{7}+\frac{2}{7}=\frac{5}{7}$

94

연습 문제

5. 아래 글을 읽고 알맞은 식을 세워 답을 구해 보세요.

① 엠마는 주스의 $\frac{3}{8}$을 마신 후, 나중에 $\frac{2}{8}$를 또 마셨어요. 엠마가 마신 주스의 양은 얼마일까요?
$\frac{3}{8}+\frac{2}{8}=\frac{5}{8}$　정답 : $\frac{5}{8}$

② 프리다는 영화의 $\frac{3}{5}$을 보았어요. 영화를 다 보려면 얼마나 남았을까요?
$\frac{5}{5}-\frac{3}{5}=\frac{2}{5}$　정답 : $\frac{2}{5}$

③ 알렉은 집으로 돌아가는 길의 $\frac{1}{3}$까지 왔어요. 집까지 남은 거리는 얼마일까요?
$\frac{3}{3}-\frac{1}{3}=\frac{2}{3}$　정답 : $\frac{2}{3}$

④ 카이는 주스의 $\frac{5}{6}$를 마셨어요. 남은 주스는 얼마일까요?
$\frac{6}{6}-\frac{5}{6}=\frac{1}{6}$　정답 : $\frac{1}{6}$

6. 주어진 조건에 맞게 색칠해 보세요.

- $\frac{1}{8}$을 빨간색으로　- $\frac{5}{8}$를 파란색으로　- 나머지를 초록색으로
- 초록색으로 칠한 부분을 분수로 나타내 보세요. $\frac{2}{8}$

더 생각해 보아요!

두 분수를 알아맞혀 보세요.
두 분수의 합은 1이고, 차는 $\frac{5}{9}$예요. $\frac{7}{9}$과 $\frac{2}{9}$

더 생각해 보아요! | 95쪽

분모와 분자가 같을 때 전체, 즉 1이 돼요. 두 수를 더해 합이 9가 되는 수를 찾아보면, 1과 8, 2와 7, 3과 6, 4와 5. 이 가운데 차가 5가 되는 수는 7과 2이므로, 두 분수는 $\frac{7}{9}$과 $\frac{2}{9}$

96-97쪽

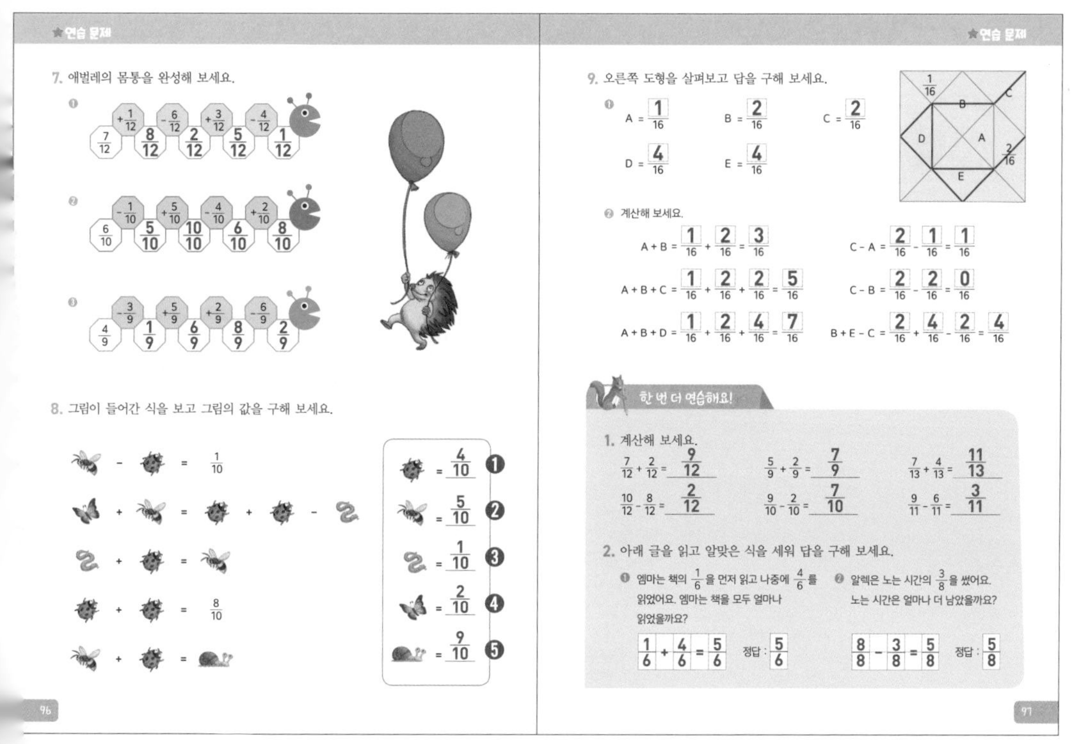

연습 문제

7. 애벌레의 몸통을 완성해 보세요.

① $\frac{7}{12}$, $+\frac{1}{12}$ → $\frac{8}{12}$, $-\frac{6}{12}$ → $\frac{2}{12}$, $+\frac{3}{12}$ → $\frac{5}{12}$, $-\frac{4}{12}$ → $\frac{1}{12}$

② $\frac{6}{10}$, $-\frac{1}{10}$ → $\frac{5}{10}$, $+\frac{5}{10}$ → $\frac{10}{10}$, $-\frac{4}{10}$ → $\frac{6}{10}$, $+\frac{2}{10}$ → $\frac{8}{10}$

③ $\frac{4}{9}$, $-\frac{3}{9}$ → $\frac{1}{9}$, $+\frac{5}{9}$ → $\frac{6}{9}$, $+\frac{2}{9}$ → $\frac{8}{9}$, $-\frac{6}{9}$ → $\frac{2}{9}$

8. 그림이 들어간 식을 보고 그림의 값을 구해 보세요.

[벌] - [무당벌레] = $\frac{1}{10}$
[나비] + [벌] = [무당벌레] + [무당벌레] - [애벌레]
[애벌레] + [무당벌레] = [벌]
[무당벌레] + [무당벌레] = $\frac{8}{10}$
[벌] + [무당벌레] = [달팽이]

[무당벌레] = $\frac{4}{10}$ ①
[벌] = $\frac{5}{10}$ ②
[애벌레] = $\frac{1}{10}$ ③
[나비] = $\frac{2}{10}$ ④
[달팽이] = $\frac{9}{10}$ ⑤

96

연습 문제

9. 오른쪽 도형을 살펴보고 답을 구해 보세요.

① A = $\frac{1}{16}$　B = $\frac{2}{16}$　C = $\frac{2}{16}$　D = $\frac{4}{16}$　E = $\frac{4}{16}$

② 계산해 보세요.

A + B = $\frac{1}{16}+\frac{2}{16}=\frac{3}{16}$　C - A = $\frac{2}{16}-\frac{1}{16}=\frac{1}{16}$

A + B + C = $\frac{1}{16}+\frac{2}{16}+\frac{2}{16}=\frac{5}{16}$　C - B = $\frac{2}{16}-\frac{2}{16}=\frac{0}{16}$

A + B + D = $\frac{1}{16}+\frac{2}{16}+\frac{4}{16}=\frac{7}{16}$　B + E - C = $\frac{2}{16}+\frac{4}{16}-\frac{2}{16}=\frac{4}{16}$

한 번 더 연습해요!

1. 계산해 보세요.

$\frac{7}{12}+\frac{2}{12}=\frac{9}{12}$　$\frac{5}{9}+\frac{2}{9}=\frac{7}{9}$　$\frac{7}{13}+\frac{4}{13}=\frac{11}{13}$

$\frac{10}{12}-\frac{8}{12}=\frac{2}{12}$　$\frac{9}{10}-\frac{2}{10}=\frac{7}{10}$　$\frac{9}{11}-\frac{6}{11}=\frac{3}{11}$

2. 아래 글을 읽고 알맞은 식을 세워 답을 구해 보세요.

① 엠마는 책의 $\frac{1}{6}$을 먼저 읽고 나중에 $\frac{4}{6}$를 읽었어요. 엠마는 책을 모두 얼마나 읽었을까요?
$\frac{1}{6}+\frac{4}{6}=\frac{5}{6}$　정답 : $\frac{5}{6}$

② 알렉은 노는 시간의 $\frac{3}{8}$을 썼어요. 노는 시간은 얼마나 더 남았을까요?
$\frac{8}{8}-\frac{3}{8}=\frac{5}{8}$　정답 : $\frac{5}{8}$

97

96쪽 8번

❶ [무당벌레] + [무당벌레] = $\frac{8}{10}$, [무당벌레] = $\frac{4}{10}$

❷ [벌] - [무당벌레] = $\frac{1}{10}$,
[벌] - $\frac{4}{10}$ = $\frac{1}{10}$, [벌] = $\frac{5}{10}$

❸ [애벌레] + [무당벌레] = [벌],
[애벌레] + $\frac{4}{10}$ = $\frac{5}{10}$, [애벌레] = $\frac{1}{10}$

❺ [벌] + [무당벌레] = [달팽이], $\frac{5}{10}+\frac{4}{10}=\frac{9}{10}$,
[달팽이] = $\frac{9}{10}$

❹ [나비] + [벌] = [무당벌레] + [무당벌레] - [애벌레],
[나비] + $\frac{5}{10}$ = $\frac{4}{10}+\frac{4}{10}-\frac{1}{10}$,
[나비] + $\frac{5}{10}$ = $\frac{7}{10}$, [나비] = $\frac{2}{10}$

96쪽 9번

81쪽 9번 문제에서 분수의 크기를 익혔다면, 이번 문제에서는 분수의 덧셈과 뺄셈으로 확장시켰어요.
81쪽 9번 문제와 비교하면서 문제가 어떻게 확장되었는지 물어보고, 제시된 문제 외에도 아이가 스스로 문제를 내어 더 재미있게 풀어 보도록 기회를 주세요. 수동적인 문제풀이에서 문제까지 창조하는 적극적인 학습자가 될 테니까요.

98-99쪽

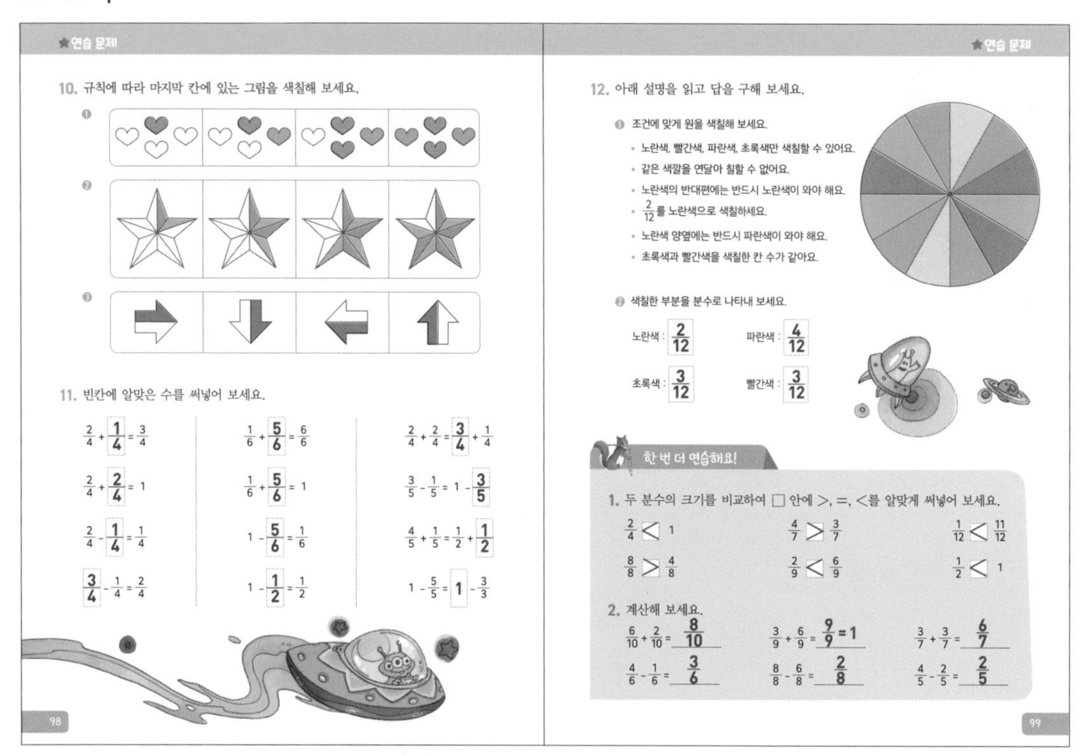

★연습 문제

10. 규칙에 따라 마지막 칸에 있는 그림을 색칠해 보세요.

❶ ❷ ❸

11. 빈칸에 알맞은 수를 써넣어 보세요.

$\frac{2}{4}+\boxed{\frac{1}{4}}=\frac{3}{4}$ | $\frac{1}{6}+\boxed{\frac{5}{6}}=\frac{6}{6}$ | $\frac{2}{4}+\frac{2}{4}=\boxed{\frac{3}{4}}+\frac{1}{4}$

$\frac{2}{4}+\boxed{\frac{2}{4}}=1$ | $\frac{1}{6}+\boxed{\frac{5}{6}}=1$ | $\frac{3}{5}-\frac{1}{5}=1-\boxed{\frac{3}{5}}$

$\frac{2}{4}-\boxed{\frac{1}{4}}=\frac{1}{4}$ | $1-\boxed{\frac{5}{6}}=\frac{1}{6}$ | $\frac{4}{5}+\frac{1}{5}=\frac{1}{2}+\boxed{\frac{1}{2}}$

$\boxed{\frac{3}{4}}-\frac{1}{4}=\frac{2}{4}$ | $1-\boxed{\frac{1}{2}}=\frac{1}{2}$ | $1-\frac{5}{5}=\boxed{1}-\frac{3}{3}$

98

★연습 문제

12. 아래 설명을 읽고 답을 구해 보세요.

❶ 조건에 맞게 원을 색칠해 보세요.

- 노란색, 빨간색, 파란색, 초록색만 색칠할 수 있어요.
- 같은 색깔을 연달아 칠할 수 없어요.
- 노란색의 반대편에는 반드시 노란색이 와야 해요.
- $\frac{2}{12}$를 노란색으로 색칠하세요.
- 노란색 양옆에는 반드시 파란색이 와야 해요.
- 초록색과 빨간색을 색칠한 칸 수가 같아요.

❷ 색칠한 부분을 분수로 나타내 보세요.

노란색 : $\frac{2}{12}$ 파란색 : $\frac{4}{12}$

초록색 : $\frac{3}{12}$ 빨간색 : $\frac{3}{12}$

한 번 더 연습해요!

1. 두 분수의 크기를 비교하여 □ 안에 >, =, <를 알맞게 써넣어 보세요.

$\frac{2}{4} < 1$ | $\frac{4}{7} > \frac{3}{7}$ | $\frac{1}{12} < \frac{11}{12}$

$\frac{8}{8} > \frac{4}{8}$ | $\frac{2}{9} < \frac{6}{9}$ | $\frac{1}{2} < 1$

2. 계산해 보세요.

$\frac{6}{10}+\frac{2}{10}=\frac{8}{10}$ | $\frac{3}{9}+\frac{6}{9}=\frac{9}{9}=1$ | $\frac{3}{7}+\frac{3}{7}=\frac{6}{7}$

$\frac{4}{6}-\frac{1}{6}=\frac{3}{6}$ | $\frac{8}{8}-\frac{6}{8}=\frac{2}{8}$ | $\frac{4}{5}-\frac{2}{5}=\frac{2}{5}$

99

100-101쪽

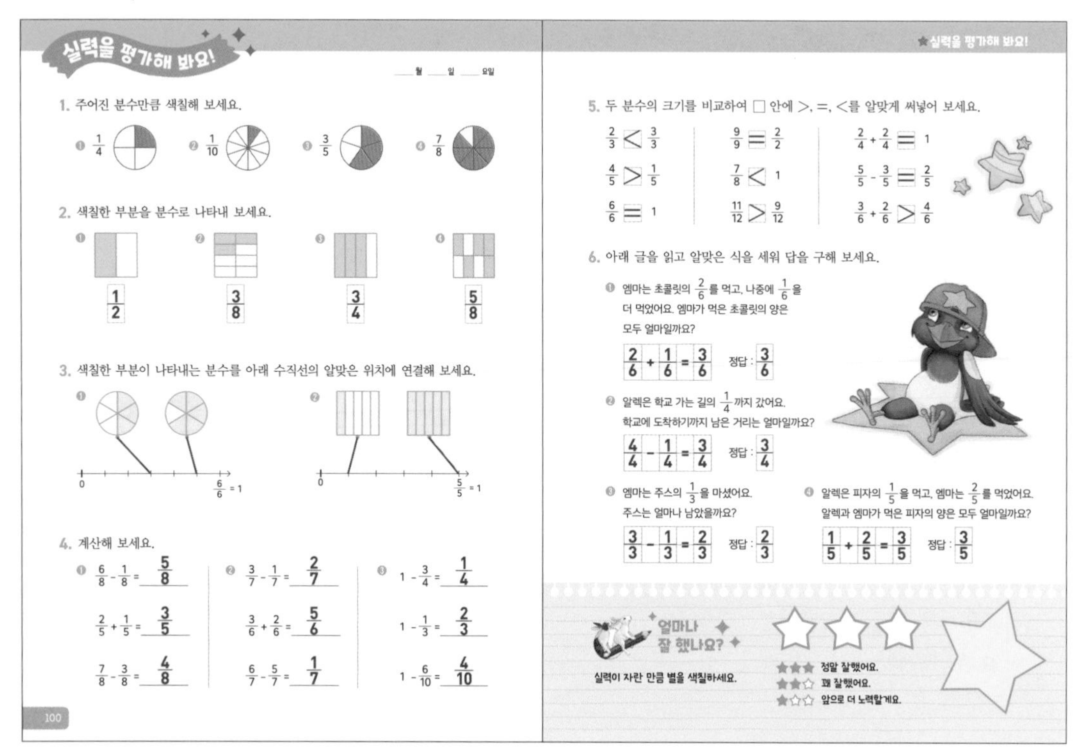

실력을 평가해 봐요!

___월 ___일 ___요일

1. 주어진 분수만큼 색칠해 보세요.

❶ $\frac{1}{4}$ ❷ $\frac{1}{10}$ ❸ $\frac{3}{5}$ ❹ $\frac{7}{8}$

2. 색칠한 부분을 분수로 나타내 보세요.

❶ $\frac{1}{2}$ ❷ $\frac{3}{8}$ ❸ $\frac{3}{4}$ ❹ $\frac{5}{8}$

3. 색칠한 부분이 나타내는 분수를 아래 수직선의 알맞은 위치에 연결해 보세요.

❶ 0, $\frac{6}{6}=1$ ❷ 0, $\frac{5}{5}=1$

4. 계산해 보세요.

❶ $\frac{6}{8}-\frac{1}{8}=\frac{5}{8}$ ❷ $\frac{3}{7}-\frac{1}{7}=\frac{2}{7}$ ❸ $1-\frac{3}{4}=\frac{1}{4}$

$\frac{2}{5}+\frac{1}{5}=\frac{3}{5}$ | $\frac{3}{6}+\frac{2}{6}=\frac{5}{6}$ | $1-\frac{1}{3}=\frac{2}{3}$

$\frac{7}{8}-\frac{3}{8}=\frac{4}{8}$ | $\frac{6}{7}-\frac{5}{7}=\frac{1}{7}$ | $1-\frac{6}{10}=\frac{4}{10}$

100

★실력을 평가해 봐요!

5. 두 분수의 크기를 비교하여 □ 안에 >, =, <를 알맞게 써넣어 보세요.

$\frac{2}{3} < \frac{3}{3}$ | $\frac{9}{9} = \frac{2}{2}$ | $\frac{2}{4}+\frac{2}{4} = 1$

$\frac{4}{5} > \frac{1}{5}$ | $\frac{7}{8} < 1$ | $\frac{5}{5}-\frac{3}{5} = \frac{2}{5}$

$\frac{6}{6} = 1$ | $\frac{11}{12} > \frac{9}{12}$ | $\frac{3}{6}+\frac{2}{6} > \frac{4}{6}$

6. 아래 글을 읽고 알맞은 식을 세워 답을 구해 보세요.

❶ 엠마는 초콜릿의 $\frac{2}{6}$를 먹고, 나중에 $\frac{1}{6}$을 더 먹었어요. 엠마가 먹은 초콜릿의 양은 모두 얼마일까요?

$\frac{2}{6}+\frac{1}{6}=\frac{3}{6}$ 정답 : $\frac{3}{6}$

❷ 알렉은 학교 가는 길의 $\frac{1}{4}$까지 갔어요. 학교에 도착하기까지 남은 거리는 얼마일까요?

$\frac{4}{4}-\frac{1}{4}=\frac{3}{4}$ 정답 : $\frac{3}{4}$

❸ 엠마는 주스의 $\frac{1}{3}$을 마셨어요. 주스는 얼마나 남았을까요?

$\frac{3}{3}-\frac{1}{3}=\frac{2}{3}$ 정답 : $\frac{2}{3}$

❹ 알렉은 피자의 $\frac{1}{5}$을 먹고, 엠마는 $\frac{2}{5}$를 먹었어요. 알렉과 엠마가 먹은 피자의 양은 모두 얼마일까요?

$\frac{1}{5}+\frac{2}{5}=\frac{3}{5}$ 정답 : $\frac{3}{5}$

얼마나 잘 했나요?

실력이 자란 만큼 별을 색칠하세요.

★★★ 정말 잘했어요.
★★☆ 꽤 잘했어요.
★☆☆ 앞으로 더 노력할게요.

100쪽 4번

분수를 하다 1이나 2라는 자연수가 나오게 되면 당황하는 아이들이 있어요. 그럴 때는 그림을 그려 보여 주세요. $1-\frac{5}{6}$의 경우, $\frac{5}{6}$와 $\frac{6}{6}$을 모두 그리게 해요. 그런 후에 $\frac{6}{6}=1$이라는 것을 아이 스스로 말할 수 있게 기회를 주세요. 그러면 자연수와 분수의 계산도 확실하게 이해하여 쉽게 문제를 풀 수 있답니다.

102-103쪽

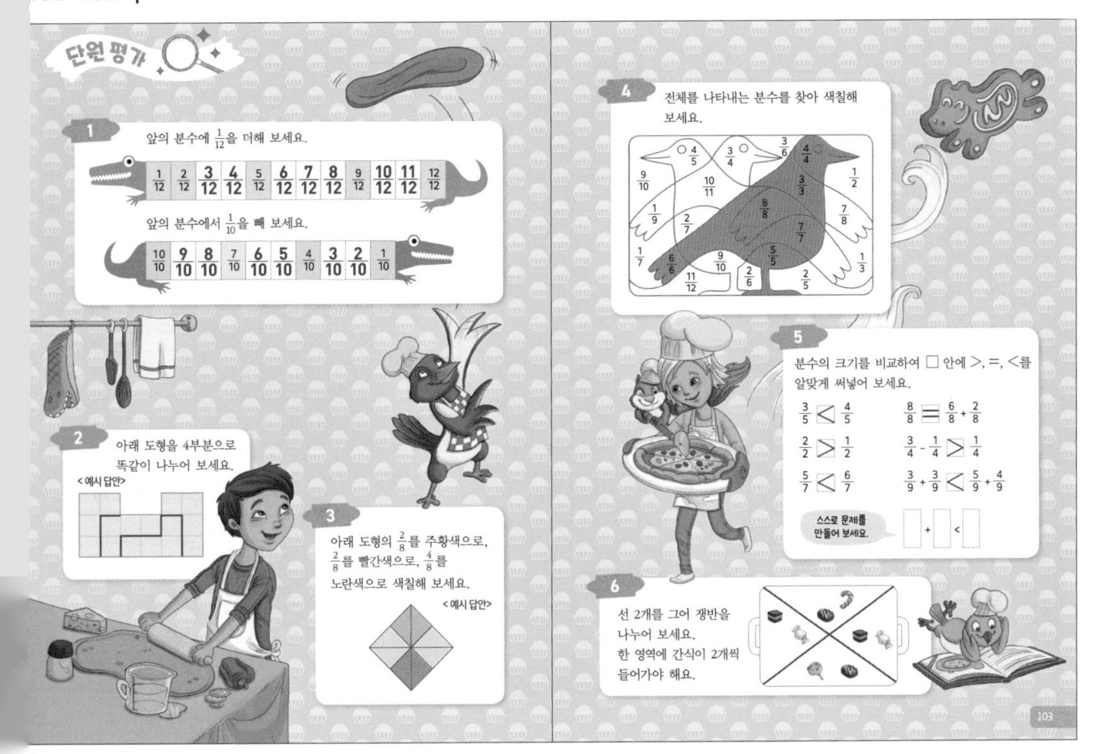
단원 평가

1 앞의 분수에 $\frac{1}{12}$을 더해 보세요.

$\frac{1}{12}$ $\frac{2}{12}$ $\frac{3}{12}$ $\frac{4}{12}$ $\frac{5}{12}$ $\frac{6}{12}$ $\frac{7}{12}$ $\frac{8}{12}$ $\frac{9}{12}$ $\frac{10}{12}$ $\frac{11}{12}$ $\frac{12}{12}$

앞의 분수에서 $\frac{1}{10}$을 빼 보세요.

$\frac{10}{10}$ $\frac{9}{10}$ $\frac{8}{10}$ $\frac{7}{10}$ $\frac{6}{10}$ $\frac{5}{10}$ $\frac{4}{10}$ $\frac{3}{10}$ $\frac{2}{10}$ $\frac{1}{10}$

2 아래 도형을 4부분으로 똑같이 나누어 보세요.

<예시 답안>

3 아래 도형의 $\frac{2}{8}$를 주황색으로, $\frac{2}{8}$를 빨간색으로, $\frac{4}{8}$를 노란색으로 색칠해 보세요.

<예시 답안>

4 전체를 나타내는 분수를 찾아 색칠해 보세요.

5 분수의 크기를 비교하여 □ 안에 >, =, <를 알맞게 써넣어 보세요.

$\frac{3}{5} < \frac{4}{5}$ $\frac{8}{8} = \frac{6}{8} + \frac{2}{8}$

$\frac{2}{2} > \frac{1}{2}$ $\frac{3}{4} - \frac{1}{4} > \frac{1}{4}$

$\frac{5}{7} < \frac{6}{7}$ $\frac{3}{9} + \frac{3}{9} < \frac{5}{9} + \frac{4}{9}$

스스로 문제를 만들어 보세요. □ + □ < □

6 선 2개를 그어 쟁반을 나누어 보세요. 한 영역에 간식이 2개씩 들어가야 해요.

103

102쪽 2번

먼저 네모 칸의 총 개수가 얼마지?라고 질문하여 16개라는 것을 찾게 해 주세요. 16을 4등분하려면 몇은 얼마지? 4개씩 묶어야 함을 알게 됩니다. 같은 모양으로 4개씩 어떻게 연결해야 할지 생각하게 해 주세요. 오늘 안 되더라도 내일 다시 이 문제에 도전하게 해 주세요. 아이가 끙끙대며 푸는 끈기가 있어야 앞으로 나올 어려운 문제도 포기하지 않고 도전하게 될 테니까요. 빨리 푸는 것보다 천천히 풀더라도 끈기를 가지고 포기하지 않는 습관이 수학에서는 더욱 중요하답니다.

104-105쪽

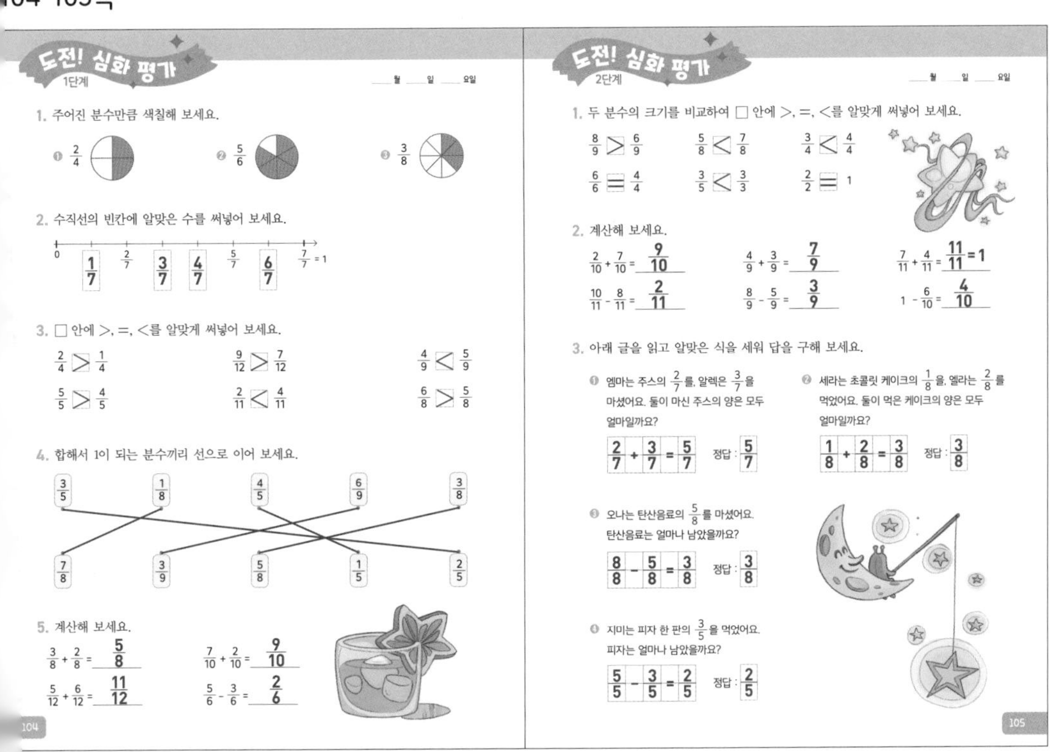
도전! 심화 평가 1단계 ___월 ___일 ___요일

1. 주어진 분수만큼 색칠해 보세요.

❶ $\frac{2}{4}$ ❷ $\frac{5}{6}$ ❸ $\frac{3}{8}$

2. 수직선의 빈칸에 알맞은 수를 써넣어 보세요.

0, $\frac{1}{7}$, $\frac{2}{7}$, $\frac{3}{7}$, $\frac{4}{7}$, $\frac{5}{7}$, $\frac{6}{7}$, $\frac{7}{7} = 1$

3. □ 안에 >, =, <를 알맞게 써넣어 보세요.

$\frac{2}{4} > \frac{1}{4}$ $\frac{9}{12} > \frac{7}{12}$ $\frac{4}{9} < \frac{5}{9}$

$\frac{5}{5} > \frac{4}{5}$ $\frac{2}{11} < \frac{4}{11}$ $\frac{6}{8} > \frac{5}{8}$

4. 합해서 1이 되는 분수끼리 선으로 이어 보세요.

$\frac{3}{5}$ $\frac{1}{8}$ $\frac{4}{5}$ $\frac{6}{9}$ $\frac{3}{8}$

$\frac{7}{8}$ $\frac{3}{9}$ $\frac{5}{8}$ $\frac{1}{5}$ $\frac{2}{5}$

5. 계산해 보세요.

$\frac{3}{8} + \frac{2}{8} = \frac{5}{8}$ $\frac{7}{10} + \frac{2}{10} = \frac{9}{10}$

$\frac{5}{12} + \frac{6}{12} = \frac{11}{12}$ $\frac{5}{6} - \frac{3}{6} = \frac{2}{6}$

104

도전! 심화 평가 2단계 ___월 ___일 ___요일

1. 두 분수의 크기를 비교하여 □ 안에 >, =, <를 알맞게 써넣어 보세요.

$\frac{8}{9} > \frac{6}{9}$ $\frac{5}{8} < \frac{7}{8}$ $\frac{3}{4} < \frac{4}{4}$

$\frac{6}{6} = \frac{4}{4}$ $\frac{3}{5} < \frac{3}{3}$ $\frac{2}{2} = 1$

2. 계산해 보세요.

$\frac{2}{10} + \frac{7}{10} = \frac{9}{10}$ $\frac{4}{9} + \frac{3}{9} = \frac{7}{9}$ $\frac{7}{11} + \frac{4}{11} = \frac{11}{11} = 1$

$\frac{10}{11} - \frac{8}{11} = \frac{2}{11}$ $\frac{8}{9} - \frac{5}{9} = \frac{3}{9}$ $1 - \frac{6}{10} = \frac{4}{10}$

3. 아래 글을 읽고 알맞은 식을 세워 답을 구해 보세요.

❶ 엄마는 주스의 $\frac{2}{7}$를, 알렉은 $\frac{3}{7}$을 마셨어요. 둘이 마신 주스의 양은 모두 얼마일까요?

$\frac{2}{7} + \frac{3}{7} = \frac{5}{7}$ 정답 : $\frac{5}{7}$

❷ 세라는 초콜릿 케이크의 $\frac{1}{8}$을, 엘라는 $\frac{2}{8}$를 먹었어요. 둘이 먹은 케이크의 양은 모두 얼마일까요?

$\frac{1}{8} + \frac{2}{8} = \frac{3}{8}$ 정답 : $\frac{3}{8}$

❸ 오나는 탄산음료의 $\frac{5}{8}$를 마셨어요. 탄산음료는 얼마나 남았을까요?

$\frac{8}{8} - \frac{5}{8} = \frac{3}{8}$ 정답 : $\frac{3}{8}$

❹ 지미는 피자 한 판의 $\frac{3}{5}$을 먹었어요. 피자는 얼마나 남았을까요?

$\frac{5}{5} - \frac{3}{5} = \frac{2}{5}$ 정답 : $\frac{2}{5}$

105

106-107쪽

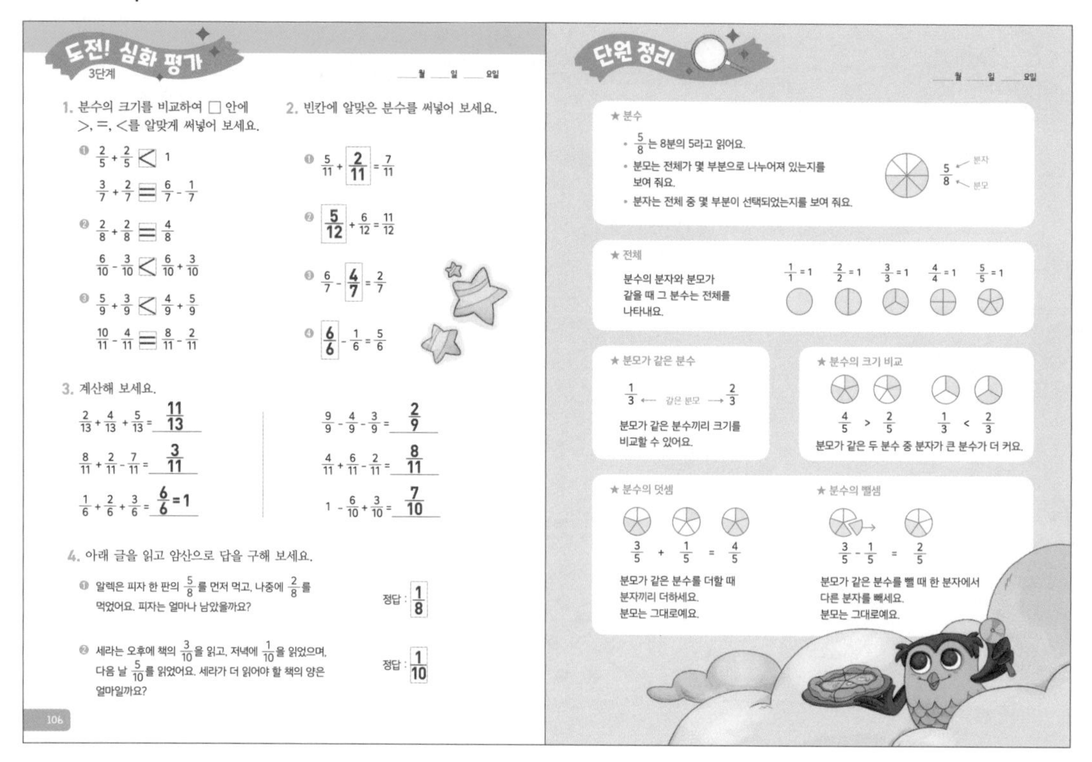

도전! 심화 평가 3단계

___월 ___일 ___요일

1. 분수의 크기를 비교하여 □ 안에 >, =, <를 알맞게 써넣어 보세요.

① $\frac{2}{5}+\frac{2}{5} < 1$　$\frac{3}{7}+\frac{2}{7} = \frac{6}{7}-\frac{1}{7}$

② $\frac{2}{8}+\frac{2}{8} = \frac{4}{8}$　$\frac{6}{10}-\frac{3}{10} < \frac{6}{10}+\frac{3}{10}$

③ $\frac{5}{9}+\frac{3}{9} < \frac{4}{9}+\frac{5}{9}$　$\frac{10}{11}-\frac{4}{11} = \frac{8}{11}-\frac{2}{11}$

2. 빈칸에 알맞은 분수를 써넣어 보세요.

① $\frac{5}{11}+\frac{2}{11}=\frac{7}{11}$

② $\frac{5}{12}+\frac{6}{12}=\frac{11}{12}$

③ $\frac{6}{7}-\frac{4}{7}=\frac{2}{7}$

④ $\frac{6}{6}-\frac{1}{6}=\frac{5}{6}$

3. 계산해 보세요.

$\frac{2}{13}+\frac{4}{13}+\frac{5}{13}=\frac{11}{13}$　$\frac{9}{9}-\frac{4}{9}-\frac{3}{9}=\frac{2}{9}$

$\frac{8}{11}+\frac{2}{11}-\frac{7}{11}=\frac{3}{11}$　$\frac{4}{11}+\frac{6}{11}-\frac{2}{11}=\frac{8}{11}$

$\frac{1}{6}+\frac{2}{6}+\frac{3}{6}=\frac{6}{6}=1$　$1-\frac{6}{10}+\frac{3}{10}=\frac{7}{10}$

4. 아래 글을 읽고 암산으로 답을 구해 보세요.

① 알렉은 피자 한 판의 $\frac{5}{8}$를 먼저 먹고, 나중에 $\frac{2}{8}$를 먹었어요. 피자는 얼마나 남았을까요? 정답 : $\frac{1}{8}$

② 세라는 오후에 책의 $\frac{3}{10}$을 읽고, 저녁에 $\frac{1}{10}$을 읽었으며, 다음 날 $\frac{5}{10}$를 읽었어요. 세라가 더 읽어야 할 책의 양은 얼마일까요? 정답 : $\frac{1}{10}$

106

단원 정리

___월 ___일 ___요일

★ 분수
- $\frac{5}{8}$는 8분의 5라고 읽어요.
- 분모는 전체가 몇 부분으로 나누어져 있는지를 보여 줘요.
- 분자는 전체 중 몇 부분이 선택되었는지를 보여 줘요.

$\frac{5}{8}$ ← 분자, ← 분모

★ 전체

분수의 분자와 분모가 같을 때 그 분수는 전체를 나타내요.

$\frac{1}{1}=1$　$\frac{2}{2}=1$　$\frac{3}{3}=1$　$\frac{4}{4}=1$　$\frac{5}{5}=1$

★ 분모가 같은 분수

$\frac{1}{3}$ ← 같은 분모 → $\frac{2}{3}$

분모가 같은 분수끼리 크기를 비교할 수 있어요.

★ 분수의 크기 비교

$\frac{4}{5} > \frac{2}{5}$　$\frac{1}{3} < \frac{2}{3}$

분모가 같은 두 분수 중 분자가 큰 분수가 더 커요.

★ 분수의 덧셈

$\frac{3}{5}+\frac{1}{5}=\frac{4}{5}$

분모가 같은 분수를 더할 때 분자끼리 더하세요. 분모는 그대로예요.

★ 분수의 뺄셈

$\frac{3}{5}-\frac{1}{5}=\frac{2}{5}$

분모가 같은 분수를 뺄 때 한 분자에서 다른 분자를 빼세요. 분모는 그대로예요.

106쪽 3번

세 분수의 덧셈과 뺄셈도 세 수의 덧셈과 뺄셈을 하는 방법처럼 계산하면 돼요. 먼저 아이에게 세 수의 덧셈과 뺄셈을 어떻게 해결해야 하는지 묻고 세 분수의 덧셈과 뺄셈은 어떻게 해야 할지 물어봐 주세요. 금방 방법을 적용해서 세 분수의 덧셈과 뺄셈 문제도 해결하게 될 거예요.

106쪽 4번

❶ $\frac{8}{8}-\frac{5}{8}-\frac{2}{8}=\frac{1}{8}$

❷ $\frac{10}{10}-\frac{3}{10}-\frac{1}{10}-\frac{5}{10}=\frac{1}{10}$

108-109쪽

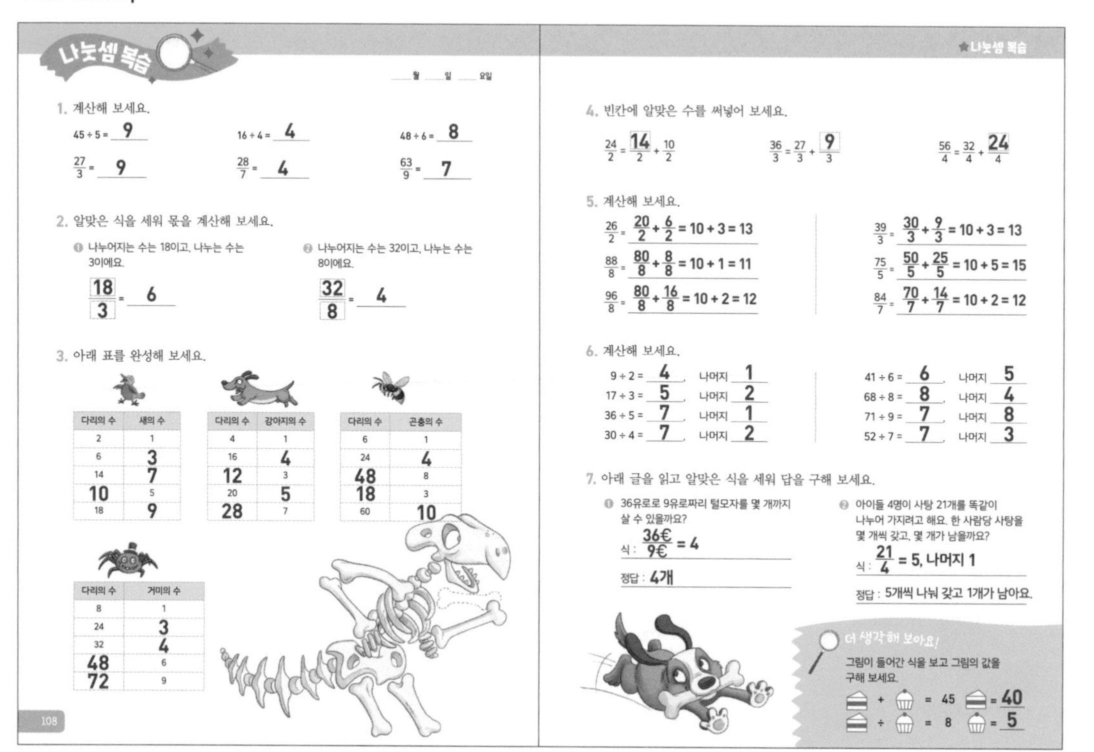

나눗셈 복습

___월 ___일 ___요일

1. 계산해 보세요.

$45 \div 5 = 9$　$16 \div 4 = 4$　$48 \div 6 = 8$

$\frac{27}{3}=9$　$\frac{28}{7}=4$　$\frac{63}{9}=7$

2. 알맞은 식을 세워 몫을 계산해 보세요.

① 나누어지는 수는 18이고, 나누는 수는 3이에요. $\frac{18}{3}=6$

② 나누어지는 수는 32이고, 나누는 수는 8이에요. $\frac{32}{8}=4$

3. 아래 표를 완성해 보세요.

다리의 수	새의 수
2	1
6	3
14	7
10	5
18	9

다리의 수	강아지의 수
4	1
16	4
12	3
20	5
28	7

다리의 수	곤충의 수
6	1
24	4
48	8
18	3
60	10

다리의 수	거미의 수
8	1
24	3
32	4
48	6
72	9

108

★나눗셈 복습

4. 빈칸에 알맞은 수를 써넣어 보세요.

$\frac{24}{2}=\frac{14}{2}+\frac{10}{2}$　$\frac{36}{3}=\frac{27}{3}+\frac{9}{3}$　$\frac{56}{4}=\frac{32}{4}+\frac{24}{4}$

5. 계산해 보세요.

$\frac{26}{2}=\frac{20}{2}+\frac{6}{2}=10+3=13$　$\frac{39}{3}=\frac{30}{3}+\frac{9}{3}=10+3=13$

$\frac{88}{8}=\frac{80}{8}+\frac{8}{8}=10+1=11$　$\frac{75}{5}=\frac{50}{5}+\frac{25}{5}=10+5=15$

$\frac{96}{8}=\frac{80}{8}+\frac{16}{8}=10+2=12$　$\frac{84}{7}=\frac{70}{7}+\frac{14}{7}=10+2=12$

6. 계산해 보세요.

$9 \div 2 = 4$, 나머지 1　$41 \div 6 = 6$, 나머지 5

$17 \div 3 = 5$, 나머지 2　$68 \div 8 = 8$, 나머지 4

$36 \div 5 = 7$, 나머지 1　$71 \div 9 = 7$, 나머지 8

$30 \div 4 = 7$, 나머지 2　$52 \div 7 = 7$, 나머지 3

7. 아래 글을 읽고 알맞은 식을 세워 답을 구해 보세요.

① 36유로로 9유로짜리 털모자를 몇 개까지 살 수 있을까요?

식 : $\frac{36€}{9€}=4$

정답 : 4개

② 아이들 4명이 사탕 21개를 똑같이 나누어 가지려고 해요. 한 사람당 사탕을 몇 개씩 갖고, 몇 개가 남을까요?

식 : $\frac{21}{4}=5$, 나머지 1

정답 : 5개씩 나눠 갖고 1개가 남아요.

더 생각해 보아요!

그림이 들어간 식을 보고 그림의 값을 구해 보세요.

(샌드위치) + (머핀) = 45　(샌드위치) = 40

(샌드위치) ÷ (머핀) = 8　(머핀) = 5

더 생각해 보아요! | 109쪽

(샌드위치)+(머핀)=45

(샌드위치)÷(머핀)=8, (샌드위치)=8×(머핀)

두 번째 그림식에서 샌드위치 머핀의 8배예요. 첫 번째 식 이를 대입하면,

8×(머핀)+(머핀)=45, 9×(머핀)=45,

(머핀)=5이며,

(샌드위치)+5=45, (샌드위치)=40

110-111쪽

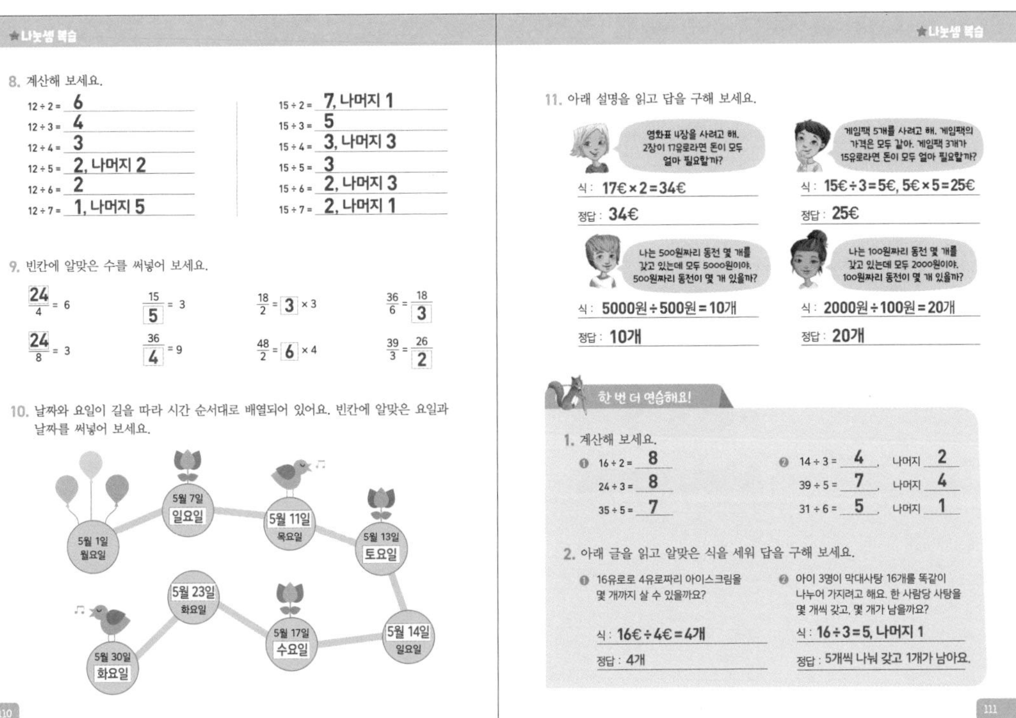

★나눗셈 복습

8. 계산해 보세요.

12 ÷ 2 = 6
12 ÷ 3 = 4
12 ÷ 4 = 3
12 ÷ 5 = 2, 나머지 2
12 ÷ 6 = 2
12 ÷ 7 = 1, 나머지 5

15 ÷ 2 = 7, 나머지 1
15 ÷ 3 = 5
15 ÷ 4 = 3, 나머지 3
15 ÷ 5 = 3
15 ÷ 6 = 2, 나머지 3
15 ÷ 7 = 2, 나머지 1

9. 빈칸에 알맞은 수를 써넣어 보세요.

$\frac{24}{4} = 6$　$\frac{15}{5} = 3$　$\frac{18}{2} = 3 \times 3$　$\frac{36}{6} = \frac{18}{3}$

$\frac{24}{8} = 3$　$\frac{36}{4} = 9$　$\frac{48}{2} = 6 \times 4$　$\frac{39}{3} = \frac{26}{2}$

10. 날짜와 요일이 길을 따라 시간 순서대로 배열되어 있어요. 빈칸에 알맞은 요일과 날짜를 써넣어 보세요.

★나눗셈 복습

11. 아래 설명을 읽고 답을 구해 보세요.

영화표 4장을 사려고 해. 2장이 17유로라면 돈이 모두 얼마 필요할까?
식 : 17€ × 2 = 34€
정답 : 34€

게임팩 5개를 사려고 해. 게임팩의 가격은 모두 같아. 게임팩 3개가 15유로라면 돈이 모두 얼마 필요할까?
식 : 15€ ÷ 3 = 5€, 5€ × 5 = 25€
정답 : 25€

나는 500원짜리 동전 몇 개를 갖고 있는데 모두 5000원이야. 500원짜리 동전이 몇 개 있을까?
식 : 5000원 ÷ 500원 = 10개
정답 : 10개

나는 100원짜리 동전 몇 개를 갖고 있는데 모두 2000원이야. 100원짜리 동전이 몇 개 있을까?
식 : 2000원 ÷ 100원 = 20개
정답 : 20개

한 번 더 연습해요!

1. 계산해 보세요.

❶ 16 ÷ 2 = 8
24 ÷ 3 = 8
35 ÷ 5 = 7

❷ 14 ÷ 3 = 4, 나머지 2
39 ÷ 5 = 7, 나머지 4
31 ÷ 6 = 5, 나머지 1

2. 아래 글을 읽고 알맞은 식을 세워 답을 구해 보세요.

❶ 16유로로 4유로짜리 아이스크림을 몇 개까지 살 수 있을까요?
식 : 16€ ÷ 4€ = 4개
정답 : 4개

❷ 아이 3명이 막대사탕 16개를 똑같이 나누어 가지려고 해요. 한 사람당 사탕을 몇 개씩 갖고, 몇 개가 남을까요?
식 : 16 ÷ 3 = 5, 나머지 1
정답 : 5개씩 나눠 갖고 1개가 남아요.

110　111

12-113쪽

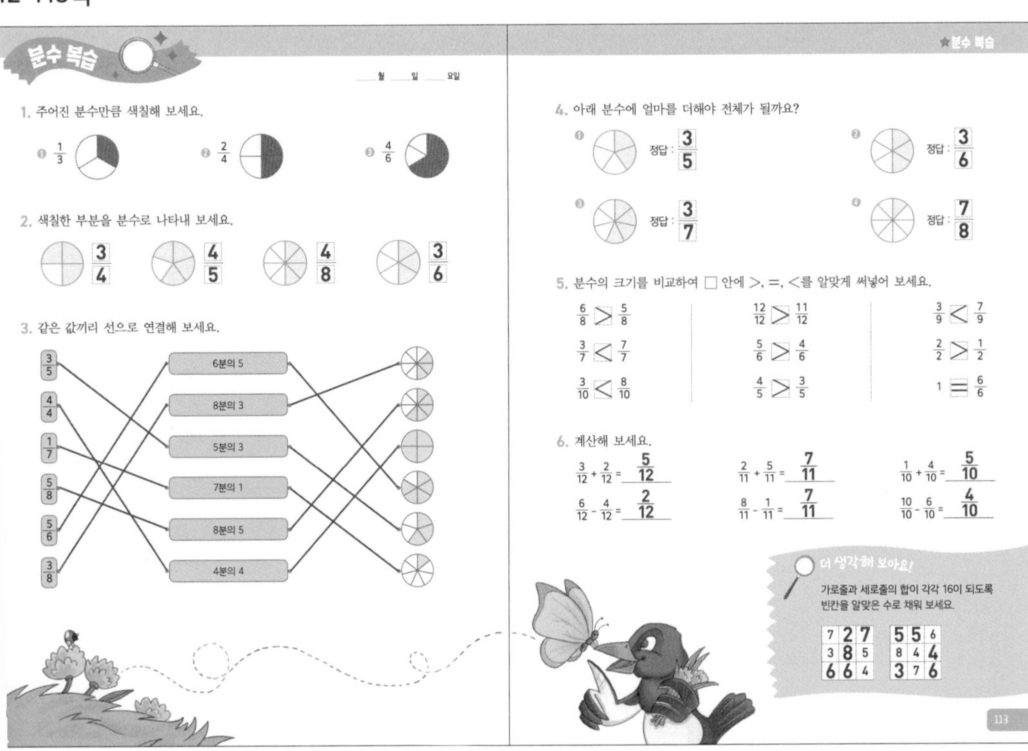

분수 복습

___월 ___일 ___요일

1. 주어진 분수만큼 색칠해 보세요.

❶ $\frac{1}{3}$　❷ $\frac{2}{4}$　❸ $\frac{4}{6}$

2. 색칠한 부분을 분수로 나타내 보세요.

$\frac{3}{4}$　$\frac{4}{5}$　$\frac{4}{8}$　$\frac{3}{6}$

3. 같은 값끼리 선으로 연결해 보세요.

$\frac{3}{5}$　$\frac{4}{4}$　$\frac{1}{7}$　$\frac{5}{8}$　$\frac{5}{6}$　$\frac{3}{8}$

6분의 5　8분의 3　5분의 3　7분의 1　8분의 5　4분의 4

★분수 복습

4. 아래 분수에 얼마를 더해야 전체가 될까요?

❶ 정답 : $\frac{3}{5}$　❷ 정답 : $\frac{3}{6}$

❸ 정답 : $\frac{3}{7}$　❹ 정답 : $\frac{7}{8}$

5. 분수의 크기를 비교하여 □ 안에 >, =, <를 알맞게 써넣어 보세요.

$\frac{6}{8} > \frac{5}{8}$　$\frac{12}{12} > \frac{11}{12}$　$\frac{3}{9} < \frac{7}{9}$

$\frac{3}{7} < \frac{7}{7}$　$\frac{5}{6} > \frac{4}{6}$　$\frac{2}{2} > \frac{1}{2}$

$\frac{3}{10} < \frac{8}{10}$　$\frac{4}{5} > \frac{3}{5}$　$1 = \frac{6}{6}$

6. 계산해 보세요.

$\frac{3}{12} + \frac{2}{12} = \frac{5}{12}$　$\frac{2}{11} + \frac{5}{11} = \frac{7}{11}$　$\frac{1}{10} + \frac{4}{10} = \frac{5}{10}$

$\frac{6}{12} - \frac{4}{12} = \frac{2}{12}$　$\frac{8}{11} - \frac{1}{11} = \frac{7}{11}$　$\frac{10}{10} - \frac{6}{10} = \frac{4}{10}$

더 생각해 보아요!

가로줄과 세로줄의 합이 각각 16이 되도록 빈칸을 알맞은 수로 채워 보세요.

7	2	7
3	8	5
6	6	4

5	5	6
8	4	4
3	7	6

113

114-115쪽

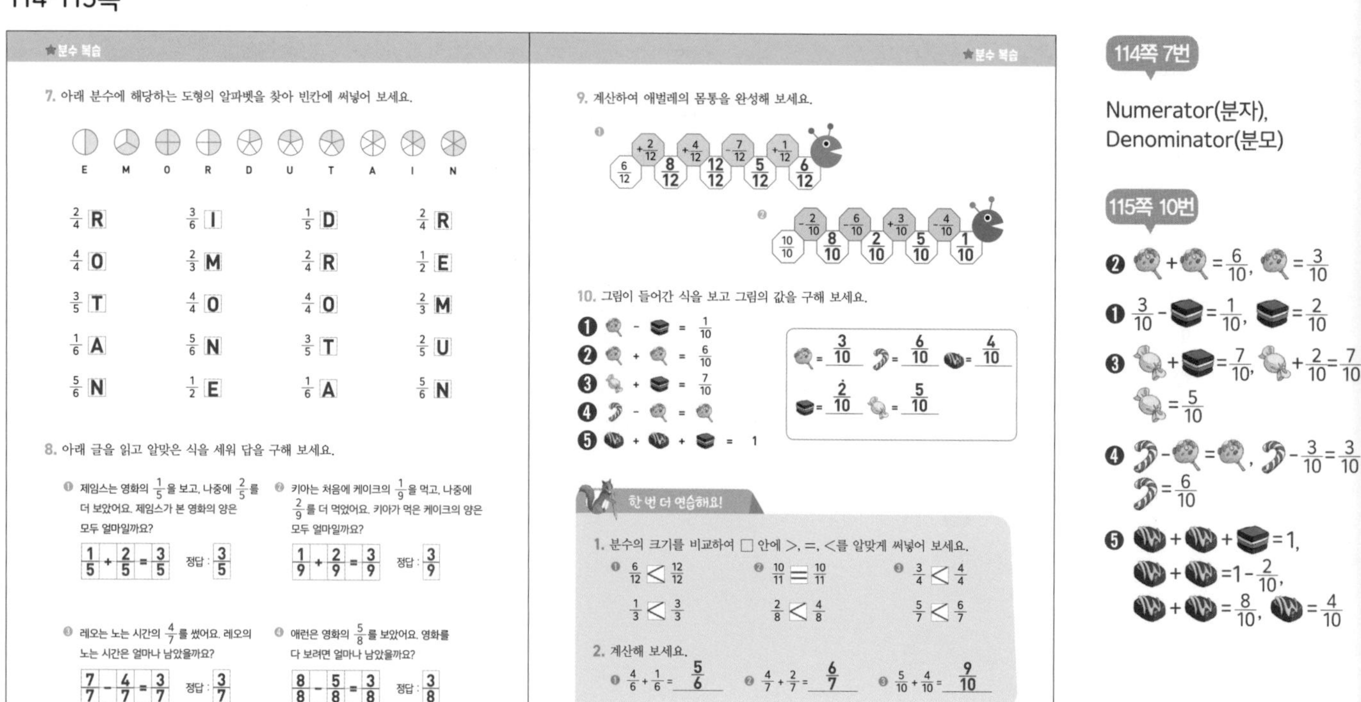

★분수 복습

7. 아래 분수에 해당하는 도형의 알파벳을 찾아 빈칸에 써넣어 보세요.

E M O R D U T A I N

$\frac{2}{4}$ R	$\frac{3}{6}$ I	$\frac{1}{5}$ D	$\frac{2}{4}$ R
$\frac{4}{4}$ O	$\frac{2}{3}$ M	$\frac{2}{4}$ R	$\frac{1}{2}$ E
$\frac{3}{5}$ T	$\frac{4}{4}$ O	$\frac{4}{4}$ O	$\frac{2}{3}$ M
$\frac{1}{6}$ A	$\frac{5}{6}$ N	$\frac{3}{5}$ T	$\frac{2}{5}$ U
$\frac{5}{6}$ N	$\frac{1}{2}$ E	$\frac{1}{6}$ A	$\frac{5}{6}$ N

8. 아래 글을 읽고 알맞은 식을 세워 답을 구해 보세요.

① 제임스는 영화의 $\frac{1}{5}$을 보고, 나중에 $\frac{2}{5}$를 더 보았어요. 제임스가 본 영화의 양은 모두 얼마일까요?
$\frac{1}{5}+\frac{2}{5}=\frac{3}{5}$ 정답 : $\frac{3}{5}$

② 키아는 처음에 케이크의 $\frac{1}{9}$을 먹고, 나중에 $\frac{2}{9}$를 더 먹었어요. 키아가 먹은 케이크의 양은 모두 얼마일까요?
$\frac{1}{9}+\frac{2}{9}=\frac{3}{9}$ 정답 : $\frac{3}{9}$

③ 레오는 노는 시간의 $\frac{4}{7}$를 썼어요. 레오의 노는 시간은 얼마나 남았을까요?
$\frac{7}{7}-\frac{4}{7}=\frac{3}{7}$ 정답 : $\frac{3}{7}$

④ 애런은 영화의 $\frac{5}{8}$를 보았어요. 영화를 다 보려면 얼마나 남았을까요?
$\frac{8}{8}-\frac{5}{8}=\frac{3}{8}$ 정답 : $\frac{3}{8}$

114

★분수 복습

9. 계산하여 애벌레의 몸통을 완성해 보세요.

① $\frac{6}{12}$ (+$\frac{2}{12}$) $\frac{8}{12}$ (+$\frac{4}{12}$) $\frac{12}{12}$ (−$\frac{7}{12}$) $\frac{5}{12}$ (+$\frac{1}{12}$) $\frac{6}{12}$

② $\frac{10}{10}$ (−$\frac{2}{10}$) $\frac{8}{10}$ (−$\frac{6}{10}$) $\frac{2}{10}$ (+$\frac{3}{10}$) $\frac{5}{10}$ (−$\frac{4}{10}$) $\frac{1}{10}$

10. 그림이 들어간 식을 보고 그림의 값을 구해 보세요.

① 막대사탕 − 케이크 = $\frac{1}{10}$
② 막대사탕 + 막대사탕 = $\frac{6}{10}$
③ 사탕 + 케이크 = $\frac{7}{10}$
④ 지팡이사탕 − 막대사탕 = 막대사탕
⑤ 초콜릿 + 초콜릿 + 케이크 = 1

막대사탕 = $\frac{3}{10}$, 지팡이사탕 = $\frac{6}{10}$, 초콜릿 = $\frac{4}{10}$, 케이크 = $\frac{2}{10}$, 사탕 = $\frac{5}{10}$

한 번 더 연습해요!

1. 분수의 크기를 비교하여 □ 안에 >, =, <를 알맞게 써넣어 보세요.

① $\frac{6}{12} < \frac{12}{12}$ ② $\frac{10}{11} = \frac{10}{11}$ ③ $\frac{3}{4} < \frac{4}{4}$

$\frac{1}{3} < \frac{3}{3}$ $\frac{2}{8} < \frac{4}{8}$ $\frac{5}{7} < \frac{6}{7}$

2. 계산해 보세요.

① $\frac{4}{6}+\frac{1}{6}=\frac{5}{6}$ ② $\frac{4}{7}+\frac{2}{7}=\frac{6}{7}$ ③ $\frac{5}{10}+\frac{4}{10}=\frac{9}{10}$

115

114쪽 7번

Numerator(분자), Denominator(분모)

115쪽 10번

❷ 막대사탕 + 막대사탕 = $\frac{6}{10}$, 막대사탕 = $\frac{3}{10}$

❶ $\frac{3}{10}$ − 케이크 = $\frac{1}{10}$, 케이크 = $\frac{2}{10}$

❸ 사탕 + 케이크 = $\frac{7}{10}$, 사탕 + $\frac{2}{10}=\frac{7}{10}$

사탕 = $\frac{5}{10}$

❹ 지팡이사탕 − 막대사탕 = 막대사탕, 지팡이사탕 − $\frac{3}{10}=\frac{3}{10}$

지팡이사탕 = $\frac{6}{10}$

❺ 초콜릿 + 초콜릿 + 케이크 = 1,

초콜릿 + 초콜릿 = $1-\frac{2}{10}$,

초콜릿 + 초콜릿 = $\frac{8}{10}$, 초콜릿 = $\frac{4}{10}$

핀란드 3학년 수학 교과서 3-2

정답과 해설

2권

8-9쪽

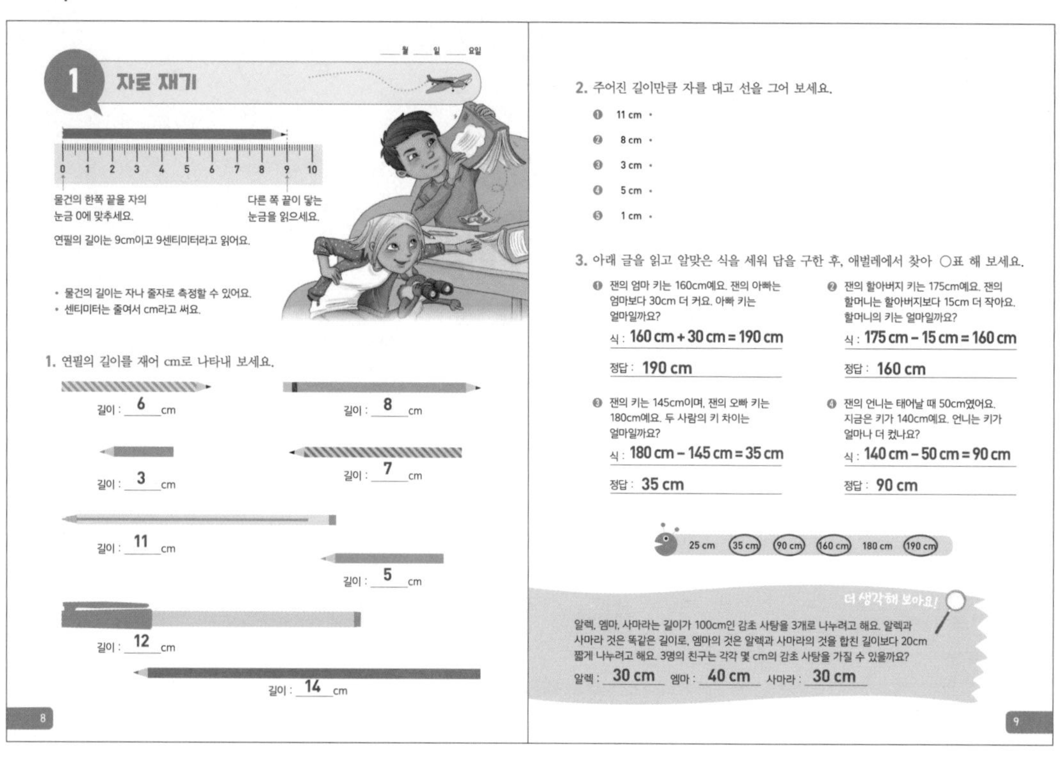

___월 ___일 ___요일

1 자로 재기

0 1 2 3 4 5 6 7 8 9 10

물건의 한쪽 끝을 자의 눈금 0에 맞추세요.

다른 쪽 끝이 닿는 눈금을 읽으세요.

연필의 길이는 9cm이고 9센티미터라고 읽어요.

- 물건의 길이는 자나 줄자로 측정할 수 있어요.
- 센티미터는 줄여서 cm라고 써요.

1. 연필의 길이를 재어 cm로 나타내 보세요.

길이 : 6 cm　　길이 : 8 cm

길이 : 3 cm　　길이 : 7 cm

길이 : 11 cm　　길이 : 5 cm

길이 : 12 cm　　길이 : 14 cm

8

2. 주어진 길이만큼 자를 대고 선을 그어 보세요.

❶ 11 cm
❷ 8 cm
❸ 3 cm
❹ 5 cm
❺ 1 cm

3. 아래 글을 읽고 알맞은 식을 세워 답을 구한 후, 애벌레에서 찾아 ○표 해 보세요.

❶ 잰의 엄마 키는 160cm예요. 잰의 아빠는 엄마보다 30cm 더 커요. 아빠 키는 얼마일까요?
식 : 160 cm + 30 cm = 190 cm
정답 : 190 cm

❷ 잰의 할아버지 키는 175cm예요. 잰의 할머니는 할아버지보다 15cm 더 작아요. 할머니의 키는 얼마일까요?
식 : 175 cm − 15 cm = 160 cm
정답 : 160 cm

❸ 잰의 키는 145cm이며, 잰의 오빠 키는 180cm예요. 두 사람의 키 차이는 얼마일까요?
식 : 180 cm − 145 cm = 35 cm
정답 : 35 cm

❹ 잰의 언니는 태어날 때 50cm였어요. 지금은 키가 140cm예요. 언니는 키가 얼마나 더 컸나요?
식 : 140 cm − 50 cm = 90 cm
정답 : 90 cm

25 cm (35 cm) (90 cm) (160 cm) 180 cm (190 cm)

더 생각해 보아요!

알렉, 엠마, 사마라는 길이가 100cm인 감초 사탕을 3개로 나누려고 해요. 알렉과 사마라 것은 똑같은 길이로, 엠마의 것은 알렉과 사마라의 것을 합친 길이보다 20cm 짧게 나누려고 해요. 3명의 친구는 각각 몇 cm의 감초 사탕을 가질 수 있을까요?

알렉 : 30 cm　엠마 : 40 cm　사마라 : 30 cm

9

부모님 가이드 | 8쪽

자를 이용한 길이 재기를 배우는 측정 영역입니다. 측정 영역에서 수 감각은 아주 중요해요. 그래서 아이들이 실제 자를 가지고 재어 보는 활동이나, 엄지손톱을 자로 재었을 때 1cm에 근접했다면 엄지손톱을 기준으로 어림하면 기준 없이 어림해서 값을 구하는 것보다 더 정확하다는 것을 체험을 통해 알게 해 주는 것이 중요하답니다.

10쪽 4번

제리 : 140cm-5cm=135cm
필리 : 105cm+15cm=120cm
페이튼 : 제리보다 3cm 크므로 135cm+3cm=138cm
튤립 : 필리의 키보다 8cm 작으므로, 120cm-8cm=112cm
올리비아 : 가장 큰 친구보다 4cm 작으므로, 138cm-4cm=134cm
알렉스 : 가장 작은 친구보다 2cm 크므로, 112cm+2cm=114cm

10-11쪽

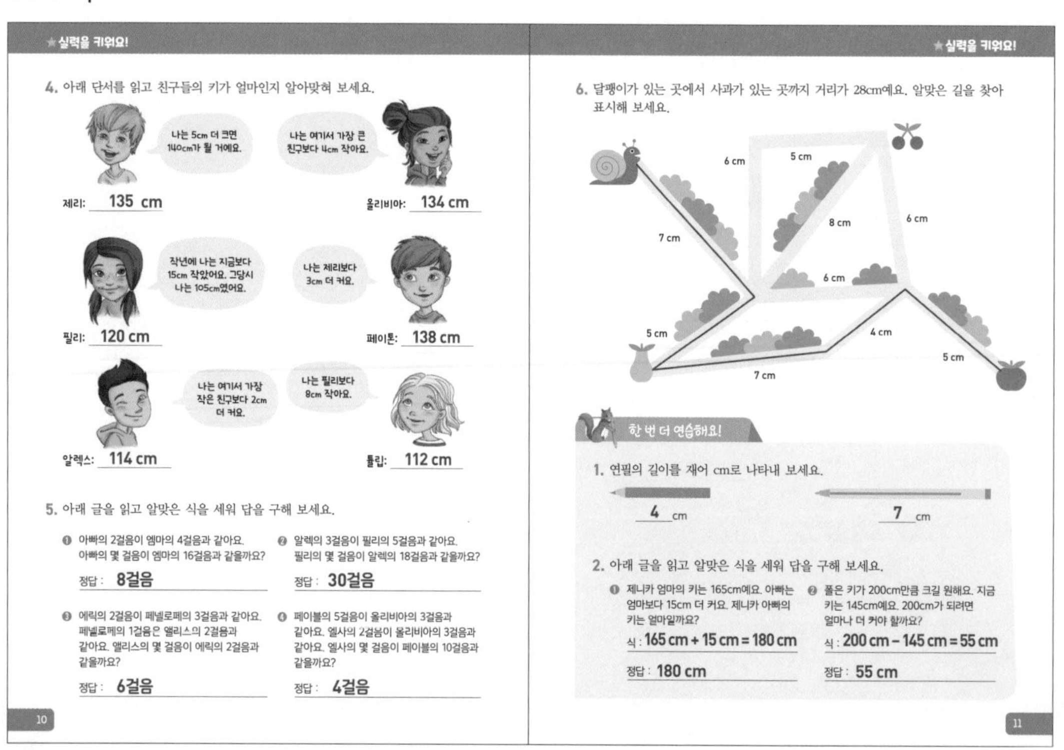

★실력을 키워요!

4. 아래 단서를 읽고 친구들의 키가 얼마인지 알아맞혀 보세요.

나는 5cm 더 크면 140cm가 될 거예요.
나는 여기서 가장 큰 친구보다 4cm 작아요.
작년에 나는 지금보다 15cm 작았어요. 그당시 나는 105cm였어요.
나는 제리보다 3cm 더 커요.
나는 여기서 가장 작은 친구보다 2cm 더 커요.
나는 필리보다 8cm 작아요.

제리 : 135 cm　올리비아 : 134 cm

필리 : 120 cm　페이튼 : 138 cm

알렉스 : 114 cm　튤립 : 112 cm

5. 아래 글을 읽고 알맞은 식을 세워 답을 구해 보세요.

❶ 아빠의 2걸음이 엄마의 4걸음과 같아요. 아빠의 몇 걸음이 엄마의 16걸음과 같을까요?
정답 : 8걸음

❷ 알렉의 3걸음이 필리의 5걸음과 같아요. 필리의 몇 걸음이 알렉의 18걸음과 같을까요?
정답 : 30걸음

❸ 에릭의 2걸음이 페넬로페의 3걸음과 같아요. 페넬로페의 1걸음은 앨리스의 2걸음과 같아요. 앨리스의 몇 걸음이 에릭의 2걸음과 같을까요?
정답 : 6걸음

❹ 페이블의 5걸음이 올리비아의 3걸음과 같아요. 엘사의 2걸음이 올리비아의 3걸음과 같아요. 엘사의 몇 걸음이 페이블의 10걸음과 같을까요?
정답 : 4걸음

10

★실력을 키워요!

6. 달팽이가 있는 곳에서 사과가 있는 곳까지 거리가 28cm예요. 알맞은 길을 찾아 표시해 보세요.

한 번 더 연습해요!

1. 연필의 길이를 재어 cm로 나타내 보세요.

4 cm　　7 cm

2. 아래 글을 읽고 알맞은 식을 세워 답을 구해 보세요.

❶ 제니카 엄마의 키는 165cm예요. 아빠는 엄마보다 15cm 더 커요. 제니카 아빠의 키는 얼마일까요?
식 : 165 cm + 15 cm = 180 cm
정답 : 180 cm

❷ 폴은 키가 200cm만큼 크길 원해요. 지금 키는 145cm예요. 200cm가 되려면 얼마나 더 커야 할까요?
식 : 200 cm − 145 cm = 55 cm
정답 : 55 cm

11

10쪽 5번

❶ 아빠의 2걸음=엄마의 4걸음이므로, 엄마 걸음을 2로 나누면 아빠 걸음이 나와요. 16÷2=8(걸음)
❷ 알렉의 3걸음=필리의 5걸음이므로 알렉의 18걸음을 3걸음으로 나누면 6. 5걸음×6=30걸음
❸ 에릭의 2걸음=페넬로페 3걸음, 페넬로페 1걸음=앨리스 2걸음이므로, 페넬로페 3걸음=앨리스 6걸음
❹ 페이블 5걸음=올리비아 3걸음, 엘사 2걸음=올리비아 3걸음이므로, 페이블 5걸음=엘사 2걸음과 같아요. 페이블 10걸음=엘사 4걸음

11쪽 6번

7cm+5cm+7cm+4cm+5cm
=28cm

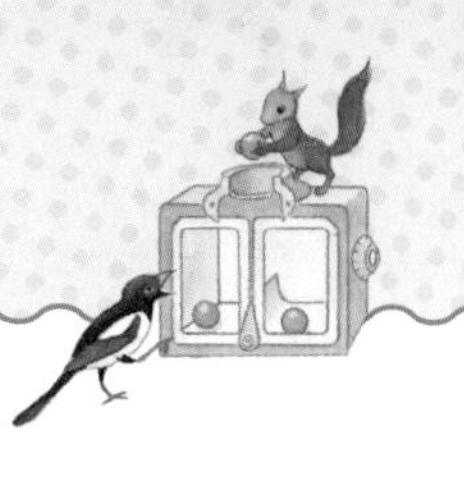

12-13쪽

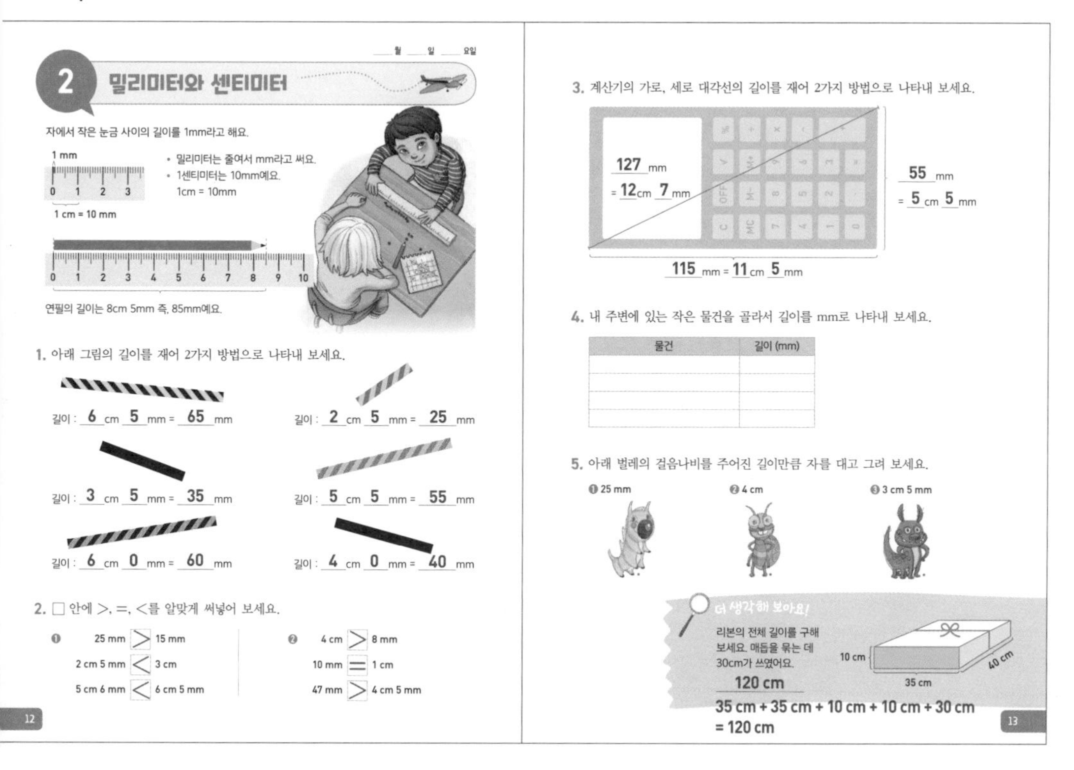

___월 ___일 ___요일

2 밀리미터와 센티미터

자에서 작은 눈금 사이의 길이를 1mm라고 해요.

1 mm

- 밀리미터는 줄여서 mm라고 써요.
- 1센티미터는 10mm예요.
  1cm = 10mm

1 cm = 10 mm

연필의 길이는 8cm 5mm 즉, 85mm예요.

1. 아래 그림의 길이를 재어 2가지 방법으로 나타내 보세요.

길이 : 6 cm 5 mm = 65 mm　　길이 : 2 cm 5 mm = 25 mm

길이 : 3 cm 5 mm = 35 mm　　길이 : 5 cm 5 mm = 55 mm

길이 : 6 cm 0 mm = 60 mm　　길이 : 4 cm 0 mm = 40 mm

2. □ 안에 >, =, <를 알맞게 써넣어 보세요.

❶ 25 mm > 15 mm
2 cm 5 mm < 3 cm
5 cm 6 mm < 6 cm 5 mm

❷ 4 cm > 8 mm
10 mm = 1 cm
47 mm > 4 cm 5 mm

12

3. 계산기의 가로, 세로 대각선의 길이를 재어 2가지 방법으로 나타내 보세요.

127 mm = 12 cm 7 mm

55 mm = 5 cm 5 mm

115 mm = 11 cm 5 mm

4. 내 주변에 있는 작은 물건을 골라서 길이를 mm로 나타내 보세요.

물건	길이 (mm)

5. 아래 벌레의 걸음나비를 주어진 길이만큼 자를 대고 그려 보세요.

❶ 25 mm　❷ 4 cm　❸ 3 cm 5 mm

더 생각해 보아요!

리본의 전체 길이를 구해 보세요. 매듭을 묶는 데 30cm가 쓰였어요.

10 cm　35 cm　40 cm

120 cm

35 cm + 35 cm + 10 cm + 10 cm + 30 cm = 120 cm

13

14-15쪽

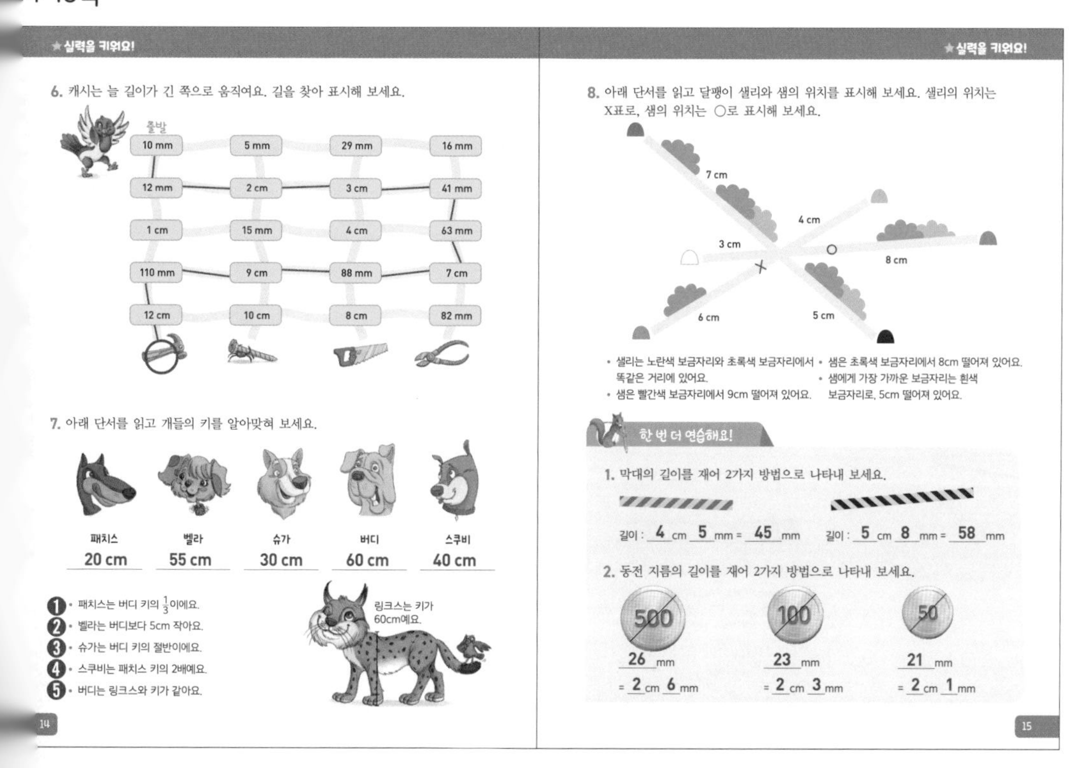

★실력을 키워요!

6. 캐시는 늘 길이가 긴 쪽으로 움직여요. 길을 찾아 표시해 보세요.

출발

10 mm	5 mm	29 mm	16 mm
12 mm	2 cm	3 cm	41 mm
1 cm	15 mm	4 cm	63 mm
110 mm	9 cm	88 mm	7 cm
12 cm	10 cm	8 cm	82 mm

7. 아래 단서를 읽고 개들의 키를 알아맞혀 보세요.

패치스	벨라	슈가	버디	스쿠비
20 cm	55 cm	30 cm	60 cm	40 cm

❶ • 패치스는 버디 키의 $\frac{1}{3}$이에요.
❷ • 벨라는 버디보다 5cm 작아요.
❸ • 슈가는 버디 키의 절반이에요.
❹ • 스쿠비는 패치스 키의 2배예요.
❺ • 버디는 링크스와 키가 같아요.

링크스는 키가 60cm예요.

14

★실력을 키워요!

8. 아래 단서를 읽고 달팽이 샐리와 샘의 위치를 표시해 보세요. 샐리의 위치는 X표로, 샘의 위치는 ○로 표시해 보세요.

7 cm　4 cm　3 cm　8 cm　6 cm　5 cm

- 샐리는 노란색 보금자리와 초록색 보금자리에서 똑같은 거리에 있어요.
- 샘은 빨간색 보금자리에서 9cm 떨어져 있어요.
- 샘은 초록색 보금자리에서 8cm 떨어져 있어요.
- 샘에게 가장 가까운 보금자리는 흰색 보금자리로, 5cm 떨어져 있어요.

한 번 더 연습해요!

1. 막대의 길이를 재어 2가지 방법으로 나타내 보세요.

길이 : 4 cm 5 mm = 45 mm　　길이 : 5 cm 8 mm = 58 mm

2. 동전 지름의 길이를 재어 2가지 방법으로 나타내 보세요.

500: 26 mm = 2 cm 6 mm
100: 23 mm = 2 cm 3 mm
50: 21 mm = 2 cm 1 mm

15

14쪽 7번

❺ 버디는 링크스와 키가 같아요.→60cm

❶ 패치스는 버디 키의 $\frac{1}{3}$이에요.→ $\frac{60}{3}$=20cm

❷ 벨라는 버디보다 5cm 작아요.→ 60cm-5cm=55cm

❸ 슈가는 버디 키의 절반이에요.→ 60÷2=30cm

❹ 스쿠비는 패치스 키의 2배예요.→ 20cm×2=40cm

한 번 더 연습해요! | 15쪽 2번

동전의 지름을 잴 때 어떻게 재는 것이 좋을지 이야기해 보세요. 그러면서 자연스럽게 원의 특징에 대해 알아보세요. 그리고 실제 동전을 꺼내어 원의 중심을 지나게 해서 동전의 지름을 재어 보세요.

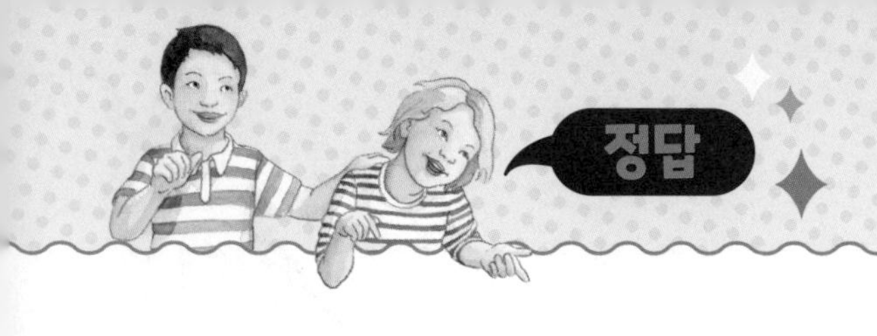

16-17쪽

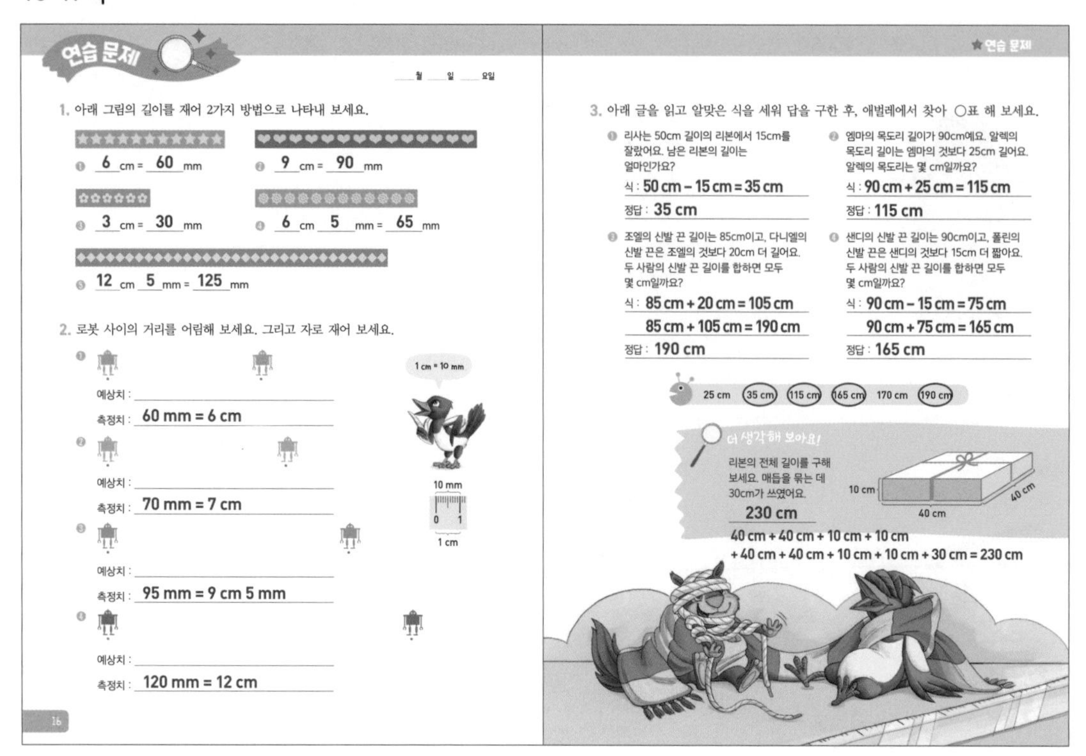

연습 문제

___월 ___일 ___요일

1. 아래 그림의 길이를 재어 2가지 방법으로 나타내 보세요.

① 6 cm = 60 mm ② 9 cm = 90 mm

③ 3 cm = 30 mm ④ 6 cm 5 mm = 65 mm

⑤ 12 cm 5 mm = 125 mm

2. 로봇 사이의 거리를 어림해 보세요. 그리고 자로 재어 보세요.

① 예상치 :
측정치 : 60 mm = 6 cm

② 예상치 :
측정치 : 70 mm = 7 cm

③ 예상치 :
측정치 : 95 mm = 9 cm 5 mm

④ 예상치 :
측정치 : 120 mm = 12 cm

1 cm = 10 mm

10 mm
1 cm

16

3. 아래 글을 읽고 알맞은 식을 세워 답을 구한 후, 애벌레에서 찾아 ○표 해 보세요.

① 리사는 50cm 길이의 리본에서 15cm를 잘랐어요. 남은 리본의 길이는 얼마인가요?
식 : 50 cm − 15 cm = 35 cm
정답 : 35 cm

② 엠마의 목도리 길이가 90cm예요. 알렉의 목도리 길이는 엠마의 것보다 25cm 길어요. 알렉의 목도리는 몇 cm일까요?
식 : 90 cm + 25 cm = 115 cm
정답 : 115 cm

③ 조엘의 신발 끈 길이는 85cm이고, 다니엘의 신발 끈은 조엘의 것보다 20cm 더 길어요. 두 사람의 신발 끈 길이를 합하면 모두 몇 cm일까요?
식 : 85 cm + 20 cm = 105 cm
85 cm + 105 cm = 190 cm
정답 : 190 cm

④ 샌디의 신발 끈 길이는 90cm이고, 폴린의 신발 끈은 샌디의 것보다 15cm 더 짧아요. 두 사람의 신발 끈 길이를 합하면 모두 몇 cm일까요?
식 : 90 cm − 15 cm = 75 cm
90 cm + 75 cm = 165 cm
정답 : 165 cm

25 cm (35 cm) (115 cm) (165 cm) 170 cm (190 cm)

더 생각해 보아요!

리본의 전체 길이를 구해 보세요. 매듭을 묶는 데 30cm가 쓰였어요.

230 cm

10 cm 40 cm 40 cm

40 cm + 40 cm + 10 cm + 10 cm
+ 40 cm + 40 cm + 10 cm + 10 cm + 30 cm = 230 cm

18-19쪽

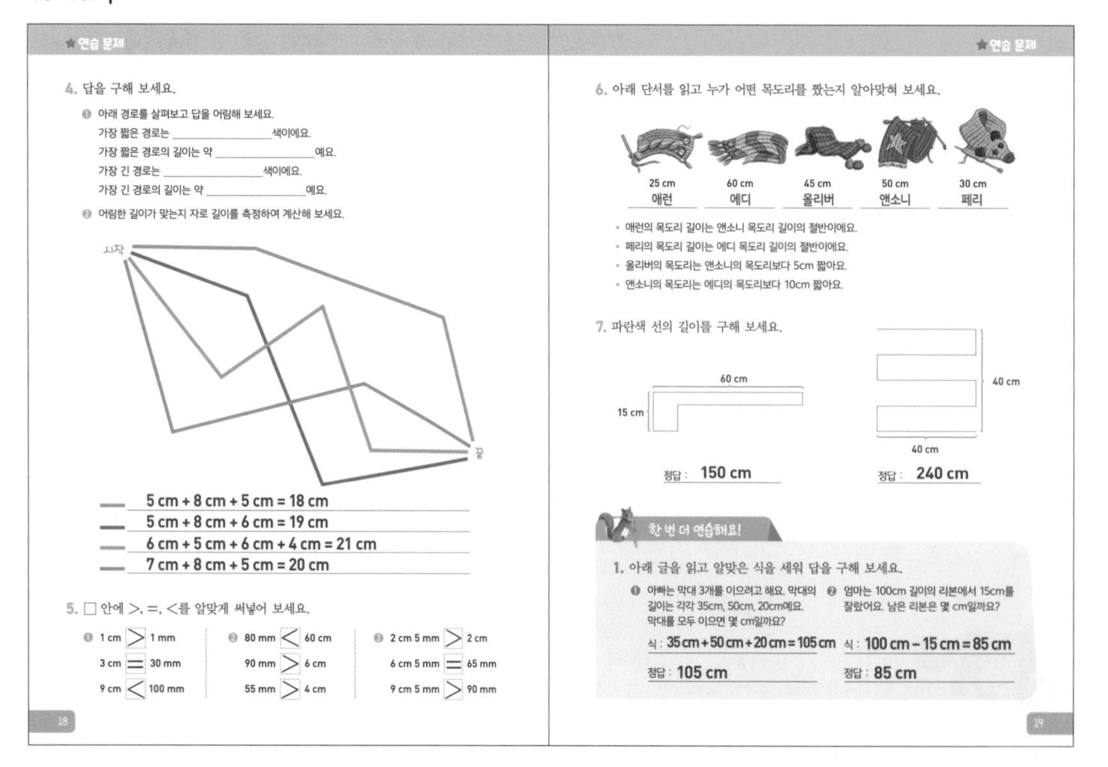

연습 문제

4. 답을 구해 보세요.

① 아래 경로를 살펴보고 답을 어림해 보세요.
가장 짧은 경로는 ________ 색이에요.
가장 짧은 경로의 길이는 약 ________ 예요.
가장 긴 경로는 ________ 색이에요.
가장 긴 경로의 길이는 약 ________ 예요.

② 어림한 길이가 맞는지 자로 길이를 측정하여 계산해 보세요.

시작 끝

5 cm + 8 cm + 5 cm = 18 cm
5 cm + 8 cm + 6 cm = 19 cm
6 cm + 5 cm + 6 cm + 4 cm = 21 cm
7 cm + 8 cm + 5 cm = 20 cm

5. □ 안에 >, =, <를 알맞게 써넣어 보세요.

①		②		③	
1 cm > 1 mm		80 mm < 60 cm		2 cm 5 mm > 2 cm	
3 cm = 30 mm		90 mm > 6 cm		6 cm 5 mm = 65 mm	
9 cm < 100 mm		55 mm > 4 cm		9 cm 5 mm > 90 mm	

18

6. 아래 단서를 읽고 누가 어떤 목도리를 짰는지 알아맞혀 보세요.

25 cm	60 cm	45 cm	50 cm	30 cm
애런	에디	올리버	앤소니	페리

- 애런의 목도리 길이는 앤소니 목도리 길이의 절반이에요.
- 페리의 목도리 길이는 에디 목도리 길이의 절반이에요.
- 올리버의 목도리는 앤소니의 목도리보다 5cm 짧아요.
- 앤소니의 목도리는 에디의 목도리보다 10cm 짧아요.

7. 파란색 선의 길이를 구해 보세요.

60 cm 15 cm 40 cm 40 cm

정답 : 150 cm 정답 : 240 cm

한 번 더 연습해요!

1. 아래 글을 읽고 알맞은 식을 세워 답을 구해 보세요.

① 아빠는 막대 3개를 이으려고 해요. 막대의 길이는 각각 35cm, 50cm, 20cm예요. 막대를 모두 이으면 몇 cm일까요?
식 : 35 cm + 50 cm + 20 cm = 105 cm
정답 : 105 cm

② 엄마는 100cm 길이의 리본에서 15cm를 잘랐어요. 남은 리본은 몇 cm일까요?
식 : 100 cm − 15 cm = 85 cm
정답 : 85 cm

19

19쪽 6번

- 2배씩 차이 나는 것끼리 짝지으면 25cm와 50cm, 30cm와 60cm임. 애런과 앤소니, 페리와 에디의 목도리가 이 가운데 있어요.
- 남은 1명 올리버의 목도리는 45cm예요.
- 앤소니의 목도리는 올리버의 목도리보다 5cm 더 기므로 50cm, 애런의 목도리는 25cm예요.
- 남은 건 30cm와 60cm이므로 페리는 30cm, 에디는 60cm예요.

20-21쪽

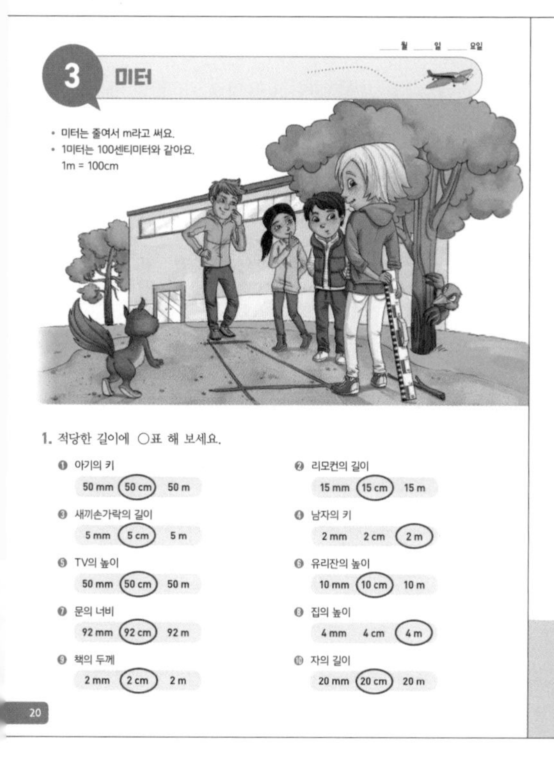

월 일 요일

3 미터

- 미터는 줄여서 m라고 써요.
- 1미터는 100센티미터와 같아요.
  1m = 100cm

1. 적당한 길이에 ○표 해 보세요.

❶ 아기의 키 — 50 mm / **(50 cm)** / 50 m
❷ 리모컨의 길이 — 15 mm / **(15 cm)** / 15 m
❸ 새끼손가락의 길이 — 5 mm / **(5 cm)** / 5 m
❹ 남자의 키 — 2 mm / 2 cm / **(2 m)**
❺ TV의 높이 — 50 mm / **(50 cm)** / 50 m
❻ 유리잔의 높이 — 10 mm / **(10 cm)** / 10 m
❼ 문의 너비 — 92 mm / **(92 cm)** / 92 m
❽ 집의 높이 — 4 mm / 4 cm / **(4 m)**
❾ 책의 두께 — 2 mm / **(2 cm)** / 2 m
❿ 자의 길이 — 20 mm / **(20 cm)** / 20 m

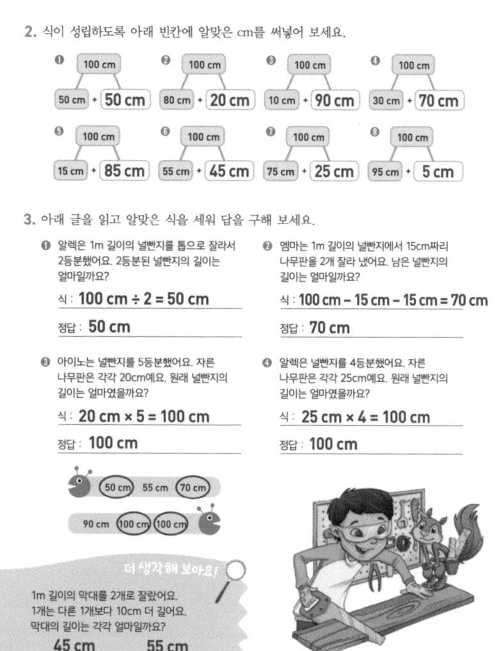

2. 식이 성립하도록 아래 빈칸에 알맞은 cm를 써넣어 보세요.

❶ 100 cm = 50 cm + **50 cm**
❷ 100 cm = 80 cm + **20 cm**
❸ 100 cm = 10 cm + **90 cm**
❹ 100 cm = 30 cm + **70 cm**
❺ 100 cm = 15 cm + **85 cm**
❻ 100 cm = 55 cm + **45 cm**
❼ 100 cm = 75 cm + **25 cm**
❽ 100 cm = 95 cm + **5 cm**

3. 아래 글을 읽고 알맞은 식을 세워 답을 구해 보세요.

❶ 알렉은 1m 길이의 널빤지를 톱으로 잘라서 2등분했어요. 2등분된 널빤지의 길이는 얼마일까요?
식 : **100 cm ÷ 2 = 50 cm**
정답 : **50 cm**

❷ 엠마는 1m 길이의 널빤지에서 15cm짜리 나무판을 2개 잘라 냈어요. 남은 널빤지의 길이는 얼마일까요?
식 : **100 cm − 15 cm − 15 cm = 70 cm**
정답 : **70 cm**

❸ 아이노는 널빤지를 5등분했어요. 자른 나무판은 각각 20cm예요. 원래 널빤지의 길이는 얼마였을까요?
식 : **20 cm × 5 = 100 cm**
정답 : **100 cm**

❹ 알렉은 널빤지를 4등분했어요. 자른 나무판은 각각 25cm예요. 원래 널빤지의 길이는 얼마였을까요?
식 : **25 cm × 4 = 100 cm**
정답 : **100 cm**

(50 cm) 55 cm (70 cm)
90 cm (100 cm) (100 cm)

더 생각해 보아요!
1m 길이의 막대를 2개로 잘랐어요. 1개는 다른 1개보다 10cm 더 길어요. 막대의 길이는 각각 얼마일까요?
45 cm, **55 cm**

20쪽 1번

우리 생활에서 쓰이는 것의 기본적인 단위를 제대로 알고 있는지 수 감각을 묻는 문제입니다. 여기에 제시된 문제뿐 아니라 부엌에서 쓰는 물건, 집 안 가구, 학교 운동장에 있는 운동 기구 등을 활용해서 문제 내기를 해도 좋답니다.
- 미끄럼틀의 높이 단위는?
- 주걱의 길이 단위는?
- 자동차의 높이 단위는?

더 생각해 보아요! | 21쪽

1m는 100cm와 같으므로, 100cm로 바꿔서 계산해요.

22-23쪽

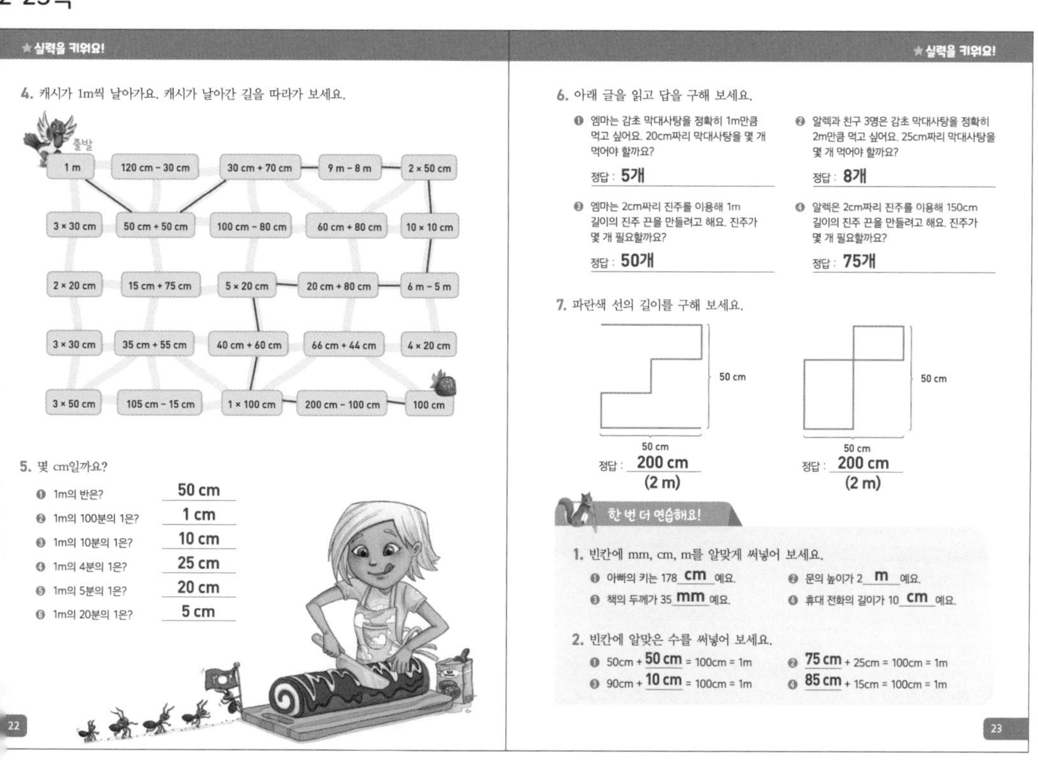

★ 실력을 키워요!

4. 캐시가 1m씩 날아가요. 캐시가 날아간 길을 따라가 보세요.

5. 몇 cm일까요?

❶ 1m의 반은? **50 cm**
❷ 1m의 100분의 1은? **1 cm**
❸ 1m의 10분의 1은? **10 cm**
❹ 1m의 4분의 1은? **25 cm**
❺ 1m의 5분의 1은? **20 cm**
❻ 1m의 20분의 1은? **5 cm**

★ 실력을 키워요!

6. 아래 글을 읽고 답을 구해 보세요.

❶ 엠마는 감초 막대사탕을 정확히 1m만큼 먹고 싶어요. 20cm짜리 막대사탕을 몇 개 먹어야 할까요?
정답 : **5개**

❷ 알렉과 친구 3명은 감초 막대사탕을 정확히 2m만큼 먹고 싶어요. 25cm짜리 막대사탕을 몇 개 먹어야 할까요?
정답 : **8개**

❸ 엠마는 2cm짜리 진주를 이용해 1m 길이의 진주 끈을 만들려고 해요. 진주가 몇 개 필요할까요?
정답 : **50개**

❹ 알렉은 2cm짜리 진주를 이용해 150cm 길이의 진주 끈을 만들려고 해요. 진주가 몇 개 필요할까요?
정답 : **75개**

7. 파란색 선의 길이를 구해 보세요.

정답 : **200 cm (2 m)**
정답 : **200 cm (2 m)**

한 번 더 연습해요!

1. 빈칸에 mm, cm, m를 알맞게 써넣어 보세요.

❶ 아빠의 키는 178 **cm** 예요.
❷ 문의 높이가 2 **m** 예요.
❸ 책의 두께가 35 **mm** 예요.
❹ 휴대 전화의 길이가 10 **cm** 예요.

2. 빈칸에 알맞은 수를 써넣어 보세요.

❶ 50cm + **50 cm** = 100cm = 1m
❷ **75 cm** + 25cm = 100cm = 1m
❸ 90cm + **10 cm** = 100cm = 1m
❹ **85 cm** + 15cm = 100cm = 1m

부모님 가이드 | 22쪽

1m는 우리 생활에서 많이 쓰는 단위예요. 팔을 벌려 손끝에서 내 몸의 어디까지가 1m인지 알아 두세요. 이를 기준으로 자 없이도 어림해서 대략적인 길이를 알 수 있어요. 책상의 길이를 자신이 어림한 1m를 기준으로 어림해 본 후 자로 재어 확인해 보세요. 측정 영역은 이렇게 실제 수 감각을 익히며 배우면 더 흥미로운 수업이 된답니다.

23쪽 6번

❶ 100cm÷20cm=5, 5개
❷ 2m=200cm,
200cm÷25cm=8, 8개
❸ 100cm÷2cm=50개
❹ 150cm÷2cm=75개

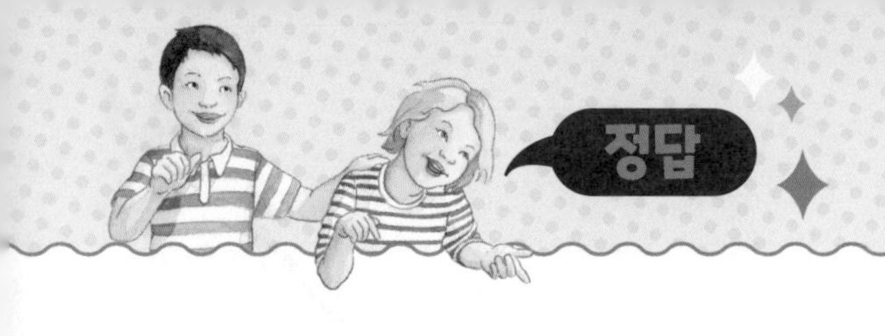

24-25쪽

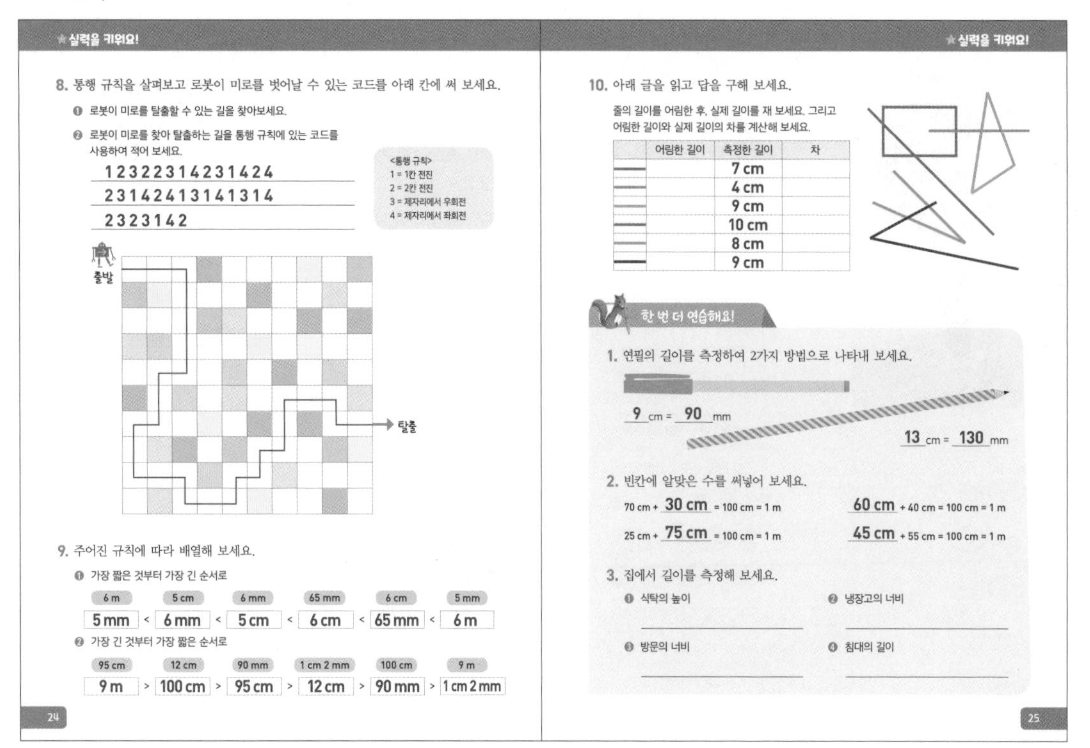

★실력을 키워요!

8. 통행 규칙을 살펴보고 로봇이 미로를 벗어날 수 있는 코드를 아래 칸에 써 보세요.

❶ 로봇이 미로를 탈출할 수 있는 길을 찾아보세요.

❷ 로봇이 미로를 찾아 탈출하는 길을 통행 규칙에 있는 코드를 사용하여 적어 보세요.

12322314231424

23142413141314

2323142

<통행 규칙>
1 = 1칸 전진
2 = 2칸 전진
3 = 제자리에서 우회전
4 = 제자리에서 좌회전

출발 / 탈출

9. 주어진 규칙에 따라 배열해 보세요.

❶ 가장 짧은 것부터 가장 긴 순서로

6 m, 5 cm, 6 mm, 65 mm, 6 cm, 5 mm

5 mm < 6 mm < 5 cm < 6 cm < 65 mm < 6 m

❷ 가장 긴 것부터 가장 짧은 순서로

95 cm, 12 cm, 90 mm, 1 cm 2 mm, 100 cm, 9 m

9 m > 100 cm > 95 cm > 12 cm > 90 mm > 1 cm 2 mm

24

★실력을 키워요!

10. 아래 글을 읽고 답을 구해 보세요.

줄의 길이를 어림한 후, 실제 길이를 재 보세요. 그리고 어림한 길이와 실제 길이의 차를 계산해 보세요.

	어림한 길이	측정한 길이	차
		7 cm	
		4 cm	
		9 cm	
		10 cm	
		8 cm	
		9 cm	

한 번 더 연습해요!

1. 연필의 길이를 측정하여 2가지 방법으로 나타내 보세요.

9 cm = 90 mm

13 cm = 130 mm

2. 빈칸에 알맞은 수를 써넣어 보세요.

70 cm + 30 cm = 100 cm = 1 m

60 cm + 40 cm = 100 cm = 1 m

25 cm + 75 cm = 100 cm = 1 m

45 cm + 55 cm = 100 cm = 1 m

3. 집에서 길이를 측정해 보세요.

❶ 식탁의 높이

❷ 냉장고의 너비

❸ 방문의 너비

❹ 침대의 길이

25

25쪽 10번

길이를 어림할 때 손톱 길이
=1cm라는 기본 단위를 이용
하면 어림하더라도 실제 잰 길
이에 근접한 값을 얻을 수 있어
요. 어림하기를 대충하는 것이
아니라 전략적으로 실제 측정
값에 근접할 수 있도록 노력하
보세요.

26-27쪽

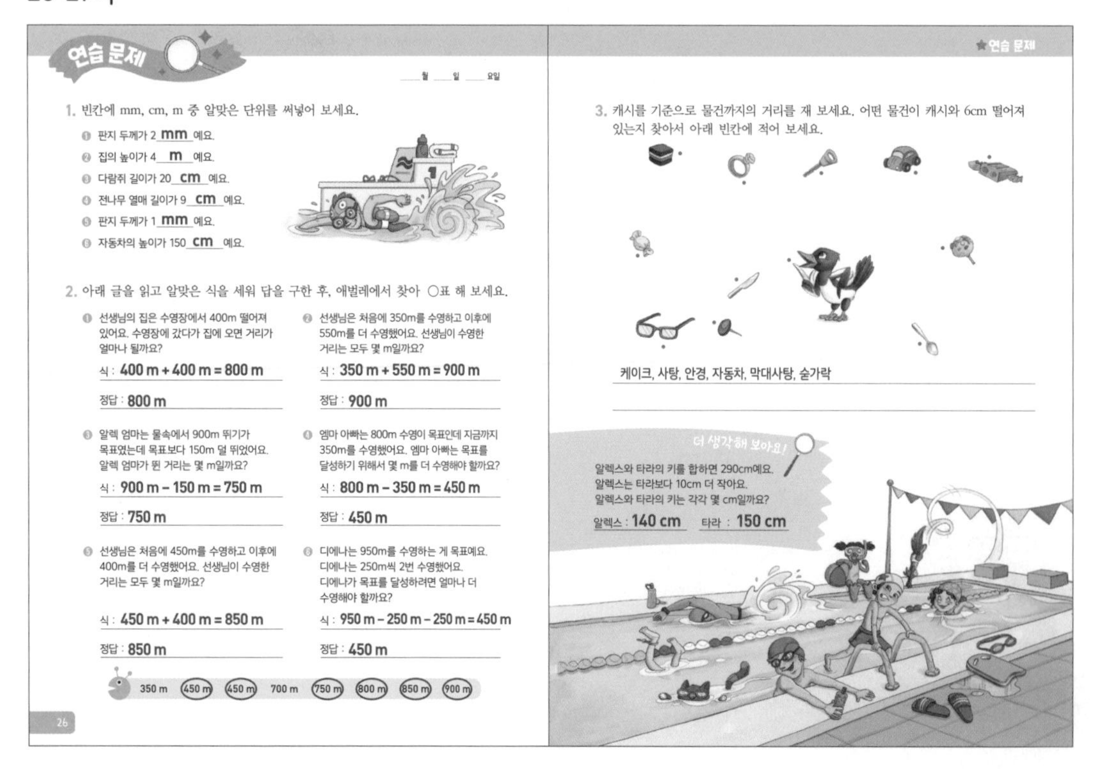

연습 문제

___월 ___일 ___요일

1. 빈칸에 mm, cm, m 중 알맞은 단위를 써넣어 보세요.

❶ 판지 두께가 2 mm 예요.

❷ 집의 높이가 4 m 예요.

❸ 다람쥐 길이가 20 cm 예요.

❹ 전나무 열매 길이가 9 cm 예요.

❺ 판지 두께가 1 mm 예요.

❻ 자동차의 높이가 150 cm 예요.

2. 아래 글을 읽고 알맞은 식을 세워 답을 구한 후, 애벌레에서 찾아 ○표 해 보세요.

❶ 선생님의 집은 수영장에서 400m 떨어져 있어요. 수영장에 갔다가 집에 오면 거리가 얼마나 될까요?

식 : 400 m + 400 m = 800 m

정답 : 800 m

❷ 선생님은 처음에 350m를 수영하고 이후에 550m를 더 수영했어요. 선생님이 수영한 거리는 모두 몇 m일까요?

식 : 350 m + 550 m = 900 m

정답 : 900 m

❸ 알렉 엄마는 물속에서 900m 뛰기가 목표였는데 목표보다 150m 덜 뛰었어요. 알렉 엄마가 뛴 거리는 몇 m일까요?

식 : 900 m − 150 m = 750 m

정답 : 750 m

❹ 엠마 아빠는 800m 수영이 목표인데 지금까지 350m를 수영했어요. 엠마 아빠는 목표를 달성하기 위해서 몇 m를 더 수영해야 할까요?

식 : 800 m − 350 m = 450 m

정답 : 450 m

❺ 선생님은 처음에 450m를 수영하고 이후에 400m를 더 수영했어요. 선생님이 수영한 거리는 모두 몇 m일까요?

식 : 450 m + 400 m = 850 m

정답 : 850 m

❻ 디에나는 950m를 수영하는 게 목표예요. 디에나는 250m씩 2번 수영했어요. 디에나가 목표를 달성하려면 얼마나 더 수영해야 할까요?

식 : 950 m − 250 m − 250 m = 450 m

정답 : 450 m

350 m, (450 m), (450 m), 700 m, (750 m), (800 m), (850 m), (900 m)

26

★연습 문제

3. 캐시를 기준으로 물건까지의 거리를 재 보세요. 어떤 물건이 캐시와 6cm 떨어져 있는지 찾아서 아래 빈칸에 적어 보세요.

케이크, 사탕, 안경, 자동차, 막대사탕, 숟가락

더 생각해 보아요!

알렉스와 타라의 키를 합하면 290cm예요. 알렉스는 타라보다 10cm 더 작아요. 알렉스와 타라의 키는 각각 몇 cm일까요?

알렉스 : 140 cm 타라 : 150 cm

더 생각해 보아요! | 27쪽

타라의 키=알렉스의 키+10cm
알렉스의 키+ 타라의 키=290c

두 사람 키의 차인 10cm를
의 합인 290cm에서 빼면 알
스 키의 2배 값인 280cm가
오므로 알렉스는 140cm, 타
는 10cm를 더한 150cm예요

28-29쪽

Measure with a ruler.(자로 길이를 재요.)

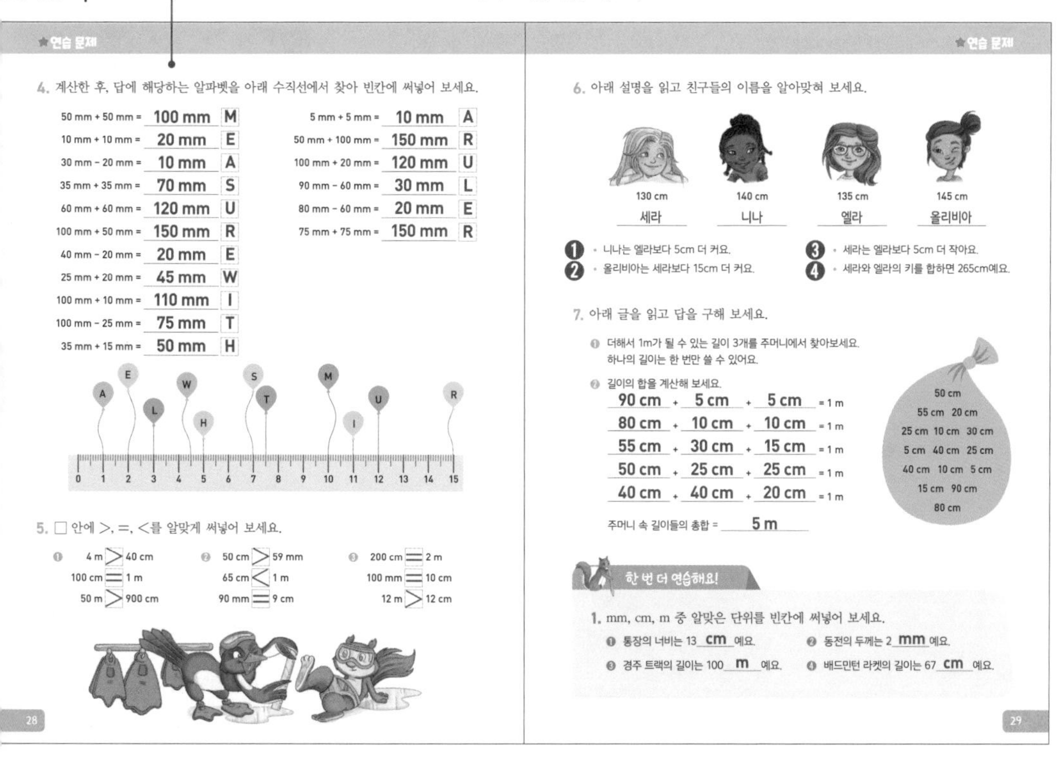

★연습 문제

4. 계산한 후, 답에 해당하는 알파벳을 아래 수직선에서 찾아 빈칸에 써넣어 보세요.

식	답	알파벳
50 mm + 50 mm =	100 mm	M
10 mm + 10 mm =	20 mm	E
30 mm − 20 mm =	10 mm	A
35 mm + 35 mm =	70 mm	S
60 mm + 60 mm =	120 mm	U
100 mm + 50 mm =	150 mm	R
40 mm − 20 mm =	20 mm	E
25 mm + 20 mm =	45 mm	W
100 mm + 10 mm =	110 mm	I
100 mm − 25 mm =	75 mm	T
35 mm + 15 mm =	50 mm	H

식	답	알파벳
5 mm + 5 mm =	10 mm	A
50 mm + 100 mm =	150 mm	R
100 mm + 20 mm =	120 mm	U
90 mm − 60 mm =	30 mm	L
80 mm − 60 mm =	20 mm	E
75 mm + 75 mm =	150 mm	R

5. □ 안에 >, =, <를 알맞게 써넣어 보세요.

❶ 4 m > 40 cm / 100 cm = 1 m / 50 m > 900 cm

❷ 50 cm > 59 mm / 65 cm < 1 m / 90 mm = 9 cm

❸ 200 cm = 2 m / 100 mm = 10 cm / 12 m > 12 cm

★연습 문제

6. 아래 설명을 읽고 친구들의 이름을 알아맞혀 보세요.

130 cm	140 cm	135 cm	145 cm
세라	니나	엘라	올리비아

❶ · 니나는 엘라보다 5cm 더 커요.
❷ · 올리비아는 세라보다 15cm 더 커요.
❸ · 세라는 엘라보다 5cm 더 작아요.
❹ · 세라와 엘라의 키를 합하면 265cm예요.

7. 아래 글을 읽고 답을 구해 보세요.

❶ 더해서 1m가 될 수 있는 길이 3개를 주머니에서 찾아보세요. 하나의 길이는 한 번만 쓸 수 있어요.

❷ 길이의 합을 계산해 보세요.

90 cm + 5 cm + 5 cm = 1 m
80 cm + 10 cm + 10 cm = 1 m
55 cm + 30 cm + 15 cm = 1 m
50 cm + 25 cm + 25 cm = 1 m
40 cm + 40 cm + 20 cm = 1 m

주머니 속 길이들의 총합 = 5 m

한 번 더 연습해요!

1. mm, cm, m 중 알맞은 단위를 빈칸에 써넣어 보세요.

❶ 통장의 너비는 13 cm 예요. ❷ 동전의 두께는 2 mm 예요.
❸ 경주 트랙의 길이는 100 m 예요. ❹ 배드민턴 라켓의 길이는 67 cm 예요.

28 29

29쪽 6번

❹세라와 엘라의 키를 합하면 265cm예요.→ 합했을 때 265cm가 나오는 키는 130cm와 135cm

❷ 올리비아는 세라보다 15cm 더 커요.→ 뺐을 때 15cm 차가 나는 수는 130cm와 145cm. 올리비아가 더 크므로 세라는 130cm, 올리비아는 145cm

❹와 ❷의 결과로 엘라는 135cm임을 알 수 있어요.

❶ 니나는 엘라보다 5cm 크므로, 135cm+5cm=140cm, 니나는 140cm예요.

29쪽 7번

주어진 길이를 1번씩만 써서 1m를 만드는 문제예요. 이럴 때는 가장 큰 수부터 차례대로 활용하면 문제를 쉽게 풀 수 있어요. 먼저 가장 큰 수부터 차례대로 식에 넣어 보세요. 그리고 각 식마다 차례대로 넣은 수로 1m를 만들어 보세요. 전략을 가지고 문제를 해결하면 어려운 문제도 쉽게 풀린답니다.

30-31쪽

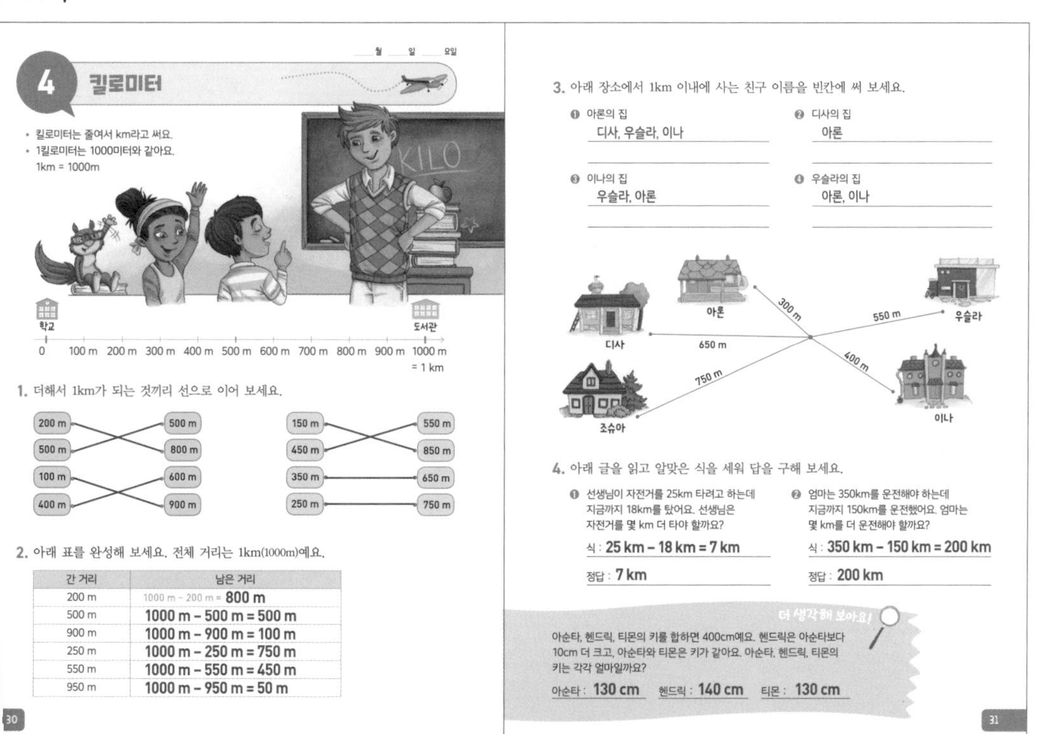

월 일 요일

4 킬로미터

· 킬로미터는 줄여서 km라고 써요.
· 1킬로미터는 1000미터와 같아요.
1km = 1000m

1. 더해서 1km가 되는 것끼리 선으로 이어 보세요.

200 m, 500 m, 100 m, 400 m — 500 m, 800 m, 600 m, 900 m
150 m, 450 m, 350 m, 250 m — 550 m, 850 m, 650 m, 750 m

2. 아래 표를 완성해 보세요. 전체 거리는 1km(1000m)예요.

간 거리	남은 거리
200 m	1000 m − 200 m = 800 m
500 m	1000 m − 500 m = 500 m
900 m	1000 m − 900 m = 100 m
250 m	1000 m − 250 m = 750 m
550 m	1000 m − 550 m = 450 m
950 m	1000 m − 950 m = 50 m

3. 아래 장소에서 1km 이내에 사는 친구 이름을 빈칸에 써 보세요.

❶ 아론의 집: 디사, 우슬라, 이나
❷ 디사의 집: 아론
❸ 이나의 집: 우슬라, 아론
❹ 우슬라의 집: 아론, 이나

4. 아래 글을 읽고 알맞은 식을 세워 답을 구해 보세요.

❶ 선생님이 자전거를 25km 타려고 하는데 지금까지 18km를 탔어요. 선생님은 자전거를 몇 km 더 타야 할까요?
식 : 25 km − 18 km = 7 km
정답 : 7 km

❷ 엄마는 350km를 운전해야 하는데 지금까지 150km를 운전했어요. 엄마는 몇 km를 더 운전해야 할까요?
식 : 350 km − 150 km = 200 km
정답 : 200 km

더 생각해 보아요!

아순타, 헨드릭, 티몬의 키를 합하면 400cm예요. 헨드릭은 아순타보다 10cm 더 크고, 아순타와 티몬은 키가 같아요. 아순타, 헨드릭, 티몬의 키는 각각 얼마일까요?

아순타 : 130 cm 헨드릭 : 140 cm 티몬 : 130 cm

30 31

더 생각해 보아요! | 31쪽

3명 중 헨드릭의 키만 10cm 차이가 나므로 3명의 키의 합인 400cm에서 10cm를 빼요.→400cm-10cm=390cm

390cm를 3으로 나누면 130cm가 나와요. 아순타와 티몬은 키가 같으므로 각각 130cm이며, 헨드릭은 10cm가 더 크므로 140cm예요.

32-33쪽

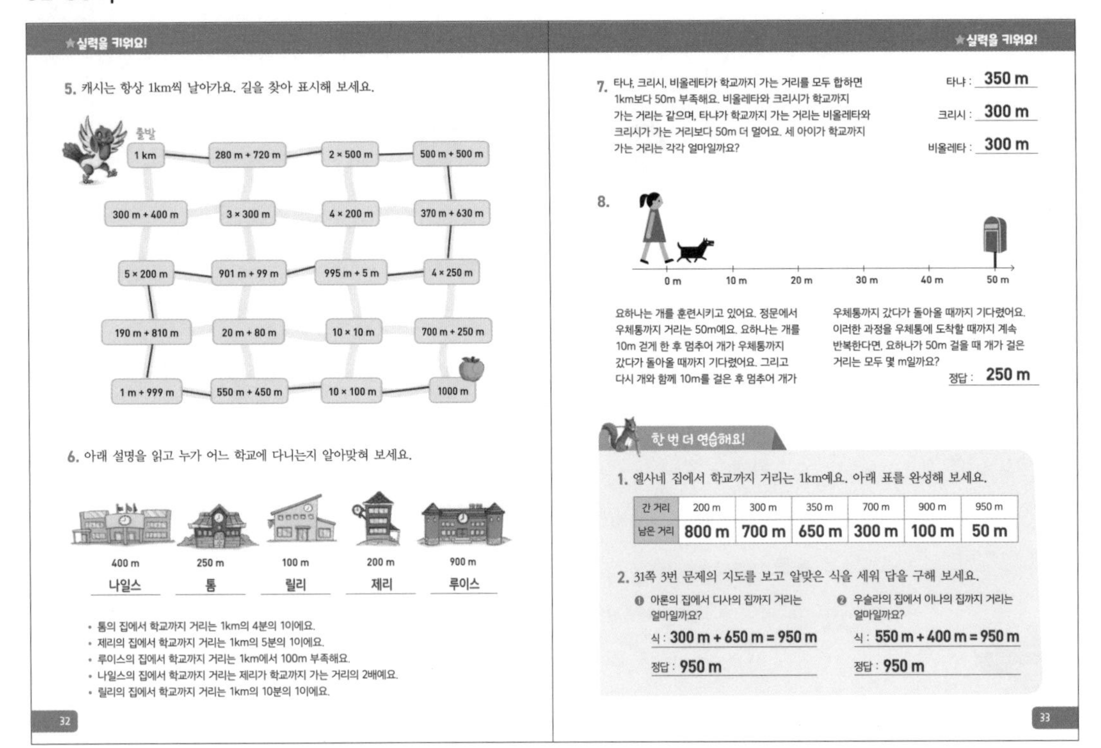

★실력을 키워요!

5. 캐시는 항상 1km씩 날아가요. 길을 찾아 표시해 보세요.

6. 아래 설명을 읽고 누가 어느 학교에 다니는지 알아맞혀 보세요.

400 m	250 m	100 m	200 m	900 m
나일스	톰	릴리	제리	루이스

- 톰의 집에서 학교까지 거리는 1km의 4분의 1이에요.
- 제리의 집에서 학교까지 거리는 1km의 5분의 1이에요.
- 루이스의 집에서 학교까지 거리는 1km에서 100m 부족해요.
- 나일스의 집에서 학교까지 거리는 제리가 학교까지 가는 거리의 2배예요.
- 릴리의 집에서 학교까지 거리는 1km의 10분의 1이에요.

32

★실력을 키워요!

7. 타냐, 크리시, 비올레타가 학교까지 가는 거리를 모두 합하면 1km보다 50m 부족해요. 비올레타와 크리시가 학교까지 가는 거리는 같으며, 타냐가 학교까지 가는 거리는 비올레타와 크리시가 가는 거리보다 50m 더 멀어요. 세 아이가 학교까지 가는 거리는 각각 얼마일까요?

타냐 : **350 m**
크리시 : **300 m**
비올레타 : **300 m**

8.

요하나는 개를 훈련시키고 있어요. 정문에서 우체통까지 거리는 50m예요. 요하나는 개를 10m 걷게 한 후 멈추어 개가 우체통까지 갔다가 돌아올 때까지 기다렸어요. 그리고 다시 개와 함께 10m를 걸은 후 멈추어 개가 우체통까지 갔다가 돌아올 때까지 기다렸어요. 이러한 과정을 우체통에 도착할 때까지 계속 반복한다면, 요하나가 50m 걸을 때 개가 걸은 거리는 모두 몇 m일까요?

정답 : **250 m**

한 번 더 연습해요!

1. 엘사네 집에서 학교까지 거리는 1km예요. 아래 표를 완성해 보세요.

간 거리	200 m	300 m	350 m	700 m	900 m	950 m
남은 거리	800 m	700 m	650 m	300 m	100 m	50 m

2. 31쪽 3번 문제의 지도를 보고 알맞은 식을 세워 답을 구해 보세요.

❶ 아론의 집에서 디사의 집까지 거리는 얼마일까요?

식 : **300 m + 650 m = 950 m**

정답 : **950 m**

❷ 우슬라의 집에서 이나의 집까지 거리는 얼마일까요?

식 : **550 m + 400 m = 950 m**

정답 : **950 m**

33

MEMO

33쪽 8번

요하나	10m	10m(20m 지점)	10m(30m 지점)	10m(40m 지점)	10m(50m 지점)
개	10m 80m(우체통까지 갔다가 돌아오는 거리)	10m(20m 지점) 60m(우체통까지 갔다가 돌아오는 거리)	10m(30m 지점) 40m(우체통까지 갔다가 돌아오는 거리)	10m(40m 지점) 20m(우체통까지 갔다가 돌아오는 거리)	10m(50m 지점)

요하나가 50m 걸을 때 개가 걸은 거리=10m+80m+10m+60m+10m+40m+10m+20m+10m=250m

32쪽 6번

- 톰의 집에서 학교까지 거리는 1km의 4분의 1이에요.→1km는 1000m, 1000m를 4로 나누면 250m
- 제리의 집에서 학교까지 거리는 1km의 5분의 1이에요.→1km는 1000m, 1000m를 5로 나누면 200m
- 루이스의 집에서 학교까지 거리는 1km에서 100m 부족해요.→1000m-100m=900m
- 나일스의 집에서 학교까지 거리는 제리가 학교까지 가는 거리의 2배예요.→200m×2=400m
- 릴리의 집에서 학교까지 거리는 1km의 10분의 1이에요.→1000m÷10=100m

33쪽 7번

타냐+크리시+비올레타가 학교까지 가는 거리는 1000m- 50m=950m

타냐가 학교까지 가는 거리는 비올레타와 크리시보다 50m 더 멀므로, 900m를 3으로 나누면 300m예요.

비올레타와 크리시는 학교까지 가는 거리가 같으므로 각각 300m이며, 타냐는 50m가 더 멀므로 350m예요.

34-35쪽

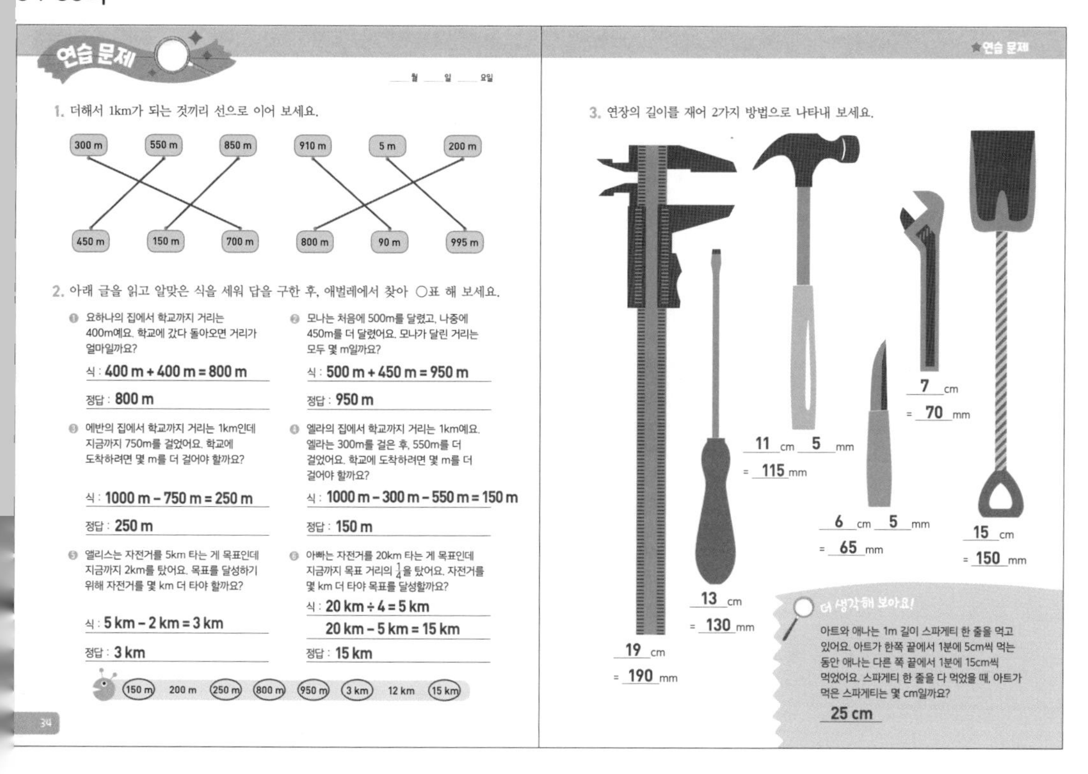
연습 문제

___월 ___일 ___요일

1. 더해서 1km가 되는 것끼리 선으로 이어 보세요.

300 m　550 m　850 m　910 m　5 m　200 m

450 m　150 m　700 m　800 m　90 m　995 m

2. 아래 글을 읽고 알맞은 식을 세워 답을 구한 후, 애벌레에서 찾아 ○표 해 보세요.

❶ 요하나의 집에서 학교까지 거리는 400m예요. 학교에 갔다 돌아오면 거리가 얼마일까요?

식 : 400 m + 400 m = 800 m

정답 : 800 m

❷ 모나는 처음에 500m를 달렸고, 나중에 450m를 더 달렸어요. 모나가 달린 거리는 모두 몇 m일까요?

식 : 500 m + 450 m = 950 m

정답 : 950 m

❸ 에반의 집에서 학교까지 거리는 1km인데 지금까지 750m를 걸었어요. 학교에 도착하려면 몇 m를 더 걸어야 할까요?

식 : 1000 m − 750 m = 250 m

정답 : 250 m

❹ 엘라의 집에서 학교까지 거리는 1km예요. 엘라는 300m를 걸은 후, 550m를 더 걸었어요. 학교에 도착하려면 몇 m를 더 걸어야 할까요?

식 : 1000 m − 300 m − 550 m = 150 m

정답 : 150 m

❺ 엘리스는 자전거를 5km 타는 게 목표인데 지금까지 2km를 탔어요. 목표를 달성하기 위해 자전거를 몇 km 더 타야 할까요?

식 : 5 km − 2 km = 3 km

정답 : 3 km

❻ 아빠는 자전거를 20km 타는 게 목표인데 지금까지 목표 거리의 $\frac{1}{4}$을 탔어요. 자전거를 몇 km 더 타야 목표를 달성할까요?

식 : 20 km ÷ 4 = 5 km

20 km − 5 km = 15 km

정답 : 15 km

(150 m)　200 m　(250 m)　(800 m)　(950 m)　(3 km)　12 km　(15 km)

34

연습 문제

3. 연장의 길이를 재어 2가지 방법으로 나타내 보세요.

19 cm = 190 mm

13 cm = 130 mm

11 cm 5 mm = 115 mm

6 cm 5 mm = 65 mm

7 cm = 70 mm

15 cm = 150 mm

더 생각해 보아요!

아트와 애나는 1m 길이 스파게티 한 줄을 먹고 있어요. 아트가 한쪽 끝에서 1분에 5cm씩 먹는 동안 애나는 다른 쪽 끝에서 1분에 15cm씩 먹었어요. 스파게티 한 줄을 다 먹었을 때, 아트가 먹은 스파게티는 몇 cm일까요?

25 cm

35쪽 3번

우리나라에서는 실과 시간에 일반 공구를 활용한 공작 활동 대신 안전한 키트를 이용해요. 그러나 핀란드를 비롯한 북유럽의 초등학교에는 어른들이 쓰는 공구를 구비한 공작실이 모두 있답니다. 그래서 학생들이 직접 나무를 베고 다듬어 원하는 작품을 만들기 때문에 문제에 보이는 공구들은 핀란드 학생들이 직접 만지는 공구들이라고 할 수 있어요. 학교에는 없지만 가정에서 사용하는 공구들을 꺼내어 자를 이용해 길이를 재어 보는 활동도 재미있겠지요?

더 생각해 보아요! | 35쪽

	1분	2분	3분	4분	5분
아트	5cm	10cm	15cm	20cm	25cm
애나	15cm	30cm	45cm	60cm	75cm
합	20cm	40cm	60cm	80cm	100cm (=1m)

36-37쪽

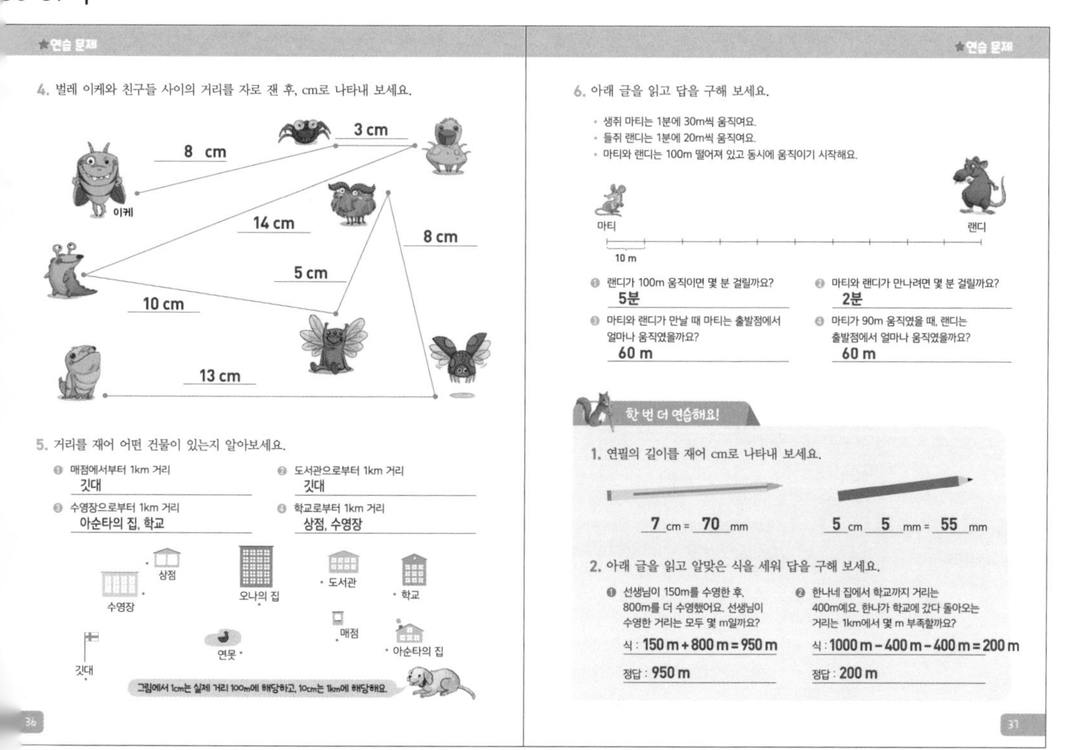
연습 문제

4. 벌레 이케와 친구들 사이의 거리를 자로 잰 후, cm로 나타내 보세요.

5. 거리를 재어 어떤 건물이 있는지 알아보세요.

❶ 매점에서부터 1km 거리
깃대

❷ 도서관으로부터 1km 거리
깃대

❸ 수영장으로부터 1km 거리
아순타의 집, 학교

❹ 학교로부터 1km 거리
상점, 수영장

그림에서 1cm는 실제 거리 100m에 해당하고, 10cm는 1km에 해당해요.

36

연습 문제

6. 아래 글을 읽고 답을 구해 보세요.

- 생쥐 마티는 1분에 30m씩 움직여요.
- 들쥐 랜디는 1분에 20m씩 움직여요.
- 마티와 랜디는 100m 떨어져 있고 동시에 움직이기 시작해요.

❶ 랜디가 100m 움직이면 몇 분 걸릴까요?
5분

❷ 마티와 랜디가 만나려면 몇 분 걸릴까요?
2분

❸ 마티와 랜디가 만날 때 마티는 출발점에서 얼마나 움직였을까요?
60 m

❹ 마티가 90m 움직였을 때, 랜디는 출발점에서 얼마나 움직였을까요?
60 m

한 번 더 연습해요!

1. 연필의 길이를 재어 cm로 나타내 보세요.

7 cm = 70 mm　　5 cm 5 mm = 55 mm

2. 아래 글을 읽고 알맞은 식을 세워 답을 구해 보세요.

❶ 선생님이 150m를 수영한 후, 800m를 더 수영했어요. 선생님이 수영한 거리는 모두 몇 m일까요?

식 : 150 m + 800 m = 950 m

정답 : 950 m

❷ 한나네 집에서 학교까지 거리는 400m예요. 한나가 학교에 갔다 돌아오는 거리는 1km에서 몇 m 부족할까요?

식 : 1000 m − 400 m − 400 m = 200 m

정답 : 200 m

37

37쪽 6번

수직선을 10등분했네요. 이를 분수로 나타낼 수도 있겠지요? 1칸이 10m니까 전체는 10칸이니 100m가 돼요.

그럼 10m는 전체 100m의 $\frac{1}{10}$이 되겠네요. 길이도 크기를 비교할 때 분수로 나타낼 수 있어요. 개념을 통합하는 연습도 필요하답니다.

❶ 1분에 20m씩 움직이므로, 100m를 움직이려면 5분이 걸려요.

❷ 마티와 랜디가 만나는 데 2분이 걸려요.

	1분	2분
마티	30m	60m
랜디	20m	40m
합	50m	100m

❸ 마티와 랜디가 만나는 데 2분이 걸려요. 마티는 1분에 30m씩 움직이므로 2분 동안 60m를 움직여요.

❹ 마티가 90m 움직이려면 3분이 걸려요. 랜디는 1분에 20m씩 움직이므로 3분 동안 60m를 움직여요.

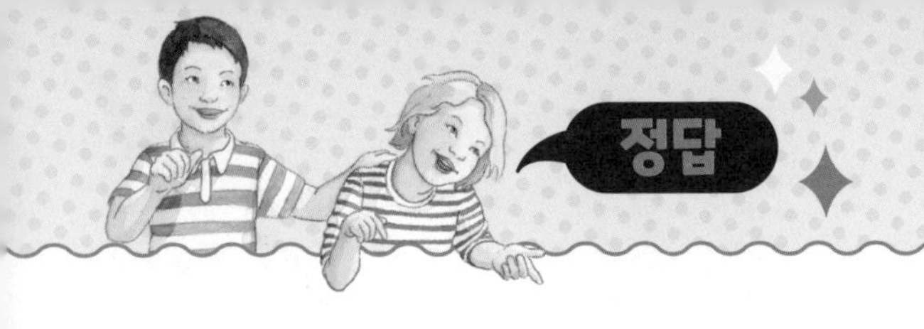

38-39쪽

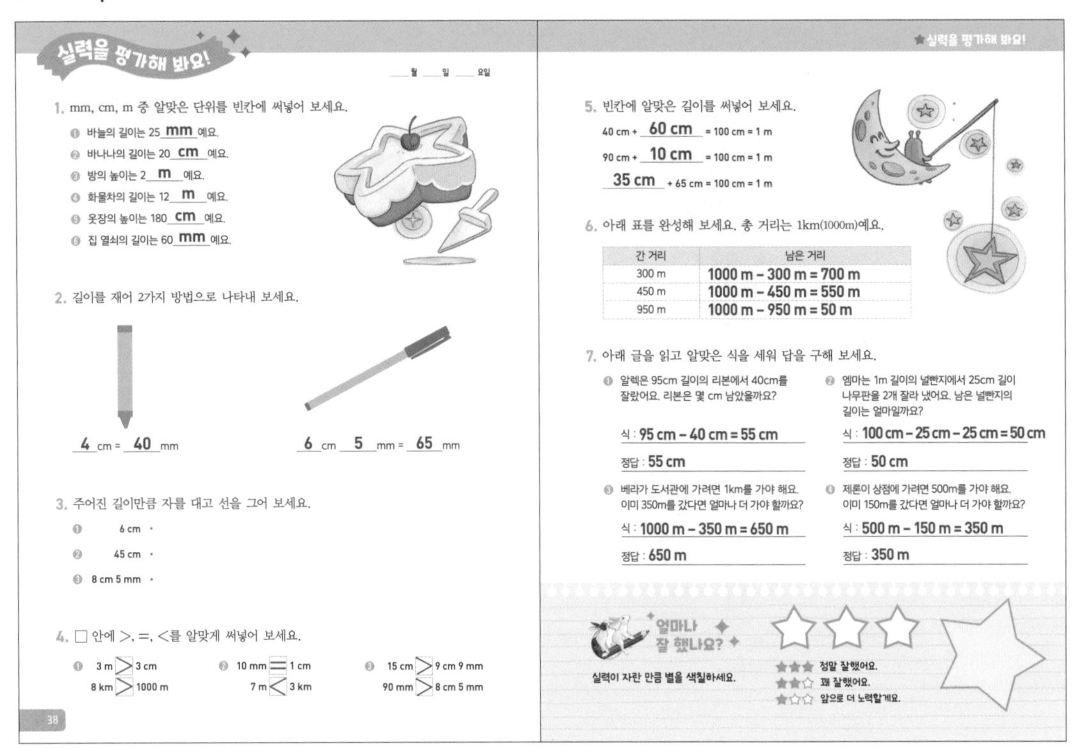

실력을 평가해 봐요!

___월 ___일 ___요일

1. mm, cm, m 중 알맞은 단위를 빈칸에 써넣어 보세요.
   - ❶ 바늘의 길이는 25 mm 예요.
   - ❷ 바나나의 길이는 20 cm 예요.
   - ❸ 방의 높이는 2 m 예요.
   - ❹ 화물차의 길이는 12 m 예요.
   - ❺ 옷장의 높이는 180 cm 예요.
   - ❻ 집 열쇠의 길이는 60 mm 예요.

2. 길이를 재어 2가지 방법으로 나타내 보세요.
   - 4 cm = 40 mm
   - 6 cm 5 mm = 65 mm

3. 주어진 길이만큼 자를 대고 선을 그어 보세요.
   - ❶ 6 cm
   - ❷ 45 cm
   - ❸ 8 cm 5 mm

4. □ 안에 >, =, <를 알맞게 써넣어 보세요.
   - ❶ 3 m > 3 cm, 8 km > 1000 m
   - ❷ 10 mm = 1 cm, 7 m < 3 km
   - ❸ 15 cm > 9 cm 9 mm, 90 mm > 8 cm 5 mm

38

5. 빈칸에 알맞은 길이를 써넣어 보세요.
   - 40 cm + 60 cm = 100 cm = 1 m
   - 90 cm + 10 cm = 100 cm = 1 m
   - 35 cm + 65 cm = 100 cm = 1 m

6. 아래 표를 완성해 보세요. 총 거리는 1km(1000m)예요.

간 거리	남은 거리
300 m	1000 m - 300 m = 700 m
450 m	1000 m - 450 m = 550 m
950 m	1000 m - 950 m = 50 m

7. 아래 글을 읽고 알맞은 식을 세워 답을 구해 보세요.
   - ❶ 알렉은 95cm 길이의 리본에서 40cm를 잘랐어요. 리본은 몇 cm 남았을까요?
     식 : 95 cm - 40 cm = 55 cm
     정답 : 55 cm
   - ❷ 엠마는 1m 길이의 널빤지에서 25cm 길이 나무판을 2개 잘라 냈어요. 남은 널빤지의 길이는 얼마일까요?
     식 : 100 cm - 25 cm - 25 cm = 50 cm
     정답 : 50 cm
   - ❸ 베라가 도서관에 가려면 1km를 가야 해요. 이미 350m를 갔다면 얼마나 더 가야 할까요?
     식 : 1000 m - 350 m = 650 m
     정답 : 650 m
   - ❹ 제론이 상점에 가려면 500m를 가야 해요. 이미 150m를 갔다면 얼마나 더 가야 할까요?
     식 : 500 m - 150 m = 350 m
     정답 : 350 m

얼마나 잘 했나요?

실력이 자란 만큼 별을 색칠하세요.

★★★ 정말 잘했어요.
★★☆ 꽤 잘했어요.
★☆☆ 앞으로 더 노력할게요.

40-41쪽

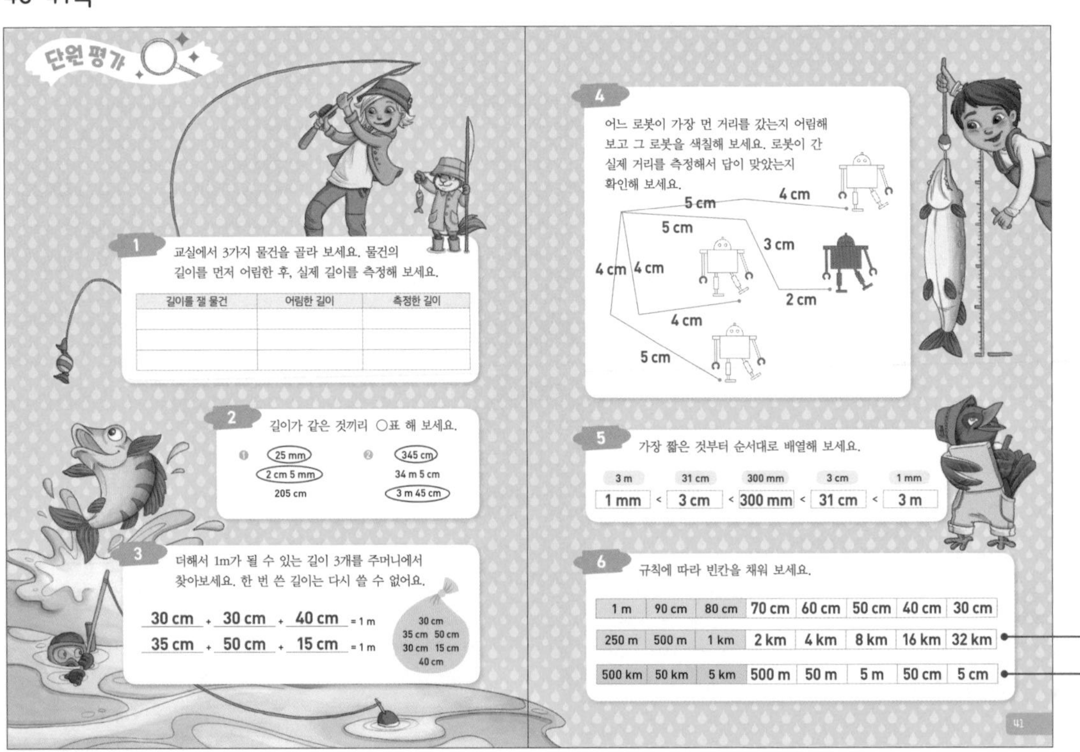

단원 평가

1 교실에서 3가지 물건을 골라 보세요. 물건의 길이를 먼저 어림한 후, 실제 길이를 측정해 보세요.

길이를 잴 물건	어림한 길이	측정한 길이

2 길이가 같은 것끼리 ○표 해 보세요.
- ❶ (25 mm), (2 cm 5 mm), 205 cm
- ❷ (345 cm), 34 m 5 cm, (3 m 45 cm)

3 더해서 1m가 될 수 있는 길이 3개를 주머니에서 찾아보세요. 한 번 쓴 길이는 다시 쓸 수 없어요.
- 30 cm + 30 cm + 40 cm = 1 m
- 35 cm + 50 cm + 15 cm = 1 m

(30 cm, 35 cm, 50 cm, 30 cm, 15 cm, 40 cm)

4 어느 로봇이 가장 먼 거리를 갔는지 어림해 보고 그 로봇을 색칠해 보세요. 로봇이 간 실제 거리를 측정해서 답이 맞았는지 확인해 보세요.

5 가장 짧은 것부터 순서대로 배열해 보세요.

3 m, 31 cm, 300 mm, 3 cm, 1 mm

1 mm < 3 cm < 300 mm < 31 cm < 3 m

6 규칙에 따라 빈칸을 채워 보세요.

1 m	90 cm	80 cm	70 cm	60 cm	50 cm	40 cm	30 cm
250 m	500 m	1 km	2 km	4 km	8 km	16 km	32 km
500 km	50 km	5 km	500 m	50 m	5 m	50 cm	5 cm

41

앞의 수에 ×2를 해요.

앞의 수에 ÷10을 해요.

42-43쪽

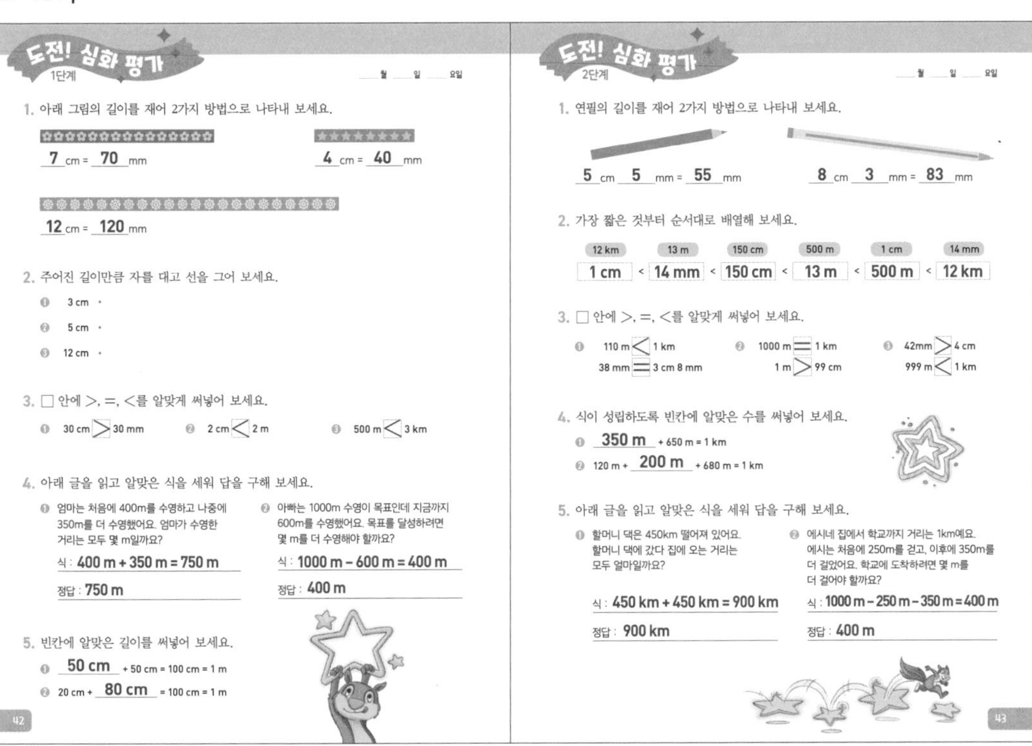

도전! 심화 평가 1단계

___월 ___일 ___요일

1. 아래 그림의 길이를 재어 2가지 방법으로 나타내 보세요.

7 cm = 70 mm

4 cm = 40 mm

12 cm = 120 mm

2. 주어진 길이만큼 자를 대고 선을 그어 보세요.

① 3 cm •

② 5 cm •

③ 12 cm •

3. □ 안에 >, =, <를 알맞게 써넣어 보세요.

① 30 cm [>] 30 mm ② 2 cm [<] 2 m ③ 500 m [<] 3 km

4. 아래 글을 읽고 알맞은 식을 세워 답을 구해 보세요.

① 엄마는 처음에 400m를 수영하고 나중에 350m를 더 수영했어요. 엄마가 수영한 거리는 모두 몇 m일까요?

식 : 400 m + 350 m = 750 m

정답 : 750 m

② 아빠는 1000m 수영이 목표인데 지금까지 600m를 수영했어요. 목표를 달성하려면 몇 m를 더 수영해야 할까요?

식 : 1000 m - 600 m = 400 m

정답 : 400 m

5. 빈칸에 알맞은 길이를 써넣어 보세요.

① 50 cm + 50 cm = 100 cm = 1 m

② 20 cm + 80 cm = 100 cm = 1 m

42

도전! 심화 평가 2단계

___월 ___일 ___요일

1. 연필의 길이를 재어 2가지 방법으로 나타내 보세요.

5 cm 5 mm = 55 mm

8 cm 3 mm = 83 mm

2. 가장 짧은 것부터 순서대로 배열해 보세요.

12 km　13 m　150 cm　500 m　1 cm　14 mm

1 cm < 14 mm < 150 cm < 13 m < 500 m < 12 km

3. □ 안에 >, =, <를 알맞게 써넣어 보세요.

① 110 m [<] 1 km　38 mm [=] 3 cm 8 mm

② 1000 m [=] 1 km　1 m [>] 99 cm

③ 42mm [>] 4 cm　999 m [<] 1 km

4. 식이 성립하도록 빈칸에 알맞은 수를 써넣어 보세요.

① 350 m + 650 m = 1 km

② 120 m + 200 m + 680 m = 1 km

5. 아래 글을 읽고 알맞은 식을 세워 답을 구해 보세요.

① 할머니 댁은 450km 떨어져 있어요. 할머니 댁에 갔다 집에 오는 거리는 모두 얼마일까요?

식 : 450 km + 450 km = 900 km

정답 : 900 km

② 에시네 집에서 학교까지 거리는 1km예요. 에시는 처음에 250m를 걷고, 이후에 350m를 더 걸었어요. 학교에 도착하려면 몇 m를 더 걸어야 할까요?

식 : 1000 m - 250 m - 350 m = 400 m

정답 : 400 m

43

44-45쪽

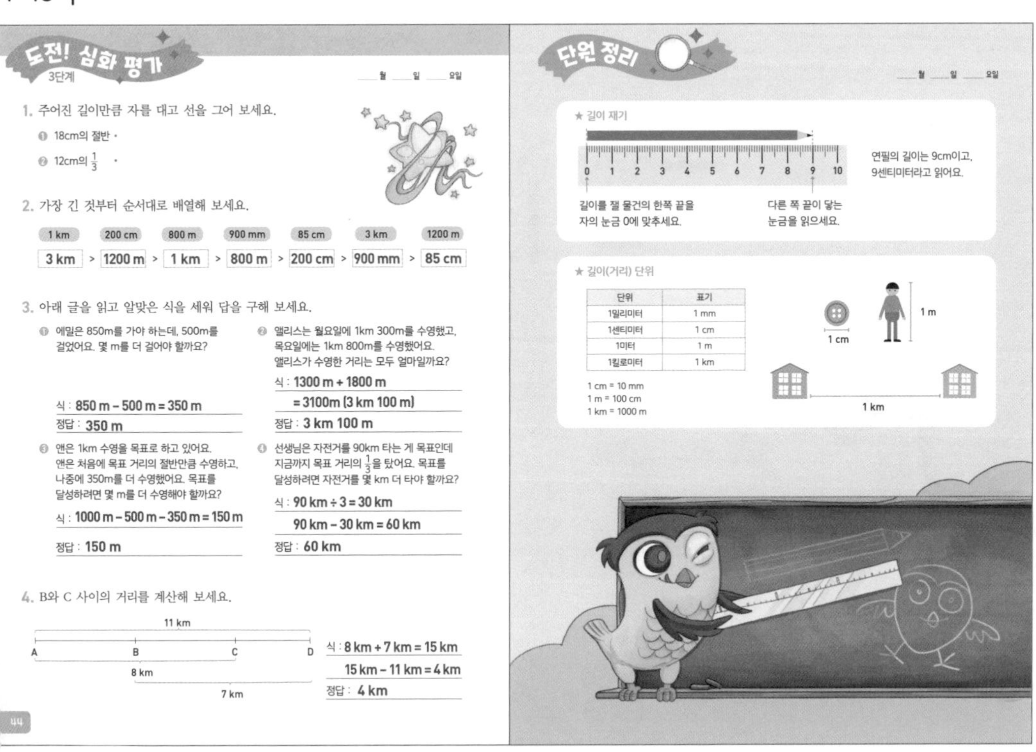

도전! 심화 평가 3단계

___월 ___일 ___요일

1. 주어진 길이만큼 자를 대고 선을 그어 보세요.

① 18cm의 절반 •

② 12cm의 $\frac{1}{3}$ •

2. 가장 긴 것부터 순서대로 배열해 보세요.

1 km　200 cm　800 m　900 mm　85 cm　3 km　1200 m

3 km > 1200 m > 1 km > 800 m > 200 cm > 900 mm > 85 cm

3. 아래 글을 읽고 알맞은 식을 세워 답을 구해 보세요.

① 에밀은 850m를 가야 하는데, 500m를 걸었어요. 몇 m를 더 걸어야 할까요?

식 : 850 m - 500 m = 350 m

정답 : 350 m

② 앨리스는 월요일에 1km 300m를 수영했고, 목요일에는 1km 800m를 수영했어요. 앨리스가 수영한 거리는 모두 얼마일까요?

식 : 1300 m + 1800 m

= 3100m (3 km 100 m)

정답 : 3 km 100 m

③ 앤은 1km 수영을 목표로 하고 있어요. 앤은 처음에 목표 거리의 절반만큼 수영하고, 나중에 350m를 더 수영했어요. 목표를 달성하려면 몇 m를 더 수영해야 할까요?

식 : 1000 m - 500 m - 350 m = 150 m

정답 : 150 m

④ 선생님은 자전거를 90km 타는 게 목표인데 지금까지 목표 거리의 $\frac{1}{3}$을 탔어요. 목표를 달성하려면 자전거를 몇 km 더 타야 할까요?

식 : 90 km ÷ 3 = 30 km

90 km - 30 km = 60 km

정답 : 60 km

4. B와 C 사이의 거리를 계산해 보세요.

식 : 8 km + 7 km = 15 km

15 km - 11 km = 4 km

정답 : 4 km

44

단원 정리

___월 ___일 ___요일

★ 길이 재기

길이를 잴 물건의 한쪽 끝을 자의 눈금 0에 맞추세요.

다른 쪽 끝이 닿는 눈금을 읽으세요.

연필의 길이는 9cm이고, 9센티미터라고 읽어요.

★ 길이(거리) 단위

단위	표기
1밀리미터	1 mm
1센티미터	1 cm
1미터	1 m
1킬로미터	1 km

1 cm = 10 mm
1 m = 100 cm
1 km = 1000 m

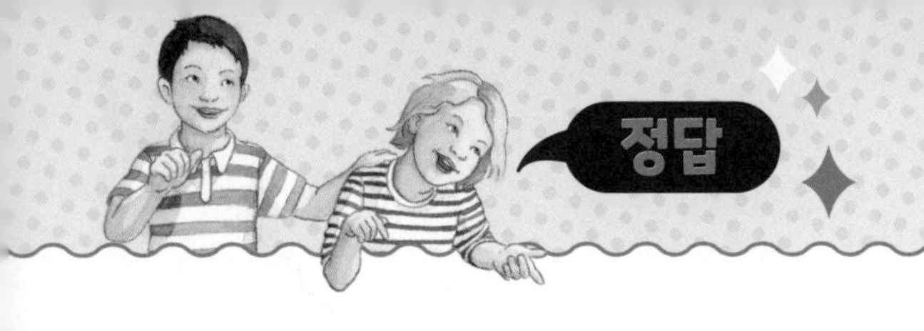

46-47쪽

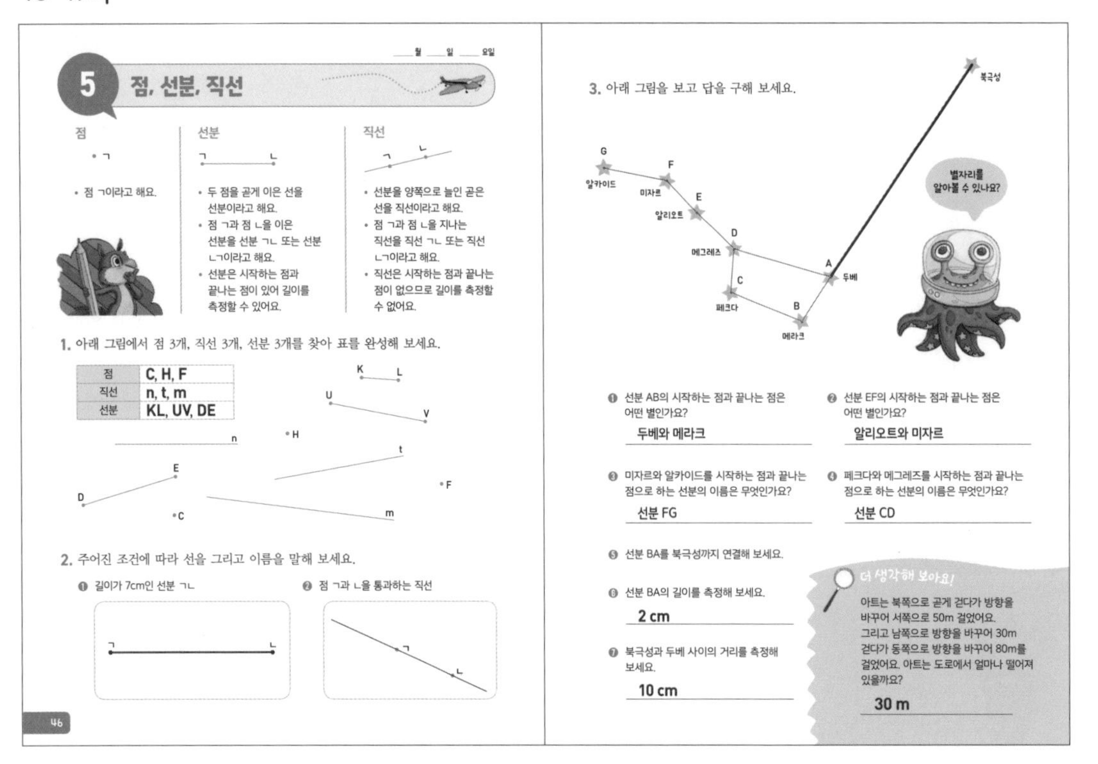

월 일 요일

5 점, 선분, 직선

점 — • ㄱ
• 점 ㄱ이라고 해요.

선분 — ㄱ ㄴ
• 두 점을 곧게 이은 선을 선분이라고 해요.
• 점 ㄱ과 점 ㄴ을 이은 선분을 선분 ㄱㄴ 또는 선분 ㄴㄱ이라고 해요.
• 선분은 시작하는 점과 끝나는 점이 있어 길이를 측정할 수 있어요.

직선 — ㄱ ㄴ
• 선분을 양쪽으로 늘인 곧은 선을 직선이라고 해요.
• 점 ㄱ과 점 ㄴ을 지나는 직선을 직선 ㄱㄴ 또는 직선 ㄴㄱ이라고 해요.
• 직선은 시작하는 점과 끝나는 점이 없으므로 길이를 측정할 수 없어요.

1. 아래 그림에서 점 3개, 직선 3개, 선분 3개를 찾아 표를 완성해 보세요.

점	C, H, F
직선	n, t, m
선분	KL, UV, DE

2. 주어진 조건에 따라 선을 그리고 이름을 말해 보세요.

❶ 길이가 7cm인 선분 ㄱㄴ
❷ 점 ㄱ과 ㄴ을 통과하는 직선

46

3. 아래 그림을 보고 답을 구해 보세요.

북극성, 알카이드, 미자르, 알리오트, 메그레즈, 페크다, 메라크, 두베

별자리를 알아볼 수 있나요?

❶ 선분 AB의 시작하는 점과 끝나는 점은 어떤 별인가요?
두베와 메라크

❷ 선분 EF의 시작하는 점과 끝나는 점은 어떤 별인가요?
알리오트와 미자르

❸ 미자르와 알카이드를 시작하는 점과 끝나는 점으로 하는 선분의 이름은 무엇인가요?
선분 FG

❹ 페크다와 메그레즈를 시작하는 점과 끝나는 점으로 하는 선분의 이름은 무엇인가요?
선분 CD

❺ 선분 BA를 북극성까지 연결해 보세요.

❻ 선분 BA의 길이를 측정해 보세요.
2 cm

❼ 북극성과 두베 사이의 거리를 측정해 보세요.
10 cm

더 생각해 보아요!
아트는 북쪽으로 곧게 걷다가 방향을 바꾸어 서쪽으로 50m 걸었어요. 그리고 남쪽으로 방향을 바꾸어 30m 걷다가 동쪽으로 방향을 바꾸어 80m를 걸었어요. 아트는 도로에서 얼마나 떨어져 있을까요?
30 m

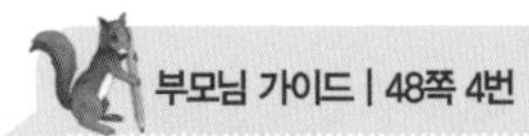

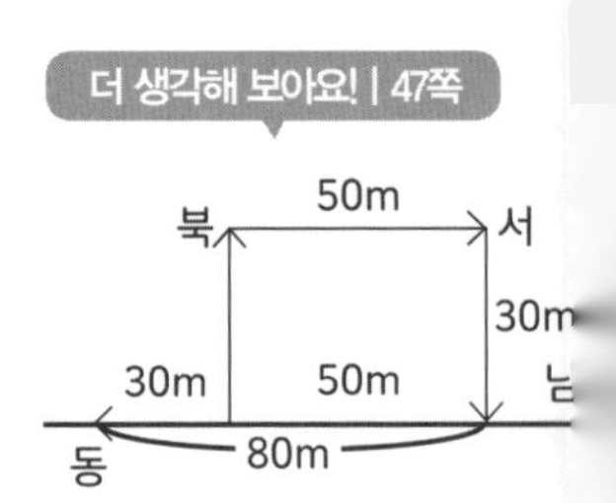

48-49쪽

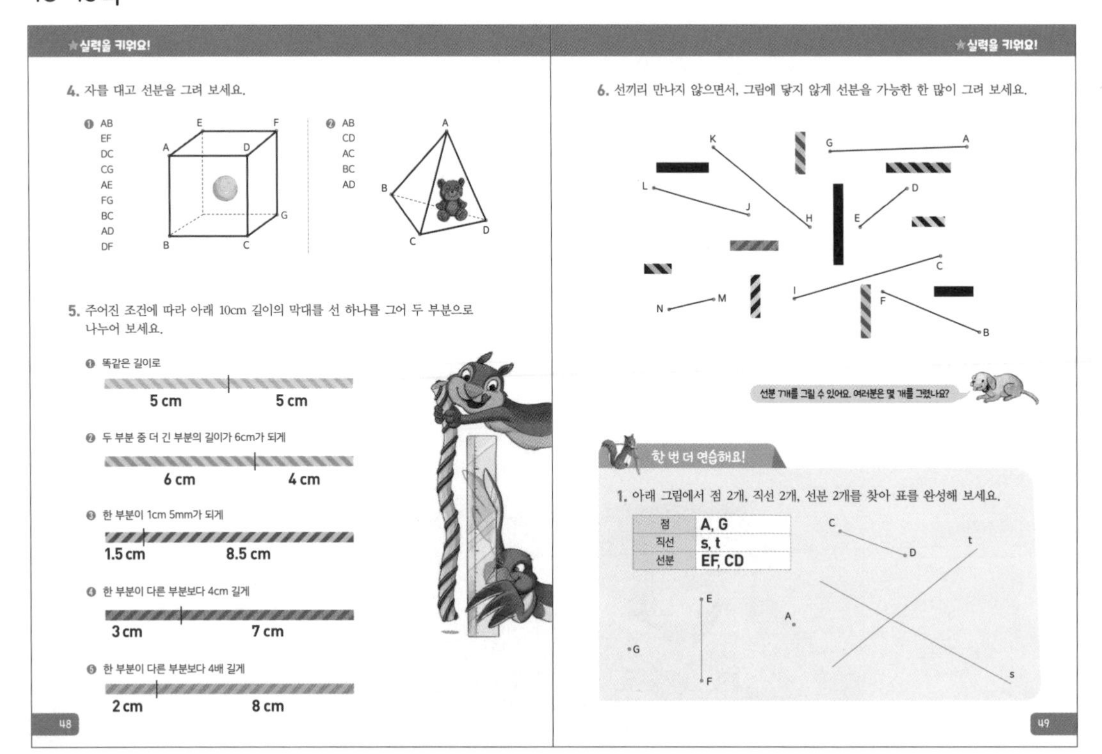

실력을 키워요!

4. 자를 대고 선분을 그려 보세요.

❶ AB, EF, DC, CG, AE, FG, BC, AD, DF
❷ AB, CD, AC, BC, AD

5. 주어진 조건에 따라 아래 10cm 길이의 막대를 선 하나를 그어 두 부분으로 나누어 보세요.

❶ 똑같은 길이로
5 cm　5 cm

❷ 두 부분 중 더 긴 부분의 길이가 6cm가 되게
6 cm　4 cm

❸ 한 부분이 1cm 5mm가 되게
1.5 cm　8.5 cm

❹ 한 부분이 다른 부분보다 4cm 길게
3 cm　7 cm

❺ 한 부분이 다른 부분보다 4배 길게
2 cm　8 cm

48

실력을 키워요!

6. 선끼리 만나지 않으면서, 그림에 닿지 않게 선분을 가능한 한 많이 그려 보세요.

선분 7개를 그릴 수 있어요. 여러분은 몇 개를 그렸나요?

한 번 더 연습해요!

1. 아래 그림에서 점 2개, 직선 2개, 선분 2개를 찾아 표를 완성해 보세요.

점	A, G
직선	s, t
선분	EF, CD

49

부모님 가이드 | 48쪽 4번

육면체나 사면체에서는 꼭짓점이 존재하기 때문에 여기에서 보이는 선은 무한한 직선이 아니라 끝나는 점이 있는 선분이라고 부를 수 있어요.

50-51쪽

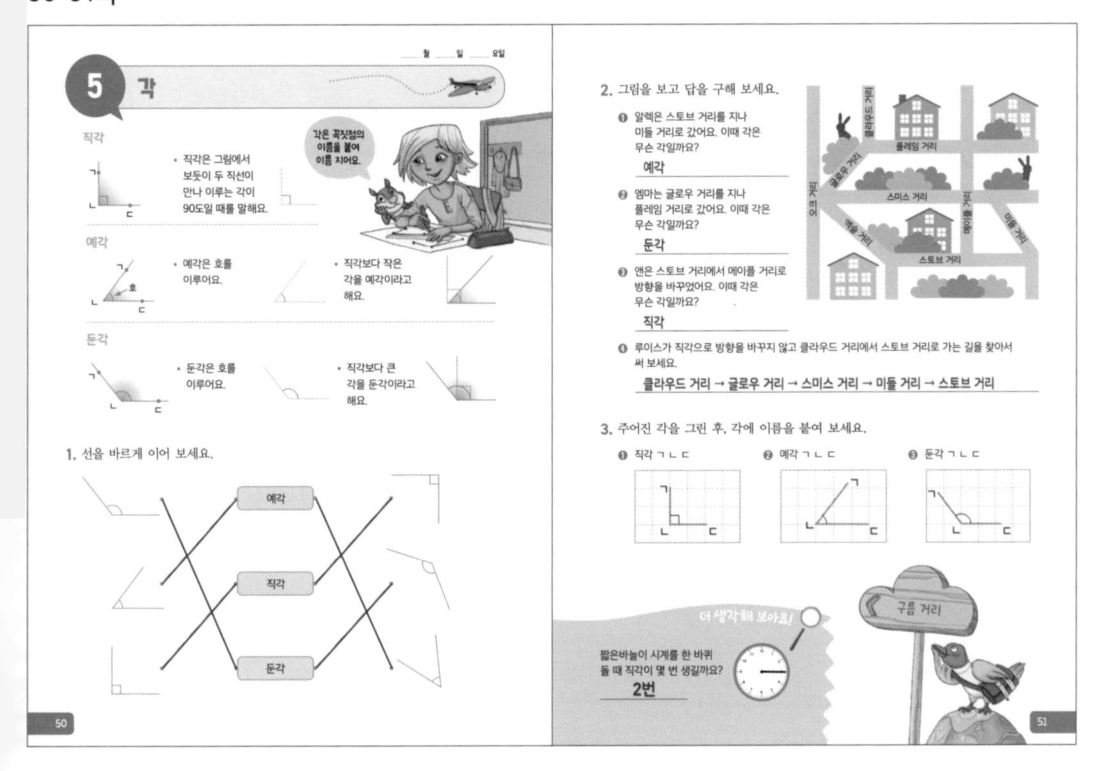
___월 ___일 ___요일

5 각

직각

- 직각은 그림에서 보듯이 두 직선이 만나 이루는 각이 90도일 때를 말해요.

각은 꼭짓점의 이름을 붙여 이름 지어요.

예각

- 예각은 호를 이루어요.
- 직각보다 작은 각을 예각이라고 해요.

둔각

- 둔각은 호를 이루어요.
- 직각보다 큰 각을 둔각이라고 해요.

1. 선을 바르게 이어 보세요.

예각

직각

둔각

2. 그림을 보고 답을 구해 보세요.

❶ 알렉은 스토브 거리를 지나 미들 거리로 갔어요. 이때 각은 무슨 각일까요?

예각

❷ 엠마는 글로우 거리를 지나 플레임 거리로 갔어요. 이때 각은 무슨 각일까요?

둔각

❸ 앤은 스토브 거리에서 메이플 거리로 방향을 바꾸었어요. 이때 각은 무슨 각일까요?

직각

❹ 루이스가 직각으로 방향을 바꾸지 않고 클라우드 거리에서 스토브 거리로 가는 길을 찾아서 써 보세요.

클라우드 거리 → 글로우 거리 → 스미스 거리 → 미들 거리 → 스토브 거리

3. 주어진 각을 그린 후, 각에 이름을 붙여 보세요.

❶ 직각 ㄱㄴㄷ ❷ 예각 ㄱㄴㄷ ❸ 둔각 ㄱㄴㄷ

더 생각해 보아요!

짧은바늘이 시계를 한 바퀴 돌 때 직각이 몇 번 생길까요?

2번

50 51

더 생각해 보아요! | 51쪽

3시와 9시 때 2번 생겨요.

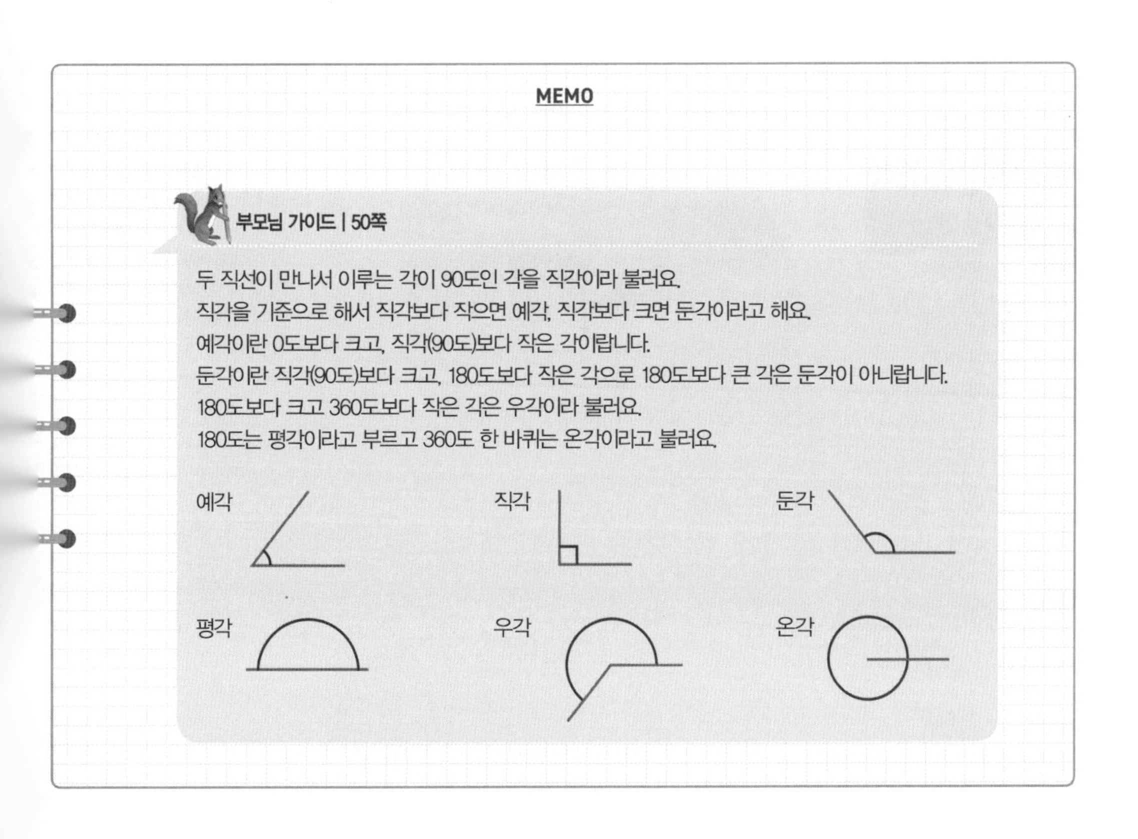
MEMO

부모님 가이드 | 50쪽

두 직선이 만나서 이루는 각이 90도인 각을 직각이라 불러요.
직각을 기준으로 해서 직각보다 작으면 예각, 직각보다 크면 둔각이라고 해요.
예각이란 0도보다 크고, 직각(90도)보다 작은 각이랍니다.
둔각이란 직각(90도)보다 크고, 180도보다 작은 각으로 180도보다 큰 각은 둔각이 아니랍니다.
180도보다 크고 360도보다 작은 각은 우각이라 불러요.
180도는 평각이라고 부르고 360도 한 바퀴는 온각이라고 불러요.

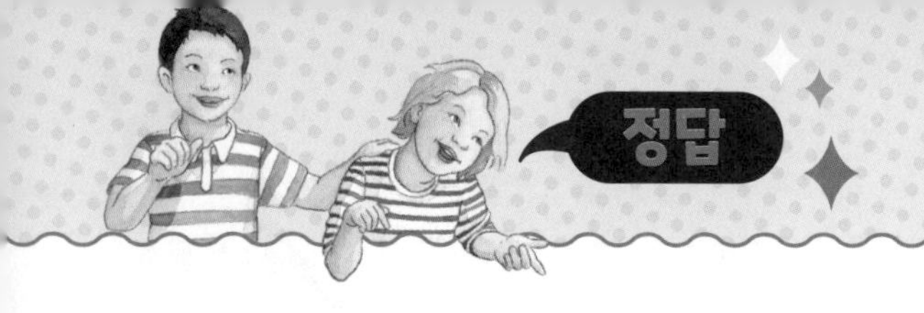

52-53쪽

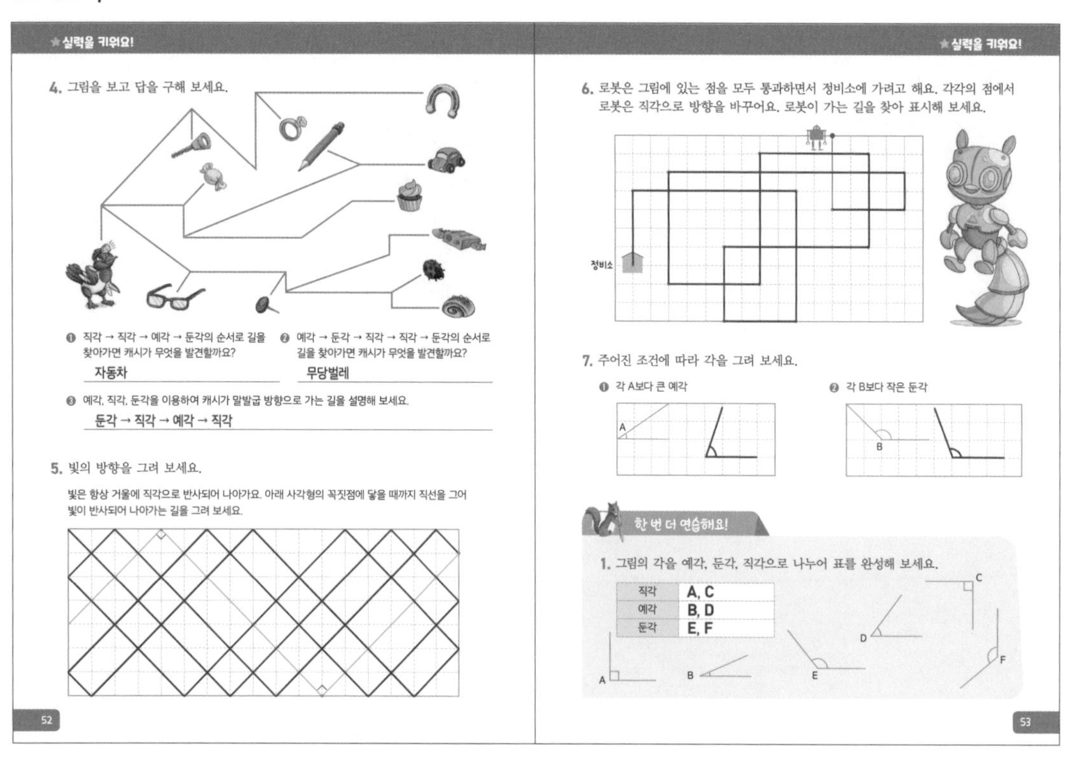
★실력을 키워요!

4. 그림을 보고 답을 구해 보세요.

❶ 직각 → 직각 → 예각 → 둔각의 순서로 길을 찾아가면 캐시가 무엇을 발견할까요?
자동차

❷ 예각 → 둔각 → 직각 → 직각 → 둔각의 순서로 길을 찾아가면 캐시가 무엇을 발견할까요?
무당벌레

❸ 예각, 직각, 둔각을 이용하여 캐시가 말발굽 방향으로 가는 길을 설명해 보세요.
둔각 → 직각 → 예각 → 직각

5. 빛의 방향을 그려 보세요.

빛은 항상 거울에 직각으로 반사되어 나아가요. 아래 사각형의 꼭짓점에 닿을 때까지 직선을 그어 빛이 반사되어 나아가는 길을 그려 보세요.

52

★실력을 키워요!

6. 로봇은 그림에 있는 점을 모두 통과하면서 정비소에 가려고 해요. 각각의 점에서 로봇은 직각으로 방향을 바꾸어요. 로봇이 가는 길을 찾아 표시해 보세요.

정비소

7. 주어진 조건에 따라 각을 그려 보세요.

❶ 각 A보다 큰 예각 ❷ 각 B보다 작은 둔각

한 번 더 연습해요!

1. 그림의 각을 예각, 둔각, 직각으로 나누어 표를 완성해 보세요.

직각	A, C
예각	B, D
둔각	E, F

53

52쪽 5번

정사각형에서 대각선을 그으면 정사각형을 이등분해요. 정사각형의 한 각은 직각인 90도라서 대각선이 이루는 각도는 45도예요. 따라서 대각선 2개를 합하면 (45+45=90) 90도로 직각이 된답니다.

54-55쪽

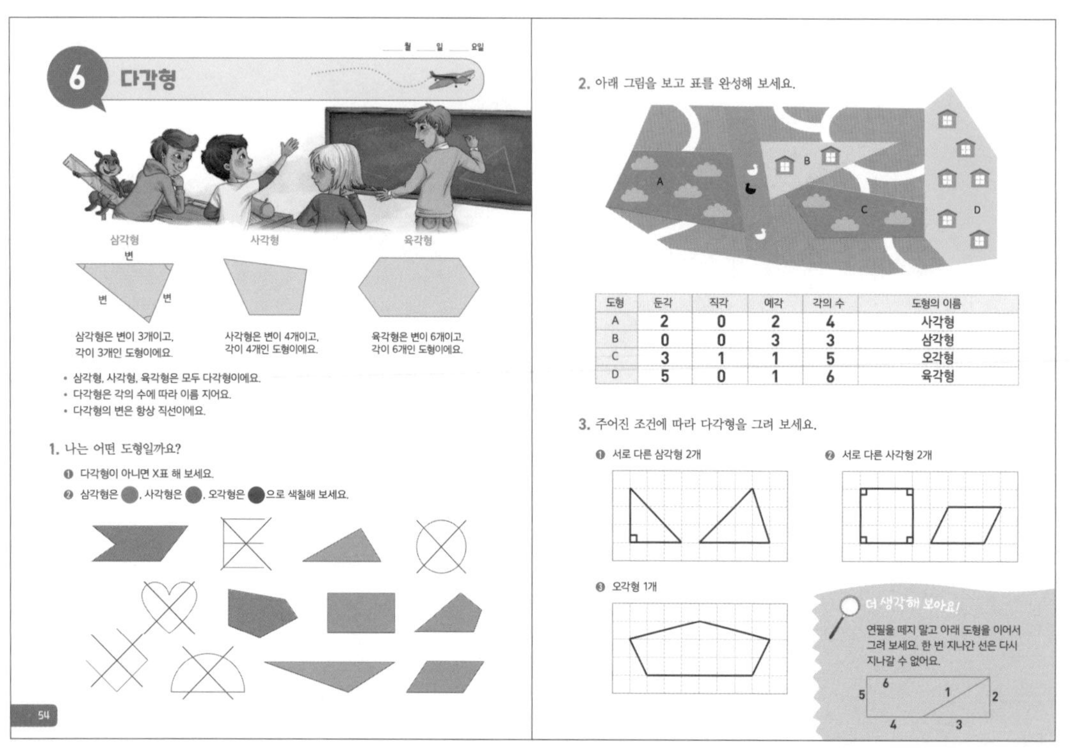
___월 ___일 ___요일

6 다각형

삼각형 사각형 육각형

변 변 변

삼각형은 변이 3개이고, 각이 3개인 도형이에요.
사각형은 변이 4개이고, 각이 4개인 도형이에요.
육각형은 변이 6개이고, 각이 6개인 도형이에요.

- 삼각형, 사각형, 육각형은 모두 다각형이에요.
- 다각형은 각의 수에 따라 이름 지어요.
- 다각형의 변은 항상 직선이에요.

1. 나는 어떤 도형일까요?

❶ 다각형이 아니면 X표 해 보세요.

❷ 삼각형은 ●, 사각형은 ●, 오각형은 ●으로 색칠해 보세요.

54

2. 아래 그림을 보고 표를 완성해 보세요.

도형	둔각	직각	예각	각의 수	도형의 이름
A	2	0	2	4	사각형
B	0	0	3	3	삼각형
C	3	1	1	5	오각형
D	5	0	1	6	육각형

3. 주어진 조건에 따라 다각형을 그려 보세요.

❶ 서로 다른 삼각형 2개 ❷ 서로 다른 사각형 2개

❸ 오각형 1개

더 생각해 보아요!
연필을 떼지 말고 아래 도형을 이어서 그려 보세요. 한 번 지나간 선은 다시 지나갈 수 없어요.

54쪽 1번

도형에서 각을 만드는 반직선을 변이라고 해요. 삼각형은 변이 3개이고, 사각형은 변이 4개이며 오각형은 변이 5개, 육각형은 변이 6개로 이루어져요. 이러한 원칙에 따라 도형을 분류하므로 변의 수에 따라 1번 문제를 해결하면 돼요.

56-57쪽

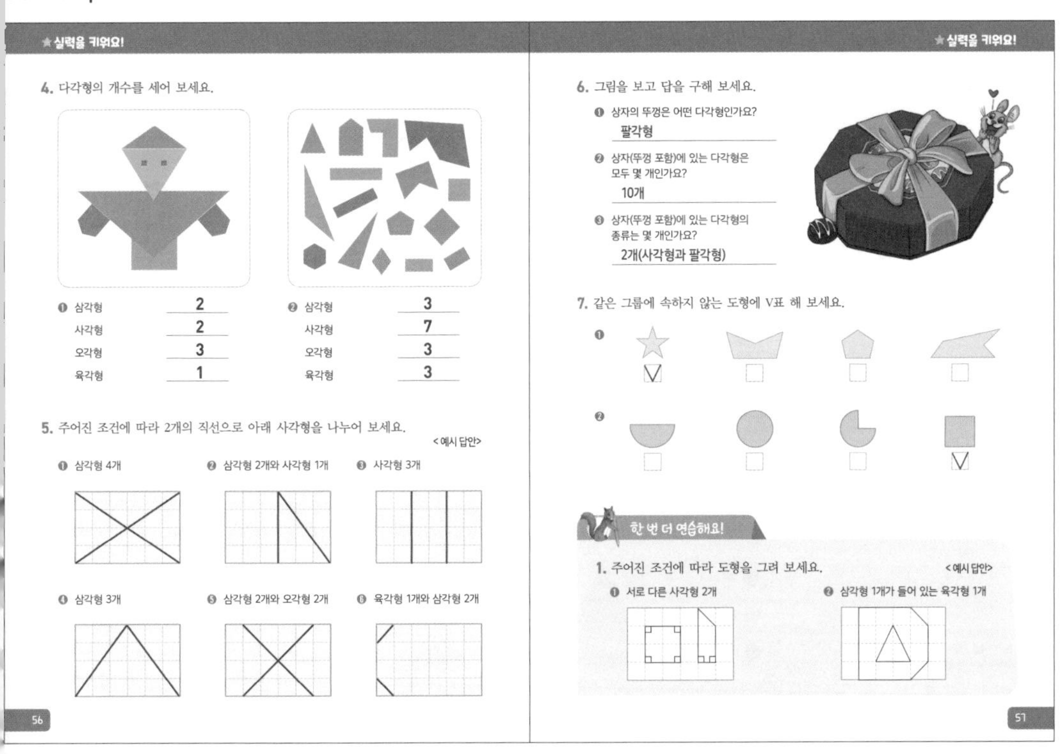

★실력을 키워요!

4. 다각형의 개수를 세어 보세요.

❶		❷	
삼각형	2	삼각형	3
사각형	2	사각형	7
오각형	3	오각형	3
육각형	1	육각형	3

5. 주어진 조건에 따라 2개의 직선으로 아래 사각형을 나누어 보세요. <예시 답안>

❶ 삼각형 4개 ❷ 삼각형 2개와 사각형 1개 ❸ 사각형 3개

❹ 삼각형 3개 ❺ 삼각형 2개와 오각형 2개 ❻ 육각형 1개와 삼각형 2개

56

★실력을 키워요!

6. 그림을 보고 답을 구해 보세요.

❶ 상자의 뚜껑은 어떤 다각형인가요?
팔각형

❷ 상자(뚜껑 포함)에 있는 다각형은 모두 몇 개인가요?
10개

❸ 상자(뚜껑 포함)에 있는 다각형의 종류는 몇 개인가요?
2개(사각형과 팔각형)

7. 같은 그룹에 속하지 않는 도형에 V표 해 보세요.

❶ V

❷ V

한 번 더 연습해요!

1. 주어진 조건에 따라 도형을 그려 보세요. <예시 답안>

❶ 서로 다른 사각형 2개 ❷ 삼각형 1개가 들어 있는 육각형 1개

57

58-59쪽

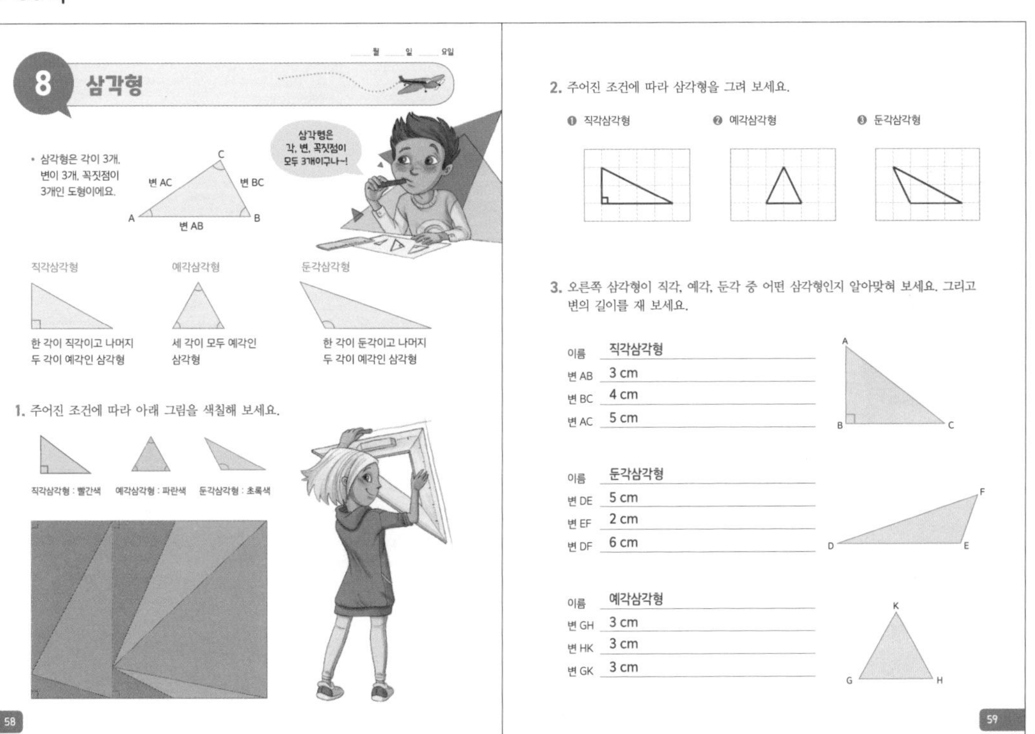

월 일 요일

8 삼각형

• 삼각형은 각이 3개, 변이 3개, 꼭짓점이 3개인 도형이에요.

직각삼각형: 한 각이 직각이고 나머지 두 각이 예각인 삼각형

예각삼각형: 세 각이 모두 예각인 삼각형

둔각삼각형: 한 각이 둔각이고 나머지 두 각이 예각인 삼각형

1. 주어진 조건에 따라 아래 그림을 색칠해 보세요.

직각삼각형 : 빨간색 예각삼각형 : 파란색 둔각삼각형 : 초록색

58

2. 주어진 조건에 따라 삼각형을 그려 보세요.

❶ 직각삼각형 ❷ 예각삼각형 ❸ 둔각삼각형

3. 오른쪽 삼각형이 직각, 예각, 둔각 중 어떤 삼각형인지 알아맞혀 보세요. 그리고 변의 길이를 재 보세요.

이름 직각삼각형
변 AB 3 cm
변 BC 4 cm
변 AC 5 cm

이름 둔각삼각형
변 DE 5 cm
변 EF 2 cm
변 DF 6 cm

이름 예각삼각형
변 GH 3 cm
변 HK 3 cm
변 GK 3 cm

59

부모님 가이드 | 58쪽

삼각형 안에서 직각, 예각, 둔각 등 다양한 각을 찾을 수 있어요. 삼각형 세 각의 합을 구하면 평각인 180도가 된답니다. 삼각형 종이에 각을 표시한 후 잘라서 직선 위에 놓아 보세요. 평각인 180도가 나온답니다.

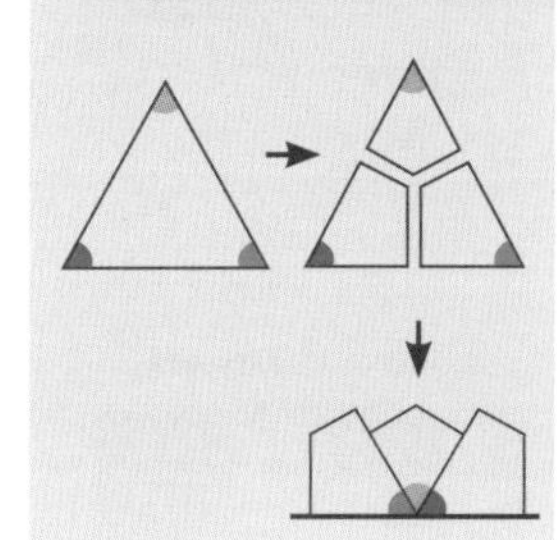

60-61쪽

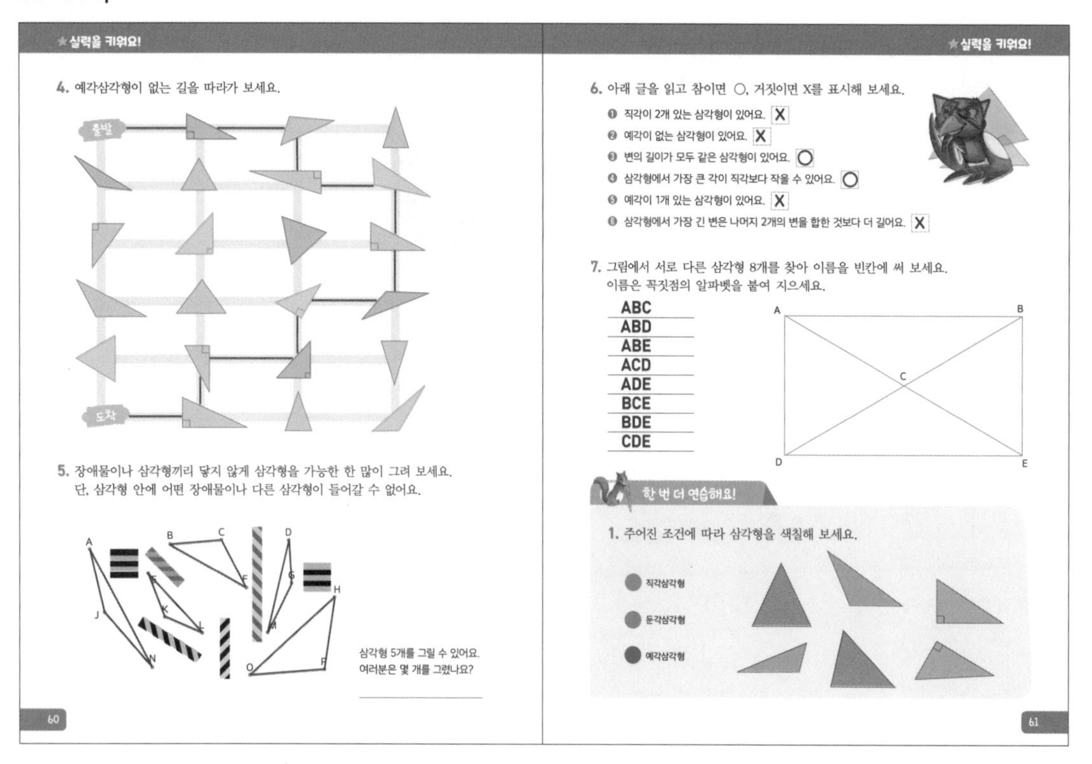
★실력을 키워요!

4. 예각삼각형이 없는 길을 따라가 보세요.

출발

도착

5. 장애물이나 삼각형끼리 닿지 않게 삼각형을 가능한 한 많이 그려 보세요. 단, 삼각형 안에 어떤 장애물이나 다른 삼각형이 들어갈 수 없어요.

삼각형 5개를 그릴 수 있어요. 여러분은 몇 개를 그렸나요?

60

★실력을 키워요!

6. 아래 글을 읽고 참이면 ○, 거짓이면 X를 표시해 보세요.

❶ 직각이 2개 있는 삼각형이 있어요. X
❷ 예각이 없는 삼각형이 있어요. X
❸ 변의 길이가 모두 같은 삼각형이 있어요. ○
❹ 삼각형에서 가장 큰 각이 직각보다 작을 수 있어요. ○
❺ 예각이 1개 있는 삼각형이 있어요. X
❻ 삼각형에서 가장 긴 변은 나머지 2개의 변을 합한 것보다 더 길어요. X

7. 그림에서 서로 다른 삼각형 8개를 찾아 이름을 빈칸에 써 보세요. 이름은 꼭짓점의 알파벳을 붙여 지으세요.

ABC
ABD
ABE
ACD
ADE
BCE
BDE
CDE

한 번 더 연습해요!

1. 주어진 조건에 따라 삼각형을 색칠해 보세요.

직각삼각형
둔각삼각형
예각삼각형

61

61쪽 6번

❶삼각형 내각의 합은 180도이므로 직각이 2개인 삼각형은 없어요.

❷삼각형 내각의 합은 180도이므로 예각이 없는 삼각형은 없어요.

❺삼각형 내각의 합은 180도예요. 각 A, B, C 가운데 A가 둔각이라면 나머지 각 B와 C는 90도보다 작은 예각이에요.

❻삼각형에서 가장 긴 변은 나머지 2개의 변을 합한 길이보다 짧아요.

61쪽 7번

삼각형 ABC와 삼각형 CDE의 모양은 같지만 꼭짓점이 다르기 때문에 다른 삼각형으로 셀 수 있어요. 색을 칠하게 되면 2개의 삼각형에 색을 칠하게 되지요. 그런데 삼각형 ABC, 삼각형 BCA, 삼각형 CAB는 같은 삼각형이에요. 색을 칠하게 되면 모두 한 삼각형에 색을 칠하게 되기 때문이에요.

62-63쪽

9 사각형

사각형

• 사각형은 변이 4개, 각이 4개, 꼭짓점이 4개인 도형이에요.

직사각형

• 직사각형은 네 각이 모두 직각이고, 마주 대하고 있는 변의 길이가 같은 사각형이에요.

정사각형

• 정사각형은 네 각이 모두 직각이고, 네 변의 길이가 모두 같은 사각형이에요.

그 밖의 사각형들

1. 사각형을 모두 색칠해 보세요.

62

2. 주어진 조건에 따라 도형을 그려 보세요.

❶ 직사각형 ❷ 정사각형 ❸ 직사각형이 아닌 사각형

3. 다음 도형에 해당하는 이름에 V표 해 보세요.

❶ 사각형 직사각형 ✓ 정사각형
❷ 사각형 ✓ 직사각형 정사각형
❸ 사각형 직사각형 정사각형 ✓
❹ 사각형 ✓ 직사각형 정사각형
❺ 사각형 직사각형 정사각형 ✓
❻ 사각형 직사각형 ✓ 정사각형

더 생각해 보아요!

그림의 사각형을 정사각형 4개로 나누어 보세요.

❶ 선 2개로 만들 수 있나요? 아니오
❷ 선 3개로 만들 수 있나요? 네

63

64-65쪽

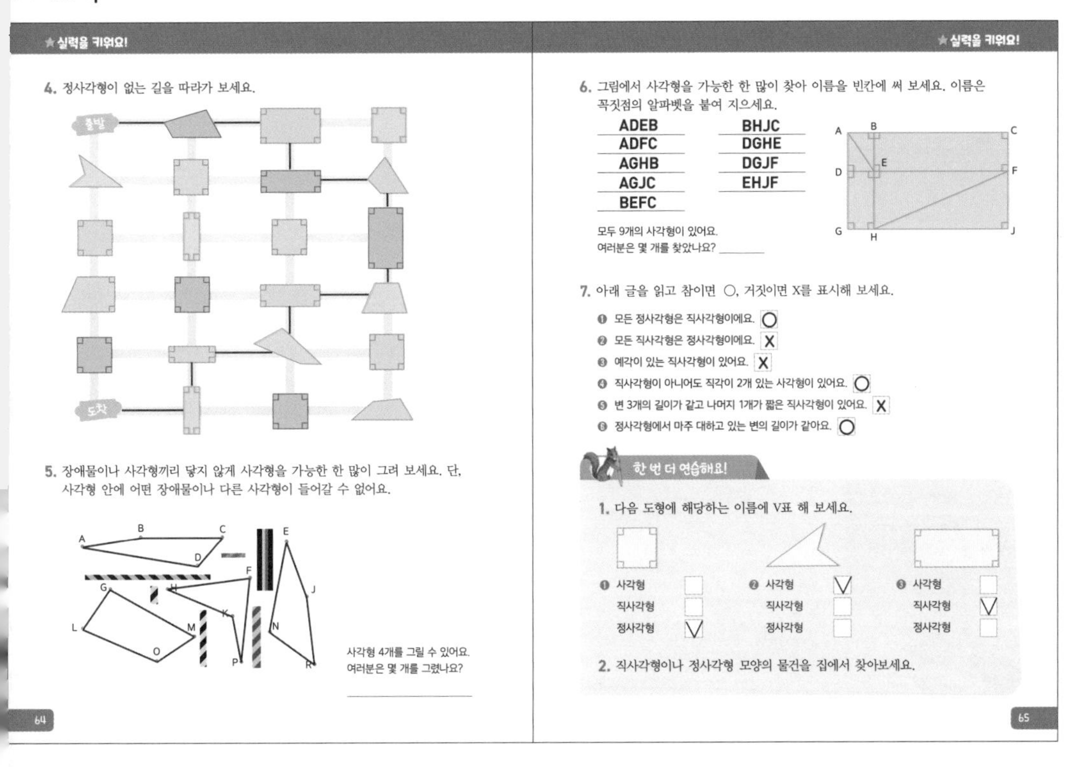

★ 실력을 키워요!

4. 정사각형이 없는 길을 따라가 보세요.

5. 장애물이나 사각형끼리 닿지 않게 사각형을 가능한 한 많이 그려 보세요. 단, 사각형 안에 어떤 장애물이나 다른 사각형이 들어갈 수 없어요.

사각형 4개를 그릴 수 있어요.
여러분은 몇 개를 그렸나요? ________

64

★ 실력을 키워요!

6. 그림에서 사각형을 가능한 한 많이 찾아 이름을 빈칸에 써 보세요. 이름은 꼭짓점의 알파벳을 붙여 지으세요.

ADEB **BHJC**
ADFC **DGHE**
AGHB **DGJF**
AGJC **EHJF**
BEFC

모두 9개의 사각형이 있어요.
여러분은 몇 개를 찾았나요? ________

7. 아래 글을 읽고 참이면 ○, 거짓이면 X를 표시해 보세요.

❶ 모든 정사각형은 직사각형이에요. ○
❷ 모든 직사각형은 정사각형이에요. X
❸ 예각이 있는 직사각형이 있어요. X
❹ 직사각형이 아니어도 직각이 2개 있는 사각형이 있어요. ○
❺ 변 3개의 길이가 같고 나머지 1개가 짧은 직사각형이 있어요. X
❻ 정사각형에서 마주 대하고 있는 변의 길이가 같아요. ○

한 번 더 연습해요!

1. 다음 도형에 해당하는 이름에 V표 해 보세요.

❶		❷		❸	
사각형		사각형	V	사각형	
직사각형		직사각형		직사각형	V
정사각형	V	정사각형		정사각형	

2. 직사각형이나 정사각형 모양의 물건을 집에서 찾아보세요.

65

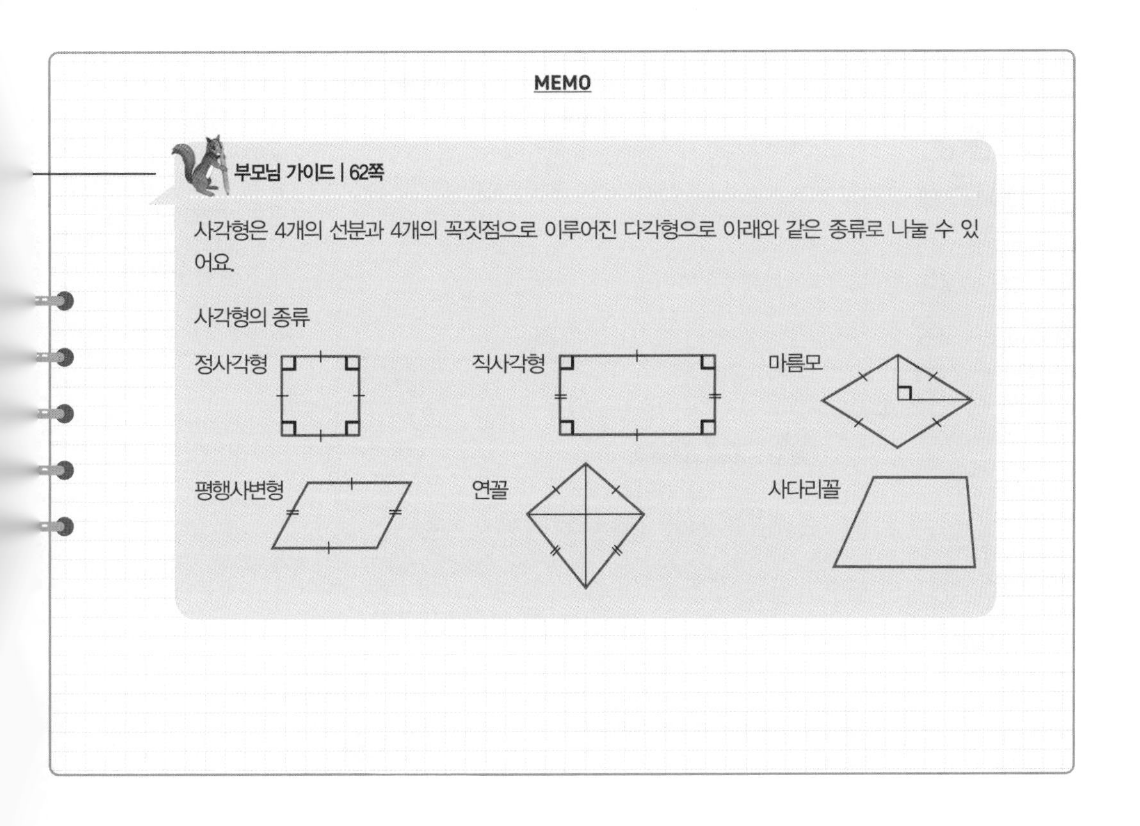

MEMO

부모님 가이드 | 62쪽

사각형은 4개의 선분과 4개의 꼭짓점으로 이루어진 다각형으로 아래와 같은 종류로 나눌 수 있어요.

사각형의 종류

정사각형 직사각형 마름모

평행사변형 연꼴 사다리꼴

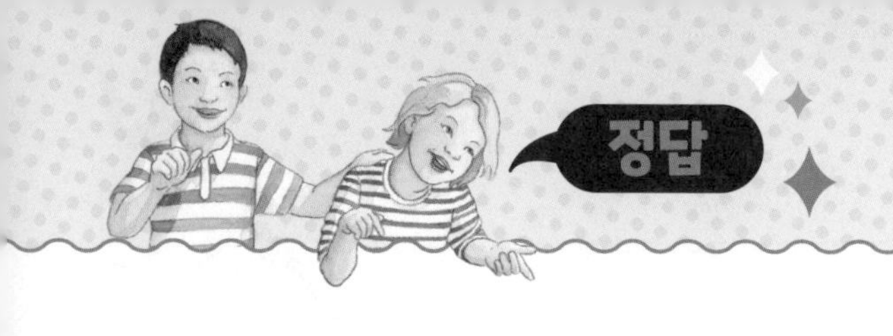

66-67쪽

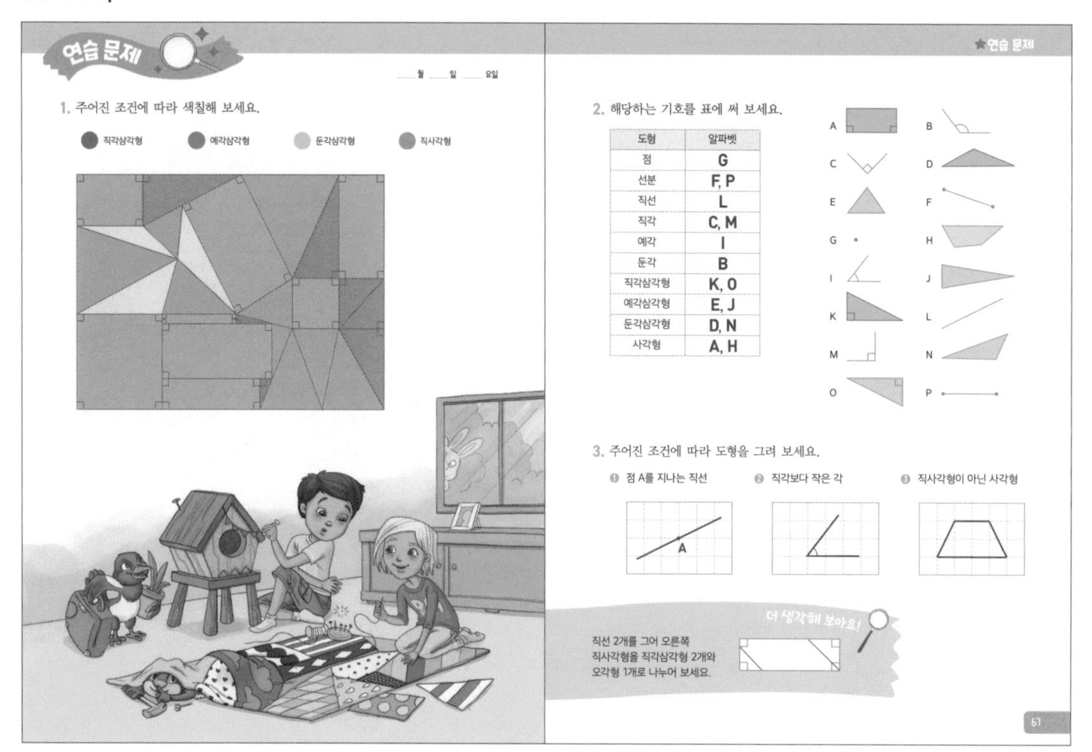

연습 문제

___월 ___일 ___요일

1. 주어진 조건에 따라 색칠해 보세요.

직각삼각형 / 예각삼각형 / 둔각삼각형 / 직사각형

2. 해당하는 기호를 표에 써 보세요.

도형	알파벳
점	G
선분	F, P
직선	L
직각	C, M
예각	I
둔각	B
직각삼각형	K, O
예각삼각형	E, J
둔각삼각형	D, N
사각형	A, H

3. 주어진 조건에 따라 도형을 그려 보세요.

① 점 A를 지나는 직선 ② 직각보다 작은 각 ③ 직사각형이 아닌 사각형

더 생각해 보아요!

직선 2개를 그어 오른쪽 직사각형을 직각삼각형 2개와 오각형 1개로 나누어 보세요.

67

68-69쪽

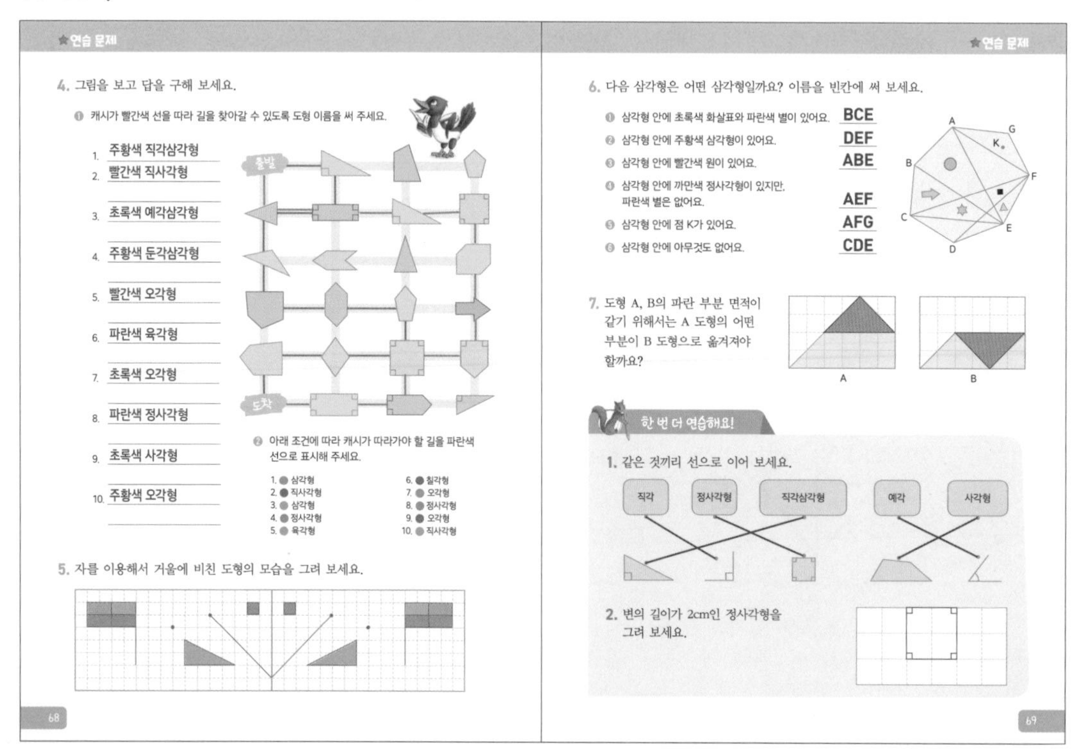

연습 문제

4. 그림을 보고 답을 구해 보세요.

① 캐시가 빨간색 선을 따라 길을 찾아갈 수 있도록 도형 이름을 써 주세요.

1. 주황색 직각삼각형
2. 빨간색 직사각형
3. 초록색 예각삼각형
4. 주황색 둔각삼각형
5. 빨간색 오각형
6. 파란색 육각형
7. 초록색 오각형
8. 파란색 정사각형
9. 초록색 사각형
10. 주황색 오각형

출발 / 도착

② 아래 조건에 따라 캐시가 따라가야 할 길을 파란색 선으로 표시해 주세요.

1. 삼각형 2. 직사각형 3. 삼각형 4. 정사각형 5. 육각형 6. 칠각형 7. 오각형 8. 정사각형 9. 오각형 10. 직사각형

5. 자를 이용해서 거울에 비친 도형의 모습을 그려 보세요.

68

6. 다음 삼각형은 어떤 삼각형일까요? 이름을 빈칸에 써 보세요.

① 삼각형 안에 초록색 화살표와 파란색 별이 있어요. BCE
② 삼각형 안에 주황색 삼각형이 있어요. DEF
③ 삼각형 안에 빨간색 원이 있어요. ABE
④ 삼각형 안에 까만색 정사각형이 있지만, 파란색 별은 없어요. AEF
⑤ 삼각형 안에 점 K가 있어요. AFG
⑥ 삼각형 안에 아무것도 없어요. CDE

7. 도형 A, B의 파란 부분 면적이 같기 위해서는 A 도형의 어떤 부분이 B 도형으로 옮겨져야 할까요?

한 번 더 연습해요!

1. 같은 것끼리 선으로 이어 보세요.

직각 / 정사각형 / 직각삼각형 / 예각 / 사각형

2. 변의 길이가 2cm인 정사각형을 그려 보세요.

69

68쪽 5번

가운데 선을 중심으로 양쪽으로 대칭되는 선대칭 도형이라 할 수 있어요. 모눈 칸의 길이만큼 반대쪽에도 점을 찍어 제시된 도형을 그려 나가면 가운데 있는 선을 중심으로 양쪽으로 대칭되는 선대칭 도형을 정확하게 그릴 수 있답니다.

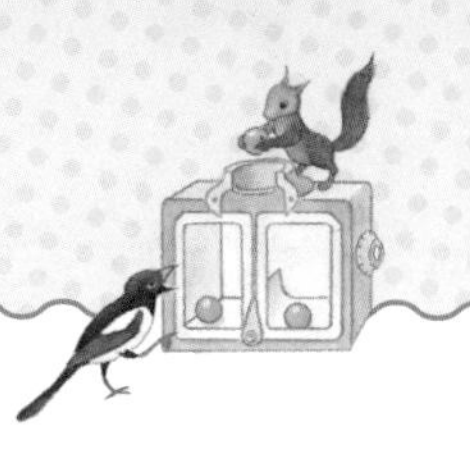

70-71쪽

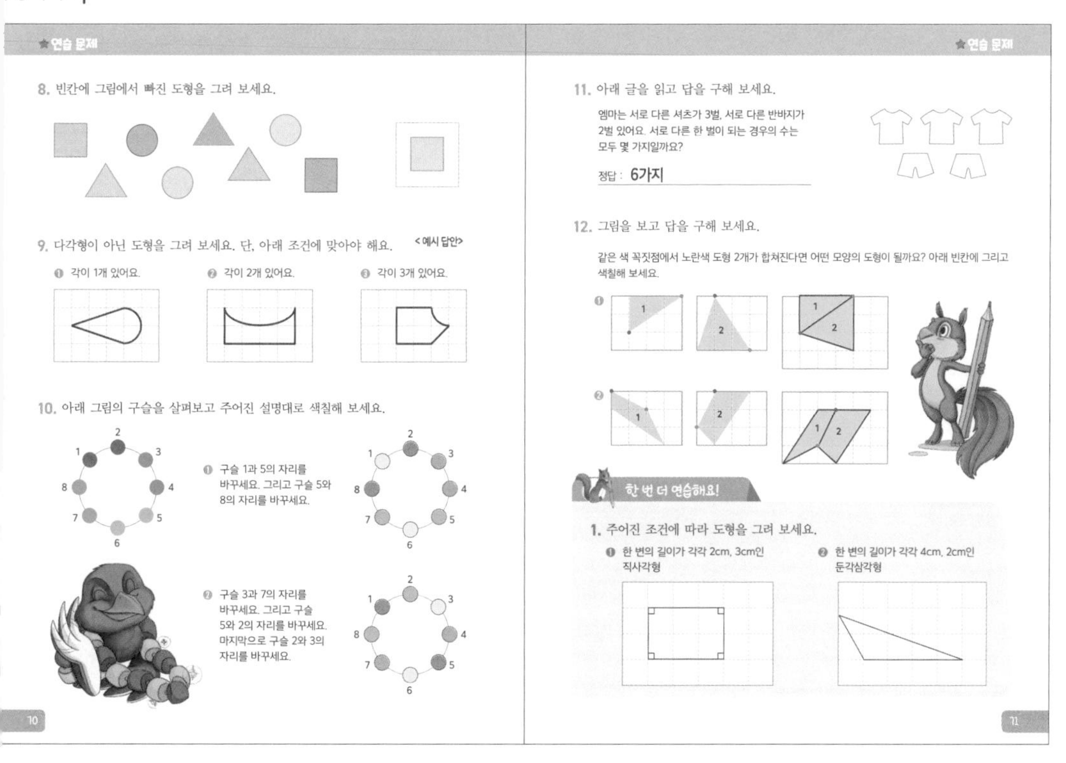

연습 문제

8. 빈칸에 그림에서 빠진 도형을 그려 보세요.

9. 다각형이 아닌 도형을 그려 보세요. 단, 아래 조건에 맞아야 해요. <예시 답안>

❶ 각이 1개 있어요. ❷ 각이 2개 있어요. ❸ 각이 3개 있어요.

10. 아래 그림의 구슬을 살펴보고 주어진 설명대로 색칠해 보세요.

❶ 구슬 1과 5의 자리를 바꾸세요. 그리고 구슬 5와 8의 자리를 바꾸세요.

❷ 구슬 3과 7의 자리를 바꾸세요. 그리고 구슬 5와 2의 자리를 바꾸세요. 마지막으로 구슬 2와 3의 자리를 바꾸세요.

10

연습 문제

11. 아래 글을 읽고 답을 구해 보세요.

엄마는 서로 다른 셔츠가 3벌, 서로 다른 반바지가 2벌 있어요. 서로 다른 한 벌이 되는 경우의 수는 모두 몇 가지일까요?

정답: 6가지

12. 그림을 보고 답을 구해 보세요.

같은 색 꼭짓점에서 노란색 도형 2개가 합쳐진다면 어떤 모양의 도형이 될까요? 아래 빈칸에 그리고 색칠해 보세요.

한 번 더 연습해요!

1. 주어진 조건에 따라 도형을 그려 보세요.

❶ 한 변의 길이가 각각 2cm, 3cm인 직사각형

❷ 한 변의 길이가 각각 4cm, 2cm인 둔각삼각형

71

70쪽 9번

각이 1개 있다면 다른 곳에는 각이 없어야 하므로 직선이 아닌 곡선으로 연결하면 각이 나오지 않겠죠?
마찬가지로 각이 2개가 있다면 각이 2개 있도록 도형을 그린 후 남은 부분은 직선이 아닌 곡선으로 연결하면 각이 나오지 않아요.

71쪽 12번

❶ 2번을 90도로 회전시켜요.

❷ 1번을 90도 회전시키고, 2번은 평행이동 시키면 돼요.

72-73쪽

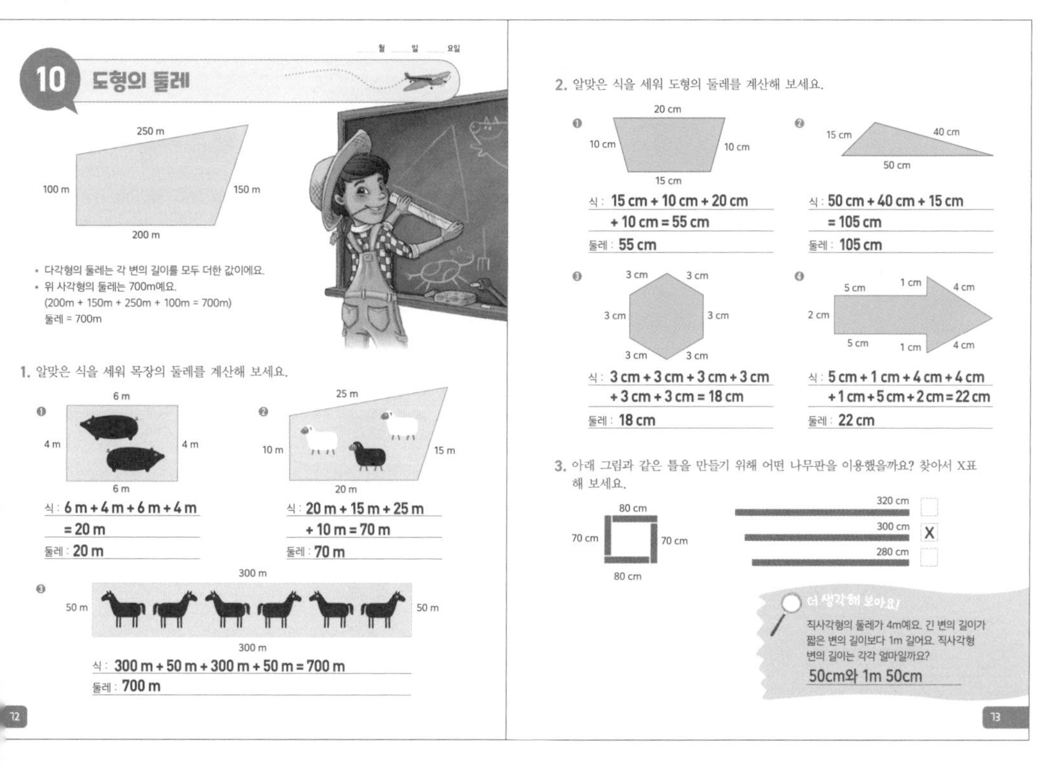

월 일 요일

10 도형의 둘레

250 m, 100 m, 150 m, 200 m

- 다각형의 둘레는 각 변의 길이를 모두 더한 값이에요.
- 위 사각형의 둘레는 700m예요.
(200m + 150m + 250m + 100m = 700m)
둘레 = 700m

1. 알맞은 식을 세워 목장의 둘레를 계산해 보세요.

❶ 식: 6 m + 4 m + 6 m + 4 m = 20 m
둘레: 20 m

❷ 식: 20 m + 15 m + 25 m + 10 m = 70 m
둘레: 70 m

❸ 식: 300 m + 50 m + 300 m + 50 m = 700 m
둘레: 700 m

72

2. 알맞은 식을 세워 도형의 둘레를 계산해 보세요.

❶ 식: 15 cm + 10 cm + 20 cm + 10 cm = 55 cm
둘레: 55 cm

❷ 식: 50 cm + 40 cm + 15 cm = 105 cm
둘레: 105 cm

❸ 식: 3 cm + 3 cm + 3 cm + 3 cm + 3 cm + 3 cm = 18 cm
둘레: 18 cm

❹ 식: 5 cm + 1 cm + 4 cm + 4 cm + 1 cm + 5 cm + 2 cm = 22 cm
둘레: 22 cm

3. 아래 그림과 같은 틀을 만들기 위해 어떤 나무판을 이용했을까요? 찾아서 X표 해 보세요.

80 cm, 70 cm, 70 cm, 80 cm

320 cm	
300 cm	X
280 cm	

더 생각해 보아요!

직사각형의 둘레가 4m예요. 긴 변의 길이가 짧은 변의 길이보다 1m 길어요. 직사각형 변의 길이는 각각 얼마일까요?

50cm와 1m 50cm

73

부모님 가이드 | 72쪽

도형의 둘레 길이는 이렇게 예를 들면 이해하기 편해요.
예시: 4개의 꼭짓점을 지나도록 1개의 리본으로 사각형을 만들었을 때 리본의 전체 길이는 얼마일까?
제시된 예 말고도 어떤 것이 있을지 생각해 보세요.

74-75쪽

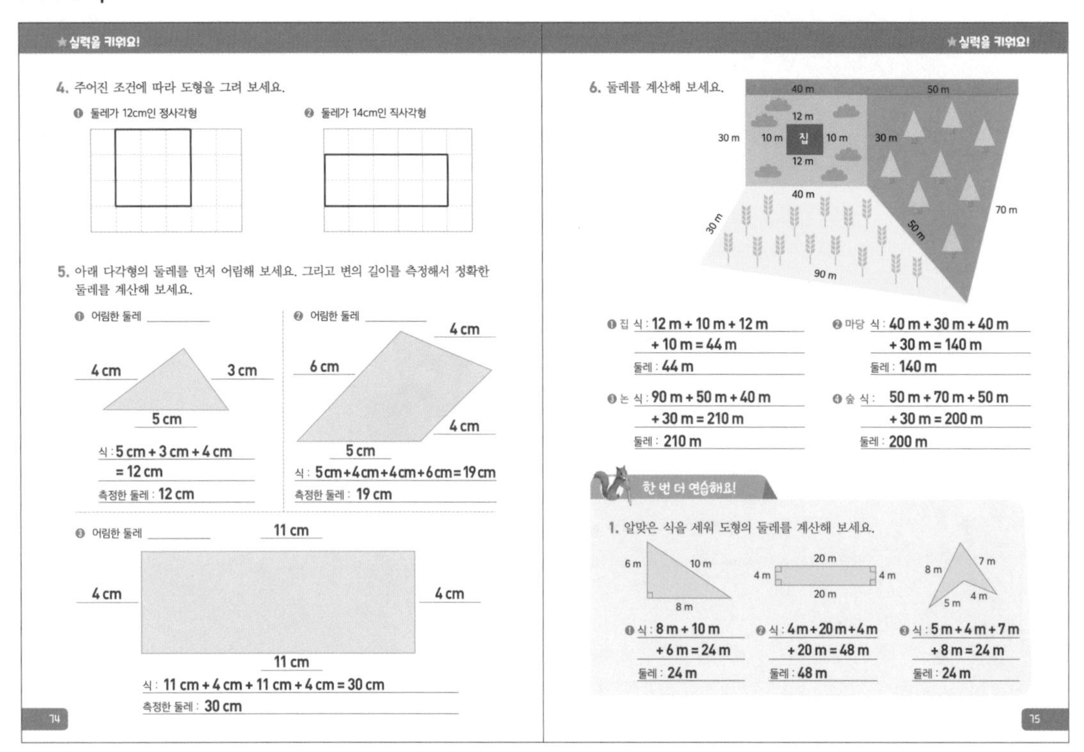

★실력을 키워요!

4. 주어진 조건에 따라 도형을 그려 보세요.

❶ 둘레가 12cm인 정사각형　❷ 둘레가 14cm인 직사각형

5. 아래 다각형의 둘레를 먼저 어림해 보세요. 그리고 변의 길이를 측정해서 정확한 둘레를 계산해 보세요.

❶ 어림한 둘레 ______

4 cm　3 cm　5 cm

식 : 5 cm + 3 cm + 4 cm = 12 cm

측정한 둘레 : 12 cm

❷ 어림한 둘레 ______

4 cm　6 cm　4 cm　5 cm

식 : 5cm+4cm+4cm+6cm=19cm

측정한 둘레 : 19 cm

❸ 어림한 둘레 ______

11 cm　4 cm　4 cm　11 cm

식 : 11 cm + 4 cm + 11 cm + 4 cm = 30 cm

측정한 둘레 : 30 cm

74

★실력을 키워요!

6. 둘레를 계산해 보세요.

❶ 집 식 : 12 m + 10 m + 12 m + 10 m = 44 m

둘레 : 44 m

❷ 마당 식 : 40 m + 30 m + 40 m + 30 m = 140 m

둘레 : 140 m

❸ 논 식 : 90 m + 50 m + 40 m + 30 m = 210 m

둘레 : 210 m

❹ 숲 식 : 50 m + 70 m + 50 m + 30 m = 200 m

둘레 : 200 m

한 번 더 연습해요!

1. 알맞은 식을 세워 도형의 둘레를 계산해 보세요.

❶ 식 : 8 m + 10 m + 6 m = 24 m

둘레 : 24 m

❷ 식 : 4m+20m+4m+20 m = 48 m

둘레 : 48 m

❸ 식 : 5 m+4 m+7 m+8 m = 24 m

둘레 : 24 m

75

74쪽 4번

❶ 정사각형은 4변의 길이가 모두 같아요. 12cm÷4=3cm이므로, 각 변의 길이가 3cm인 정사각형을 그릴 수 있어요.

❷ 직사각형은 마주 보는 두 변의 길이가 같아요. 각각 한 변의 길이를 가와 나로 나타내게 되면 식을 (가+나)×2=14로 나타낼 수 있어요. 가+나=7이므로 나올 수 있는 길이는 1+6, 2+5, 3+4, 4+3, 5+2, 6+1이에요.

가로	세로
1cm	6cm
2cm	5cm
3cm	4cm
4cm	3cm
5cm	2cm
6cm	1cm

의 직사각형을 그리면 돼요.

76-77쪽

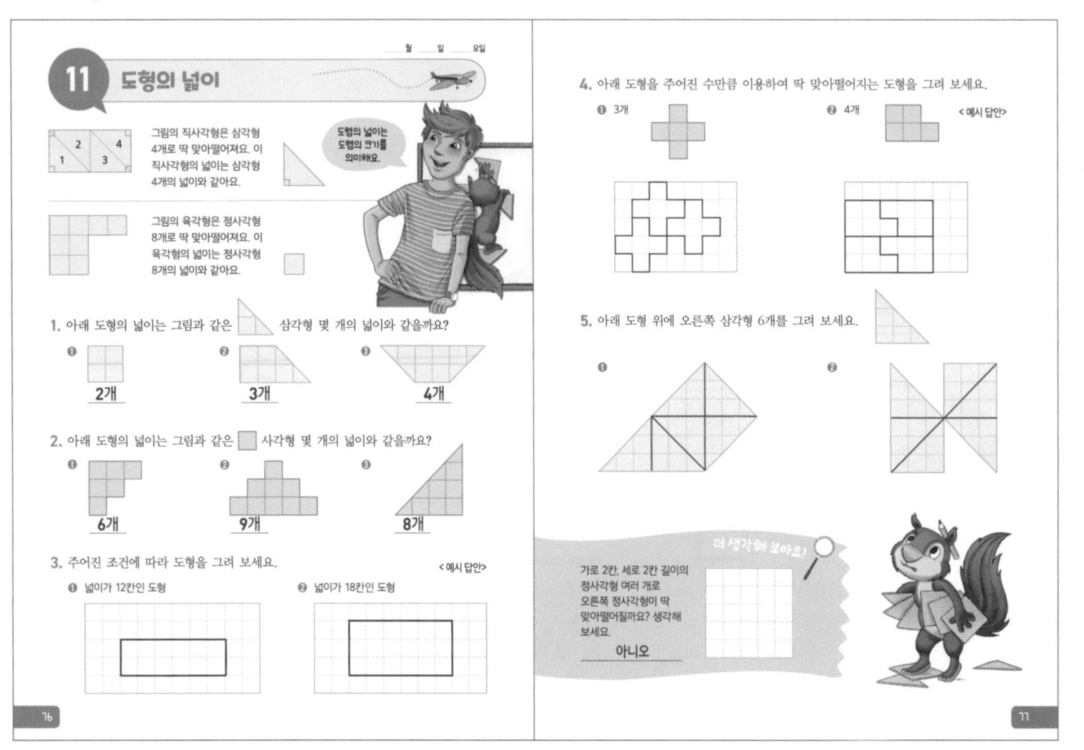

11 도형의 넓이

그림의 직사각형은 삼각형 4개로 딱 맞아떨어져요. 이 직사각형의 넓이는 삼각형 4개의 넓이와 같아요.

그림의 육각형은 정사각형 8개로 딱 맞아떨어져요. 이 육각형의 넓이는 정사각형 8개의 넓이와 같아요.

도형의 넓이는 도형의 크기를 의미해요.

1. 아래 도형의 넓이는 그림과 같은 삼각형 몇 개의 넓이와 같을까요?

❶ 2개　❷ 3개　❸ 4개

2. 아래 도형의 넓이는 그림과 같은 사각형 몇 개의 넓이와 같을까요?

❶ 6개　❷ 9개　❸ 8개

3. 주어진 조건에 따라 도형을 그려 보세요. <예시 답안>

❶ 넓이가 12칸인 도형　❷ 넓이가 18칸인 도형

76

4. 아래 도형을 주어진 수만큼 이용하여 딱 맞아떨어지는 도형을 그려 보세요.

❶ 3개　❷ 4개　<예시 답안>

5. 아래 도형 위에 오른쪽 삼각형 6개를 그려 보세요.

더 생각해 보아요!

가로 2칸, 세로 2칸 길이의 정사각형 여러 개로 오른쪽 정사각형이 딱 맞아떨어질까요? 생각해 보세요.

아니오

77

부모님 가이드 | 76쪽

도형의 넓이를 구할 때 단위 조각의 넓이가 얼마인지 알면 단위 조각이 몇 개 들어갔는지 세어서 넓이를 구할 수 있어요.

첫 번째 그림에서는 삼각형이 4개 들어갔고, 두 번째 그림에서는 정사각형이 8개 들어갔어요.

예를 들어 첫 번째 그림에서 단위 조각인 삼각형 넓이가 2라면 삼각형 4개가 들어가 2×4=8이라서 8이 되고, 두 번째 그림에서는 정사각형 넓이가 3이라면 정사각형 8개가 들어가 3×8=24이므로 24가 돼요.

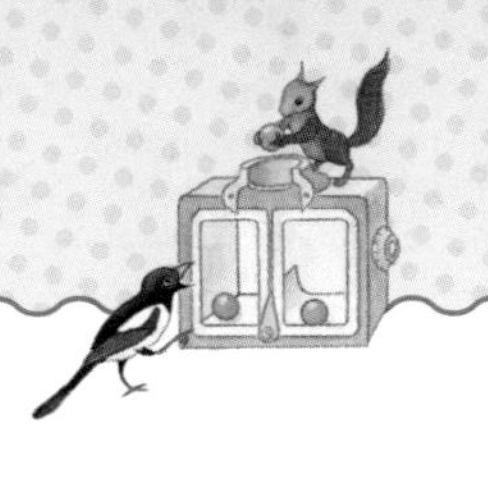

78-79쪽

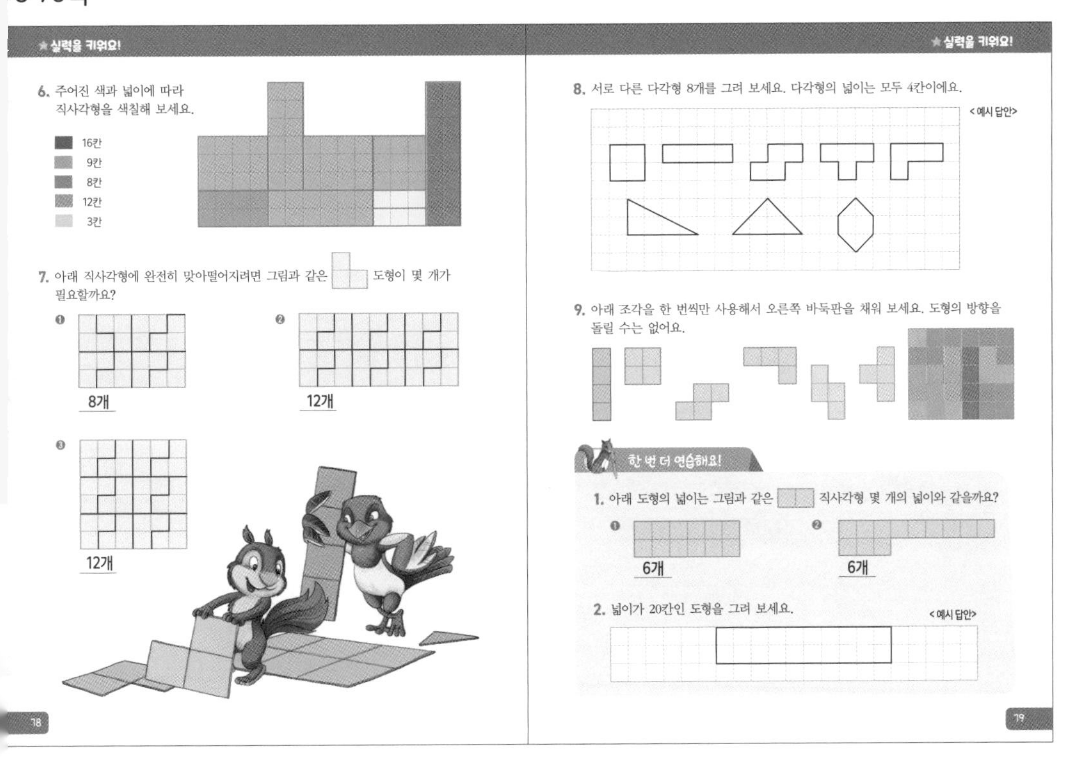

★실력을 키워요!

6. 주어진 색과 넓이에 따라 직사각형을 색칠해 보세요.

16칸
9칸
8칸
12칸
3칸

7. 아래 직사각형에 완전히 맞아떨어지려면 그림과 같은 도형이 몇 개가 필요할까요?

❶ 8개
❷ 12개
❸ 12개

8. 서로 다른 다각형 8개를 그려 보세요. 다각형의 넓이는 모두 4칸이에요.

<예시 답안>

9. 아래 조각을 한 번씩만 사용해서 오른쪽 바둑판을 채워 보세요. 도형의 방향을 돌릴 수는 없어요.

한 번 더 연습해요!

1. 아래 도형의 넓이는 그림과 같은 직사각형 몇 개의 넓이와 같을까요?

❶ 6개
❷ 6개

2. 넓이가 20칸인 도형을 그려 보세요.

<예시 답안>

78 79

78쪽 7번

3개의 정사각형이 몇 개 들어갔는지 알아보려면 주어진 사각형의 넓이를 먼저 구해야 해요.
❶은 가로 6개, 세로 4개씩 있으므로 6×4=24예요. 24를 3으로 나누면 24÷3=8이 되어 8개가 들어가요.
이런 식으로 나머지 문제도 해결해 보세요.

80-81쪽

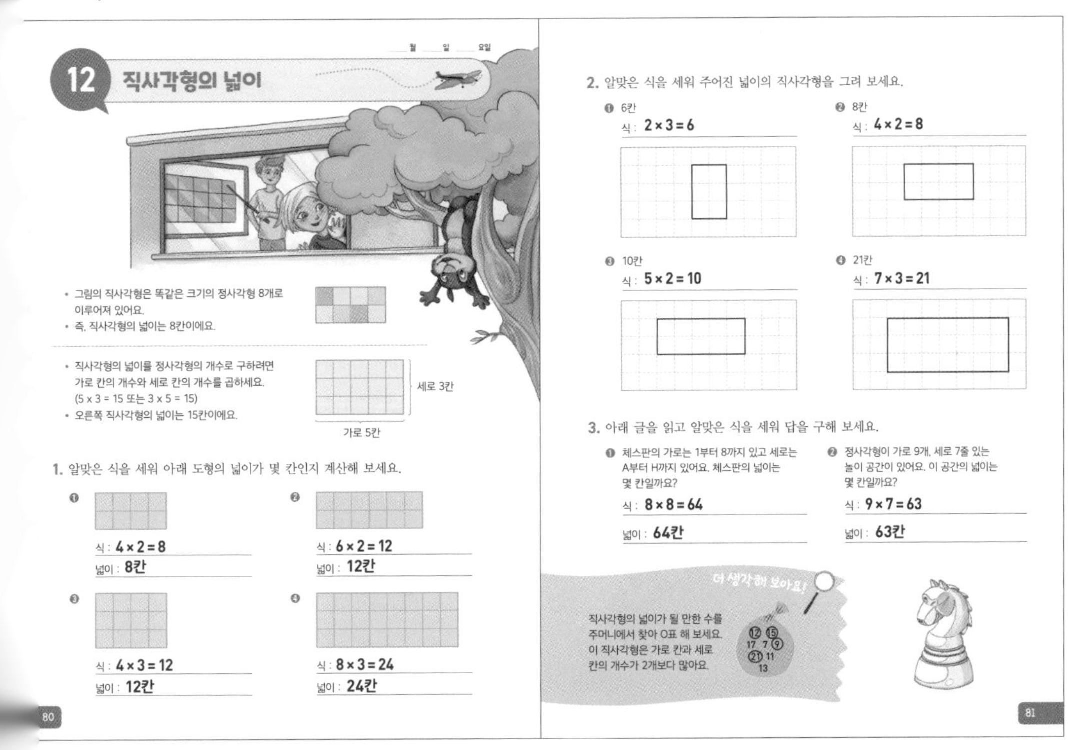

월 일 요일

12 직사각형의 넓이

- 그림의 직사각형은 똑같은 크기의 정사각형 8개로 이루어져 있어요.
- 즉, 직사각형의 넓이는 8칸이에요.

- 직사각형의 넓이를 정사각형의 개수로 구하려면 가로 칸의 개수와 세로 칸의 개수를 곱하세요. (5 x 3 = 15 또는 3 x 5 = 15)
- 오른쪽 직사각형의 넓이는 15칸이에요.

세로 3칸
가로 5칸

1. 알맞은 식을 세워 아래 도형의 넓이가 몇 칸인지 계산해 보세요.

❶ 식 : 4 × 2 = 8 넓이 : 8칸
❷ 식 : 6 × 2 = 12 넓이 : 12칸
❸ 식 : 4 × 3 = 12 넓이 : 12칸
❹ 식 : 8 × 3 = 24 넓이 : 24칸

2. 알맞은 식을 세워 주어진 넓이의 직사각형을 그려 보세요.

❶ 6칸 식 : 2 × 3 = 6
❷ 8칸 식 : 4 × 2 = 8
❸ 10칸 식 : 5 × 2 = 10
❹ 21칸 식 : 7 × 3 = 21

3. 아래 글을 읽고 알맞은 식을 세워 답을 구해 보세요.

❶ 체스판의 가로는 1부터 8까지 있고 세로는 A부터 H까지 있어요. 체스판의 넓이는 몇 칸일까요?
식 : 8 × 8 = 64
넓이 : 64칸

❷ 정사각형이 가로 9개, 세로 7줄 있는 놀이 공간이 있어요. 이 공간의 넓이는 몇 칸일까요?
식 : 9 × 7 = 63
넓이 : 63칸

더 생각해 보아요!

직사각형의 넓이가 될 만한 수를 주머니에서 찾아 O표 해 보세요. 이 직사각형은 가로 칸과 세로 칸의 개수가 2개보다 많아요.

12 15 17 7 9 21 11 13

80 81

더 생각해 보아요! | 81쪽

적어도 2줄 2칸이므로 1은 제외해요.
9=3×3의 직사각형
12=2×6, 3×4의 직사각형
15=3×5의 직사각형
21=3×7의 직사각형

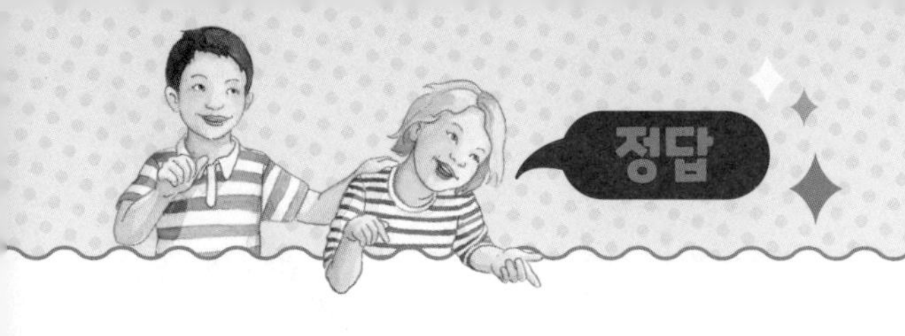

82-83쪽

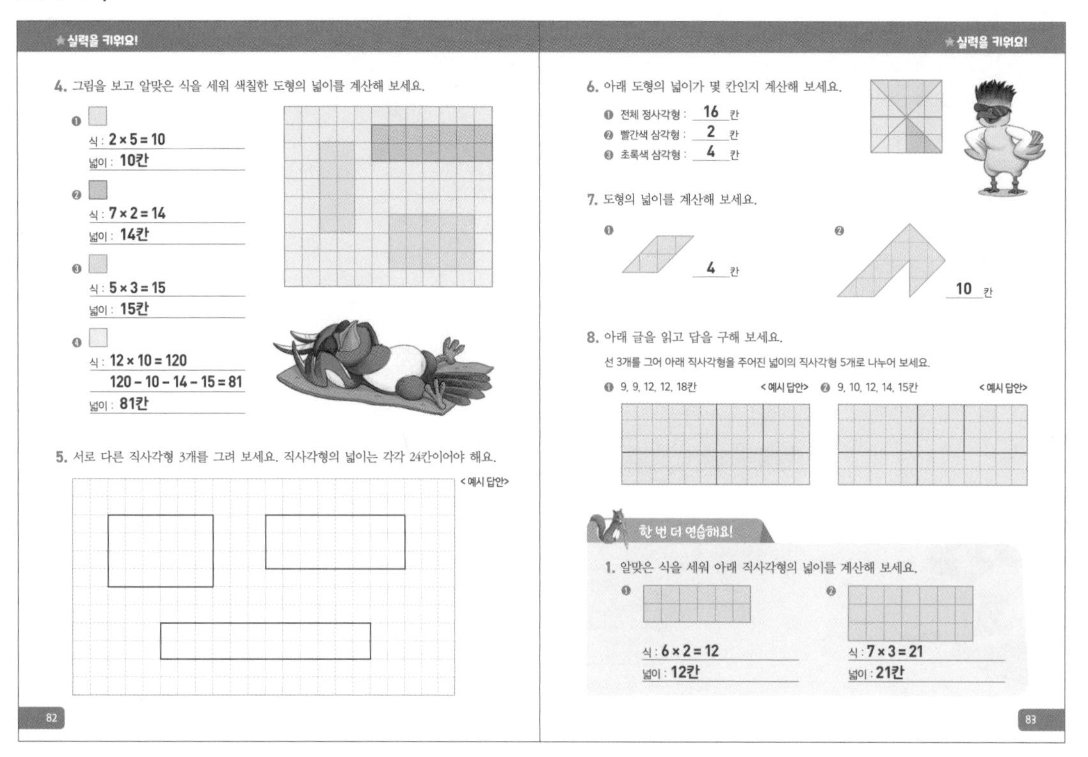

★실력을 키워요!

4. 그림을 보고 알맞은 식을 세워 색칠한 도형의 넓이를 계산해 보세요.

❶ 식 : 2 × 5 = 10
넓이 : 10칸

❷ 식 : 7 × 2 = 14
넓이 : 14칸

❸ 식 : 5 × 3 = 15
넓이 : 15칸

❹ 식 : 12 × 10 = 120
120 − 10 − 14 − 15 = 81
넓이 : 81칸

5. 서로 다른 직사각형 3개를 그려 보세요. 직사각형의 넓이는 각각 24칸이어야 해요.
<예시 답안>

82

★실력을 키워요!

6. 아래 도형의 넓이가 몇 칸인지 계산해 보세요.

❶ 전체 정사각형 : 16 칸
❷ 빨간색 삼각형 : 2 칸
❸ 초록색 삼각형 : 4 칸

7. 도형의 넓이를 계산해 보세요.

❶ 4 칸
❷ 10 칸

8. 아래 글을 읽고 답을 구해 보세요.
선 3개를 그어 아래 직사각형을 주어진 넓이의 직사각형 5개로 나누어 보세요.

❶ 9, 9, 12, 12, 18칸 <예시 답안>
❷ 9, 10, 12, 14, 15칸 <예시 답안>

한 번 더 연습해요!

1. 알맞은 식을 세워 아래 직사각형의 넓이를 계산해 보세요.

❶ 식 : 6 × 2 = 12
넓이 : 12칸

❷ 식 : 7 × 3 = 21
넓이 : 21칸

83

82쪽 5번

직사각형 넓이가 24인 경우는 1×24, 2×12, 3×8, 4×6, 6×4, 8×3, 12×2, 24×1의 8가지가 나온답니다.

84-85쪽

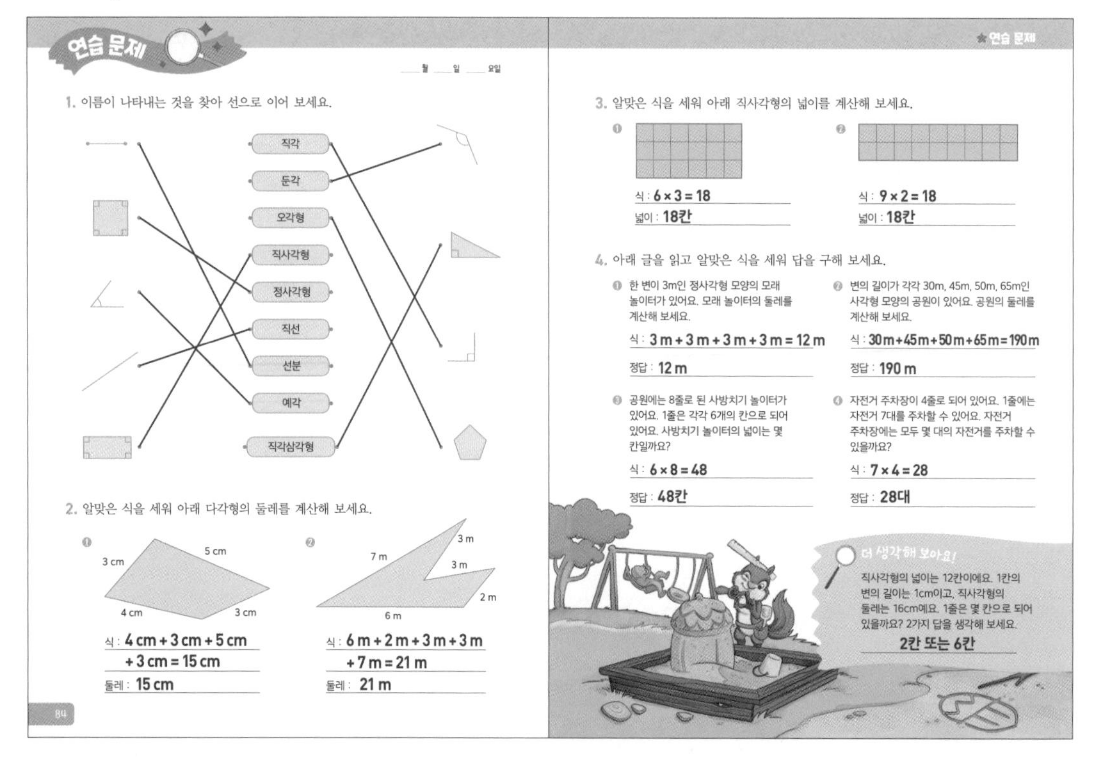

연습 문제

월 일 요일

1. 이름이 나타내는 것을 찾아 선으로 이어 보세요.

직각
둔각
오각형
직사각형
정사각형
직선
선분
예각
직각삼각형

2. 알맞은 식을 세워 아래 다각형의 둘레를 계산해 보세요.

❶ 3 cm, 5 cm, 4 cm, 3 cm
식 : 4 cm + 3 cm + 5 cm + 3 cm = 15 cm
둘레 : 15 cm

❷ 7 m, 3 m, 3 m, 2 m, 6 m
식 : 6 m + 2 m + 3 m + 3 m + 7 m = 21 m
둘레 : 21 m

84

★연습 문제

3. 알맞은 식을 세워 아래 직사각형의 넓이를 계산해 보세요.

❶ 식 : 6 × 3 = 18
넓이 : 18칸

❷ 식 : 9 × 2 = 18
넓이 : 18칸

4. 아래 글을 읽고 알맞은 식을 세워 답을 구해 보세요.

❶ 한 변이 3m인 정사각형 모양의 모래 놀이터가 있어요. 모래 놀이터의 둘레를 계산해 보세요.
식 : 3 m + 3 m + 3 m + 3 m = 12 m
정답 : 12 m

❷ 변의 길이가 각각 30m, 45m, 50m, 65m인 사각형 모양의 공원이 있어요. 공원의 둘레를 계산해 보세요.
식 : 30 m + 45 m + 50 m + 65 m = 190 m
정답 : 190 m

❸ 공원에는 8줄로 된 사방치기 놀이터가 있어요. 1줄은 각각 6개의 칸으로 되어 있어요. 사방치기 놀이터의 넓이는 몇 칸일까요?
식 : 6 × 8 = 48
정답 : 48칸

❹ 자전거 주차장이 4줄로 되어 있어요. 1줄에는 자전거 7대를 주차할 수 있어요. 자전거 주차장에는 모두 몇 대의 자전거를 주차할 수 있을까요?
식 : 7 × 4 = 28
정답 : 28대

더 생각해 보아요!
직사각형의 넓이는 12칸이에요. 1칸의 변의 길이는 1cm이고, 직사각형의 둘레는 16cm예요. 1줄은 몇 칸으로 되어 있을까요? 2가지 답을 생각해 보세요.
2칸 또는 6칸

85쪽 4번

❶ 정사각형의 둘레 길이는 변의 길이가 모두 같으므로 3×4=12로 구할 수도 있어요.

더 생각해 보아요! | 85쪽

넓이 12칸, 둘레 16cm가 되는 경우는

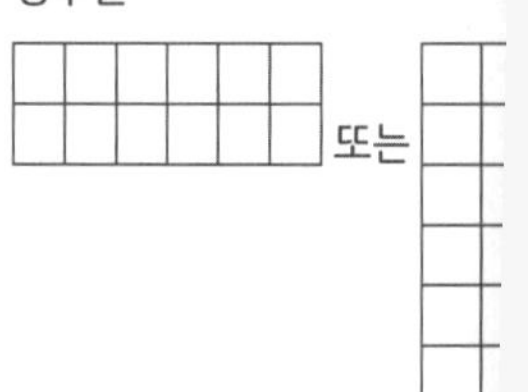

86-87쪽

★ 연습 문제

5. 아래 주어진 직선, 점, 선분, 각, 다각형으로 멋진 작품을 그려 보세요.

- 선분 6개
- 점 10개
- 직선 5개
- 삼각형 4개
- 정사각형 2개
- 직사각형 2개
- 오각형 1개
- 육각형 1개
- 예각 4개
- 직각 2개
- 둔각 4개

6. 아래 도형으로 바둑판을 채워 보세요.

❶ ❷ ❸

86

★ 연습 문제

7. 바둑판에 직사각형을 가능한 한 많이 그려 보세요. 단, 직사각형의 넓이는 6칸이고, 서로 닿지 않아야 해요.

<예시 답안>

7개의 직사각형을 그릴 수 있어요. 여러분은 몇 개를 그렸나요?

8. 선 2개를 그어 아래 직사각형을 3개의 직사각형으로 나누어 보세요.

❶ 둘레가 8cm, 10cm, 14cm인 직사각형

❷ 둘레가 10cm, 12cm, 12cm인 직사각형

1 cm

한 번 더 연습해요!

1. 알맞은 식을 세워 아래 직사각형의 둘레와 넓이를 계산해 보세요.

❶ 1 cm

식 : 4cm+3cm+4cm+3cm=14cm

둘레 : 14 cm

식 : 4×3=12

넓이 : 12칸

❷ 1 cm

식 : 6cm+3cm+6cm+3cm=18cm

둘레 : 18 cm

식 : 6×3=18

넓이 : 18칸

87

87쪽 7번

넓이가 6인 직사각형의 모양은 1×6, 2×3, 3×2, 6×1이 나와요. 여기서 세로는 5칸밖에 안 되므로 바둑판에 들어가는 직사각형은 가로와 세로가 2×3, 3×2인 것이 해당돼요. 또한 가로가 세로보다 길기 때문에 가로가 3, 세로가 2인 직사각형을 그려야 해요.

MEMO

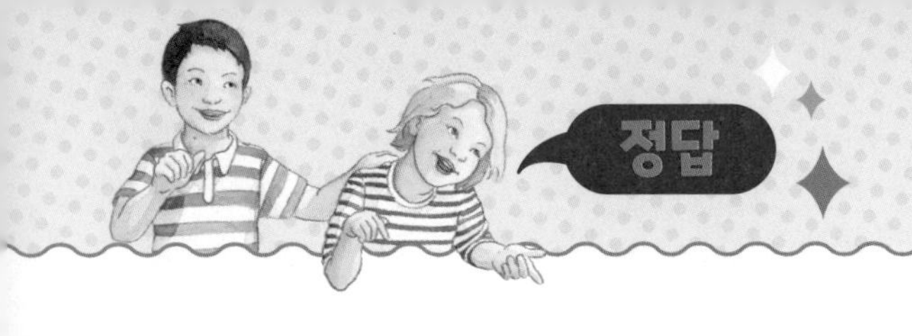

88-89쪽

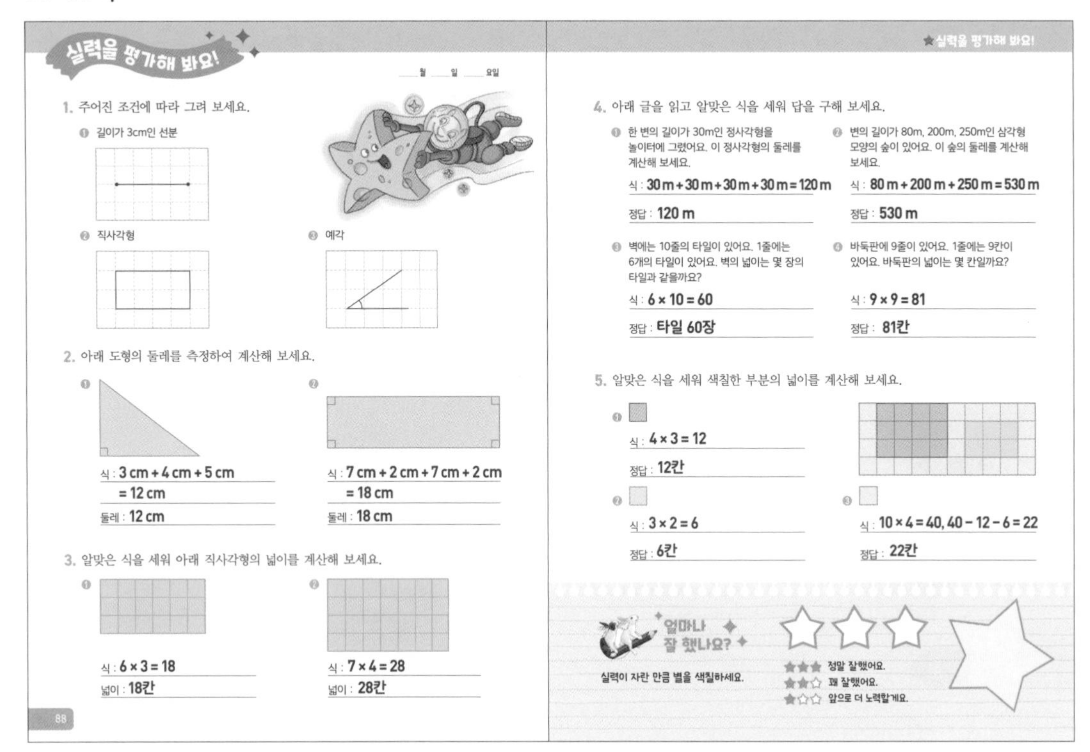

실력을 평가해 봐요!

____월 ____일 ____요일

1. 주어진 조건에 따라 그려 보세요.

❶ 길이가 3cm인 선분

❷ 직사각형

❸ 예각

2. 아래 도형의 둘레를 측정하여 계산해 보세요.

❶ 식 : 3 cm + 4 cm + 5 cm = 12 cm
둘레 : 12 cm

❷ 식 : 7 cm + 2 cm + 7 cm + 2 cm = 18 cm
둘레 : 18 cm

3. 알맞은 식을 세워 아래 직사각형의 넓이를 계산해 보세요.

❶ 식 : 6 × 3 = 18
넓이 : 18칸

❷ 식 : 7 × 4 = 28
넓이 : 28칸

88

★실력을 평가해 봐요!

4. 아래 글을 읽고 알맞은 식을 세워 답을 구해 보세요.

❶ 한 변의 길이가 30m인 정사각형을 놀이터에 그렸어요. 이 정사각형의 둘레를 계산해 보세요.
식 : 30 m + 30 m + 30 m + 30 m = 120 m
정답 : 120 m

❷ 변의 길이가 80m, 200m, 250m인 삼각형 모양의 숲이 있어요. 이 숲의 둘레를 계산해 보세요.
식 : 80 m + 200 m + 250 m = 530 m
정답 : 530 m

❸ 벽에는 10줄의 타일이 있어요. 1줄에는 6개의 타일이 있어요. 벽의 넓이는 몇 장의 타일과 같을까요?
식 : 6 × 10 = 60
정답 : 타일 60장

❹ 바둑판에 9줄이 있어요. 1줄에는 9칸이 있어요. 바둑판의 넓이는 몇 칸일까요?
식 : 9 × 9 = 81
정답 : 81칸

5. 알맞은 식을 세워 색칠한 부분의 넓이를 계산해 보세요.

❶ 식 : 4 × 3 = 12
정답 : 12칸

❷ 식 : 3 × 2 = 6
정답 : 6칸

❸ 식 : 10 × 4 = 40, 40 − 12 − 6 = 22
정답 : 22칸

얼마나 잘 했나요?

실력이 자란 만큼 별을 색칠하세요.

★★★ 정말 잘했어요.
★★☆ 꽤 잘했어요.
★☆☆ 앞으로 더 노력할게요.

90-91쪽

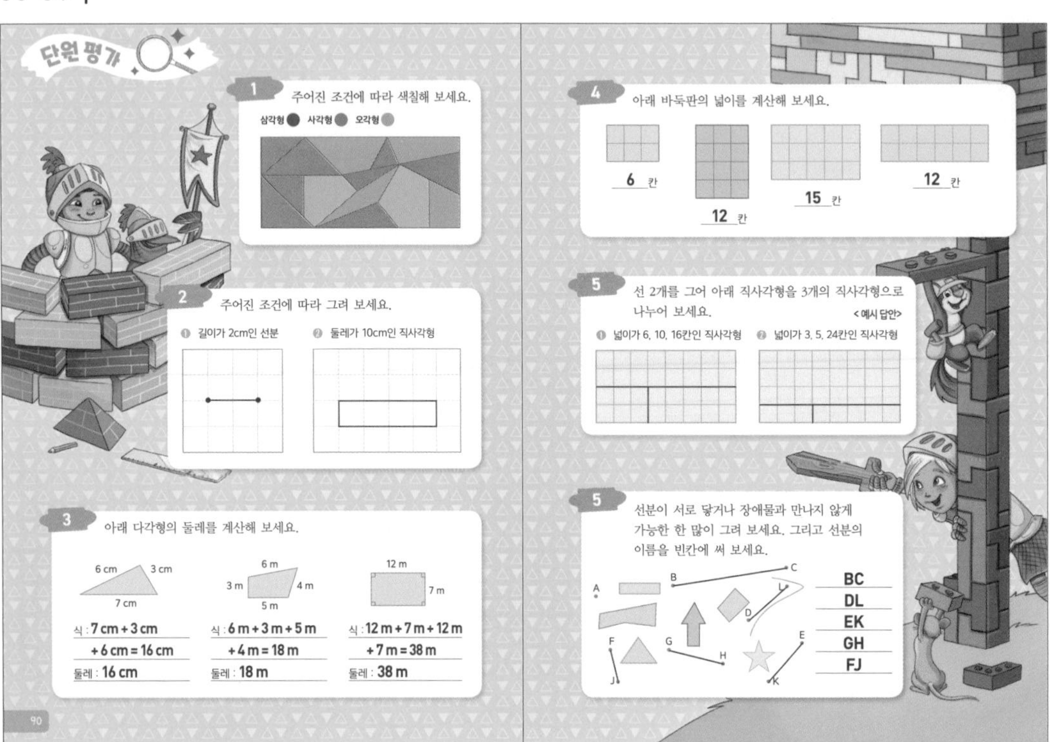

단원 평가

1 주어진 조건에 따라 색칠해 보세요.

삼각형 ● 사각형 ● 오각형 ●

2 주어진 조건에 따라 그려 보세요.

❶ 길이가 2cm인 선분

❷ 둘레가 10cm인 직사각형

3 아래 다각형의 둘레를 계산해 보세요.

식 : 7 cm + 3 cm + 6 cm = 16 cm
둘레 : 16 cm

식 : 6 m + 3 m + 5 m + 4 m = 18 m
둘레 : 18 m

식 : 12 m + 7 m + 12 m + 7 m = 38 m
둘레 : 38 m

90

4 아래 바둑판의 넓이를 계산해 보세요.

6 칸 | 12 칸 | 15 칸 | 12 칸

5 선 2개를 그어 아래 직사각형을 3개의 직사각형으로 나누어 보세요.

<예시 답안>

❶ 넓이가 6, 10, 16칸인 직사각형

❷ 넓이가 3, 5, 24칸인 직사각형

5 선분이 서로 닿거나 장애물과 만나지 않게 가능한 한 많이 그려 보세요. 그리고 선분의 이름을 빈칸에 써 보세요.

BC
DL
EK
GH
FJ

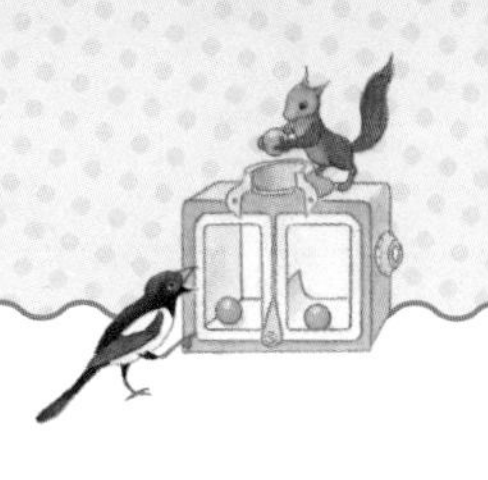

92-93쪽

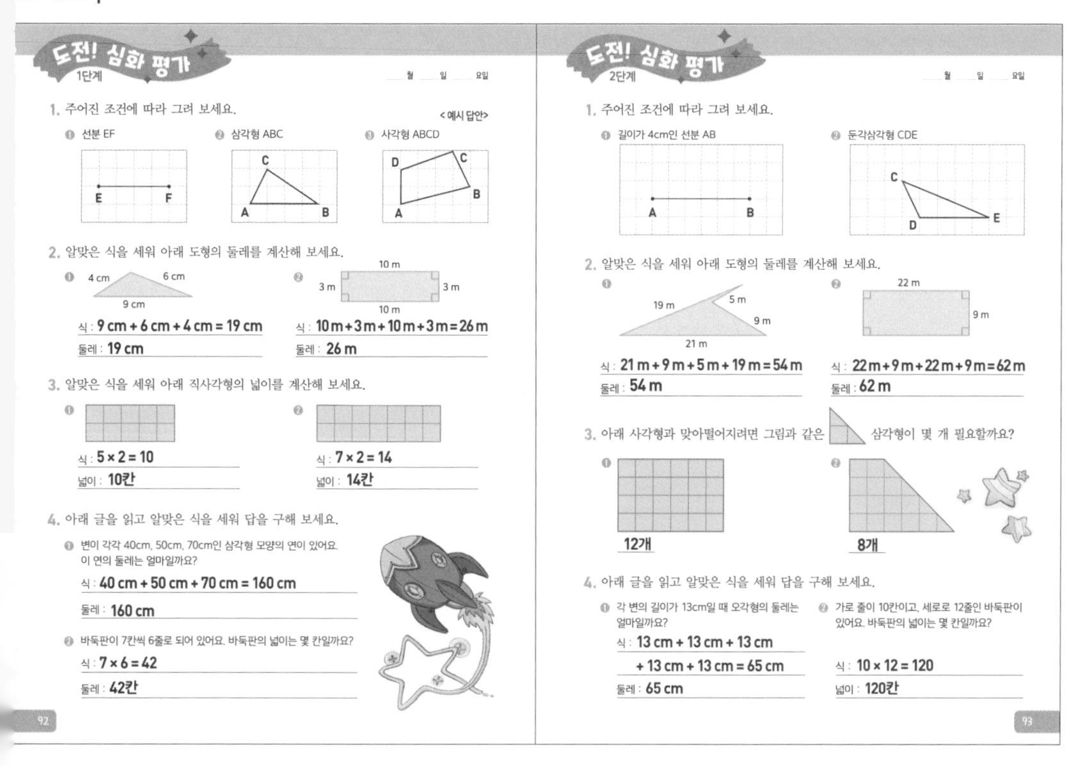

도전! 심화 평가 1단계

월 일 요일

1. 주어진 조건에 따라 그려 보세요. <예시 답안>

❶ 선분 EF ❷ 삼각형 ABC ❸ 사각형 ABCD

2. 알맞은 식을 세워 아래 도형의 둘레를 계산해 보세요.

❶ 식 : 9 cm + 6 cm + 4 cm = 19 cm
둘레 : 19 cm

❷ 식 : 10 m + 3 m + 10 m + 3 m = 26 m
둘레 : 26 m

3. 알맞은 식을 세워 아래 직사각형의 넓이를 계산해 보세요.

❶ 식 : 5 × 2 = 10
넓이 : 10칸

❷ 식 : 7 × 2 = 14
넓이 : 14칸

4. 아래 글을 읽고 알맞은 식을 세워 답을 구해 보세요.

❶ 변이 각각 40cm, 50cm, 70cm인 삼각형 모양의 연이 있어요. 이 연의 둘레는 얼마일까요?
식 : 40 cm + 50 cm + 70 cm = 160 cm
둘레 : 160 cm

❷ 바둑판이 7칸씩 6줄로 되어 있어요. 바둑판의 넓이는 몇 칸일까요?
식 : 7 × 6 = 42
둘레 : 42칸

92

도전! 심화 평가 2단계

월 일 요일

1. 주어진 조건에 따라 그려 보세요.

❶ 길이가 4cm인 선분 AB ❷ 둔각삼각형 CDE

2. 알맞은 식을 세워 아래 도형의 둘레를 계산해 보세요.

❶ 식 : 21 m + 9 m + 5 m + 19 m = 54 m
둘레 : 54 m

❷ 식 : 22 m + 9 m + 22 m + 9 m = 62 m
둘레 : 62 m

3. 아래 사각형과 맞아떨어지려면 그림과 같은 삼각형이 몇 개 필요할까요?

❶ 12개 ❷ 8개

4. 아래 글을 읽고 알맞은 식을 세워 답을 구해 보세요.

❶ 각 변의 길이가 13cm일 때 오각형의 둘레는 얼마일까요?
식 : 13 cm + 13 cm + 13 cm + 13 cm + 13 cm = 65 cm
둘레 : 65 cm

❷ 가로 줄이 10칸이고, 세로로 12줄인 바둑판이 있어요. 바둑판의 넓이는 몇 칸일까요?
식 : 10 × 12 = 120
넓이 : 120칸

93

93쪽 3번

주어진 도형의 단위 도형인 삼각형의 넓이는 2와 같기 때문에 전체 넓이를 2로 나누는 문제와 같아요.
따라서 전체 넓이를 단위 도형인 삼각형의 넓이인 2로 나누면 돼요.

❶ 전체 넓이 6×4=24이므로 단위 삼각형의 넓이인 2로 나누면 24÷2=12

❷ 2×4 사각형과 4×4÷2=8의 삼각형 넓이를 더해야 전체 넓이가 나와요. (2×4)+(4×4÷2)=8+8=16이므로 단위 삼각형의 넓이인 2로 나누면 16÷2=8이 나와요.

94-95쪽

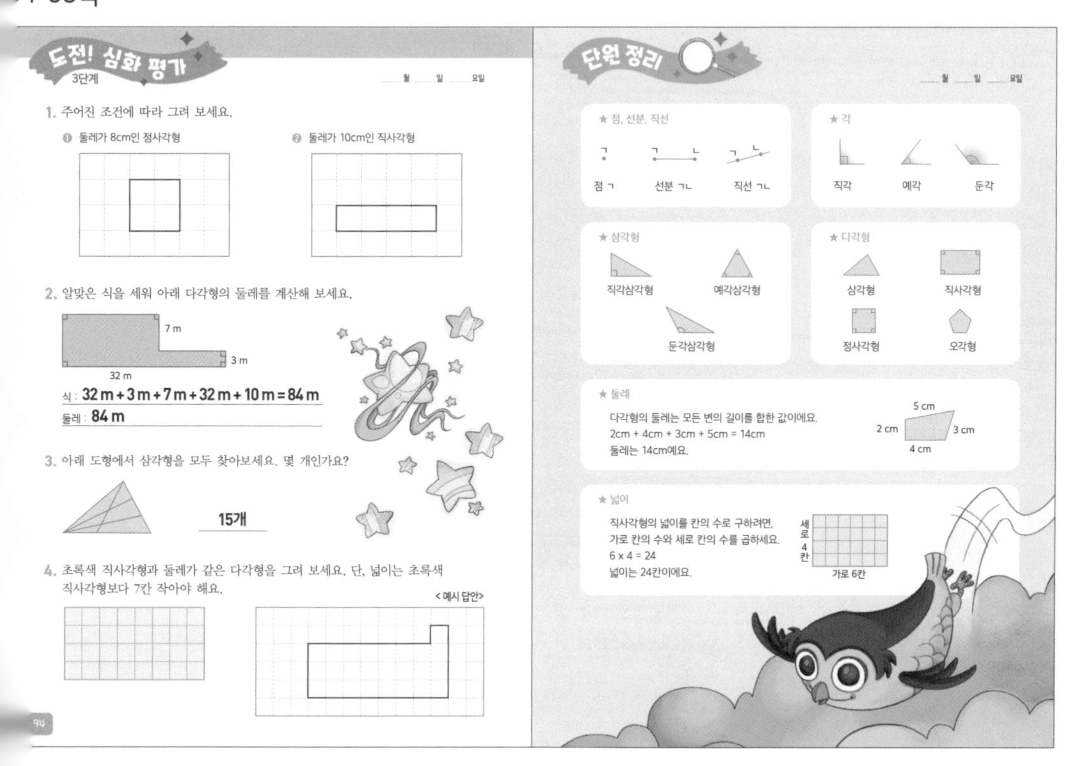

도전! 심화 평가 3단계

월 일 요일

1. 주어진 조건에 따라 그려 보세요.

❶ 둘레가 8cm인 정사각형 ❷ 둘레가 10cm인 직사각형

2. 알맞은 식을 세워 아래 다각형의 둘레를 계산해 보세요.

식 : 32 m + 3 m + 7 m + 32 m + 10 m = 84 m
둘레 : 84 m

3. 아래 도형에서 삼각형을 모두 찾아보세요. 몇 개인가요?

15개

4. 초록색 직사각형과 둘레가 같은 다각형을 그려 보세요. 단, 넓이는 초록색 직사각형보다 7칸 작아야 해요. <예시 답안>

94

단원 정리

월 일 요일

★ 점, 선분, 직선
점 ㄱ 선분 ㄱㄴ 직선 ㄱㄴ

★ 각
직각 예각 둔각

★ 삼각형
직각삼각형 예각삼각형 둔각삼각형

★ 다각형
삼각형 직사각형 정사각형 오각형

★ 둘레
다각형의 둘레는 모든 변의 길이를 합한 값이에요.
2cm + 4cm + 3cm + 5cm = 14cm
둘레는 14cm예요.

★ 넓이
직사각형의 넓이를 칸의 수로 구하려면, 가로 칸의 수와 세로 칸의 수를 곱하세요.
6 x 4 = 24
넓이는 24칸이에요.

94쪽 3번

1. 삼각형 1개짜리 삼각형-4개
2. 다각형 2개를 합한 삼각형-가로로 3개, 세로로 3개, 총 6개
3. 다각형 3개를 합한 삼각형-2개
4. 다각형 4개를 합한 삼각형-2개
5. 다각형 6개를 합한 삼각형-1개

모두 더해서 15개가 나와요.

96-97쪽

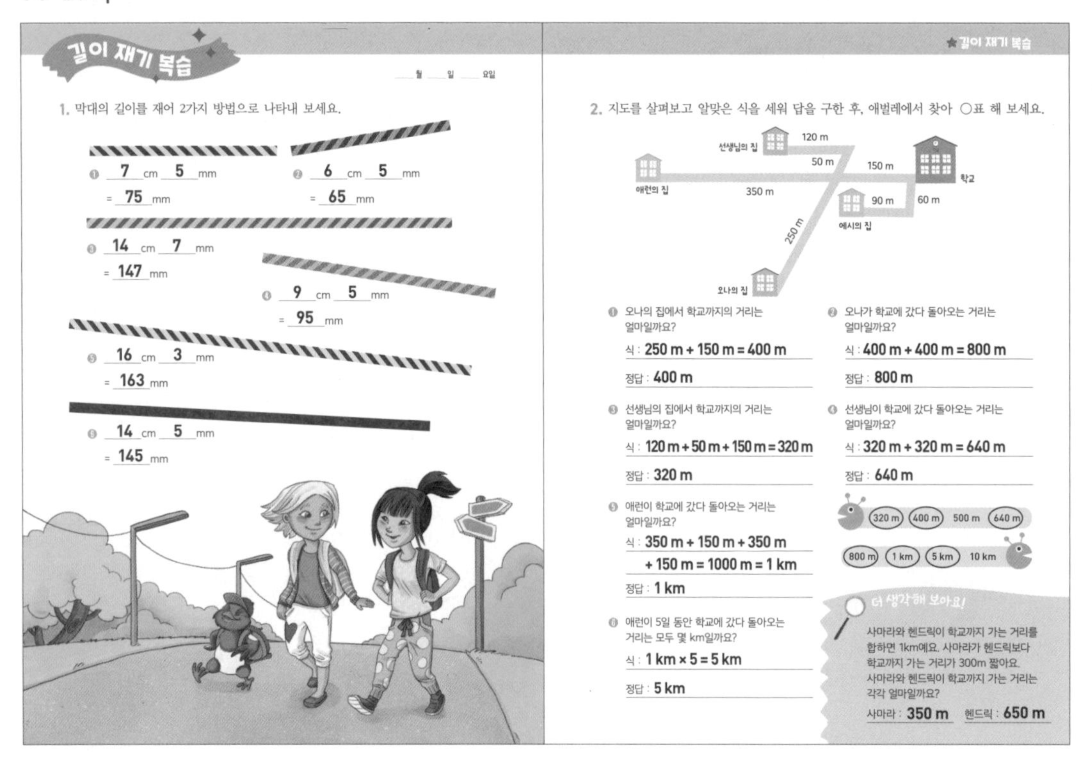

길이 재기 복습

1. 막대의 길이를 재어 2가지 방법으로 나타내 보세요.

❶ 7 cm 5 mm = 75 mm
❷ 6 cm 5 mm = 65 mm
❸ 14 cm 7 mm = 147 mm
❹ 9 cm 5 mm = 95 mm
❺ 16 cm 3 mm = 163 mm
❻ 14 cm 5 mm = 145 mm

2. 지도를 살펴보고 알맞은 식을 세워 답을 구한 후, 애벌레에서 찾아 ○표 해 보세요.

❶ 오나의 집에서 학교까지의 거리는 얼마일까요?
식 : 250 m + 150 m = 400 m
정답 : 400 m

❷ 오나가 학교에 갔다 돌아오는 거리는 얼마일까요?
식 : 400 m + 400 m = 800 m
정답 : 800 m

❸ 선생님의 집에서 학교까지의 거리는 얼마일까요?
식 : 120 m + 50 m + 150 m = 320 m
정답 : 320 m

❹ 선생님이 학교에 갔다 돌아오는 거리는 얼마일까요?
식 : 320 m + 320 m = 640 m
정답 : 640 m

❺ 애런이 학교에 갔다 돌아오는 거리는 얼마일까요?
식 : 350 m + 150 m + 350 m + 150 m = 1000 m = 1 km
정답 : 1 km

❻ 애런이 5일 동안 학교에 갔다 돌아오는 거리는 모두 몇 km일까요?
식 : 1 km × 5 = 5 km
정답 : 5 km

더 생각해 보아요!
사마라와 헨드릭이 학교까지 가는 거리를 합하면 1km예요. 사마라가 헨드릭보다 학교까지 가는 거리가 300m 짧아요. 사마라와 헨드릭이 학교까지 가는 거리는 각각 얼마일까요?
사마라 : 350 m 헨드릭 : 650 m

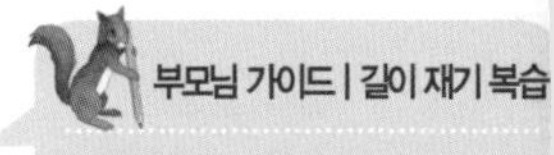

1cm=10mm를 기억하고 있나요?
1m=100cm를 기억하고 있나요?
1km=1000m를 기억하고 있나요?

더 생각해 보아요! | 97쪽

1km=1000m이므로 킬로미터를 미터로 고쳐 단위를 같게 해요.
거리의 차인 300m를 1000m에서 빼면 700m예요. 700m를 2로 나누면, 사마라와 헨드릭이 가는 거리는 각각 350m가 돼요. 여기에 헨드릭은 300m를 더해 650m가 돼요.

98-99쪽

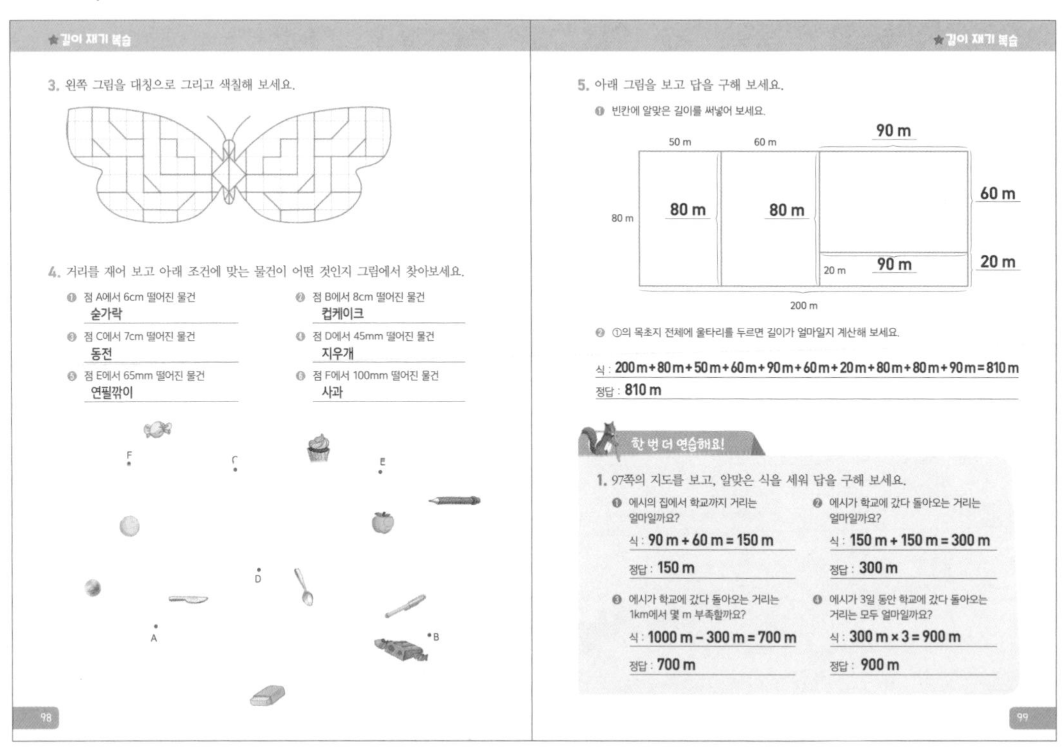

3. 왼쪽 그림을 대칭으로 그리고 색칠해 보세요.

4. 거리를 재어 보고 아래 조건에 맞는 물건이 어떤 것인지 그림에서 찾아보세요.

❶ 점 A에서 6cm 떨어진 물건 : 숟가락
❷ 점 B에서 8cm 떨어진 물건 : 컵케이크
❸ 점 C에서 7cm 떨어진 물건 : 동전
❹ 점 D에서 45mm 떨어진 물건 : 지우개
❺ 점 E에서 65mm 떨어진 물건 : 연필깎이
❻ 점 F에서 100mm 떨어진 물건 : 사과

5. 아래 그림을 보고 답을 구해 보세요.

❶ 빈칸에 알맞은 길이를 써넣어 보세요.

❷ ❶의 목초지 전체에 울타리를 두르면 길이가 얼마일지 계산해 보세요.
식 : 200 m + 80 m + 50 m + 60 m + 90 m + 60 m + 20 m + 80 m + 80 m + 90 m = 810 m
정답 : 810 m

한 번 더 연습해요!

1. 97쪽의 지도를 보고, 알맞은 식을 세워 답을 구해 보세요.

❶ 에시의 집에서 학교까지 거리는 얼마일까요?
식 : 90 m + 60 m = 150 m
정답 : 150 m

❷ 에시가 학교에 갔다 돌아오는 거리는 얼마일까요?
식 : 150 m + 150 m = 300 m
정답 : 300 m

❸ 에시가 학교에 갔다 돌아오는 거리는 1km에서 몇 m 부족할까요?
식 : 1000 m − 300 m = 700 m
정답 : 700 m

❹ 에시가 3일 동안 학교에 갔다 돌아오는 거리는 모두 얼마일까요?
식 : 300 m × 3 = 900 m
정답 : 900 m

100-101쪽

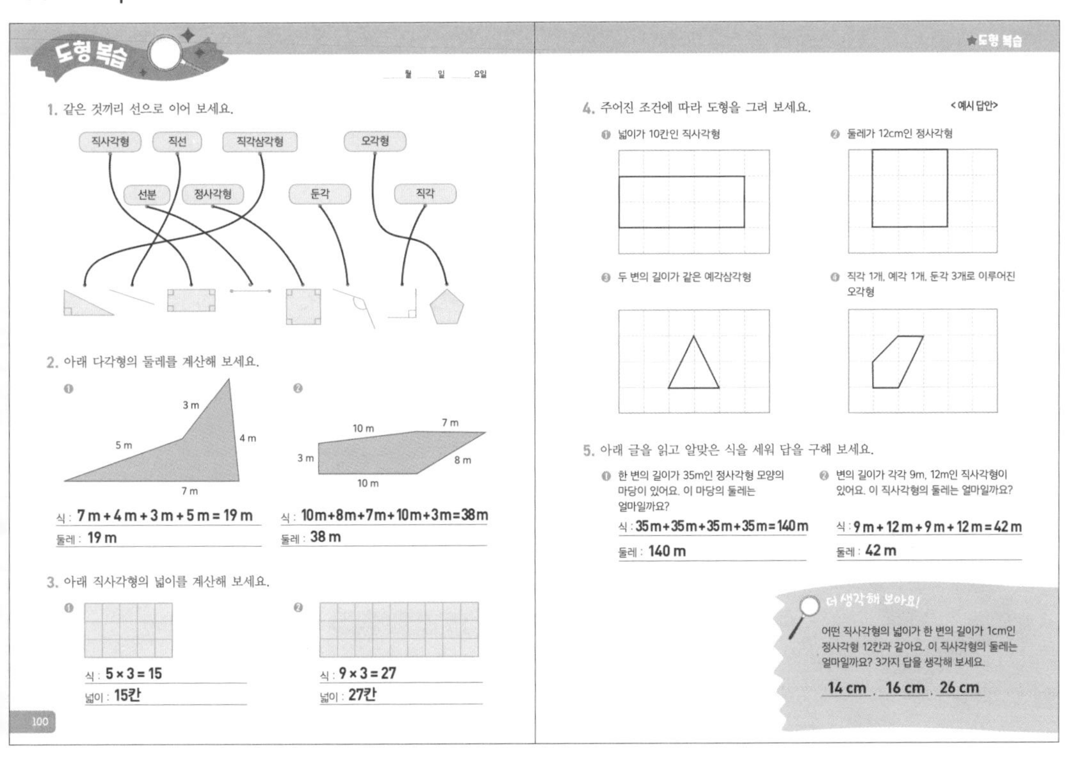

도형 복습

월 일 요일

1. 같은 것끼리 선으로 이어 보세요.

직사각형 / 직선 / 직각삼각형 / 오각형

선분 / 정사각형 / 둔각 / 직각

2. 아래 다각형의 둘레를 계산해 보세요.

① 3 m, 5 m, 4 m, 7 m

식 : 7 m + 4 m + 3 m + 5 m = 19 m

둘레 : 19 m

② 10 m, 7 m, 3 m, 8 m, 10 m

식 : 10m+8m+7m+10m+3m=38m

둘레 : 38 m

3. 아래 직사각형의 넓이를 계산해 보세요.

① 식 : 5 × 3 = 15

넓이 : 15칸

② 식 : 9 × 3 = 27

넓이 : 27칸

100

도형 복습

4. 주어진 조건에 따라 도형을 그려 보세요. <예시 답안>

① 넓이가 10칸인 직사각형

② 둘레가 12cm인 정사각형

③ 두 변의 길이가 같은 예각삼각형

④ 직각 1개, 예각 1개, 둔각 3개로 이루어진 오각형

5. 아래 글을 읽고 알맞은 식을 세워 답을 구해 보세요.

① 한 변의 길이가 35m인 정사각형 모양의 마당이 있어요. 이 마당의 둘레는 얼마일까요?

식 : 35m+35m+35m+35m=140m

둘레 : 140 m

② 변의 길이가 각각 9m, 12m인 직사각형이 있어요. 이 직사각형의 둘레는 얼마일까요?

식 : 9 m + 12 m + 9 m + 12 m = 42 m

둘레 : 42 m

더 생각해 보아요!

어떤 직사각형의 넓이가 한 변의 길이가 1cm인 정사각형 12칸과 같아요. 이 직사각형의 둘레는 얼마일까요? 3가지 답을 생각해 보세요.

14 cm, 16 cm, 26 cm

더 생각해 보아요! | 101쪽

곱해서 12가 나오는 경우는 1×12, 2×6, 3×4임. 이럴 경우 둘레를 계산해 보면

1×12일 때, 둘레는 12+1+12+1=26cm

2×6일 때, 둘레는 6+2+6+2=16cm

3×4일 때, 둘레는 3+4+3+4=14cm예요.

102-103쪽

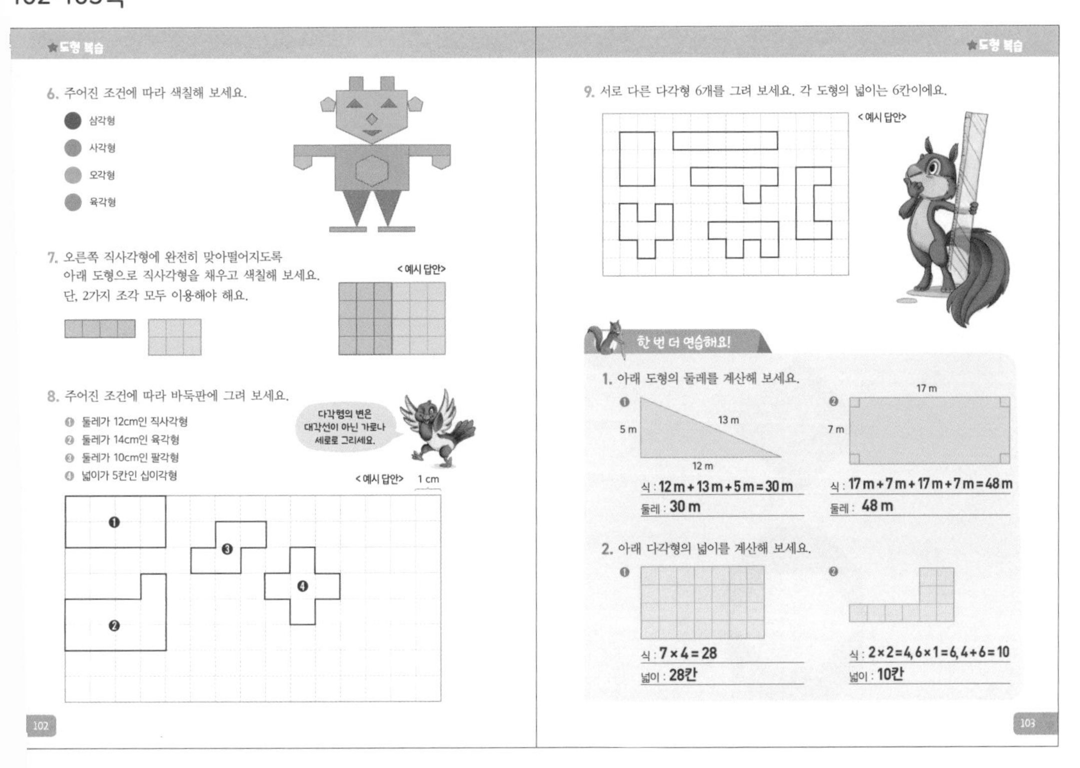

도형 복습

6. 주어진 조건에 따라 색칠해 보세요.

삼각형 / 사각형 / 오각형 / 육각형

7. 오른쪽 직사각형에 완전히 맞아떨어지도록 아래 도형으로 직사각형을 채우고 색칠해 보세요. 단, 2가지 조각 모두 이용해야 해요. <예시 답안>

8. 주어진 조건에 따라 바둑판에 그려 보세요.

① 둘레가 12cm인 직사각형
② 둘레가 14cm인 육각형
③ 둘레가 10cm인 팔각형
④ 넓이가 5칸인 십이각형

다각형의 변은 대각선이 아닌 가로나 세로로 그리세요.

<예시 답안> 1 cm

102

도형 복습

9. 서로 다른 다각형 6개를 그려 보세요. 각 도형의 넓이는 6칸이에요. <예시 답안>

한 번 더 연습해요!

1. 아래 도형의 둘레를 계산해 보세요.

① 5 m, 13 m, 12 m

식 : 12 m + 13 m + 5 m = 30 m

둘레 : 30 m

② 17 m, 7 m

식 : 17 m + 7 m + 17 m + 7 m = 48 m

둘레 : 48 m

2. 아래 다각형의 넓이를 계산해 보세요.

① 식 : 7 × 4 = 28

넓이 : 28칸

② 식 : 2×2=4, 6×1=6, 4+6=10

넓이 : 10칸

103

정답

107쪽

놀이 수학
삼각형으로 만들어요
준비물 : 삼각형 놀이 카드
놀이 방법
삼각형으로 만들어요
삼각형 놀이 카드로 제시된 도형을 만들어 보세요.
나만의 도형을 만들어요
삼각형을 이용해서 나만의 도형을 만들고 그려 보세요.
나만의 도형을 만들어요
책 뒤에 있는 놀이 카드를 이용하세요.
107

109쪽

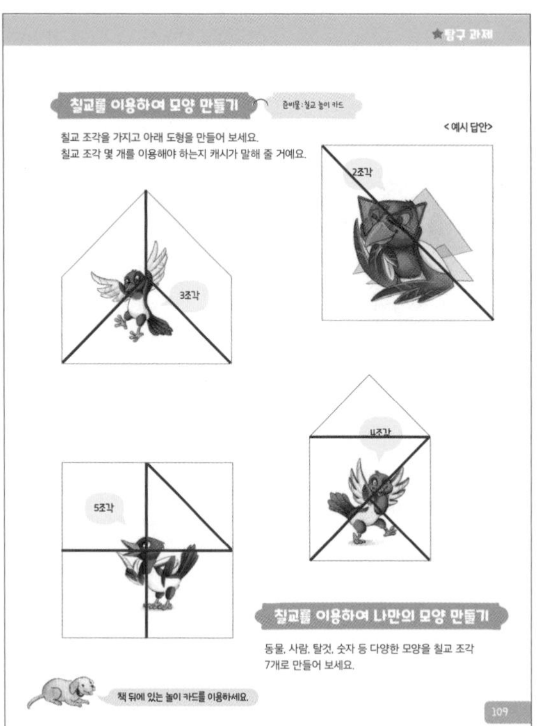
탐구 과제
칠교를 이용하여 모양 만들기
준비물 : 칠교 놀이 카드
<예시 답안>
칠교 조각을 가지고 아래 도형을 만들어 보세요.
칠교 조각 몇 개를 이용해야 하는지 캐시가 말해 줄 거예요.
2조각
3조각
4조각
5조각
칠교를 이용하여 나만의 모양 만들기
동물, 사람, 탈것, 숫자 등 다양한 모양을 칠교 조각 7개로 만들어 보세요.
책 뒤에 있는 놀이 카드를 이용하세요.
109

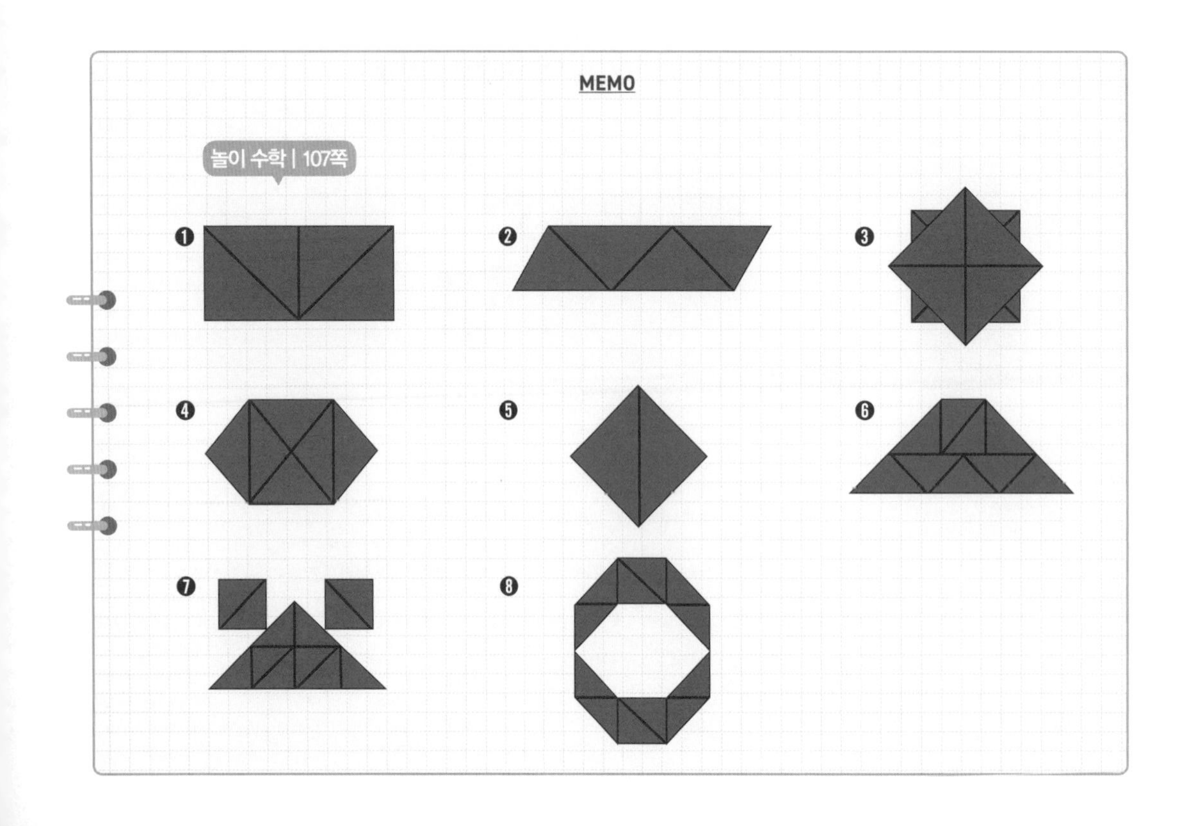
MEMO
놀이 수학 | 107쪽

MEMO

MEMO